例说51单片机

（C语言版）

（第3版）

张义和　土敏男
许宏昌　余春长　编著

谢　亮　谢　晖　改编

人 民 邮 电 出 版 社

北　京

图书在版编目（C I P）数据

例说51单片机 : C语言版 / 张义和等编著. -- 3版
. -- 北京 : 人民邮电出版社, 2010.6（2018.6 重印）
ISBN 978-7-115-22368-5

Ⅰ. ①例… Ⅱ. ①张… Ⅲ. ①单片微型计算机－程序
设计②C语言－程序设计 Ⅳ. ①TP368.1②TP312

中国版本图书馆CIP数据核字(2010)第030022号

内容提要

本书分为基本开发环境、8x51 结构与应用、外围系统应用三部分。前两章为基本开发环境的介绍，其中包括 8x51 基本知识、开发系统（μVision3）与程序设计语言（Keil C）。第 3 章到第 8 章为 8x51 结构与应用，包括输入/输出端口、中断、定时器/计数器、串行口等，并分别以实例引出。第 9 章到第 14 章则是外围系统应用，包括音乐程序的开发、步进电机的控制、AD/DAC 接口芯片的应用、LED 点阵的驱动、LCD 模块的应用、习题解答等。

本书整体结构采用循序渐进的方式，对于每个单元的展开，也是循序渐进的。电路与电路之间，或程序与程序之间，都保持着关联性。在前一个电路（或程序）的基础之上，只做一些微小的改变，就可开发出另一个电路（或程序），让读者轻松入门。在每个实例演练之后，给出“思考一下”的单元，读者能即学即用，动脑思考，让所学知识得以进一步巩固。

本书可作为大中专院校的单片机教材，也可以作为广大科技人员和爱好者的单片机技术参考书。

例说 51 单片机（C 语言版）（第 3 版）

◆ 编　　著　张义和　王敏男　许宏昌　余春长
改　　编　谢　亮　谢　晖
责任编辑　俞　彬

◆ 人民邮电出版社出版发行　　北京市丰台区成寿寺路 11 号
邮编　100164　　电子邮件　315@ptpress.com.cn
网址　http://www.ptpress.com.cn
大厂聚鑫印刷有限责任公司印刷

◆ 开本：787×1092　1/16
印张：27
字数：680 千字　　2010 年 6 月第 1 版
印数：35 901 – 36 900 册　　2018 年 6 月河北第 25 次印刷

著作权合同登记号　图字：01-2010-0679 号

ISBN 978-7-115-22368-5

定价：49.80 元（附光盘）

读者服务热线：(010)81055410　印装质量热线：(010)81055316
反盗版热线：(010)81055315

第 3 版序

满是感谢

首先感谢许多老师的爱戴，以及出版社的支持与包容，使得本书快速再版，而这个版次非常不同，绝对会让大家耳目一新！本书在编写之初，就抱着严谨的态度，要让这本书成为这类书籍的标杆。事实证明，我们仅做到了部分，仍有很大的改善空间。所以，这一年来，我们以此书为教材，在不同场合，针对高职学生及在职人员分别开设了多个班次，几乎每个班次都从第一章上到最后一章。而每个班次都有许多建议、调整与勘误，使得第三版能极尽完美。

循序渐进的坚持

本书大概可分为**基本开发环境**、**8x51 结构与应用**、**外围系统应用** 3 部分，简述如下。

- 前两章属于**基本开发环境**的介绍，其中包括 8x51 基本知识、开发系统（μVision 3）与程序语言（Keil C）。
- 第 3 章到第 8 章为 **8x51 结构与应用**，包括输入/输出端口、中断、定时器/计数器、串行口、看门狗定时器、节电方式等，并分别以实例导引。在此着重于讲述 8x51 本身的控制，让大家更深刻地了解这种单片机微控制器。
- 第 9 章到第 13 章则是**外围系统应用**，包括音乐程序的开发、步进电机的控制、AD/DA 接口芯片的应用、LED 点阵的驱动、LCD 模块的驱动等。在此着重于 8x51 与其他外围设备的连接，当然，也针对常用外围设备详细介绍，并探讨了其应用方法。

本书整体结构采用循序渐进的方式，对于每个单元的展开，也是循序渐进的，电路与电路之间，或程序与程序之间，都保持着关联性，在前一个电路（或程序）的基础上，仅做些微小的改变，就可开发出另一个电路（或程序），让读者没有压力。关于这一点，的确让我们费尽心思。在每个实例演练之后，进一步给出“**思考一下**”的单元，让大家能即学即用，动脑思考，让所学知识更加扎实。

“完全支持”的单片机教材

“精美的图、精致的编排”一直是“例说”系列的特色，从第 2 版起，我们再推出“**完全支持**”的特色。何谓“**完全支持**”？简单讲，就是所有实例演练，不管是软件还是硬件，都是可以正确地做出来的。本书拥有下列支持。

基本开发工具

在随书光盘里，提供 Keil C 试用版，足以应付本书中所有程序的开发之用。而在新版的 **89S51 在线刻录实验板**里，除了提供 89S51/52 的刻录功能外，也提供 **LED**、**蜂鸣器**及**拨码开关**（新增项目），很多实验都可在这块实验板上实现。若有不足，也可由实验板上的连接器接到外部电路。

额外电路的实现

对于无法在 **89S51 在线刻录实验板**里实现的电路，除了可连接到市售外围实验板外，本书都一一做出了电路板，并验证程序在该电路板上成功实现。而本书的实验很多，若教师需要进一步教学支持，可联系我们。

多元的教学辅助

对于与硬件相关的教材而言，教学幻灯片与相关数据说明都是不可或缺的。本书在这方面也着墨甚深，结合动态示范，与实际电路板接线，使得教学更加轻松愉快。

例说 再次感谢

本书第 3 版所要感谢的人很多，而最期待的是专家学者们的不吝指正，让本书更臻于完美。

张义和　敬上

yiher.chang@msa.hinet.net

光盘使用说明

在随书的光盘里包括 5 个文件夹，简要说明如下。

- **PPT 教学课件**：本文件夹内包含全书的 PowerPoint 教学幻灯片文档，每个文档即一章，教师指定所要使用的章节，通过教学广播系统或投影机进行教学；若没有教学广播系统，则可作为幻灯片，用以辅助教学。
- **练习程序**：本文件夹内包含各章实时练习的参考程序。
- **新华电脑**：本文件夹内包含新华电脑公司所提供的 WINICE-51/52E 驱动软件，以及相关使用说明文件。
- **长高科技**：本文件夹内包含长高科技公司所提供的 PICE-52 驱动软件，以及相关使用说明文件。
- **驱动程序与参考数据**：本文件夹内包含 89S51 在线刻录实验板的驱动程序 s51_pgm、μVision3 试用版，以及本书相关元件的数据说明。

目录

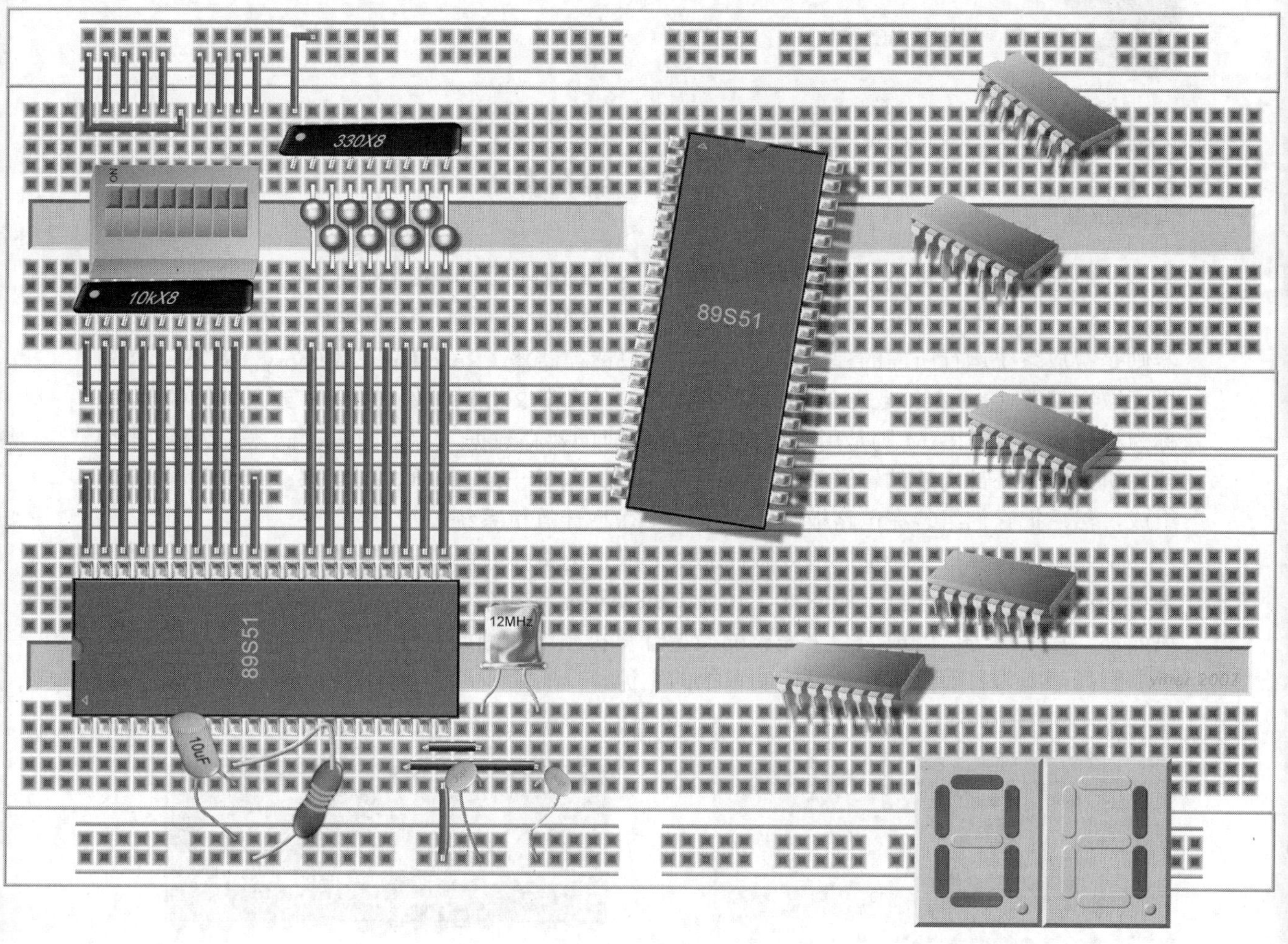

第1章 轻松看MCS-51

本章内容丰富，主要包括以下内容。

- **8x51**

  8x51 的基本知识，包括结构、引脚、封装、MCS-51 系列与基本电路等。
  8x51 的结构，包括存储器配置、时序分析等。

- **开发工具**

  8x51 软硬件的开发流程，包括源程序的编写、编译、连接，以及软硬件仿真等。

- **程序与实践**

  高、低 4 位交替闪烁灯的程序设计及其编译、连接与软件仿真。

1-1 微型计算机与单片机

一般地，微型计算机系统包括中央处理单元（CPU）、存储器（Memory）及输入/输出单元（I/O）三大部分，如图 1-1 所示。CPU 就像是人的大脑一样，控制整个系统的运行；存储器则是存放系统运行所需的程序及数据，包括只读存储器（**R**ead **O**nly **M**emory，**ROM**）及随机存取存储器（**R**andon **A**ccess **M**emory，**RAM**），通常 ROM 用来存储程序或永久性的数据，称为程序存储器，RAM 则是用来存储程序执行时的暂存数据，称为数据存储器；I/O 是微型计算机系统与外部沟通的管道，其中包括输入端口与输出端口。这三部分分别由不同的元件组成，然后把它们组装在电路板上，形成一个微型计算机系统。

单片微型计算机（即单片机或微控制器）就是把中央处理单元、存储器、输入/输出单元等全部放置在一个芯片里，如图 1-2 所示，只要再配置几个小元件，如电阻器、电容器、石英晶体、连接器等，就成为一个完整的微型计算机系统。因此整个系统的体积小、成本低、可靠性高，成为目前微型计算机控制系统的主流。

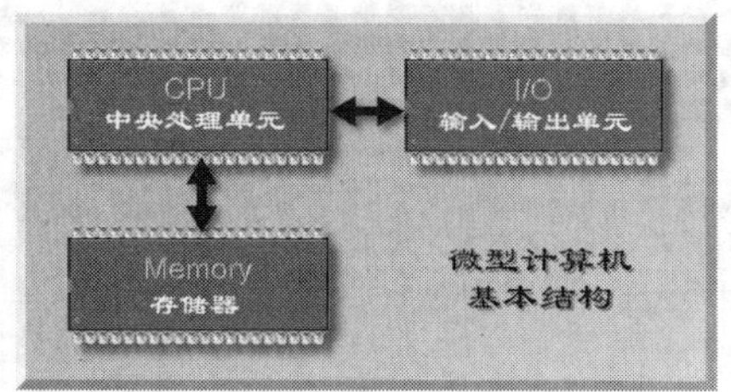

图 1-1 微型计算机基本结构

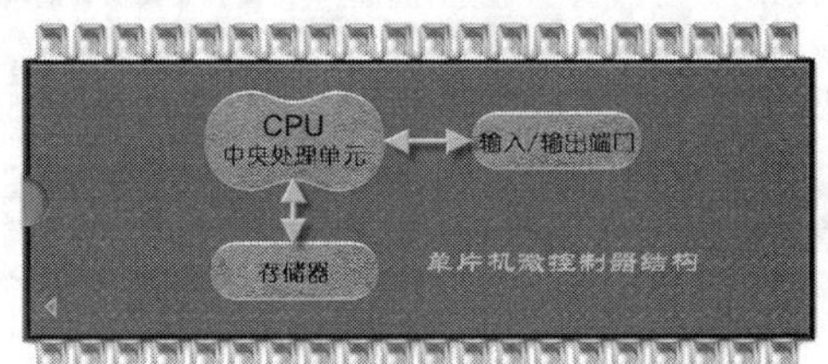

图 1-2 单片机微控制器结构

说明：由于微型计算机系统的主要功能是控制，因此，在单片机微控制器里不太在乎其存储器大小、位数，而强调其输入/输出功能。

1-2 8051 基础知识

“**89S51**”源自 Intel 公司的 MCS-51 系列，而目前所采用的 8x51 并不仅限于 Intel 公司所生产的，反倒是以其他厂商所发行的兼容芯片为主，如 Atmel 公司的 89C51/89S51 系列，其价格便宜，质量稳定，开发工具齐全，早就被学校或培训机构所接受。

在此先介绍 8x51 的基本知识，包括基本结构、引脚、基本电路及 51 系列等，其中很多数据最好要熟记，本书也会提供许多快速背记的技巧，让读者能在极短的时间里记住 40 个引脚、基本电路等。

1-2-1 8x51 的结构

8x51 单片机发展至今，虽然有许多厂商各自开发了不同的兼容芯片，但其基本结构并没有多大的变动，如下所示为标准的 8x51 结构（如图 1-3 所示）。

程序存储器 ROM：内部 4KB，外部最多可扩展至 64KB。

数据存储器 RAM：内部 128B，外部最多可扩展至 64KB。

4 组可位寻址的 8 位输入/输出端口，即 P0、P1、P2 及 P3。

- 一个全双工串行口，即 UART；两个 16 位定时器/计数器。
- 5 个中断源，即 INT0、INT1、T0、T1、TXD/RXD。
- 111 条指令码。

8x51 为 8 位微控制器。8 位指的是微控制器内部数据总线或寄存器一次处理数据的宽度。相对于目前个人计算机（PC）所用的 CPU，早期的 CPU 从 8088/8086 到 80286 都是 16 位的 CPU；而从 80386 到 Pentium 3 都属于 32 位的 CPU。尽管如此，目前所采用的单片机微控制器仍是以 8 位为主，只有在特殊场合才会采用 16 位的单片机，如 8096 等。

通常存储器的操作是以字节（B）为单位的，“可位寻址”是存取存储器、寄存器或输入/输出端口时，可指定其中的一位，例如，要指定 P0 输入/输出端口中的 bit 1，则指定为 P0.1 即可，如图 1-4 所示。

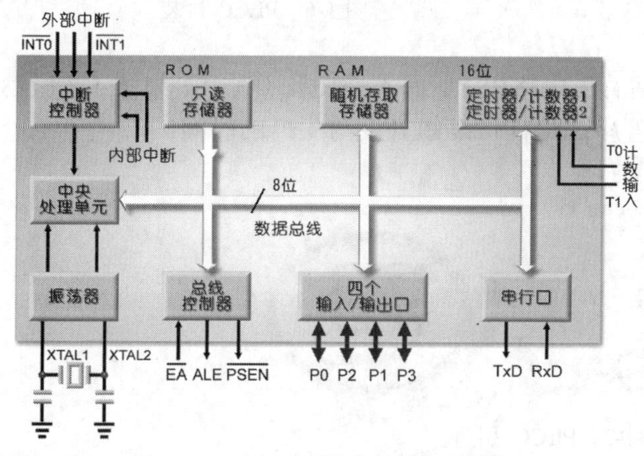

图 1-3 MCS-51 内部基本结构图

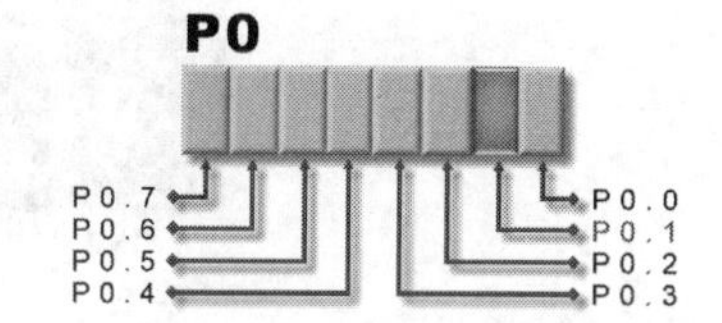

图 1-4 指定 P0 输入/输出端口中的一位

1-2-2 89C51/89S51 的封装与引脚

89C51 的元件封装方式有 3 种，除了这 3 种外，89S51 的元件封装方式还多出了一种 PDIP42 元件封装，说明如下。

QFP 封装

89C51/89S51 的 PQFP 或 TQFP（**T**hin **P**lastic Gull Wing **Q**uad **F**latpack）封装为扁平的 44 个引脚表贴式封装，这种封装的体积很小，成本较低，适合于机器粘贴，为目前商用的主流；但在学校或培训机构这是不太适用的。如图 1-5 所示，在俯视图里，左上方有记号者为第 1 脚，然后逆时针排列，分别为 2～44 脚，其中包括 3 个空脚，而相邻两个脚的间距为 0.8mm，元件厚度（高度）为 1.2mm。

PLCC 封装

PLCC（**P**lastic **J**-**L**eaded **C**hip **C**arrier）封装也是 89C51/89S51 常用的封装方式，这也是一个 44 个表贴式引脚（SMT）的封装，其中包括 4 个空脚，而其引脚编号与 QFP 封装非常相似（兼容），如图 1-6 所示，在俯视图里，上面中间有个记号者为第 1 脚，然后逆时针排列分别为 2～44 脚，相邻两个脚的间距为 0.05 英寸（即 1.270mm），元件高度（含引脚）为 4.572mm。

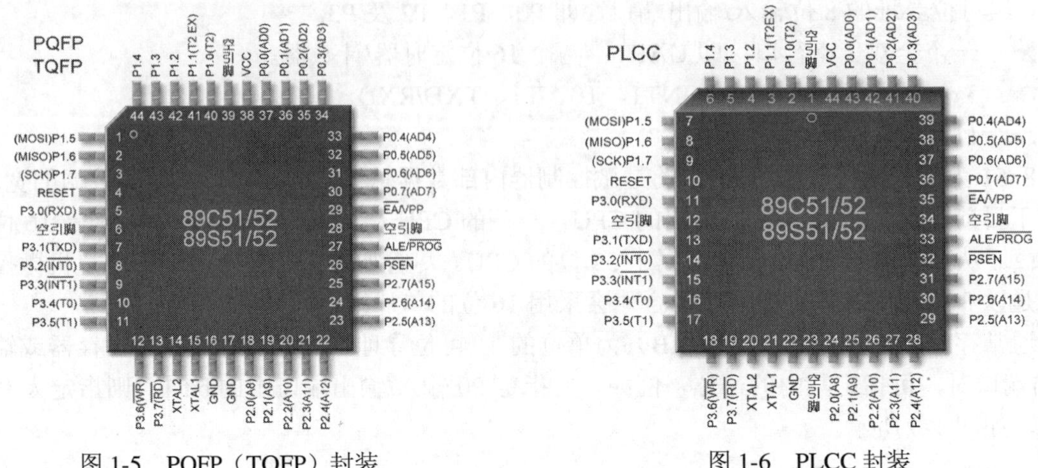

图 1-5 PQFP（TQFP）封装　　　　图 1-6 PLCC 封装

一般地，这种表贴式的元件可直接粘着于电路板上，而不必钻孔（其引脚如图 1-7 所示）。在研发、实验或教学时，也可利用芯片管座，这样可缩短开发与生产的时间。

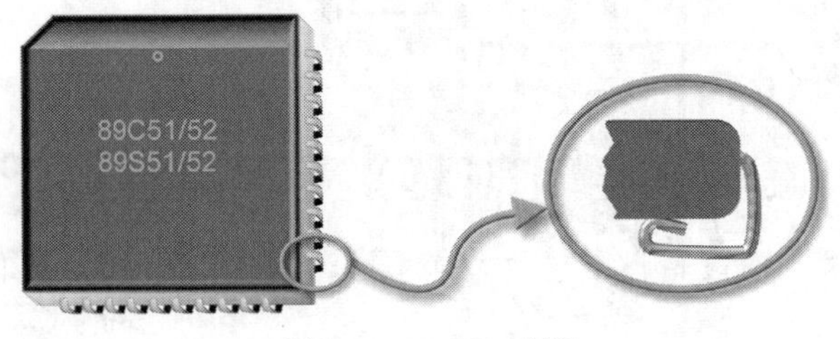

图 1-7 PLCC 引脚

直插式封装 PDIP42

89S51 的直插式封装有两种，第一种是 42 个引脚双列直插式的封装（**P**lastic **D**ual **I**nline **P**ackage），简称 PDIP42；第二种是 40 个引脚双列直插式封装，与 89C51、MCS-51 兼容，稍后说明。如图 1-8 所示，在双列直插式封装里，俯视图左上方有记号者为第 1 脚，然后逆时针排列分别为 2～42 脚。相邻两个脚的间距为 1.588mm，元件长度为 36.96mm，两排引脚的间距为 13.97mm，元件厚度为 4.826mm（不含引脚），与一般的面包板或 IC 芯片管座不符。

直插式封装 PDIP40

89C51/89S51 的第二种直插式封装为 40 个引脚双列直插式的 PDIP40，这种封装与 MCS-51 完全兼容。PDIP40 与 PDIP42 除引脚数量不同外，尺寸差异也很大，PDIP40 刚好可插在面包板或 40 引脚的芯片管座上，图 1-9 所示俯视图左上方有个记号者为第 1 脚，然后逆时针排列分别为 2～40 脚。相邻两个脚的间距为 0.1 英寸（即 2.540mm），元件长度为 52.578mm，两排引脚之间距为 0.6 英寸（即 15.875mm），元件厚度为 4.826mm（不含引脚），特别适用于学校、培训机构使用。不过，由于直插式封装体积较大，电路板制作成本较高，很少用在商品里。

除了采用 PDIP42 封装，89S51 与 89C51 完全兼容，本书将以采用 PDIP40 封装的 89S51 为探讨的对象，当然，要学习 8x51，笔者强烈建议先将其引脚“背”下来，在此提供了独门的技巧，让大家轻松记住这 40 个引脚。

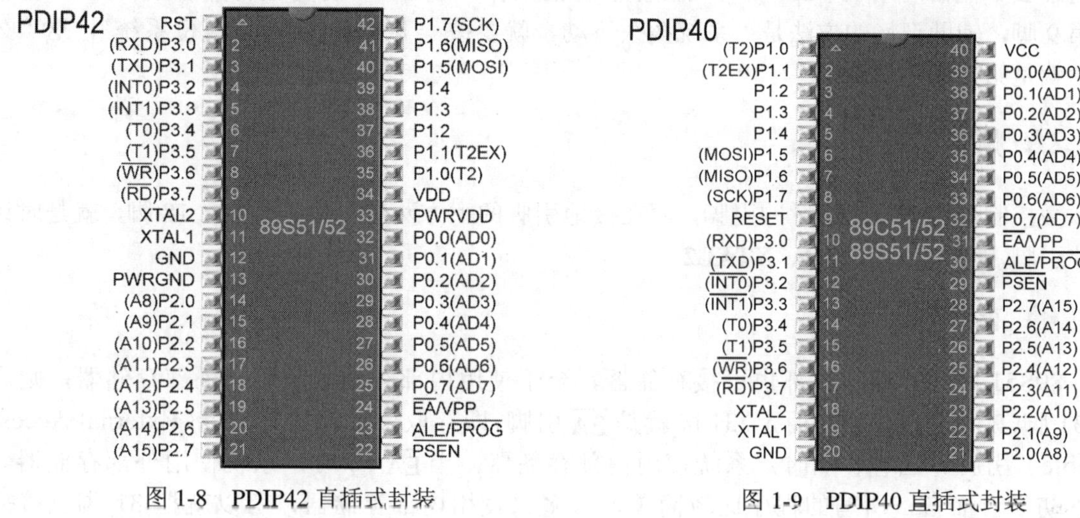

图 1-8 PDIP42 直插式封装　　　图 1-9 PDIP40 直插式封装

电源引脚

几乎所有 IC 都需要接用电源，而 89S51 的电源引脚与大部分数字 IC 的电源引脚类似，右上角接 **VCC**，左下角接 **GND**。所以 89S51 的 40 脚为 VCC 引脚，连接（5V±10%）的电源；20 脚为 GND 引脚，必须接地。

输入/输出端口

有了电源之后，再来看看 89S51 的“主角”——输入/输出端口。VCC 引脚下面是第 39 脚，为 P0 的开始引脚，即 39 脚到 32 脚这 8 个引脚为 P0；与 P0 的相对的是 P1，也就是第 1 脚到第 8 脚。P1 从第 1 脚开始，所以 P2 从其斜对角第 21 脚开始，也就是在右下方，21 脚到 28 脚是 P2。第 10 脚到第 17 脚就是 P3。**39**、**1**、**21**、**10** 就是这 4 个 **Port** 的开始引脚，我们可通过图 1-10 来辅助记忆这 4 个输入/输出端口。

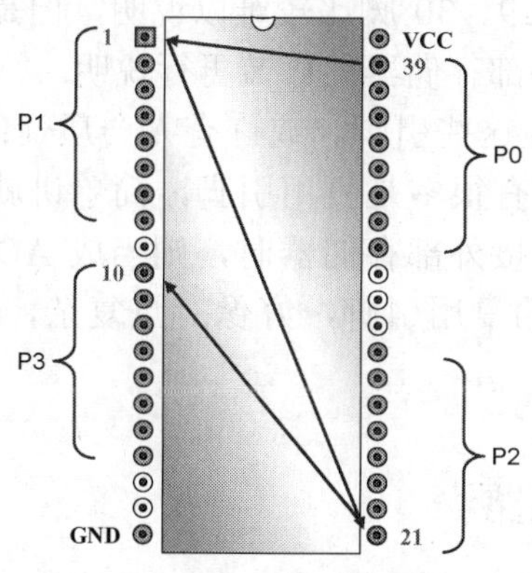

图 1-10 引脚辅助记忆图

复位引脚

几乎所有微处理器都需要复位（Reset）的动作，对于 89S51 而言，只要复位引脚接高电平超过 2 个机器周期（约 2μs），即可产生复位的动作。而 89S51 的复位引脚在 P1 与 P3 之间，即第 9 脚，辅助记忆的方法是“系统久久不动，就要按一下 Reset 键，以复位系统”，这“久久”就是第 9 脚的谐音。

频率引脚

微控制器都需要时钟脉冲引脚，而在接地引脚的上方两个引脚，即 19、18 脚，就是时钟脉冲引脚，分别是 **XTAL1**、**XTAL2**。

存储器引脚

89S51 内部存储器外部也可接存储器，至于使用内部存储器，还是外部存储器，则需视 31 脚（P0 下面那个脚）而定。31 脚就是 $\overline{\text{EA}}$ 引脚，即存取外部存储器使能（**E**xternal **A**ccess Enable）引脚。当 $\overline{\text{EA}}$=1 时，系统使用内部存储器；当 $\overline{\text{EA}}$=0 时，系统使用外部存储器。对于初学者而言，所写的程序比较简单，大多只使用内部存储器，所以就把 31 脚直接接到 VCC。若使用无内部存储器的 8031/8032（稍后在 1-2-4 节再详细介绍），则 31 脚接到 GND。

外部存储器控制引脚

现在只剩下 $\overline{\text{EA}}$ 引脚下面的那两个引脚，而这两个引脚与 $\overline{\text{EA}}$ 引脚有点类似，都是针对存储器的控制，说明如下。

- 30 脚为地址锁存使能 ALE（**A**ddress **L**atch **E**nable），其功能是在存取外部存储器时，送出一个将原本在 P0 的地址（A0～A7）信号锁存到外部锁存器 IC（如 74373），让 P0 空出来，以传输数据。简单讲，当外接存储器电路时，若 ALE=1，P0 被用作地址总线；若 ALE=0，P0 被用作数据总线。
- 29 脚为程序存储使能 $\overline{\text{PSEN}}$（**P**rogram **S**tore **E**nable），其功能是读取外部存储器。通常此引脚连接到外部存储器（ROM）的 $\overline{\text{OE}}$ 引脚，当 89S51 要读取外部存储器的数据时，此引脚就会输出一个低电平信号。

相对于前面的 38 个引脚，29、30 脚比较难以说明，但是只要不用到外部存储器，就可当它们不存在，留待后面关于外部存储器的章节再行说明。

根据上述要诀，很容易记住这些引脚。或许有人会质疑：“有这么简单吗？”当然没这么容易！89S51 的 40 个引脚里有很多是复用引脚，简单讲就是多用途的引脚，以 39 脚到 32 脚为例，平时为 P0；若是连接外部存储器时，则当成 AD0～AD7 引脚，而 AD0～AD7 就是地址引脚与数据引脚混合的复用引脚，好像有点复杂，但如果不接外部存储器时就当它不存在。

1-2-3 89S51 的基本电路

所谓“基本电路”是指 89S51 电路工作所不可或缺的基本连接线路。在此我们也有熟记基本电路的方法，基本电路包括以下四部分。

先接电源

电路都需要电源，这里首先将 40 脚接 VCC，也就是+5V、20 脚接地。

再接时钟脉冲

89S51 内部已具备振荡电路，只要在 GND 引脚上方的两个引脚（即 19、18 脚）连接简单的石英振荡晶体（Crystal）即可。至于 89S51 的时钟脉冲频率，目前 MCS-51 芯片的工作频率已大为提升，例如 Atmel 公司的 89C51 的工作频率为 0～24MHz，而华邦电子（**Winbond**）更提供了 40MHz 的版本，未来必然还会有更高频率的版本。尽管如此，目前还是采用 12MHz 时钟脉冲。如果不再设计一个振荡电路，则可按图 1-11 所示连接即可。如果要自行设计一个振荡电路，则可按图 1-12 所示连接。

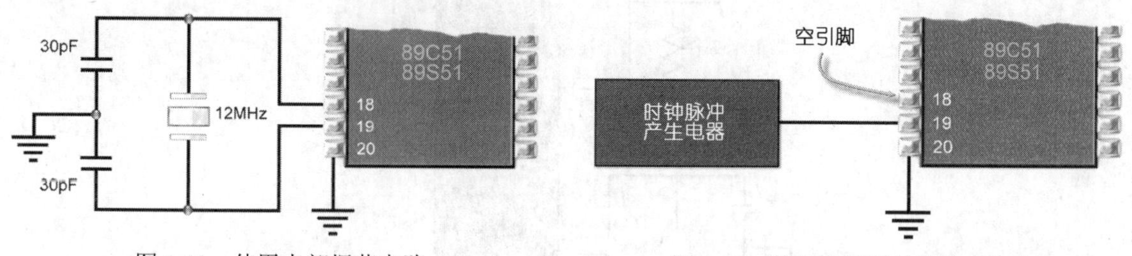

图 1-11 使用内部振荡电路　　图 1-12 使用外部时钟脉冲产生电路

复位电路

89S51 的复位引脚（Reset）是第 9 脚，当此引脚连接高电平超过 2 个机器周期（1 个机器周期包含 12 个时钟脉冲，请参考后面章节），即可产生复位的动作。以 12MHz 的时钟脉冲为例，每个时钟脉冲为 1/12μs，2 个机器周期为 2μs。因此，我们可在第 9 脚上连接一个可让该引脚上产生一个 2μs 以上的高电平脉冲，即可产生复位的动作，如图 1-13 所示。

电源接上瞬间，电容器 C 上没有电荷，相当于短路，所以第 9 脚直接连接到 VCC，即 89S51 执行复位动作。随着时间的增加，电容器上的电压逐渐增加，而第 9 脚上的电压逐渐下降，当第 9 脚上的电压降至低电平时，89S51 恢复正常状态，称为“**Power On Reset**”（自动复位）。在此使用 10kΩ电阻器、10μF 电容器，其时间常数远大于 2μs，所以第 9 脚上的电压可保持 2μs 以上的高电平，足以使系统复位。当然，只要时间常数大于 2μs 即可，而不一定要使用 10kΩ电阻器、10μF 电容器，本书所提供的 89S51 在线刻录实验板就使用 0.1μF 电容器（体积较小，电流也较小）及约 100kΩ电阻器。

通常，我们还会在电容器两端并接一个按钮开关，如图 1-14 所示，此按钮开关就是一个手动的 Reset 开关（强制 Reset）。

存储器设置电路

基本电路的最后一个部分是存储器的设置，如果把 31 脚（$\overline{EA}$）接地，则采用外部存储器；如果把 31 脚（$\overline{EA}$）接 VCC，则采用内部存储器。在本书里大多采用内部存储器，所以把 31 脚与 40 脚及 VCC 相连接。整个基本电路如图 1-15 所示。

图 1-13 Power On Reset 电路

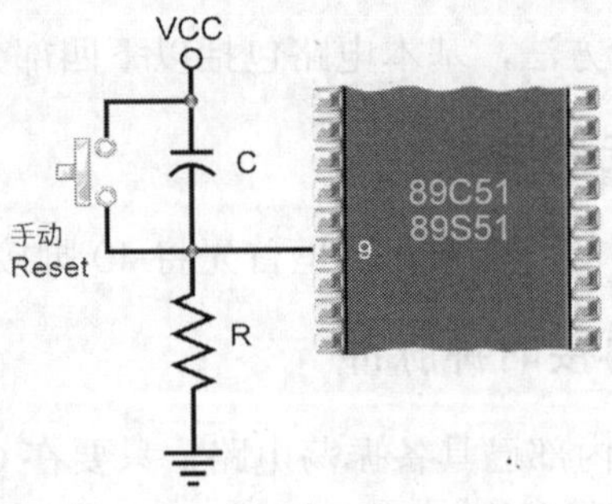

图 1-14 手动复位电路

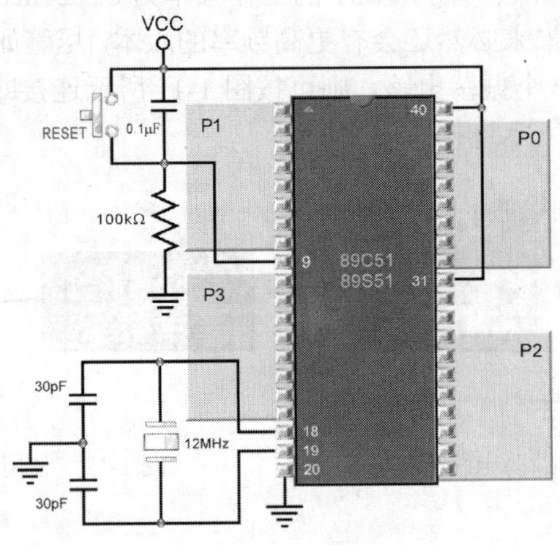

图 1-15 基本电路

其中的元件如表 1-1 所示。

表 1-1 基本电路的元件表

项 次	名 称	规 格	数 量	备 注
1	89C51		1 个	或 89S51
2	石英振荡晶体	12MHz	1 个	
3	电容器	0.1μF	1 个	
4	陶瓷电容器	30pF	2 个	
5	电阻器	100kΩ	1 个	
6	按钮开关	a 接点	1 个	

1-2-4 MCS-51 系列

一般地，**MCS-51** 系列（**M**icro **C**ontroller **S**ystem，**MCS**）可分为 51 与 52 两大系列，52 系列可说是 51 系列的增强型，其最大的特色就是内部存储器加倍，定时器/计数器增加了一个，价格却相差不大。

若根据芯片内的 ROM 来区分，MCS-51 可分为无 ROM 型（8031/8032）、Mask ROM 型（8051/8052）、EPROM 型（8751/8752）及 EEPROM 型（89C51/89C52、89S51/89S52），如表 1-2 所示。

表 1-2 8x51 与 8x52 的比较

	51 系列				52 系列			
型号	8031	8051	8751	89C51 89S51	8032	8052	8752	89C52 89S52
类型	无 ROM	Mask ROM	EPROM	EEPROM	无 ROM	Mask ROM	EPROM	EEPROM
ROM	内部 0KB 外接 64KB	内部 4KB 外接最大 64KB			内部 0KB 外接 64KB	内部 8KB 外接最大 64KB		
RAM	内部 128B 外接最大 64KB				内部 256B 外接最大 64KB			
计时/计数器	2 个 16 位定时器/计数器				3 个 16 位定时器/计数器			
中断源	5（89S51 有 6 个）				6（89S52 有 8 个）			
I/O	4 个 8 位输入/输出端口				4 个 8 位输入/输出端口			

下面简述这几种 8x51。

无 ROM 型

8031/8032 为无 ROM 型单片机，如图 1-16 所示，使用这种单片机必须外接程序存储器。由于其封装成本与含 ROM 型的单片机很接近，且必须外接程序存储器，反而使电路成本大增；目前除非程序很大，无法完全放入单片机外，已经很少有人会采用这种单片机。

Mask ROM 型

8051/8052 为 Mask ROM 型单片机，如图 1-16 所示。这种单片机直接将程序放入芯片中的程序存储器，所以不必刻录程序（也不能刻录），单价低廉。但由于这种芯片需要制作其独有的光罩（Mask），需要量大的场合才能生产。键盘里所用的单片机（8048，是 8051 的上一代）就是 Mask ROM 型单片机。

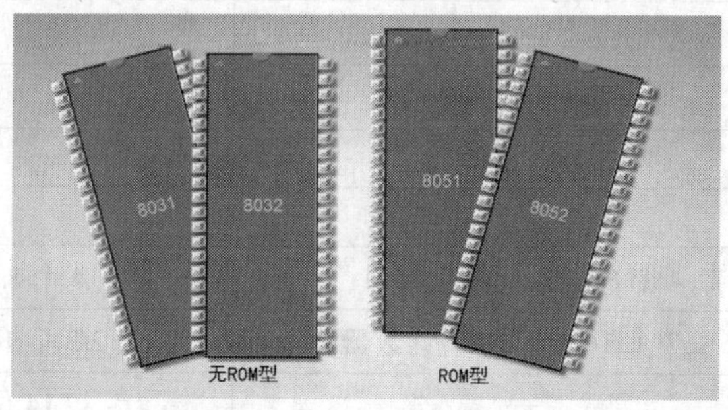

图 1-16 不可写入型

EPROM 型

8751/8752 为 EPROM 型单片机，如图 1-17 所示。这种单片机可将程序烧入芯片中的程序存储器，也可以紫外线擦除程序存储器里的数据，所以可重复使用不同的程序。IC 上面有一个窗口，可看到内部的芯片与连接线，通常在刻录完毕后，在窗口上贴黑色胶布，以防止数据消失。如要擦除 ROM 里的数据，则使用紫外线照射窗口，15 到 30min 即可。由于这种封装成本较高，再加上其擦除动作麻烦且费时，目前几乎不再生产这种元件了。

EEPROM 型

89C51/89C52、89S51/89S52 为使用 Flash 技术的 EEPROM 型单片机，如图 1-17 所示。这种单片机可将程序下载到芯片的程序存储器里，所不同的是，**89C51/89C52** 是以 **5V** 及 **12V** 电压刻录与擦除程序存储器数据，而 **89S51/89S52** 只要 **5V** 电压即可刻录与擦除器，早已成为主流。厂商的技术数据宣称，这种晶片可重复写入与擦除器，可达 1000 次以上。而根据经验，如果不是操作上的失误或折断引脚，就算是经常对它烧写也很难把它烧坏。

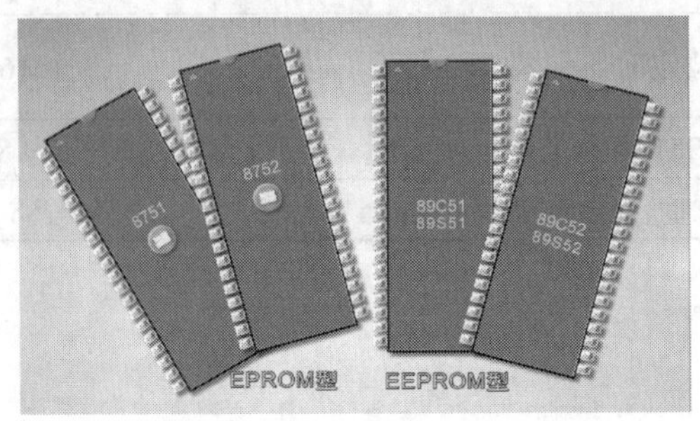

图 1-17 可重复写入型

1-2-5 关于 Atmel 的 51 系列

Atmel 半导体公司所提供的 89C51 系列已成为 MCS-51 兼容单片机中的主流。在 89C51 系列中，当然是以停产的 89C51 最具代表性，取而代之的是更强劲的 89S51，这两种单片机微控制器的结构比较如表 1-3 所示。

表 1-3 89C5x 与 89S5x 的比较

型　号	89C51/52	89S51/52
位数	8 位	8 位
工作频率	0～24MHz	**0～33MHz**
ROM	4KB/8KB	4KB/8KB
RAM	128B/256B	128B/256B
I/O	4 个 8 位输入/输出端口	4 个 8 位输入/输出端口
定时器/计数器	2/3 个 16 位定时器/计数器	2/3 个 16 位定时器/计数器
Watchdog Timer	—	**14** 位看门狗计数器
中断源	5/6 个	**6/8** 个
串行口	一个全双工通用串行口 UART	一个全双工通用串行口 UART
节电方式	Idle 方式及 Power-down 方式	Idle 方式及 Power-down 方式
数据指针寄存器	一组 16 位数据指针寄存器	两组 **16** 位数据指针寄存器

由表 1-3 可知，只要 89C51/52 有的，89S51/52 都有。而其中比较特殊的是 89S51/52 新增了一个 14 位看门狗计数器（**Watchdog Timer**，WDT）。虽然，89S51/52 的工作频率提升为

0～33MHz，但实质性帮助并不大。就像 0～24MHz 的 89C51/52 一样，还是会应用 12MHz 的工作频率，如此才能直接沿用原有的程序设计；另外，设计程序时也比较容易计算，且耗用的资源也比较少。

虽然 89C51 停产了，但其核心仍存在于 89S51 及许多 89C51 的增强版本中，例如：

- AT89C51RC 单片机微控制器具有 32KB 程序存储器、512B 数据存储器、WOT 等，除存储器比较多外，都与 89S51 相同。
- AT89C51CC001、AT89C51CC002、AT89C51CC003 等单片机微处理器以 89C51 为核心，并扩展外围设备，除配置更多的存储器外，更增加了 10 位的 ADC、CAN 控制器等，而其重复数据刻录/擦除器的次数更可达到 10 万次。

说明：ADC 为 Analog to Digital Converter 的简称，也就是将模拟信号转换成数字信号的转换器。CAN 为 Controller Area Network 的简称，这是一种微处理器与 CAN 总线的界面，而 CAN 控制器应用 BOSCH CAN 2.0B Data Link Layer Protocal 通信协议。

1-3 认识 MCS-51 的存储器结构

除了无 ROM 型的 8031 及 8032 外，MCS-51 的存储器包括程序存储器（ROM）与数据存储器（RAM）两部分，一般地这两部分是独立的个体。标准的 8x51 系列具有 4KB 程序存储器、128B 数据存储器，而标准的 8x52 系列具有 8KB、256B 数据存储器，刚好是 8x51 系列的两倍。不管是 8x51、8031、8032 或 8x52，其外部扩展的程序存储器或数据存储器最多为 64KB。

虽然 MCS-51 的兼容单片机都扩展了其内部程序存储器与数据存储器，例如 Atmel 半导体公司的 TS83C51RB2，其内部有 16KB 程序存储器、256B 数据存储器；TS83C51RC2，其内部有 32KB 程序存储器、256B 数据存储器；TS83C51RD2，其内部有 64KB 程序存储器、768KB 数据存储器。尽管如此，在此仍探讨 MCS-51 单片机微控制器的标准存储器结构。

1-3-1 程序存储器

顾名思义，程序存储器（ROM）是存放程序的位置，而 CPU 将自动从程序存储器中读取所要执行的指令码。MCS-51 可选择使用内部程序存储器或外部程序存储器（如图 1-18 所示），说明如下。

▶ 若使用 8031 或 8032，由于内部没有程序存储器，一定要使用外部程序存储器，所以其 $\overline{EA}$ 引脚必须接地。

▶ 当 $\overline{EA}$ 引脚接高电平时，CPU 将使用内部程序存储器，若程序超过 4KB（8x51）或 8KB（8x52）时，CPU 会自动从外部程序存储器里，读取超过部分的程序代码。

▶ 当 $\overline{EA}$ 引脚接地时，CPU 将自外部程序存储器读取所要执行的指令码，而 CPU 内部的程序存储器形同虚设。

说明：4KB 的程序存储器对于初学者而言，已是绰绰有余。坏掉的 8x51/8x52，很可能是其中的程序存储器坏掉，可将其 $\overline{EA}$ 引脚接地，改为外接程序存储器，即可当作 8031/8032 使用。

当 CPU 复位后，程序将从程序存储器 0000H 地址位置开始执行，如没有遇到跳转指令，则按程序存储器地址顺序执行。当然，程序存储器前面几个位置还有一些玄机，留待中断的单元再详细说明。

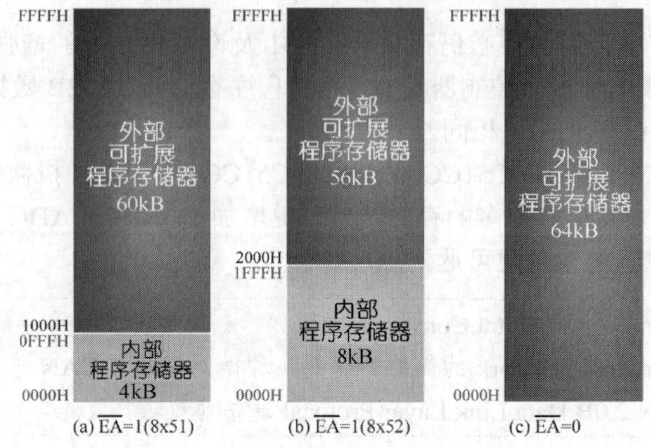

图 1-18 MCS-51 的程序存储器结构

1-3-2 数据存储器

MCS-51 的程序存储器与数据存储器是分开的独立区块，所以存取数据存储器时，所使用的地址并不会与程序存储器冲突。相对于程序存储器而言，数据存储器就不那么简单，如图 1-19 所示。

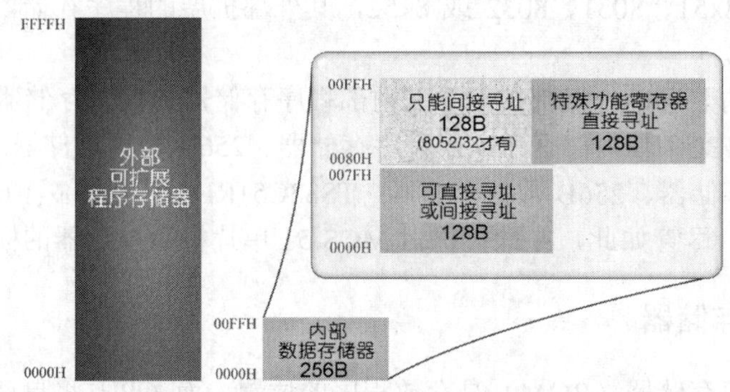

图 1-19 MCS-51 的数据存储器结构

除了内部数据存储器外，8x51 的数据存储器还可扩展外部数据存储器，这两部分的数据存储器可以并存。不过，存取数据存储器时，所采用的指令并不一样，例如，存取内部数据存储器时，可用 MOV 指令，但存取外部数据存储器时，则使用 MOVX 指令。

另外，内部数据存储器中，从 0000H 到 007FH 之间的 128B 为可直接寻址或间接寻址的存储器。在编写 C 语言程序时，以数据类型来区别直接寻址与间接寻址。在这一区间的数据存储器又可分成三部分（如图 1-20 所示），说明如下。

1. 寄存器组区

0000H 到 001FH 的 32 个地址为寄存器组（Register Bank）区，说明如下。

（1）0000H 到 0007H 为寄存器组 0（即 **RB0**），0008H 到 000FH 为寄存器组 1（即 **RB1**），0010H 到 0017H 为寄存器组 2（即 **RB2**），0018H 到 001FH 为寄存器组 3（即 **RB3**）。

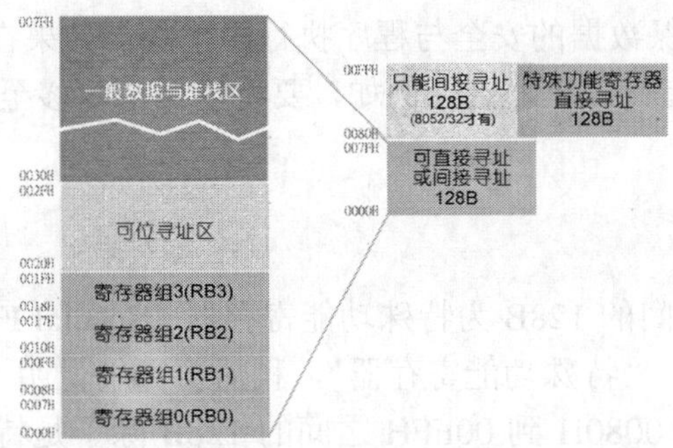

图 1-20 内部数据存储器

（2）每组寄存器组都包含 R0～R7 共 8 个寄存器，而任一时刻只能使用其中一组寄存器组。

（3）寄存器组的切换可以用程序状态字寄存器（**Program Status Word，PSW**）中的 **RS1** 与 **RS0** 来决定，如表 1-4 所示。

表 1-4 寄存器组的选择

RS1	RS0	寄 存 器 组	地 址
0	0	RB0	0000H～0007H
0	1	RB1	0008H～000FH
1	0	RB2	0010H～0017H
1	1	RB3	0018H～001FH

（4）当 CPU 复位时，系统的堆栈指针（SP）指向 07H 地址，所以数据存入堆栈时，将从 08H 开始，也就是 RB1 里的 R0 地址。为避免冲突或不必要的错误，通常会把堆栈指针移到 30H 以后的地址。

2．可位寻址区

0020H 到 002FH 的 16 个字节存储器区为可位寻址区。通常存取存储器是以字节为单位，“可位寻址”则是指定存取 1 个位（bit）。在 8051 的汇编语言里，可使用布尔运算指令进行位操作，例如，要把 20H 存储器地址的 bit 5 设置为 1，则可使用下列指令：

```
SETB    20H.5
```

另外，从 0020H 到 002FH 的 16 个字节总共 128 个位（16×8），也可以直接指定为 0 到 127，以刚才的 20H 存储器地址的 bit 5 而言，也可将“20H.5”指定为“05”，指令如下：

```
SETB    05
```

同理，若要将 25H 存储器地址的 bit 2 清除为 0，则可使用下列指令：

```
CLR  25H.2
```

或

```
CLR  42
```

其中，42=5×8+2。

3．一般数据与堆栈区

0030H 到 007FH 的 80 个字节地址为一般数据存取及堆栈区。由于 CPU 复位后，堆栈指针指向 07H 位置，为了确保数据的安全与程序执行的正确，如果在程序之中使用了 PUSH、POP 命令，最好能把堆栈指针改至本区，例如，要将堆栈指针移至 0030H 地址，则在程序开始处即使用如下命令：

```
MOV      SP, #30H
```

从 0080H 到 00FFH 之间的 128B 为特殊功能寄存器（**S**pecial **F**unction **R**egister，**SFR**）或可直接寻址的存储器，至于“特殊功能寄存器”，稍后再详细说明。

如果是 8052/8032，则 0080H 到 00FFH 之间的 128B 除了是特殊功能寄存器或可直接寻址的存储器外，另外也可以使用间接寻址的方式存取与这特殊功能寄存器位置重叠但为独立的存储器。

1-3-3 特殊功能寄存器

在 MCS-51 里，寄存器只是 CPU 里特定地址的数据存储器而已。而在 0080H 到 00FFH 之间的 128B，正是特殊功能寄存器（Special Function Register，**SFR**）所在位置。特殊功能寄存器就是 8x51/52 内部的结构，若以汇编语言编写程序时，必须熟练掌握这些寄存器，若以 C 语言编写程序，就不是那么重要。其位置的声明放置在 Keil C 所提供的“reg51.h”头文件（详见后面章节）里，只要把它包含到程序里即可，而不必记忆这些位置。以下简单介绍这些寄存器（如表 1-5 所示），仅供参考。

表 1-5　　特殊功能寄存器

	8	9	A	B	C	D	E	F	
F8									FF
F0	**B**								F7
E8									EF
E0	**ACC**								E7
D8									DF
D0	**PSW**								D7
C8	**T2CON**		**RCAP2L**	**RCAP2H**	**TL2**	**TH2**			CF
C0									C7
B8	**IP**								BF
B0	**P3**								B7
A8	**IE**								AF
A0	**P2**		**AUXR1**				**WDTRST**		A7
98	**SCON**	**SBUF**							9F
90	**P1**								97
88	**TCON**	**TMOD**	**TL0**	**TL1**	**TH0**	**TH1**	**AUXR**		8F
80	**P0**	**SP**	**DP0L**	**DP0H**	**DP1L**	**DP1H**		**PCON**	87
	0	1	2	3	4	5	6	7	

注：（1）本表 C8-CF 行部分为 8052/8032 才有的寄存器，本表第 1 列的部分为可位寻址的寄存器，较深灰底的部分为 89S51/52 才有的。

（2）8051/52、89C51/52 只有一组数据指针寄存器，所以其中的 DP0L 应改为 DPL，DP0H 应改为 DPH。

P0、P1、P2、P3

P0～P3 为 MCS-51 的 4 个输入/输出端口，其地址分别为 80H、90H、0A0H 及 0B0H，待第 3 章再详细介绍。

SP

SP 为堆栈指针寄存器（**S**tack **P**ointer register），其地址为 81H。堆栈是一种特殊的数据存储方式，其数据的操作顺序是先进后出（**F**irst **I**n **L**ast **O**ut，**FILO**），当数据以 PUSH 命令送入堆栈时，SP 自动减 1；若以 POP 命令从堆栈取出数据时，SP 自动加 1。

DPL、DPH

89C51 只有一组 16 位的数据指针寄存器（**D**ata **P**ointer register，**DPTR**），这组数据指针寄存器是由 DPL 与 DPH 两个 8 位的数据指针寄存器组成，其地址分别为 82H、83H。若以 DPL 为低 8 位、DPH 为高 8 位，所组成的 16 位数据指针寄存器将可寻址到 64KB 的数据地址。89S51 有两组 16 位数据指针寄存器，分别是 DP0L、DP0H、DP1L 及 DP1H，其地址分别为 82H、83H、84H、85H。若以汇编语言编写程序时，DPTR 是查表法的必备寄存器。不过，使用 C 语言编写程序时，就不太需要由我们直接控制这个寄存器。

PCON

PCON 为电源控制寄存器（**P**ower **Con**trol register），其地址为 87H，其功能是设置 CPU 的电源方式，待后续 7-3-3 节再行说明。

TCON

TCON 为定时器/计数器控制寄存器（**T**imer/Counter **Con**trol register），其地址为 88H，其功能是设置定时器/计数器的启动，记录定时/计数溢出及外部中断的类型等（见第 6 章），待后续关于定时器/计数器部分（第 7 章），再行说明。

TMOD

TMOD 为定时器/计数器方式控制寄存器（Timer/Counter Mode Control register），其地址为 089H，其功能是设置定时/计数的方式，待后续关于定时器/计数器部分（第 7 章）再行说明。

TL0、TL1、TH0、TH1

TL0、TH0 为第一组定时器/计数器（Timer0）的计数器，其地址为 8AH、8CH，将 TH0 与 TL0 组合即可进行 16 位的定时/计数。TL1、TH1 为第二组定时器/计数器（Timer1）的计数器，其地址为 8BH、8DH，将 TH1 与 TL1 组合即可进行 16 位的定时/计数，待后续关于定时器/计数器部分（第 7 章）再行说明。

SCON

SCON 为串行口控制寄存器（Serial port Control register），其地址为 98H，其功能是设置串行口工作方式与标志，待后续关于串行口部分（第 8 章）再行说明。

SBUF

SBUF 为串行口缓冲器（Serial BUFfer），其地址为 99H，它由使用同一个地址的两个寄存器所构成，其中一个寄存器作为发送数据用的缓冲器，另一个寄存器作为接收数据用的缓冲器。至于如何分辨同一个地址的两个寄存器，视指令而定，若是数据发送的指令，则自动定位到发送数据用的缓冲器；若是接收数据的指令，则自动定位到接收数据用的缓冲器，待后续关于串行口部分（第 8 章）再行说明。

IE

IE 为中断使能寄存器（**I**nterrupt **E**nable register），其地址为 0A8H，其功能是启用中断功能，待后续关于中断部分（第 6 章）再行说明。

IP

IP 为中断优先等级寄存器（**I**nterrupt **P**riority register），其地址为 0B8H，其功能是设置中断的优先等级，待后续关于中断部分（第 6 章）再行说明。

T2CON

T2CON 为 Timer2 的定时器/计数器控制寄存器，其地址为 0C8H，其功能是设置 Timer2 的启动、记录定时/计数溢出，以及外部中断的类型等，而 Timer2 只在 8052/8032 中才有。

RCAP2L、RCAP2H

RCAP2L、RCAP2H 为捕捉寄存器（Capture register），其地址为 0CAH、0CBH。当 Timer2 在捕捉方式时，若 T2EX（P1.1）引脚上的输入信号由高电平跳变为低电平，TL2 与 TH2 的内容将被载入 RCAP2L 与 RCAP2H 里，就像是把 Timer2 的内容“捉进”RCAP 寄存器一样。

TL2、TH2

TL2、TH2 为第三组定时器/计数器（Timer2）的计数器，其地址为 0CCH、0CDH，将 TH2 与 TL2 组合即可进行 16 位的定时/计数。

PSW

PSW 为 CPU 的程序状态字组寄存器（**P**rogram **S**tatus **W**ord register），其地址为 0D0H，其内容说明如下。

	7	6	5	4	3	2	1	0
PSW	CY	AC	F0	RS1	RS0	OV		P

- **PSW.7**：本位为进位标志（**CY**），进行加法（减法）运算时，若最左边位（MSB，即 bit 7）产生进位（借位）时，则本位将自动设置为 1，即 CY=1；否则 CY=0。
- **PSW.6**：本位为辅助进位标志（**AC**），进行加法（减法）运算时，若 bit 3 产生进位（借位）时，则本位将自动设置为 1，即 AC=1；否则 AC=0。
- **PSW.5**：本位为用户标志（**F0**），可由用户自行设置的位。

- **PSW.4** 与 **PSW.3**：这两个位为寄存器组选择位（**RS1**、**RS0**），其功能如表 1-4 所示。
- **PSW.2**：本位为溢出标志（**OV**），当进行算术运算时，若发生溢出，则 OV=1；否则 OV=0。
- **PSW.1**：本位为保留位，没有提供服务。
- **PSW.0**：本位为校验标志（**P**），8051 采用偶校验，若 ACC 里有奇数个 1，则 P=1；若 ACC 里有偶数个 1，则 P=0。

ACC

ACC 累加器（Accumulator）又称为 A 寄存器，其地址为 0E0H，这个寄存器提供 CPU 主要运行的位置，可说是最常用的寄存器。

B

B 寄存器的地址为 0F0H，主要功能是配合 A 寄存器进行乘法或除法运算，进行乘法运算时，乘数放在 B 寄存器，而运算结果的高 8 位放在 B 寄存器；进行除法运算时，除数放在 B 寄存器，而运算结果的余数放在 B 寄存器。若不进行乘/除法运算，B 寄存器也可当成一般寄存器使用。

AUXR

AUXR 寄存器为 89S51 新增的辅助寄存器（**AUX**iliary **R**egister），其地址为 8EH，其内容说明如下。

	7	6	5	4	3	2	1	0
AUXR				WDIDLE	DISRTO			DISALE

- **WDIDLE**：本位设置在待机方式（Idle Mode）下，是否启用看门狗。若本位设置为 1，则在 Idle 方式下将启用看门狗；若本位设置为 0，则在 Idle 方式下将停用看门狗。
- **DISRTO**：本位设置是否输出复位信号，若本位设置为 1，则 Reset 引脚（第 9 脚）只有输入功能；若本位设置为 0，则在 WDT 计数完毕后，Reset 引脚输出复位信号（即高电平脉冲）。
- **DISALE**：本位设置是否启用 ALE 信号，若本位设置为 1，则只有在执行 MOVX 指令或 MOVC 指令时，ALE 引脚（第 30 脚）才会正常工作；若本位设置为 0，则固定每 6 个脉冲就输出 1 个高电平脉冲，稍后说明。

其他位为保留位。当然，这个寄存器只有在 89S51 里才有作用。

AUXR1

AUXR1 寄存器为 89S51 新增的第 2 个辅助寄存器，其地址为 0A2H，其内容说明如下：

	7	6	5	4	3	2	1	0
AUXR1								**DPS**

- **DPS**：本位的功能是选择数据指针寄存器。若本位设置为 1，则使用 DP1L 及 DP1H；若本位设置为 0，则使用 DP0L 及 DP0H。

其他位为保留位。同样，这个寄存器只有在 89S51 里才有作用。

WDTRST

WDTRST 寄存器为 89S51 新增的看门狗定时器复位寄存器（WatchdogTimer Reset register），其地址为 0A6H。当要启用看门狗定时器 WDT 时，依序将 01EH、0E1H 放入 WDTRST 寄存器，当 14 位计数器溢出（达到 16383，即 3FFFH），即由 RESET 引脚送出一个高电平脉冲以复位系统。此脉冲的宽度为 $98\times T_{OSC}$，其中 $T_{OSC}=1/F_{OSC}$，以 12MHz 的时钟脉冲为例，脉冲的宽度为 $98\times\frac{1}{12\times10^{6}}\cong 8.167\mu s$，关于看门狗与节电方式，待后续相关单元，再行说明。

1-4 MCS-51 的时序分析与复位

在本单元里将介绍 8x51 的复位（RESET）与时序分析。

1-4-1 时序分析

时钟脉冲是微型计算机系统的基本信号，在 1-2 节里，我们曾经简单地介绍了 8x51 的时钟脉冲。不管是采用内部的振荡电路，或由外部的时钟脉冲产生电路提供的时钟脉冲，这个时钟脉冲将成为整个系统运行的根据。89C51 的额定时钟脉冲为 0 到 24MHz，表示只要不超过 24MHz 即可。而 89S51 的额定时钟脉冲为 0 到 33MHz，表示只要不超过 33MHz 就不会有问题。当我们在设计电路时，是不是要使用其最高的频率呢？当然不是这样。若时钟脉冲的频率太高，可能会导致程序复杂、使用的 CPU 资源增大，“延迟函数”就是最明显的例子。

通常我们会挑选一个常用、容易买到（且便宜）的石英振荡晶体，而且程序不必刻意修改就能兼容，这里挑选最常用的 12MHz 时钟脉冲。

如图 1-21 所示为 12MHz 时钟脉冲的时序图，一个机器周期由 6 个状态周期（S1 到 S6）所构成，每个状态周期包括两个时钟脉冲（即 P1、P2）。对于 12MHz 的时钟脉冲而言，一个脉冲的周期为 1/12μs，一个机器周期包含 12 个时钟脉冲，也就是 1μs。

在 8x51 的 111 条指令里，除了执行乘法与除法指令需要 4 个机器周期外，其余指令都能在 1 个或 2 个机器周期执行完毕。尽管如此，有些指令的长度为 1B，有些为 2B，还有少数指令为 3B。对于不同的指令，CPU 如何读取与执行呢？在此将结合图 1-21 简要说明。首先是地址锁存使能引脚 ALE，每个机器周期送出两个脉冲（分别是在 S1 及 S4 时），以锁存 P0 输出的地址（A0～A7），CPU 将进行读取存储器的动作。对于不同的指令类型，其动作分别说明如下。

- 1 个机器周期、1B 的指令，如 CLR C 指令，在 S1 时读取指令，在 S6 时执行完毕；而在 S4 时读取下条指令，但并不使用它，直到下个机器周期的 S1 时再重新读取下条指令。
- 1 个机器周期、2B 的指令，如 INC *direct* 指令，在 S1 时读取指令，在 S4 时读取第二个 byte，在 S6 时执行完毕。在下个机器周期的 S1 时读取下条指令，以此类推。
- 2 个机器周期、1B 的指令，如 RET 指令，在 S1 时读取指令，而在 S4 及下个机器周期的 S1、S4 时分别读取下条指令，由于指令尚未执行完毕，所以这三个阶段的指令读取都会被放弃。直到第二个机器周期的 S6，指令执行完毕后，CPU 才会在第三个机器周期的 S1 重新读取下条指令，才是有效的读取。

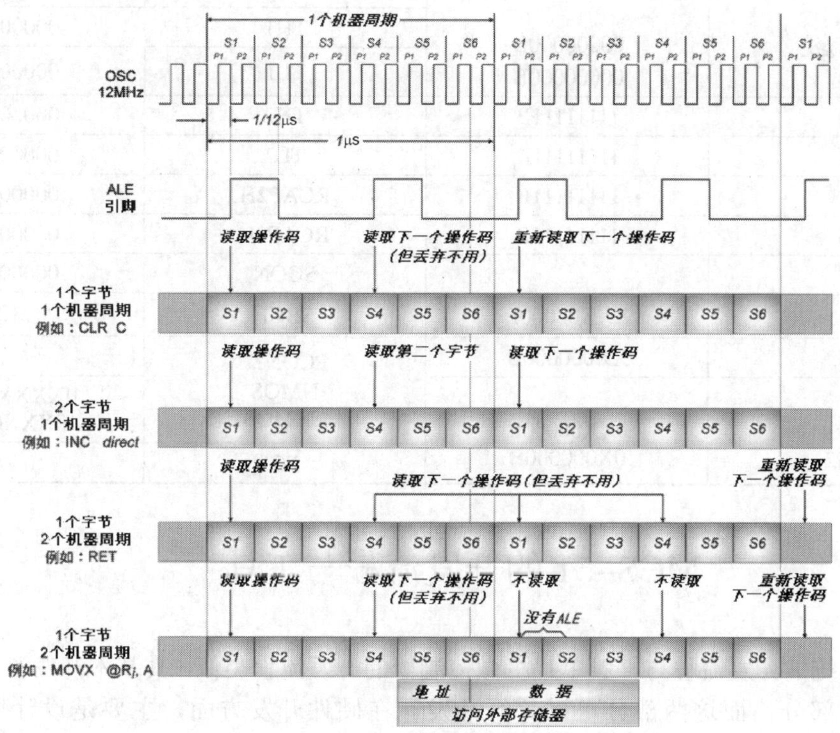

图 1-21 时序分析图

- 另外一种 2 个机器周期、1B 的指令为存取外部存储器数据的指令，即 MOVX 指令。同样在第一个机器周期的 S1 时读取指令，而在 S4 时读取下条指令，当然也会被放弃。在 S5 时 P0 送出的 A0 到 A7 地址将被放入锁存器，而 S6 到下个机器周期的 S3 之间，由 P0 进行外部存储器的数据存取。由于进行外部存储器的存取，第二个机器周期的 S1 与 S4 并不进行读取指令的动作，直到第三个机器周期的 S1 时，才会重新读取下条指令。

1-4-2 复位

对于微型计算机系统而言，复位是一项很重要的归零动作。而 8x51 的复位是将高电平加到 RESET 引脚（第 9 脚）上，时间超过两个机器周期以上，也就是 2μs。一般手动按 8x51 系统里的 RESET 按钮开关都会超过 2μs，换言之，只要按 RESET 按钮，就一定会使系统复位。当系统复位时，CPU 内部寄存器将回归初始状态（如表 1-6 所示），程序将从 0000H 处开始执行。

表 1-6 复位后的状态表

寄 存 器	状 态	寄 存 器	状 态
ACC	00000000B	TMOD	00000000B
B	00000000B	TCON	00000000B
PSW	00000000B	T2CON	00000000B
SP	00000111B	TH0	00000000B

续表

寄 存 器	状 态	寄 存 器	状 态
DPTR: DPH DPL	00000000B 00000000B	TL0	00000000B
		TH1	00000000B
		TL1	00000000B
P0	11111111B	TH2	00000000B
P1	11111111B	TL2	00000000B
P2	11111111B	RCAP2H	00000000B
P3	11111111B	RCAP2L	00000000B
IP		SCON	00000000B
8x51	XXX00000B	SBUF	未定
8x52	XX000000B	PCON:	
IE: 8x51 8x52	0XX00000B 0X000000B	NMOS CHMOS	0XXXXXXXB 0XXX0000B
		PC	0000H

1-5 MCS-51 的开发流程与工具

8x51 系统的开发流程与一般单片机微控制器的开发流程类似，其基本开发流程可分为软件与硬件两部分，而这两部分可以并行开发。在硬件开发方面，主要是设计原型电路板（prototype），也就是目标板（target board）。在软件开发方面，则是编写源程序（可使用 C 语言或汇编语言），再经过编译、汇编成为可执行码，然后进行调试/仿真。当完成软件设计后，即可应用在线仿真器（**In-Circuit Emulator**，**ICE**），加载该可执行码，然后在目标板上进行在线仿真。若软、硬件设计无误，则可利用 IC 刻录器将其可执行码刻录到 8x51，最后将该 8x51 插入目标板，即完成设计，如图 1-22 所示。

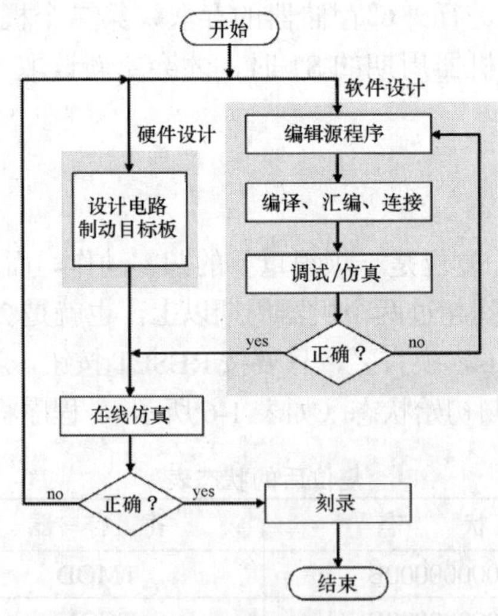

图 1-22 8x51 系统的开发流程

8x51 的开发工具非常多，在此只介绍三种较普及的工具。

1-5-1 传统开发工具

应用 8x51 来设计控制电路时，除了 8x51 的电路设计外，还得编写 8x51 程序。传统的 8x51 程序开发大多是在 DOS 环境下，而在 Windows 环境下反倒不是很方便。

如图 1-23 所示，其中各步骤说明如下。

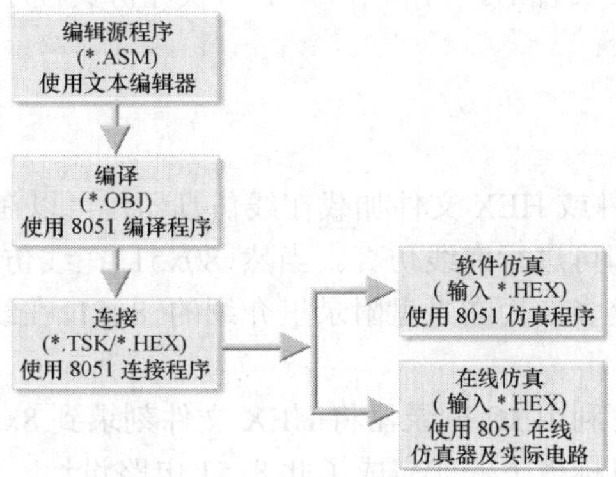

图 1-23 传统的 8x51 程序开发流程

编辑源程序

首先利用文本编辑程序来编写源程序（source code，即*.asm），这是以 8x51 汇编语言所编写的程序，是人们能解读的文字文件。若是在 DOS 环境下编写源程序，可使用 PE2 之类的文本编辑程序；若是在 Windows 环境下编写源程序，则可使用 Windows 自带的记事本。

汇编与连接

当源程序编辑完成后，紧接着利用 8x51 的汇编程序，如美国 2500AD 公司的 x8051，将源程序汇编得到目的码（即*.obj）；再利用连接程序将目的码连接而产生可执行文件（*.TSK）或 Intel 的十六进制文件（*.HEX）。由于汇编与连接是利用两个不同的程序在 DOS 下依序进行的动作。我们可使用批处理程序来简化操作程序，如下所示为 test.bat 批处理程序，其功能是让我们一次操作就可完成汇编与连接两个动作。

```
Y9162!&2/btn!.E!
AFDIP!PGG!
JG!FSSPSMFWFM!2!HPUP!FSS! AFDIP!PO!
MJOL! ė D!&2/pck! AFDIP!PGG!
HPUP!FOE!
;FSS!
AFDIP!FsspsČ Č !
;FOE!
AFDIP!PGG!
test.bat
```

若要汇编与连接 ch1.asm 源程序，则在 DOS 命令行下输入：

test ch1　　Enter（回车）

注意：不要指定扩展文件名，如此将可省去不少麻烦。

软件仿真

产生 TSK 文件或 HEX 文件后，可利用 8x51 的软件仿真程序，如 AVSIM51，进行简单的软件仿真。

在线仿真

在线仿真是将 TSK 文件或 HEX 文件加载在线仿真器，再以在线仿真器当做 8x51，插入我们所开发的目标板上，即可进行在线仿真。当然 80x51 在线仿真器是不可缺的。而 8x51 在线仿真器的厂牌、种类繁多，而在光盘附录里介绍的 8x51 在线仿真器，属于较新一代的 8x51 在线仿真器。

如果一切都正确，则可利用 **IC** 刻录器将 HEX 文件刻录到 8x51，该 8x51 就写入了我们所编写的程序，将它插在目标板上，就完成了此 8x51 电路设计。

1-5-2　Altium Designer 电路设计软件

Altium Designer 为一套多功能的电路设计软件，其中最著名的有两部分，第一部分是电路图/电路板的设计工具，也就是大家熟悉的 **Protel** 电路板设计软件；第二部分是 FPGA 嵌入式系统（embedded system）设计，即 **TASKING**。实际上，**TASKING** 拥有超过 10 万个客户，广泛地分布于全世界知名的通信厂商、资通厂商、无线厂商与外围装置厂商等，是嵌入式设计系统的领导品牌。我们可以应用这套软件来开发 FPGA 嵌入式系统、单片机微控制器的软件与硬件。**TASKING** 除了提供集成文本编辑器外，还提供编译、调试、嵌入式 Internet 及 **RTOS**（Real Time Operation System，实时操作系统）等，并支持多个 DSP、8 位、16 位及 32 位的嵌入式微处理器。

在 **TASKING** 里，嵌入式软件的生成流程与一般微型计算机或单片机系统的软件生成流程类似，基本程序都是“编写源程序”→“编译（C 语言）”→“汇编”→“连接”→“仿真/调试”→“在线仿真”。如图 1-24 所示是在 **TASKING** 里开发 FPGA 嵌入式系统设计或 8x51 单片机设计的开发流程。

如果是使用 C 语言编写源程序，则需先经过 C 语言的编辑器将源程序编译成*.src 文件；若在编译的过程中出现任何错误情况，将会把错误信息存入文件（即*.err 文件）中。*.src 文件与汇编语言编写的源程序相同，可经由汇编器将它汇编而产生目的文件（*.obj）。另外，汇编过程也会产生错误信息文件（*.ers）及列表文件（*.lst）。紧接着再利用连接器连接目的文件与函数库（若在源程序里应用了函数库里的函数），即可产生可执行文件，其中包括三种可执行文件的格式，如 Intel 的十六进制文件（*.hex）、IEEE—695 目的文件（*.abs）及 Motorola S 录制文件（*.sre）。而 **TASKING** 里的调试/仿真及在线仿真就是以 IEEE—695 目的文件为输入。当然，若要使用外部的在线仿真与刻录，则可取用其所产生十六进制文件。

另一方面，我们可同时在 **Altium Designer** 的电路设计环境里设计电路图、电路板，并产生制作电路板所需要的文件以及相关报告。

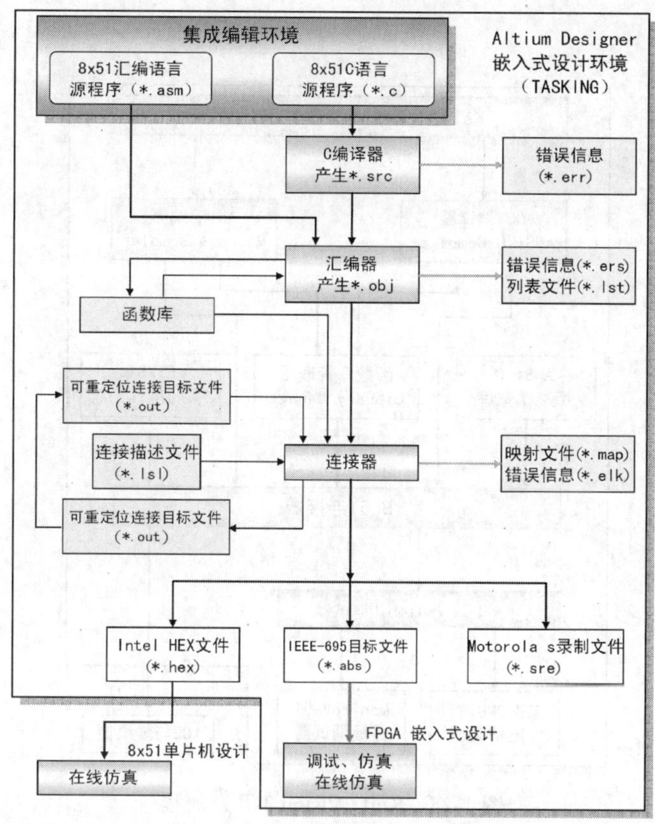

图 1-24 TASKING 开发流程

1-5-3 Keil μVision3 集成开发环境

Keil 公司的 μVision3 集成开发环境（**I**ntegrated **D**evelopment **E**nvironment，**IDE**）是一套相当好用的 8x51 开发软件。在集成开发环境里，包括项目管理器（Project Manager）、源程序编辑器（Editor）、汇编器（Assembler）、编译器（Compiler）、连接器（Linker/Locator）、调试器（Debugger）等，我们可从建立设计项目（Project）开始，然后编辑源程序（C 语言或汇编语言）、编译、汇编、连接，再进行调试（调试就是一种程序功能仿真），图 1-25 所示为其开发流程。

对于初次尝试 Keil μVision3 的使用者，Keil 公司提供了免费的评估版（evaluation version），让使用者满意再购买。当然，评估版也有其限制，就是无法产生超过 2KB 的可执行程序，尽管如此，想要编写超过 2KB 的可执行程序也不是件简单的事，尤其是初学者，本书中的范例编译后产生的文件都小于 2KB，所以，大家可放心试用这套可爱又迷人的开发环境。在本书光盘中放置了这个程序。若需要更新版本，可直接到 Keil 公司网站下载（http://www.keil.com/demo/eval/c51.htm）。

1-5-4 89S51 的在线刻录功能

究竟有什么理由能让 89S51 取代 89C51 成为下一代 MCS-51 的新主流？最有说服力的莫过于其所提供的在线刻录功能（**I**n-**S**ystem **P**rogrammable，**ISP**）。实际上，89C51 就具有 ISP 的雏型，而 89S51 更成熟，从此我们几乎摈弃 IC 刻录器了，甚至昂贵的在线仿真器也不一定需要。

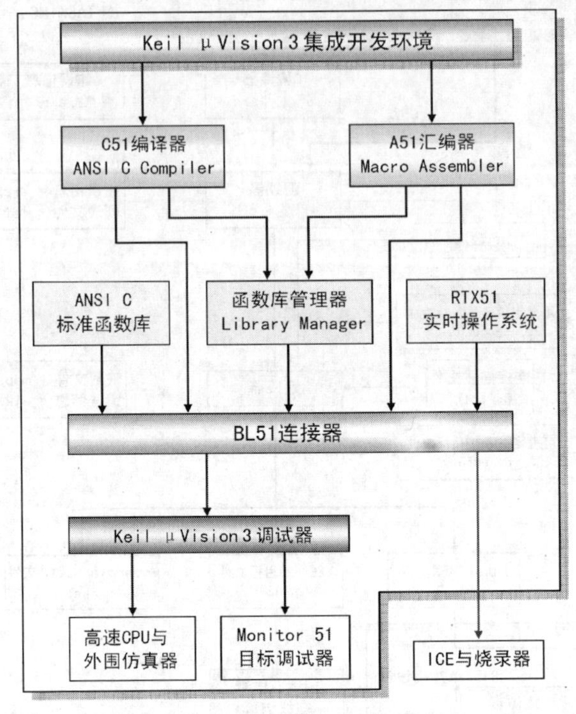

图 1-25 Keil μVision 3 开发流程

Atmel 公司所提供的 ISP 电路与程序可让使用者通过个人计算机的并行端口或串行口（RS232C）直接将可执行文件下载到 89C51/89S51。如此一来不但可以省掉不少开发工具与设备，也将改写在线仿真的方式，对于初学者帮助很多。而本书也推荐一片 89S51 在线刻录实验板（USB 版），除了 ISP 功能外，还提供一些简单的外围装置，如 LED、蜂鸣器、拨码开关等，我们可直接这块实验板上开发 89S51 系统。关于这块实验板的说明，详见光盘附录。

1-6 实例演练

单片机系统的设计中，软件与硬件息息相关，不同的电路设计，程序可能就不太一样。因此，在编写程序之前，必须确定电路的连接状态，例如，要利用 89S51 的 P2 来控制 8 个 LED，让这 8 个 LED 分成两组（高 4 位与低 4 位）交替闪烁，其设计步骤如下。

Step 1 首先把电路连接妥当，如图 1-26 所示。当 P2 的引脚输出低电压（0）时，其所连接的 LED 呈现正向偏压而发亮；若将引脚输出高电压（1）时，其所连接的 LED 不导通而不亮。因此，我们的程序设计就要让 P2 输出为“00001111”，以十六进制数字表示为“0f”，使左边 4 个 LED 亮，右边 4 个 LED 不亮；而在 Keil C 的程序里十六进制数字是以“0x”为前缀。所以，在程序里应表示为“0x0f”。隔一段时间后，再将输出反相（在 Keil C 里可利用“~”操作符），即左边 4 个 LED 不亮，右边 4 个 LED 亮，如此周而复始。

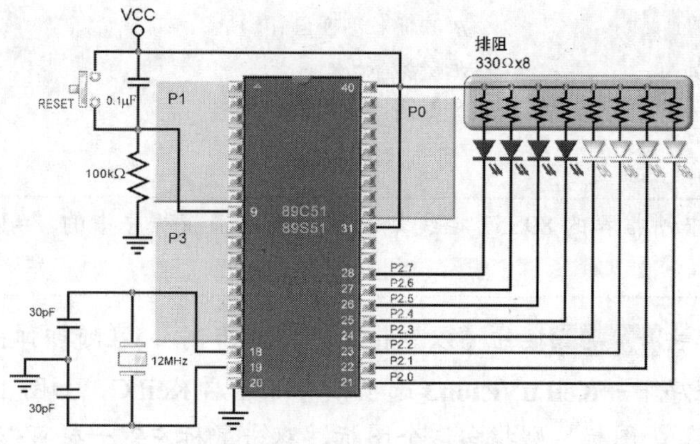

图 1-26 交替闪烁灯电路

Step 2 有了电路和思路后，随即将思路画成流程图，如图 1-27 所示，其中的延迟函数只是一个“0 ~ x-1”的计数程序而已。

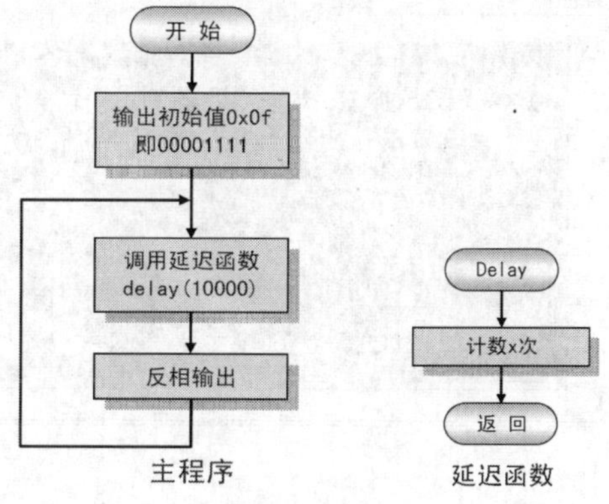

图 1-27 流程图

Step 3 除非是很简单的程序，否则，根据流程图来编写程序还是一个比较容易且保险的方法。程序如下。

```
/* ch01.c -    LED 高低电平交替闪烁程序  */
//==声明区==============================================
#include      <reg51.h>                  // 定义 8051 寄存器的头文件
#define       LED      P2                // 定义 LED 接至 P2
void delay(int);                         // 声明延迟函数
//==主程序==============================================
main()                                   // 主程序开始
{     LED=0x0f;                          // 初值=0000 1111,状态为左边 4 个亮、右边 4 个灭（共阳）
      while(1)                           // 无穷循环
      {        delay(10000);             // 调用延迟函数
               LED=~LED;                 // LED 反相输出
      }                                  // while 循环结束
}                                        // 主程序结束
//==延迟函数============================================
void delay(int x)                        // 延迟函数开始，x=延迟次数
```

```
{   int i;                          // 声明整型变量 i
    for(i=0;i<x;i++);               // 计数 x 次
}                                   // 延迟函数结束
```

ch01.c

说明：若使用本书所推荐的 89S51 在线刻录实验板，请将程序中的“#define LED P2”，改为“#define LED P1”。

Step 4 紧接着单击 开始 按钮（以 Windows XP 为例），在随即弹出的“开始”菜单里选择“程序”→**Keil uVision3** 选项，即可开启 Keil C，如图 1-28 所示。当然，若桌面上有 Keil uVision3 图标，则指向这个图标，双击鼠标左键一样可以进入 Keil μVision 3 环境。

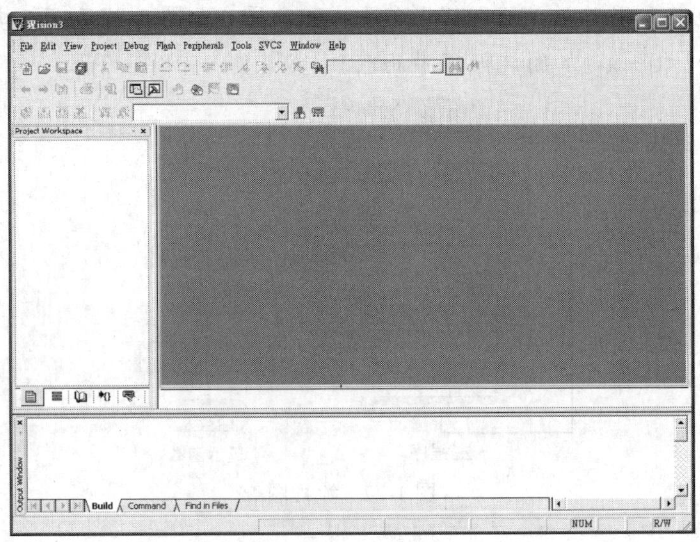

图 1-28 Keil uVision3 集成开发环境

Step 5 首先打开一个项目，启动 **Project** 菜单下的 **New Project** 命令，屏幕出现如图 1-29 所示的对话框。

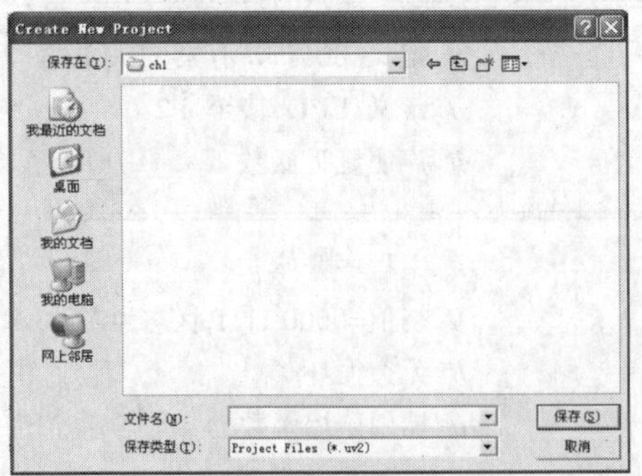

图 1-29 保存项目

Step 6 在“文件名”栏中指定所要新增的项目名称（如 ch01），再单击 保存(S) 按钮，屏幕出现如图 1-30 所示的对话框。

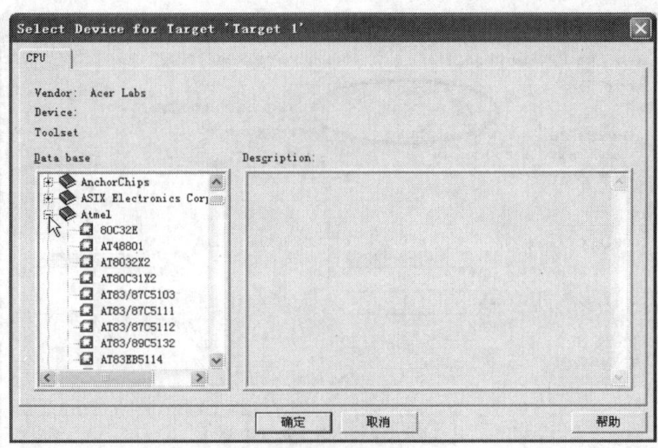

图 1-30 选择器件

Step 7 在 **Data base** 栏中选择所要使用的 CPU 芯片，例如 Atmel 半导体公司的 AT89S51，再单击 确定 按钮关闭对话框，屏幕出现如图 1-31 所示的对话框。

图 1-31 添加启动代码

Step 8 这时系统询问我们要不要将 8051 汇编语言的启动代码放入我们所编辑的项目文件夹里，在此单击 否(N) 按钮关闭此对话框，则在左边将产生“**Target 1**”项目，如图 1-32 所示。

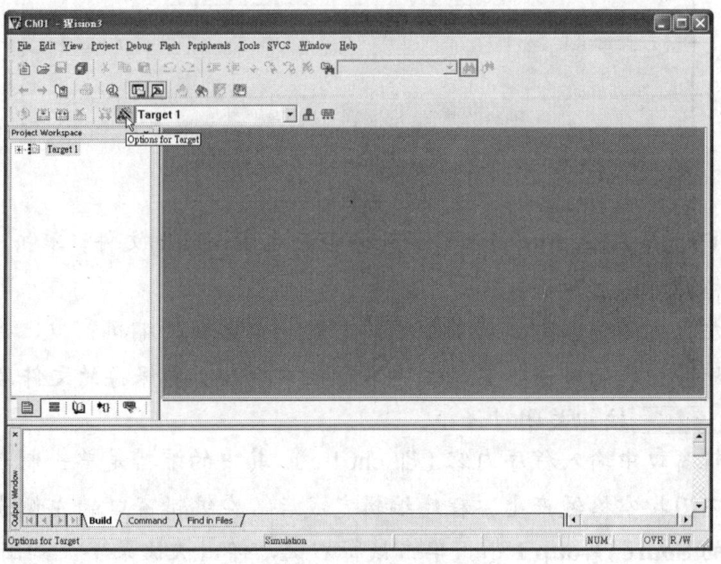

图 1-32 新建项目界面

Step 9 单击按钮设置此芯片的选项，屏幕出现如图 1-33 所示的对话框。

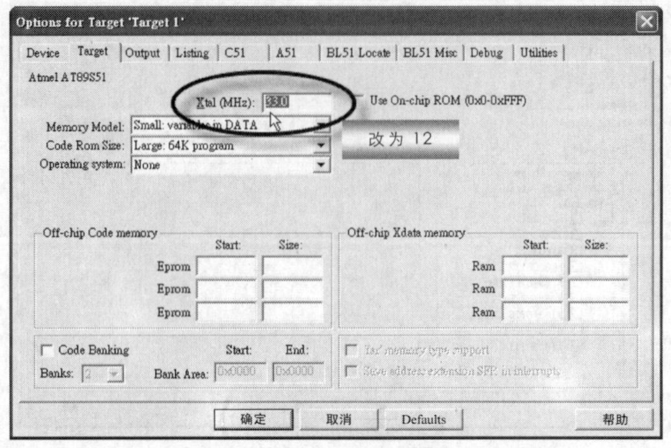

图 1-33 晶振频率选择

Step 10 在这个对话框里设置此芯片的工作频率与所要输出的文件名。首先在 **Target** 选项卡的 **Xtal（MHz）**栏中输入 **12**，指定此芯片的工作频率为 12MHz。然后切换到 **Output** 选项卡，如图 1-34 所示。

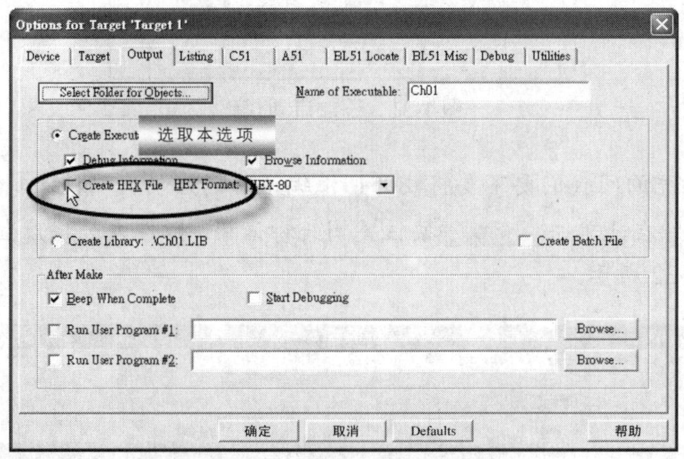

图 1-34 选择产生十六进制文件

Step 11 选择 **Create HEX File** 选项，如此才会产生十六进制文件，单击 确定 按钮关闭对话框即可完成设置。

Step 12 单击左上方的按钮，编辑区里将打开一个全新的编辑窗口，再单击按钮，然后在随即出现的对话框里的文件名称栏中输入所要保存的文件名称（ch01.c），再单击 保存(S) 按钮关闭对话框。

Step 13 在编辑窗口中输入程序内容（即 ch01.c），其中的缩排是单击制表键 Tab 所产生的，不用按空格键产生。程序编辑完成后，在编辑窗口的左侧选择 **Target 1** 节点下面的 **Sourc Group 1** 项，单击鼠标右键，弹出快捷菜单，如图 1-31 所示。选择 **Add Files to Group Source Group 1** 项，然后在随即出现的对话框里指定刚才编辑的 ch01.c 文件，再单击 Add 按钮；最后，单击 Close 按钮关闭对话框，即可将 ch01.c 文件加入 Source Group 1。

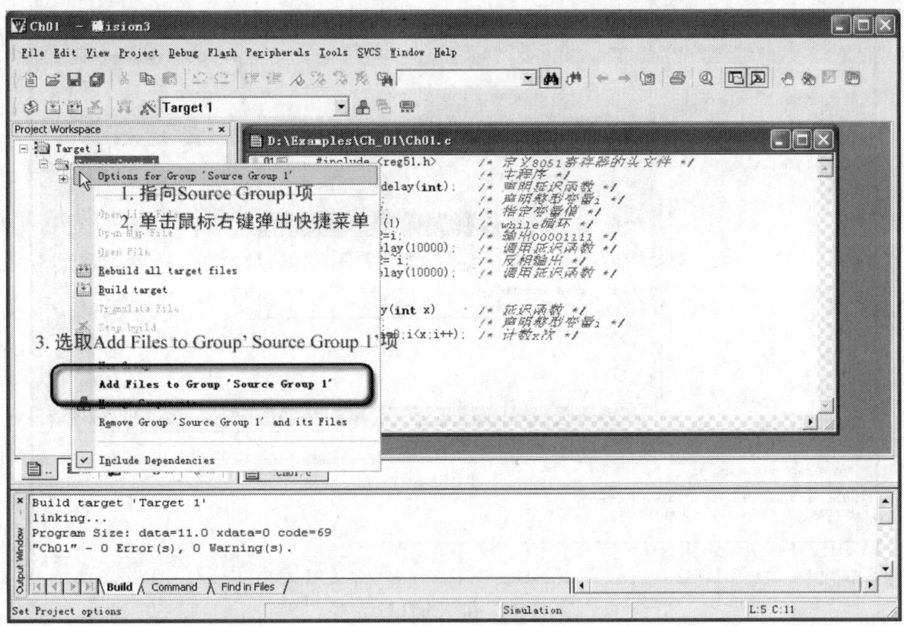

图 1-35 添加源文件

Step 14 紧接着进行编译与连接，单击左上方的按钮即可进行编译与连接，而其过程将记录在下方的输出窗口中，如图 1-36 所示。

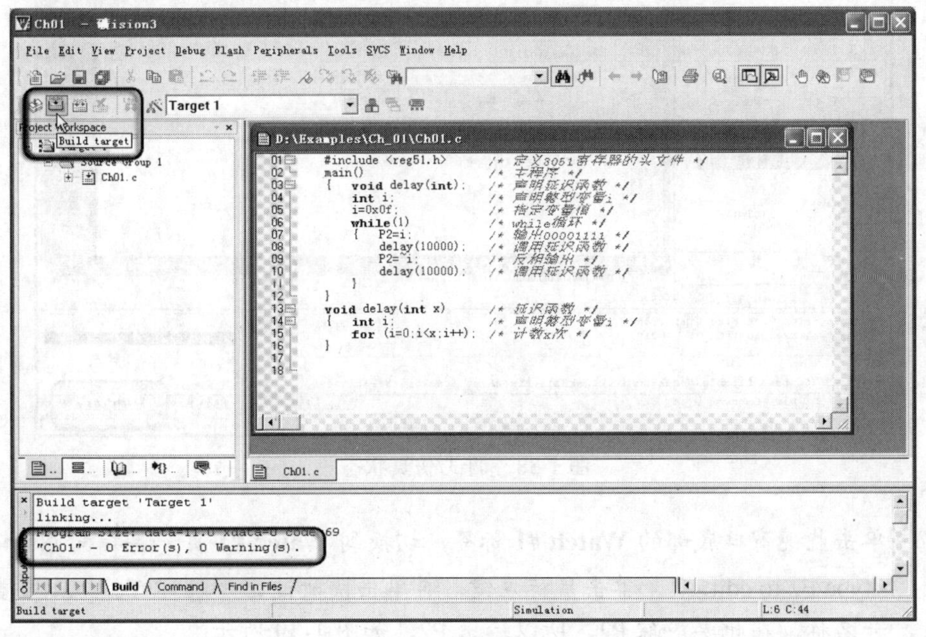

图 1-36 编译与连接

Step 15 图中的"**0 Error（s）, 0 Warnning（s）.**"表示没有错误，因此就可继续进行调试/仿真。单击按钮打开调试工具栏，屏幕出现确认对话框，如图 1-37 所示。

Step 16 单击 确定 按钮关闭对话框，即进入调试状态。若左下方没有出现监视窗口，可单击按钮打开，如图 1-38 所示。

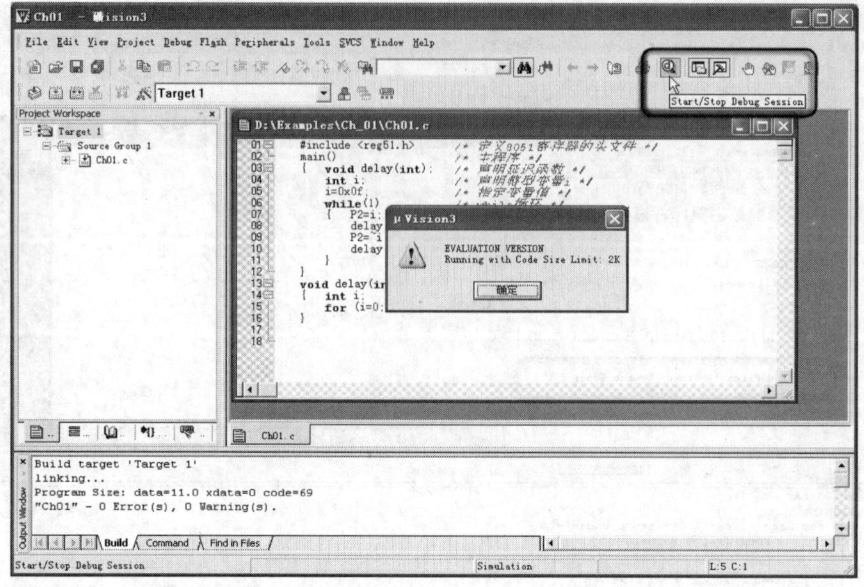

图 1-37 进入调试/仿真

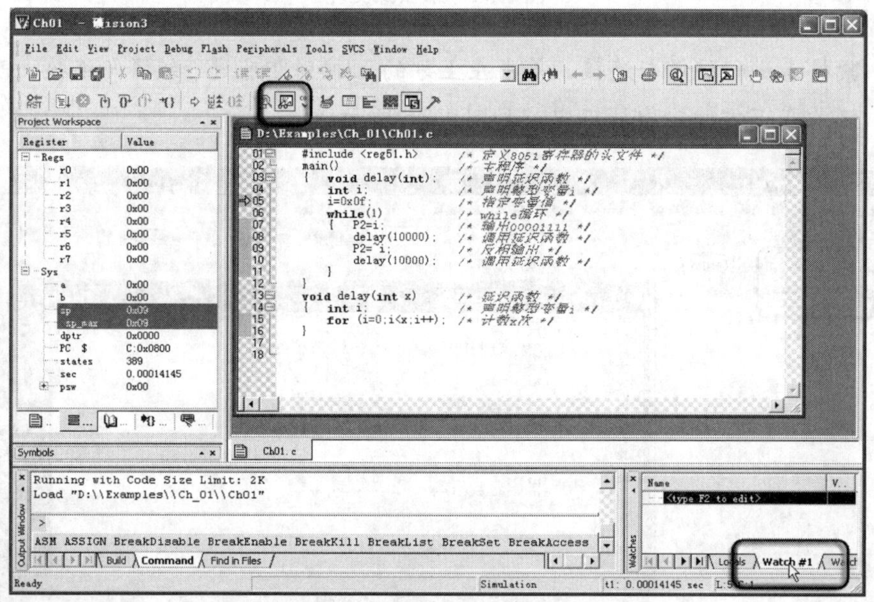

图 1-38 调试/仿真状态

Step 17 单击监视窗口底部的 **Watch #1** 标签，切换到 **Watch #1** 页。再指向 **Name** 栏里的<type F2 to edit>项，单击鼠标左键，再单击快捷键 F2 即可输入所要监视的信号名称，在此要跟踪 P2，所以输出 P2，如图 1-39 所示。

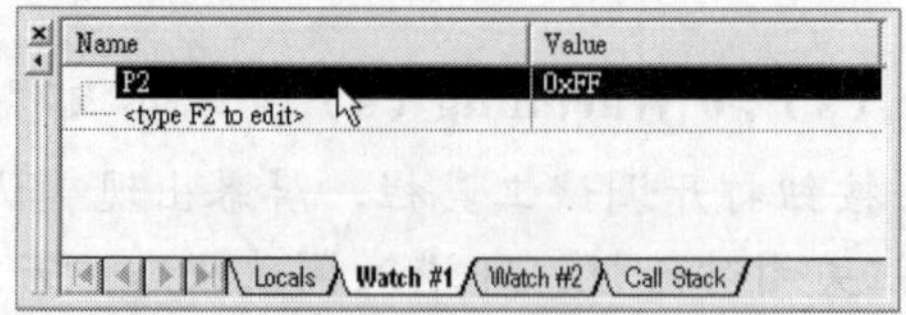

图 1-39 监视窗口

Step 18 选择 **View** 菜单下的 **Periodic Window Update** 命令（若已打勾就不用再选择），让窗口随程序运行而变动。再单击按钮即开始执行程序，监视窗口中，P2 的值也在 0x0F 与 0xF0 之间交替变化。表示连接在 P2 的 LED 将分为高 4 位与低 4 位交替闪烁。若要停止程序的进行，可单击按钮。

Step 19 如果监视窗口还不能满足要求的话，可打开 **Peripherals** 菜单中的 **I/O-Ports** 命令，再选择 P2 选项，即可打开 P2 窗口，如图 1-40 所示。

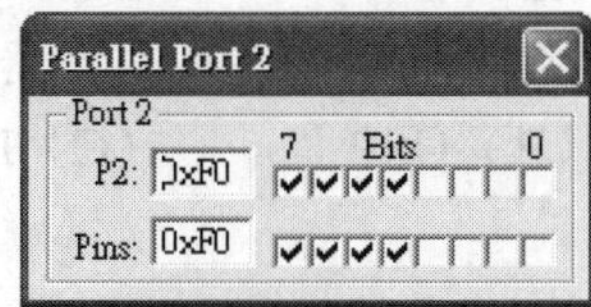

图 1-40 I/O 端口设置

Step 20 若要继续运行程序，可单击按钮，则监视窗口与 P2 窗口的内容都将随程序的进行而变化。若想从头开始，则单击按钮停止程序，单击按钮复位 CPU，再单击按钮。若要关闭此专案，则先单击按钮离开调试状态，再启动 **Project** 菜单下的 **Close Project** 命令。最后，启动 **File** 菜单下的 **Exit** 命令，即可关闭 Keil C 程序。

Step 21 在本项目所存储的文件夹里可找到 **ch01.hex 文**件，这个文件就是可执行文件，使用 ICE 加载此文件即可进行在线仿真，至于在线仿真的操作，可参阅附录。

1–7 实时练习

在本章里快速地介绍了 8x51，包括基本的硬件以及简单开发工具，这些都是学习 8x51 的基本知识与必备技能。在此请试着回答下列问题，以确认可顺利进入 8x51 的世界。

选择题

(　　) 1. 89S51 的内部程序存储器与数据存储器容量各为多少？
(A) 64KB、128B　(B) 4KB、64KB
(C) 4KB、128B　(D) 8KB、256B

(　　) 2. 89S51 比 89C51 多出了哪个功能？
(A) 存储器加倍　(B) 具有 WDT 功能
(C) 多了一个 8 位输入/输出端口　(D) 多一个串行口

(　　) 3. 在 DIP40 封装的 8x51 芯片里，复位 RESET 引脚的引脚编号是什么？
(A) 9　(B) 19　(C) 29　(D) 39

(　　) 4. 在 DIP40 封装的 8x51 芯片里，接地引脚与电源引脚的引脚编号是什么？
(A) 1、21　(B) 11、31　(C) 20、40　(D) 19、39

(　　) 5. 下列哪个软件同时提供 8x51 的汇编语言及 C 语言的编译器？
(A) Keil μVision 3　(B) Java C++　(C) Delphi　(D) Visual C++

(　　) 6. 在 12MHz 时钟脉冲的 8051 系统里，一个机器周期有多长？

（A）1μs （B）12μs （C）1ms （D）12ms

（ ）7. 在 8x51 芯片里，哪个引脚用于控制使用内部程序存储器还是外部程序存储器？

（A）XTAL1 （B）$\overline{\text{EA}}$ （C）$\overline{\text{PSEN}}$ （D）ALE

（ ）8. 下列哪个不是 8051 所提供的寻址方式？

（A）寄存器寻址 （B）间接寻址 （C）直接寻址 （D）独立寻址

（ ）9. 下列哪个寄存器是 8x51 内的 16 位寄存器？

（A）ACC （B）C （C）PC （D）R7

（ ）10. 开发微型计算机系统所使用的在线仿真器简称什么？

（A）ISP （B）USP （C）ICE （D）SPI

问答题

1. 试简述微型计算机系统的基本结构。
2. 微型计算机系统里所使用的存储器可分为哪两大类？其用途是什么？
3. 试简述 8x51 的基本结构以及 89S51 与 89C51 的不同。
4. 试简述 8x51 的“位寻址”。
5. 说明直插式 8x51 各引脚的名称与功能。
6. 试设计一个能让 8x51 正常工作的基本电路。
7. 哪些编号的 MCS-51 单片机内部不具备 ROM？哪些具备 EEPROM？
8. 在 8x51 电路里，若要使用外部程序存储器，应如何连接？而存取外部数据存储器必须使用哪条指令？
9. 8x51 内部有多少个寄存器组？如何切换？
10. 试简述 PSW 是什么并说明其中各位的功能。
11. 在 12MHz 的 8x51 系统里，一个机器周期包括多少个状态周期？而一个状态周期又由几个时钟脉冲所组成？
12. 试简述 MCS-51 程序的开发流程与工具。

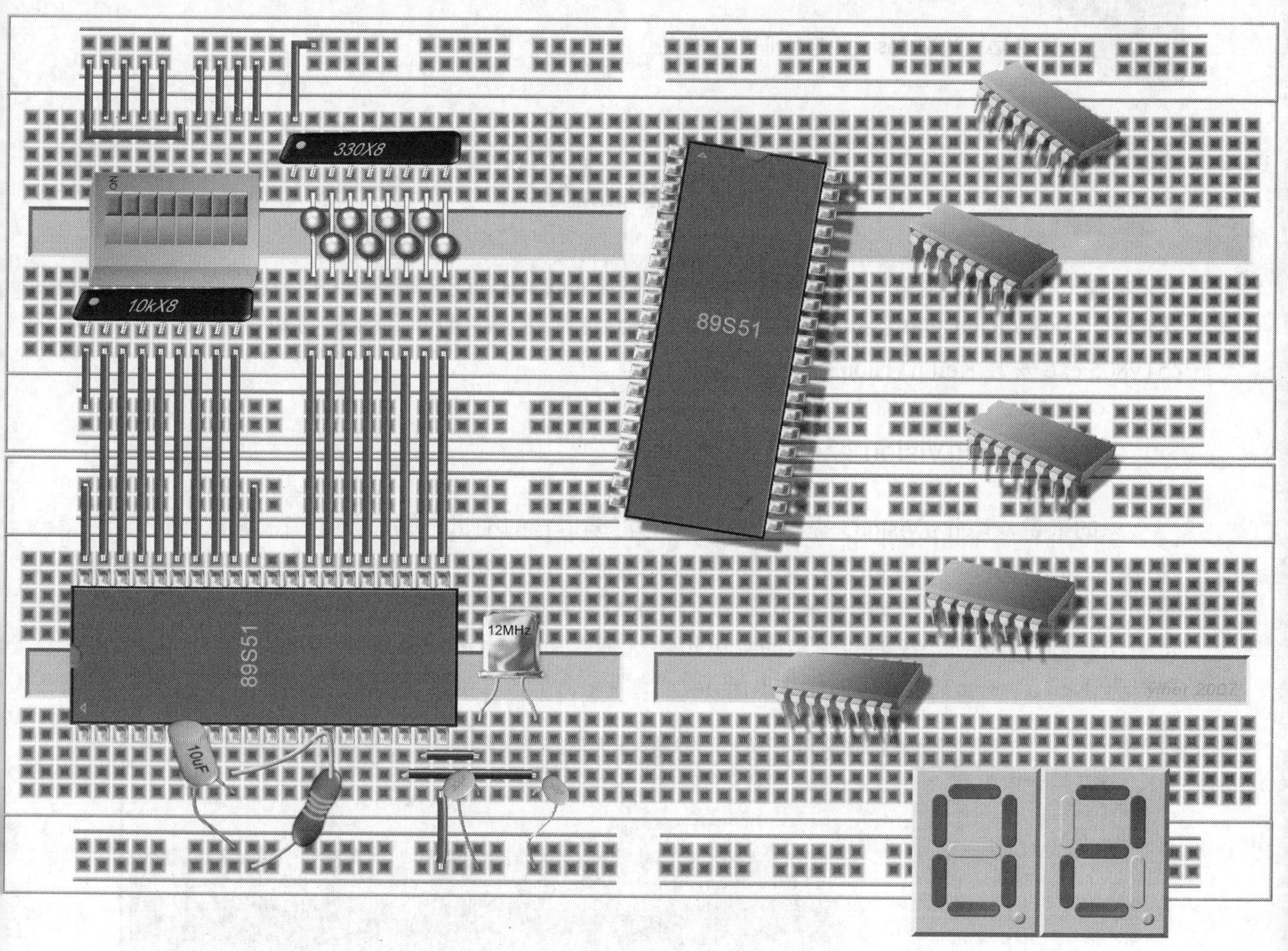

第2章 认识μVision3与Keil C

本章内容丰富，主要包括两部分。

- **μVision3 部分**

  快速浏览 μVision3 集成开发环境。

- **Keil C 语言部分**

  认识 Keil C 语言的基本结构。

  认识 Keil C 的变量、常数与数据类型，认识存储器形式与工作模式。

  认识 Keil C 的运算符、控制流程、函数与中断子程序，认识 Keil C 的数组与指针。

  认识 Keil C 的预处理命令。

2-1 μVision3 环境简介

比起先前版本，Keil μVision3 提供了比较顺畅的 C 语言或汇编语言的开发环境，大家可在网站（http://www.keil.com/demo/eval/c51.htm）下载较新的版本，或直接以随书光盘中的 c51v805.exe 安装 Keil μVision3 试用版。

2-1-1 认识μVision3 环境

总的来说，Keil μVision3 提供了 C 语言与汇编语言的编辑、编译与连接、调试与仿真等功能，当然，还能产生在线仿真或刻录到芯片所需的 HEX 等。当 Keil μVision3 安装完成后，桌面上会出现一个 Keil uVision3 图标，只要双击这个图标，即可进入 Keil μVision3。若找不到这个图标，可单击 开始 按钮，在随即弹出的菜单里，选择“所有程序”**/Keil uVision3** 选项，同样可以打开 Keil μVision3 环境，如图 2-1 所示。

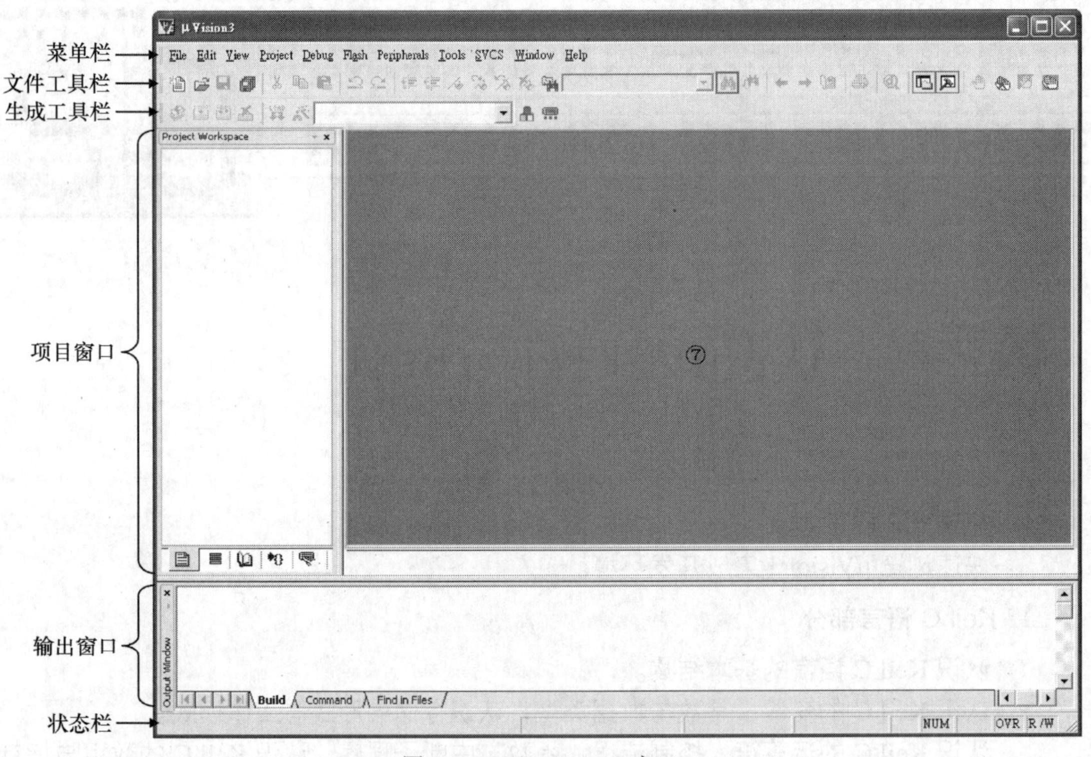

图 2-1 Keil μVision3 窗口

- 菜单栏

Keil μVision3 的菜单比先前版本还多，其中包括 11 个菜单，说明如下。

- **File** 菜单提供文件操作命令，如创建新文件（**New** 命令）、打开文件（**Open** 命令）、关闭文件（**Close** 命令）、保存文件（**Save** 命令）、另存为新文件（**Save As** 命令）等，这些文件操作命令大多可在文件工具栏里找到相对应的按钮。另外，可利用其最后一个命令（**Exit**

命令）来关闭整个程序。

- **Edit** 菜单提供编辑命令，如 Windows 软件都有的剪贴功能（**Copy**、**Cut**、**Paste** 命令）、撤销/恢复功能（**Undo**、**Redo** 命令），还有文本处理程序的缩进/撤销缩进功能（**Indent Selected Text** 、**Unindent Selected Text** 命令）、书签功能（**Toggle Bookmark**、**Goto Next Bookmark**、**Goto Previous Bookmark**、**Clear All Bookmarks** 命令）、查找与替换功能（**Find**、**Replace**、**Find in Files**、**Incremental Find** 命令）等。
- **View** 菜单提供窗口组件的显示开关，例如 **Status Bar** 命令用以切换是否显示状态栏，**File Toolbar** 命令用以切换是否显示文件工具栏，**Build Toolbar** 命令用以切换是否显示生成工具栏，**Debug Toolbar** 命令用以切换是否显示调试/仿真工具栏，**Project Windo** 命令用以切换是否显示项目窗口，**Output Window** 命令用以切换是否显示输出窗口，**Source Browser** 命令用以切换是否显示源文件浏览器等。
- **Project** 菜单提供项目管理功能，若要打开新项目，可使用 **New Project** 命令；若要导入μVision1 的项目，可使用 **Import μVision1 Project** 命令；若要打开项目，可使用 **Open Project** 命令；若要关闭项目，可使用 **Close Project** 命令等。
- **Debug** 菜单提供调试/仿真的操作命令，不过，当要执行调试/仿真时，可直接操作调试/仿真工具栏上的按钮。
- **Flash** 菜单提供芯片的下载与清除的功能，也就是将可执行代码刻录到芯片，也可将芯片中的数据清除。
- **Peripherals** 菜单用于设置是否显示 CPU 内部各外设的显示窗口，如输入/输出窗口等。
- **Tools** 菜单提供 PC-Lint 程序语法检查工具。
- **SVCS** 菜单提供版本管理功能。
- **Window** 菜单提供工作区内的窗口排列功能。
- **Help** 菜单提供辅助说明功能，其中包括多项通过 Internet 的辅助说明服务。
- 文件工具栏

Keil μVision3 将常用的功能放置在该工具栏里，包括文件操作、剪贴功能、撤销与恢复等与一般 Windows 软件类似的功能，而这些功能的按钮图案也与其他 Windows 软件类似。若不是很清楚，只要指向该按钮，稍微停顿一下，即可显示小提示，如图 2-2 所示。

图 2-2 小提示

此外，在此工具栏里还提供查找字符串的按钮（ ）、打印的按钮（ ）、开关调试/仿真工具栏的按钮（ ）、开关项目窗口的按钮（ ）、开关输出窗口的按钮（ ）等，可说是主要的操作接口。

- 生成工具栏

在 Keil μVision3 里，8x51 程序的开发分为两个阶段，第一个阶段是程序编辑与生成（build），所谓生成是指程序的编译/连接及产生可执行文件。第二个阶段是调试/仿真，以确定程序的正确性。在第一阶段时，将打开该工具栏，可利用其中的 按钮进行选项设置，单击 按钮即可进行生成，单击 按钮则是重新生成。若该工具栏消失，可执行 **View** 菜单下的 **Build Toolbar** 命令，即可重新打开。

- 项目窗口

在左边长条型的项目窗口下方有5个标签，单击可切换到不同的窗口，如图2-3所示，其中各项说明如下。

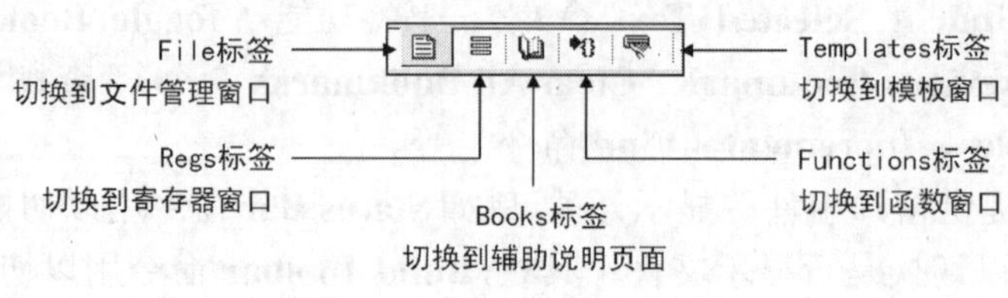

图2-3 项目窗口的标签栏

- 单击 **File** 标签，即可切换到文件管理窗口，其中将列出项目里的所有文件。
- 单击 **Regs** 标签，即可切换到寄存器窗口，其中将列出CPU里的所有寄存器内容，以辅助我们进行调试工作；当然，即使我们不切换到该窗口，进入调试/仿真状态时，也将自动切换到该窗口。
- 单击 **Books** 标签，即可切换到辅助说明窗口，其中将列出所有说明项目。
- 单击 **Functions** 标签，即可切换到函数窗口，其中将列出所有函数。
- 单击 **Templates** 标签，即可切换到模板窗口，其中将列出所有模板。

我们可单击按钮或运行 **View** 菜单下的 **Project Window** 命令，以决定是否显示项目窗口。

- 输出窗口

在μVision3窗口下方为输出窗口，其中包括三个子窗口，在 **Build** 窗口里将记录生成的过程与状态。在 **Command** 窗口里将记录所操作的命令。在 **Find in Files** 窗口里将记录指定文件查找的结果。我们可单击按钮或运行 **View** 菜单下的 **Output Window** 命令，以决定是否显示输出窗口。

- 状态栏

在状态栏里包括七栏，如图2-4所示，其中各项说明如下。

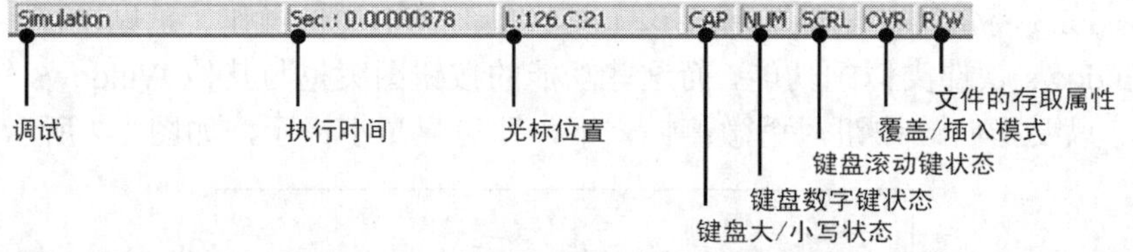

图2-4 状态栏

- 调试通道（Debug Channel）栏位显示动作的调试工具，若使用内部的μVision仿真器，还会显示高级图形接口驱动程序（Advanced GDI Driver）或仿真（Simulation）。
- 执行时间栏位显示执行仿真的时间，在此栏中单击鼠标右键，即可设置时序分析的标记。
- 光标位置栏位显示光标所在位置，其中L代表第几行，C代表第几列。

下列栏位为编辑器与键盘状态。

- **CAP** 表示当前键盘是锁住为大写状态（Caps Lock）。
- **NUM** 表示当前键盘是锁住为数字键状态（Num Lock）。
- **SCRL** 表示当前键盘是锁住为滚动状态（Scroll Lock）。
- **OVR** 表示当前键盘输入模式为覆盖模式，若不显示则为插入模式。
- **R/W** 或 **R/O** 表示当前所编辑的文件的属性，“**R/W**”代表该文件可读取与写入，“**R/O**”

代表该文件为只读文件。

我们可运行 **View** 菜单下的 **Status Bar** 命令，以决定是否显示状态栏。

- 工作区

在 Keil μVision3 窗口中间一大片灰色区域为工作区，我们所编辑的文件将以窗口的形式出现在此区域之中。若同时打开多个文件，则可利用 **Window** 菜单里的命令进行窗口的排列。

2-1-2　项目管理与选项

大部分的设计都是采用项目（Project）管理，在 Keil μVision3 里也是采用项目管理，所有设计的开始都源自于项目的建立或打开既有的方案。若要新建项目，可运行 **Project** 菜单下的 **New Project** 命令；若要打开指定的项目，可运行 **Project** 菜单下的 **Open Project** 命令。以新建项目而言，则除项目窗口里多出一个 **Target 1** 项外，工作区里仍然是空白的，我们还得进行几个操作，说明如下。

添加源程序文件

若要将源程序文件添加当前的项目，可在项目窗口左侧单击 **Target 1** 节点下面的 **Source Group 1** 项，单击鼠标右键，弹出菜单，再选择其中的 **Add Files to Group 'Source Group 1'** 选项，即可在随即出现的对话框里指定所要添加该项目的源程序文件，再单击 Add 按钮即可。我们可继续指定所要添加的文件，一个项目里可包含多个文件。最后单击 Close 按钮关闭该对话框。

项目选项设置

项目选项的设置是一件重要的工作，单击按钮即可打开选项对话框，如图 2-5 所示。

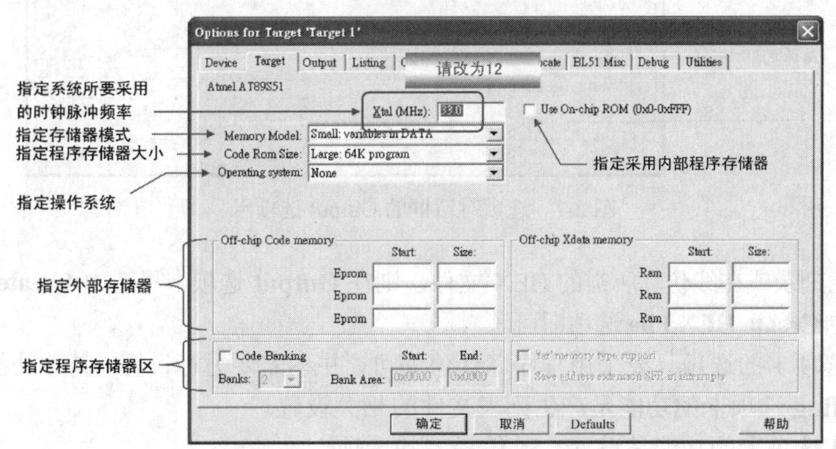

图 2-5　选项对话框的 Target 选项卡

在图 2-5 中可以设置程序存储器，其中的时钟脉冲频率的设置（即 **Xtal（MHz）**栏）与设计息息相关，其默认值为该芯片的最高时钟脉冲频率，但在实际的电路里并不一定使用最高频率，而是有助于程序设计与电路控制的频率，通常是 12MHz（在此输入 **12** 即可）。另外，若使用内部程序存储器，则选中 **Use On-Chip ROM** 选项。关于 C 语言的程序存储器规范稍后说明。若要改变或指定使用其他芯片，可单击 **Device** 标签，切换到 **Device** 选项卡，如图

2-6 所示。

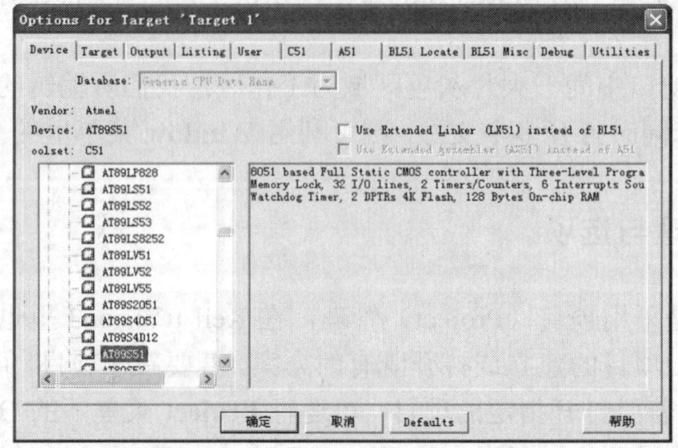

图 2-6 选项对话框的 Device 选项卡

这时候就可在左边的列表框中指定所要采用的芯片，其中排列方式是按半导体厂商分类，每个半导体厂商下面列出了所提供的芯片。选择所采用的芯片后，该芯片的说明将出现在右边区域之中。再单击 **Output** 标签，即可切换到 **Output** 选项卡，如图 2-7 所示。

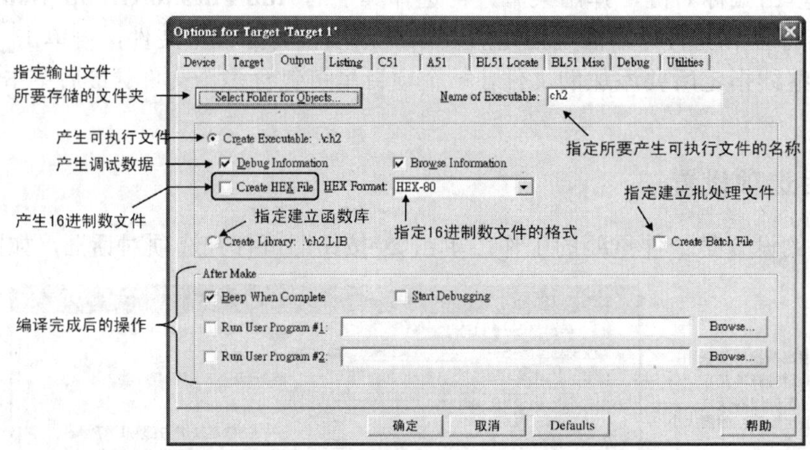

图 2-7 选项对话框的 Output 选项卡

若要产生刻录或在线仿真所需的 HEX 文件，则在 **Output** 选项卡里选中 **Create Executable** 选项，再选中 **Create HEX File** 选项即可。

其他各选项卡的选项只要采用程序默认值即可，并不需要另行设置，具体功能简述如下。

- **Listing** 选项卡的功能是产生列表文件的相关设置。
- **C51** 选项卡的功能是设置 C51 编译器的选项。
- **A51** 选项卡的功能是设置 A51 汇编器的选项。
- **BL51 Locate** 选项卡的功能是设置 BL51 连接器的定位选项。
- **BL51 Misc** 选项卡的功能是设置 BL51 连接器的其他选项。
- **Debug** 选项卡的功能是设置调试器的相关选项。
- **Utilities** 选项卡的功能是设置通用工具的相关选项。

当上述工作设置完成且源程序编辑完成后，即可单击 按钮进行生成。然而程序的编写难免有错，若有错误，则在生成的过程中就会反映在下方的输出窗口中，如图 2-8 所示。

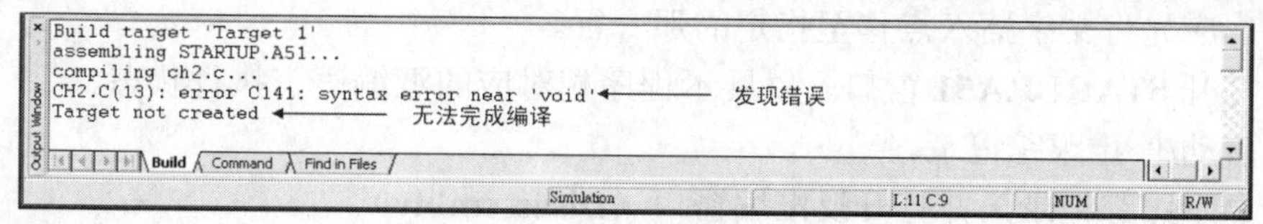

图 2-8 生成过程中有错误

其中“CH2.C（13）:error C141:……”表示程序的第 13 行有问题，我们可直接查看并修改，然后单击按钮重新生成。若程序语法正确，则可成功完成生成过程，而下方的输出窗口将显示如图 2-9 所示内容。

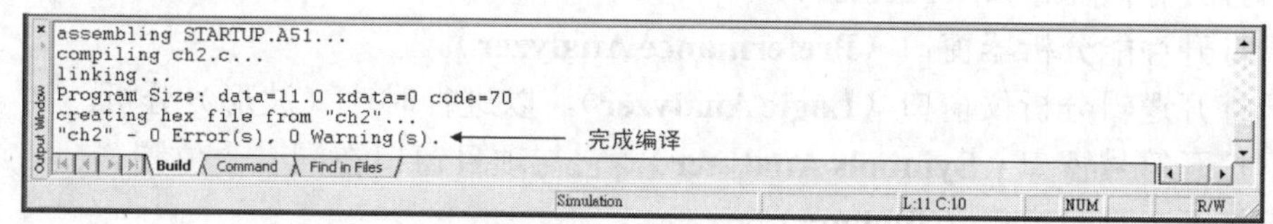

图 2-9 成功完成生成

2-1-3 认识调试/仿真环境

完成生成后，可单击按钮进入调试/仿真状态，若使用试用版，屏幕将出现如图 2-10 所示的确定对话框。

图 2-10 确定对话框

这个对话框通知我们当前使用的是试用版，具有 2KB 的限制。当然，对于大部分的使用者而言，2KB 足够了。若要开发超过 2KB 的程序，可购买商用版。单击确定按钮关闭对话框，窗口中可以明显看到生成工具栏不见了，取而代之的是调试/仿真工具栏，如图 2-11 所示，其中各按钮说明如下。

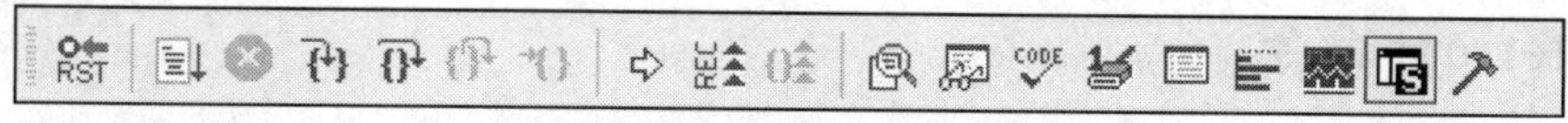

图 2-11 调试/仿真工具栏

- 用于复位 CPU，同时让程序从头开始执行。
- 用于全速执行程序。
- 用于停止程序的执行。
- 用于单步执行，每按一下执行一个指令，若遇到函数（子程序），则跳入该函数，同样一步一步执行函数里的语句。
- 用于单步执行，每按一下执行一个语句，若遇到函数，则直接执行完成该函数。
- 用于完成当时所执行的函数，跳出该函数，返回主程序。

用于执行到文字插入点（文字光标，即 I 形光标）所在的那一行语句，所以在按该按钮之前，应先将文字插入点移至指定的那一行。

用于打开 **STARUP.A51** 窗口，以展示程序相对应的汇编语言执行状态。

用于启动/停止跟踪记录。

用于显示跟踪记录，并打开反汇编窗口（**Disassembly**）。

用于打开反汇编窗口（**Disassembly**）。

用于打开监视窗口（**Watch**）。

用于打开指令码包含率窗口（**Code Coverage**）。

用于打开串行端口窗口（**Serial #1**）。

用于打开存储器窗口（**Memory**）。

用于打开性能分析器窗口（**Prefermance Analyzer**）。

用于打开逻辑分析仪窗口（**Logic Analyzer**），以进行时序（波形）分析。

用于打开符号窗口（**Symbols Analyzer**），它与项目窗口在同一个位置。

用于打开工具箱窗口（**Toolbox**）。

2-1-4 外围操作

在调试/仿真状态下，**Peripherals** 菜单对于调试工作有不少帮助，如图 2-12 所示。

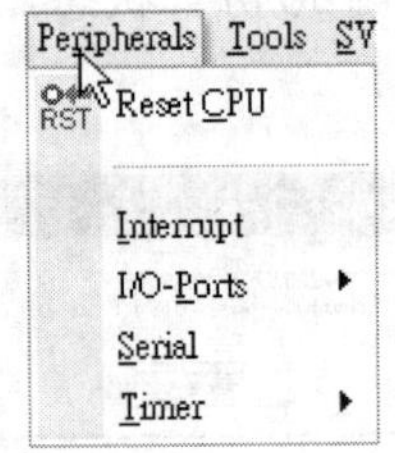

图 2-12 调试/仿真状态下的 **Peripherals** 菜单

其中各命令说明如下。

Reset CPU 命令

该命令的功能是复位 CPU，与单击按钮的功能一样。

Interrupt 命令

该命令用于设置是否显示中断系统对话框（**Interrupt System**），如图 2-13 所示。

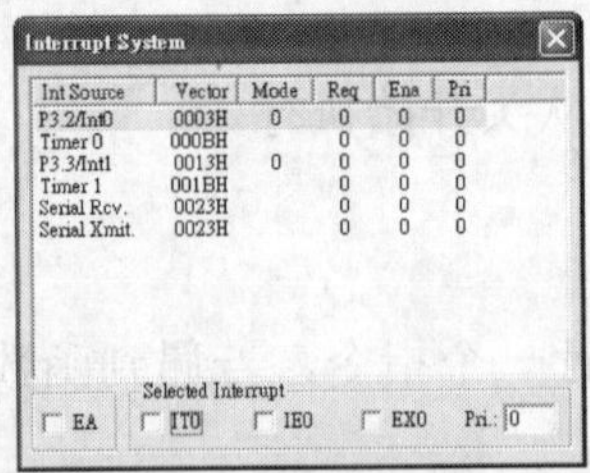

图 2-13 中断系统对话框

其中列出了该芯片中的所有中断源，如果直接选择所要操作的中断源，则该中断源的所有相关选项将呈现于对话框下方，以 P3.2/Int0 选项为例，对话框下方出现下列选项。

- **EA** 选项表示程序是否设置打开中断源的总开关，若选择此选项，表示程序中设置打开中断源的总开关。
- **IT0** 选项表示程序所设置的中断触发方式，若选择此选项（即 IT0=1），表示该中断采用边缘触发方式；否则表示该中断采用低电平触发方式。
- **IE0** 选项为触发该中断的信号，若要触发该中断，单击该选项即进入执行其中断子程序。
- **EX0** 选项表示程序是处于该中断源的中断状态中，若选择此选项（即 EX0=1），表示程序已处于该中断之中。
- **Pri** 栏表示程序对该中断所设置的优先级。复位 CPU 与单击RST按钮的功能一样。

I/O-Ports 命令

该命令用于设置是否显示输入/输出端口对话框（**Parallel Port**），而选择该命令后，将弹出输入/输出端口菜单，如图 2-14 所示。以 **Port0** 选项为例，选择后将打开如图 2-15 所示的对话框，其中分为 **P0** 与 **Pins** 两行，**P0** 行显示该输入/输出端口的输出状态，**Pins** 行则为输入状态，我们可在此行中输入信号，具中打勾为 1，没有打勾为 0：取该命令后，将弹出输入/输出端口菜单，如图 2-14 所示。

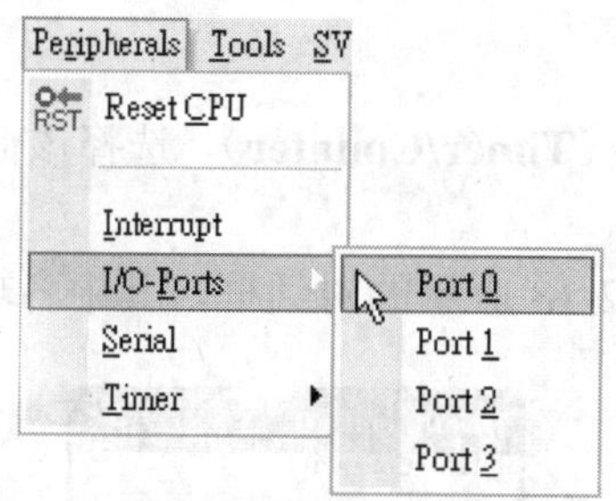

图 2-14 输入/输出端口菜单

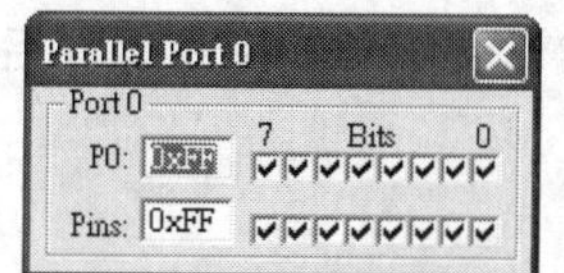

图 2-15 parallel Port0 对话框

Serial 命令

该命令用于设置是否显示串行端口对话框（**Serial Channel**），如图 2-16 所示。

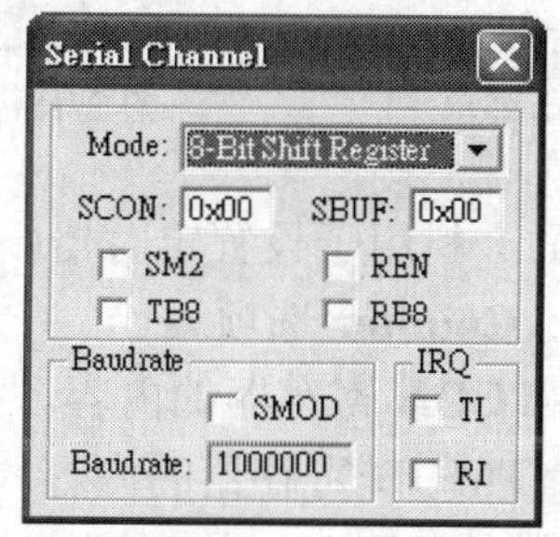

图 2-16 Serial Channel 对话框

其中各项说明如下。

- **Mode** 栏为程序中所设置的串行端口方式。
- **SCON** 栏为程序中所设置 **SCON** 寄存器的内容。
- **SBUF** 栏为串行口缓冲器（**SBUF**）的内容。
- **SM2** 选项为程序中所设置 **SM2** 位的状态，若选择此选项，代表 SM2=1，否则代表 SM2=0。
- **REN** 选项为程序中所设置 **REN** 位的状态，若选择此选项，代表 REN=1，否则代表 REN=0。
- **TB8** 选项为程序中所设置 **TB8** 位的状态，若选择此选项，代表 TB8=1，否则代表 TB8=0。
- **RB8** 选项为程序中所设置 **RB8** 位的状态，若选择此选项，代表 RB8=1，否则代表 RB8=0。
- **SMOD** 选项为程序中所设置 **SMOD** 位的状态，若选择此选项，代表 SMOD=1，否则代表 SMOD=0。
- **Baudrate** 栏为程序中所设置波特率。
- **TI** 选项为串行端口发送中断的触发信号，程序运行时，单击此选项即可进入串行口发送中断状态。
- **RI** 选项为串行端口接收中断的触发信号，程序运行时，单击此选项即可进入串行口接收中断状态。

Timer 命令

该命令用于设置是否显示定时器/计数器对话框（**Timer/Counter**），选择该命令后将弹出定时器/计数器菜单，如图 2-17 所示。

在图 2-17 中选择 **Timer0** 选项后，将打开如图 2-18 所示的对话框，其中各项说明如下。

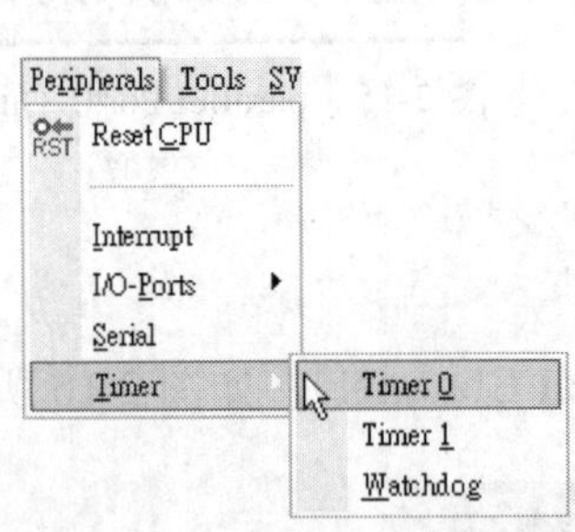

图 2-17 定时器/计数器菜单

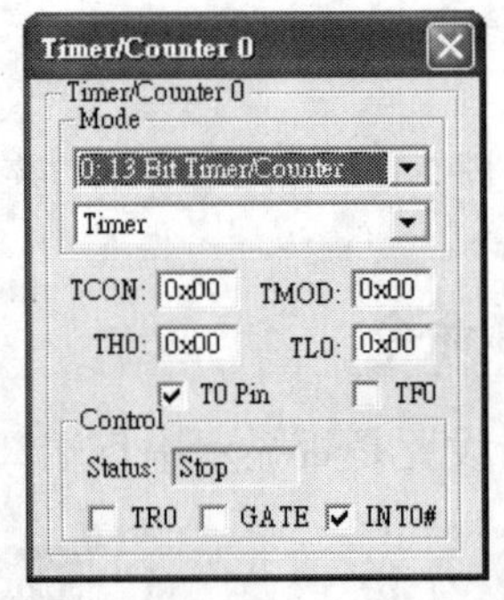

图 2-18 Timer/Counter0 对话框

- **Mode** 区域包括两栏，上面一栏用于设置定时器/计数器方式，下面一栏用于设置内部定时（**Timer** 选项）和外部计数（**Counter** 选项）。
- **TCON** 栏为程序中所设置 **TCON** 寄存器的内容。
- **TMOD** 栏为程序中所设置 **TMOD** 寄存器的内容。
- **TH0** 栏为程序中所设置计数器（**TH0**）的内容。
- **TL0** 栏为程序中所设置计数器（**TL0**）的内容。
- **T0 Pin** 选项为芯片 T0 引脚（P3.4）的状态，若选择此选项，代表 T0 引脚为高电平；

否则代表 T0 引脚为低电平。

- **TF0** 选项为定时器/计数器中断标志，若此选项为选择状态，代表 TF0=1，当前为定时器/计数器中断状态；否则代表 TF0=0，当前没有进入定时器/计数器中断状态。
- **Status** 栏表示当前是否启用定时器/计数器功能。
- **TR0** 选项的功能是软件运行定时器/计数器，若此选项为选择状态，代表 TR0=1，即软件运行定时器/计数器；否则代表 TR0=0，即停用定时器/计数器。
- **GATE** 选项为程序所设置的控制开关状态，若此选项为选择状态，代表 GATE=1，即由外部运行定时器/计数器；否则代表 GATE=0，即由内部运行定时器/计数器。
- **INT0#**选项为外部运行定时器/计数器的引脚，当设置为外部运行定时器/计数器的状态下，单击此选项即可运行定时器/计数器。而 INT0#代表 P3.2 引脚，INT1#代表 P3.3 引脚。

在图 2-17 中选择 **Watchdog** 选项后，将打开如图 2-19 所示的对话框，其中各项说明如下。

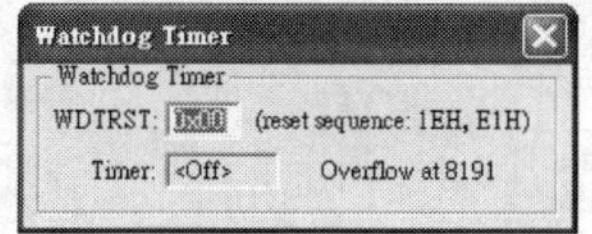

图 2-19 Watchdog Timer 对话框

- **WDTRST** 栏表示当前 WDTRST 寄存器的内容。
- **Timer** 栏表示当前看门狗定时器的状态。

2-2 Keil C 语言的基本结构

一般地，C 语言的程序可看作是由一些函数（function，或视为子程序）所构成，其中的主程序是以“main()”开始的函数，而每个函数可视为独立的个体，就像是模块（module）一样，所以 C 语言是一种非常模块化的程序语言。C 语言程序的基本结构如图 2-20 所示，其中各项说明如下。

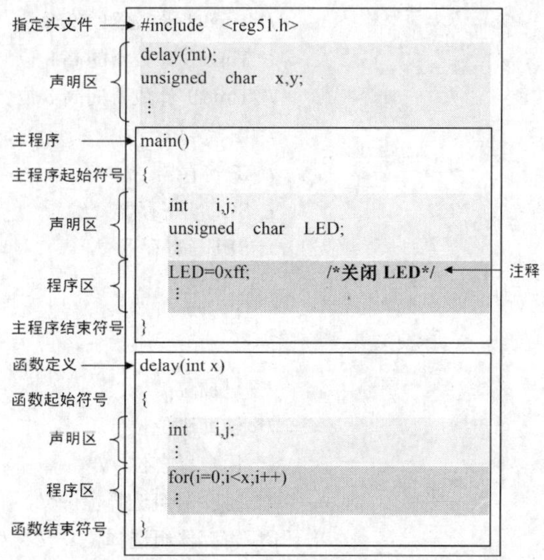

图 2-20 C 语言程序的基本结构

指定头文件

“头文件”或称为包含文件（*.h)，这是一种将预先定义好的基本数据。在 8x51 程序里，必要的头文件是定义 8x51 内部寄存器地址的数据，如下所示。

```
/*--------------------------------------------------------------------------
REG51.H
Header file for generic 80C51 and 80C31 microcontroller.
Copyright (c) 1988-2002 Keil Elektronik GmbH and Keil Software, Inc.
All rights reserved.
--------------------------------------------------------------------------*/

#ifndef __REG51_H__
#define __REG51_H__

/* BYTE Register */
sfr P0     =  0x80;          /* P0 */
sfr P1     =  0x90;          /* P1 */
sfr P2     =  0xA0;          /* P2 */
sfr P3     =  0xB0;          /* P3 */
sfr PSW    =  0xD0;          /* 程序状态字寄存器 */
sfr ACC    =  0xE0;          /* A 累加器 */
sfr B      =  0xF0;          /* B 寄存器 */
sfr SP     =  0x81;          /* 堆栈指针寄存器 */
sfr DPL    =  0x82;          /* 数据指针寄存器的低 8 位 */
sfr DPH    =  0x83;          /* 数据指针寄存器的高 8 位 */
sfr PCON   =  0x87;          /* PCON 寄存器 */
sfr TCON   =  0x88;          /* TCON 寄存器 */
sfr TMOD   =  0x89;          /* TMOD 寄存器 */
sfr TL0    =  0x8A;          /* Timer0 计数器的低 8 位 */
sfr TL1    =  0x8B;          /* Timer1 计数器的低 8 位 */
sfr TH0    =  0x8C;          /* Timer0 计数器的高 8 位 */
sfr TH1    =  0x8D;          /* Timer1 计数器的高 8 位 */
sfr IE     =  0xA8;          /* IE 寄存器 */
sfr IP     =  0xB8;          /* IP 寄存器 */
sfr SCON   =  0x98;          /* SCON 寄存器 */
sfr SBUF   =  0x99;          /* SBUF 寄存器 */

/* BIT Reg ister * /
/* PSW * /
sbit CY    =  0xD7;          /* 进位位 */
sbit AC    =  0xD6;          /* 辅助进位位 */
sbit F0    =  0xD5;          /* 用户标志位 */
sbit RS1   =  0xD4;          /* 寄存器组选择位 1 */
sbit RS0   =  0xD3;          /* 寄存器组选择位 0 */
sbit OV    =  0xD2;          /* 溢出位 */
```

```
sbit P      =  0xD0;               /* 校验位 */

/* TCON */
sbit TF1    =  0x8F;               /* Timer1 的溢出位 */
sbit TR1    =  0x8E;               /* Timer1 的运行位 */
sbit TF0    =  0x8D;               /* Timer0 的溢出位 */
sbit TR0    =  0x8C;               /* Timer0 的运行位 */
sbit IE1    =  0x8B;               /* INT1 的中断标志 */
sbit IT1    =  0x8A;               /* INT1 的触发信号种类位 */
sbit IE0    =  0x89;               /* INT0 的中断标志 */
sbit IT0    =  0x88;               /* INT0 的触发信号种类位 */

/* IE * /
sb it EA    =  0 x AF;             /* 中断的总开关 */
sb it ES    =  0 x AC;             /* 串行端口中断的启用位 */
sb it ET1   =  0 x AB;             /* Timer1 中断的启用位 */
sbit EX1    =  0xAA;               /* INT1 中断的启用位 */
sbit ET0    =  0xA9;               /* Timer0 中断的启用位 */
sbit EX0    =  0xA8;               /* INT0 中断的启用位 */

/* IP * /
sb it PS    =  0 x BC;             /* 串行端口中断优先等级设置位 */
sbit PT1    =  0xBB;               /* Timer0 中断优先等级设置位 */
sbit PX1    =  0xBA;               /* INT1 中断优先等级设置位 */

sbit PT0    =  0xB9;               /* Timer1 中断优先等级设置位 */
sbit PX0    =  0xB8;               /* INT0 中断优先等级设置位 */

/* P3 * /
sbit RD     =  0xB7;               /* RD 引脚 */
sbit W R    =  0xB6;               /* W R 引脚 */
sbit T1     =  0xB5;               /* T1 引脚 */
sbit T0     =  0xB4;               /* T0 引脚 */
sbit INT1   =  0xB3;               /* INT1 引脚 */
sbit INT0   =  0xB2;               /* INT0 引脚 */
sbit TXD    =  0xB1;               /* Tx D 引脚 */
sbit RXD    =  0xB0;               /* Rx D 引脚 */

/* SCON */
sbit SM0    =  0x9F;               /* 串行端口方式设置位 0 */
sbit SM1    =  0x9E;               /* 串行端口方式设置位 1 */
sbit SM2    =  0x9D;               /* 串行端口方式设置位 2 */
sbit REN    =  0x9C;               /* 接收使能控制位 */
sbit TB8    =  0x9B;               /* 发送的 b it 8 位 */
sbit RB8    =  0x9A;               /* 接收的 b it 8 位 */
```

```
sbit TI    =  0x99;                /* 发送的中断标志 */
sbit RI    =  0x98;                /* 接收的中断标志 */

#endif
```

reg51.h

指定头文件的方式有如下两种。

- 在#include 之后，以<>包含头文件文件名，如下所示。若采用这种方式，编译程序将从 **Keil μVision3** 的头文件夹查找所指定的头文件。如果 Keil μVision3 安装在 C 盘的根目录上，则编译程序将从"C:\Keil\C51\INC"路径中查找。

```
#include    <头文件文件名>
```

- 在#include 之后，以" "包含头文件文件名，如下所示。若采用这种方式，编译程序将从源程序所在文件夹里查找所指定的头文件。

```
#include    "头文件文件名"
```

声明区

在指定头文件之后，可声明程序之中所使用的常数、变量、函数等，其作用域将扩展整个程序，包括主程序与所有函数。不过，在此建议，若程序之中有使用到函数，则可在此先声明所有使用到的函数，这样，函数放置的先后顺序将不会有所影响。换言之，函数放置在引用该函数的程序之前或之后都可以。若没有在此声明函数，则在使用函数之前必须先定义该函数。

主程序

如图 2-21 所示，主程序（主函数）是以 main()为开头，整个内容放置在一对大括号（即{}）里，其中分为声明区与程序区，在声明区里所声明的常数、变量等仅适用于主程序之中，而不影响其他函数。若在主程序之中使用了某变量，但在之前的声明区中没有声明，也可在主程序的声明区中声明。另外，程序区就是以语句所构成的程序内容。

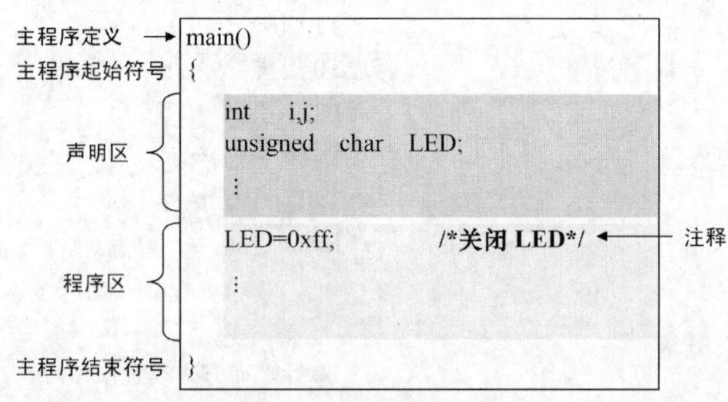

图 2-21 主程序的结构

函数定义

函数是一种独立功能的程序，其结构与主程序类似。不过，函数可将所要处理的数据传入该函数里，称为形式参数（arguments）；也可将函数处理完成后的结果返回调用它的程序，称为返回值。不管是形式参数还是返回值，在定义函数的第一行里应该交待清楚。其格式如下。

```
返回值 数据类型 函数名称（数据类型形式参数）
```

例如，要将一个无符号字符（unsigned char）实参转递给函数，函数执行完成时要返回一个整型（int），此函数的名称为 My_func，则其函数定义为

```
int     My_func(unsigned char x)
```

若不要传入函数，则可在小括号内指定为 void。同样地，若不要返回值，则可在函数名称左边指定为 void 或根本不指定。另外，函数的起始符号、结束符号、声明区及程序区都与主程序一样。在一个 C 语言的程序里可使用多个函数，并且函数中也可以调用函数。

注释

所谓“注释”就是说明，属于编译器不处理的部分。C 语言的注释以“/*”开始以“*/”结束，放置注释的位置可接续于语句完成之后，也可独立于一行。其中的文字，可使用中文，不过，在μVision 3 中对于中文的处理并不是很好，常会造成文字定位不准确等困扰。另外，也可以输入“//”，其右边整行都是注释。

2-3 变量、常数与数据类型

在 C 语言里，常数（constant）与变量（variables）都是为某个数据指定存储器空间，其中常数是固定不变的，而变量是可变的。声明常数或变量的格式如下：

```
数据类型    常数/变量名称[=默认值];
```

其中的“[=默认值]”并非必要项目，而分号（;）是结束符号，例如，要声明一个整型类型的 x 变量，其默认值为 50，语句如下：

```
int     x = 50;
```

若不要默认值，则为

```
int     x;
```

若要同时声明 x、y、z 三个整型类型的变量，则变量名称之间以“,”分隔，语句如下：

```
int     x,y,z;
```

2-3-1 数据类型

既然常数或变量的声明是让编译程序为该常数或变量保留存储器空间，那就要说明应该保留多大的空间。这就与常数或变量的数据类型有关。在声明常数或变量的格式中，一开始就要指明数据类型，可见数据类型的重要性。Keil C 所提供的数据类型可分为下列几类。

通用数据类型

通用数据类型可用于一般 C 语言之中，如 ANSI C 等，包括字符（char）、整型（int）、浮点数（float）与无（void），其中字符与整型又分为有符号（signed）与无符号（unsigned）两类，如表 2-1 所示。

表 2-1 通用数据类型

型 态	名 称	位 数	范 围
char	字符	8	−128～+127
unsigned char	无符号字符	8	0～255
enum	枚举	8/16	−128～+127/−32768～+32767
short	短整型	16	−32768～+32767
unsigned short	无符号整型	16	0～65535
int	整型	16	−32768～+32767
unsigned int	无符号整型	16	0～65535
long	长整型	32	−231～+231−1
unsigned long	无符号长整型	32	0～232−1
float	浮点数	32	±1.175494×10−38～3.402823×1038
double	双倍精度浮点数	64	±1.7×10308
void	空	0	无

8x51 特有的数据类型

专为 8x51 硬件装置所设置的数据类型有 bit、sbit、sfr 及 sfr16 共 4 种，如表 2-2 所示。

表 2-2 8x51 特有的数据类型

名 称	位 数	范 围
bit	1	0、1
sbit	1	0、1
sfr	8	0～255
sfr16	16	0～65535

以下将特别介绍这 4 种 8x51 特有的数据类型。

- bit 数据类型是定义 1 个位的变量，将会被指定到 0x20～0x2f 之间的地址。
- 通常 sbit 数据类型是用于存取内部可位寻址的数据存储器，即 0x20 到 0x2f 之间的存储器，或存取可位寻址的特殊功能寄存器（SFR），即 0x80 到 0xff 之间的存储器。若要使用 sbit 数据类型，则其声明方式有下列几种。

● 先声明一个 bdata 存储器形式（存储器形式稍后介绍）的变量，再声明属于该变量的 sbit 变量，例如：

```
char   bdata scan;          /* 声明 scan 为 bdata 存储器类型的字符 */
sbit   input_0=scan^0;      /* 声明 input_0 为 scan 变量的 bit 0 */
```

当我们要指定（声明）某个变量的第 *n* 位，则可在该变量名称右边加上“^n”即可，例如 P0 的 bit 3 为 P0^3。

- 先声明一个 sfr 变量（稍后介绍），再声明属于该变量的 sbit 变量，例如：

```
sfr    P0=0x80;       /* 声明 P0 为 0x80 存储器位置，即 P0 */
sbit   P0_0=P0^0;     /* 声明 P0_0 为 P0 变量的 bit0 */
```

这种用法最方便，因为 8051 内部特殊功能寄存器的声明都在 reg51.h 里（如表 2-1 所示），而程序的开头都已将这个文件包含进来了。

- 直接指定存储器位置，例如要声明 P0 的 bit 0，则

```
sbit   P0_0=0x80^0;   /* 声明 P0_0 为 0x80 地址的 bit 0 */
```

不过，我们必须熟记每个地址才行。

▶ 通常 sfr 数据类型是用于 8051 内部特殊功能寄存器（寄存器名称使用大写），即 0x80～0xff 地址，与内部存储器的地址相同。不过，特殊功能寄存器与内部存储器是两个独立的区域，必须以不同的存取方式来区分。特殊功能寄存器采用直接寻址方式存取，而内部存储器采用间接寻址方式存取。在 Keil C 里，所谓直接寻址，就是直接指定其地址，以 P0 的声明为例，示例如下：

```
sfr    P0=0x80;       /* 声明 P0 为 0x80 存储器位置，即 P0 */
```

所谓间接寻址，就是声明为 idata 存储器形式（存储器形式稍后介绍）的变量，例如：

```
char   idata  BCD;    /* 声明 BCD 变量为间接寻址的存储器位置 */
```

由于 reg51.h 里（如表 2-1 所示）已声明了 8051 内部特殊功能寄存器，不需要再声明，如果懒得亲自动手配置存储器（交给编译程序处理），程序里就会较少出现 sfr 数据类型的声明。

▶ 通常 sfr16 数据类型是用于 8051 内部 16 位的特殊功能寄存器（寄存器名称使用大写），如 Timer2 的捕捉寄存器（RCAP2L、RCAP2H）、Timer2 的计数器（TL2、TH2）、数据指针寄存器（DPL、DPH）等，以数据指针寄存器为例，示例如下：

```
sfr16  DPTR=0x82;     /* 声明 DPTR 变量为数据指针寄存器 */
```

2-3-2 变量名称与保留字

由上述声明常数或变量的格式中可得知，在数据类型之后就是变量名称，而变量名称的指定除了容易判读外，还要遵守下列规则。

- 可使用大/小写字母、数字或下划线（_）。
- 第一个字符不可为数字。
- 不可使用保留字。

所谓“保留字”是指编译程序将该字符串保留为其他特殊用途，ANSI C 的保留字（小写）如表 2-3 所示。当然，Keil C 也有其特有的保留字，如表 2-4 所示。

表 2-3 ANSI C 传统 C 的保留字

asm	auto	break	case	char	const
continue	default	do	double	else	entry
enum	extern	float	for	fortran	goto
int	long	register	return	short	signed
sizeof	static	struct	switch	typedef	union
unsigned	void	volatile	while		

表 2-4 Keil C 保留字

_at_	_priority_	_task_	alien	bdata	bit
code	compact	data	far	idata	interrupt
large	pdata	reentrant	sbit	sfr	sfr16
small	using	xdata			

2-3-3 变量的作用范围

变量的适用范围或有效范围与该变量是在哪里声明的有关，大致可分为两种，说明如下。

全局变量

若在程序开头的声明区或者是没有大括号限制的声明区所声明的变量，其适用范围为整个程序，称为全局变量，如图 2-22 所示，其中的 LED、SPEAKER 就是全局变量。

局部变量

若在大括号内的声明区所声明的变量，其适用范围将受限于大括号，称为局部变量，图 2-22 中的 i、j 就是局部变量。若在主程序与各函数之中都有声明相同名称的变量，则脱离主程序或函数时，该变量将自动无效，又称之为自动变量。

如图 2-23 所示，在主程序与 delay 子程序中各自声明了 i、j 变量，但主程序的 i、j 与 delay 子程序中的 i、j 为各自独立（无关）的 i、j。

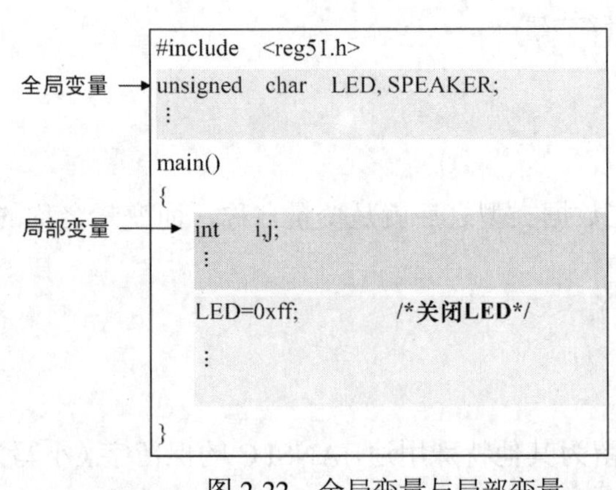

图 2-22 全局变量与局部变量

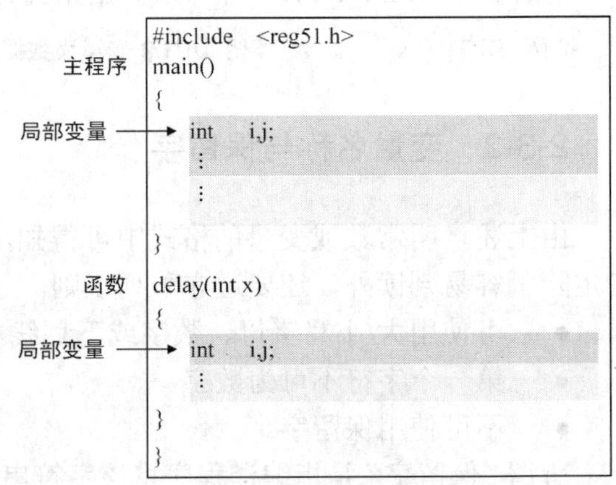

图 2-23 局部变量

2-4 存储器的形式与模式

8x51 的程序设计属于硬件的驱动程序，所以与 8x51 内部结构息息相关，特别是存储器，在本单元里将介绍 8x51 的存储器形式与其工作模式。

2-4-1 存储器的形式

Keil C 对于存储器的管理是将存储器分成六种形式，如表 2-5 所示，其中各种形式说明如下（使用小写）。

表 2-5 存储器形式

存储器形式	说　明	适 用 范 围
code	程序存储器	0x0000～0xffff（64KB）
data	直接寻址的内部数据存储器	0x00～0x7f（128KB）
idata	间接寻址的内部数据存储器	0x80～0xff（128KB）
bdata	位寻址的内部数据存储器	0x20～0x2f（16KB）
xdata	以 DPTR 寻址的外部数据存储器	64KB 之内
pdata	以 R0、R1 寻址的外部数据存储器	256B 之内
far	扩展的 ROM 或 RAM 外部存储器，仅适用于少数的芯片，如 Philips 80C51MX、Dallas 390 等。	最大可达 16MB

程序存储器

标准的 8x51 内部的 4KB 程序存储器可扩展至 64KB；8x52 内部的 8KB 程序存储器可扩展至 64KB。而新版或兼容性的 51 芯片，其内部程序存储器容量达 16KB、32KB，甚至 64KB。顾名思义，程序存储器就是用来存放程序代码的存储器，是一种只能读取不能写入的只读存储器，除了用来存放程序代码外，也可存放固定的数据，例如七段数码显示器的驱动信号、LED 点阵的显示信号、音乐的驱动信号、LCM 的显示字符串等，如下所示就是以数组的方式（稍后介绍）存储表格。

```
char code SEG[10]={ 0x03, 0x9f, 0x25, 0x0d, 0x99,
                    0x49, 0xc1, 0x1f, 0x01, 0x19 };
```

内部数据存储器

我们在第 1 章中曾经提及，标准的 8x51 内部的 128B 数据存储器可扩展至 64KB；8x52 内部 256B 程序存储器可扩展至 64KB。而新版或兼容性的 51 芯片，其内部数据存储器容量为 512B、768B 等。由于 8051 内部的特殊功能寄存器与数据存储器的地址相同，必须使用不同的寻址方式才能区分出是存取特殊功能寄存器还是存取数据存储器。当然，对于汇编语言而言，可以不同的指令来区分直接寻址与间接寻址。不过，Keil C 并没有直接寻址与间接寻址的语句，但可以以不同的存储器形式来区分操作的对象，因此就有 data、idata 及 bdata 三种存储器形式。其中 data 存储器形式可直接存取 0x00～0x7f 数据存储器，例如，指定 x 为字符类型的变量：

```
char    data    x;
```

idata 存储器形式可间接寻址方式存取 0x80～0xff 数据存储器，其声明方式如下：

```
char    idata    x;
```

bdata 存储器形式可位寻址方式存取 0x20～0x2f 数据存储器，其声明方式如下：

```
bit    bdata    x;
```

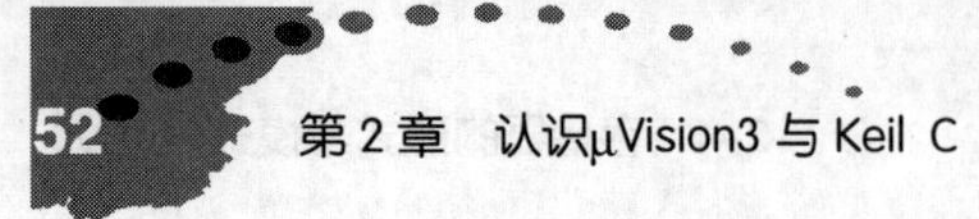

外部数据存储器

对于外部存储器的存取方式，汇编语言提供专用的指令（即 movx），而 Keil C 并没有特别为存取外部存储器提供语句，所以必须以存储器形式来区分，若要声明存取 64KB 范围的外部存储器的字符变量，声明方式如下：

```
char    xdata    x;
```

而声明存取 256B 范围的外部存储器的字符变量，声明方式如下：

```
char    pdata    x;
```

2-4-2　存储器的模式

Keil C 提供 **SMALL**、**COMPACT** 及 **LARGE** 三种存储器模式（memory models），用以决定未标明存储器形式的函数的形参（arguments）、自动变量及变量声明等预设存储器形式。这三种存储器模式说明如下。

- 小型模式（**SMALL**）将所有变量预设为 8x51 的内部存储器，其效果就像在声明区里明确地声明 data 存储器形式一样。若指定为此种模式，变量的存取最有效率，对于我们而言，无疑是最佳的选择。
- 精简模式（**COMPACT**）将所有变量预设为外部存储器的一页（page），也就是 256B。而其寻址方式，高 8 位经由 P2，我们必须在 startup 代码中设置，编译器并不会帮我们设置这个输入/输出端口。使用这种模式，就像在声明区里明确地声明 pdata 存储器形式一样。当然，在这种模式下，虽然变量的大小可达 256B，其存取效率不如 SMALL 模式高，但比 LARGE 模式好。
- 大型模式（**LARGE**）将所有变量预设为外部存储器，其效果就像在声明区里明确地声明 xdata 存储器形式一样。在这种模式下，虽然变量的大小可达 64KB，但其存取效率比前面两种都要差。

在μVision3 里，若要设置存储器模式，可单击按钮打开选项对话框，如图 2-24 所示。这时就可在 **Memory Model** 栏中选择所要采用的存储器模式。

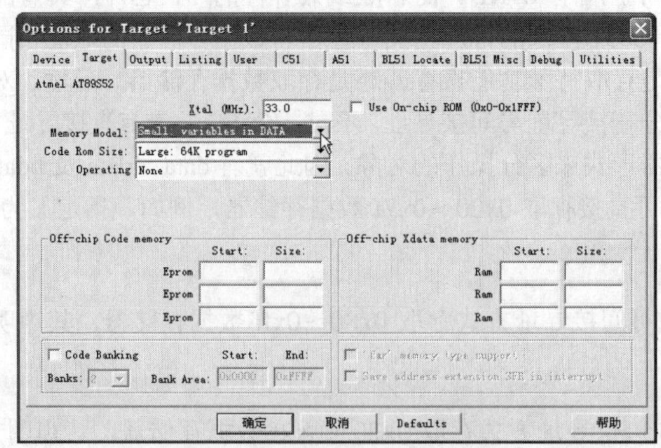

图 2-24　选项对话框的 Target 选项卡

2–5 Keil C的运算符

运算符（operator）就是程序语句中的操作符号，Keil C的运算符可分为下几种。

算术运算符

顾名思义，算术运算符就是执行算术运算功能的操作符号，除了一般人所熟悉的四则运算（加减乘除）外，还有取余数运算，如表2-6所示。

表2-6 算术运算符

符号	功能	范例	说明
+	加	A=x+y	将x与y变量的值相加，其和放入A变量
–	减	B=x-y	将x变量的值减去y变量的值，其差放入变量
*	乘	C=x*y	将x与y变量的值相乘，其积放入C变量
/	除	D=x/y	将x变量的值除以y变量的值，其商数放入D变量
%	取余数	E=x%y	将x变量的值除以y变量的值，其余数放入E变量

▶ 程序范例

```
main()
{   int      A, B, C, D, E, x, y ;
    x=7;
    y=2;
    A=x+y ; B=x-y ; C=x*y ; D=x/y ;
    E=x%y ;
} //仿真时，光标放在此处，再按执行至光标按钮(*{})
```

▶ 程序结果

```
A=0x0009，B=0x0005，C=0x00E，D=0x0003，E=0x0001
```

关系运算符

关系运算符就是处理两变量间的大小关系，如表2-7所示。

表2-7 关系运算符

符号	功能	范例	说明
==	相等	x==y	比较x与y变量的值是否相等，相等则其结果为1，否则为0
!=	不相等	x!=y	比较x与y变量的值是否相等，不相等则其结果为1，否则为0
>	大于	x>y	若x变量的值大于y变量的值，其结果为1，否则为0
<	小于	x<y	若x变量的值小于y变量的值，其结果为1，否则为0
>=	大等于	x>=y	若x变量的值大于或等于y变量的值，其结果为1，否则为0
<=	小等于	x<=y	若x变量的值小于或等于y变量的值，其结果为1，否则为0

▶ 程序范例

```
main()
{   unsigned char   A, B, C, D, E, F, x, y;
    x=7;
```

```
    y=2;
    A=( x==y ); B=(x!=y ); C=(x>y );
    D=(x<y );
    E=( x>=y ); F=x<=y );
} //仿真时，光标放在此处，再按执行至光标按钮(*{})
```

▶ 程序结果

```
A=0x00，B=0x01，C=0x01，D=0x00，E=0x01，F=0x00
```

逻辑运算符

逻辑运算符就是执行逻辑运算功能的操作符号，逻辑运算包括 AND（及）、OR（或）、NOT（反相），其结果为1或0，如表2-8所示。

表2-8 逻辑运算符

符　号	功　能	范　例	说　明
&&	及运算	（x>y）&&（y>z）	若x变量的值大于y变量的值，且y变量的值也大于z变量的值，其结果为1，否则为0
||	或运算	（x>y）||（y>z）	若x变量的值大于y变量的值，或y变量的值也大于z变量的值，其结果为1，否则为0
!	反相运算	!（x>y）	若x变量的值大于y变量的值，则其结果为0，否则为1

▶ 程序范例

```
main()
{   unsigned char  A, B, C, x, y , z;
    x=7;
    y=2;
    z=5;
    A=(x>y )&&(y <z);
    B=(x==y )||(y<=z);
    C=!(x>z);
} //仿真时，光标放在此处，再按执行至光标按钮(*{})
```

▶ 程序结果

```
A=0x01，B=0x01，C=0x00
```

布尔运算符

布尔运算符与逻辑运算符非常相似，其最大的差异在于布尔运算符针对变量中的每一个位，逻辑运算符则是对整个变量操作。图2-25所示为布尔运算符的运算示意图。

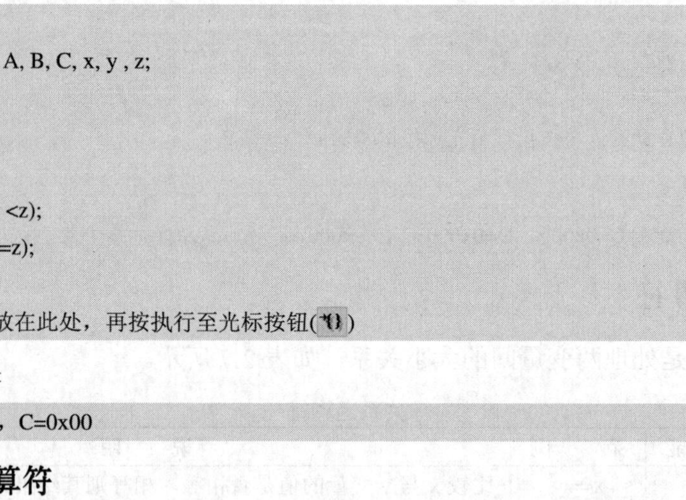

AND（与运算）
x=0x26=00100110
y=0xe2=11100010
z=x&y=00100010=0x22

OR（或运算）
x=0x26=00100110
y=0xe2=11100010
z=x|y=11100110=0xe6

XOR（异或运算）
x=0x26=00100110
y=0xe2=11100010
z=x^y=11000100=0xc4

NOT（取反运算）
x=0x26=00100110
z=~x=11011001=0xd9

<<（左移运算）
x=0x26=00100110
z=x<<2=10011000=0x98

>>（右移运算）
x=0x26=00100110
z=x>>1=00010011=0x13

图2-25 布尔运算示意图

布尔运算符如表 2-9 所示。

表 2-9 布尔运算符

符号	功能	范例	说明
&	及运算	A=x&y	将 x 与 y 变量的每个位进行 AND 运算，其结果放入 A 变量
|	或运算	B=x|y	将 x 与 y 变量的每个位进行 OR 运算，其结果放入 B 变量
^	互斥或	C=x^y	将 x 与 y 变量的每个位进行 XOR 运算，其结果放入 C 变量
~	取 1's 补数	D=~x	将 x 变量的值进行 NOT 运算，其结果放入 D 变量
<<	左移	E=x<<*n*	将 x 变量的值左移 *n* 位，其结果放入 E 变量
>>	右移	F=x>>*n*	将 x 变量的值左移 *n* 位，其结果放入 F 变量

▶ 程序范例

```
main()
{   char    A, B, C, D, E, F, x, y ;
    char    a1, a2, a3, a4, a5, a6;
    x=0x25;                 // 即 00100101
    y =0x73;                // 即 01110011
    A=x&y ; B=x|y ;
    C=x^y; D=~x;
    E=x<<3; F=x>>4;
    a1=A;a2=B,a3=C,a4=D,a5=E,a6=F; //辅助观察运算状态
}   //仿真时，光标放在此处，再按执行至光标按钮(*{})
```

▶ 程序结果

A=0x21（即 00100001），B=0x77（即 01110111），C=0x56（即 01010110）
D=0xda（即 11011010），E=0x28（即 00101000），F=0x02（即 00000010）

赋值运算符

赋值运算符是一种很有效率而且特殊的操作符号，包括最常见的“=”，还有将算术运算、逻辑运算变形的操作符号，如表 2-10 所示。

表 2-10 赋值运算符

符号	功能	范例	说明
=	赋值	A=x	将 x 变量的值放入 A 变量
+=	相加	B+=x	将 B 变量的值与 x 变量的值相加，其和放入 B 变量，与 B=B+x 相同
– =	相减	C–=x	将 C 变量的值减去 x 变量的值，其差放入 C 变量，与 C=C–x 相同
*=	相乘	D*=x	将 D 变量的值与 x 变量的值相乘，其积放入 D 变量，与 D=D*x 相同
/=	相除	E/=x	将 E 变量的值除以 x 变量的值，其商放入 E 变量，与 E=E/x 相同
%=	取余数	F%=x	将 F 变量的值除以 x 变量的值，其余数放入 F 变量，与 F=F%x 相同
&=	及运算	G&=x	将 G 变量的值与 x 变量的值进行 AND 运算，其结果放入 G 变量，与 G=G&x 相同
|=	或运算	H|=x	将 H 变量的值与 x 变量的值进行 OR 运算，其结果放入 H 变量，与 H=H|x 相同

续表

符　号	功　能	范　例	说　明
^=	互斥或	I^=x	将 I 变量的值与 x 变量的值进行 XOR 运算，其结果放入 I 变量，与 I=I^x 相同
<<=	左移	J<<=*n*	将 J 变量的值左移 *n* 位，与 J=J<<*n* 相同
>>=	右移	K>>=*n*	将 K 变量的值右移 *n* 位，与 K=K>>*n* 相同

▶ 程序范例

```
main()
{   unsigned    char    A=0x52, B=0x3a, C=0x01, D=0x01,
                        E=0xaa, F=0x11, G=0xf0, H=0x1f,
                        I=0x55, J=0x68, K=0x75, x=0x96;
    unsigned char   a1,a2,a3,a4,a5,a6,a7,a8,a9,a10,a11;
    A=x;     // A=x=0x96
    B+=x; // B=B+x=0x3a+0x96=0xd0
    C-=x;   // C=C-x=0x01-0x96=0x6b
    D*=x; // D=D*x=0x15*0x96
    E/=x;     // E=E/x=0xaa/0x96=0x01
    F%=x; // F=F%x=0x11%0x96=0x11
    G&=x; // G=G&x=0xf0&0x96=0x90
    H|=x;   // H=H|x=0x1f/0x96=0x9f
    I^=x;     // I=I×x=0x55×0x96=0xc3
    J<<=2;// J=J<<2=0xa0
    K>>=3; // K=K>>3=0x0e
    a1=A;a2=B;a3=C;a4=D;a5=E;a6=F; //辅助观察运算状态
    a7=G;a8=H;a9=I;a10=J;a11=K;//辅助观察运算状态
} //仿真时，光标放在此处，再按执行至光标按钮( )
```

▶ 程序结果

A=0x96，B=0xd0，C=0x6b，D=0x4e，E=0x01，F=0x11，G=0x90，H=0x9f，I=0xc3，J=0xa0，K=0x0e

自增/自减运算符

自增/自减运算符也是一种很有效率的运算符，其中包括自增与自减两个操作符号，如表 2-11 所示。

表 2-11　　自增/自减运算符

符　号	功　能	范　例	说　明
++	加 1	x++	执行运算后再将 x 变量的值加 1
– –	减 1	x--	执行运算后再将 x 变量的值减 1

▶ 程序范例

```
main()
{   char     x=5,y =10;
    x++;                    // x=x+1
    y--;                    // y=y-1
} //仿真时，光标放在此处，再按执行至光标按钮( )
```

▶ 程序结果

```
x=0x06, y = 0x09
```

运算符的优先级

程序中的语句可能使用不止一个运算符，因此必须有个运算规则。基本上是按照“由左而右”的顺序，除非遇到较高优先等级的运算符或操作符号，最常见的就是小括号，当然是小括号内的操作先进行。表 2-12 所示为 Keil C 运算符或操作符号的优先等级。

表 2-12 运算符的优先级

优先级	运算符或操作符号	说 明
1	(、)	小括号
2	~、!	补数、反相运算
3	++、--	自增、自减
4	*、/、%	乘、除、取余数
5	+、-	加、减
6	<<、>>	左移、右移
7	<、>、<=、>=、==、!=	关系运算符
8	&	布尔运算符 AND
9	^	布尔运算符 XOR
10	|	布尔运算符 OR
11	&&	逻辑运算符 AND
12	||	逻辑运算符 OR
13	=、*=、/=、%=、+=、-=、<<=、>>=、&=、^=、|=	赋值运算符

2-6 Keil C 的流程控制

基本上，程序的结构是由上而下逐行执行。不过，我们可用流程控制的指令与语句，以改变程序流程，达到省力并具有判断能力，让我们的程序更聪明。Keil C 所提供的流程控制指令与语句可分为三种，即循环指令、选择指令及跳转指令。

2-6-1 循环指令

循环指令就是将程序流程控制在指定的循环里，直到符合指定的条件才脱离循环继续往下执行。Keil C 所提供的循环指令有 for 语句、while 语句、do-while 语句，说明如下。

计数循环

for 语句是一个很实用的计数循环，其格式如下：

```
for(表达式 1; 表达式 2; 表达式 3)
{
        指令;
        [break;]
        ⋮
}
```

其中有 3 个表达式，说明如下。

- 表达式 1 为初始值，例如，从 0 开始则写成“i=0;”，其中的 i 必须事先声明，其中的“;”是分隔符，不可缺少。
- 表达式 2 为判断条件，以此为执行循环的条件。例如“i<20;”，则只要 i<20 就继续执行循环。若此表达式空白，只输入“; ”，例如“for（i=0; ;i++）”或“for（;;）”，则会无条件执行循环，不会跳出循环。
- 表达式 3 为条件运算方式，最常见的是自增或自减，例如“i++”或“i--”，当然也可以其他运算方式，例如每次增加 2，即“i+=2”。

▶ 使用范例 1

```
for(i=0;i<8;i++)
```

说明：循环执行 8 次。

▶ 使用范例 2

```
for(x=100;x>0;x--)
```

说明：循环执行 100 次。

▶ 使用范例 3

```
for(;;)
```

说明：无穷循环。

▶ 使用范例 4

```
for(num=0;num<99;num+=5)
```

说明：循环执行 20 次。

紧接于 for 语句下面，可利用一对大括号将所要执行的指令逐行写入。若循环中只要执行一条指令，可不使用大括号，例如要从 0 到 9，将 table 数组中的数据顺序输出到 P2，代码如下：

```
for(i =0;i<10;i++)
        P2=table[i];
```

另外，若循环未达到跳出的条件，因其他判断因素成立，而要强制跳出循环，则可在循环内添加判断条件与 break 指令，例如：

```
for(i =0;i<100;i++)
{    :
```

```
    if(sw1==0) break;
    ⋮
}
```

前条件循环

在 while 语句中将判断条件放在语句之前，称为前条件循环，其格式如下：

```
while(表达式)
{
      指令;
      [break;]
      ⋮
}
```

当其中的表达式成立时，才开始执行其下大括号内的内容。例如，要使 i 不等于 0 时才执行循环，代码如下：

```
while(i !=0)
{
  指令;
  ⋮
}
```

若 while 的表达式为 1，则形成无穷循环，即

```
while(1)
{    :
   指令;
   ⋮
}
```

同样地，若大括号内只有一行指令，则可省略大括号，例如：

```
while(i !=0)
      i--;
```

另外，若循环未达到跳出的条件，因其他判断因素成立，而要强制跳出循环，则可在循环内添加判断条件与 break 指令，例如：

```
while(1)
{       :
      if(sw1==0) break;
      ⋮
}
```

后条件循环

do-while 语句提供先执行再判断的功能，称为后条件循环，其格式如下：

```
do      {
        指令;
        [break;]
          ⋮
        } while(表达式);
```

在这个语句里，将执行一次循环后再判断表达式是否成立，若不成立，则不会再执行该循环。例如，要使 i 不等于 0 时才执行循环，代码如下：

```
do      {
         指令;
         ⋮
         } while(i !=0);
```

若 while 的表达式为 1，则形成无穷循环，即

```
do      {
        指令;
        ⋮
        } while(1);
```

同样地，若大括号内只有一行指令，则可省略大括号，例如：

```
do      i--;    while(i !=0);
```

另外，若循环未达到跳出的条件，因其他判断因素成立，而要强制跳出循环，则可在循环内添加判断条件与 break 指令，例如：

```
do      {
         if(sw1==0) break;
         ⋮
         } while(1);
```

2-6-2 选择指令

选择指令是按条件决定程序流程。Keil C 所提供的选择指令有 if-else 语句及 switch-case 语句，说明如下。

条件选择

if-else 语句提供条件判断的语句，称为条件选择，其格式如下：

```
if (表达式)
{
        循环体 1;
         ⋮
 }
 else
{
        循环体 2;
```

```
        ⋮
}
```

在这个语句里，将先判断表达式是否成立，若成立，则执行循环体 1，否则执行循环体 2，如图 2-26 所示。

其中 else 部分也可省略，即

```
if (表达式)      {  循环体 1;}
  其他指令;
```

if-else 和 if 语句的流程图如图 2-26、图 2-27 所示。

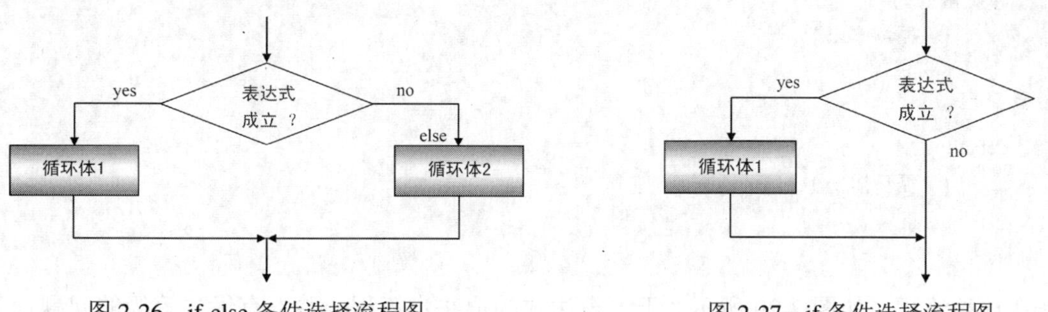

图 2-26 if-else 条件选择流程图　　　　图 2-27 if 条件选择流程图

if-else 语句也可利用 else if 指令串接为多重条件判断，其格式如下：

```
if (表达式 1)
        {  循环体 1; }
  else if(表达式 2)
        {  循环体 2; }
  else if(表达式 3)
        {  循环体 3; }
  else {  循环体 4; }
        ⋮
```

在这种流程（如图 2-28 所示）下，从表达式 1 开始判断，若表达式 1 成立，则表达式 2、表达式 3 都没有作用。同样，若表达式 1 不成立，而表达式 2 成立，则表达式 3 没有作用。很明显，循环体 1 的优先等级最高，然后才是循环体 2、循环体 3、循环体 4 等。

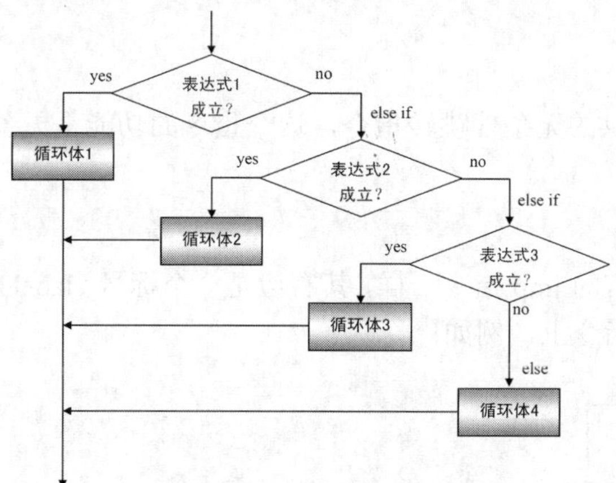

图 2-28 if-else if 条件选择流程图

开关式选择

switch-case 语句提供多重选择，就像是波段开关一样，称为开关式选择，这种选择方式不会有优先等级的问题，其格式如下：

```
switch(表达式)
{   case(常数 1):
        {   循环体 1; }
        break;
    case(常数 2):
        {   循环体 2; }
        break;
        ⋮
    default:
        {   循环体 n; }
        break;
}
```

在这种流程（如图 2-29 所示）下，表达式的值决定流程，并没有优先等级的问题。若没有一个路径的常数与表达式的值相同，程序将执行 default 路径下的循环体。注意，每个 case 语句块结束时必须有一个 break 指令，否则会继续执行下一个 case 循环体。

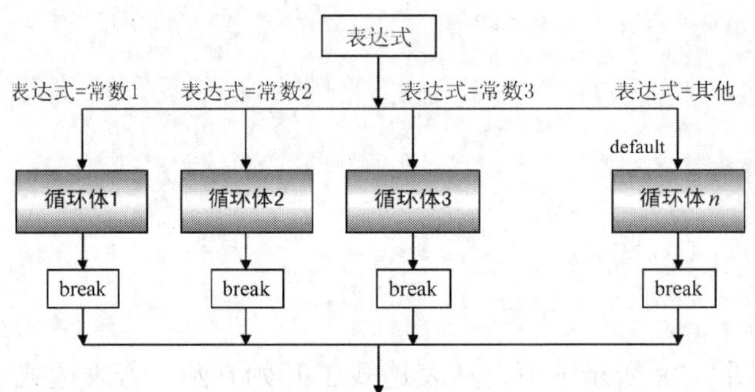

图 2-29 switch-case 多重选择流程图

2-6-3 跳转指令

goto 是 Keil C 所提供的无条件跳转指令，这个指令的功能是无条件地改变程序的流程，其格式如下：

```
goto   标号;
```

goto 指令与汇编语言的 jmp 指令一样，其右边是一个标号（label），当执行到这个指令后，将跳转有放置该标号的指令上，例如：

```
goto   loop;
         ⋮
loop:  指令
         ⋮
```

2-7 数组与指针

数组（array）是一种将同类型数据集合管理的数据结构，指针（Pointer）是存放存储器地址的变量，因此，数组与指针可说是数据管理的好搭挡。

2-7-1 数组

一般来说，数组也是一种变量，将一堆相同数据形态的变量以一个相同的变量名称来表示。既然是一种变量，使用之前必须声明，其格式如下：

```
数据类型    数组名“数组大小”;
```

如下语句声明一个拥有 9 个字符的数组：

```
char    LCM[9];
```

这个数组包括 LCM[0]～LCM[8] 9 个字符，字符的数组相当于我们所说的“字符串”，只是 Keil C 没有“字符串”这种数据类型，所以用字符数组来代替字符串。

声明变量是为该变量指定存储器位置，对于不同的数据类型，系统预留的存储器空间各不同，例如，声明一个字符变量，则预留 1 字节的存储器给该变量，声明一个整型变量，则预留 2 字节的存储器给该变量，我们可以参考表 2-2。以上述 LCM 数组而言，程序将预留 9 字节的存储器给它。

声明数组的时候，也可以给它赋初始值，例如：

```
char    LCM[9]= " Testing. ";
```

这代表 LCM[0]的初始内容为 **T**，LCM[1]的初始内容为 **e**，……LCM[7]的初始内容为**.**（点号），而程序会自动在字符串的最后面加上“\0”作为结束，故需要 9 个字符。若不知道数组的大小，可以不指定数组的长度，例如：

```
char    string1[]= " Welcome to Taiwan. ";
```

若声明整型（int）或浮点数（float）数组时也要指定其默认值，则可利用大括号，例如：

```
int     Num[6]={30, 21, 1, 45, 26, 37};
```

上面所介绍的是一维数组，我们也可以声明多维数组，如下所示为声明 *n* 维数组的格式：

```
数据类型    数组名[数组大小 1] [数组大小 2]…[数组大小 n];
```

以一个二维 3×2 整型数组为例：

```
int     Num[3][2]={{10,11}, {12,13}, {14,15}};
```

代表 Num[0][0]的初始内容为 10，Num[0][1]的初始内容为 11、Num[2][1]的初始内容为 15。

完成声明后，就可像一般变量一样的操作，例如：

```
a=Num[0][1]+3;
```

执行后a的内容为14。

2-7-2 指针

指针是用来存放存储器地址的变量，其声明格式如下：

```
数据类型    *变量名称;
```

通常指针都采用整型数据类型，例如，要声明一个名为ptr的指针，格式如下：

```
int      *ptr;
```

我们也可把同类型的变量与指针放在一起声明，例如：

```
int      *ptr1, *ptr2, a, b, c;
```

与指针息息相关的运算符是“&”，这个运算符的功能是取得变量的地址，我们常利用这个运算符将指定的变量的地址放入指针变量，以便后续操作，例如：

```
ptr1=&a;
```

则a变量的地址就被放入ptr1指针变量，当然，这些操作主要是针对数组的，通常会先取得数组中第一个元素的地址，例如：

```
ptr1=&Num[0][0];
```

则Num数组的第一个地址将被放入ptr1指针变量。若要将Num[0][0]的内容输出到P2，代码如下：

```
P2=Num[0][0];
```

或使用指针变量的方式，代码如下：

```
P2=*ptr1;
```

同理，若要将Num[1][1]的内容输出到P2，代码如下：

```
P2=Num[1][1];
```

或使用指针变量的方式，代码如下：

```
P2=*(ptr1+3);
```

2-8 函数与中断子程序

一般来说，函数（function）、中断子程序都是属于子程序，如果要称函数为子程序而称中断子程序为中断函数，也是可以的，习惯就好。

2-8-1 函数

函数的结构与主程序的结构类似，不过函数还能传递参数、返回值，图 2-30 所示为其结构。函数是一种独立功能的程序，可将所要处理的数据传递给该函数里，称为形式参数，当然，可以传递不止一个参数；另外，也可将函数处理完成后的结果返回调用它的程序，称为返回值。关于函数结构的说明，前面已经详细介绍了，在此不再赘述。

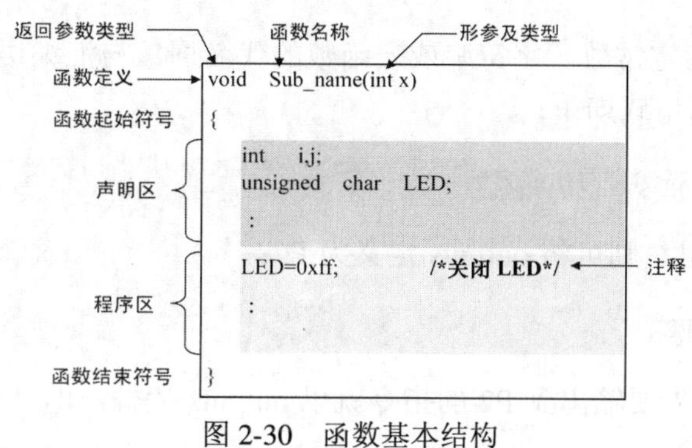

图 2-30 函数基本结构

2-8-2 中断子程序

中断子程序与函数的结构类似，不过中断子程序不能传递参数、返回值，并且使用中断子程序之前不需要声明，但要在主程序中进行中断的相关设置（待第 6 章再详述）。

从中断子程序的第一行就可看出其与一般函数的不同，具体格式如下：

```
void 中断子程序名称(void)    interrupt 中断编号      using      寄存器组
```

其中各项说明如下。

- 由于中断子程序并不传递参数，也不返回值，所以在其左边标识“void”，在中断子程序名称右边的括号里也是“void”。
- 中断子程序的命名只要是合乎规定的字符串即可。
- Keil C 提供 0～31 共 32 个中断编号，不过，8051 只使用 0～4，8052 则使用 0～5，例如，要声明为 INT0 外部中断，则标识为“interrupt 0”，若要声明为 T0 定时器/计数器中断，则标识为“interrupt 1”。
- “寄存器组”表示中断子程序里要采用哪个寄存器组，8051 内部有 4 组寄存器组，即 RB0 到 RB3。通常主程序使用 RB0，随着需要，在子程序里使用其他寄存器组，以避免数据的冲突。若不想指定寄存器组，也可省略该项目。

例如，要定义一个 INT0 的中断子程序，其名称定义为“INT”，而在该中断子程序使用 RB1 寄存器组，则应声明为

```
void    INT(void)    interrupt 0    using 1
```

然后在其下的大括号内编写中断子程序的内容。

2–9 Keil C的预处理命令

所谓“预处理命令”是指先经过预处理处理器（Pre-Processor）处理过后才进行编译的命令。通常，预处理命令放置在整个程序的开头，除非是条件式编译命令。Keil C提供下列三项预处理命令。

定义命令

#define命令用来指定常数、字符串或宏函数的代名词，与汇编语言的“equ”、“reg”命令一样。#define命令的格式如下：

```
#define    代名词    常数(字符串或宏函数)
```

例如，要从P2输出，则可将outputs定义为P2:

```
#define    outputs    P2
```

而在程序之中，如果要输出到P2的指令就以outputs代替，即

```
outputs = 0xff;                /* 输出 11111111 */
```

进行编译时，预处理处理器会将整个程序里的所有“outputs”替换为“P2”，所以这个指令将改为

```
P2 = 0xff;                     /* 输出 11111111 */
```

这样有什么好处呢？例如，我们原先是针对某个电路所设计的程序，该电路原本是由P2输出，但因某些因素，电路改由P0输出，或其他电路不是由P2输出的电路，也想使用这个程序来驱动，这时我们只需要改这一行，而不必在程序之中寻找所有要改的地方，更不会有漏改的情况发生。当然，使用预处理命令也有助于程序的阅读与理解。另外，还可针对需要使用多行#deifne命令。

包含命令

#include命令的功能是将指定的定义或声明等文件放入程序之中，关于#include命令的应用，详见前面的介绍。

条件式编译命令

C语言是一种高度可移植性程序语言，源程序可在不同版本的C语言编译器下进行编译，当然，不同的C语言编译器提供不同的资源与指令语法，这时候，就可应用条件式编译命令，以区分不同的编译器。在8051的程序设计里，也可应用条件式编译命令，以适应不同的外围与控制方式。条件式编译命令的格式如下：

```
#if    表达式
       程序 1
#else
```

```
    程序 2
#endif
```

若表达式成立，则编译程序 1，否则编译程序 2。

2-10 实时练习

在本章里，快速地介绍了µVision3 环境及 Keil C，这些都是学习 8x51 的基本知识与必备技能。在此请试着回答下列问题，以确认可顺利进入 8x51 的世界。

选择题

（　　）1. 在 Keil µVision3 里开发 8051 程序的第一步是什么？
　　（A）打开新的项目文件　　（B）调试与仿真
　　（C）生成程序　　（D）产生执行文件

（　　）2. 在 Keil µVision3 里，若要打开项目，应如何操作？
　　（A）运行 File/New 命令　　（B）运行 File/New Project 命令
　　（C）运行 Project/New 命令　　（D）运行 Project/New Project 命令

（　　）3. 在 Keil µVision3 里，若要将 C 源文件添加当前的项目应如何操作？
　　（A）运行 File/Add Source File 命令
　　（B）选择项目窗口里的 Source Group 1 项，单击鼠标右键，在弹出菜单中选择 Add Files to Group 'Source Group 1'选项
　　（C）单击按钮
　　（D）按 A 键

（　　）4. 在 Keil µVision3 里，若要生成工程，应如何操作？
　　（A）运行 Tools/Build 命令　　（B）单击按钮
　　（C）单击按钮　　（D）按 C 键

（　　）5. 在 Keil µVision3 里，若要打开调试/仿真工具栏，应如何操作？
　　（A）单击按钮　　（B）单击按钮
　　（C）单击按钮　　（D）单击按钮

（　　）6. 在 Keil µVision3 里，若要全速进行程序的调试/仿真，应如何操作？
　　（A）单击按钮　　（B）单击按钮
　　（C）单击按钮　　（D）单击按钮

（　　）7. 同上题，若要单步执行程序的调试/仿真，且要能跳过子程序，应如何操作？
　　（A）单击按钮　　（B）单击按钮
　　（C）单击按钮　　（D）单击按钮

（　　）8. 进行调试/仿真时，若想要观察输入/输出端口的状态，应如何处理？
　　（A）运行 Peripherals/I/O-Ports 命令　　（B）运行 View/Ports 命令
　　（C）运行 Edit/Ports 命令　　（D）单击按钮

（　　）9. 下列哪个不是 Keil C 的预处理命令？
　　（A）#include　　（B）#define　　（C）#exit　　（D）#if

( ) 10．下列哪个不是 Keil C 的数据类型？
(A) void (B) string (C) char (D) float

问答题

1．Keil C 试用版与商用版最明显的差异是什么？

2．Keil μVision3 环境里所谓"生成"是进行哪些工作？

3．若在程序里，所要控制的信号是通过 P0 输出，在 Keil μVision3 环境里进行调试时，如何跟踪 P0 的状态？

4．若在程序里引用 8051 的中断功能，在 Keil μVision3 环境里进行调试时，如何进行中断功能的仿真？

5．在 Keil C 程序里，主程序与函数最明显的差异是什么？

6．在 Keil C 程序里，若要将 my.h 头文件包含进来，应如何处理？

7．在 Keil C 程序里如何注释？

8．Keil C 提供哪几种存储器形式和存储器模式。

9．Keil C 提供了哪些基本的数据类型？哪些是 8051 特有的数据类型？

10．Keil C 里，逻辑运算符与布尔运算符有何不同。

11．Keil C 的 while 与 do-while 语句有何不同。

加油

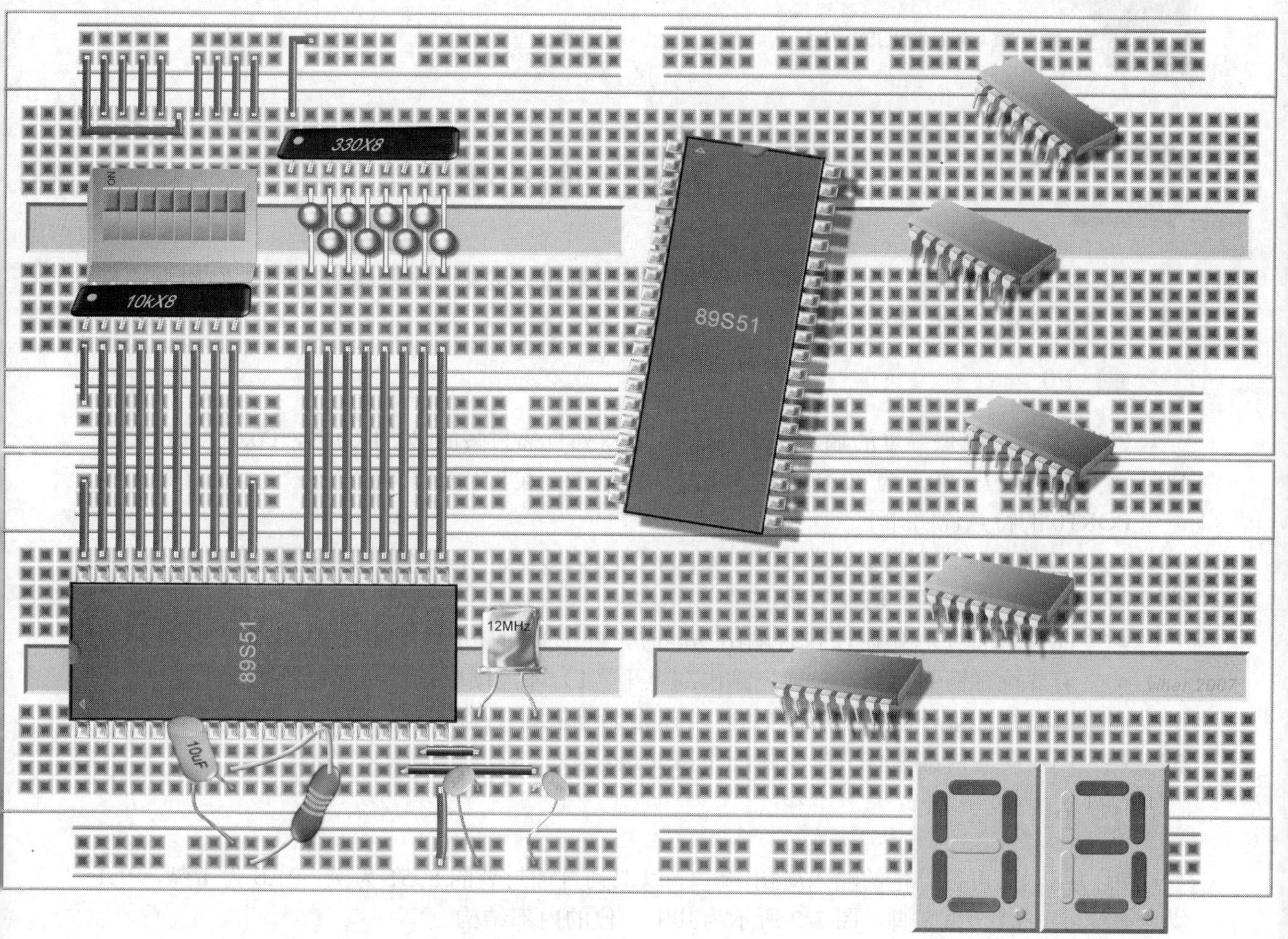

第3章　输出端口的应用

本章内容丰富，主要包括两部分。

- **硬件部分**

  认识8051的输入/输出端口。
  熟悉LED、蜂鸣器、继电器、七段LED数码管的设计技巧。

- **程序与实践部分**

  驱动蜂鸣器实验。驱动继电器实验。
  霹雳灯及七段LED数码管的设计与应用。

3-1 认识MCS-51的输入/输出端口

MCS-51迷人的地方之一就在其4个输入/输出端口。这4个输入/输出端口的结构大致相同，但各有特别之处，说明如下。

P0

P0为8位、可位寻址的输入/输出端口，以双列直插封装的8051为例，P0.0为39脚，P0.1为38脚，……P0.7为32脚，图3-1所示为其中一位的内部结构。

PORT0的特点说明如下。

- P0的8位皆为漏极开路输出（**Open Drain**，**OD**），千万不要误解为图腾式输出，每个引脚可驱动8个LS型TTL负载。
- P0内部无上拉电阻，执行输出功能时，外部必须接上拉电阻（10kΩ即可）。
- 若要执行输入功能，必须先输出高电平（1）才能读取该口所连接的外部数据。
- 若系统连接外部存储器，则P0可作为地址总线（A0～A7）及数据总线（D0～D7）的复用引脚，此时内部具有上拉电阻，不用外接。

P1

P1为8位、可位寻址的输入/输出端口，以双列直插封装的8051为例，P1.0为1脚，P1.1为2脚，……P1.7为8脚，图3-2所示为其中一位的内部结构。

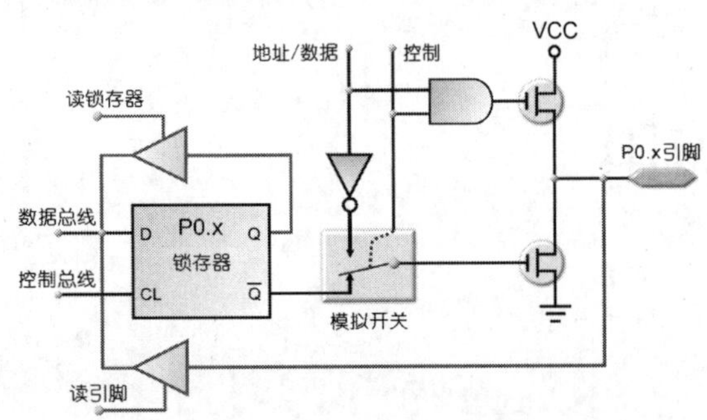

图3-1 P0内部电路结构（1位）

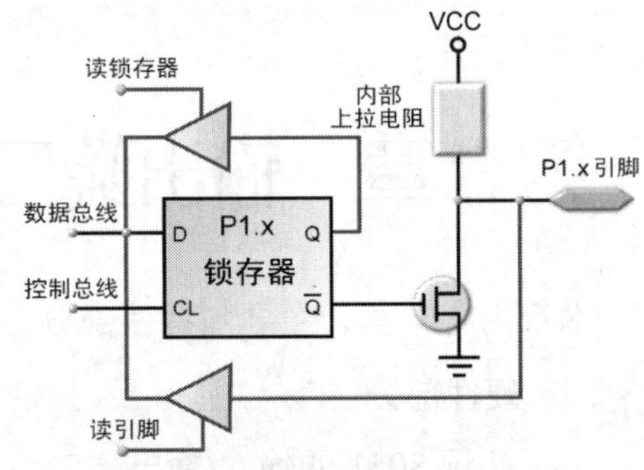

图3-2 P1内部电路结构（1位）

P1的特点说明如下。

- P1内部具备约30kΩ上拉电阻，执行输出功能时，无须连接外部上拉电阻。
- P1的8位类似于漏极开路输出（OD），但已内接上拉电阻，每个引脚可驱动4个LS型TTL负载。
- 若要执行输入功能，必须先输出高电平（1）才能读取该口所连接的外部数据。
- 若是8052/8032，则P1.0兼具Timer2的外部脉冲输入功能（即T2），P1.1兼具Timer2的捕捉/重新加载的触发输入功能（即T2EX）。
- 若是89S51/89S52，进行在线刻录（ISP，在系统编程）时，其中的P1.5作为MOSI之用，P1.6作为MISO之用，P1.7作为SCK之用。

P2

P2 为 8 位、可位寻址的输入/输出端口，以双列直插封装的 8051 为例，P2.0 为 21 脚，P2.1 为 22 脚，……P2.7 为 28 脚，图 3-3 所示为其中一位的内部结构，P2 的特点说明如下。

- P2 内部具备约 30kΩ上拉电阻，执行输出功能时，无须连接外部上拉电阻。
- P2 的 8 位类似于漏极开路输出（OD），但已内接上拉电阻，每个引脚可驱动 4 个 LS 型 TTL 负载。
- 若要执行输入功能，必须先输出高电平（1），才能读取该口所连接的外部数据。
- 若系统连接外部存储器，而外部存储器的地址线超过 8 条时，则 P2 可作为地址总线（A8～A15）引脚。

P3

P3 为 8 位、可位寻址的输入/输出端口，以双列直插封装的 8051 为例，P3.0 为 10 脚，P3.1 为 11 脚，……P3.7 为 17 脚，图 3-4 所示为其中一位的内部结构。P3 的特点说明如下。

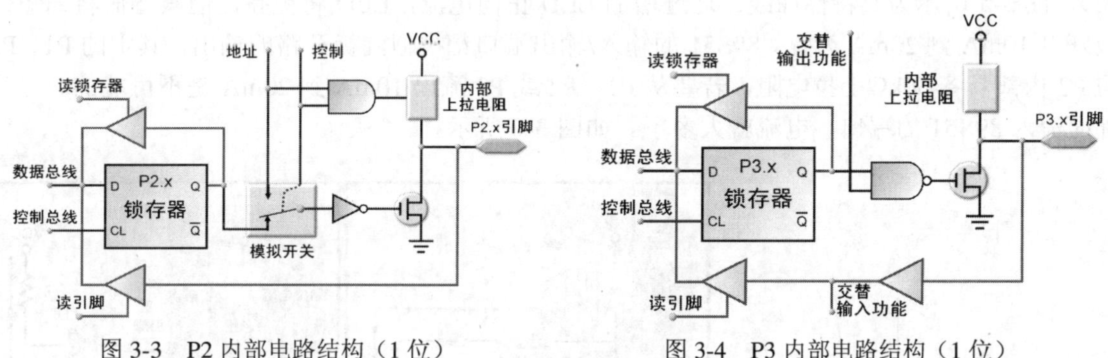

图 3-3 P2 内部电路结构（1 位）　　图 3-4 P3 内部电路结构（1 位）

- P3 内部具备约 30kΩ上拉电阻，执行输出功能时，无须连接外部上拉电阻。
- P3 的 8 位类似于漏极开路输出（OD），但已内接上拉电阻，每个引脚可驱动 4 个 LS 型 TTL 负载。
- 若要执行输入功能，必须先输出高电平（1）才能读取该口所连接的外部数据。
- P3 的 8 个引脚各有其他功能，如表 3-1 所示。

表 3-1 P3 的其他功能

P3	其他功能	说　明
P3.0	**RXD**	串行口的接收引脚
P3.1	**TXD**	串行口的传送引脚
P3.2	**INT0**	INT0 中断输入
P3.3	**INT1**	INT1 中断输入
P3.4	**T0**	Timer/Counter 0 输入
P3.5	**T1**	Timer/Counter 1 输入
P3.6	**WR**	写入外部存储器控制引脚
P3.7	**RD**	读取外部存储器控制引脚

3-2 输出电路设计

89S51 的输出端口可直接连接数字电路，也可用来驱动 LED、蜂鸣器、继电器或固态继电器等负载，以下就来探讨如何使用这些负载。

3-2-1 驱动 LED

LED 为发光二极管（**Light-Emitting Diode**）的简称，其体积小，耗电低，常被用为微型计算机与数字电路的输出装置，以指示信号状态。近年来 LED 的技术大为进步，除了红色、绿色、黄色外，还出现了蓝色与白色，而高亮度的 LED 更是取代传统灯泡成为交通标志（红绿灯）的发光元件；就连汽车的尾灯也开始流行使用 LED 车灯。

一般来说，LED 具有二极管的特点，反向偏压或电压太低时，LED 将不发光；正向偏压时，LED 将发光；以红色 LED 为例，正向偏压时 LED 两端约有 1.7V 左右的压降（比二极管大），图 3-5 所示为其特性曲线。通过增加 LED 正向电流，LED 将更亮，但其寿命将缩短，最好以 10mA 到 20mA 为宜。89S51 的输入/输出端口都类似漏极开路的输出，其中的 P1、P2 与 P3 内部具备 30kΩ上拉电阻，若要从 P1、P2 或 P3 流出 10mA 到 20mA 是不可能的。但从外面流入 89S51 的端口，电流就大多了。如图 3-6 所示。

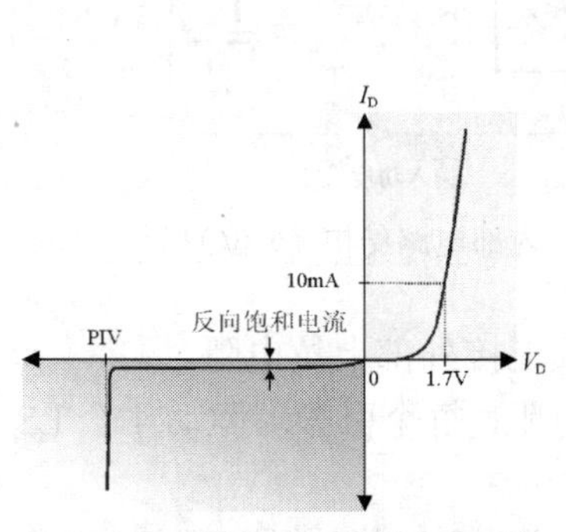

图 3-5 LED 特性曲线

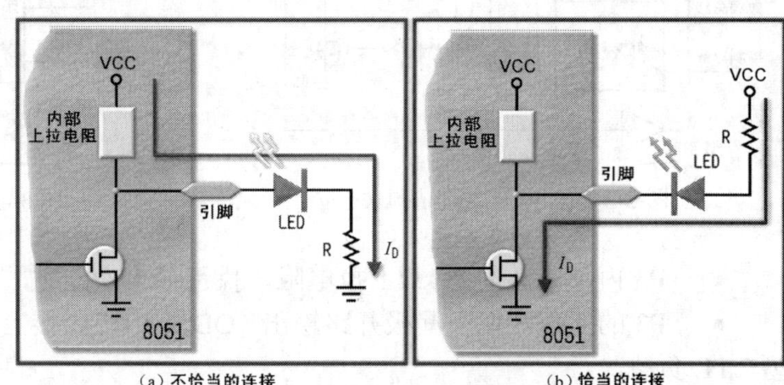

图 3-6 输出 LED 的连接

如图 3-6（b）所示，当输出低电平时，输出端的 FET 导通，输出端电压接近 0V；而 LED 正向电压 V_D 约 1.7V，限流电阻 R 两端约 3.3V（即 5-1.7）。若要限制流过 LED 的电流 I_D 为 10mA，则此限流电阻 R 为

$$R=\frac{5-1.7}{10\text{m}}=330\Omega$$

若想要 LED 亮一点，可使 ID 提高至 15mA，则限流电阻 R 改为

$$R=\frac{5-1.7}{15\text{m}}=220\Omega$$

对于 TTL 电平的数字电路或微型计算机电路，LED 所串接的限流电阻大多为 200～470Ω，电阻值越小，LED 越亮。若 LED 为非连续负载（例如扫描电路或闪烁灯），则电流还可大一点，甚至采用 50～100Ω的限流电阻即可。

3-2-2 驱动蜂鸣器

在微处理电路上的发声装置称为蜂鸣器（buzzer），蜂鸣器类似小型喇叭。市售蜂鸣器分为电压型与脉冲型两类，电压型蜂鸣器送电就会叫，其频率固定；脉冲型蜂鸣器必须加入脉冲才会发出声响，且其声音的频率就是加入脉冲的频率，在此就是使用脉冲型蜂鸣器。图 3-7 所示为 12mm 脉冲型蜂鸣器的外观与尺寸。

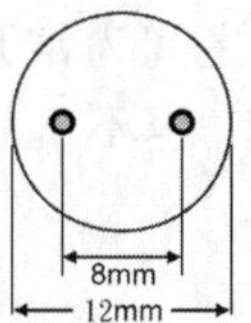

图 3-7 12mm 蜂鸣器的外观与尺寸

89S51 驱动蜂鸣器的信号为各种频率的脉冲，其驱动方式可采用达林顿晶体管，或以两个常用的小晶体管（如 CS9013）连接成达林顿结构，图 3-8（a）适用于 P1～P3，图 3-8（b）增加了一个上拉电阻，适用于 P0～P3。这两个驱动电路属于高电平动作（active high），也就是输出 1 时，蜂鸣器吸住，输出 0 时，蜂鸣器放开。对于蜂鸣器而言，其发声原理在于吸放动作所引起的簧片振动，至于先吸后放还是先放后吸并不重要。

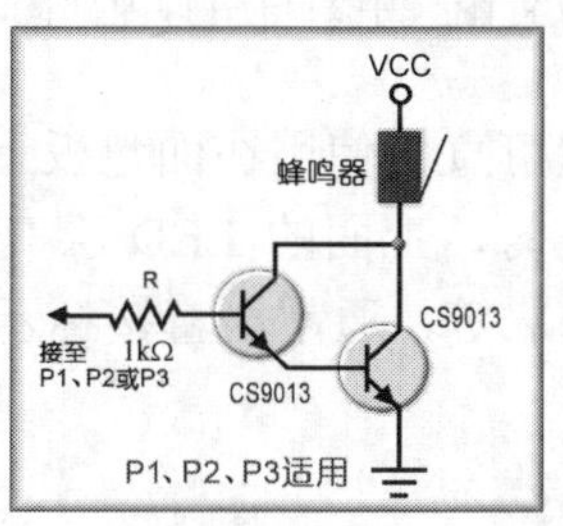

（a）适用于 P1～P3

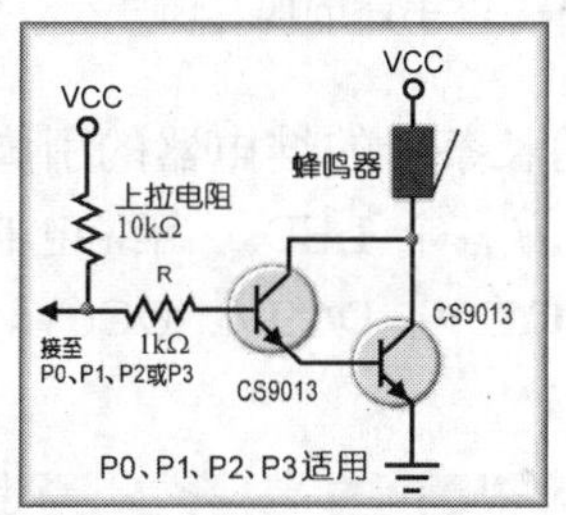

（b）适用于 P0～P3

图 3-8 高电平驱动蜂鸣器

因此，我们可采用低电平动作（active low），也就是输出 0 时，蜂鸣器吸住，输出 1 时，蜂鸣器放开。而其驱动电路就非常简单，如图 3-9 所示，不管使用哪个端口都可以，且驱动电流都足以使晶体管输出饱和。当端口输出 1 时，CPU 内部的 FET 不导通，所以，i_b=0、i_c=0 时，蜂鸣器放开；当端口输出 0 时，CPU 内部的 FET 导通，可吸入大电流（数毫安），所以，i_b 很大，i_c 当然会很大，蜂鸣器将被吸住。另外，在晶体管 BE 之间连接一个泄放电阻器（10kΩ），其目的是让晶体管从饱和到截止时提供一个泄放 BE 间少数载流子的路径，以加速切换，防止拖音。

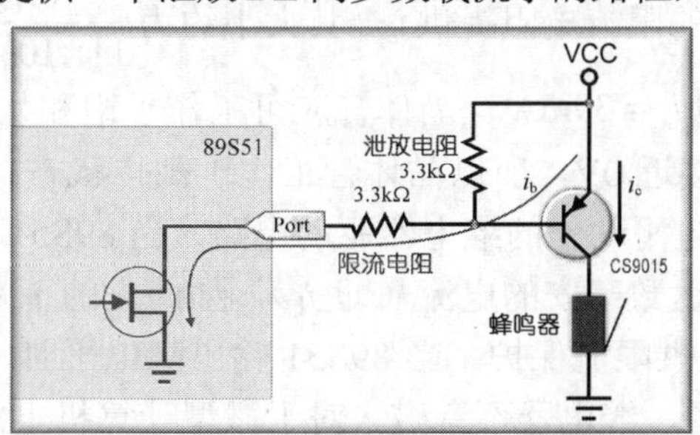

图 3-9 低电平驱动蜂鸣器

3-2-3 驱动继电器

若要使用 89S51 来控制不同电压或较大电流的负载时，则可通过继电器（RELAY）来转达控制的意图。电子电路所使用的继电器（结构在电路板上）的体积都不大，图 3-10 所示为常用的继电器。这种继电器所使用的电压有 DC12V、DC9V、DC6V、DC5V 等，通常会直接标示在上面，图 3-10 中，继电器上方清楚地标示 DC9V。其中 c～b 之间为常闭接点（Normal Closed，NC 接点），c～a 之间为常开接点（Normal Opened，NO 接点），而只有一组 a-b-c 称为 1P。这种继电器很普遍，也不贵，可直接应用在电路板上，但引脚位置并不适用于面包板。

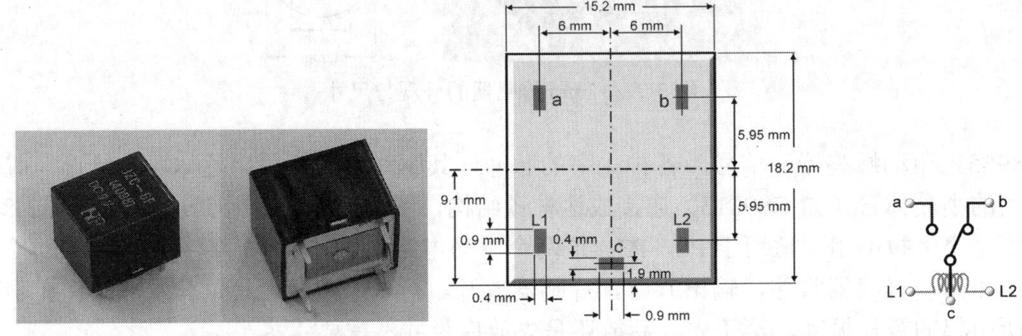

图 3-10 继电器的照片图（左）引脚位置图（中）与引脚内部图（右）

如图 3-11 所示的长条形的继电器的引脚配置可直接使用在面包板上，属于较为精细的电路板用继电器，其上方有个 LED，当继电器动作时，上面的 LED 会亮。同样地，这种继电器所使用的电压有 DC12V、DC9V、DC6V、DC5V 等，通常会直接标示在上面，且引脚图也会印在继电器上。

图 3-11 电路板上所使用的继电器及其引脚图

通常 89S51 所要驱动的继电器大多为 DC6V 或 DC5V 的小型电子用继电器。尽管如此，光靠 89S51 输出端口的电流恐怕不够，况且要驱动继电器线圈这种电感性负载还需要有些保护。

图 3-12（a）所示为高电平动作的继电器驱动电路，当 89S51 输出高电平时，从 VCC 经由 10kΩ的上拉电阻及 1kΩ的限流电阻提供 i_b，其大小约为 $\dfrac{5-0.7}{11\times10^3}\cong 0.39\text{mA}$，一般 NPN 晶体管的 β 应有 100 以上，所以 $i_c \cong 39\text{mA}$，晶体管应可工作于饱和状态；89S51 输出低电平时，输出端的 FET 导通，输出接近 0V，所以晶体管工作于截止状态。

图 3-12（b）所示为低电平动作的继电器驱动电路，当 89S51 输出低电平时，89S51 输出端的 FET 导通，可吸入高达数毫安的电流（即 i_b），如此大的 i_b 将使晶体管饱和、继电器激磁，其中的 4.7kΩ电阻器提供限流保护。当 89S51 输出高电平时，89S51 输出端的 FET 不导通，所以 i_b=0，晶体管截止，继电器不激磁。对于微型计算机电路而言，采用低电平动作的继电器驱动电路属于较优的设计，但编写程序时，必须记得将输出反相。由于继电器操作频

率不像蜂鸣器那么高，所以不必连接泄放电阻。

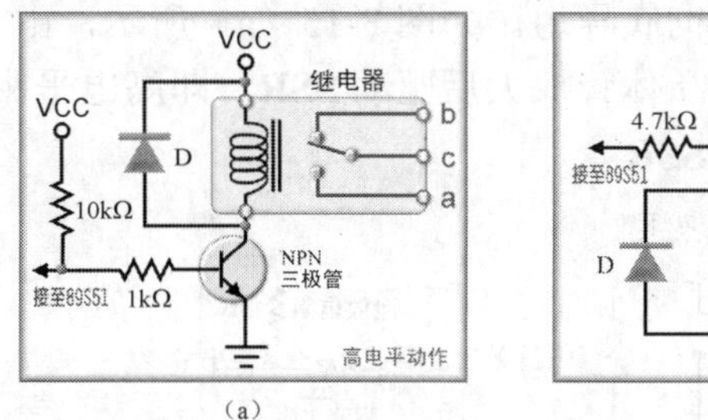

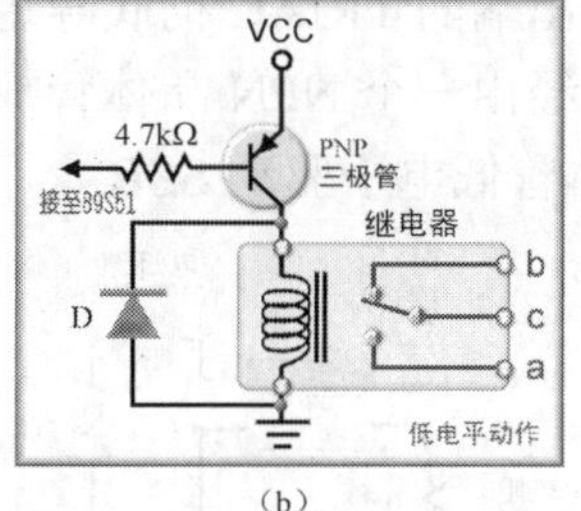

图 3-12　使用晶体管驱动继电器

另外，由于线圈属于电感性负载，当晶体管截止时，$i_c=0$，而原本线圈上的电流 i_L 不可能瞬间为 0，所以二极管 D 就提供一个 i_L 的放电路径，使线圈不会产生高的反向电动势，就可以防止破坏晶体管。

如果要同时有多个输出端口要驱动继电器，则可使用集电极开路式（OC）输出的反相门，如 7405（驱动 5V 的继电器）或 7406（驱动较高电压的继电器，最高 30V），如图 3-13 所示。

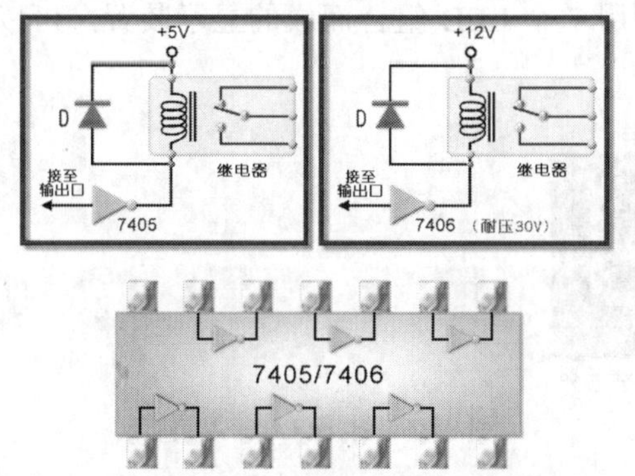

图 3-13　使用 7405/7406 驱动继电器

3-2-4　驱动固态继电器

固态继电器（**S**olid **S**tate **R**elay，**SSR**）类似一般继电器，可由小的控制信号来切换接点，以控制较大的负载。不过 **SSR** 并没有实际接点，更不会有切换接点时的火花与机械式操作。一般地，**SSR** 是由光耦合装置输入控制信号，而另一端则是较大容量的驱动装置，如 SCR、TRIAC 或 IGBT 等。图 3-14 所示为常见的 **SSR**，其输出端为 AC250V/10A，是一种以 TRIAC 为输出的 **SSR**。

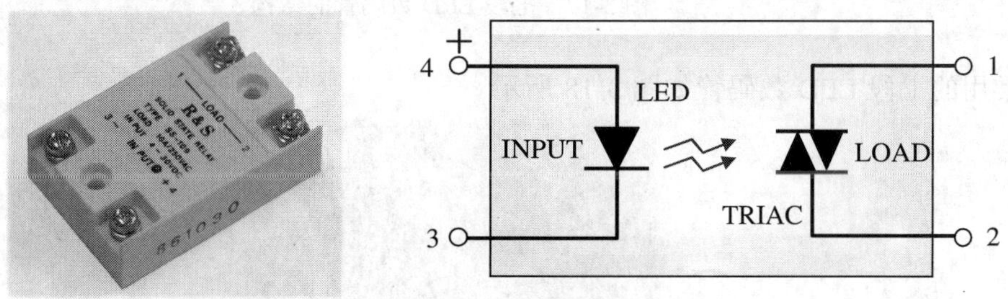

图 3-14　固态继电器的照片与内部电路

SSR 的输入端是 LED，所以其驱动 **SSR** 的方法与驱动 LED 一样。不过，需要较大的电压和电流才能让使输出端的 TRIAC 彻底导通。如图 3-15（a）所示，由 89S51 的输出端口所送出来的高电平信号经由一个 NPN 晶体管放大后驱动 **SSR**，即高电平驱动；而图 3-15（b）所示为使用 PNP 晶体管低电平驱动 **SSR**。

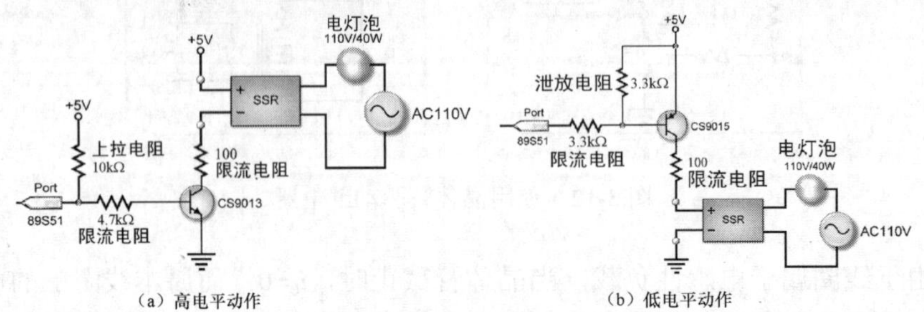

图 3-15 固态继电器的驱动电路

3-2-5 驱动七段 LED 数码管

七段 LED 数码管是利用 7 个 LED 组合而成的显示装置，可以显示 0～9 这 10 个数字，如图 3-16 所示。

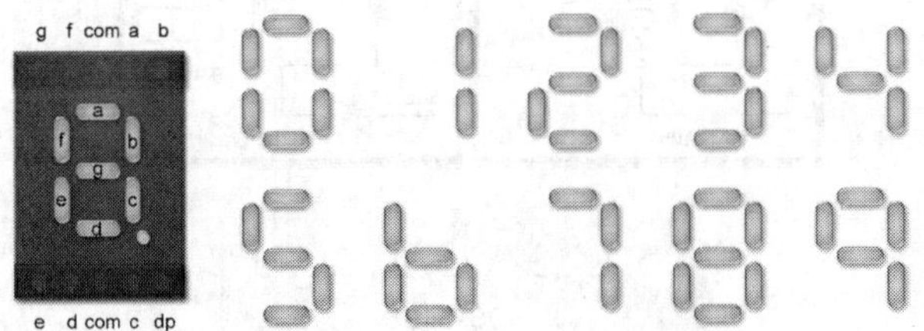

图 3-16 七段 LED 数码管

基本上，七段 LED 数码管可分为共阳极与共阴极两种，共阳极就是把所有 LED 的阳极连接到公共端 com，而每个 LED 的阴极分别为 a、b、c、d、e、f、g 及 dp（decimal point，小数点）；同样地，共阴极就是把所有 LED 的阴极连接到公共端 com，而每个 LED 的阳极分别为 a、b、c、d、e、f、g 及 dp，如图 3-17 所示。

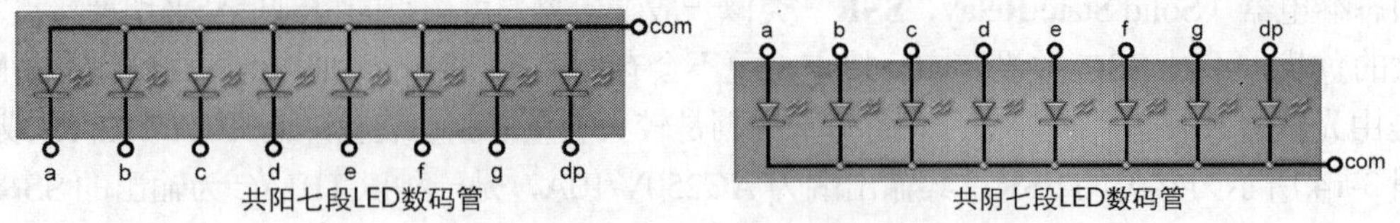

图 3-17 七段 LED 数码管的结构

常用的七段 LED 数码管如图 3-18 所示。

图 3-18 常用的七段 LED 数码管的正面（左）与背面（右）

其引脚与尺寸如图 3-19 所示。

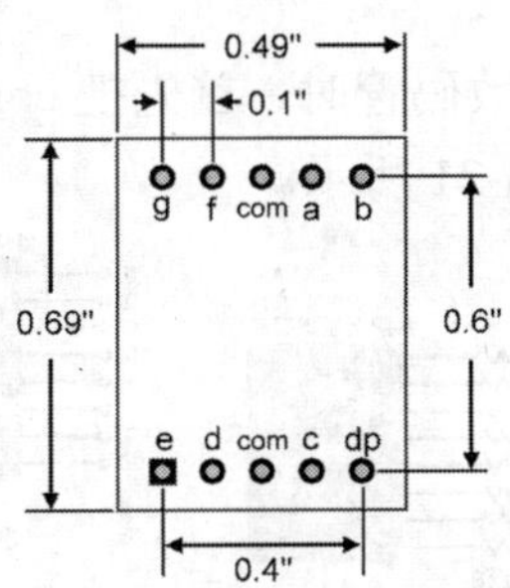

图 3-19 常用的七段 LED 数码管尺寸与引脚配置

共阳极（Common Anode）七段 LED 数码管

就像一般 LED 一样，当我们要使用共阳极七段 LED 数码管时，首先把 com 脚接+VCC，然后将每一个的阴极引脚各接一个限流电阻，如图 3-20（a）所示。在数字或微型计算机电路里，限流电阻可使用 200 到 330Ω，电阻值越大，亮度越弱，电阻值越小，电流越大。如图 3-20（b）所示，若只使用一个限流电阻，则显示不同数字，将会有不同的亮度，并不妥当。

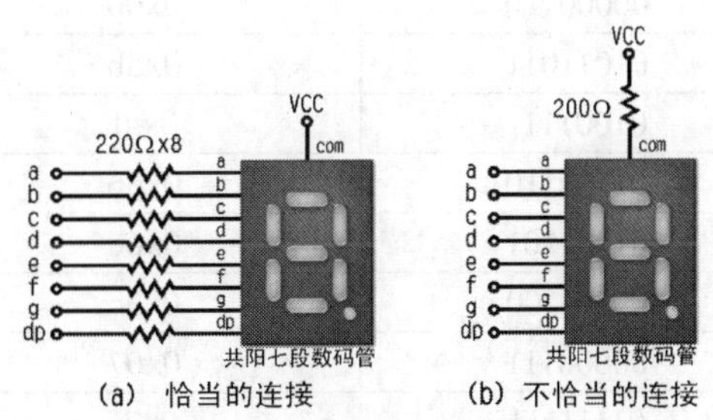

图 3-20 共阳极七段 LED 数码管的应用

若 a 连接 8051 输出端口的最低位（LSB），dp 连接 8051 输出端口的最高位元（MSB），且希望小数点不亮，则 0～9 的驱动信号如表 3-2 所示。

表 3-2 共阳极七段 LED 数码管驱动信号编码

数 字	（dp）gfedcba	十六进位	显 示
0	11000000	0 x c 0	0
1	11111001	0xf9	1
2	10100100	0 x a 4	2
3	10110000	0xb0	3
4	10011001	0x99	4
5	10010010	0x92	5
6	10000011	0x83	6
7	11111000	0xf8	7
8	10000000	0x80	8
9	10011000	0x98	9

共阴极（Common Catchode）七段 LED 数码管

当我们要使用共阴极七段 LED 数码管时，首先把 com 脚接地（GND），然后将每一个的阳极引脚各接一个限流电阻，如图 3-21 所示。

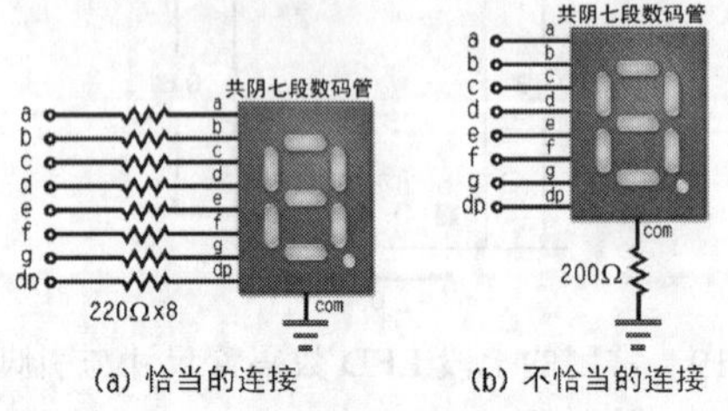

(a) 恰当的连接　(b) 不恰当的连接

图 3-21　共阴极七段 LED 数码管的应用

若 a 连接 8051 输出端口的最低位（LSB），dp 连接 8051 输出端口的最高位（MSB），且希望小数点不亮，则 0～9 的驱动信号如表 3-3 所示。

表 3-3　共阴极七段 LED 数码管驱动信号编码

数　字	（dp）gfedcba	十六进位	显　示
0	00111111	0x3f	0
1	00000110	0x06	1
2	01011011	0x5b	2
3	01001111	0x4f	3
4	01100110	0x66	4
5	01101101	0x6d	5
6	00111100	0x3c	6
7	00000111	0x07	7
8	01111111	0x7f	8
9	01100111	0x37	9

很明显，共阳极七段 LED 数码管的驱动信号与共阴极七段 LED 数码管的驱动信号刚好反相，我们只要使用其中一组驱动信号编码即可，万一所使用的编码与七段 LED 数码管的极性不符，只要在程序里的输出指令中加一个反相运算符即可。

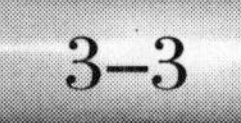3-3　实例演练

在本单元里将应用前面所介绍的 LED、蜂鸣器、继电器、七段显示器等，并动手验证这些装置的驱动方法。

3-3-1　驱动蜂鸣器实验

实验要点

1．如图 3-22 所示，由 P3.7 经晶体管驱动蜂鸣器（完全配合 89S51 线上刻录实验板的蜂鸣器位置）。

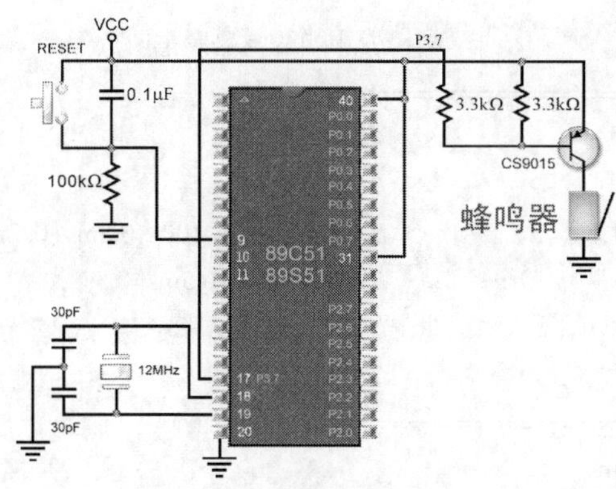

图 3-22 蜂鸣器实验电路

2．声音是由蜂鸣器的振动而产生，而蜂鸣器就像是一个电磁铁，电流流过即可激磁，则蜂鸣器里发声的簧片将被吸住；电流消失时，簧片将被放开。若要产生 f 的频率，则需于 T 时间内（其中 $T=\frac{1}{f}$），进行吸、放各一次，换言之，激磁、断磁的时间各为 $\frac{T}{2}$，称为半周期。例如，要产生 1kHz 的频率，则半周期为 0.5ms，P3.7 所送出的信号中，0.5ms 为高电平，0.5ms 为低电平。若 0.5ms 为高电平与 0.5ms 为低电平为一组信号（总共 1ms），连续送出 100 组，即可得到 1kHz 的声音约 0.1s；停止输出 0.1s 后，再连续送出 100 组 0.5ms 为高电平与 0.5ms 为低电平的信号，则可听到“哔、哔”两声。

3．若要 P3.7 输出高电平，则可利用“P3^7=1;”指令；同理，若要 P3.7 输出低电平，则可利用“P3^7=0;”指令。另外，可利用 delay 函数产生 0.5ms 的延迟。

4．使用“for（i=0;i<count;i++）”循环语句，即可产生 count 组驱动信号。

5．在此，本实验将产生 1kHz 信号持续 0.1s，停止 0.5s，再产生 1kHz 信号持续 0.1s，停止 0.5s，然后从头开始执行。

流程图与程序设计

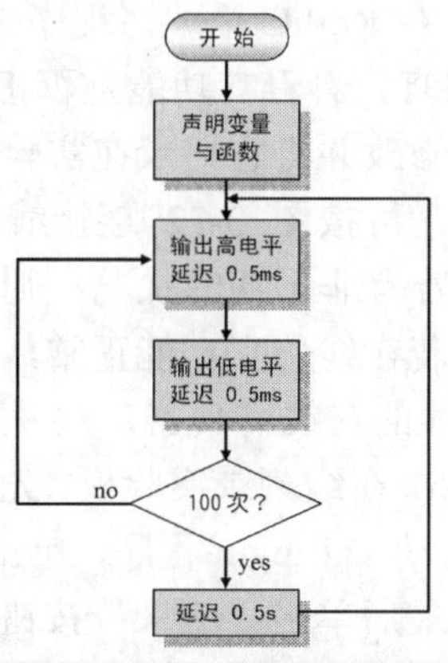


```
/* ch03-3-1.c——蜂鸣器实验程序 */
//==声明区====================================
#include        <reg51.h>            // 定义 8051 寄存器的头文件
sbit buzzer = P3^7 ;                 // 声明蜂鸣器的位置
void delay(int);                     // 声明延迟函数
```

```
void pulse_BZ(int,int,int);                // 声明蜂鸣器发声函数
//==主程序==================================
main()                                     // 主程序开始
{   while(1)                               // 无穷循环
    {   pulse_BZ(100,1,1);                 // 蜂鸣器发声 100×(0.5ms+0.5ms)=0.1s
        delay(1000);                       // 延迟 1000×0.5ms=0.5s
    }                                      // while 循环结束
}                                          // 主程序结束
//==子程序==================================
/* 延迟函数开始,延迟 x×0.5ms */
void delay(int x)                          // 延迟函数开始
{   int i,j;                               // 声明整数变量 i,j
    for (i=0;i<x;i++)                      // 计数 x 次,延迟约 x×0.5ms
    for (j=0;j<60;j++);                    // 计数 60 次，延迟约 0.5ms
}                                          // 延迟函数结束
/* 蜂鸣器发声函数,count=计数次数,TH=高电平时间,TL=低电平时间 */
void pulse_BZ(int count,int TH,int TL)     // 蜂鸣器发声函数开始
{   int i;                                 // 声明整型变量 i
    for(i=0;i<count;i++)                   // 计数 count 次
    {   buzzer=1;                          // 输出高电平
        delay (TH);                        // 延迟 TH×0.5ms
        buzzer=0;                          // 输出低电平
        delay (TL);                        // 延迟 TL×0.5ms
    }                                      // for 循环结束
}                                          // 蜂鸣器发声函数结束
```

ch03-3-1.c

操作

1．根据功能需求与电路结构，在 Keil C 里编写程序并进行生成（单击按钮），以产生*.HEX 文件。然后进行软件调试/仿真，看看其功能是否正常。若有错误或非预期的状况，则检查源程序，看看哪里出了问题，修改并将它记录在实验报告里。

2．若软件调试/仿真功能正常，可按图 3-22 连接线路并使用在线仿真器加载新的程序（*.HEX），以仿真该电路的动作。若有非预期的状况，则检查线路的连接状况，看看哪里出了问题并将它记录在实验报告里。若在线仿真功能正常，即可将程序刻录到 89S51，再把该 89S51 放入实际电路中，以取代刚才的在线仿真器，然后直接送电，看看是否正常。

3．比较简单的方法是采用 89S51 在线刻录实验板，先连接 89S51 在线刻录实验板与计算机的 USB 缆线及并行口缆线。再启动 s51_pgm 程序，单击其中的“加载程序”按钮，指定加载本实验所产生的 hex 程序文件，最后单击“刻录”按钮即可快速刻录此 hex 程序文件。若选取了 VDD 选项，则刻录完成后，使用 89S51 在线刻录实验板即可执行此程序。

4．编写实验报告。

思考一下

1．若希望产生 1kHz 声音 0.2s、暂停 0.05s、600Hz 声音 0.1s、暂停 0.2s，应如何修改（含

delay 函数）？

2．调整输出频率与间隔，以产生电话铃声。

3-3-2 驱动继电器实验

实验要点

1．如图 3-23 所示，由 P3.7 经晶体管驱动蜂鸣器，而 P3.6 经晶体管驱动继电器。

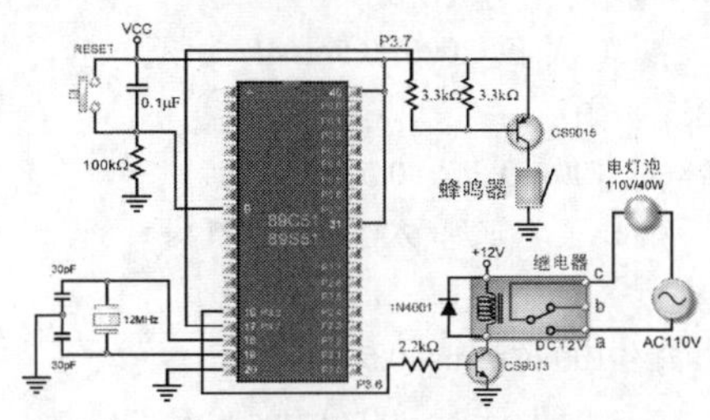

图 3-23 继电器实验电路

2．一般地，继电器的工作原理与蜂鸣器的工作原理（详见 3-3-1 节）类似，当我们要继电器激磁时，P3.6 输出高电平，则可利用“P3^6=1;”指令；若要 P3.6 输出低电平，则可利用“P3^6=0;”指令。继电器与蜂鸣器的不同之处在于蜂鸣器的操作频率较高，而继电器的操作频率较低。另外，继电器所操作的接点可控制外接电路，例如外接 AC110V 的电灯泡等负载。当然，一定要看清楚继电器上所标示的接点容量，以图 3-11 所示的继电器为例，其上面标示“**0.5A,120VAC RES.**”或“**1A, 24VDC RES.**”或“**0.3A 60VDC RES.**”，表示该接点可控制 0.5A/120VAC 电阻性负载或者 1A/24VDC 电阻性负载，又或者 0.3A/60VDC 电阻性负载。以 0.5A/120VAC 电阻性负载为例，即一般插座（AC110V），而 0.5A 负载电流可驱动 55W 电阻性负载，所以这个小小的继电器可用来控制 40W 或 50W 电灯泡。

3. 在本实验的目的是让 P3.6 所连接的继电器每 1 秒开关一次，开关 10 次后，蜂鸣器“哔、哔”两声，然后从头开始执行。

流程图与程序设计

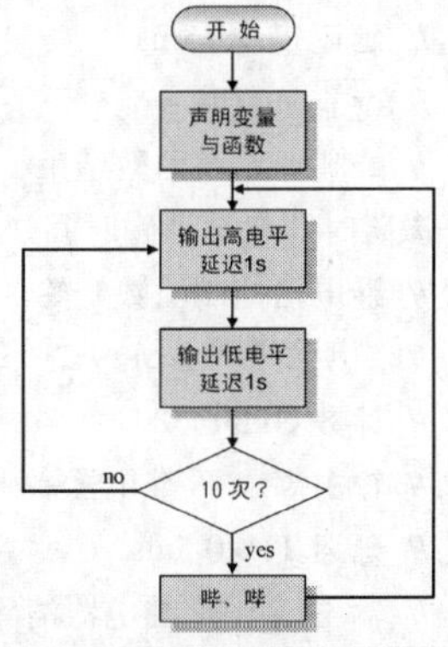


```
/* ch03-3-2.c——继电器实验程序  */
//==声明区========================================
#include    <reg51.h> // 定义 8051 寄存器的头文件
sbit    buzzer = P3^7;                          // 声明蜂鸣器的位置
```

```
sbit    relay = P3^6;                       // 声明继电器的位置
void delay (int);                           // 声明延迟函数
void pulse_BZ(int,int,int);                 // 声明蜂鸣器发声函数
void pulse_RL(int,int,int);                 // 声明继电器控制函数
//==主程序=========================================
main()                                      // 主程序开始
{       while(1)                            // 无穷循环
        {       pulse_RL(10,2000,2000);
                // 继电器使灯亮灭各 10 次,各 2000×0.5ms=1s
                pulse_BZ(100,1,1);
                // 蜂鸣器第 1 声哔,约 100×(0.5ms+0.5ms)=0.1s
                delay (200);                // 延迟 200×0.5ms=0.1s
                pulse_BZ(100,1,1);
                // 蜂鸣器第 2 声哔,约 100×(0.5ms+0.5ms)=0.1s
                delay (200);                // 延迟 200×0.5ms=0.1s
        }                                   // while 循环结束
}                                           // 主程序结束
//==子程序=========================================
// 延迟函数开始,延迟约 x×0.5ms/
void delay (int x)                          // 延迟函数开始
{       int i,j;                            // 声明整型变量 i,j
        for (i=0;i<x;i++)                   // 计数 x 次,延迟约 x×0.5ms
                for (j=0;j<60;j++);         // 计数 60 次，延迟约 0.5ms
}                                           // 延迟函数结束
/* 蜂鸣器发声函数,count=计数次数,TH=高电平时间,TL=低电平时间 */
void pulse_BZ(int count,int TH,int TL)      // 蜂鸣器发声函数开始
{       int i;                              // 声明整数变量 i
        for(i=0;i<count;i++)                // 计数 count 次
        {       buzzer=1;                   // 输出高电平
                delay(TH);                  // 延迟 TH×0.5ms
                buzzer=0;                   // 输出低电平
                delay(TL);                  // 延迟 TL×0.5ms
        }                                   // for 循环结束
}                                           // 蜂鸣器发声函数结束
/* 继电器控制函数,count=计数次数,TH=激磁时间,TL=消磁时间 */
void pulse_RL(int count,int TH,int TL)      // 继电器控制函数开始
{       int i;                              // 声明整数变量 i
        for(i=0;i<count;i++)                // 计数 count 次
        {       relay=1;                    // 输出高电平,继电器激磁（灯亮）
                delay(TH);                  // 延迟 TH×0.5ms
                relay=0;                    // 输出低电平,继电器消磁(灯灭)
                delay(TL);                  // 延迟 TL×0.5ms
        }                                   // for 循环结束
}                                           // 继电器控制函数结束
```

ch03-3-2.c

操作

1. 根据功能需求与电路结构，在 Keil C 里编写程序并进行生成（单击按钮），以产生 *.HEX 文件。然后进行软件调试/仿真，看看其功能是否正常。若有错误或非预期的状况，则检查源程序，看看哪里出了问题，修改并将它记录在实验报告里。

2. 若软件调试/仿真功能正常，可按图 3-23 连接线路，并使用在线仿真器加载新的程序（*.HEX），以仿真该电路的动作。若有非预期的状况，则检查线路的连接状况，看看哪里出了问题并将它记录在实验报告里。若在线仿真功能正常，即可将程序刻录到 89S51，再把该 89S51 放入实际电路，以取代刚才的在线仿真器，然后直接送电，看看是否正常。

3. 比较简单的方法是采用 89S51 在线刻录实验板，先连接 89S51 在线刻录实验板与计算机的 USB 缆线及并行口缆线。再启动 s51_pgm 程序，单击其中的 載入程式 按钮，指定加载本实验所产生的 hex 程序文件，最后单击 燒錄 按钮即可快速刻录此 hex 程序文件。若选取了 VDD 选项，则刻录完成后，使用 89S51 在线刻录实验板即可执行此程序。

4. 编写实验报告。

思考一下

若要让继电器激磁 10s、消磁 5s，周而复始，应如何修改？

3-3-3 霹雳灯实例演练

实验要点

1. 如图 3-24 所示，由 P1 驱动 8 个 LED，当输出 0 时，LED 亮，输出 1 时，LED 不亮。

2. 所谓“霹雳灯”是指在一排 LED 里（在此使用 8 个），任何一个时间只有一个 LED 亮，而亮灯的顺利为由左而右再由右而左，感觉上就像一个 LED 由左跑到右再由右跑到左，如图 3-25 所示。

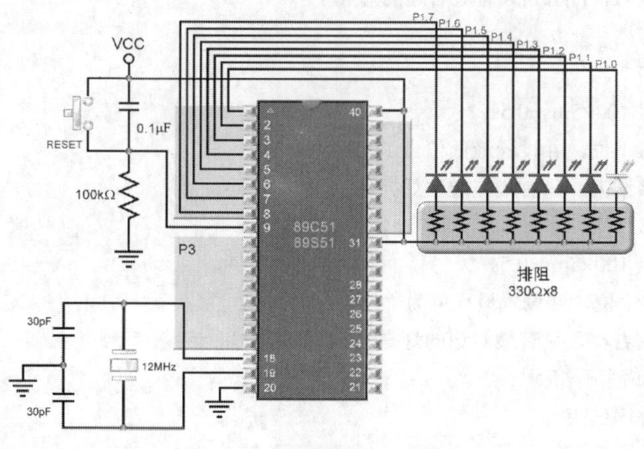

图 3-24 霹雳灯实验电路

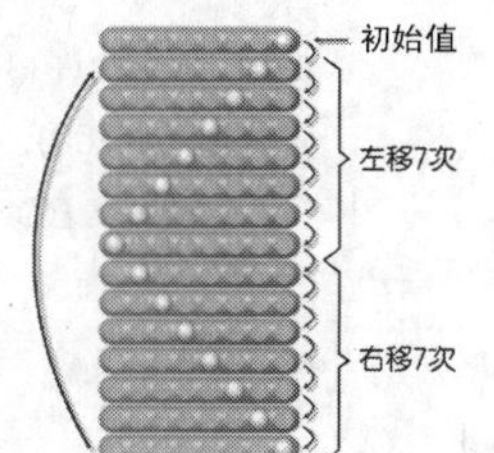

图 3-25 霹雳灯动作示意图

3. 在程序设计上，有很多方法可以达到这个目的，例如采用计数循环方式，如图 3-25 所示，首先左移 7 次，再右移 7 次，如此循环不停。左移可采用“LED<<1;”指令，右移可

采用“LED>>1;”指令。对于计数循环方式，采用 for 语句即可达到目的。

4. LED 的初始值为 11111110（1 不亮、0 亮），左移时，右边将移入 0，变成 11111100，所以，必须将最右边的位改为 1。我们可在左移后再利用 OR 运算，即“**LED=（LED<<1）|0x01;**”指令，就可将 11111110 变成 11111101，其中的“**（LED<<1）**”也可以写成“**（LED<<=1）**”。同理，在进行右移时，可应用“**LED=（LED>>1）|0x80;**”指令。

5. 另外，也可以采用判断的方式，根据左移为例，原本为 LED 的内容为“11111110”，左移 7 次后变成为“01111111”。因此，发现 LED 的内容为“01111111”时，表示要改变为右移。同样地，右移 7 次后又变成为“11111110”，这又是进行左移的判断条件。如此循环执行即为霹雳灯。

流程图与程序设计

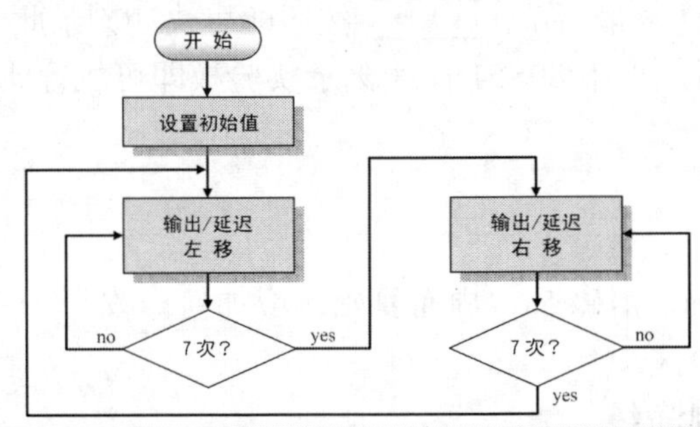


```
/* ch03-3-3.c——霹雳灯实验程序 */
//==声明区==========================================
#include <reg51.h>              // 定义 8051 寄存器的头文件
#define  LED    P1              // 定义 LED 接至 P1
void delay(int);                // 声明延迟函数
//==主程序==========================================
main()                          // 主程序开始
{   unsigned char i;            // 声明无符号变量 i（占 1B）
    LED=0xfe;                   // 初值=1111 1110,只有最右边的灯亮
    while(1)                    // 无穷循环
    {   for(i=0;i<7;i++)        // 左移 7 次
        {   delay(100);         // 延迟 100×5ms=0.5s
            LED=(LED<<1)|0x01;  // 左移 1 位，并设置最低位为 1
        }                       // 左移结束，只有最左边的灯亮
        for(i=0;i<7;i++)        // 右移 7 次
        {   delay(100);         // 延迟 100×5ms=0.5s
            LED=(LED>>1)|0x80;  // 右移 1 位，并设置最高位为 1
        }                       // 结束右移，只有最右边的灯亮
    }                           // while 循环结束
}                               // 主程序结束
//==子程序==========================================
/* 延迟函数,延迟约 x×5ms */
void delay(int x)               // 延迟函数开始
{   int i,j;                    // 声明整数变量 i,j
```

```
        for (i=0;i<x;i++)               // 计数 x 次,延迟 x×5ms
            for (j=0;j<600;j++);        // 计数 600 次，延迟 5ms
}                                       // 延迟函数结束
```

ch03-3-3.c

操作

1．根据功能需求与电路结构，在 Keil C 里编写程序并进行生成（单击按钮），以产生*.HEX 文件。然后进行软件调试/仿真，看看其功能是否正常。若有错误或非预期的状况，则检查源程序，看看哪里出了问题，修改并将它记录在实验报告里。

2．若软件调试/仿真功能正常，可按图 3-24 连接线路，并使用在线仿真器加载新的程序（*.HEX），以仿真该电路的动作。若有非预期的状况，则检查线路的连接状况，看看哪里出了问题并将它记录在实验报告里。若在线仿真功能正常，即可将程序刻录到 89S51，再把该 89S51 放入实际电路，以取代刚才的在线仿真器，然后直接送电，看看是否正常。

3．比较简单的方法是采用 89S51 在线刻录实验板，先连接 89S51 在线刻录实验板与计算机的 USB 缆线及并行口缆线。再启动 s51_pgm 程序，单击其中的载入程式按钮，指定加载本实验所产生的 hex 程序文件，最后单击燒錄按钮即可快速刻录此 hex 程序文件。若选取了 VDD 选项，则刻录完成后，使用 89S51 在线刻录实验板即可执行此程序。

4．编写实验报告。

思考一下

1．认识单灯的霹雳灯程序之后，修改该程序，让它变成双灯的霹雳灯功能。

2．以"判断"的方式重新编写单灯的霹雳灯程序，并验证其功能。

3-3-4 驱动七段 LED 数码管实验

实验要点

1．如图 3-26 所示，由 P0 驱动七段 LED 数码管，其中使用 220Ω电阻器作为限流电阻。

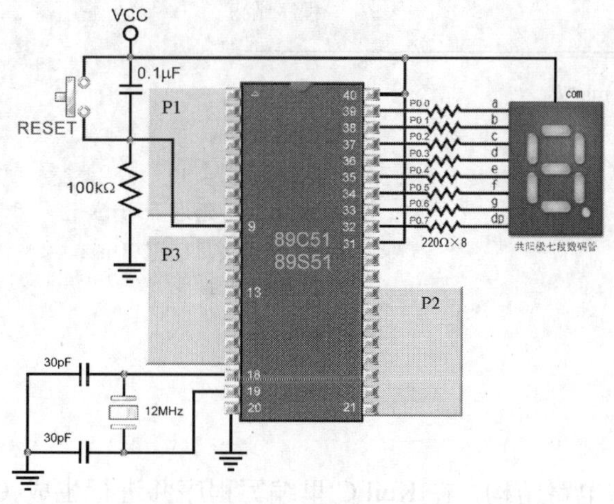

图 3-26 七段 LED 数码管实验电路

2．七段 LED 数码管上所显示的数字从 0 开始，每隔 0.5s 增加 1，直到 9 之后，再从 0 开始，如此循环不停。

3．在本实验的程序里，将利用数组方式存储驱动信号的编码，再逐一将数组里的数据输出到 P2 即可。

流程图与程序设计

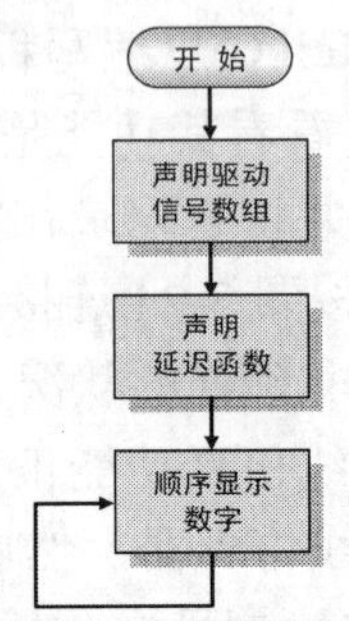


```
/* ch03-3-4.c——七段 LED 数码管实验程序     */
//==声明区========================================
#include <reg51.h> // 定义 8051 寄存器的头文件
#define   SEG      P0                          // 定义七段 LED 数码管接至 P0
/* 声明七段 LED 数码管驱动信号数组(共阳) */
char code TAB[10]={  0xc0, 0xf9, 0xa4, 0xb0, 0x99,     // 数字 0～4
                     0x92, 0x83, 0xf8, 0x80, 0x98 }; // 数字 5～9
void delay (int);                              // 声明延迟函数
//==主程序========================================
main()                                         // 主程序开始
{   unsigned char i;                           // 声明无符号变量 i
    while(1)                                   // 无穷循环
        for(i=0;i<10;i++)                      // 显示 0～9,共 10 次
        {   SEG=TAB[i];                        // 显示数字
            delay (500);                       // 延迟 500×10^-3=0.5s
        }                                      // for 循环结束
}                                              // 主程序结束
//==子程序========================================
/* 延迟函数,延迟约 x×1ms */
void delay (int x)                             // 延迟函数开始
{   int i,j;                                   // 声明整型变量 i,j
    for (i=0;i<x;i++)                          // 计数 x 次，延迟 x×1ms
    for (j=0;j<120;j++);                       // 计数 120 次，延迟 1ms
}                                              // 延迟函数结束
```

ch03-3-4.c

操作

1．根据功能需求与电路结构，在 Keil C 里编写程序并进行生成（单击按钮），以产生 *.HEX 文件。然后进行软件调试/仿真，看看其功能是否正常。若有错误或非预期的状况，则

检查源程序，看看哪里出了问题，修改并将它记录在实验报告里。

2．若软件调试/仿真功能正常，可按图 3-26 连接线路，并使用在线仿真器加载新的程序（*.HEX），以仿真该电路的动作。若有非预期的状况，则检查线路的连接状况，看看哪里出了问题并将它记录在实验报告里。

3．若在线仿真功能正常，将程序刻录到 89S51（可使用 89S51 在线刻录实验板），再把该 89S51 放入实际电路，以取代刚才的在线仿真器，然后直接送电，看看是否正常。

4．编写实验报告。

思考一下

1．修改本实验里的程序，让七段 LED 数码管从 9 开始显示，递减到 0，再从头开始。

2．修改本实验里的程序，让七段 LED 数码管从 0 开始显示，递增到 9；再递减到 0，然后从头开始。

3–4 实时练习

在本章里，介绍了 8051 的输入/输出端口、输出电路的设计等硬件部分；在软件方面，进行四项外围装置的控制实验。在此请试着回答下列问题，以验证学习的成效。

选择题

（　）1．在 8x51 的输入/输出端口里，哪个输入/输出端口执行在输出功能时没有内部上拉电阻？

（A）P0　（B）P1　（C）P2　（D）P3

（　）2．在 Keil C 的程序里，若要指定 P0 的 bit 3，如何编写？

（A）P0.3　（B）Port0.3　（C）P0^3　（D）Port ^3

（　）3．8x51 的 P0 采用哪种电路结构？

（A）集电极开路式输出　（B）基极开路式输出

（C）发射极开路式输出　（D）图腾柱输出

（　）4．在 8x51 里，若要扩展外部存储器时，数据总线连接哪个输入/输出端口？

（A）P0　（B）P1　（C）P2　（D）P3

（　）5．点亮一般的 LED 所耗用的电流约为多少？

（A）1～5μA　（B）10～20μA

（C）1～5mA　（D）10～20mA

（　）6．一般地，蜂鸣器属于哪种负载？

（A）电阻性负载　（B）电感性负载

（C）电容性负载　（D）不导电负载

（　）7．7405/7406 的输出采用哪种电路结构？

（A）集电极开路式输出　（B）基极开路式输出

（C）发射极开路式输出　（D）图腾式输出

（　）8．在继电器里，NO 接点是一种什么接点？

（A）不使用的接点　（B）不存在的接点

(C) 激磁后即开路的接点 (D) 常开接点

( ) 9. 所谓2P的继电器，代表什么意思？

(A) 只有2个接点 (B) 两相的负载

(C) 两组电源 (D) 2组c接点

( ) 10. 共阳极七段数码显示器的驱动信号有何特色？

(A) 低电平点亮 (B) 低电平不亮

(C) 高电平点亮 (D) 以上皆非

问答题

1. 除了具有一般输入/输出端口的功能外，P0、P2、P3引脚还有什么其他功能？
2. 试述7405与7406的异同。
3. 在晶体管驱动继电器的电路里，继电器的线圈两端并接一个反向二极体，其功能是什么？
4. 试编写一个约1s的延迟函数。

加油

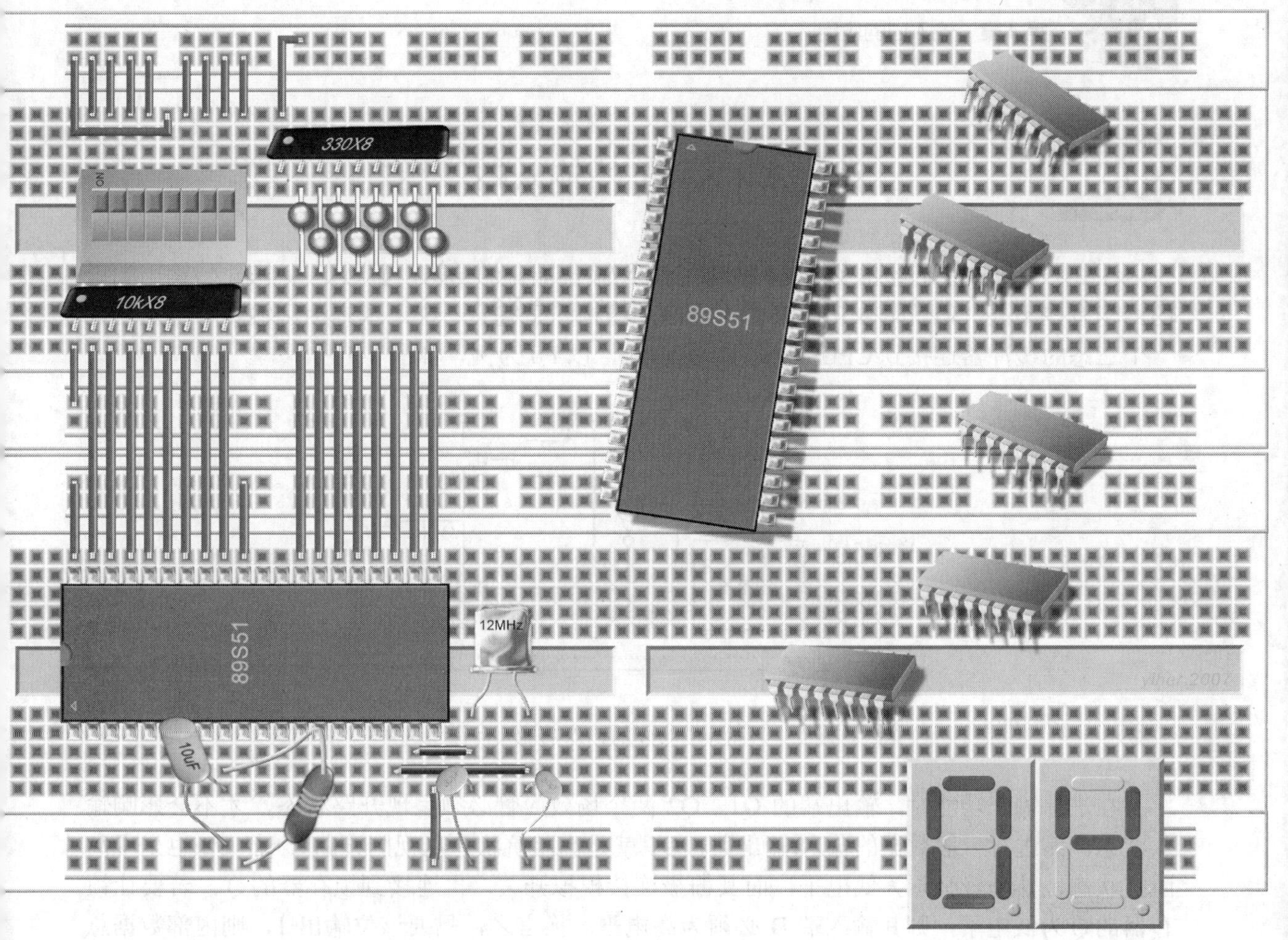

第4章　输入口的应用

本章内容丰富，主要包括两部分。

- **硬件部分**

  认识 8051 的输入口。

  熟悉常用的按钮开关、拨码开关、数字型拨码开关等的应用。

- **程序与实践部分**

  拨码开关的应用，按钮开关的应用。

  数字型拨码开关的应用。

4-1 认识MCS-51的输入口

在3-1节里，我们绘出了8051的4个输入/输出端口的结构，虽然这4个输入/输出端口的结构有些不同，但就输入功能来看，它们的结构几乎完全一样。基本上，输入口都是通过一个三态的缓冲器连接到CPU内部的数据总线，以P0为例，如图4-1所示。

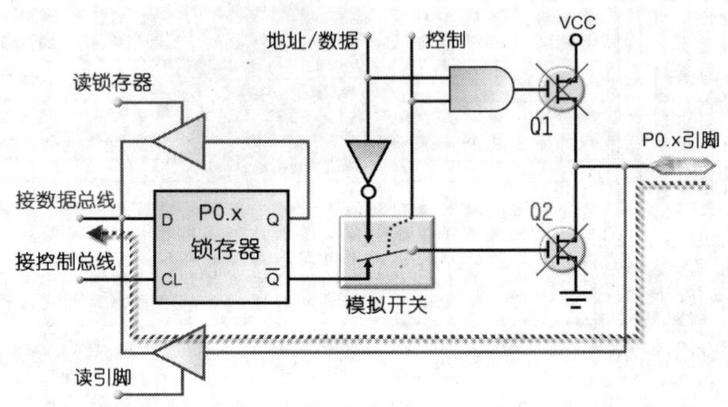

图4-1 P0的输入功能

在进行输入功能时，输出端的Q1、Q2两个场效应管必须呈现开路状态，才不会影响输入状态。而进行一般数据的输入/输出时，Q1就是高阻抗状态（视同开路）。若Q2也呈现高阻抗状态，其栅极必须为低电平，而其栅极连接模拟开关，再连接到锁存器的$\overline{Q}$；若要让锁存器的$\overline{Q}$为低电平，则其输入端D必须为高电平。换言之，只要该位输出1，则内部数据总线该位为1，锁存器的输入端D为1，其输出Q=1，$\overline{Q}$=0，并由Q反馈至输入端，使该锁存器保持该状态；而$\overline{Q}$=0，Q2将呈现高阻抗状态。这也就是为什么在输入之前，必须送"1"到该输入/输出端口，将该输入/输出端口设置成输入功能的原因。若没有事先送"1"到该输入/输出端口，则Q2可能不是高阻抗，可能会影响输入的状态。这就是为何没有事先将"1"到该输入/输出端口却还是可以把该输入/输出端口当成输入口的原因。不过，最好还是规规矩矩地先输出"1"比较可靠。

当要输入该位引脚所连接的外部数据时，输入指令将使内部"读取接脚"线变为1，外部数据才会通过缓冲器，送到内部数据总线。

4-2 输入设备与输入电路设计

在此所要介绍的是与人们接触较为频繁的输入器件，包括电子电路常用的按钮开关、拨码开关等。

4-2-1 输入设备

对于数字电子电路而言，最基本的输入器件就是开关，而开关可分为两类，说明如下。

- 按钮开关的特色就是具有自动恢复（弹回）的功能，当我们按下按钮，其中的接点接通（或切断），放开按钮后，接点恢复为切断（或接通）。在电子电路方面，最典型的按钮开关就是小小的 Tack Switch，如图 4-2（a）所示。当然，在产业界也会以导电橡皮所组成的按钮来降低成本，尤其是同时需要多个按钮的键盘组。

- 闸刀开关（**K**nife **S**witch）具有残留功能，也就是不会自动恢复（弹回）。当我们按一下开关（或切换开关）时，其中的接点接通（或切断），若要恢复接点状态，则需再按一下开关（或切换开关）。在电子电路方面，最典型的闸刀开关就是拨码开关（DIP Switch），如图 4-2（b）所示。当然，对于电路板的组态设置方面等不常切换开关状态的场合，也常以跳线（Jumper）来代替，也就是在电路板上放置两个引脚的排针，然后以跳线帽（短路帽）作为接通的组件。

（a）Tack Switch 按钮开关

（b）8P 拨码开关

图 4-2 按钮开关和拨码开关

以下将介绍这两类开关的相关元件。

按钮开关（Tack Switch）

根据尺寸区分，电子电路或微型计算机计算机所使用的 Tack Switch 可分为 6mm、8mm、10mm、12mm 等，虽然 Tack Switch 有 4 个引脚，实际上，其内部只有一对 a 接点，如图 4-3 所示，在尺寸图之中，上面两个引脚是内部相连通的，而下面两个引脚也是内部相连通的。上、下之间则为一对 a 接点。

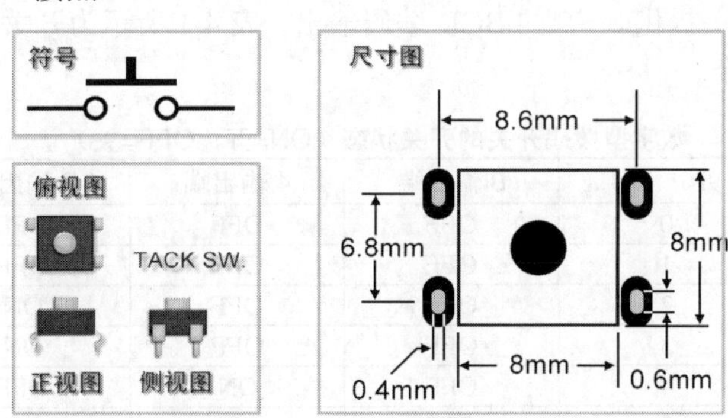

图 4-3 8mm Tack Switch 的符号、外观与尺寸

拨码开关（DIP Switch）

按拨码开关的开关数量，可分为 2P、4P、8P 等，2P 拨码开关内部有独立的两个开关，4P 拨码开关内部有独立的 4 个开关，8P 拨码开关内部有独立的 8 个开关。通常会在拨码开关上标示记号或“ON”，若将开关拨到记号或“ON”的一边，则接点接通（on），拨到另一边则为不通（off），

图 4-4 所示为 8P 拨码开关的符号、三视图与尺寸图。

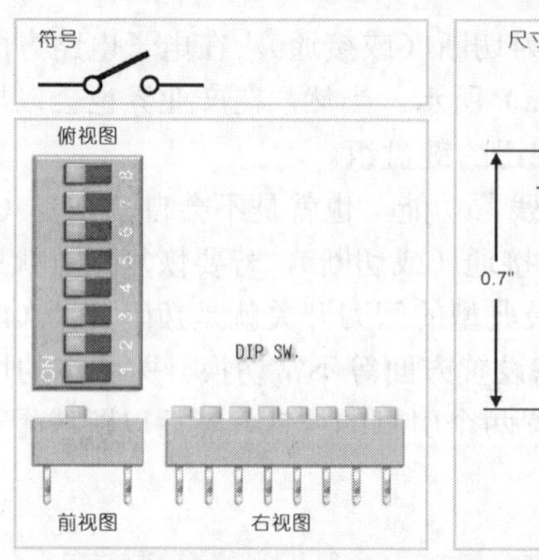

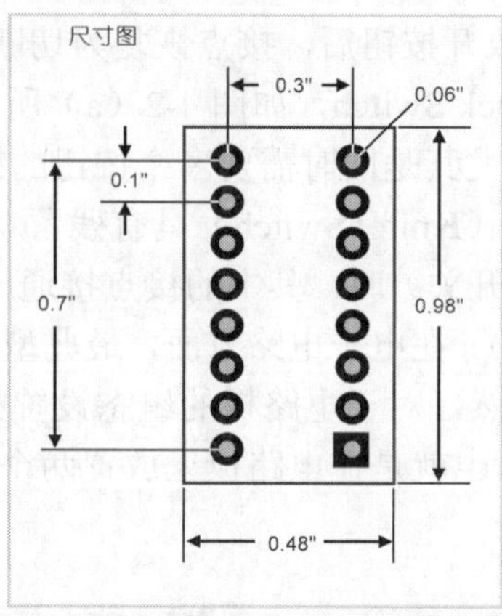

图 4-4 8P 拨码开关的符号、外观与尺寸

面板用数字型拨码开关

面板用数字型拨码开关是一种附有数字轮盘的拨码开关，嵌入在控制面板上，如图 4-5 所示。根据其数字编码区分，可分为下列两种类型。

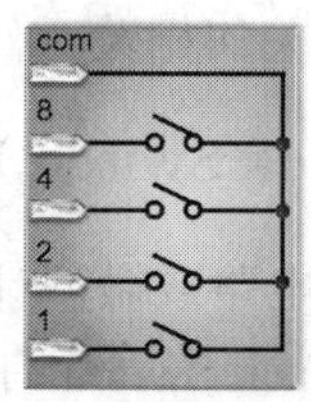

图 4-5 面板用数字型拨码开关的外观（4 位数）与内部结构（每一位数）

▶ **BCD** 拨码开关提供 0～9 的 BCD 编码输出，表 4-1 所示为开关输出状态，而其数字轮盘只有 0～9 共 10 个。

表 4-1 数字型拨码开关的开关状态（ON=开，OFF=关）

类 型		数 字	8 输出端	4 输出端	2 输出端	1 输出端
十六进制	BCD	0	OFF	OFF	OFF	OFF
		1	OFF	OFF	OFF	ON
		2	OFF	OFF	ON	OFF
		3	OFF	OFF	ON	ON
		4	OFF	ON	OFF	OFF
		5	OFF	ON	OFF	ON
		6	OFF	ON	ON	OFF
		7	OFF	ON	ON	ON
		8	ON	OFF	OFF	OFF
		9	ON	OFF	OFF	ON
		A	ON	OFF	ON	OFF
		B	ON	OFF	ON	ON
		C	ON	ON	OFF	OFF
		D	ON	ON	OFF	ON
		E	ON	ON	ON	OFF
		F	ON	ON	ON	ON

▶ 十六进位拨码开关提供 0～F 的十六进位编码输出，表 4-1 所示为开关输出状态，而其数字轮盘有 0～F 共 16 个。

根据其切换方式区分，可分为下列两种类型。

- 上下按钮式切换，在数字上方有个按钮，按此按钮，数字将减 **1**；在数字下方也有个按钮，按此按钮，数字将加 **1**，如图 4-6 所示。

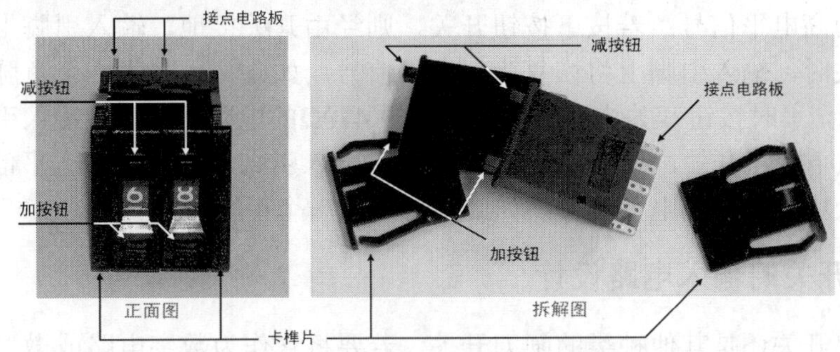

图 4-6 数字型拨码开关的实物图

- 旁边转盘式切换，在数字旁边有个轮盘，直接旋转轮盘即可操作显示的数字。

另外，面板用数字型拨码开关属于位数独立的器件，需要几位数，就购买几片数字型拨码开关，再把它们组合起来即可。例如要 6 位数，则购买 6 片，再把并排、对准卡榫压入即可，而直接拉开即可拆开。最后，左右两旁各压入一片卡榫（数字型拨码开关所附的），即可将它嵌入机壳。一般地，数字型拨码开关是直接装设在机壳上，让使用者操作，再通过排线将其接点连接到电路板上。

电路板用数字型拨码开关

电路板用数字型拨码开关是一种加装在电路板上的拨码开关，如图 4-7 所示。除了尺寸较小、价格较低外，电路板用数字型拨码开关与面板用数字型拨码开关最大的不同是，一般电路板用数字型拨码开关只提供产品出厂前的调校或维修之用，而面板用数字型拨码开关是提供使用者直接操作。

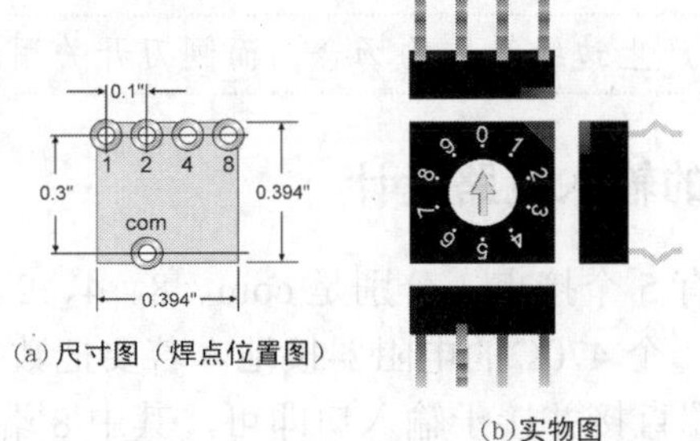

图 4-7 电路板用数字型拨码开关的尺寸与外观（一位数）

4-2-2 输入电路设计

当我们要设计数字电路或微处理电路的输入电路时，一定要把握一个原则，就是不要有不确定状态。所以，输入端不可空接，输入端空接除了会产生不确定状态外，还可能感染噪声，使电路误动作。以下针对按钮开关与闸刀开关说明其输入电路的设计。

按钮开关的输入电路设计

不管是 Tack Switch 还是其他种类的按钮开关，若要将它作为数字电路或微型计算机电路的输入时，通常会接一个电阻到 VCC 或 GND，如图 4-8 所示。

图 4-8（a）中，平时按钮开关（PB）为开路状态，其中 10kΩ的电阻连接到 VCC，使输入引脚上保持为高电平信号；若按下按钮开关，则经由开关接地，输入引脚上将变为低电平信号；放开开关时，输入引脚上将恢复为高电平信号，如此将可产生一个负脉冲。反之，如图 4-8（b）所示，平时按钮开关为开路状态，其中 470Ω的电阻接地，使输入引脚上保持为低电平信号；若按下按钮开关，则经由开关接 VCC，输入引脚上将变为高电平信号；放开开关时，输入引脚上将恢复为低电平信号，如此将可产生一个正脉冲。

闸刀开关的输入电路设计

不管是拨码开关还是其他种类的闸刀开关，若要将它作为数字电路或微型计算机电路的输入时，通常会接一个电阻到 VCC 或 GND，如图 4-9 所示。

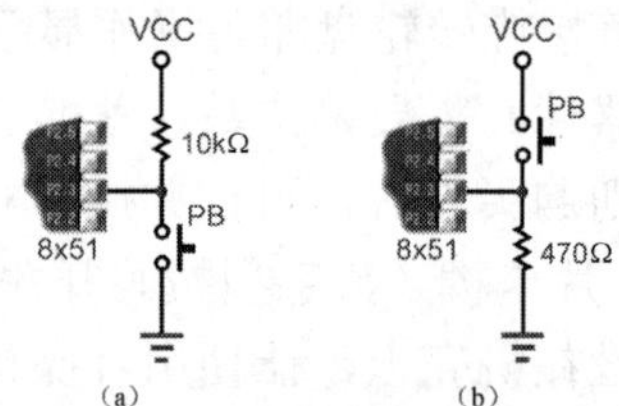

图 4-8 按钮开关的输入电路

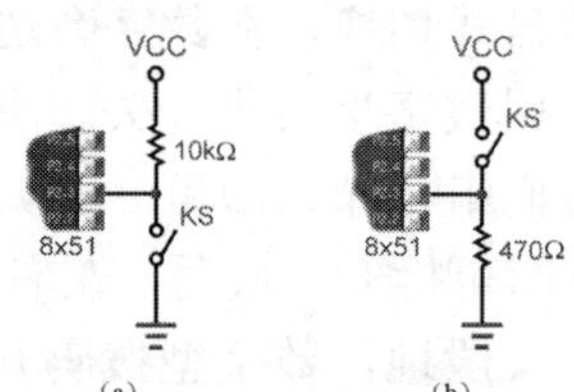

图 4-9 闸刀开关的输入电路

图 4-9（a）中，若开关（KS）为关闭状态，其中 10kΩ的电阻连接到 VCC，使输入引脚上保持为高电平信号；若将开关切换到打开的状态，则经由开关接地，输入引脚上将变为低电平信号，如此将可根据需要产生不同的电平。反之，如图 4-9（b）所示，若开关为关闭状态，其中 470Ω的电阻接地，使输入引脚上保持为低电平信号；若将开关切换到打开的状态，则经由开关接 VCC，输入引脚上将变为高电平信号，如此将可根据需要产生不同的电平。

注意：通常按钮开关用于产生边缘触发的场合，而闸刀开关用于产生电平触发的场合。

数字型拨码开关的输入电路设计

每片数字型拨码开关都有 5 个接点，分别是 com、8、4、2、1，通常是把 com 端点连接 VCC，而其他端点分别通过一个 470Ω的电阻器接地。若要把数字型拨码开关与 89S51 连接，则图 4-10 中的 8、4、2、1 端直接并接于输入口即可，其中 8 端是 MSB，1 端是 LSB，以连接 P2 为例，如图 4-10 所示。

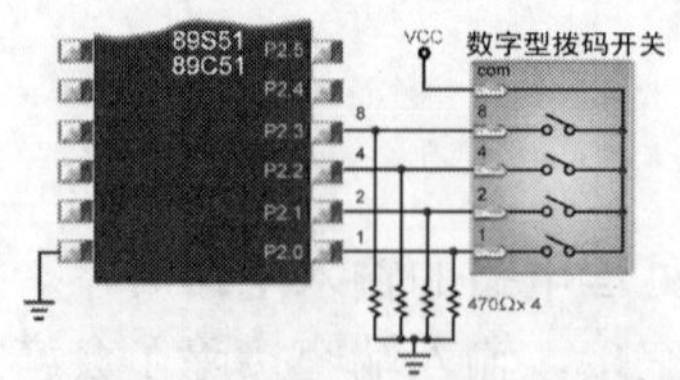

图 4-10 BCD 拨码开关的使用

4-2-3 抖动与去抖动

不管是按钮开关还是闸刀开关，在操作时，并不是想象中那么理想。实际上，操作开关时会有很多不确定状态，也就是噪声。在此将介绍开关操作的实际状态，以及防止不确定状态的对策。

抖动现象

在刚才所介绍的输入电路中，开关的动作是理想的状态。但如果仔细分析开关的真实动作，将可发现许多非预期的状态，如图 4-11 所示。这种非预期的状态称为抖动（bouncer），而这种忽高忽低或者忽而非高非低的情况可说是不折不扣的噪声。

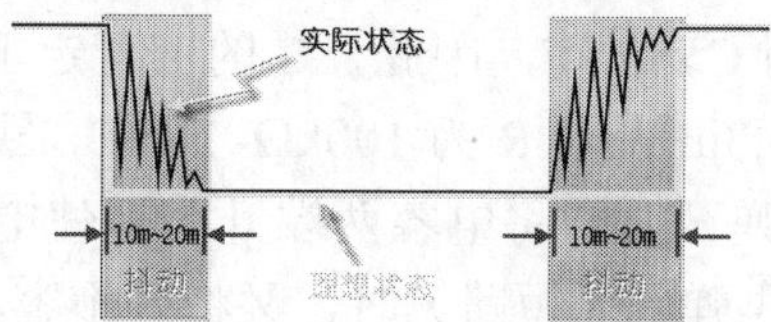

图 4-11 开关的动作

硬件去抖动

如果要避免这种抖动现象，可使用一个切换开关（c 接点）及互锁电路，组成一个去抖动电路（debouncer），如图 4-12 所示。虽然这个电路可降低抖动所产生的噪声，但所需的元件较多，所占的电路面积较大，增加了成本与电路的复杂度，已很少使用了。其实我们可利用一个简单的 RC 电路来抑制抖动电压，如图 4-13 所示。

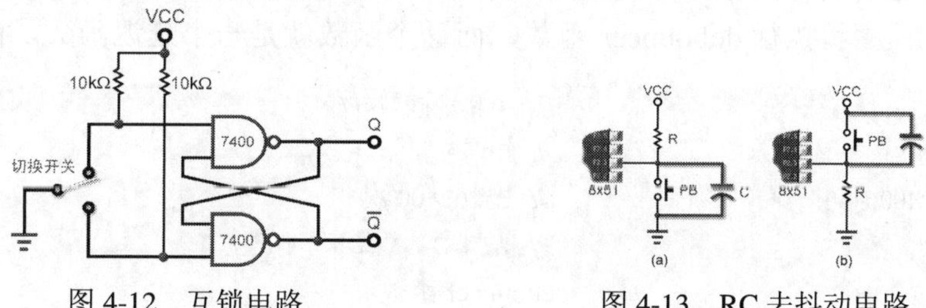

图 4-12 互锁电路　　图 4-13 RC 去抖动电路

以图 4-13（a）为例，当按下按钮开关时，开关第一次接触时即将电容短路，使电容快速放电（放电电阻为 0），电容两端电压迅速为 0；开关弹回（开路）时，整个电路形成 RC 充电电路，其时间常数为 RC，电容两端的电压 V_C 为

$$V_C = V_{CC} \times (1 - e^{-\frac{t}{RC}})$$

通常低电平可定义为 $0.3 \times V_{CC}$ 以下，如果电容两端的电压 V_C 低于 $0.3 \times V_{CC}$，即可视为低电平，而抖动的效应自然消失，因此

$$V_C = V_{CC} \times (1 - e^{-\frac{t}{RC}}) < 0.3 \times V_{CC}$$

即 $1 - e^{-\frac{t}{RC}} < 0.3$，两边减 1 可得 $-e^{-\frac{t}{RC}} < -0.7$，再把两边改号，小于变为大于，即

$$e^{-\frac{t}{RC}} > 0.7$$

两边取对数

$$-\frac{t}{RC} > \ln 0.7 \cong -0.357$$

两边再改号，即

$$\frac{t}{RC} < 0.357$$

抖动的时间约在 10ms 到 20ms 之间，以 10ms 为例，若 R=10kΩ，则

$$\frac{10\times10^{-3}}{10\times10^{3}\times C} < 0.357,\ \frac{10\times10^{-3}}{10\times10^{3}\times0.357} < C$$

即 $C > \frac{1\times10^{-6}}{0.357} \cong 2.8\mu F$

若抖动的时间是 20ms，则 C>5.6μF，因此，C 的值可定于 2.8μF 到 5.6μF 之间，笔者的习惯是 R 为 10kΩ时，C 采用 3.3μF；若 R 为 100kΩ，则 C 采用 0.33μF。

当放开按钮开关时，开关弹开时即将电容两端开路，使电容开始充电，当然电容两端电压不会立即为高电平；而开关再弹回（短路）时，又将好不容易充电的电容两端短路。因此，电容两端电压在抖动期间保持为低电平，而不随抖动变化。直到抖动期间过后，电容两端的电压才稳定上升，丝毫不受抖动影响。这种方式简单又有效，所增加的成本与电路复杂度都不高，称得上是实用的硬件去抖动电路。

软件去抖动

不管怎样，利用硬件来抑制抖动的噪声，一定会增加电路的复杂性与成本。而我们只要在软件上下点功夫，避开产生抖动的那 10～20ms，即可达到去抖动的效果。怎么做呢？只要在读入第一个状态的输入信号时即执行 10～20ms 的延迟函数（通常是 20ms 即可）。当按下按钮开关瞬间，程序将执行 debouncer 函数，而这个函数就是一个延迟函数，内容如下：

```
void debouncer(void)                    // 去抖动函数开始
{     int i;                            // 声明变量
      for(i=0;i<2400;i++);              // 连数 2400 次
}                                       // 去抖动函数结束
```

debouncer 函数

如图 4-14 所示，以产生负脉冲的按钮开关为例，当按下按钮，8051 检测到第一个低电平信号时，随即调用 debouncer 函数以延迟 20ms，这段时间程序不动作，以避开按钮开关上的不稳定状态。20ms 后，程序才响应使用者按下按钮开关所应有的动作。同样地，当放开按钮，8051 检测到第一个高电平信号时，随即调用 debouncer 函数以延迟 20ms，这段时间的程序不动作，以避开按钮开关上的不稳定状态。20ms 后，程序才响应使用者放开按钮开关所应有的动作。

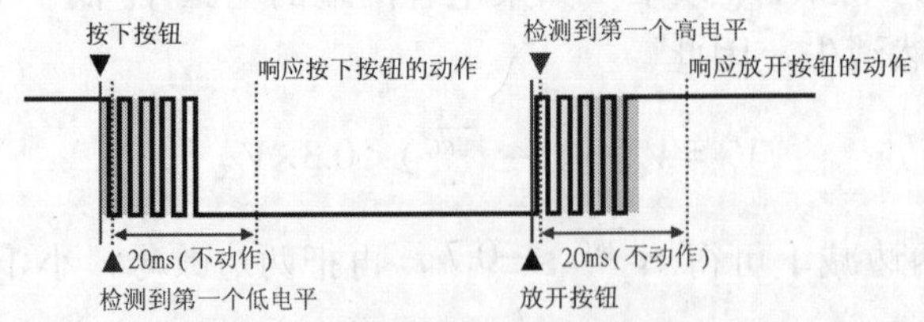

图 4-14 按钮开关动作与去抖动函数的波形分析

通常只响应按钮开关的前沿，而不管后沿的变化。除非要防止使用者按住按钮不放，如果一定要等到按钮放开程序才要进行下一个动作的话，其动作分析如下。

- 按下按钮，8051 检测到第一个低电平信号时，随即调用 debouncer 函数以延迟 20ms，这段时间内程序不动作。
- debouncer 函数结束后继续检测开关是否为高电平。若检测到第一个高电平，再调用 debouncer 函数以延迟 20ms，这段时间内程序不动作。
- debouncer 函数结束后程序才响应该按钮所要进行的动作。

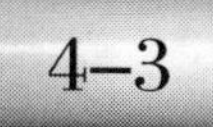

4-3 实例演练

在本单元里将针对按钮开关、拨码开关、数字型拨码开关提供多个相关应用范例。

4-3-1 拨码开关控制

实验要点

就像家里墙壁上的开关一样，开关接通时，灯就会亮；切断开关时，灯就会灭。在此利用一个 8P 的拨码开关，当成 8 个壁开关，用来控制 8 个 LED，如图 4-15 所示。拨码开关的状态由 P2 输入，而其状态将反应到 P1 所连接的 LED 上。若 P2.0 所连接的开关合上，则 P1.0 所连接的 LED 将会亮，若 P2.0 所连接的开关 off，则 P1.0 所连接的 LED 将不亮，以此类推。

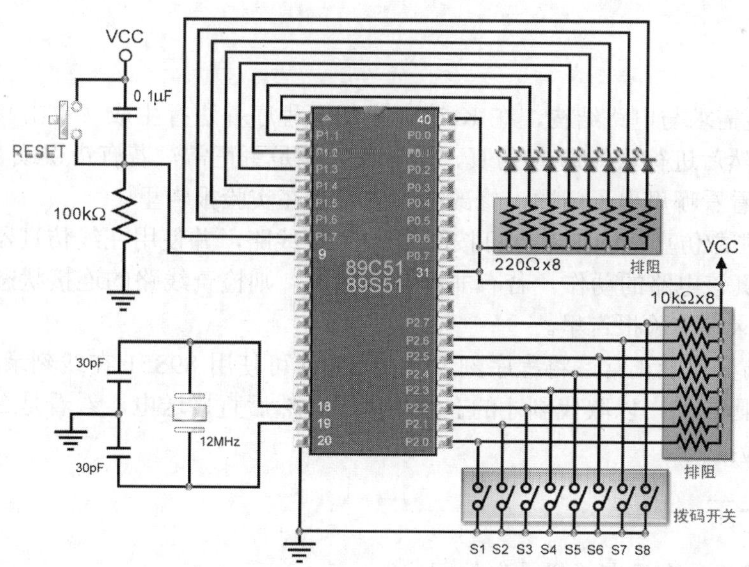

图 4-15 拨码开关控制实验电路图

流程图与程序设计

根据功能需求与电路结构得知，当拨码开关合上时，将可由其连接的输入口读取到低电平（即0）；而若要使连接在P1的LED亮，则由P1输出低电平即可。因此，在程序里只要将P2读取到的拨码开关直接输出到P1即可。

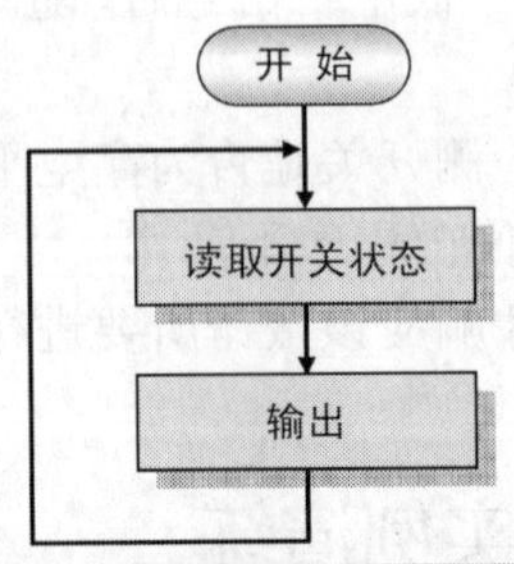


```
/* ch14-3-1.c     基本开关控制实验*/
//==声明区===================================
#include <reg51.h>                // 定义 8051 寄存器的头文件
// 第一版 89S51 在线刻录实验板（打印机端口接口）的拨码开关在 P2
// 第二版 89S51 在线刻录实验板（USB 接口）的拨码开关在 P0
#define SW P2                     // 定义开关接至 P2
#define LED P1                    // 定义 LED 接至 P1
//==主程序===================================
main()                            // 主程序开始
{   SW=0xff;                      // 设置输入口
    while(1)                      // 无穷循环
        LED=SW;                   // 读取开关（P2）状态,输出到 LED（P1）
}                                 // 主程序结束
```

基本开关控制实验（ch04-3-1.c）

操作

1．根据功能需求与电路结构，在Keil C里编写程序并进行生成（单击按钮），以产生*.HEX文件。然后进行软件调试/仿真，看看其功能是否正常，若有错误或非预期的状态，则检查源程序，看看哪里出了问题，修改并将它记录在实验报告里。

2．若软件调试/仿真功能正常，可按图4-15连接线路，并使用在线仿真器加载新的程序（*.HEX），以仿真该电路的动作。若有非预期的状态，则检查线路的连接状态，看看哪里出了问题并将它记录在实验报告里。

3．若在线仿真功能正常，将程序刻录到89S51（可使用89S51在线刻录实验板），再把该89S51放入实际电路，以取代刚才的在线仿真器，然后直接送电，看看是否正常。

4．编写实验报告。

思考一下

1．在本实验里，有没有“抖动”的困扰？

2．若希望拨码开关中的S1、S3、S5三个开关都合上，则前4个LED亮；S2或S4或S6开关合上，则后4个LED亮；S7及S8开关合上，则所有LED全亮，程序应如何编写？

3．若将拨码开关换成一般家里墙壁上的开关，而LED换成继电器，是否可作为家里的负载控制？

4-3-2 按钮开关控制

实验要点

如图 4-16 所示，若按一下 PB1，则 P1.0 所连接的 LED 亮；若按一下 PB2，则关闭 P1.0 所连接的 LED（不亮）。

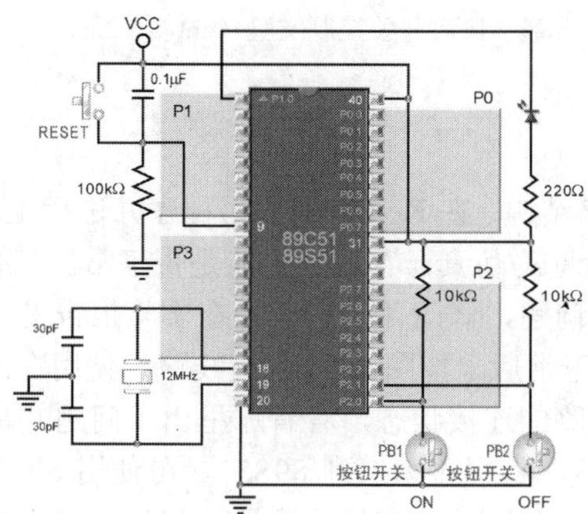

图 4-16 按钮开关控制实验电路图

流程图与程序设计

根据功能需求与电路结构得知，当按下按钮开关时，将可由其连接的输入口读取到低电平（即 0）；而若要连接在 P1.0 的 LED 亮，则由 P1.0 输出低电平即可。因此，在程序里，先声明 P2.0 为 PB1、P2.1 为 PB2，紧接着关闭 LED。然后判断 PB2 是否为 0，若 PB2=0，则关闭 LED；若 PB2 不为 0，再判断 PB1 是否为 0，若 PB1=0，则点亮 LED，接着再从判断 PB2 开始，如此周而复始。

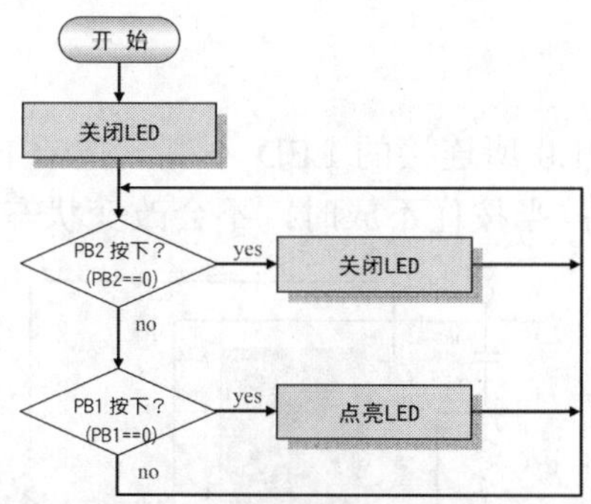


```
/* ch04-3-2.c——基本按钮开关控制实验 */
//==声明区=======================================
#include <reg51.h>                    // 定义 8051 寄存器的头文件
sbit   PB1=P2^0;                      // 声明按钮 1 接至 P2.0
sbit   PB2=P2^1;                      // 声明按钮 2 接至 P2.1
sbit   LED=P1^0;                      // 声明 LED 为 P1.0
//==主程序=======================================
main()                                // 主程序开始
```

```
{   LED=1;                              // 关闭 LED
    PB1=PB2=1;                          // 设置输入口
    while(1)                            // 无穷循环
    {   if (PB2==0)LED=1;               // 若按下 PB2，则关闭 LED
        else if (PB1==0)LED=0;          // 若按下 PB1，则点亮 LED
    }                                   // while 循环结束
}                                       // 结束程序
```

基本按钮开关控制实验（ch04-3-2.c）

操作

1．根据功能需求与电路结构，在 Keil C 里编写程序并进行生成（单击按钮），以产生 *.HEX 文件。然后进行软件调试/仿真，看看其功能是否正常。若有错误或非预期的状态，则检查源程序，看看哪里出了问题，修改并将它记录在实验报告里。

2．软件调试/仿真功能正常后，按图 4-16 连接线路，使用在线仿真器进行在线仿真。若有非预期的状态，则检查线路的连接状态，看看哪里出了问题并记录在实验报告里。

3．若在线仿真功能正常，将程序刻录到 89S51（可使用 89S51 在线刻录实验板），再把该 89S51 放入实际电路，以取代刚才的在线仿真器，然后直接送电，看看是否正常。

4．编写实验报告。

思考一下

1．在本实验里，有没有“抖动”的困扰？

2．若将按钮开关当成启动电机的开关，LED 换成继电器，是否可作为电机控制？

3．若同时按下 PB1 与 PB2 按钮会怎样？

4-3-3 按钮切换式控制

实验要点

如图 4-17 所示，若原本 P1.0 所连接的 LED 不亮，按一下 PB1，则 LED 亮；再按一下 PB1，则 LED 不亮，以此类推；当按住不放时，不会改变状态。

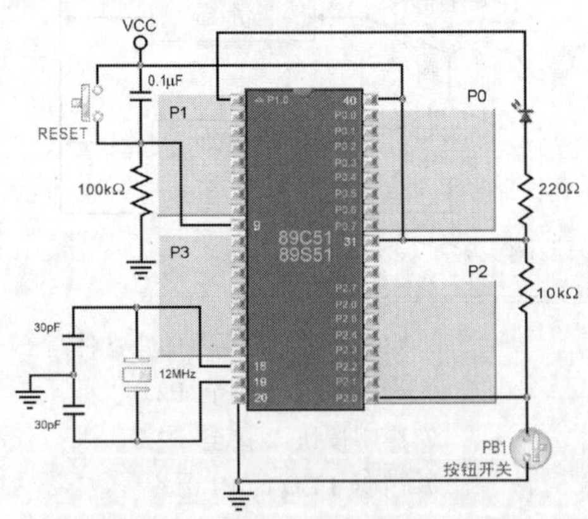

图 4-17 按钮切换式控制实验电路图

流程图与程序设计

根据功能需求与电路结构得知，当按下 PB1 按钮开关时，即可改变 LED 的状态，若原来 LED=1（不亮），按下 PB1 按钮开关即可使之变为 0（亮）；若原来 LED=0（亮），按下 PB1 按钮开关即可使之变为 1（不亮）。这种情况最怕抖动，所以，一定要在检测到 PB1 被按下后即进入去抖动函数，也就是延迟函数。同样地，在程序的开头先声明相关的函数与变数，如 LED、PB1、debouncer 函数等，再关闭 LED。然后判断 PB1 是否为 0，若 PB1=0，则调用 debouncer 函数，并切换 LED 状态，直到放开 PB1，即 PB1=1 时，再次去抖动，接着再从判断 PB1 开始，如此周而复始。

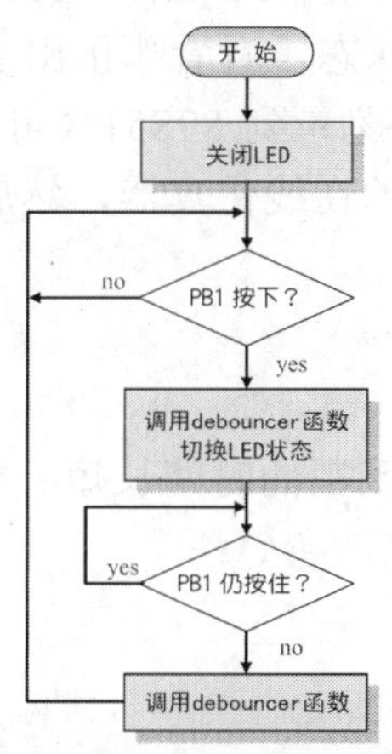


```
/* ch04-3-3.c——按钮切换式控制实验 */
//==声明区=======================================
#include <reg51.h>                    // 定义 8051 寄存器的头文件
sbit   PB1=P2^0;                      // 声明 PB1 接至 P2.0
sbit   LED=P1^0;                      // 声明 LED 接至 P1.0
void   debouncer(void);               // 声明去抖动函数
//==主程序=======================================
main()                                // 主程序开始
{    LED=1;                           // 关闭 LED
     PB1=1;                           // 设置 P2.0 为输入口
     while(1)                         // 无穷循环
     {    if (PB1==0)                 // 若按下 PB1
          {    debouncer();           // 调用去抖动函数（按下时）
               LED=!LED;              // 切换 LED 为反相
               while(PB1 != 1);       // 若仍按住 PB1，继续等待
               debouncer();           // 调用去抖动函数（放开时）
          }                           //if 语句结束
     }                                // while 循环结束
}                                     // 主程序结束
//==子程序=======================================
/* 去抖动函数函数，延迟约 20ms */
void debouncer(void)                  // 去抖动函数开始
{    int i;                           // 声明整型变量 i
```

```
    for(i=0;i<2400;i++);                    // 计数 2400 次，延迟约 20ms
}                                           // 去抖动函数结束
```

按钮切换式控制实验（ch04-3-3.c）

操作

1．根据功能需求与电路结构，在 Keil C 里编写程序并进行生成（单击 按钮），以产生*.HEX 文件。然后进行软件调试/仿真，看看其功能是否正常。若有错误或非预期的状态，则检查源程序，看看哪里出了问题，修改并将它记录在实验报告里。

2．软件调试/仿真功能正常后，按图 4-17 连接线路，使用在线仿真器进行在线仿真。若有非预期的状态，则检查线路的连接状态，看看哪里出了问题并记录在实验报告里。

3．若在线仿真功能正常，将程序刻录到 89S51（可使用 89S51 在线刻录实验板），再把该 89S51 放入实际电路，以取代刚才的在线仿真器，然后直接送电，看看是否正常。

4．编写实验报告。

思考一下

1．在本实验里，改变 debouncer 函数的时间长短，看看有什么影响。

2．若按住 PB1 不放会怎样？如何改善？

4-3-4 按钮开关应用

实验要点

如图 4-18 所示，P0 经限流电阻器连接共阳极七段 LED 数码管，P2.0 连接 PB1，P2.1 连接 PB2，其中 PB1 具有递增的功能，PB2 具有递减的功能。若程序刚开始时，七段 LED 数码管显示 0，按一下 PB1，七段 LED 数码管显示 1、再按一下 PB1，七段 LED 数码管显示 2，以此类推；若七段 LED 数码管显示 9，按一下 PB1，七段 LED 数码管显示 0。同样地，若七段 LED 数码管显示 0，按一下 PB2，七段 LED 显示器显示 9，再按一下 PB2，七段 LED 数码管显示 8，以此类推。当按钮按着不放时，状态不变。

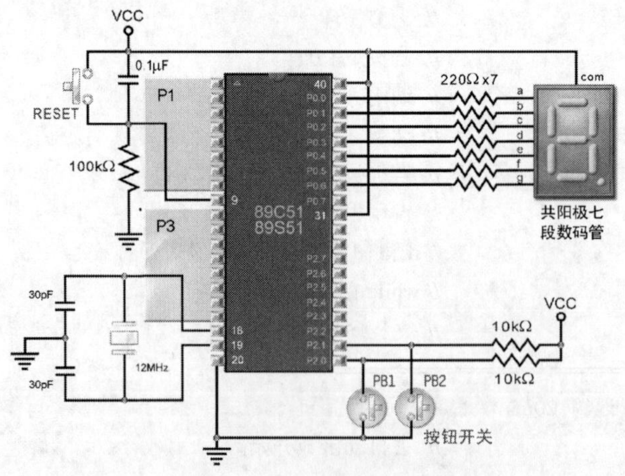

图 4-18 按钮开关应用电路图

流程图与程序设计

根据功能需求与电路结构得知，首先将共阳极七段 LED 数码管的驱动信号存为字符数组，即

```
char code TAB[10]={   0xc0, 0xf9, 0xa4, 0xb0, 0x99,
                      0x92, 0x83, 0xf8, 0x80, 0x98 };
```

主程序刚开始时，共阳极七段 LED 数码管显示 0，也就是从数组中输出第一笔驱动信号。然后判断 PB1 是否为 0，若 PB1=0，则输出下一笔驱动信号，若超过 10 笔数据，则从第一笔数据开始；紧接着判断 PB2 是否为 0，若 PB2=0，则输出上一笔驱动信号，若原本是第一笔数据，则输出第 10 笔数据。流程图与程序如下所示。

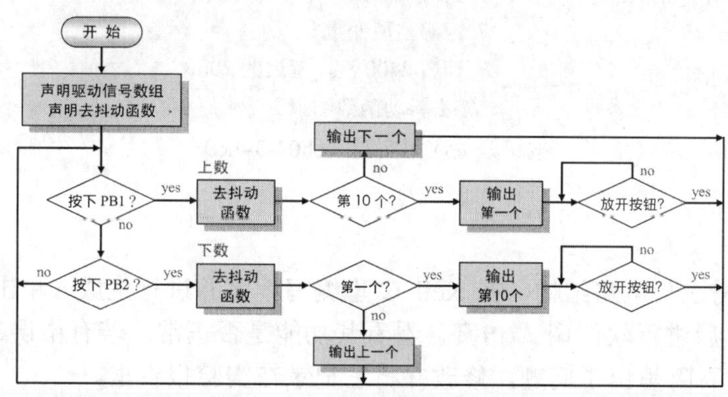


```
/* ch04-3-4.c——按钮开关应用（两按钮控制七段显示器上下数）- P4-21 */
//==声明区==========================================
#include <reg51.h>                  // 定义 8051 寄存器的头文件
#define SEG P0                      // 定义七段显示器接至 P0
/* 声明七段显示器驱动信号数组（共阳）*/
char code TAB[10]={   0xc0, 0xf9, 0xa4, 0xb0, 0x99,   // 数字 0～4
                      0x92, 0x83, 0xf8, 0x80, 0x98 }; // 数字 5～9
sbit   PB1=P2^0;                    // 声明按钮 1 接至 P2.0
sbit   PB2=P2^1;                    // 声明按钮 2 接至 P2.1
void debouncer(void);               // 声明去抖动函数
//==主程序==================================
main()              // 主程序开始
{   unsigned char i=0;              // 声明变量 i
    PB1=PB2=1;                      // 设置输入口
    SEG=TAB[i];                     // 输出数字至七段显示器
    while(1)                        // 无穷循环
    {   if (PB1==0)                 // 判断 PB1 是否按下
        {   debouncer();            // 调用去抖动函数
            i= (i<9)? i+1:0;        // 若 i<9 则 i=i+1，若 i≥9 则清除为 0
            SEG=TAB[i];             // 输出数字至七段显示器
            while(PB1==0);          // 判断 PB1 是否按住
            debouncer();            // 调用去抖动函数
```

```
        }                               //if 语句结束
        if (PB2==0)                     // 判断 PB2 是否按下
        {   debouncer();                // 调用去抖动函数
            i= (i>0)? i-1:9;            // 若 i>0 则 i=i-1，若 i≤0 则重设为 9
            SEG=TAB[i];                 // 输出数字至七段显示器
            while(PB2==0);              // 判断 PB1 是否按住
            debouncer();                // 调用去抖动函数
        }                               //if 语句结束
    }                                   //while 循环结束
}                                       // 主程序结束
//==子程序=================================
/* 去抖动函数函数，延迟约 20ms */
void debouncer(void)                    // 去抖动函数开始
{   int i;                              // 声明整型变量 i
    for(i=0;i<2400;i++);                // 计数 2400 次，延迟约 20ms
}                                       // 去抖动函数结束
```

按钮开关应用实验（ch04-3-4.c）

操作

1．根据功能需求与电路结构，在 Keil C 里编写程序并进行生成（单击按钮），以产生*.HEX 文件。然后进行软件调试/仿真，看看其功能是否正常。若有错误或非预期的状态，则检查源程序，看看哪里出了问题，修改并将它记录在实验报告里。

2．软件调试/仿真功能正常后，按图 4-18 连接线路，使用在线仿真器进行在线仿真。若有非预期的状态，则检查线路的连接状态，看看哪里出了问题，并记录在实验报告里。

3．若在线仿真功能正常，将程序刻录到 89S51（可使用 89S51 在线刻录实验板），再把该 89S51 放入实际电路，以取代刚才的在线仿真器，然后直接送电，看看是否正常。

4．编写实验报告。

思考一下

1．在本实验里，若按钮按住不放会怎样？如何改善？
2．在本实验里，若同时按住 PB1 与 PB2 两个按钮会怎样？

4-3-5 BCD 拨码开关

实验要点

如图 4-19 所示，P0 经限流电阻连接共阳极七段 LED 数码管，而 P2 的低 4 位连接到 BCD 数字型拨码开关，让 BCD 数字型拨码开关上的数字显示在七段 LED 数码管里。

流程图与程序设计

根据功能需求与电路结构得知，首先将共阳极七段 LED 数码管的驱动信号存为字符数组，然后读入 BCD 数字型拨码开关的数字数据，再其将对应的数组数据输出到 P0 所连接的七段 LED 数码管即可。因此，本实验的程序只是读取 P2，再将它送到 P0 而已，与 4-3-1 节的实验类似。

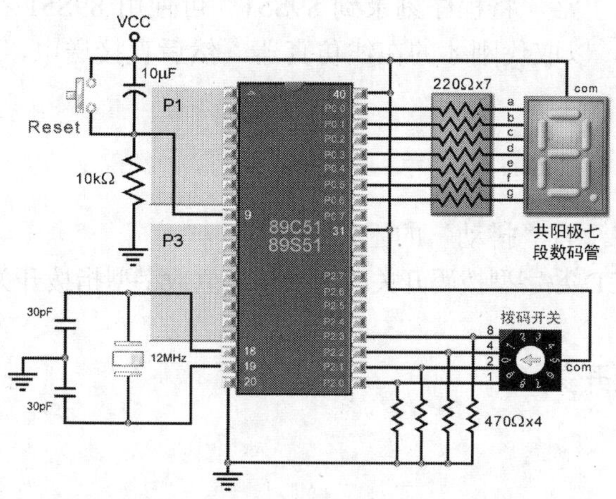

图 4-19　BCD 数字型拨码开关实验电路图

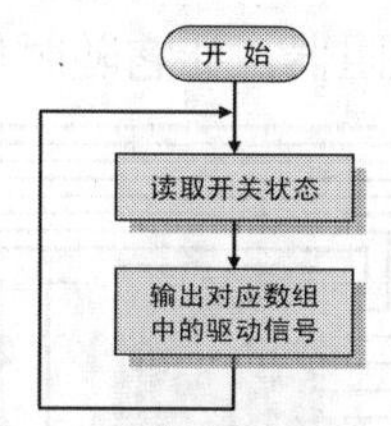


```
/* ch04-3-5.c——BCD 数字型拨码开关实验 */
//==声明区=======================================
#include <reg51.h>                    // 定义 8051 寄存器的头文件
#define   SEG      P0                 // 定义七段 LED 数码管接至 P0
#define   SW       P2                 // 定义开关接至 P2
/* 声明七段 LED 数码管驱动信号数组 */
char code TAB[10]={    0xc0, 0xf9, 0xa4, 0xb0, 0x99,    // 数字 0～4
                       0x92, 0x83, 0xf8, 0x80, 0x98 };  // 数字 5～9
#define   SW_H()   SW&0x0f            // 读取开关值（P2 清除高 4 位）
//==主程序=======================================
main()                                // 主程序开始
{   SW=0xff;                          // 设置输入口
    while(1)                          // 无穷循环
        SEG=TAB[SW_H()];              // 读取开关值，输出至七段显示器（P0）
}                                     // 主程序结束
```

BCD 数字型拨码开关实验（ch04-3-5.c）

操作

1．根据功能需求与电路结构，在 Keil C 里编写程序并进行生成（单击按钮），以产生*.HEX 文件。然后进行软件调试/仿真，看看其功能是否正常。若有错误或非预期的状态，则检查源程序，看看哪里出了问题，修改并将它记录在实验报告里。

2．软件调试/仿真功能正常后，图 4-19 连接线路，使用在线仿真器进行在线仿真。若有非预期的状态，则检查线路的连接状态，看看哪里出了问题并记录在实验报告里。

3．若在线仿真功能正常，将程序刻录到 89S51（可使用 89S51 在线刻录实验板），再把该 89S51 放入实际电路，以取代刚才的在线仿真器，然后直接送电，看看是否正常。

4．编写实验报告。

思考一下

1．在本实验里，有没有“抖动”的困扰？

2．若把本单元的 BCD 数字型拨码开关改为十六进位数字型指拨开关，程序应如何修改？

4-3-6 多个按钮开关

实验要点

如图 4-20 所示，P1 经限流电阻连接 8 个 LED，而 P2 的低 4 位各连接一个按钮开关，当然，每个输入/输出端口上都通过 10kΩ上拉电阻器，让它随时保持高电平。本实验的功能说明如下。

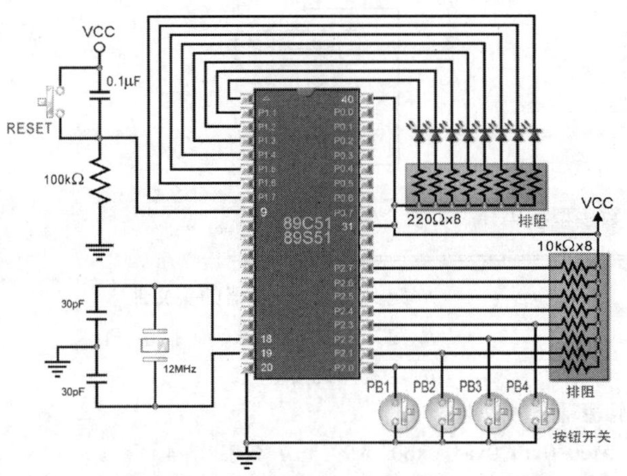

图 4-20 多重按钮开关实验电路图

- 按一下 PB1 按钮，前 4 个 LED，后 4 个 LED 交替显示 3 次（即前 4 个 LED 亮，后 4 个 LED 不亮，0.5s 后，切换为前 4 个 LED 不亮，后 4 个 LED 亮；如此重复 3 次），然后 8 个 LED 闪烁 3 次（每闪烁一次为全亮 0.5s，全暗 0.5s）。
- 按一下 PB2 按钮，单灯左移 3 圈，然后 8 个 LED 闪烁 3 次。
- 按一下 PB3 按钮，单灯右移 3 圈，然后 8 个 LED 闪烁 3 次。
- 按一下 PB4 按钮，霹雳灯 3 圈，然后 8 个 LED 闪烁 3 次。

在本实验里有两个目的，一是凸显模块化的重要性，二是说明按钮的优先等级。因此，本实验将针对相同的电路、相同的功能进行两个程序的实验。

流程图与程序设计之一

根据功能需求与电路结构得知，所要执行的功能需要由不同的函数实现，如去抖动函数、交替闪烁函数、单灯左移函数、单灯右移函数、霹雳灯函数、闪烁函数，还有延迟函数。再利用 if-else if 语句来判断 PB1、PB2、PB3、PB4 按钮是否被按下，再根据按钮状态调用不同的函数，以执行其功能。至于这些函数，大多在前面的单元中已操作过，在此只将它封装成函数的头文件 myio.h，以供以后使用时能够直接调用，使整个程序变成很清楚。

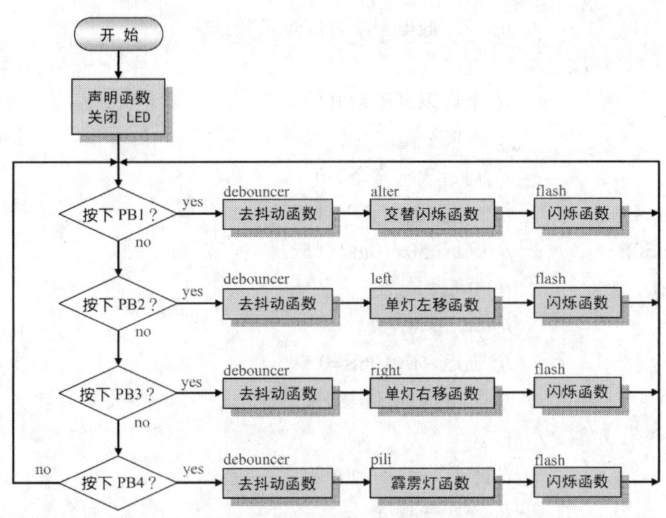


```
/* myio.h——自己写的链接库 */
//==声明区==============================
#define  LED    P1                  // 定义 LED 接至 P1
void debouncer(void);               // 声明去抖动函数
void delay 10ms(int);               // 声明 10ms 延迟函数
void alter(int);                    // 声明交替闪烁函数
void left(int);                     // 声明单灯左移函数
void right(int);                    // 声明单灯右移函数
void pili(int);                     // 声明霹雳灯函数
void flash(int);                    // 声明闪烁函数
//==自己写的子程序========================
/* 去抖动函数函数，延迟约 20ms */
void debouncer(void)                // 去抖动函数开始
{    delay 10ms(2);                 // 延迟约 20ms
}                                   // 去抖动函数结束
/* 延迟函数开始，延迟约 x×10ms */
void delay 10ms(int x)              // 延迟函数开始
{    int i,j;                       // 声明整型变量 i,j
     for (i=0;i<x;i++)              // 计数 x 次，延迟约 x×10ms
          for (j=0;j<1200;j++);     // 计数 1200 次，延迟约 10ms


}                                   // 延迟函数结束
/* 高低电平交替闪烁函数，执行 x 次 */
void alter(int x)                   // 高、低电平交替闪烁函数开始
{    int i;                         // 声明变量 i
     LED=0x0f;                      // 初始状态（高电平亮，低电平灭）
     for(i=0;i<2*x-1;i++)           // for 循环执行 2x-1 次
```

```
    {   delay 10ms(50);                     // 延迟 50×10ms=0.5s
        LED=~LED;                           // LED 反相输出
    }                                       // for 循环结束
    delay 10ms(50);                         // 延迟 50×10ms=0.5s
}                                           // 高、低电平交替闪烁函数结束
/* 全灯闪烁函数，执行 x 次 */
void flash(int x)                           // 全灯闪烁函数开始
{   int i;                                  // 声明变量 i
    LED=0x00;                               // 初始状态（全亮）
    for(i=0;i<2*x-1;i++)                    // for 循环执行 2x-1 次
    {   delay 10ms(50);                     // 延迟 50×10ms=0.5s
        LED=~LED;                           // P0 反相输出
    }                                       // for 循环结束
    delay 10ms(50);                         // 延迟 50×10ms=0.5s
}                                           // 全灯闪烁函数结束
/* 单灯左移函数，执行 x 圈 */
void left(int x)                            // 单灯左移函数开始
{   int i, j;                               // 声明变量 i,j
    for(i=0;i<x;i++)                        // i 循环，执行 x 圈
    {  LED=0xfe;                            // 初始状态=1111 1110
       for(j=0;j<7;j++)                     // j 循环，左移 7 次
       {  delay 10ms(25);                   // 延迟 25×10ms=0.25s
          LED=(LED<<1)|0x01;                // 左移 1 位后 LSB 设为 1
       }                                    // j 循环结束
       delay 10ms(25);                      // 延迟 25×10ms=0.25s
    }                                       // i 循环结束
}                                           // 单灯左移函数结束
/* 单灯右移函数，执行 x 圈 */
void right(int x)                           // 单灯右移函数开始
{   int i, j;                               // 声明变量 i,j
    for(i=0;i<x;i++)                        // i 循环，执行 x 圈
    {   LED=0X7f;                           // 初始状态=0111 1111
        for(j=0;j<7;j++)                    // j 循环，右移 7 次
        {   delay 10ms(25);                 // 延迟 25×10ms=0.25s
            LED=(LED>>1)|0x80;              // 左移 1 位后 MSB 设为 1
        }                                   // j 循环结束
        delay 10ms(25);                     // 延迟 25×10ms=0.25s
    }                                       // i 循环结束
}                                           // 单灯左移函数结束
/* 霹雳灯函数，执行 x 圈 */
void pili(int x)                            // 霹雳灯函数开始
{   int i;                                  // 声明变量 i
    for(i=0;i<x;i++)                        // i 循环，执行 x 圈
    {   left(1);                            // 单灯左移 1 圈
        right(1);                           // 单灯左移 1 圈
```

```
    }                                   // i 循环结束
}                                       // 霹雳灯函数结束
```

自己编写的链接库（myio.h）

```
/* ch04-3-6a.c——多重按钮开关实验之一 */
//==声明区==================================
#include    <reg51.h>                   // 定义 8051 寄存器的头文件
#include    "my io.h"                   // 自己写的 I/O 链接库
sbit   PB1=P2^0;                        // 声明 PB1=P2.0
sbit   PB2=P2^1;                        // 声明 PB2=P2.1
sbit   PB3=P2^2;                        // 声明 PB3=P2.2
sbit   PB4=P2^3;                        // 声明 PB4=P2.3
//==主程序==================================
main()                                  // 主程序开始
{   LED=0xff;                           // 初始状态（LED 全灭）
    P2=0xff;                            // 设置 P2 输入口
    while(1)                            // 无穷循环
    {   if (PB1==0)                     // 如果按下 PB1
        {   dcbouncer();                // 去抖动
            alter(3);                   // 高低电平交替闪烁 3 次
            flash(3);}                  // 全灯闪烁 3 次
        else if (PB2==0)                // 如果按下 PB2
        {   debouncer();                // 去抖动
            left(3);                    // 单灯左移 3 圈
            flash(3);}                  // 全灯闪烁 3 次
        else if (PB3==0)                // 如果按下 PB3
        {   debouncer();                // 去抖动
            right(3);                   // 单灯右移 3 圈
            flash(3);}                  // 全灯闪烁 3 次
        else if (PB4==0)                // 如果按下 PB4
        {   debouncer();                // 去抖动
            pili(3);                    // 霹雳灯 3 圈
            flash(3);}                  // 全灯闪烁 3 次
    }                                   // while 循环结束
}                                       // 主程序结束
```

多重按钮开关实验之一（ch04-3-6a.c）

操作之一

1．根据功能需求与电路结构，在 Keil C 里编写程序并进行生成（单击按钮），以产生*.HEX 文件。然后进行软件调试/仿真，看看其功能是否正常。若有错误或非预期的状态，则检查源程序，看看哪里出了问题，修改并将它记录在实验报告里。

2．若软件调试/仿真功能正常，可按图 4-20 连接线路，并使用在线仿真器加载新的程序（*.HEX），以仿真该电路的动作。若有非预期的状态，则检查线路的连接状态，看看哪里出了问题并将它记录在实验报告里。

3．若在线仿真功能正常，将程序刻录到 89S51（可使用 89S51 在线刻录实验板），再把该 89S51 放入实际电路，以取代刚才的在线仿真器，然后直接送电，看看是否正常。

4．编写实验报告。

思考一下

1．在本实验里，若同时按下多个按钮会如何？

2．在本实验里，若按住按钮不放会如何？

3．在本实验里，debouncer 函数是个延迟 20ms 的函数，而 delay10ms 函数是个延迟 10ms 的函数，可否使用 delay10ms 函数取代 debouncer 函数？如何修改？

4．在本实验里，alter 函数是个高 4 位与低 4 位交替闪烁的函数，而 flash 函数是个 8 灯闪烁的函数，其不同在于其初始值。请修改 flash 函数，再增加一个形式参数，以代入初始值，使之变成一个多用途的函数。

流程图与程序设计之二

在前面的实验里，各按钮之间有优先等级的问题，PB1 具有最高优先等级，其次是 PB2，以此类推。若改成无优先权的问题时，可用 switch 语句，取代 if-else if 语句。

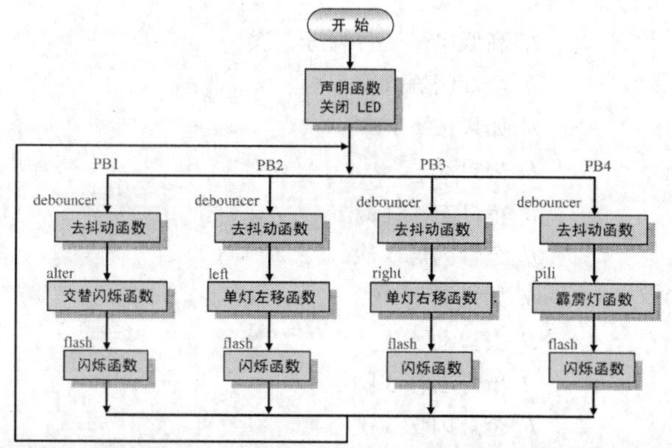


```
/* ch04-3-6b.c——多重按钮开关实验之二 */
//==声明区=========================================
#include <reg51.h>                  // 定义 8051 寄存器的头文件
#include      "myio.h"              // 自己写的 I/O 链接库
#define PB P2                       // 定义按钮开关接至 P2
//==主程序=========================================
main()                              // 主程序开始
{    LED=0xff;                      // 初始状态（LED 全灭）
     while(1)                       // 无穷循环
     {    PB=0xff;                  // 设置输入口
          switch(~PB)               // switch 语句开始
          {    case 0x01:           // 如果按下 PB1
               {    debouncer();    // 去抖动
                    alter(3);       // 交替闪烁 3 次
                    flash(3);       // 全灯闪烁 3 次
                    break; }        // 退出 switch 语句
```

```
            case 0x02:                  // 如果按下 PB2
            {   debouncer();            // 去抖动
                left(3);                // 单灯左移 3 圈
                flash(3);               // 全灯闪烁 3 次
                break; }                // 退出 switch 语句
            case 0x04:                  // 如果按下 PB3
            {   debouncer();            // 去抖动
                right(3);               // 单灯右移 3 圈
                flash(3);               // 全灯闪烁 3 次
                break; }                // 退出 switch 语句
            case 0x08:                  // 如果按下 PB4
            {   debouncer();            // 去抖动
                pili(3);                // 霹雳灯 3 圈
                flash(3);               // 全灯闪烁 3 次
                break; }                // 退出 switch 语句
        }                               // 结束 switch 语句
    }                                   // while 结束
}                                       // 主程序结束
```

多重按钮开关实验之二（ch04-3-6b.c）

操作之二

1．按上述流程图与程序设计重新设计程序，并重复执行调试与仿真。

2．若软件调试/仿真功能正常，再使用在线仿真器加载新的程序（*.HEX），以仿真该电路的动作。若有非预期的状态，则检查线路的连接状态，看看哪里出了问题并将它记录在实验报告里。

3．若在线仿真功能正常，将程序刻录到 89C51/89S51，再把该 89C51/89S51 放入实际电路，以取代刚才的在线仿真器，然后直接送电，看看是否正常。

4．编写实验报告，并叙述这两个程序的差异。

思考一下

1．在本实验里，去抖动函数（debouncer）有其必要性吗？

2．在本实验里，若同时按下多个按钮会如何？

3．在本实验里，若按住按钮不放会如何？

4-3-7 按钮开关放开后动作

实验要点

本实验接续 4-3-6 节的实验，使用相同的电路图，功能要求也相同，但在此将解决按钮按住不放的窘境。

流程图与程序设计

根据功能需求与电路结构得知，在此将从检测到按钮的第一个低电平（按下按钮瞬间）开始，先延迟 20ms，再检测该按钮是否为高电平；同样地，当该按钮变为高电平（即放开按钮瞬间），再延迟 20ms，让按钮完全稳态后，才执行该按钮所赋予的任务。延续 4-3-6 节中以 switch 语句方式所编写的程序，在此将原本单纯地检测到按钮的第一个低电平便执行去抖动函数更改（插入）为执行去抖动函数后再检测按钮是否为高电平，若检测到按钮的第一个高电平，再执行一次去抖动函数，流程图如下所示，其中加阴影的部分为更改（插入）的部分。

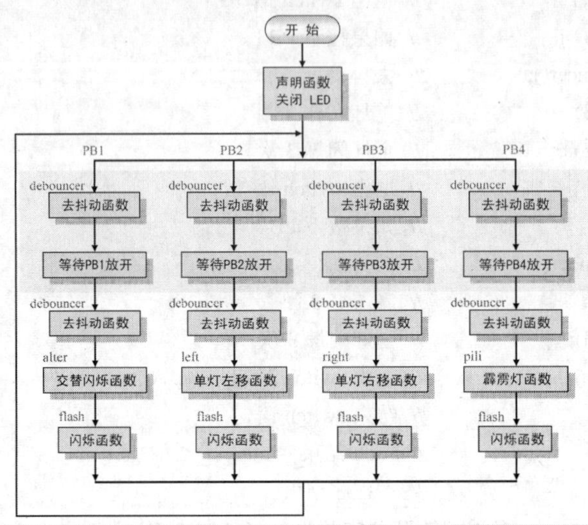


```
/* ch04-3-7.c——按钮放开后才动作实验 */
//==声明区========================================
#include      <reg51.h>                // 定义 8051 寄存器的头文件
#include      "my io.h"                // 自己写的 I/O 链接库
#define
PB    P2                               // 定义按钮开关接至 P2
//==主程序========================================
main()                                 // 主程序开始
{   LED=0xff;                          // 初始状态（LED 全灭）
    while(1)                           // 无穷循环
    {   PB=0xff;                       // 设置 P2 为输入口
        switch(~PB)                    // switch 语句开始
        {   case 0x01:                 // 如果按下 PB1
            {   debouncer();           // 去抖动
                while(~PB==1);         // 等待 PB1 放开
                debouncer();           // 去抖动
                alter(3);              // 交替闪烁 3 次
                flash(3);              // 全灯闪烁 3 次
                break; }               // 退出 switch 语句
            case 0x02:                 // 如果按下 PB2
            {   debouncer();           // 去抖动
                while(~PB==2);         // 等待 PB2 放开
                debouncer();           // 去抖动
                left(3);               // 单灯左移 3 圈
                flash(3);              // 全灯闪烁 3 次
                break; }               // 退出 switch 语句
            case 0x04:                 // 如果按下 PB3
```

```
        {   debouncer();              // 去抖动
            while(~PB==4);            // 等待 PB3 放开
            debouncer();              // 去抖动
            right(3);                 // 单灯右移 3 圈
            flash(3);                 // 全灯闪烁 3 次
            break; }                  // 退出 switch 语句
        case 0x08:                    // 如果按下 PB4
        {   debouncer();              // 去抖动
            while(~PB==8);            // 等待 PB4 放开
            debouncer();              // 去抖动
            pili(3);                  // 霹雳灯 3 圈
            flash(3);                 // 全灯闪烁 3 次
            break; }                  // 退出 switch 语句
        }                             // 结束 switch 语句
    }                                 // while 结束
}                                     // 主程序结束
```

放开按钮后动作实验（ch04-3-7.c）

操作

1．根据功能需求与电路结构，在 Keil C 里编写程序并进行生成（单击按钮），以产生*.HEX 文件。然后进行软件调试/仿真，看看其功能是否正常。若有错误或非预期的状态，则检查源程序，看看哪里出了问题，修改并将它记录在实验报告里。

2．若软件调试/仿真功能正常，可按图 4-20 连接线路，并使用在线仿真器加载新的程序（*.HEX），以仿真该电路的动作。若有非预期的状态，则检查线路的连接状态，看看哪里出了问题并将它记录在实验报告里。

3．若在线仿真功能正常，将程序刻录到 89S51（可使用 89S51 在线刻录实验板），再把该 89S51 放入实际电路，以取代刚才的在线仿真器，然后直接送电，看看是否正常。

4．编写实验报告。

思考一下

1．在本实验里，去抖动函数（debouncer）有其必要性吗？

2．在本实验里，若将按钮按住不放会如何？

4-4 实时练习

在本章里探讨了 8051 的输入端口相关的主题，以及输入器件的介绍与应用。在程序设计上应用不同的语句与指令，以达到类似的功能，并处理输入时可能的状态，可说是数字与微处理系统中。相当重要的一部分。在此请试着回答下列问题，以确认对于此部分的掌握程度。

选择题

（　　）1．在 8x51 的程序里，若要将某个输入/输出端口设置成输入功能，应如何处理？

（A）先输出高电平到该输入/输出端口　（B）先输出低电平到该输入/输出端口

（C）先读取该输入/输出端口的状态　（D）先保存该输入/输出端口的状态

（　　）2．下列哪种开关具有自动复归功能？

（A）拨码开关　（B）闸刀开关　（C）摇头开关　（D）按钮开关

（　　）3．下列哪种开关具有多输出状态？

（A）摇头开关　（B）TACK switch

（C）BCD 数字型拨码开关　（D）以上皆非

（　　）4．若要产生边沿触发信号，通常会使用哪种开关？

（A）拨码开关　（B）闸刀开关　（C）按钮开关　（D）数字型拨码开关

（　　）5．通常电路板上的厂商设置/调整，可使用哪种开关？

（A）拨码开关　（B）闸刀开关　（C）按钮开关　（D）数字型拨码开关

（　　）6．根据实验统计，当操作开关时，其不稳定状态大约持续多久？

（A）1～5ms　（B）10～20ms

（C）100～150ms　（D）150～250μs

（　　）7．电路板上的跳线（Jumper）常被哪种开关替代？

（A）拨码开关　（B）闸刀开关　（C）按钮开关　（D）数字型拨码开关

（　　）8．在 Keil C 里，判读开关状态时，使用 if-else if 语句与使用 switch 语句有何差异？

（A）if-else if 语句较快　（B）if-else if 语句有优先级

（C）switch 语句可判读较多开关状态　（D）switch 语句有优先级

（　　）9．下列哪个不是数字型拨码开关？

（A）16 进位数字型拨码开关　（B）BCD 数字型拨码开关

（C）十二进位数字型拨码开关　（D）以上皆是

（　　）10．对于低电平动作（低电平触发）的开关而言，下列哪个不是在输入口上连接一个上拉电阻到 VCC 的目的？

（A）提供足够的驱动电流　（B）防止不确定状态

（C）保持输入高电平　（D）防止噪干扰声

问答题

1．在 8051 里，若输入/输出端口执行输入功能之前，为何要先送“1”到该输入/输出端口？

2．如何使用 BCD 数字型拨码开关？其输出信号是什么？

3. 常用的开关可分为按钮开关及单刀开关两种，若要取得脉冲信号，应使用哪一种开关？若要取得电平信号，应使用哪一种开关？而拨码开关属于哪一种开关？

4．若在 8051 里使用了开关作为输入器件，在开关器件 RC 电路中如何操作才能去抖动？

5．何谓“抖动”？绘制一个低电平动作的开关波形分析图。

6．在程序里如何以简单的方式来防止输入开关的抖动现象？

7．为避免使用者按住按钮不放造成错误或不确定状态，请给出解决这种状态的流程或操作方法。

加油

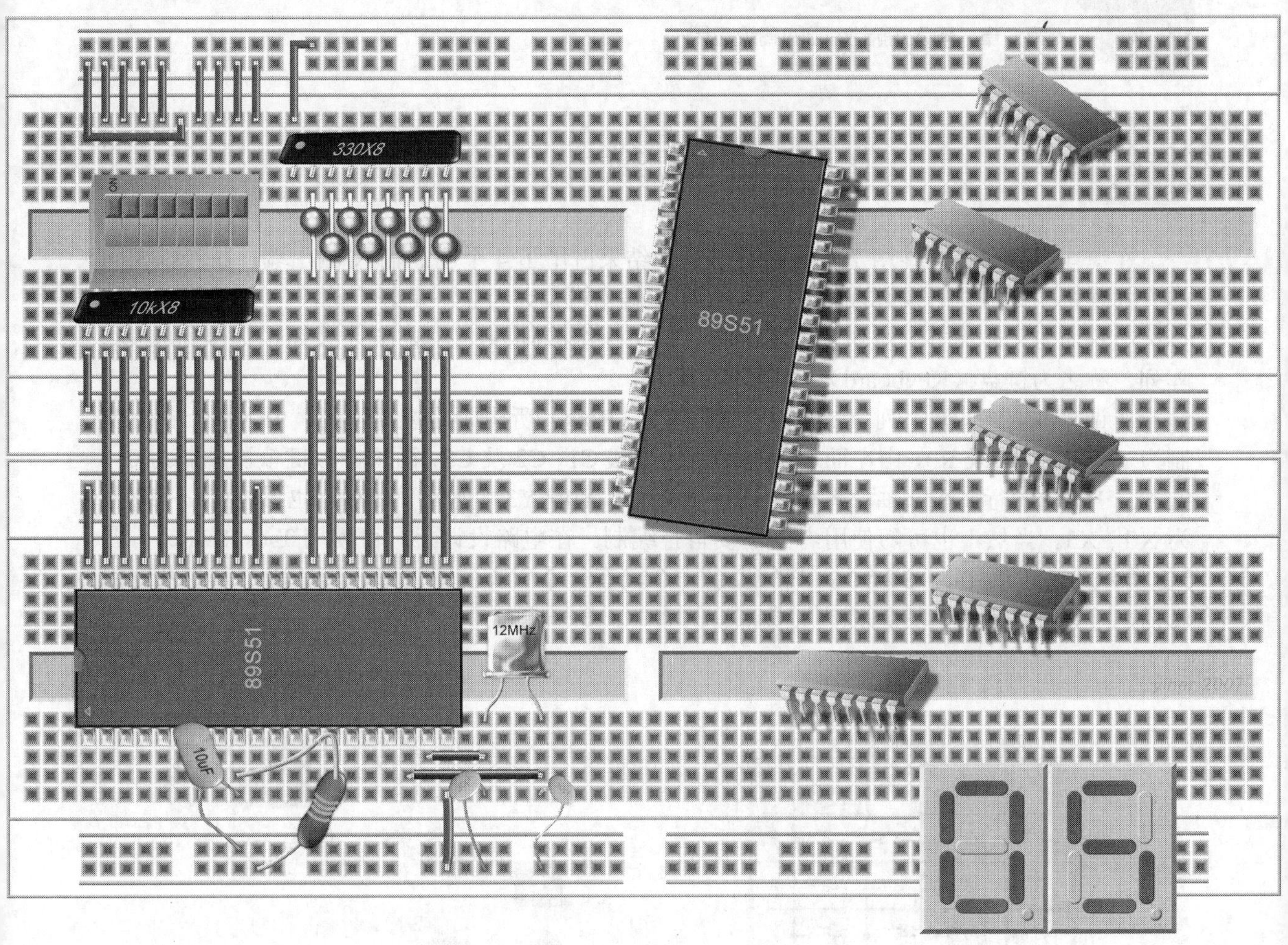

第 5 章　输入/输出端口的高级应用

本章内容丰富，主要包括以下内容。

- **硬件**

  认识 4×4 键盘、七段 LED 数码管模块、7447、74138 等。

- **程序与实践**

  键盘扫描程序的应用。
  七段 LED 数码管扫描程序的应用。

5-1 键盘扫描

在第4章里，我们使用了4个按钮开关，结果占用了4个位的输入/输出端口。若以相同的方式连接16个按钮，则得占用16位的输入/输出端口，当然不是好方法。对于数字/微型计算机电路而言，若需多个按钮，通常会将这些按钮组成阵列，例如16个按钮，则排列成4×4阵列，称之为键盘（Keyboard），如图5-1所示。

所谓“4×4”是指4列（Column）与4行（Row）所构成的按键阵列，由下而上各行编制为R0、R1、R2及R3，由左而右各列编制为C0、C1、C2及C3，而每个按键依次编制为0～9、A～F。由于行属于 y 轴，也可将R0～R3改为Y0～Y3；列属于 x 轴，也可将C0～C3改为X0～X3。当然，也可随使用者的需要自行编制。在电路设计上，可使用Tack Switch。图5-2所示为常用的Tack Switch，其外表是一个具有4个引脚的正方形，而其内部是将两对引脚内部连接，两对引脚之间则为a接点。

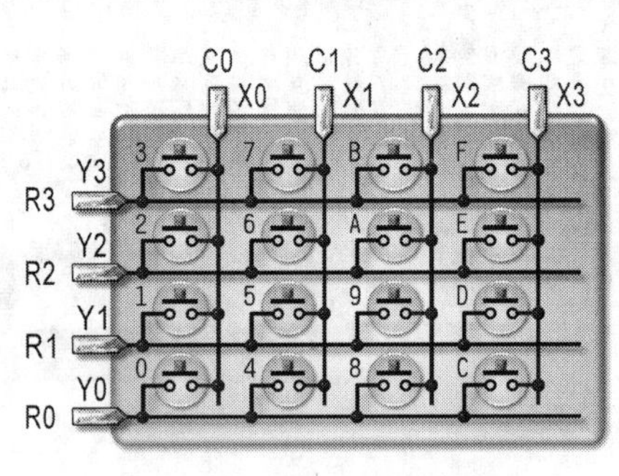

图5-1 4×4键盘的内部结构

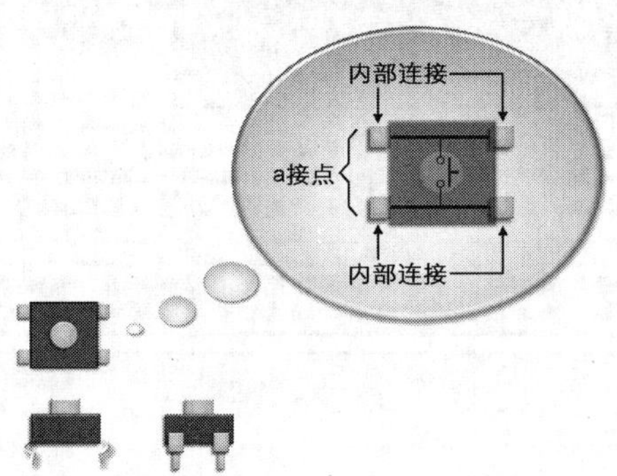

图5-2 Tack Switch的结构

使用这种具有内部连接的Tack Switch可在单面电路板（或面包板）上轻松制作4×4键盘，如图5-3所示。

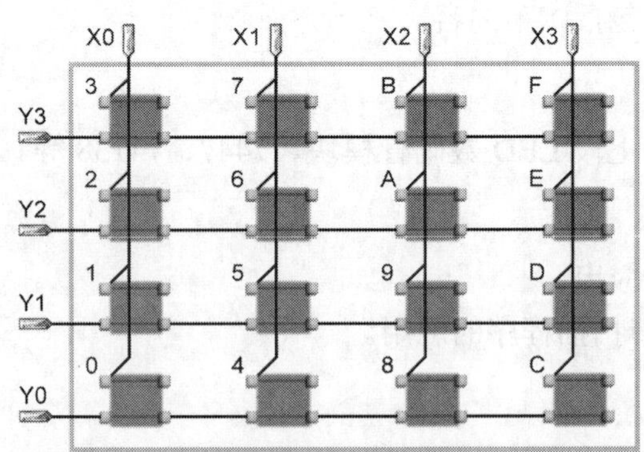

图5-3 由Tack Switch所构成的4×4键盘

当然，这样还不够，在每行上都必须连接一个上拉电阻（10kΩ即可），我们可使用一个4R5P的排阻，比较省事，如图5-4所示。

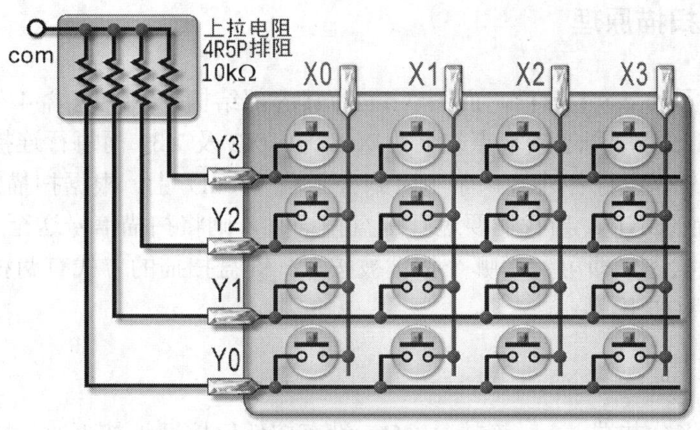

图 5-4 连接上拉电阻

某些现成的键盘已将上拉电阻放置在其中，在本单元里将把上拉电阻视为键盘的一部分，而不刻意说明，如图 5-5 所示。

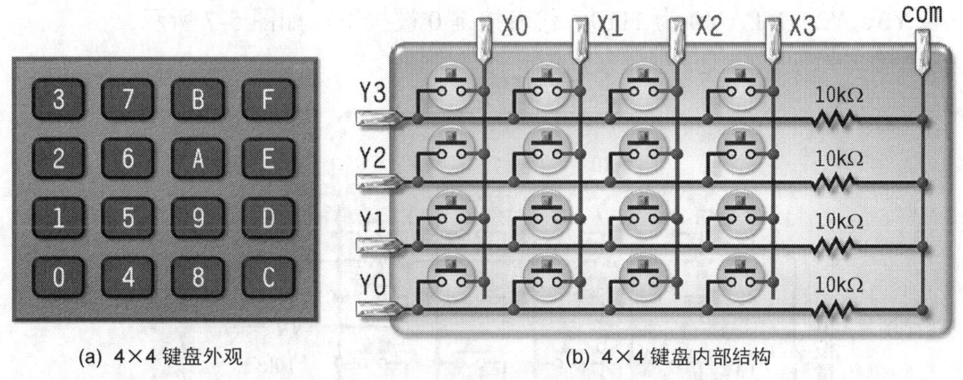

图 5-5 4×4 键盘

另外，市售一体成形的 4×4 键盘（如图 5-6 所示）相当便宜，只是其按键的编号不一定适用，而其中不含上拉电阻，必须再连接一个排阻。

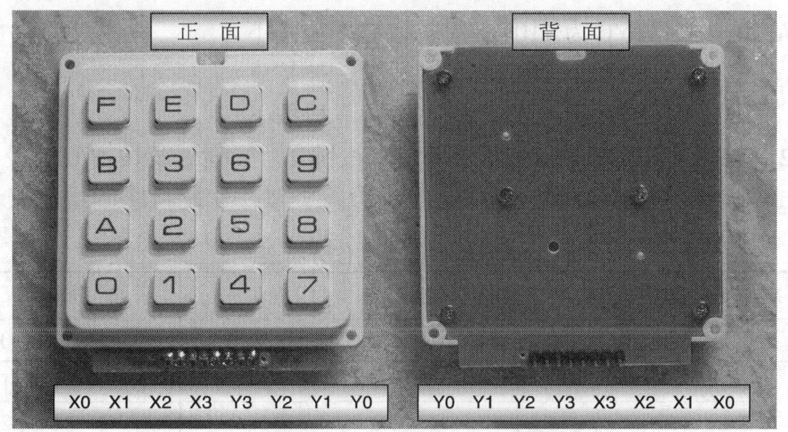

图 5-6 市售一体成形的 4×4 键盘

5-1-1 键盘扫描原理

图 5-5（a）所示为 4×4 键盘，而图（b）为其内部结构，其中包含 4 列、4 行，构成一个 4×4 的阵列，在此将每列连接端点定名为 X0、X1、X2 及 X3，而每行连接端点定名为 Y0、Y1、Y2 及 Y3。另外，每行各连接一个电阻到公共端（com）上。根据扫描方式的不同，com 可能连接到 VCC 或 GND，当我们要进行键盘扫描时，则将扫描信号送至 **X0** 到 **X3**，再由 **Y0** 至 **Y3** 读取键盘状态，即可判断哪个按键被按下。键盘扫描的方式有两种，即低电平扫描与高电平扫描，说明如下。

低电平扫描

低电平扫描是将公共端 com 连接 VCC，没有按任何按键被按下时，Y3、Y2、Y1、Y0 端点能保持为高电平（即 1）。送入 X3、X2、X1、X0 的扫描信号之中，只有一个为低电平，其余 3 个为高电平。整个工作可分为 4 个阶段，在第一个阶段里，主要目的是判断按键 3、按键 2、按键 1 及按键 0 有没有被按下。首先将 1110B 信号送入 X3、X2、X1、X0，也就是只有 X0 为低电平，其他各列皆为高电平。紧接着读取 Y3、Y2、Y1、Y0 的状态。

- 若 Y3、Y2、Y1、Y0 为 1110，代表按键 0 被按下，如图 5-7 所示。

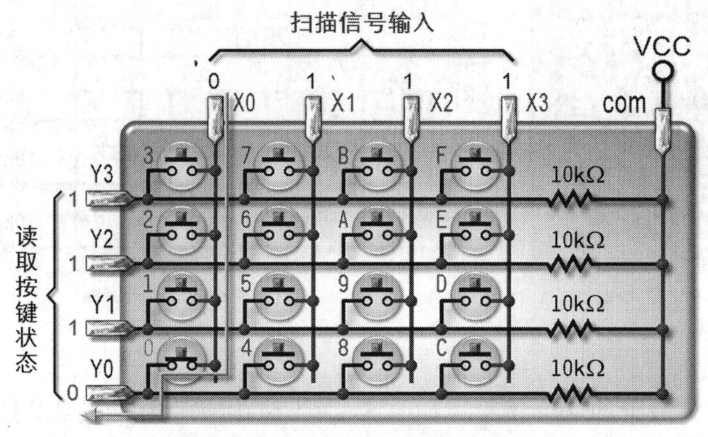

图 5-7 低电平扫描——按下“0”键

- 若 Y3、Y2、Y1、Y0 为 1101，代表按键 1 被按下。
- 若 Y3、Y2、Y1、Y0 为 1011，代表按键 2 被按下。
- 若 Y3、Y2、Y1、Y0 为 0111，代表按键 3 被按下。

若 Y3、Y2、Y1、Y0 为 1111，代表按键 3、按键 2、按键 1 及按键 0 都没被按下，进入第二阶段。第二阶段至第四个阶段的操作与第一阶段类似，在此将它归纳如表 5-1 所示。

表 5-1 低电平动作键盘动作分析表

X3 X2 X1 X0	Y3 Y2 Y1 Y0	动 作 按 键
1 1 1 0	1 1 1 0	0
	1 1 0 1	1
	1 0 1 1	2
	0 1 1 1	3

续表

X3 X2 X1 X0	Y3 Y2 Y1 Y0	动作按键
1 1 0 1	1 1 1 0	4
	1 1 0 1	5
	1 0 1 1	6
	0 1 1 1	7
1 0 1 1	1 1 1 0	8
	1 1 0 1	9
	1 0 1 1	A
	0 1 1 1	B
0 1 1 1	1 1 1 0	C
	1 1 0 1	D
	1 0 1 1	E
	0 1 1 1	F
x x x x	1 1 1 1	无按键按下

高电平扫描

高电平扫描是将公共端 com 接地，没有按任何按键被按下时，Y3、Y2、Y1、Y0 端点能保持为低电平。送入 X3、X2、X1、X0 的扫描信号之中，只有一个为高电平，其余 3 个为低电平。整个工作可分为 4 个阶段，在第一个阶段里，主要目的是判断按键 3、按键 2、按键 1 及按键 0 有没有被按下。首先将 0001B 信号送入 X3、X2、X1、X0，也就是只有 X0 为高电平，其他各列皆为低电平。紧接着读取 Y3、Y2、Y1、Y0 的状态。

- 若 Y3、Y2、Y1、Y0 为 0001，代表按键 0 被按下，如图 5-8 所示。

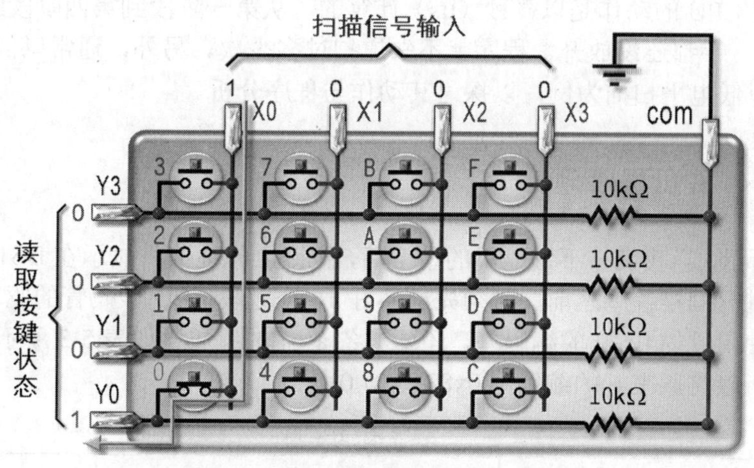

图 5-8 高电平扫描——按下“0”键

- 若 Y3、Y2、Y1、Y0 为 0010，代表按键 1 被按下。
- 若 Y3、Y2、Y1、Y0 为 0100，代表按键 2 被按下。
- 若 Y3、Y2、Y1、Y0 为 1000，代表按键 3 被按下。

若 Y3、Y2、Y1、Y0 为 1111，代表 3、2、1 及 0 都没被按下，进入第二阶段。第二阶段至第四阶段的操作与第一阶段类似，在此将它归纳如表 5-2 所示。

表 5-2 高电平动作键盘动作分析表

X3 X2 X1 X0	Y3 Y2 Y1 Y0	动 作 按 键
0 0 0 1	0 0 0 1	0
	0 0 1 0	1
	0 1 0 0	2
	1 0 0 0	3
0 0 1 0	0 0 0 1	4
	0 0 1 0	5
	0 1 0 0	6
	1 0 0 0	7
0 1 0 0	0 0 0 1	8
	0 0 1 0	9
	0 1 0 0	A
	1 0 0 0	B
1 0 0 0	0 0 0 1	C
	0 0 1 0	D
	0 1 0 0	E
	1 0 0 0	F
x x x x	0 0 0 0	无按键按下

或许你会质疑，若在第一阶段扫描时，有除了 0、1、2、3 以外的按键，是不是就检测不到了？这个不必担心，由于人类手指的动作很慢，按下按键到放开按键的时间至少也得 0.1s（即 100ms），而 CPU 的动作是以微秒（μs）计算的，从第一阶段到第四阶段跑一圈只需几毫秒（ms），所以，手都还没放开，程序就不知道扫过多少次。另外，通常以低电平扫描为多，在本章中也将以低电平扫描为例，以探讨其动作与程序分析。

5-1-2 4×4 键盘程序分析

如图 5-9 所示，当我们按下键盘里的按键后，按键上的键值将显示在 DS1 七段 LED 数码管上。在介绍键盘扫描程序之前，必须先准备好 16 个七段 LED 数码管的驱动信号编码，除了第 3 章曾经使用过的 0~9 的编码外，还要准备 a~f 的编码，如表 5-3 所示。其中的b与 6 的编码一样，所以将原来 6 的编码由 0x83 改为 0x82。

表 5-3 a~f 编码表

数 字	（dp）gfedcba	十六进制	显 示
a	10100000	0xa0	a
b	10000011	0x83	b
c	10100111	0xa7	c

续表

数 字	(dp) gfedcba	十六进制	显 示
d	10100001	0xa1	
e	10000100	0x84	
f	10001110	0x8e	

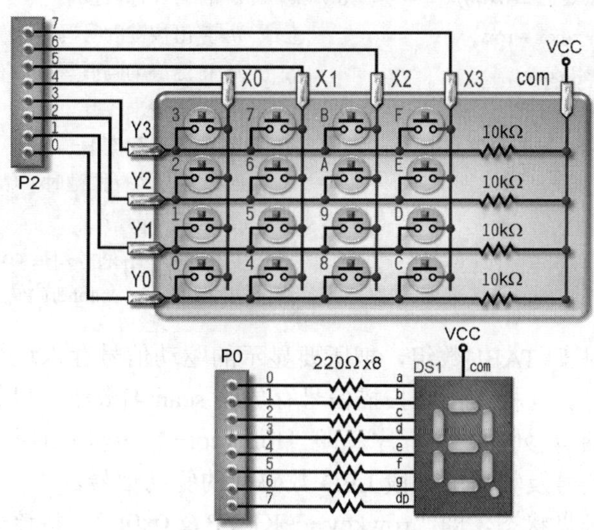

图 5-9 4×4 键盘扫描电路

在此我们将利用两个 for 语句的巢状循环来判读按键，并写成一个 scan 函数，其中也引用了 debouncer 函数以去抖动，但 debouncer 函数的内容就不列出来。一开始没有任何按键按下时显示小数点；按下按键时显示键值，说明如下。

```
/* 声明七段 LED 数码管驱动信号数组（共阳） */
#define KEYP    P2                          // 定义按键连接到 P2
#define SEG7P   P0                          // 定义七段 LED 数码管连接到 P0
char code TAB[]={   0xc0, 0xf9, 0xa4, 0xb0, 0x99,      // 数字 0～4
                    0x92, 0x82, 0xf8, 0x80, 0x98,      // 数字 5～9
                    0xa0, 0x83, 0xa7, 0xa1, 0x84,      // 字母 a～e（10～14）
                    0x8e, 0xbf, 0x7f };     // 字母 F（15）、负号（–）、小数点（.）
char disp = 0x7f ;                          // 声明七段显示器初值为小数点
unsigned char scan[4]={ 0xef, 0xdf ,0xbf ,0x7f }; // 显示器及键盘的扫描码
:
:
//======= 扫描 4×4 键盘及 4 个七段显示器函数 ================
void scanner(void)                      // 扫描函数开始
{   unsigned char col,row,dig;          // 声明变量（col:列，row:行，dig:显示位）
    unsigned char rowkey,kcode;         // 声明变量（rowkey:行键值，kcode:按键码）
    for(col=0;col<4;col++)              // for 循环，扫描第 col 列
    {   KEYP = scan[col];               // 高 4 位输出扫描信号，低 4 位输入行值
        SEG7P = disp;                   // 输出数字
```

```
        rowkey= ～KEYP & 0x0f;
        // 读入 KEYP 低 4 位，反相再清除高 4 位求出行键值
        if(rowkey != 0)                          // 若有按键被按下
        {   if(rowkey == 0x01)        row=0;     // 若第 0 行被按下
            else if(rowkey == 0x02)   row=1;     // 若第 1 行被按下
            else if(rowkey == 0x04)   row=2;     // 若第 2 行被按下
            else if(rowkey == 0x08)   row=3;     // 若第 3 行被按下
            kcode = 4 * col + row;               // 算出按键的号码
            disp=TAB[kcode];                     // 将键值编码后写入最右侧
            while(rowkey != 0)                   // 当按钮未放开
                rowkey=～KEYP & 0x0f;            // 再读入行键值
        }                                        //if 语句（有按键时）结束
        delay1ms(4);                             // 延迟 4ms
    }                                            //for 循环结束（扫描 col 列）
}                                                // 扫描函数 scanner( )结束
```

- 将显示器应对于 TAB[]数组，把所要显示的驱动信号存入这个数组，进行扫描时再由此数组读取驱动信号。同样地，将扫描信号存放在 scan[4]数组，以供扫描之用。
- 整个函数包括 4 列的扫描程序，即“for（col=0;col<4;col++）”。在每列的扫描程序里，首先送出列扫描信号及相对的七段 LED 数码管的驱动信号。
- 紧接着读取键盘状态，即“rowkey=～KEYP & 0x0f;”，将该列的键盘状态进行反相运算后，在将高 4 位变成 0，即“～KEYP & 0x0f;”。如此一来其结果使键盘状态变为单纯的数字，若该列第 1 行的按键被按下，则 rowkey 将为 **0x01**；若该列第 2 行的按键被按下，则 rowkey 将为 **0x02**；若该列第 3 行的按键被按下，则 rowkey 将为 0x04；若该列第 4 行的按键被按下，则 rowkey 将为 0x08。
- 若有按键被按下，则 rowkey 将不为 0，所以可利用“if（rowkey != 0）”来判断是否有按键被按下。若有按键被按下，则根据 rowkey 的值设置行值，即 row。
- 当得到 row 值之后，就可根据当时扫描的列值计算出被按下按键的键值，即“kcode = 4 * col + row;”。在此键盘的键值编码是第 1 列的 4 个按键，其键值分别为 0 到 3，第 2 列的 4 个按键的键值分别为 4 到 7，第 3 列的 4 个按键的键值分别为 8 到 B，第 4 列的 4 个按键，其键值分别为 C 到 F，所以可归纳得到键值为 4 × col + row。
- 先以 disp=TAB[kcode]对应到驱动信号，再以 SEG7P=disp 将驱动信号输出，如此一来，每按一个按键，其键值将显示在七段 LED 数码管。
- “while（rowkey（）!=0） rowkey=～KEYP & 0x0f;”指令是等按键放开后才接续下面的动作。若按键还没有被放开，则再读取一次（即“rowkey=～KEYP & 0x0f;”），更新按键状态，才能有效判断。
- 在结束列扫描循环之后，必须调用延迟子程序，即“delay1ms（4）;”指令，让显示器产生足够的亮度。

5-1-3 认识 MM74C922/MM74C923

关于键盘状态的检测，除了可以利用键盘扫描软件外，还可应用现成的键盘扫描 IC，例

如NS半导体公司所提供的MM74C922及MM74C923为键盘扫描IC，其中MM74C922为4×4的键盘扫描IC，MM74C923为4×5的键盘扫描IC，如图5-10所示，其中各引脚说明如下。

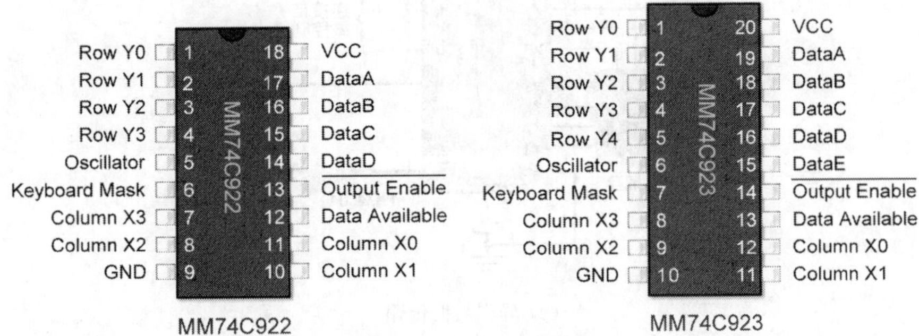

图5-10 键盘扫描IC

- **DataA～DataE**：输出检测键盘的结果，连接到微处理器的输入口。若是MM74C922，则只有DataA～DataD 4个引脚。
- **ColumnX0～ColumnX3**：连接键盘的X0～X3列。
- **RowY0～RowY4**：连接键盘的Y0～Y4行，若是MM74C922，则只有RowY0～RowY3 4个引脚。
- **Oscillator**：本引脚为振荡，简称OSC引脚，本引脚必须连接电容，让MM74C922（MM74C923）内部产生脉冲，通常连接0.1μF即可。
- **Keyboard Mask**：本引脚为按键屏蔽引脚，简称为KBM引脚，其功能是提供屏蔽按键抖动的周期，也就是一种硬件去抖动。本引脚需连接一个电容C，而其内部有一个10kΩ的电阻R，形成的一个充放电周期（0.7RC）即为屏蔽周期，而电容值可采用OSC引脚所连接电容的10倍，约为1μF即可。当按键按下时，即进入屏蔽周期，首先将暂停IC内部的计数，同时DA引脚变为高电平，一直到按键被放开DA引脚才恢复为低电平。
- **Data Available**：本引脚为允许数据输出引脚，简称为DA引脚。平时本引脚为低电平，此IC的数据输出引脚DataA～DataE不提供正确的键盘状态数据。当本引脚为高电平时，则键盘状态数据将由数据输出引脚DataA～DataE输出。
- **Output Enable**：本引脚为输出使能引脚，缩写为OE引脚，属于低电平动作引脚。我们可通过简单的逻辑门或反相器设置本IC的数据输出引脚DataA～DataE与微处理器之间的传输方式（可为同步交互式数据传输、同步数据传输及异步数据传输等），如图5-11所示。

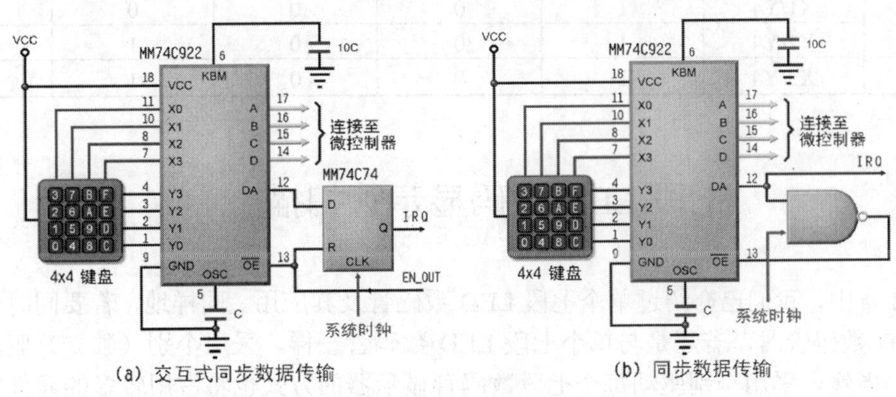

(a) 交互式同步数据传输 (b) 同步数据传输

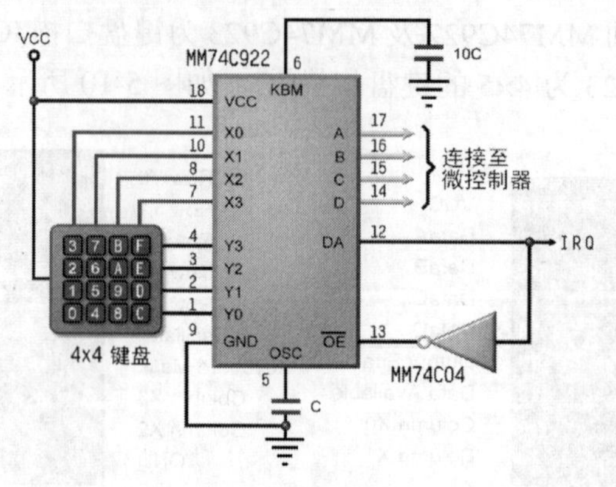

（c）异步数据传输

图 5-11 数据传输模式

MM74C922/MM74C923 对各按键的响应如表 5-4 所示。

表 5-4 MM74C922/MM74C923 编码表

按键	连接引脚	DataE	DataD	DataC	DataB	DataA
0	X0/Y0	0	0	0	0	0
1	X1/Y0	0	0	0	0	1
2	X2/Y0	0	0	0	1	0
3	X3/Y0	0	0	0	1	1
4	X0/Y1	0	0	1	0	0
5	X1/Y1	0	0	1	0	1
6	X2/Y1	0	0	1	1	0
7	X3/Y1	0	0	1	1	1
8	X0/Y2	0	1	0	0	0
9	X1/Y2	0	1	0	0	1
10	X2/Y2	0	1	0	1	0
11	X3/Y2	0	1	0	1	1
12	X0/Y3	0	1	1	0	0
13	X1/Y3	0	1	1	0	1
14	X2/Y3	0	1	1	1	0
15	X3/Y3	0	1	1	1	1
16	X0/Y4	1	0	0	0	0
17	X1/Y4	1	0	0	0	1
18	X2/Y4	1	0	0	1	0
19	X3/Y4	1	0	0	1	1

5–2 七段 LED 数码显示管扫描

在第 3 章中，我们已介绍过单个七段 LED 数码管及其应用。同样地，若要同时使用多位数七段 LED 数码管时，若还是与单个七段 LED 数码管一样，采用个别（独立）驱动方式就很没效率。当然，采用个别驱动每个七段数码管显示器的方式也将占用较多的元件与成本。

在此将介绍把多个七段 LED 数码管封装在一起的七段 LED 数码管模块，以及利用人类的视觉瞬时现象快速扫描的驱动方式，这样只要一组驱动电路即可达到显示多个七段 LED 数码管的目的。

5-2-1 认识七段 LED 数码管模块

在此要介绍由数个单位数七段 LED 数码管所组成的多位数七段 LED 数码管，以及使用多位数七段 LED 数码管模块的应用。

多个七段 LED 数码管组合

若要同时使用多个七段 LED 数码管，必须采用扫描式显示。在硬件电路方面，首先将每个七段 LED 数码管的 a、b、…g 引脚都连接在一起，再使用晶体管分别驱动每个七段 LED 数码管的公共端引脚 com。以 4 个共阳极七段显示器为例，如图 5-12 所示。

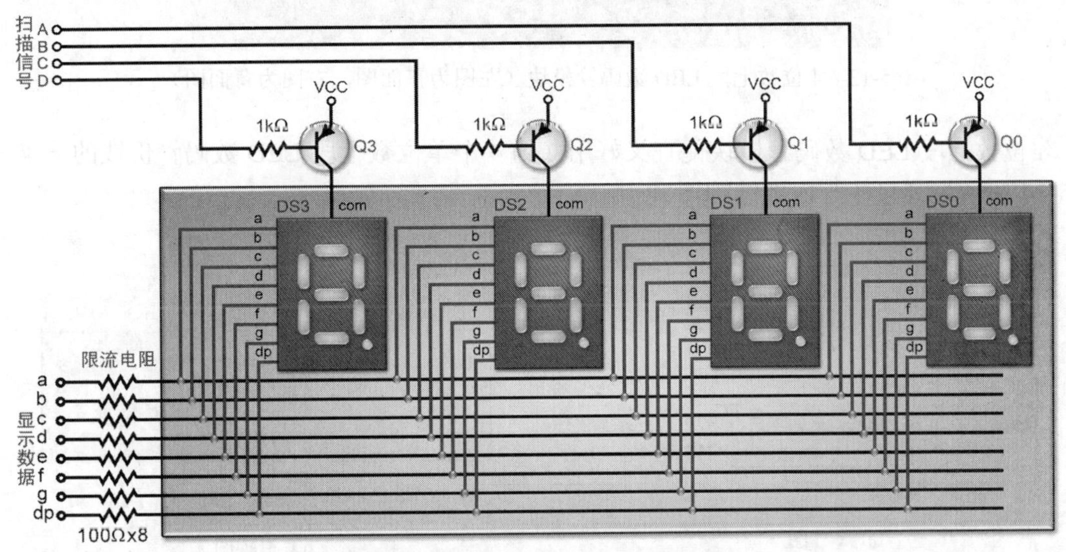

图 5-12 4 个共阳极七段 LED 数码管

其显示方式是将第一个七段 LED 数码管所要显示的数据送到 a、b、…g 总线上，然后将 1110 扫描信号送到 4 个晶体管的基极，即可显示第 1 个七段显示器；若要显示第 2 个七段 LED 数码管，同样是将所要显示的数据送到 a、b、…g 总线上，然后将 1101 扫描信号送到 4 个晶体管的基极，即可显示第 2 个七段 LED 数码管；若要显示第 3 个七段 LED 数码管，同样是将所要显示的数据送到 a、b、…g 总线上，然后将 1011 扫描信号送到 4 个晶体管的基极，即可显示第 3 个七段 LED 数码管；若要显示第 4 个七段 LED 数码管，同样是将所要显示的数据送到 a、b、…g 总线上，然后将 0111 扫描信号送到 4 个晶体管的基极，即可显示第 4 个七段 LED 数码管。扫描一圈后，再从头开始扫描。虽然任一时刻只显示一个七段 LED 数码管，但要求从第一个到最后一个的扫描时间不超过 16ms，即频率为 60Hz 以上，这样因为人类的视觉瞬时现象，而会同时看到这几个数字。

由此可得知，以扫描方式驱动多个并接的七段 LED 数码管时，驱动信号包括显示数据与扫描信号，“显示数据”是所要显示的驱动信号编码，与驱动单位数七段 LED 数码管一样（详见 3-2-4 小节）；扫描信号就像是开关，用以决定驱动哪一个位数。扫描信号也分成高电平扫描与低电平扫描两种，与电路结构有关，以图 5-12 为例，其扫描信号分别接入 Q0～Q3 的 PNP 晶体管的基极，其中低电平者将使其所连接的晶体管导通，其所驱动的位数才可能会显示，称之为低电平扫描。若把 Q0～Q3 改为 NPN 晶体管，且其 E、C 对调，则需高电平信号才能使晶体管导通（不是很好的设计），称之为高电平扫描。一般低电平扫描较常见。

七段 LED 数码管模块

七段 LED 数码管模块是把多个位数的七段 LED 数码管封装在一起，其中各位数的 a 引脚都连接到 a 引脚，b 引脚都连接到 b 引脚，c 引脚都连接到 c 引脚……而每个位数的公共端引脚是独立的。市面上常见的七段 LED 数码管模块有两位数、3 位数、4 位数、6 位数等，以 4 位数七段 LED 数码管模块为例，如图 5-13 所示。

图 5-13　4 位数七段 LED 数码管模块（左图为正面图，右图为背面图）

4 位数七段 LED 数码管模块便宜又好用（约 4 个单位数七段 LED 数码管价钱的一半），图 5-14 所示为其尺寸与内部结构图。

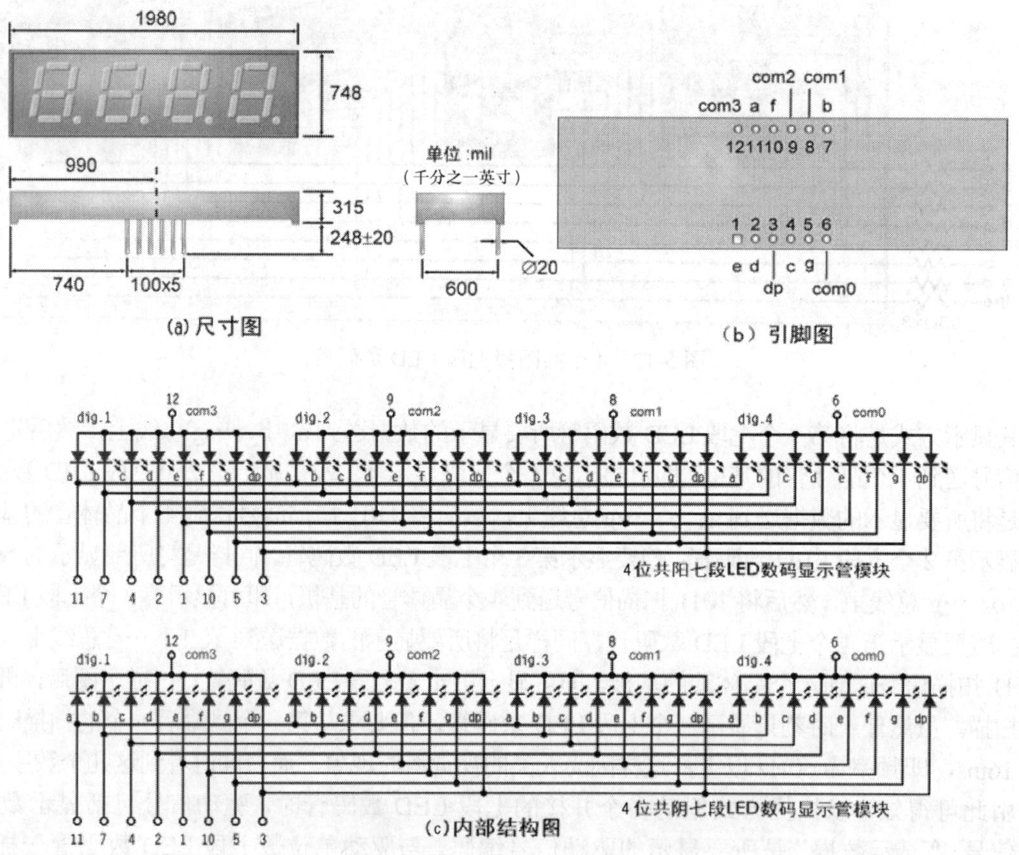

图 5-14　市售 4 位数七段 LED 数码管模块

很明显，其中只有 a～g、dp，以及 com0～com3 共 12 个引脚以图 5-12 所示的电路为例，当我们使用 4 个七段显示器时，每个七段 LED 数码管都有 a～g 引脚，线路很复杂。若改用 4 位数七段 LED 数码管模块，就非常简单，如图 5-15 所示。

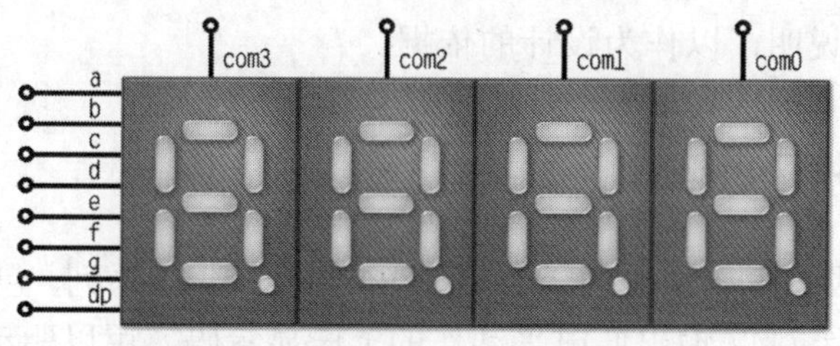

(a) 七段 LED 数码显示模块

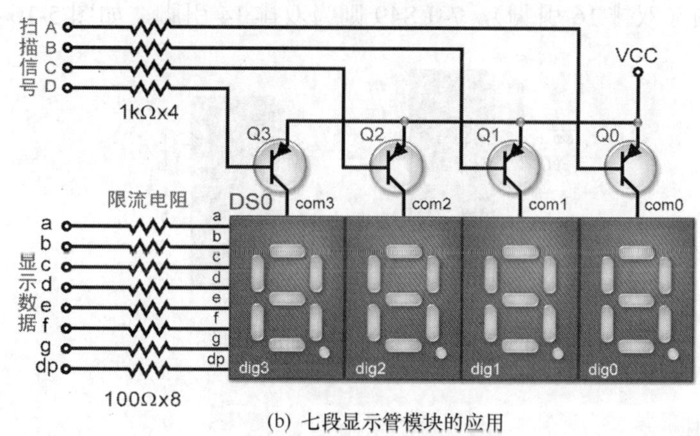

(b) 七段显示管模块的应用

图 5-15 七段 LED 数码管模块

扫描驱动的问题

对于扫描方式驱动的 LED 或七段 LED 数码管而言，其亮度与稳定度是个问题，若要亮一点，则扫描的频率要低一点，以提高工作周期；若扫描频率太低，则会有闪烁的感觉。因此，我们还是建议把扫描频率限制在 60Hz 以上，也就是在 16ms 之内完整扫描一周才不会闪烁。以 4 位数（或 4 组负载）的扫描而言，其每位数（或 4 组负载）的工作周期为固定式负载的 1/4，其亮度约为固定式负载的 1/4；若是 8 位数（或八组负载）的扫描，那工作周期各剩下固定式负载的 1/8，其亮度更低。如何提升亮度呢？在此有两个建议。

▶ 降低限流电阻值。在第 3 章里曾经介绍过，若要驱动一个 LED 或单一位数的七段 LED 数码管，除了驱动信号（5V）外，还必须串接限流电阻，而其电阻值在 200Ω 到 330Ω 之间，让其正向电流限制在 10 到 20mA。对于扫描方式驱动的 LED 或七段 LED 数码管而言，需要再降低限流电阻的值：

- 4 位数的扫描：可使用 50Ω 到 100Ω 的限流电阻，其瞬间电流将限制在 33～66mA。若整个扫描周期为 16ms，每位数约 4ms 点亮。因此，平均电流约为 8.3～16.5mA。
- 8 位数的扫描：可使用 25Ω 到 50Ω 的限流电阻，其瞬间电流将限制在 66～132mA。若整个扫描周期为 16ms，每位数约 2ms 点亮。因此，平均电流约为 8.3～16.5mA。

上述降低限流电阻的方法，在进行在线仿真时要小心。若程序停止或暂停时，LED 可能持续点亮。这时候，可能就会有 33～66mA（4 位数）或 66～132mA（8 位数）电流流过 LED，即使不会马上破坏该LED，也会降低其寿命。

▶ 选用高亮度七段LED数码管模块。随着LED技术的发展，市面上不乏高亮度的产品。当然，高亮度的LED或七段LED数码管的驱动电流与正向电压不一定与此所介绍的相同，所以要参考其数据说明，以作为设计的依据。

5-2-2 认识7447/7448

对于BCD码转换成七段显示码的译码驱动IC，首推7447系列，包括7446、7447、7448、74LS49，其中的7446及7447输出低电平动作的七段显示码，用以驱动共阳极七段显示码；而7448及74LS49输出高电平动作的七段显示码，用以驱动共阴极七段显示码。7446、7447与7448的引脚相同（双排16引脚），74LS49则为双排14引脚，如图5-16所示。

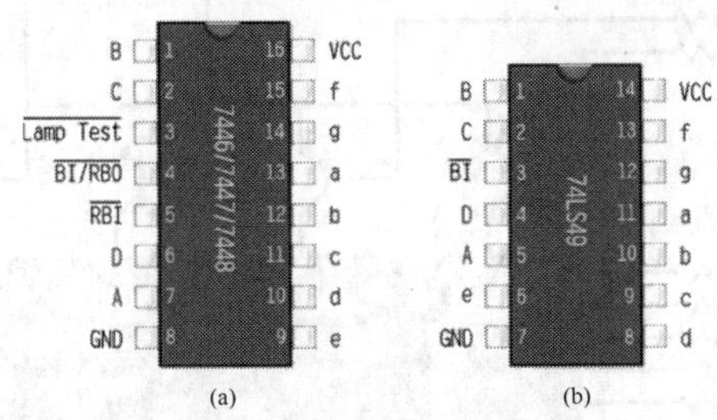

图5-16 7447系列IC的引脚图

引脚说明

- **D、C、B、A**：BCD码输入引脚。
- **a～g**：七段LED数码管输出引脚。
- **Lamp Test**：本引脚为测试引脚，简称为LT引脚。输入低电平时，所连接的七段LED数码管将全部亮。正常显示下，本引脚应输入高电平。
- **RBI**：本引脚为脉冲动态消隐（灭灯）输入引脚（ripple-blanking input），正常显示下应输入高电平。若输入低电平，且D、C、B、A引脚输入为0，则该位数将不显示，这项功能称为消除前置0（leading zero suppression）或消除尾端0（trailing zero suppression），稍后再说明。
- **BI/RBO**：本引脚为消隐输入或动态消隐输出引脚（blanking in and/or ripple-blanking output）。正常显示下应输入高电平或空接。若连接低电平，则该位数将不显示。当该位数不显示时，本引脚将输出低电平，以串接到前一个位数的RBI引脚，作为消除前置0或消除尾端0之用，稍后再说明。

真值表

7446、7447、7448真值表如表5-5所示，74LS49真值表如表5-6所示。

表5-5 7446、7447、7448真值表

数字或功能	输入						$\overline{BI/RBO}$	7446/7447 输出							7448 输出						
	$\overline{LT}$	$\overline{RBI}$	D	C	B	A		a	b	c	d	e	f	g	a	b	c	d	e	f	g
0	1	1	0	0	0	0	1	0	0	0	0	0	0	1	1	1	1	1	1	1	0

续表

数字或功能	输入						BI/$\overline{RBO}$	7446/7447 输出							7448 输出						
	$\overline{LT}$	$\overline{RBI}$	D	C	B	A		a	b	c	d	e	f	g	a	b	c	d	e	f	g
1	1	x	0	0	0	1	1	1	0	0	1	1	1	1	0	1	1	0	0	0	0
2	1	x	0	0	1	0	1	0	0	1	0	0	1	0	1	1	0	1	1	0	1
3	1	x	0	0	1	1	1	0	0	0	0	1	1	0	1	1	1	1	0	0	1
4	1	x	0	1	0	0	1	1	0	0	1	1	0	0	0	1	1	0	0	1	1
5	1	x	0	1	0	1	1	0	1	0	0	1	0	0	1	0	1	1	0	1	1
6	1	x	0	1	1	0	1	1	1	0	0	0	0	0	0	0	1	1	1	1	1
7	1	x	0	1	1	1	1	0	0	0	1	1	1	1	1	1	1	0	0	0	0
8	1	x	1	0	0	0	1	0	0	0	0	0	0	0	1	1	1	1	1	1	1
9	1	x	1	0	0	1	1	0	0	0	1	1	0	0	1	1	1	0	0	1	1
10	1	x	1	0	1	0	1	1	1	1	0	0	1	0	0	0	0	1	1	0	1
11	1	x	1	0	1	1	1	1	1	0	0	1	1	0	0	0	1	1	0	0	1
12	1	x	1	1	0	0	1	1	0	1	1	1	0	0	0	1	0	0	0	1	1
13	1	x	1	1	0	1	1	0	1	1	0	1	0	0	1	0	0	1	0	1	1
14	1	x	1	1	1	0	1	1	1	1	0	0	0	0	0	0	0	1	1	1	1
15	1	x	1	1	1	1	1	1	1	1	1	1	1	1	0	0	0	0	0	0	0
BI	x	x	x	x	x	x	0	1	1	1	1	1	1	1	0	0	0	0	0	0	0
RBI	1	0	0	0	0	0	0	1	1	1	1	1	1	1	0	0	0	0	0	0	0
LT	0	x	x	x	x	x	1	0	0	0	0	0	0	0	1	1	1	1	1	1	1

x：代表可为 0 或 1。

表 5-6　74LS49 真值表

数字或功能	输入					输出						
	D	C	B	A	BI	a	b	c	d	e	f	g
0	0	0	0	0	1	1	1	1	1	1	1	0
1	0	0	0	1	1	0	1	1	0	0	0	0
2	0	0	1	0	1	1	1	0	1	1	0	1
3	0	0	1	1	1	1	1	1	1	0	0	1
4	0	1	0	0	1	0	1	1	0	0	1	1
5	0	1	0	1	1	1	0	1	1	0	1	1
6	0	1	1	0	1	0	0	1	1	1	1	1
7	0	1	1	1	1	1	1	1	0	0	0	0
8	1	0	0	0	1	1	1	1	1	1	1	1
9	1	0	0	1	1	1	1	1	0	0	1	1
10	1	0	1	0	1	0	0	0	1	1	0	1
11	1	0	1	1	1	0	0	1	1	0	0	1
12	1	1	0	0	1	0	1	0	0	0	1	1
13	1	1	0	1	1	1	0	0	1	0	1	1
14	1	1	1	0	1	0	0	0	1	1	1	1
15	1	1	1	1	1	0	0	0	0	0	0	0
BI	x	x	x	x	0	0	0	0	0	0	0	0

x：代表可为 0 或 1。

消除前置 0

所谓"消除前置 0"是指若数字整数部分靠左边的数若为 0，则不显示该位数，例如"012"只显示"12"、"002"只显示"2"。若要使用 7446、7447、7448 所提供的消除前置 0 功能，则可将整数部分最左边位数的 RBI 引脚接地，BI/RBO 引脚连接到其右边位数的 RBI 引脚，以此类推。不过，个位数的 RBI 引脚并不与前左边的 BI/RBO 引脚连接，以避免全部整数都不显示的可能；同时，将其 dp 引脚连接限流电阻后接地，以显示小数点。如图 5-17 所示，其中整数部分输入"0000 0001 0001"，则七段 LED 数码管显示"11"。

消除尾端 0

所谓"消除尾端 0"是指在数字小数部分靠右边的位数若为 0，则不显示该位数，例如"0.150"只显示"0.15"，"0.200"只显示"0.2"。若要使用 7446、7447、7448 所提供的消除尾端 0 功能，则可将小数部分最右边位数的 RBI 引脚接地，BI/RBO 引脚连接到其左边位数的 RBI 引脚，以此类推。如图 5-17 所示，其中整数部分输入"0101 0000"，则七段 LED 数码管显示".5"。

若将 LT 引脚接地，则七段 LED 数码管将全部亮，以检查是否有不显示的一段。对于多个七段 LED 数码管的电路（如图 5-16 所示），则可将每个 LT 接脚连接起来作为测试端，平时将此测试端连接高电平，若要测试七段 LED 数码管时，则将它接地即可。

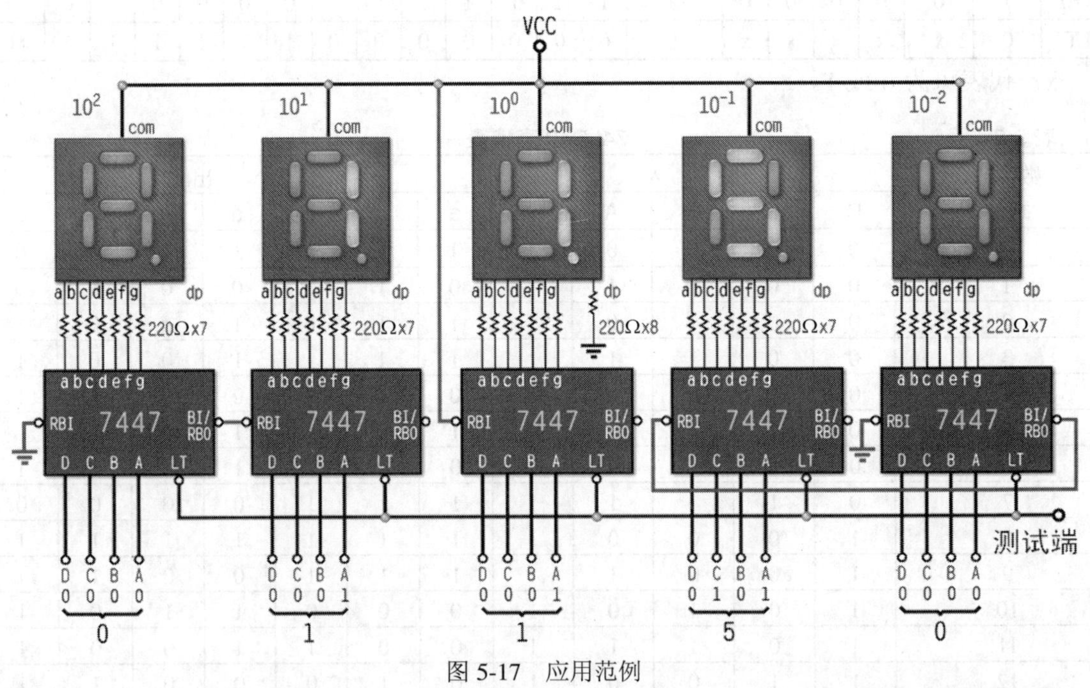

图 5-17 应用范例

这 4 个 IC 都是集电极开路式输出，所以其输出电流足以驱动七段 LED 数码管，其中 7448 的输出端具有内部 2kΩ的上拉电阻，其他三个 IC 的输出端都没有内部上拉电阻。除了低电平输出与高电平输出的不同外，对于集电极开路式输出所连接的负载，其所连接的电源电压也有些差异，如表 5-7 所示。

表 5-7　　7446、7447、7448、74LS49 驱动电流表

	最大负载电压	最大吸入电流
7446	30V	40mA
7447	15V	40mA
7448	5.5V	6.4mA
74LS49	5.5V	8mA

5-2-3 认识 74138/74139

不管是键盘扫描，还是多个七段 LED 数码管的扫描，扫描信号是不可或缺的。当然，我们可以在微处理器里以软件产生扫描信号，以 8051 而言，若第一个扫描信号为“11111110”，则可利用“<<=1”左移指令产生下一个扫描信号。不过，如果直接由微处理器输出扫描信号，必须使用较多的输出端口。我们可以利用“2 对 4”的译码 IC 或“3 对 8”的译码 IC，即可轻易产生 4 个位或 8 个位的扫描信号。74139 就是内含两个“2 对 4”的译码 IC，而 74138 则为“3 对 8”的译码 IC，如图 5-18 所示。

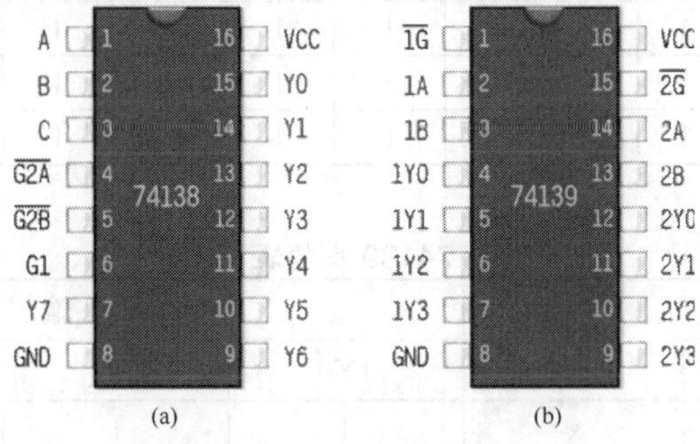

图 5-18　74138/74139 引脚图

74138 引脚说明

- **C、B、A**：二进制码输入引脚。
- **Y0～Y7**：扫描信号输出引脚。
- **G2A、G2B**：低电平使能引脚，若 $\overline{G2A}$ 或 $\overline{G2B}$ 为 1，则此译码 IC 不工作，输出引脚（Y0～Y7）将全部输出为 1。若 $\overline{G2A}$ 与 $\overline{G2B}$ 都为 0，则此译码 IC 才可能正常工作。
- **G1**：高电平使能引脚，若本引脚为 0，则此译码 IC 不工作，输出引脚将全部输出为 1。若本引脚为 1，则此译码 IC 才可能正常工作。

74139 引脚说明

- **1B、1A**：第一个译码器的 BCD 码输入引脚。
- **1Y3、1Y2、1Y1、1Y0**：第一个译码器的扫描信号输出引脚。
- **1G**：第一个译码器的低电平使能引脚，若 1G 为 1，则第一个译码器不工作，输出引脚（1Y3、1Y2、1Y1、1Y0）将全部输出为 1。若 1G 为 0，则第一个译码器将正常工作。
- **2B、2A**：第二个译码器的 BCD 码输入引脚。
- **2Y3、2Y2、2Y1、2Y0**：第二个译码器的扫描信号输出引脚。
- **2G**：第二个译码器的低电平使能引脚，若 2G 为 1，则第二个译码器不工作，输出

引脚（2Y3、2Y2、2Y1、2Y0）将全部输出为 1。若 2G 为 0，则第二个译码器将正常工作。

74138、74139 真值表如表 5-8、表 5-9 所示。

表 5-8　　74138 真值表

输　　入						输　　出							
使　　能			数　　据										
G1	G2A	G2B	C	B	A	Y0	Y1	Y2	Y3	Y4	Y5	Y6	Y7
x	1	1	x	x	x	1	1	1	1	1	1	1	1
x	0	1	x	x	x	1	1	1	1	1	1	1	1
x	1	0	x	x	x	1	1	1	1	1	1	1	1
0	x	x	x	x	x	1	1	1	1	1	1	1	1
1	0	0	0	0	0	0	1	1	1	1	1	1	1
1	0	0	0	0	1	1	0	1	1	1	1	1	1
1	0	0	0	1	0	1	1	0	1	1	1	1	1
1	0	0	0	1	1	1	1	1	0	1	1	1	1
1	0	0	1	0	0	1	1	1	1	0	1	1	1
1	0	0	1	0	1	1	1	1	1	1	0	1	1
1	0	0	1	1	0	1	1	1	1	1	1	0	1
1	0	0	1	1	1	1	1	1	1	1	1	1	0

x：代表可为 0 或 1。

表 5-9　　74139 真值表

输　　入			输　　出			
$\overline{1G}$	1B	1A	1Y0	1Y1	1Y2	1Y3
1	x	x	1	1	1	1
0	0	0	0	1	1	1
0	0	1	1	0	1	1
0	1	0	1	1	0	1
0	1	1	1	1	1	0
输　　入			输　　出			
$\overline{2G}$	2B	2A	2Y0	2Y1	2Y2	2Y3
1	x	x	1	1	1	1
0	0	0	0	1	1	1
0	0	1	1	0	1	1
0	1	0	1	1	0	1
0	1	1	1	1	1	0

x：代表可为 0 或 1 。

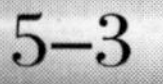

5-3 静态显示与动态显示

在此将介绍七段 LED 数码管模块的扫描与动态显示，其中的动态显示包括闪烁、交替显示、一个字一个字飞入显示器，以及常见的跑马灯方式等。

5-3-1 使用 BCD 译码器

如图 5-19 所示，在这个驱动电路里，扫描信号通过 P1.3～P1.0 送至 Q3～Q0 的基极，以低电平驱动七段 LED 数码管模块的 dig. 3～dig. 0。而显示信号（BCD 码）将通过 P1.7～P1.4 送至 7447 译码，7447 译码的结果再接到七段 LED 数码管模块的 a～g。至于 7447 的使用，其中的 LT、BI/RBO 及 RBI 引脚要连接到 VCC，其实这 3 个引脚悬空也没关系，对于 TTL 而言，输入引脚悬空视同输入高电平。但较易受噪声干扰，大家要养成好习惯，不用的输入引脚尽量不要悬空。

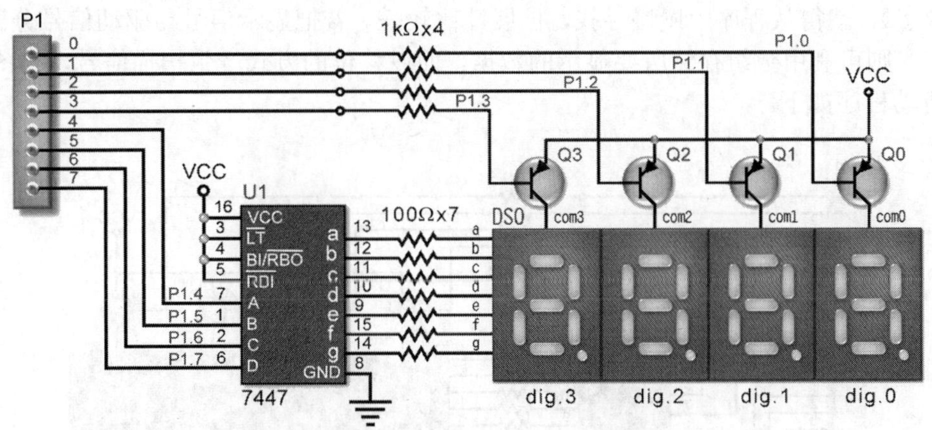

图 5-19 使用 7447 译码器的七段 LED 数码管模块驱动电路图之一

整个扫描分为四个阶段，以显示“8051”为例，过程如下。

- 第一阶段要在 dig. 0 显示 1，所以显示数据为 1，也就是 P1.7～P1.4 的内容为 1；扫描信号为 1110（即十六进制的 e），通过 P1.3～P1.0 送出。因此，只要将“0x1e”送到 P1，七段显示器模块的 dig. 0 将显示“1”。延迟 4ms 后，再进入第二阶段。
- 第二阶段要在 dig. 1 显示 5，所以显示数据为 5，扫描信号为 1101（即十六进制的 d）。因此，只要将“0x5d”送到 P1，七段 LED 数码管模块的 dig.1 将显示“5”。延迟 4ms 后再进入第三阶段。
- 第三阶段要在 dig. 2 显示 0，所以显示数据为 0，扫描信号为 1011（即十六进制的 b）。因此，只要将“0x0b”送到 P1，七段 LED 数码管模块的 dig. 2 将显示“0”。延迟 4ms 后再进入第四阶段。
- 第四阶段要在 dig.3 显示 8，所以显示数据为 8，扫描信号为 0111（即十六进制的 7）。因此，只要将“0x87”送到 P1，七段 LED 数码管模块的 dig.1 将显示“8”。延迟 4ms 后再从第一阶段开始扫描。

在程序设计上，可利用“土法炼钢”的方式把驱动信号一个接一个地送到 P1，程序如下。

```
main()
{    while(1)
     {  P1=0x1e;                    // dig.0 显示 1
```

```
        delay1ms(4);            // 延迟 4ms
        P1=0x5d;                // dig.1 显示 5
        delay1ms(4);            // 延迟 4ms
        P1=0x0b;                // dig.2 显示 0
        delay1ms(4);            // 延迟 4ms
        P1=0x87;                // dig.3 显示 8
        delay1ms(4);            // 延迟 4ms
    }                           // 结束 while 语句
}                               // 主程序结束
```

这种设计方式的优点是只需要使用一个端口，程序设计也很简单。不过，若要改变显示内容（数字），就得从程序中慢慢寻找，扩展性比较差。若把显示信号与驱动信号分开由两个端口输出，则可利用数组存储所要显示的数据，而以移位的方式产生扫描信号，如图 5-20 所示，其驱动程序如下。

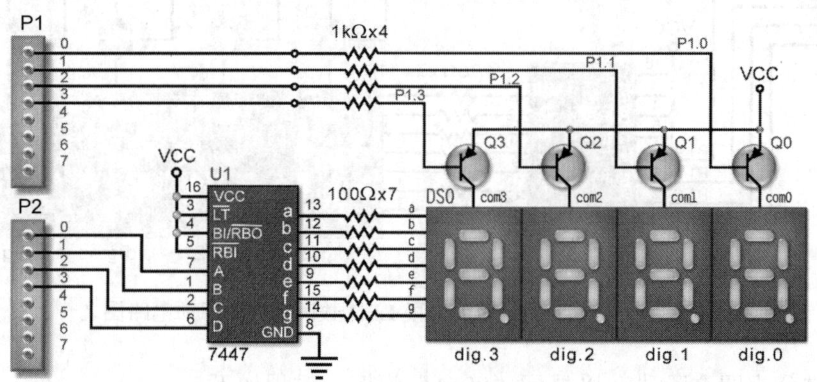

图 5-20 使用 7447 译码器的七段 LED 数码管模块驱动电路图之二

```
char code disp[4]={ 8, 0, 5, 1 };       // 声明显示数据
unsigned char scan;                     // 声明扫描信号
char i;                                 // 声明变量 i
main()
{       while(1)                        // while 循环开始
    {   scan=1;                         // 设置扫描信号初始值
        for(i=0;i<4;i++)                // for 语句开始
        {   P2=disp[3-i];               // 输出显示信号
            P1=~scan;                   // 输出扫描信号
            delay1ms(4);                // 延迟 4ms
            scan<<=1;                   // 下一个扫描信号
        }                               // 结束 for 语句
    }                                   // 结束 while 语句
}                                       // 主程序结束
```

或许从上面的例子中只看到程序设计比较有水平一点。不过，如果将显示的位数扩展就可看出更多的优点，图 5-21 所示为 8 个位数的电路，只要把刚才的程序稍微改一下即可，程序如下。

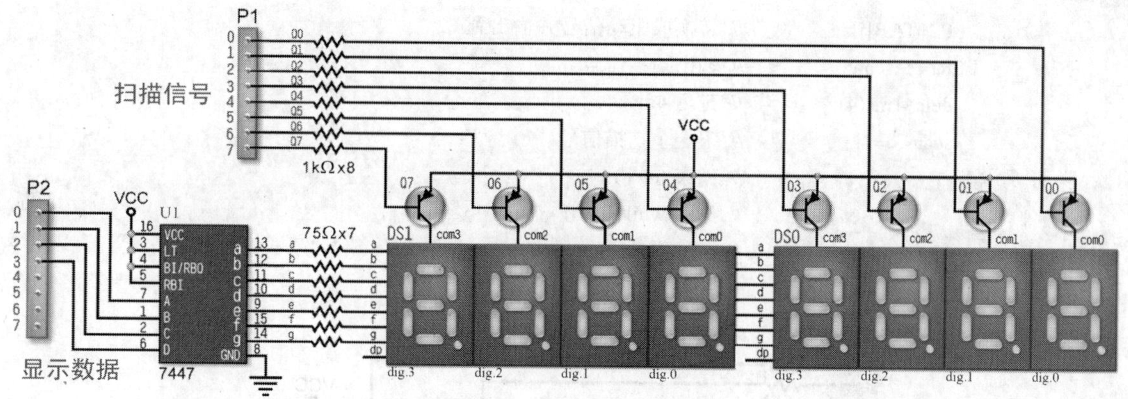

图 5-21 使用 7447 译码器的七段 LED 数码管模块驱动电路图之三

```
char code disp[8]={ 2,0,0,8,1,2,2,5 };      // 声明显示数据
unsigned char scan;                         // 声明扫描信号
char i;                                     // 声明变量 i
main()
{    while(1)                               // while 循环开始
     {    scan=1;                           // 设置扫描信号初始值
          for(i=0;i<8;i++)                  // for 语句开始
          {    P2=disp[7-i];                // 输出显示信号
               P1=~scan;                    // 输出扫描信号
               delay1ms(2);                 // 延迟 2ms
               scan<<=1;                    // 下一个扫描信号
          }                                 // 结束 for 语句
     }                                      // 结束 while 语句
}                                           // 主程序结束
```

5-3-2 直接驱动

如图 5-22 所示，直接以 P1 输出扫描信号、P2 输出显示驱动信号，不使用任何译码 IC，使电路简单化。而在程序设计上，也不过多出现译码的程序而已，程序如下。

```
/*声明驱动信号数组*/
char code TAB[10]={ 0xc0, 0xf9, 0xa4, 0xb0, 0x99,
0x92, 0x83, 0xf8, 0x80, 0x98 };
//==========================================
char disp[4]={ 8, 0, 5, 1 };                // 声明显示数据
unsigned char scan;                         // 声明扫描信号
char i,j;                                   // 声明变量 i,j
main()
{    while(1)                               // while 循环开始
     {    scan=1;                           // 设置扫描信号初始值
          for(i=0;i<4;i++)                  // for 语句开始
          {    j=disp[3-i];                 // 取出显示数字
```

```
            P2=TAB[j];              // 转换成驱动信号并输出到 P2
            P1=~scan;               // 输出扫描信号
            delay1ms(4);            // 延迟 4ms
            scan<<=1;               // 下一个扫描信号
        }                           // 结束 for 语句
    }                               // 结束 while 语句
}                                   // 主程序结束
```

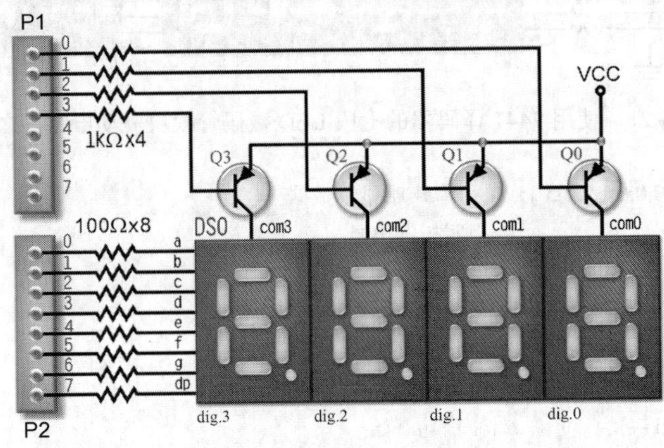

图 5-22 直接驱动电路图

由上面的程序可得知，只经过简单的修改就可省掉一些元件，当然也降低了成本，所以只要输入/输出端口够用就不妨采用直接驱动方式。

5-3-3 使用扫描译码器

如图 5-23 所示，P1 输出 BCD，再经 74138 产生扫描信号（记得把 74138 的 G1 引脚连接 VCC，$\overline{\text{G2A}}$ 及 $\overline{\text{G2B}}$ 引脚接地）；而 P2 输出显示驱动信号，不使用任何译码 IC。使用 74138 产生扫描信号时，程序设计上就不必刻意处理扫描信号，程序如下。

```
/*声明驱动信号数组*/
char code TAB[10]={ 0xc0, 0xf9, 0xa4, 0xb0, 0x99,
                    0x92, 0x83, 0xf8, 0x80, 0x98 };
//==========================================
char disp[8]={ 2,0,0,8,1,2,2,5 };       // 声明显示数据
char i,j;                               // 声明变量 i,j
main()
{       while(1)                        // while 循环开始
        {  for(i=0;i<8;i++)             // for 语句开始
           {  j=disp[7-i];              // 取出显示数字
              P2=TAB[j];                // 转换成驱动信号并输出到 P2
              P1=i;                     // 输出扫描信号
              delay1ms(2);              // 延迟 2ms
           }                            // 结束 for 语句
```

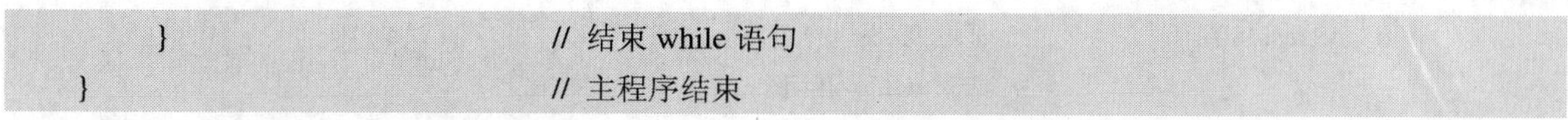

```
    }                          // 结束 while 语句
}                              // 主程序结束
```

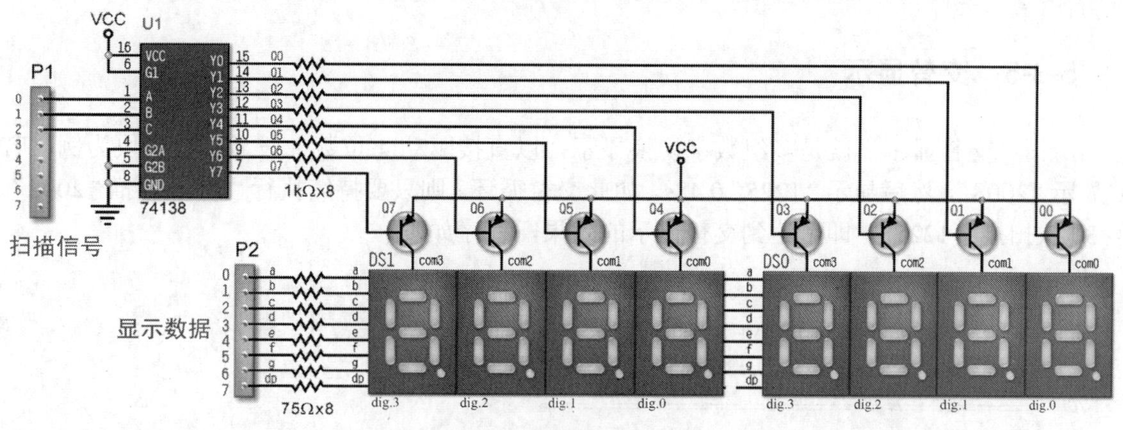

图 5-23　使用扫描译码器

5-3-4　闪烁

所谓“闪烁”就是时亮时不亮，以直接驱动 4 位数七段 LED 数码管模块（见图 5-22）为例，若要显示“8051”，扫描一次花 16ms。如果希望这 4 个数字显示约 0.48s，然后全不显示 0.48s，如此交替循环，所呈现出来的就是这 4 个数字在亮与暗之间闪烁。0.48s（即 480ms）可扫描 30 次，因此，我们只要持续执行“30 次的扫描工作，再关闭 0.48s”，即可达到闪烁的效果，程序如下。

```
/*声明驱动信号数组*/
char code TAB[10]={ 0xc0, 0xf9, 0xa4, 0xb0, 0x99,
                    0x92, 0x83, 0xf8, 0x80, 0x98 };
//==========================================
char disp[4]={ 8, 0, 5, 1 };          // 声明显示数据
char scan;                            // 声明扫描信号
char i,j,k;                           // 声明变量 i,j,k
main()
{    while(1)                         // while 循环开始
     {  for(k=0;k<30;k++)             // 设置 30 次扫描
        {  scan=1;                    // 设置扫描信号初始值
           for(i=0;i<4;i++)           // for 语句开始
           {  j=disp[3-i];            // 取出显示数字
              P2=TAB[j];              // 转换成驱动信号并输出到 P2
              P1=~scan;               // 输出扫描信号
              delay1ms(4);            // 延迟 4ms
              scan<<=1;               // 下一个扫描信号
           }                          // 结束 i 循环
        }                             // 结束 k 循环
        P2=0xff;                      // 全暗
```

```
        delay1ms(480);                    // 延迟 0.48s
    }                                     // 结束 while 语句
}                                         // 主程序结束
```

5-3-5 交替显示

所谓“交替显示”就是多组数字切换显示，以直接驱动 4 位数七段显示器模块为例，若要显示“2008”，然后显示“1225”0.48s，如此交替循环。则只要持续执行“30 次扫描“2008”，再 30 次扫描“1225”，即可达到交替显示的效果，程序如下。

```
/*声明驱动信号数组*/
char code TAB[10]={ 0xc0, 0xf9, 0xa4, 0xb0, 0x99,
                    0x92, 0x83, 0xf8, 0x80, 0x98 };
//==========================================
char disp1[4]={ 2, 0, 0, 8 };         // 声明显示数据 1
char disp2[4]={ 1, 2, 2, 5 };         // 声明显示数据 2
char scan;                            // 声明扫描信号
char i,j,k;                           // 声明变量 i,j,k
main()
{    while(1)                         //while 循环开始
     {  for(k=0;k<30;k++)             // 设置 30 次扫描
        {  scan=1;                    // 设置扫描信号初始值
           for(i=0;i<4;i++)           //for 语句开始
           {  j=disp1[3-i];           // 取出第一组显示数字
              P2=TAB[j];              // 转换成驱动信号并输出到 P2
              P1=~scan;               // 输出扫描信号
              delay1ms(4);            // 延迟 4ms
              scan<<=1;               // 下一个扫描信号
           }                          // 结束 i 循环
        }                             // 结束 k 循环
//==========================================
        for(k=0;k<30;k++)             // 设置 30 次扫描
        { scan=1;                     // 设置扫描信号初始值
          for(i=0;i<4;i++)            //for 语句开始
          {  j=disp2[3-i];            // 取出第二组显示数字
             P2=TAB[j];               // 转换成驱动信号并输出到 P2
             P1=~scan;                // 输出扫描信号
             delay1ms(4);             // 延迟 4ms
             scan<<=1;                // 下一个扫描信号
          }                           // 结束 i 循环
        }                             // 结束 k 循环
     }                                // 结束 while 语句
}                                     // 主程序结束
```

在此使用了两个数组，而数组无法直接以参数的方式传递给函数，所以使用了两段几乎完全一样的程序，以进行两组数字的显示。那么若要显示 10 组数据，岂不要 10 段一样的程序？其实，我们只要利用“指针变量”的方式就可将数组数据传入函数，如此就可将重复的程序改为函数，使程序更有效率，程序如下。

```
/*声明驱动信号数组*/
char code TAB[10]={ 0xc0, 0xf9, 0xa4, 0xb0, 0x99,
                    0x92, 0x83, 0xf8, 0x80, 0x98 };
//==========================================
char disp1[4]={ 2, 0, 0, 8 };        // 声明显示数据 1
char disp2[4]={ 1, 2, 2, 5 };        // 声明显示数据 2
char scan;                           // 声明扫描信号
char i,j,k;                          // 声明变量 i,j,k
char *ptr;                           // 声明指针变量 ptr
void scanner(char *);                // 声明扫描函数
//============================================
main()                               // 主程序开始
{   while(1)                         // while 循环开始
    {   ptr=&disp1[0];               // 获得 disp1 数组地址
        scanner(ptr);                // 调用 scanner 函数
        ptr=&disp2[0];               // 获得 disp2 数组地址
        scanner(ptr);                // 调用 scanner 函数
    }                                // 结束 while 循环
}                                    // 结束主程序
//===========================
void scanner(char *x)                // 扫描函数
{   for(k=0;k<30;k++)                // 设置 30 次扫描
    {   scan=1;                      // 设置扫描信号初值
        for(i=0;i<4;i++)             // for 语句开始
        {   j=*(x+3-i);              // 从数组中取出显示数字
            P2=TAB[j];               // 转换成驱动信号并输出到 P2
            P1=~scan;                // 输出扫描信号
            delay1ms(4);             // 延迟 4ms
            scan<<=1;                // 下一个扫描信号
        }                            // 结束 i 循环
    }                                // 结束 k 循环
}                                    // 结束 scanner 函数
```

5-3-6 飞入

相对于“闪烁”及“交替显示”，“飞入”的动作就比较复杂，例如要将“8051”4 个字由右边飞入七段 LED 数码管模块，其动作可分为如图 5-24 所示的 10 组扫描动作。

其中空白部分为不亮，其驱动信号编码为 0xff，在此将它放入 TAB[10]位置。另外，可以把前面所介绍的扫描 4 位数程序写成一个函数，将所要显示的数字每 4 个一组放入 disp[10][4]数组中，其中第 1 组为“10,10,10,8”，第 2 组为“10,10,8,10”，……整个 disp[10][4]数组的声明如下。

```
char code disp[10][4]={  {10,10,10,8},{10,10,8,10},
                         {10,8,10,10},{8,10,10,10},
                         {8,10,10,0},{8,10,0,10},
                         {8,0,10,10},
                         {8,0,10,5},{8,0,5,10},
                         {8,0,5,1} };
```

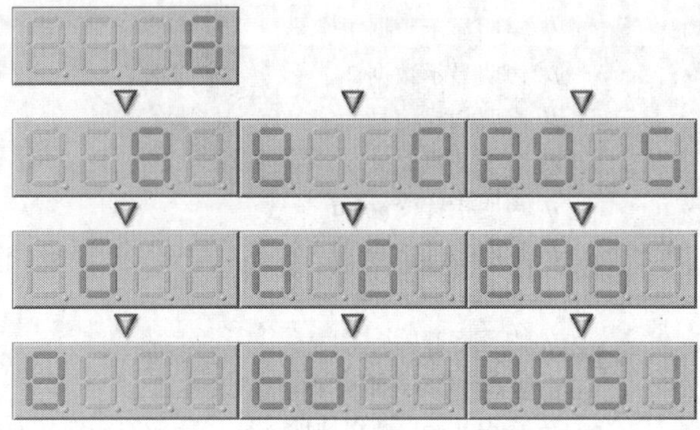

图 5-24 由右边“飞入”的分解动作

整个程序如下。

```
/*声明驱动信号数组*/
char code TAB[11]={  0xc0, 0xf9, 0xa4, 0xb0, 0x99,
                     0x92, 0x83, 0xf8, 0x80, 0x98, 0xff };
/*声明显示数据数组*/
char code disp[10][4]={ {10,10,10,8},{10,10,8,10},
                        {10,8,10,10},{8,10,10,10},
                        {8,10,10,0},{8,10,0,10},
                        {8,0,10,10},
                        {8,0,10,5},{8,0,5,10},
                        {8,0,5,1} };
/*声明扫描函数*/
void scanner(char);
main()                          // 主程序开始
{    char i;                    // 声明 i 变量
     while(1)                   // while 循环开始
     { for(i=0;i<10;i++)        // for 循环开始
     scanner(i); }              // 扫描
}                               // 主程序结束
//========================================
void scanner(char x)
{    char i,j,k;                // 声明变量 i,j,k
     char scan;                 // 声明扫描信号
     for(k=0;k<30;k++)          // 设置 30 次扫描
     {   scan=1;                // 设置扫描信号初始值
```

```
        for(i=0;i<4;i++)          // for 语句开始
        {   j=disp[x][3-i];       // 取出第一组显示数字
            P2=TAB[j];            // 转换成驱动信号并输出到 P2
            P1=~scan;             // 输出扫描信号
            delay1ms(4);          // 延迟 4ms
            scan<<=1;             // 下一个扫描信号
        }                         // 结束 i 循环
    }                             // 结束 k 循环
}                                 // 结束 scan 函数
```

5-3-7 跑马灯

所谓“跑马灯”是指数字依次进入七段 LED 数码管模块且连续不断，与“飞入”的动作有点像，只是显示的数据不同而已。例如，要将“8051”4 个字由右边进入七段 LED 数码管模块，再由左边走出七段 LED 数码管模块，其动作可分为 8 组扫描动作，如图 5-25 所示。整个程序如下。

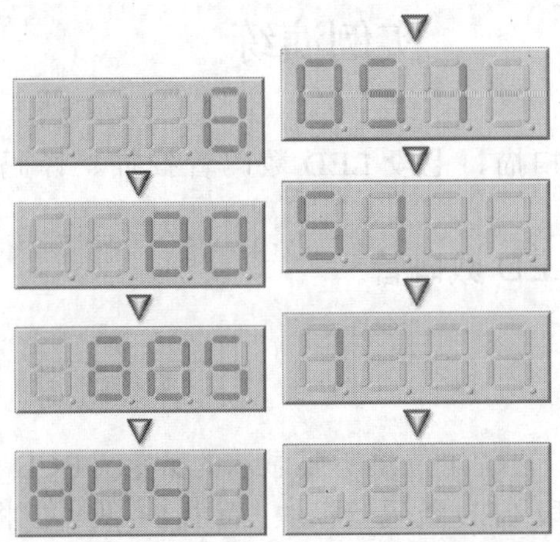

图 5-25 由右边“跑入”的分解动作

```
/*声明驱动信号数组*/
char code TAB[11]={ 0xc0, 0xf9, 0xa4, 0xb0, 0x99,
                    0x92, 0x83, 0xf8, 0x80, 0x98, 0xff };
/*声明显示数据数组*/
char code disp[8][4]={ {10,10,10,8},{10,10,8,0},
                       {10,8,0,5},{8,0,5,1}, {0,5,1,10},{5,1,10,10},
                       {1,10,10,10},{10,10,10,10} };
/*声明扫描函数*/
void scanner(char);
main()                          // 主程序开始
{   char     i;                 // 声明 i 变量
    while(1)                    // while 循环开始
    {   for(i=0;i<8;i++)        // for 循环开始
        scanner(i); }           // 扫描
}                               // 主程序结束
```

```
//==========================================
void scanner(char x)
{     char i,j,k;                    // 声明变量 i,j,k
      char scan;                     // 声明扫描信号
      for(k=0;k<30;k++)              // 设置 30 次扫描
      {   scan=1;                    // 设置扫描信号初始值
          for(i=0;i<4;i++)           // for 语句开始
          {   j=disp[x][3-i];        // 取出第一组显示数字
              P2=TAB[j];             // 转换成驱动信号并输出到 P2
              P1=~scan;              // 输出扫描信号
              delay1ms(4);           // 延迟 4ms
              scan<<=1;              // 下一个扫描信号
          }                          // 结束 i 循环
      }                              // 结束 k 循环
}                                    // 结束 scan 函数
```

5-4 实例演练

在本单元里提供键盘扫描、七段 LED 数码管扫描、译码 IC 等的综合应用。

5-4-1 4 位数七段 LED 数码管

实验要点

如图 5-26 所示，由 P1 的高 4 位将所要显示的数字（BCD 码）输出到 7447，经 7447 译码后，驱动 4 位数字的七段 LED 数码管模块；而由 P1 低 4 位将扫描信号分送到七段 LED 数码管模块的 4 个公共端，使这个七段 LED 数码管模块闪烁“2008”3 次，再闪烁“0315”3 次，如此循环不停。

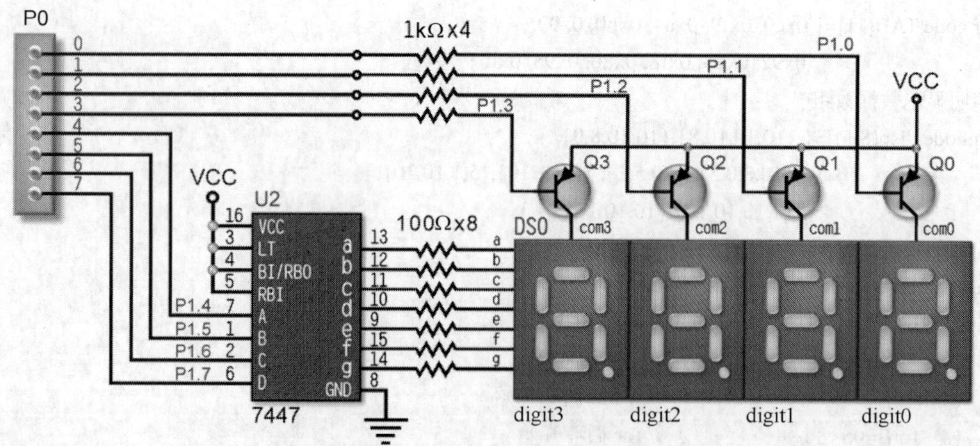

图 5-26 4 位七段 LED 数码管模块电路图（使用 7447）

流程图与程序设计

一般地，在本实验里的程序设计是按 5-3-1 节中所介绍的方法，而比较难以理解的是如何读取数组里的数字数据，将扫描信号与显示数字数据结合，在此要将扫描码放在低 4 位，而所要显示的数字数据放在高 4 位，图 5-27 说明如何读取数组数据。

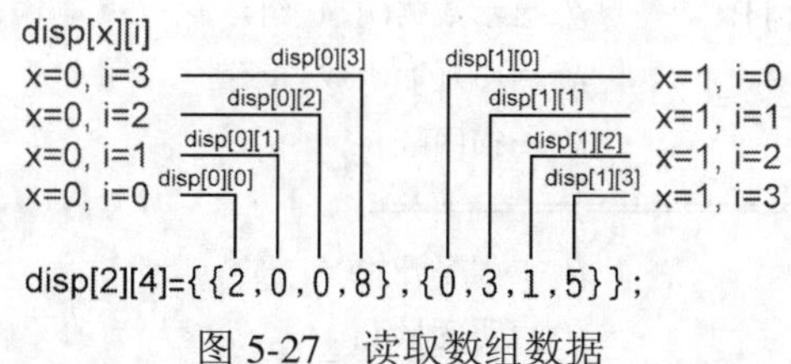

图 5-27 读取数组数据

由于要从七段 LED 数码管模块的最左边开始显示（扫描信号为 0111），而此二维数组里，disp[0][0]是第一组中的第一笔数据，disp[0][1]是第一组中的第二笔数据，以此类推。所读取的数据放置在 BCD 变量里，而所要显示的数字是在其中的低 4 位，并不能马上输出到显示器。必须先把其中的低 4 位移至高 4 位，即使用“BCD<<4”指令，再将扫描信号 scan 与 0x0f 进行 AND 运算，使其高 4 位为 0，接着利用 OR 运算将其结果并入 BCD，即为驱动此七段 LED 数码管模块的信号，整个数据处理过程如图 5-28 所示。

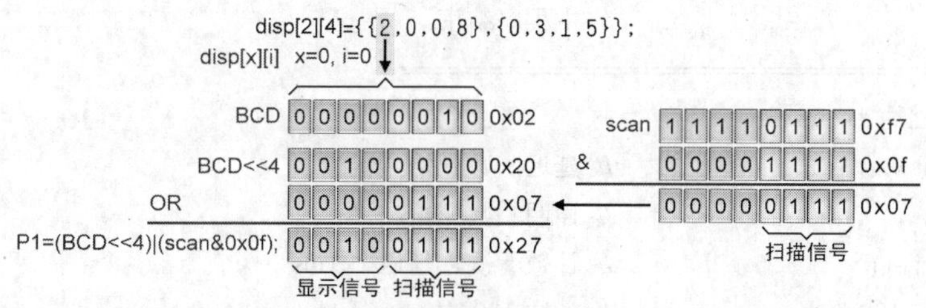

图 5-28 数据处理

流程图与程序如下所示。

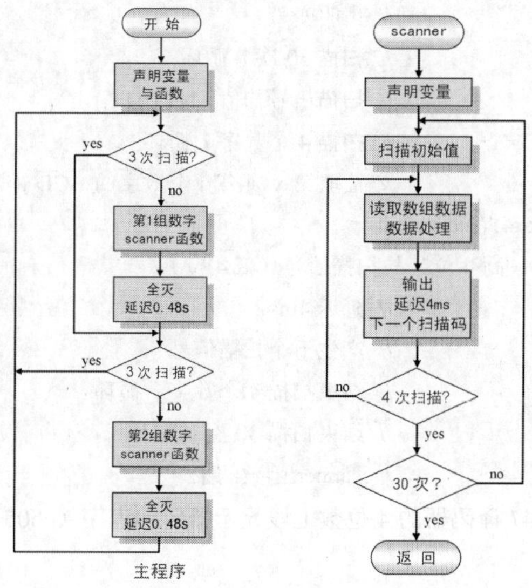

```
/* ch05-4-1.c——7447 译码的 4 位数七段显示器实验，P1.3～P1.0 为扫描信号，P1.7～P1.4 接 7447 */
//==声明区====================================
#include <reg51.h>              // 定义 8051 寄存器的头文件
#define SCANP P1                          // 定义扫描信号由 P1 输出
char code disp[2][4]={ {2,0,0,8},         // 显示数据(第 0 组)
                       {0,3,1,5}};        // 显示数据(第 1 组)
void delay1ms(int);                       // 声明延迟函数
void scanner(char);                       // 扫描函数
//==主程序====================================
main()                                    // 主程序开始
{   char i,j;                             // 声明变量 i,j
    while(1)                              // 无穷循环
    {   for(i=0;i<2;i++)                  // 显示第 0，1 行字组，for 循环（字组 i）开始
          for(j=0;j<3;j++)                // 闪烁 3 次
          {   scanner(i);                 // 扫描第 i 行字组
              SCANP=0xff;                 // 全灭
              delay1ms(480);              // 延迟 480×1ms=0.48s
          }
    }                                     // while 循环结束
}                                         // 主程序结束
//==子程序======================================
/* 延迟函数,延迟约 x×1ms */
void delay1ms(int x)                      // 延迟函数开始
{   int i,j;                              // 声明整数变量 i,j
    for (i=0;i<x;i++)                     // 计数 x 次，延迟 x×1ms
        for (j=0;j<120;j++);              // 计数 120 次，延迟 1ms
}                                         // 延迟函数结束
/* 扫描字组函数,显示第 x 组数字 */
void scanner(char x)                      // 扫描字组函数开始
{   char i,j,BCD,scan;                    // 声明变量
    for (i=0;i<30;i++)                    // 扫描 30 次 i 循环
    {   scan=0xf7;                        // 扫描信号初值 1111 0111
        for (j=0;j<4;j++)                 // 扫描 4 个数字 j 循环
        {   BCD=disp[x][j];               // 读取第 x 组第 j 个数字的 BCD 码
            SCANP=(BCD<<4)|(scan&0x0f);
            // 输出 BCD 码（高 4 位）与扫描信号（低 4 位）
            delay1ms(4);                  // 延迟 4ms
            scan>>=1;                     // 产生下个扫描信号
        }                                 // 结束扫描 4 个数字 j 循环
    }                                     // 结束扫描 30 次 i 循环
}                                         // scanner 函数结束
```

使用 7447 译码器的 4 位数七段显示器驱动程序（ch05-4-1.c）

操作

1．根据功能要求与电路结构，在 Keil C 里编写程序并进行生成（单击按钮），以产生*.HEX 文件。然后进行软件调试/仿真，看看其功能是否正常。若有错误或非预期的状态，则检查源程序，看看哪里出了问题，修改并将它记录在实验报告里。

2．若软件调试/仿真功能正常，可按图 5-26 连接线路，并使用在线仿真器加载新的程序（*.HEX），以仿真该电路的动作。若有非预期的状态，则检查线路的连接状态，看看哪里出了问题并将它记录在实验报告里。

3．若在线仿真功能正常，将程序刻录到 89S51（可使用 89S51 在线刻录实验板），再把该 89S51 放入实际电路，以取代刚才的在线仿真器，然后直接送电，看看是否正常。

4．编写实验报告。

思考一下

1．将程序中的延迟时间缩短为原来的 1/10，结果会如何？同样地，将程序中的延迟时间增加为原来的 10 倍，结果会如何？

2．在本实验里，数字显示是由最左边开始扫描依次显示；请修改程序，让数字显示由最右边开始扫描依次显示，其显示结果看得出来吗？

5-4-2 直接驱动七段 LED 数码管

实验要点

如图 5-29 所示，由 P2 将所要显示的七段显示码直接输出到 4 位数字的七段 LED 数码管模块，再由 P1 的低 4 位将扫描信号直接分送到七段显示器模块的 4 个公共端，使这个七段 LED 数码管模块闪烁“2008”3 次，再闪烁“0315”3 次，如此循环不停。

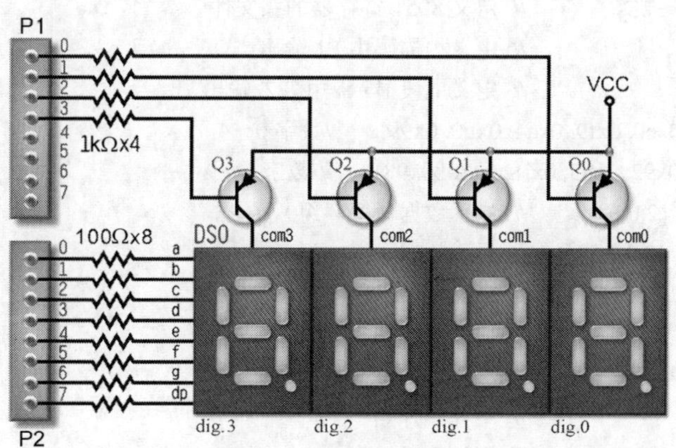

图 5-29 直接驱动电路图

流程图与程序设计

本实验的电路比 5-4-1 节实验电路还简单，而程序设计也比 5-4-1 节实验的程序设计简单，主要是因为扫描信号与显示数字信号分开的关系。当然，如果不使用外部译码器，就必须在程序里生成一个 BCD 编码表，存储在数组里，经过译码后就可输出到七段 LED 数码管模块。而扫描信号也可直接输出，不必再处理。本节的主程序与 5-4-1 节的主程序一样，只要在 scanner 函数里稍微修改即可。

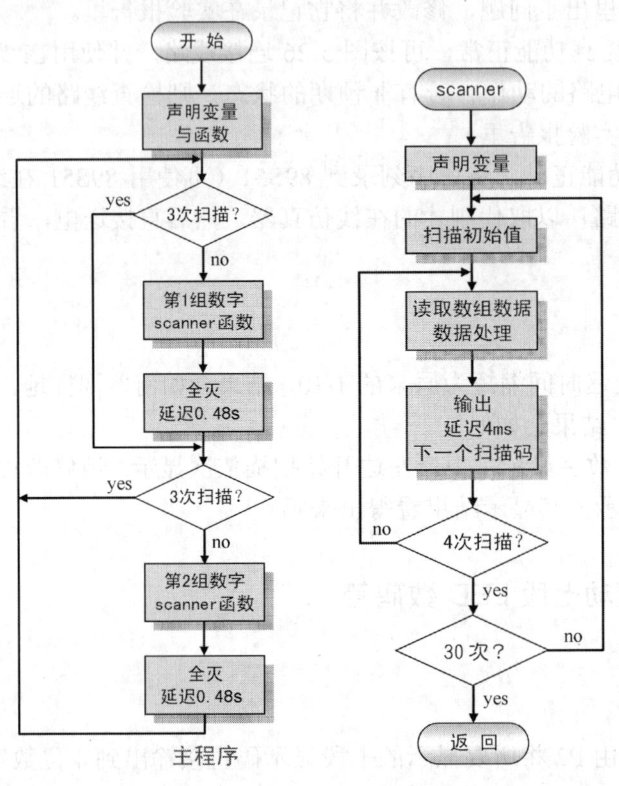


```
/* ch05-4-2.c——直接驱动 4 位七段显示器实验，P1.0～P1.3 为扫描信号 P2 接七段显示器 */
//==声明区=======================================
#include <reg51.h>                    // 定义 8051 寄存器的头文件
#define SCANP P1                      // 定义扫描码由 P1 输出
#define SEG7P P2                      // 定义七段显示码由 P2 输出
char code TAB[10]={ 0xc0, 0xf9, 0xa4, 0xb0, 0x99,     //数字 0～4
                    0x92, 0x83, 0xf8, 0x80, 0x98 };   //数字 5～9
char code disp[2][4]={ {2,0,0,8},     // 显示数据（第 0 组）
                       {0,3,1,5}};    // 显示数据（第 1 组）
void delay1ms(int);                   // 声明延迟函数
void scanner(char);                   // 扫描函数
//==主程序=======================================
main()                                // 主程序开始
{   char i,j;                         // 声明变量 i,j
    while(1)                          // 无穷循环
    { for(i=0;i<2;i++)                // 显示第 0、1 行字组，for 循环（字组 i）开始
        for(j=0;j<3;j++)              // 闪烁 3 次
        {   scanner(i);               // 扫描第 i 行字组
            SCANP=0xff;               // 全灭
```

```
            delay1ms(480);          // 延迟 480×1ms=0.48s
        }
    }                               // while 循环结束
}                                   // 主程序结束
//==子程序========================================
/* 延迟函数,延迟约 x×1ms */
void delay1ms(int x)                // 延迟函数开始
{   int i,j;                        // 声明整数变量 i,j
    for (i=0;i<x;i++)               // 计数 x 次，延迟 x×1ms
      for (j=0;j<120;j++);          // 计数 120 次，延迟 1ms
}                                   // 延迟函数结束
/* 扫描字组函数,显示第 x 组数字 */
void scanner(char x)                // 扫描字组函数开始
{   char i,j,BCD,scan;              // 声明变量
    for (i=0;i<30;i++)              // 扫描 30 次 i 循环
    {   scan=0xf7;                  // 扫描信号初值 1111 0111
        for (j=0;j<4;j++)           // 扫描 4 个数字 j 循环
        { SEG7P=0xff;               // 关闭七段显示器（防止闪动）
            SCANP=scan;             // 输出扫描信号（低 4 位）
            BCD=disp[x][j];         // 读取第 x 组第 j 个数字的 BCD 码
            SEG7P=TAB[BCD];         // 输出至七段显示器
            delay1ms(4);            // 延迟 4ms
            scan>>=1;               // 产生下个扫描信号
        }                           // 结束扫描 4 个数字 j 循环
    }                               // 结束扫描 30 次 i 循环
}                                   // scanner 函数结束
```

直接驱动七段显示器实验（ch05-4-2.c）

操作

1．根据功能要求与电路结构，在 Keil C 里编写程序并进行生成（单击按钮），以产生*.HEX 文件。然后进行软件调试/仿真，看看其功能是否正常。若有错误或非预期的状态，则检查源程序，看看哪里出了问题，修改将它记录在实验报告里。

2．若软件调试/仿真功能正常，可按图 5-29 连接线路，并使用在线仿真器加载新的程序（*.HEX），以仿真该电路的动作。若有非预期的状态，则检查线路的连接状态，看看哪里出了问题并将它记录在实验报告里。

3．若在线仿真功能正常，将程序刻录到 89S51（可使用 89S51 在线刻录实验板），再把该 89S51 放入实际电路，以取代刚才的在线仿真器，然后直接送电，看看是否正常。

4．编写实验报告。

思考一下

1．在本实验里，为何每组数字要连续扫描 30 次？试着改变为 60 次及 10 次，各试一次，看看有何变化。

2．在本实验里，数字显示是由最右边开始扫描依次显示；请修改程序，让数字显示由最左边开始扫描依次显示，其显示结果看得出来吗？

5-4-3 跑马灯

实验要点

电路图同5-4-2节（见图5-29），在此将以跑马灯的方式将“123456”数字由右边依次走入4位数的七段LED数码管模块，即“----”→“---1”→“—12”→“-123”→“1234”→“2345”→“3456”→“456-”→“56—”→“6---”，如此循环不停。

流程图与程序设计

一般地，本实验的设计方式与 5-4-2 节一样，所不同的是显示的数字组的变化与组数的不同而已。主程序修改成可多组数字的显示方式，scanner函数则完全一样。数字组从“----”变化到“6---”，总共10组字，而“-”的编码为“10111111”，即0xbf，在此将它放入TAB[10]，也就是驱动信号数组的最后一个位置。另外，在此使用#define前置命令，将数字组数counts定义为6，以后如果要改变数字组数，只要在#define前置命令修改即可。

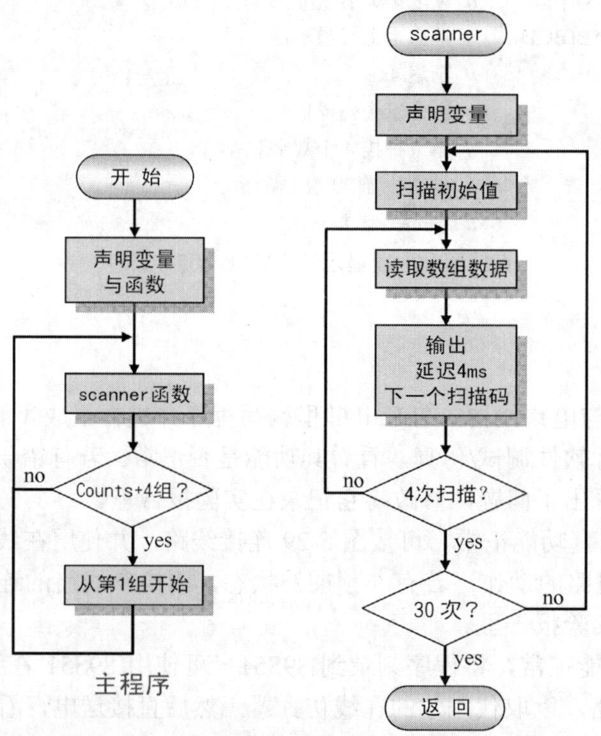


```
/* ch05-4-3.c——4 个七段显示器跑马灯实验，P1.0～P1.3 为扫描信号 P2 接七段显示器 */
//==声明区==================================
#include <reg51.h>                // 定义 8051 寄存器的头文件
#define SCANP P1                  // 定义扫描码由 P1 输出
#define SEG7P P2                  // 定义七段显示码由 P2 输出
```

```
char code TAB[11]={ 0xc0, 0xf9, 0xa4, 0xb0, 0x99,                    // 数字 0～4
                    0x92, 0x83, 0xf8, 0x80, 0x98, 0xbf };            // 数字 5～9 及负号（一）
#define counts 6                       // 声明字组数量
char disp[counts+7]={10,10,10,10,1,2,3,4,5,6,10,10,10};//----123456---
void delay1ms(int);                    // 声明延迟函数
void scanner(char);                    // 扫描函数
//==主程序==================================
main()                      // 主程序开始
{    char i;                           // 声明变量 i
     while(1)                          // 无穷循环
        for(i=0;i<counts+4;i++)        // 显示 counts 行字组，for 循环（字组 i）开始
            scanner(i);                // 扫描第 i 行字组
}                                      // 主程序结束
//==子程序==================================
/* 延迟函数，延迟约 x×1ms */
void delay1ms(int x)                   // 延迟函数开始
{    int i,j;                          // 声明整数变量 i,j
     for (i=0;i<x;i++)                 // 计数 x 次，延迟 x×1ms
        for (j=0;j<120;j++);           // 计数 120 次，延迟 1ms
}                                      // 延迟函数结束
/* 扫描字组函数，显示第 x 组数字 */
void scanner(char x)                   // 扫描字组函数开始
{    char i,j,BCD,scan;                // 声明变量
     for (i=0;i<30;i++)                // 扫描 30 次 i 循环
     {    scan=0xf7;                   // 扫描信号初值 1111 0111
          for (j=0;j<4;j++)            // 扫描 4 个数字 j 循环
          {   SEG7P=0xff;              // 关闭七段显示器（防止闪动）
              SCANP=scan;              // 输出扫描信号（低 4 位）
              BCD=disp[x+j];           // 读取第 x 组第 j 个数字的 BCD 码
              SEG7P=TAB[BCD];          // 输出至七段显示器
              delay1ms(4);             // 延迟 4ms
              scan>>=1;                // 产生下个扫描信号
          }                            // 结束扫描 4 个数字 j 循环
     }                                 // 结束扫描 30 次 i 循环
}                                      // scanner 函数结束
```

跑马灯实验程序（ch05-4-3.c）

操作

1．根据功能要求与电路结构，在 Keil C 里编写程序并进行生成（单击按钮），以产生*.HEX 文件。然后进行软件调试/仿真，看看其功能是否正常。若有错误或非预期的状态，则检查源程序，看看哪里出了问题，修改并将它记录在实验报告里。

2．若软件调试/仿真功能正常，可按图 5-29 连接线路。并使用在线仿真器加载新的程序（*.HEX），以仿真该电路的动作。若有非预期的状态，则检查线路的连接状态，看看哪里出

了问题并将它记录在实验报告里。

3．若在线仿真功能正常，将程序刻录到 89S51（可使用 89S51 在线刻录实验板），再把该 89S51 放入实际电路，以取代刚才的在线仿真器，然后直接送电，看看是否正常。

4．编写实验报告。

思考一下

1．修改本实验的程序，使跑马灯所显示的数字为"12345678"。

2．修改本实验的程序，使跑马灯走的方向为由左而右。

3．修改本实验的程序，让数字一个一个由右边"飞入"七段显示器模块。

5-4-4 4×4 键盘与七段 LED 数码管

实验要点

如图 5-30 所示，P2 连接到 4 位数七段 LED 数码管模块的 a、b、c、…g。而 Port1 的高 4 位提供扫描信号，P1.4 连接到 4×4 键盘的 X0 及七段 LED 数码管模块的 dig.0；P1.5 连接到 4×4 键盘的 X1 及七段 LED 数码管模块的 dig.1；P1.6 连接到 4×4 键盘的 X2 及七段 LED 数码管模块的 dig. 2；P1.7 连接到 4×4 键盘的 X3 及七段 LED 数码管模块的 dig. 3。P1 的低 4 位连接到 4×4 键盘的 Y3、Y2、Y1 及 Y0。我们所按下的键值将由左而右显示在七段 LED 数码管模块里。

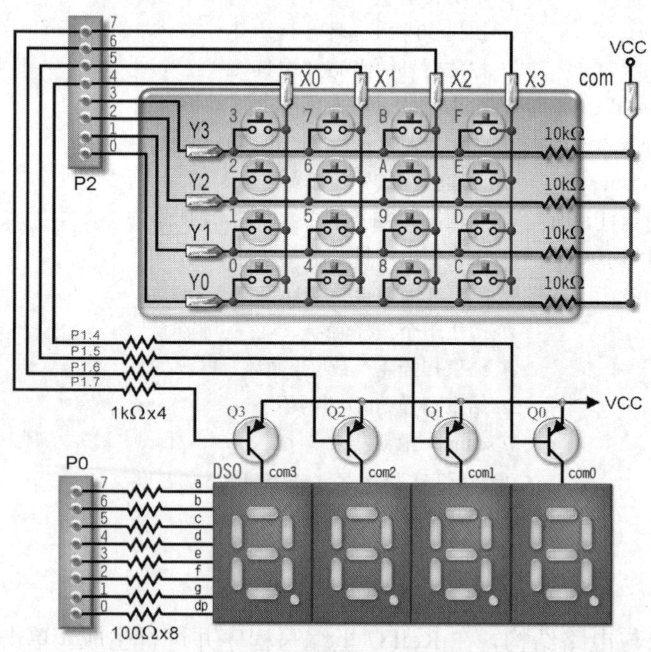

图 5-30 4×4 键盘与 4 位数七段 LED 数码管模块实验电路图

流程图与程序设计

在主程序里只有一个不断执行扫描函数 scanner( )的循环，整个重点放在扫描函数。在扫描函数里，依次送出列扫描信号，而每组列扫描信号输出后，即读取按键状态，若有按下按键，则进行键值的判断与计算，再将其对应的显示信号放入 disp 数组，当然，在放入之前，disp 数组先移位。在组列扫描的最后，还要确定按键已放开，才进行下一组列扫描。整个程序的流程图如下所示。

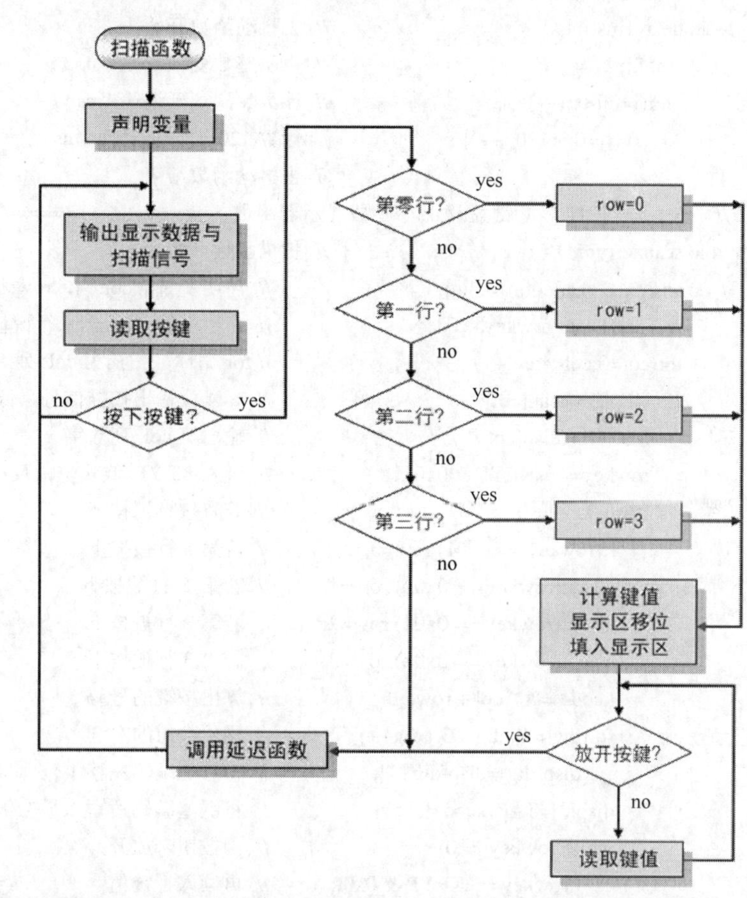


```
/* ch05-4-4.c——4×4 键盘与 4 个七段显示器实验，P1.4～P1.7 为共享扫描信号 */
/* P1.0～P1.3 为键盘输入值，P2 为七段显示器直接输出 */
//==声明区==============================================
#include <reg51.h>        // 定义 8051 寄存器的标头文件
#define   KEYP   P2    // 扫描输出端口（高位）及键盘输入端口（低位）
#define   SEG7P  P0    // 七段显示器（g～a）输出端口
unsigned char code TAB[17]=               // 共阳七段显示器（g～a）编码
 {     0xc0, 0xf9, 0xa4, 0xb0, 0x99,      // 数字 0～4
       0x92, 0x82, 0xf8, 0x80, 0x98,      // 数字 5～9
       0xa0, 0x83, 0xa7, 0xa1, 0x84,      // 字母 a-e（10-14）
       0x8e, 0xbf};                       // 字母 F（15），负号（-）
unsigned char disp[4]={ 0xbf, 0xbf, 0xbf, 0xbf }; // 显示数组初值为负号（-）
unsigned char scan[4]={ 0xef, 0xdf ,0xbf ,0x7f }; // 显示器及键盘的扫描码
void   delay 1ms(int);                    // 声明延迟函数
void   scanner(void);                     // 声明扫描函数
//==主程序==============================================
```

```
main()                                    // 主程序开始
{   while(1)                              // 无穷循环
    scanner();                            // 扫描键盘及显示七段显示器
}                                         // 主程序结束
//=== 延迟函数，延迟约 x×1ms ===================================
void delay1ms(int x)                      // 去抖动函数开始
{       int i,j;                          // 声明整数变量 i
        for(i=0;i<x;i++)                  // 计数 x 次，延迟约 1ms
            for(j=0;j<120;j++);           // 计数 120 次，延迟约 1ms
}                                         // 去抖动函数结束
//======= 扫描 4×4 键盘及 4 个七段显示器函数 ================
void scanner(void)                        // 扫描函数开始
{   unsigned char col,row,dig;                  // 声明变量（col:列，row:行，dig:显示位）
    unsigned char rowkey,kcode;                 // 声明变量（rowkey:行键值，kcode:按键码）
    for(col=0;col<4;col++)                      //for 循环，扫描第 col 列
    {   KEYP = scan[col];                       // 高 4 位输出扫描信号，低 4 位输入行值
        SEG7P = disp[col];                      // 输出第 col 列数字
        rowkey= ~KEYP & 0x0f;                   // 读入 KEYP 低 4 位，反相再清除高 4 位求出行键值
        if(rowkey != 0)                         // 若有按键被按下
        {   if(rowkey == 0x01) row=0;           // 若第 0 行被按下
            else if(rowkey == 0x02) row=1;      // 若第 1 行被按下
            else if(rowkey == 0x04) row=2;      // 若第 2 行被按下
            else if(rowkey == 0x08) row=3;      // 若第 3 行被按下
            kcode = 4 * col + row;              // 算出按键的号码
            for(dig = 0; dig < 3 ; dig++)       // 显示数组的左 3 字
                disp[dig]=disp[dig+1];          // 将右侧编码左移 1 位
            disp[3]=TAB[kcode];                 // 将键值编码后写入最右侧
            while(rowkey != 0)                  // 当按钮未放开
                rowkey=~KEYP & 0x0f;            // 再读入行键值
        }                               //if 语句（有按键时）结束
        delay1ms(4);                    // 延迟 4ms
    }                                   //for 循环结束（扫描 col 列）
}                                       // 扫描函数 scanner( )结束
```

4×4 键盘与七段显示器模块实验（ch05-4-4.c）

操作

1．根据功能要求与电路结构，在 Keil C 里编写程序并进行生成（单击按钮），以产生*.HEX 文件。然后进行软件调试/仿真，看看其功能是否正常。若有错误或非预期的状态，则检查源程序，看看哪里出了问题，修改并将它记录在实验报告里。

2．若软件调试/仿真功能正常，可按图 5-30 连接线路，并使用在线仿真器加载新的程序（*.HEX），以仿真该电路的动作。若有非预期的状态，则检查线路的连接状态，看看哪里出了问题并将它记录在实验报告里。

3．若在线仿真功能正常，将程序刻录到 89S51（可使用 89S51 在线刻录实验板），再把

该 89S51 放入实际电路，以取代刚才的在线仿真器，然后直接送电，看看是否正常。

4．编写实验报告。

思考一下

1．若在本实验的程序中不调用去抖动子程序，会有什么结果？

2．在本实验里，4×4 键盘可不可以连接 P0？为什么？而七段显示器可不可以接其他输入/输出端口？

3．若本实验电路中的 P2 接错，使 P2.0～P2.3 与 P2.4～P2.7 对调，则程序要如何修改才能有同样的功能？

5-4-5 MM74C922

实验要点

如图 5-31 所示，MM74C922 的数据 ABCD 连接到 89S51 的 P2.4 到 P2.7，而 P2.0～P2.3 连接 7447，以输出数字数据。MM74C922 的 DA 引脚连接到 89S051 的 P3.2。若按下 4×4 键盘上的任一个键，则该键的数字将显示在七段 LED 数码管上。

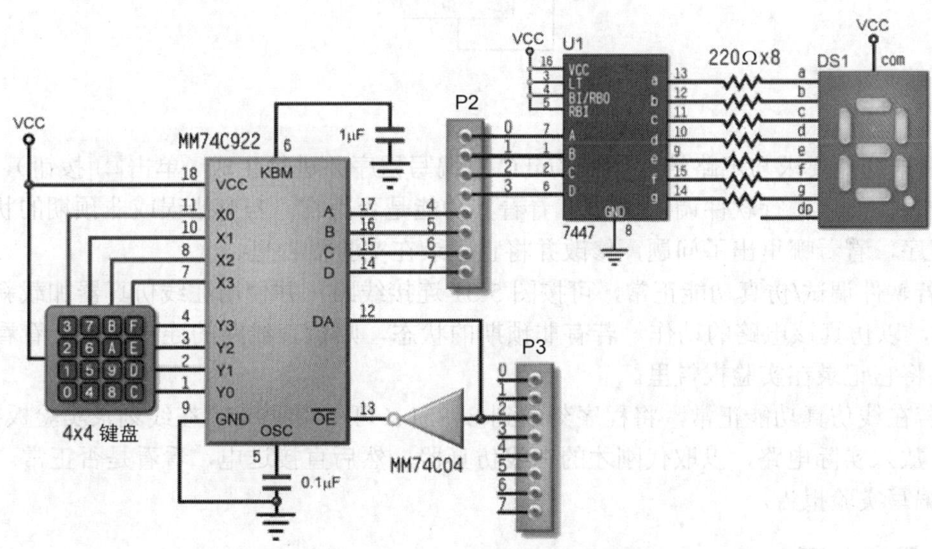

图 5-31 应用 74C922 电路图

流程图与程序设计

根据功能要求与电路结构得知，当键盘上有有效的输入时，MM74C922 将从 DA 引脚输出高电平，因此，P3.2 引脚测得高电平时，随即读取 P2.4 到 P2.7 的数据（即为键值）。程序只要持续判读 DA 引脚作为是否读取键盘与显示数据的依据，整个程序与流程图如下所示。

```
/* ch05-4-5.c——MM74C922 实验，P2.4～P7 为键盘值，P2.0～P3 输出至 7447 */
//==声明区=====================================
#include    <reg51.h>              // 定义 8051 寄存器的标头文件
```

```
sbit    IRQ=P3^2;                    // 声明 P3.2 检测是否输入
//==主程序=====================================
main()                               // 主程序开始
{   P2=0xff;                         // 设置 P2.4～P2.7 为输入口，并关闭显示器（P2.0～P2.3）
    while(1)                         // 无穷循环,程序一直跑
        if (IRQ==1)                  // 判读是否按下按键
            P2=(P2>>4)|0xf0;
    /* 高 4 位（输入）移至低 4 位（输出），再将高 4 位设为 1（规范输入）*/
}                                    // 主程序结束
```

MM74C922 实验（ch05-4-5.c）

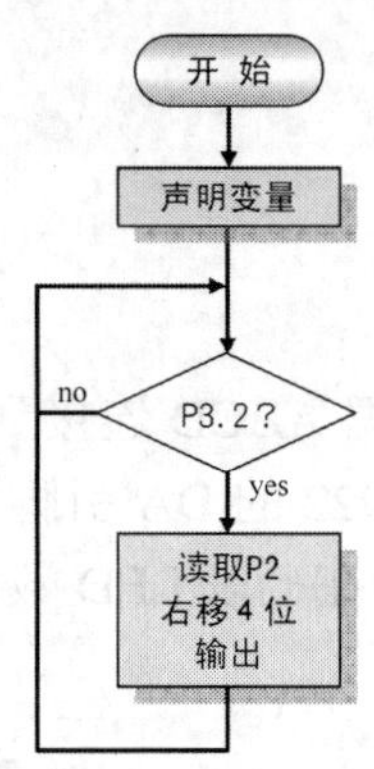

操作

1．根据功能要求与电路结构，在 Keil C 里编写程序并进行生成（单击按钮），以产生*.HEX 文件。然后进行软件调试/仿真，看看其功能是否正常。若有错误或非预期的状态，则检查源程序，看看哪里出了问题，修改并将它记录在实验报告里。

2．若软件调试/仿真功能正常，可按图 5-31 连接线路，并使用在线仿真器加载新的程序（*.HEX），以仿真该电路的动作。若有非预期的状态，则检查线路的连接状态，看看哪里出了问题并将它记录在实验报告里。

3．若在线仿真功能正常，将程序刻录到 89S51（可使用 89S51 在线刻录实验板），再把该 89S51 放入实际电路，以取代刚才的在线仿真器，然后直接送电，看看是否正常。

4．编写实验报告。

思考一下

1．在本实验里只是在等待按键，程序可否做其他事情？

2．在本实验里有没有“抖动”的困扰？

5-5 实时练习

在本章里所探讨的内容以键盘扫描及七段 LED 数码管扫描为主，只要认真学习即可成为扫描高手，更可成为七段 LED 数码管专家。在此请试着回答下列问题，以确认对于此部分的掌握程度。

选择题

(　　)1. 当我们要设计多位数七段显示器时，其扫描的时间间隔大约为多少比较适当？
(A) 0.45s　(B) 0.3s　(C) 0.15s　(D) 0.015s

(　　)2. 与多个单位数七段显示器比较，使用多位数的七段显示器模块有什么优点？
(A) 数字显示比较好看　(B) 成本比较低廉
(C) 比较高级　(D) 电路比较复杂

(　　)3. 若要连接 4×4 键盘与微处理机，至少需要多少位的输入/输出端口？
(A) 16 位　(B) 12 位　(C) 9 位　(D) 8 位

(　　)4. 对于多个按钮的输入电路而言，应如何连接比较简洁？
(A) 采用数组式连接　(B) 采用串行式连接
(C) 采用并列式连接　(D) 采用跳线式连接

(　　)5. 使用 7447 驱动七段显示器时，若要测试其所连接的七段显示器是否故障，应如何处理？
(A) 将 test 引脚连接高电平　(B) 将 test 引脚连接低电平
(C) 将 $\overline{LT}$ 引脚连接高电平　(D) 将 $\overline{LT}$ 引脚连接低电平

(　　)6. 使用 74138 译码时，应如何连接才能正常译码？
(A) G1、$\overline{G2A}$、$\overline{G2B}$ 引脚连接高电平
(B) G1、$\overline{G2A}$、$\overline{G2B}$ 引脚连接低电平
(C) G1 引脚连接高电平，$\overline{G2A}$、$\overline{G2B}$ 引脚连接低电平
(D) G1 引脚连接低电平，$\overline{G2A}$、$\overline{G2B}$ 引脚连接高电平

(　　)7. 74C922 提供什么功能？
(A) 七段显示器译码功能　(B) 4×4 键盘扫描
(C) 4×5 键盘扫描　(D) 16 位扫描信号产生器

(　　)8. TTL 的输入引脚若空接，将会如何？
(A) 视为高电平　(B) 视为低电平　(C) 高阻抗状态　(D) 不允许

(　　)9. CMOS 的输入引脚若空接，将会如何？
(A) 视为高电平　(B) 视为低电平　(C) 高阻抗状态　(D) 不允许

(　　)10. 7446 与 7447 都是共阳极七段显示器译码驱动器，两者的差异是什么？
(A) 7446 的驱动电流较大　(B) 7447 的驱动电流较大
(C) 7446 的负载电压较高　(D) 7447 的负载电压较高

问答题

1. 试说明什么是高电平扫描和低电平扫描。
2. 在 MM74C922 与 MM74C923 里都是键盘扫描 IC，其不同之处在哪里？
3. 试说明 7446、7447、7448 及 7449 的异同。
4. 试说明 74138 及 74139 的不同。
5. 试绘制以 16 个 Tack Switch 连接的 4×4 键盘。

加油

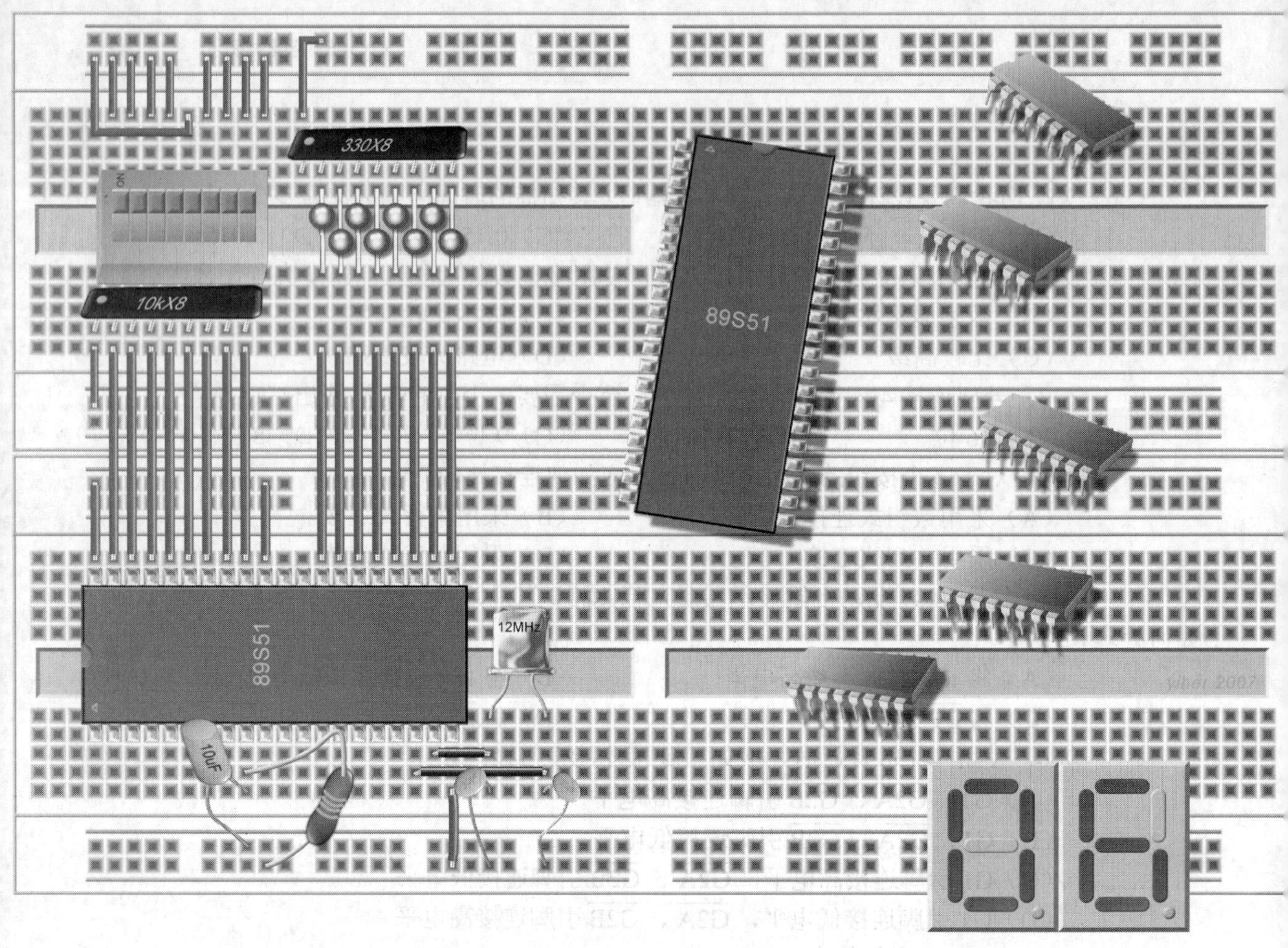

第 6 章　中断的应用

本章内容丰富，主要包括两部分。

- **硬件部分**

  认识 8051 的中断功能，并能在 C 语言的程序里启用中断功能，及编写中断子程序。

- **程序与实践部分**

  单一外部中断的应用，两个外部中断的应用。

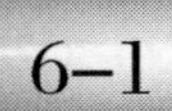

6-1 认识 MCS-51 的中断

中断（interrupt）是暂时停下目前所执行的程序，先去执行特定的程序（即中断子程序），待完成特定的程序后，再返回接着刚才停下的程序。譬如说，老师正在讲课，而同学有疑问随时都可举手发问，老师将立即暂停课程进度，先为同学解惑，再继续刚才暂停的课程。这样的动作就是“中断”。

好端端的干嘛要中断？就是为了提高效率。中断能提高效率？试想若不立即提出问题并得到及时的答复，待老师授课完毕，可能同学要问的问题早就忘记了，同时也失去兴趣了。当然，老师也不能整天待在教室，课也不上，干巴巴地等待同学提问题。所以，采用“中断”的方式授课既能保持进度，又兼顾与满足同学的需求，当然是比较有效率。MCS-51 的中断也是这个道理。

6-1-1 MCS-51 的中断

8051 提供 5 个中断服务，即外部中断 INT0、外部中断 INT1、定时器/计数器中断 TF0、定时器/计数器中断 TF1 与串行口中断 UART（RI/TI），如图 6-1 所示。

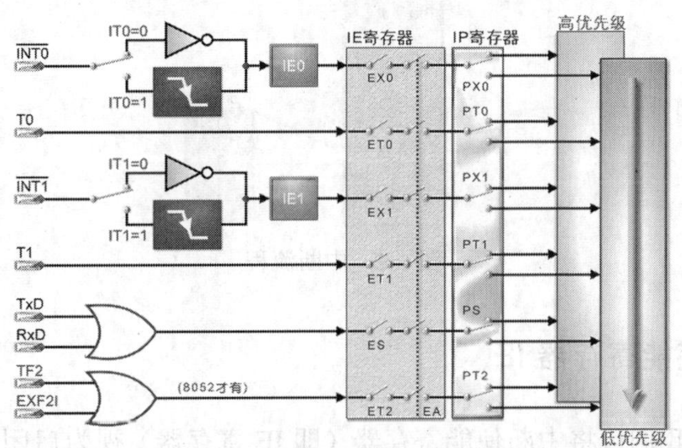

图 6-1 MCS-51 中断控制系统

8052 提供 6 个中断服务，除了 8051 的 5 个中断外，还包括第三个定时器/计数器（Timer2）的中断。其中可大概分为三类，说明如下。

外部中断

外部中断有 INT0 与 INT1 两个，CPU 通过 $\overline{\text{INT0}}$ 引脚（即 12 脚，也就是 P3.2 复用引脚）及 $\overline{\text{INT1}}$ 引脚（即 13 脚，也就是 P3.3 复用引脚）即可接收外部中断的请求。

外部中断信号的采样方式可分为电平触发（低电平触发）及边沿触发（负边沿触发）两种。若要采用电平触发，必须将 TCON 寄存器（稍后介绍）中的 IT0（或 IT1）设置为 0，则只要 $\overline{\text{INT0}}$ 引脚（$\overline{\text{INT1}}$ 引脚）为低电平，即视为外部中断请求。若要采用边沿触发，必须将 TCON 寄存器中的 IT0（或 IT1）设置为 1，则只要 $\overline{\text{INT0}}$ 引脚（$\overline{\text{INT1}}$ 引脚）的信号由高电平转为低电平瞬间，将视为外部中断请求。这些中断请求将反映在 IE0（或 IE1）里，若 IE 寄存器的 EX0（或 EX1）=1 且 EA=1，CPU 将进入该中断的服务。至于中断优先级寄存器（IP 寄存器），只是安排多个中断发生时中断服务执行的顺序而已，若只有一个中断，将不会有所影响。

定时器/计数器中断

定时器/计数器中断有 TF0 与 TF1 两个（8052 则还有 TF2），若是定时器，CPU 将计数内部的时钟脉冲，而提出内部中断；若是计数器，CPU 将计数外部的脉冲，而提出内部中断。至于外部脉冲的输入，则是通过 T0 引脚（即 14 脚，也就是 P3.4 复用引脚）及 T1 引脚（即 15 脚，也就是 P3.5 复用引脚）。关于定时器/计数器，待第 7 章再详细说明。

串行口中断

串行口中断（UART）有 RI 或 TI 两个，CPU 通过 RXD 引脚（即 10 脚，也就是 P3.0 复用引脚）及 TXD 引脚（即 11 脚，也就是 P3.1 复用引脚）要求接收（RI）中断请求或传送（TI）中断请求。关于串行口，待第 8 章再详细说明。

当中断发生时，CPU 将暂停当时所执行的程序，立即按中断的种类执行其中断向量，例如，INT0 中断时，程序将跳到 03H 地址（INT0 的中断向量），而 03H 地址可能只有一个命令，也就是跳到该中断的服务程序的地址，当然，若以 C 语言编写程序，也难以感受得到。当中断子程序执行完毕后即可返回主程序，继续执行刚才中断时的下一个指令，如图 6-2 所示。

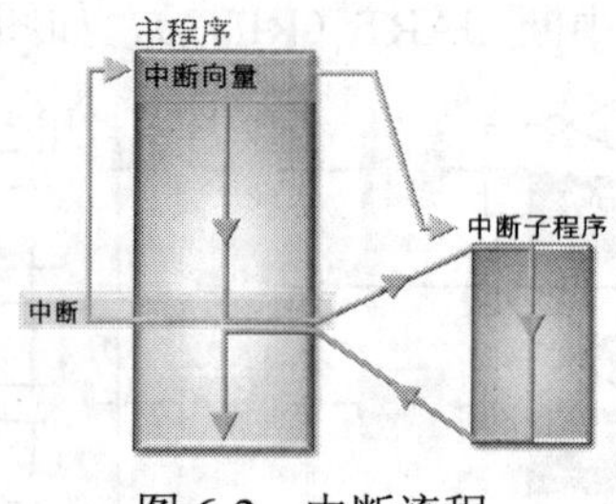

图 6-2 中断流程

6-1-2 中断使能寄存器 IE

如图 6-1 所示，我们可将中断使能寄存器（即 IE 寄存器）视为启闭中断功能的开关。实际上，IE 寄存器是一个 8 位的可位寻址寄存器，其中各位如图 6-3 所示。

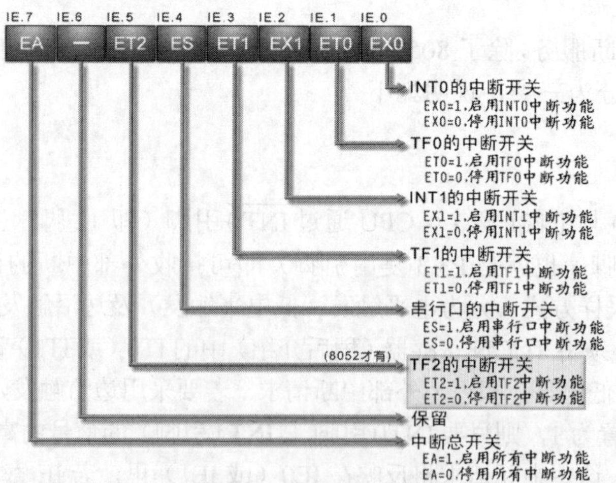

图 6-3 IE 寄存器

6-1-3 中断优先级寄存器 IP

如图 6-1 所示，中断优先级寄存器（IP 寄存器）判断各中断优先级的开关，实际上，IP 寄存器是一个 8 位的可位寻址寄存器，其中各位如图 6-4 所示。

在此特将 IE 寄存器也放在上面，直接与 IP 寄存器比对，我们可发现其中各位几乎是相对应的。所以，记住 IE 寄存器也就记住 IP 寄存器了。在图 6-1 中，很明显，IP 寄存器只是决定中断属于高优先级，还是低优先级。原本各个中断已有先后之分，其顺序如图 6-5 所示，若都没有在 IP 寄存器里设置优先等级，则中断的优先等级为"INT0>TF0>INT1>TF1>RI/TI>TF2/EXF2"；若将其中任一中断设为高优先等级，例如让 TF1=1，则中断的优先等级变为"TF1>INT0>TF0>INT1>RI/TI>TF2/EXF2"；若让 TF1=1、INT1=1，则中断的优先等级变为"INT1>TF1>INT0>TF0>RI/TI>TF2/EXF2"，以此类推。图 6-6 所示分别是不同优先等级下程序执行的流程。

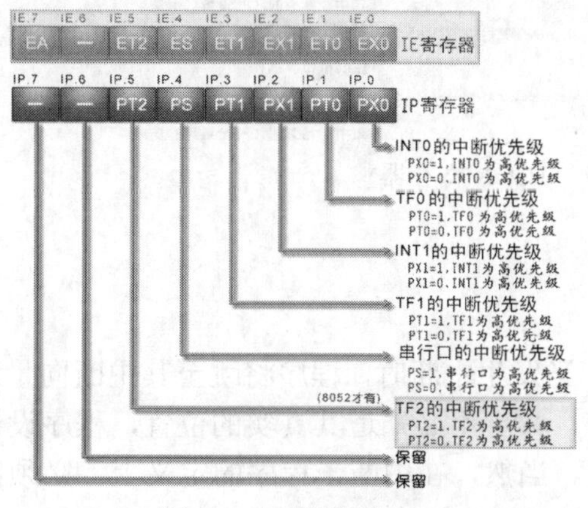

图 6-4 IP 寄存器

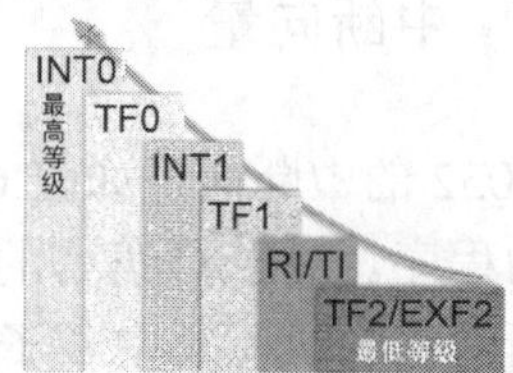

图 6-5 自然优先等级

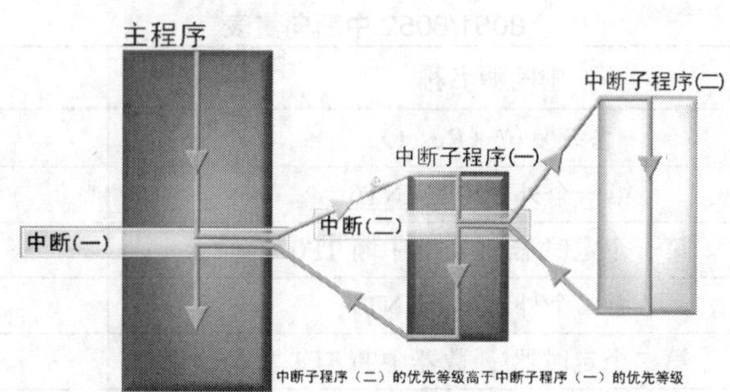

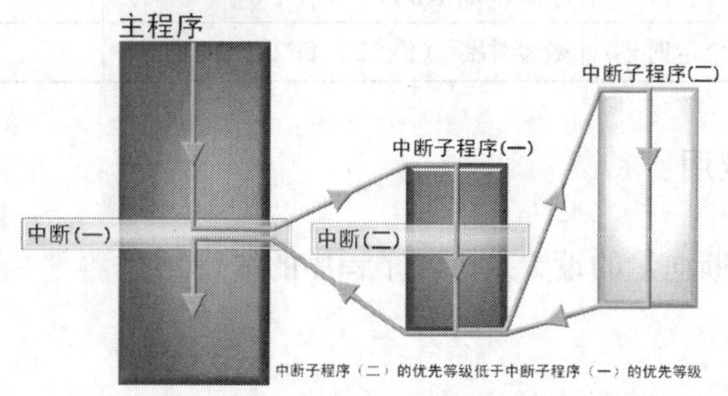

图 6-6 不同优先等级下，程序执行的流程

6-1-4 定时器/计数器控制寄存器 TCON

在定时器/计数器控制寄存器 TCON 里，有部分设置与外部中断信号的采样方式有关，如图 6-7 所示。TCON 寄存器是一个 8 位的可位寻址寄存器。其中 IT0 与 IT1 分别为 INT0 与 INT1 的采样信号设置位，若要采用负边沿触发信号，则可将它设置为 1；若要采用低电平动作信号，则可将它设置为 0。至于 IE0 与 IE1 两个位，则是由 CPU 所操作的中断标志，当中断发生时，将被设置为 1；结束中断时，将恢复为 0。

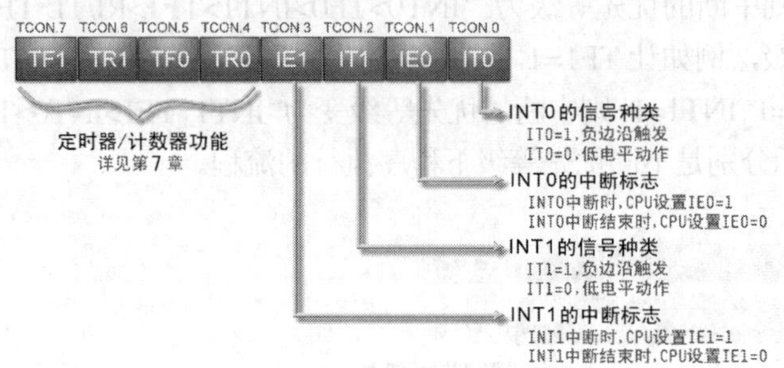

图 6-7 TCON 寄存器

6-1-5 中断向量

8051/8052 的中断向量如表 6-1 所示。当发生中断时，程序将跳至其中断向量地址，执行该位置上的程序。对于 C 语言的程序而言，大可不必知道其真实的位置，程序设计者只要知道发生中断时将会执行其中断子程序即可。当然，在中断子程序的定义上，必须明确定义该中断子程序属于哪个中断的中断子程序，稍后还会说明这个问题。

表 6-1 8051/8052 中断向量表

中断编号	中断源名称	中断向量地址
—	系统复位（Reset）	0x0000
0	第一个外部中断 INT0	0x0003
1	第一个定时器/计数器中断 TF0	0x000B
2	第二个外部中断 INT1	0x0013
3	第二个定时器/计数器中断 TF1	0x001B
4	串行口中断 RI/TI	0x0023
5	第三个定时器/计数器中断（8x52）TF2/EXF2	0x002B

6-1-6 中断的应用

中断的应用包括中断向量的设置及中断子程序的编写。

中断设置

中断的设置包括开启中断开关（即 IE 寄存器的设置）、中断优先级的设置（即 IP 寄存器的设置）、中断信号的设置（即 TCON 寄存器的设置）等。我们可在程序里直接设置 IE 寄存器、IP 寄存器及 TCON 寄存器，例如，要开启“总开关”、“INT0 开关”，则可以使用下列命令：

```
IE=0x81;        // 启用 INT 0 中断
```

其中 0x81 就是 10000001，相当于把 IE 寄存器中的 EA 与 EX0 设置为 1。

同理，若要开启“总开关”、“INT1 开关”，其命令为

```
IE=0x84;        // 启用 INT 1 中断
```

若要开启“总开关”、“INT0 开关”及“INT1 开关”，其命令为

```
IE=0x85;        // 启用 INT 0、INT1 中断
```

对于中断优先级的设置，也是以类似的命令，只是操作的对象为 IP 寄存器，例如要提高 INT1 的优先等级，其命令为

```
IP=0x04;        // 设置 INT 1 中断具最高优先权
```

而外部中断信号的种类可在 TCON 寄存器里设置，例如 INT1 中断要采负边沿触发方式，则

```
TCON=0x04;      // 设置 INT 1 采负边沿触发
```

中断子程序

中断子程序是一种特殊的子程序（函数），其第一行的格式为

```
void  中断子程序名称(void)   interrupt 中断编号   using   寄存器组
```

其中各项在第 2 章中已介绍过，在此不赘述。例如，要定义一个 INT1（其中断编号为 2）的中断子程序，其名称定义为“my_INT”，而在该中断子程序使用 RB1 寄存器库，则中断子程序的第一行应为

```
void  my_INT(void)   interrupt 2  using 1 // INT 1 中断子程序
```

紧接着在一对大括号里编写此中断子程序的内容，与一般函数类似，稍后介绍。

6-2 中断子程序的仿真

在前几章中，我们已在 Keil C 的集成环境里进行过多次的仿真与调试，但尚未做过“中断”的仿真。当程序编辑完成，并顺利通过编译后（可利用 ch06-3-1.c 范例程序操作）即可按下列步骤进行中断仿真。

Step 1 单击按钮开启调试工具列，屏幕出现确定对话框，如图 6-8 所示。

Step 2 单击 确定 按钮关闭对话框，即进入调试/仿真状态。再启动 **Peripherals** 菜单下的 **Interrupt** 命令，即可开启中断系统对话框（**Interrupt System**），如图 6-9 所示。

Step 3 再次启动 **Peripherals** 菜单下的 **I/O-Ports** 命令，在弹出的菜单里指定所要观察/追踪的输入/输出端口（P0 到 P3），即可开启该输入/输出端口的对话框。

图 6-8 确定对话框

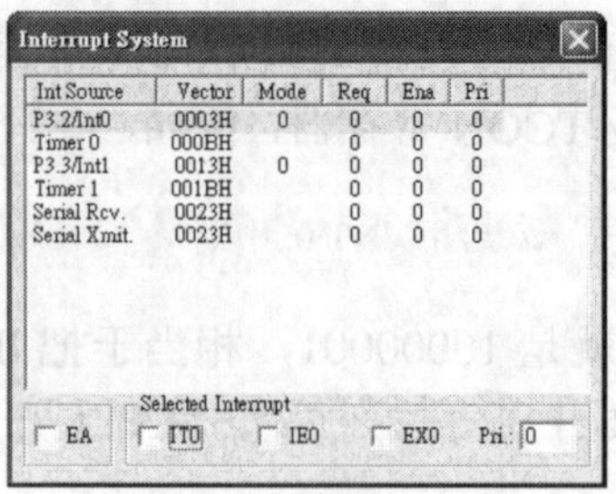

图 6-9 中断系统对话框

单击按钮程序即进行仿真，主程序执行的结果将显示在输入/输出端口的对话框，同时在 **Interrupt System** 对话框下方，也将按程序的设置出现相对应的选项，例如，程序中有“IE=0x81”，则 EA 及 EX0 选项将自动选取；若程序中有“TCON=0x01”，则 IT0 选项将自动选取。若要让程序进入中断状态，则单击 IE0 选项，程序即进入中断状态，我们就可从输入/输出端口对话框中看到其动作。完成中断程序后，将自动恢复主程序的执行。当然，若要再次执行中断，同样单击 IE0 选项即可。

6–3 实例演练

在本单元里提供 4 个范例，以展示 8051 的外部中断功能。

6-3-1 外部中断 INT0

实验要点

如图 6-10 所示，P1 连接 8 个 LED，第 12 脚（即 $\overline{\text{INT0}}$ 引脚）连接一个 10kΩ的上拉电阻，让该引脚保持为高电平，另外再连接一个按钮开关（INT0）。当主程序正常执行时，P1 所连接的 8 个 LED 将闪烁。若按 INT0 按钮开关，则进入中断状态，P1 所连接的 8 个 LED 将变成单灯左移，而左移 3 圈（从最左边到最右边为 1 圈）后恢复中断前的状态，程序将继续执行 8 灯闪烁的功能。

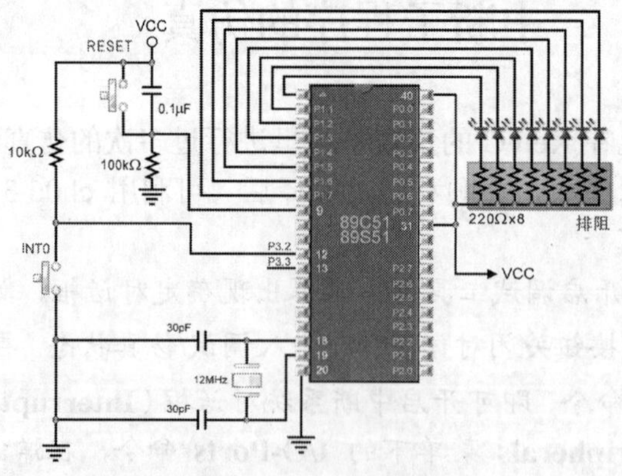

图 6-10 INT0 实验电路图

流程图与程序设计

根据功能要求与电路结构得知，首先声明 delay1ms 函数，然后依次定义主程序、中断子程序与 delay1ms 函数。在主程序里，先设置中断，然后进行 8 灯亮、延迟、8 灯灭、延迟等持续动作。在中断子程序里，则采用巢状循环的方式，内循环进行单灯左移 8 次，即可将亮灯由最右边移至最左边，外循环进行 3 次，也就是让单灯左移由最右边移至最左边，跑 3 圈后，即可返回主程序。

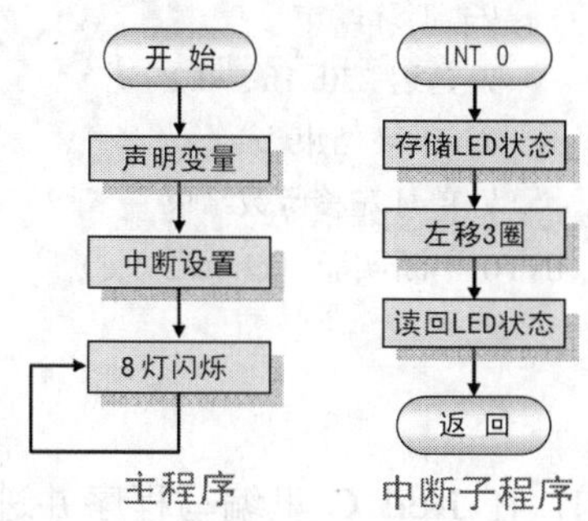

主程序　　中断子程序

```
/* ch06-3-1.c——INT0 中断实验 */
//==声明区=====================================
#include <reg51.h>                    // 定义 8x51 寄存器的头文件
#define LED P1                        // 定义 LED 接至 P1
void delay1ms(int);                   // 声明延迟函数
void left(int);                       // 声明单灯左移函数
//==主程序=====================================
main()                                // 主程序开始
{   IE=0x81;                          // 允许 INT 0 中断
    LED=0x00;                         // 初值=0000 0000，灯全亮
    while(1)                          // 无穷循环
    {   delay1ms(250);                // 延迟 250×1ms=0.25s
        LED=~LED;                     // LED 反相
    }                                 // while 循环结束
}                                     // 主程序结束
//==子程序=====================================
/* INT 0 的中断子程序——单灯左移 3 圈 */
void my_int0(void) interrupt 0        // INT0 中断子程序开始
{   unsigned saveLED=LED;             // 存储中断前 LED 状态
    left(3);                          // 单灯左移 3 圈
    LED=saveLED;                      // 写回中断前 LED 状态
}                                     // 结束 INT0 中断子程序
/* 延迟函数,延迟约 x×1ms */
void delay1ms(int x)                  // 延迟函数开始
{   int i,j;                          // 声明整型变量 i,j
    for (i=0;i<x;i++)                 // 计数 x 次，延迟 x×1ms
        for (j=0;j<120;j++);          // 计数 120 次，延迟 1ms
}                                     // 延迟函数结束
```

```
/* 单灯左移函数，执行 x 圈 */
void left(int x)                          // 单灯左移函数开始
{   int i, j;                             // 声明变量 i,j
    for(i=0;i<x;i++)                      //i 循环,执行 x 圈
    {   LED=0xfe;                         // 初始状态=1111 1110，最右边的灯亮
        for(j=0;j<7;j++)                  //j 循环，左移 7 次
        {   delay1ms(250);                // 延迟 250×1ms=0.25s
            LED=(LED<<1)|0x01;            // 左移 1 位后 LSB 设为 1
        }                                 //j 循环结束
        delay1ms(250);                    // 延迟 250×1ms=0.25s
    }                                     //i 循环结束
}                                         // 单灯左移函数结束
```

INT0 中断实验（ch06-3-1.c）

操作

1．根据功能要求与电路结构，在 Keil C 里编写程序并进行生成（单击按钮），以产生*.HEX 文件。然后进行软件调试/仿真，看看其功能是否正常。若有错误或非预期的状态，则检查源程序，看看哪里出了问题，修改并将它记录在实验报告里。

2．若软件调试/仿真功能正常，可按图 6-10 连接线路，并使用在线仿真器加载新的程序（*.HEX），以仿真该电路的动作。若有非预期的状态，则检查线路的连接状态，看看哪里出了问题并将它记录在实验报告里。

3．若在线仿真功能正常，将程序刻录到 89S51（可使用 89S51 在线刻录实验板），再把该 89S51 放入实际电路，以取代刚才的在线仿真器，然后直接送电，看看是否正常。

4．编写实验报告。

思考一下

在本实验里，若希望中断时这 8 个 LED 变成霹雳灯，来回闪烁各 3 圈才返回主程序，程序应如何更改？

6-3-2 外部中断 INT1

实验要点

如图 6-11 所示，由 P0 直接驱动共阳极七段显示器；另外，第 13 脚（即 $\overline{\text{INT1}}$引脚）连接一个 10kΩ的上拉电阻，让该引脚保持为高电平，再连接一个按钮开关（INT1）。当主程序正常执行时，七段显示器将从 0 开始正数到 9（循环），每 0.5s 增加 1。若按 INT1 按钮开关，则进入中断状态，则七段显示器将从 9 开始闪烁倒数到 0（一圈后结束中断），每 0.5s 减少 1。

流程图与程序设计

根据功能要求与电路结构得知，首先声明 delay 函数及驱动共阳极七段显示器的信号，我们可以把这些驱动信号存为字符数组，即

```
char code TAB[10]={ 0xc0, 0xf9, 0xa4, 0xb0, 0x99,
                    0x92, 0x83, 0xf8, 0x80, 0x98 };
```

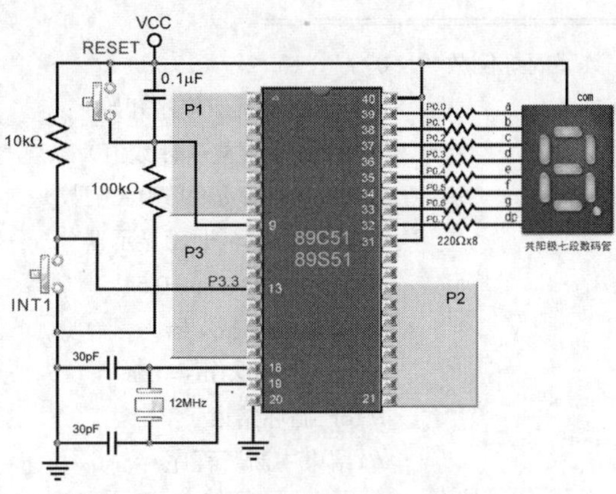

图 6-11 INT1 实验电路图

在主程序里，依次每隔 0.5s 输出字符数组中的编码，而在中断子程序里，反序每隔 0.5s 输出字符数组中的编码即可。

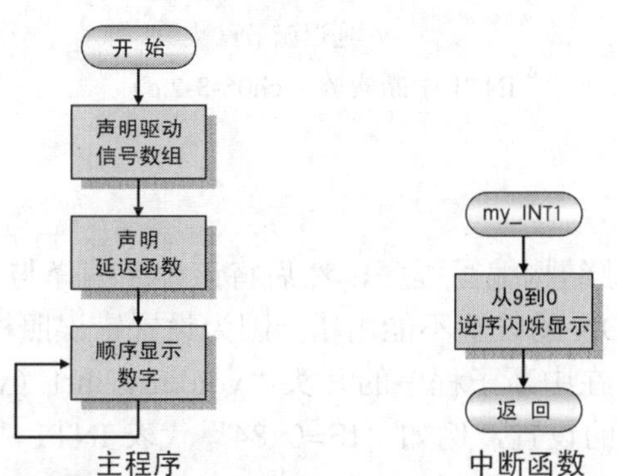


```
/* ch06-3-2.c——INT1 中断实验 */
//==声明区====================================
#include <reg51.h>                    // 定义 8051 寄存器之标头文件
#define  SEG    P0                    // 定义七段显示器接至 P0
void delay 1ms(int);                  // 声明延迟函数
/* 声明七段显示器驱动信号数组（共阳）*/
unsigned char code TAB[]={0xc0, 0xf9, 0xa4, 0xb0, 0x99,//数字 0～4
                          0x92, 0x83, 0xf8, 0x80, 0x98 };//数字 5～9
//==主程序====================================
main()                                // 主程序开始
{   int i;                            // 声明 i 变量（计数值）
    IE=0x84;                          // 允许 INT 1 中断
    while(1)                          // 无穷循环
    {   for(i=0;i<10;i++)             // 显示 0～9（顺数）
        {   SEG=TAB[i];               // 显示数字至七段显示器
            delay 1ms(500);           // 延迟 500×1ms=0.5s
```

```
        }
    }                                           // for 循环结束
}                                               // 主程序结束
//==子程序====================================
/* INT 1 的中断子程序——数字闪烁倒数 9～0 */
void my _int1(void) interrupt 2                 // INT1 中断子程序开始
{   int i;                                      // 声明 i 变量（计数值）
    for (i=9;i>=0;i--)                          // for 循环显示 9～0（倒数）
    {   SEG=TAB[i];                             // 显示数字至七段显示器
        delay 1ms(250);                         // 延迟 500×1ms=0.5s
        SEG=0xff;                               // 关闭七段显示器
        delay 1ms(250);                         // 延迟 500×1ms=0.5s
    }                                           // for 循环结束
}                                               // 结束中断子程序
/* 延迟函数，延迟约 x×1ms */
void delay 1ms(int x)                           // 延迟函数开始
{   int i,j;                                    // 声明整型变量 i,j
    for (i=0;i<x;i++)                           // 计数 x 次，延迟 x×1ms
        for (j=0;j<120;j++);                    // 计数 120 次，延迟 1ms
}                                               // 延迟函数结束
```

INT1 中断实验（ch06-3-2.c）

操作

1．根据功能要求与电路结构编写程序，然后将该程序编译与连接，以产生*.HEX 文件。在此要特别注意，IE 与 TCON 的设置不能出错，因为设置错误照样能通过编译与连接，但功能却不一定会正常。另外，在中断子程序的开头“void my_int1（void）**interrupt 2** using 1”处一定要配合 IE 与 TCON 的设置，例如“IE=0x84”代表 INT1 中断，其中断编号为 2，所以要定义为“**interrupt 2**”。

2．在 Keil C 里进行软件调试/仿真，刚开始时，**Interrupt System** 对话框下方显示“EA、IT0、IE0、EX0、Pri”五个项目，其中 EA 代表启用中断的总开关，IT0 代表 INT0 的触发信号种类，IE0 为触动中断的信号，EX0 代表启用 INT0 的开关，Pri 则为该中断的优先级。若要进行 INT1 的中断，可单击 **Interrupt System** 对话框里的 **P3.3/INT1** 项，则对话框下方 IT0 项变成 IT1 项，IE0 项变成 IE1 项，EX0 项变成 EX1 项，即可进行 INT1 的中断，如图 6-12 所示。此后，程序进行时，只要单击 IE1 项即可进入中断子程序。

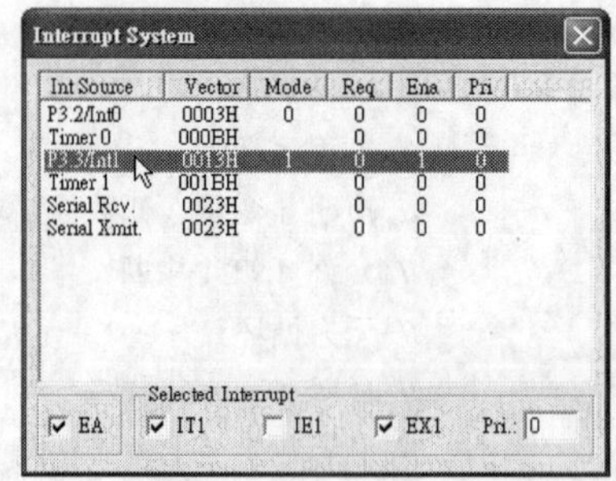

图 6-12 切换为 INT1 中断

3. 在本实验里，若要从仿真中看出其功能是否正确并不容易。若将延迟子程序里的数字增加 20 倍或更多，让输出变化的速度慢一点，则可看清楚其输出变化的顺序，再与驱动信号比较，即可验证是否符合功能。

4. 若软件调试/仿真功能正常，再按图 6-11 连接线路，使用在线仿真器（记得将延迟时间恢复正常）加载新的程序（*.HEX），以仿真该电路的动作。若有非预期的状态，则检查线路的连接状态，看看哪里出了问题并将它记录在实验报告里。

5. 若在线仿真功能正常，将程序刻录到 89C51/89S51，再把该 89C51/89S51 放入实际电路，以取代刚才的在线仿真器，然后直接送电，看看是否正常。

6. 编写实验报告。

思考一下

1. 在本实验的仿真中，若要在输出端口里看到 0～9 的变化，而非 0～9 的七段显示器驱动信号，应如何修改程序？

2. 若在本实验的电路里，将原本的共阳极七段显示器改为共阴极七段显示器，则程序应如何更改？

6-3-3 两个外部中断

实验要点

如图 6-13 所示，P1 连接 8 个 LED，第 12 脚（即 $\overline{\text{INT0}}$ 引脚）连接一个 10kΩ的上拉电阻，让该引脚保持为高电平；再连接一个按钮开关（INT0），第 13 脚（即 $\overline{\text{INT1}}$ 引脚）连接一个 10kΩ的上拉电阻，让该引脚保持为高电平，另外再连接一个按钮开关（INT1）。当主程序正常执行时，P1 所连接的 8 个 LED 将闪烁。若按 INT0 按钮开关，则进入 INT0 中断状态，P1 所连接的 8 个 LED 将变成单灯左移，而左移 3 圈（从最左边到最右边为 1 圈）后恢复中断前的状态，程序将继续执行 8 灯闪烁的功能。若按 INT1 按钮开关，则进入 INT1 中断状态，P1 所连接的 8 个 LED 将变成单灯右移，而右移 3 圈（从最左边到最右边为 1 圈）后恢复中断前的状态，程序将继续执行 8 灯闪烁的功能。另外，在此要求单灯左移（INT0）中断的优先级较单灯右移（INT1）中断的优先级高。

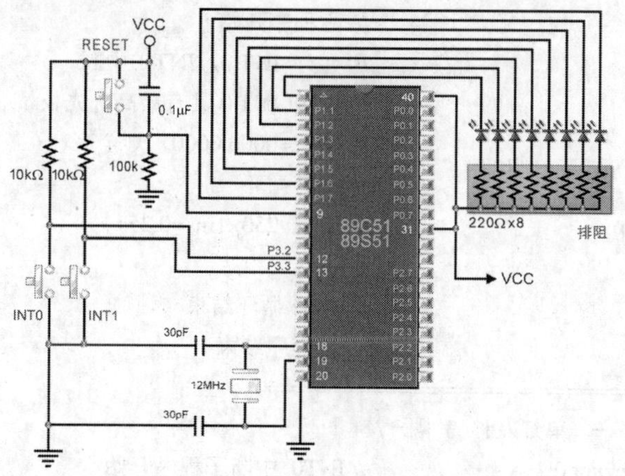

图 6-13 两个外部中断实验电路图

流程图与程序设计

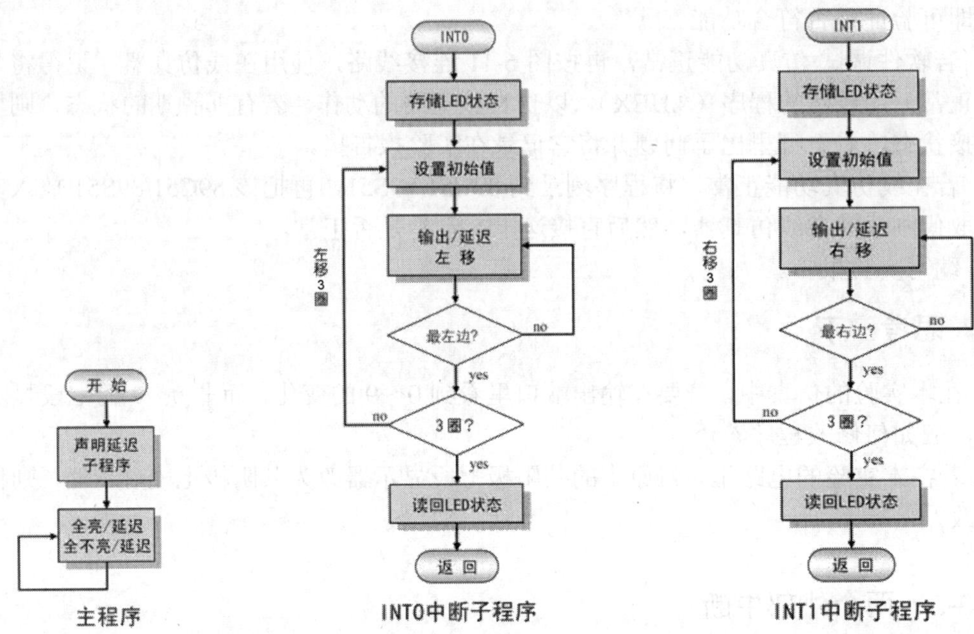

根据功能要求与电路结构得知，首先声明 delay1ms 函数，然后在主程序里依次每隔 0.25s 改变输出的亮/不亮状态，而且是持续不断。在 $\overline{\text{INT0}}$ 中断子程序里，进行每隔 0.5s LED 左移的输出，由右而左执行 3 圈后返回主程序；在 INT1 中断子程序里，进行每隔 0.5s LED 右移的输出，由左而右执行 3 圈后返回主程序。

```
/* ch06-3-3.c——两个外部中断实验 */
//==声明区=====================================
#include <reg51.h>                     // 定义 8051 寄存器之标头文件
#define  LED     P1                    // 定义 LED 接至 P1
void delay 1ms(int);                   // 声明延迟函数
void left(int);                        // 声明单灯左移函数
void right(int);                       // 单灯右移函数开始
//==主程序=====================================
main()                                 // 主程序开始
{    IE=0x85;                          // 允许 INT 0，INT 1 中断
     IP=0x01;                          // 设置 INT 0 具有最高优先权
     LED=0x00;                         // 初值=0000 0000，灯全亮
     while(1)                          // 无穷循环
     {    delay 1ms(250);              // 延迟 250×1ms=0.25s
          LED=~LED;                    // LED 反相
     }                                 // while 循环结束
}                                      // 主程序结束
//==子程序=====================================
/* INT 0 的中断子程序——单灯左移 3 圈 */
void my _int0(void) interrupt 0        // INT0 中断子程序开始
{    unsigned saveLED=LED;             // 存储中断前 LED 状态
```

```
        left(3);                              // 单灯左移 3 圈
        LED=saveLED;                          // 写回中断前 ED 状态
}                                             // 结束 INT0 中断子程序
/* INT 1 的中断子程序——单灯右移 3 圈 */
void my _int1(void) interrupt 2               // INT1 中断子程序开始
{       unsigned saveLED=LED;                 // 存储中断前 LED 状态
        right(3);                             // 单灯右移 3 圈
        LED=saveLED;                          // 写回中断前 LED 状态
}                                             // 结束 INT1 中断子程序
/* 延迟函数，延迟约 x×1ms */
void delay 1ms(int x)                         // 延迟函数开始
{       int i,j;                              // 声明整型变量 i,j
        for (i=0;i<x;i++)                     // 计数 x 次，延迟 x×1ms
                for (j=0;j<120;j++);          // 计数 120 次，延迟 1ms
}                                             // 延迟函数结束
/* 单灯左移函数，执行 x 圈 */
void left(int x)                              // 单灯左移函数开始
{       int i, j;                             // 声明变量 i,j
        for(i=0;i<x;i++)                      //i 循环，执行 x 圈
        {       LED=0xfe;                     // 初始状态=1111 1110，最右边的灯亮
                for(j=0;j<7;j++)              //j 循环,左移 7 次
                {       delay 1ms(250);       // 延迟 250×1ms=0.25s
                        LED=(LED<<1)|0x01;    // 左移 1 位后 LSB 设为 1
                }                             //  j 循环结束
                delay1ms(250);                // 延迟 250×1ms=0.25s
        }                                     //i 循环结束
}                                             // 单灯左移函数结束
/* 单灯右移函数，执行 x 圈 */
void right(int x)                             // 单灯右移函数开始
{       int i, j;                             // 声明变量 i,j
        for(i=0;i<x;i++)                      //i 循环，执行 x 圈
        {       LED=0x7f;                     // 初始状态=0111 1111
                for(j=0;j<7;j++)              //j 循环，右移 7 次
                {       delay1ms(250);        // 延迟 250×10ms=0.25s
                        LED=(LED>>1)|0x80;    // 右移 1 位后 MSB 设为 1
                }                             //j 循环结束
                delay1ms(250);                // 延迟 250×1ms=0.25s
        }                                     //i 循环结束
}                                             // 单灯右移函数结束
```

两个外部中断实验（ch06-3-3.c）

操作

1．根据功能要求与电路结构编写程序，然后将该程序编译与连接，以产生*.HEX 文件。其中 IE、IP 与 TCON 的设置千万不要弄错。另外，在每个中断子程序的开头也一定要配合

IE 与 TCON 的设置。

2．在 Keil C 里进行软件调试/仿真时，必须开启 **Interrupt System** 对话框，然后在对话框中选择 **P3.3/INT1** 项，下方显示“EA、IT1、IE1、EX1、Pri”五个项目，即可仿真 INT1 的动作。同样地，在对话框中选择 **P3.2/INT0** 项，下方显示“EA、IT0、IE0、EX0、Pri”五个项目，即可仿真$\overline{\text{INT0}}$的动作。

3．若软件调试/仿真功能正常，再按图 6-13 连接线路，使用在线仿真器加载新的程序（*.HEX），以仿真该电路的动作。若有非预期的状态，则检查线路的连接状态，看看哪里出了问题并将它记录在实验报告里。

4．若在线仿真功能正常，将程序刻录到 89C51/89S51，再把该 89C51/89S51 放入实际电路，以取代刚才的在线仿真器，然后直接送电，看看是否正常。

5．编写实验报告。

思考一下

1．在本实验里，“IP=0x01”表示$\overline{\text{INT0}}$的中断优先级较高，则进行调试/仿真时，先进行$\overline{\text{INT0}}$中断，LED 左移 3 圈；若还没结束$\overline{\text{INT0}}$之前，启动 INT1 中断，将会有什么变化？同样地，先进行 INT1 中断，LED 右移 3 圈；若还没结束 INT1 之前，启动$\overline{\text{INT0}}$中断，将会有什么变化？请记录在实验报告里。

2．若希望 INT1 中断的优先等级高于程序$\overline{\text{INT0}}$中断的优先等级，应如何修改？修改完成后，再进行一次第 1 题的实验，并记录在实验报告里。

6-3-4 键盘中断

实验要点

如图 6-14 所示，MM74C922（详见 5-1-3 节）的数据 ABCD 连接到 8051 的 P2.4～P2.7，P2.0～P2.3 连接 7447，以输出数字数据。MM74C922 的 DA 引脚经过非门（MM74C04）连接到 8051 的 P3.2，也就是$\overline{\text{INT0}}$引脚。另外，8051 的 P1 连接 8 个 LED。当主程序正常执行时，8 个 LED 闪烁（每 0.1s 切换一次），若按下 4x4 键盘上的任一个键，则该键的数字将显示在七段显示器上，而 P0 所连接的 LED 仍保持正常的闪烁。

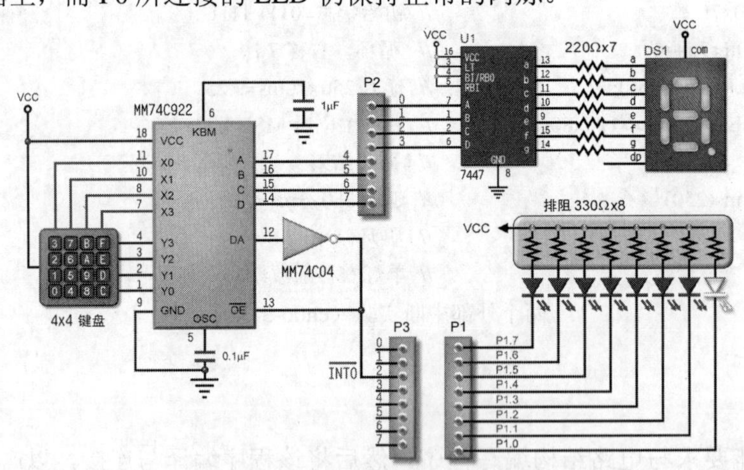

图 6-14 键盘中断实验电路图

流程图与程序设计

根据功能要求与电路结构得知，首先声明 $\overline{INT0}$ 中断，然后在主程序里即进行无穷的单灯左移。在 $\overline{INT0}$ 中断子程序里，首先读取 P2 的数据，然后将该数据右移 4 次，让高 4 位移到低 4 位来，再将该数据输出到 P2 即可。

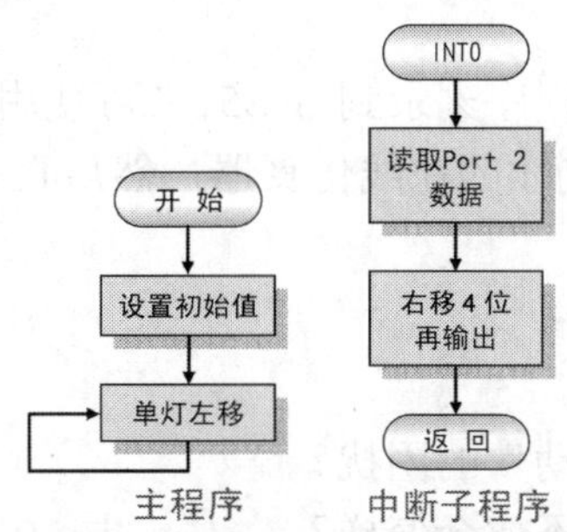


```
/* ch06-3-4.c——4×4 键盘实验,外部 INT0(P3.2) */
//==声明区=======================================
#include <reg51.h>                      // 定义 8x51 寄存器的头文件
#define LED P1                          // 定义 LED 接至 P1
#define KEYBCD P2                       // 定义键盘扫描（低 4 位）及 BCD 输出（高 4 位）
#define RR(x) (x==0x7f)? 0xfe:(x<<1)|0x01   // x 向左旋转 1 位
void delay1ms(int);                     // 声明延迟函数
//==主程序=======================================
main()                                  // 主程序开始
{   IE=0x81;                            // 允许 INT 0 中断
    LED=0xfe;                           // 初值=1111 1110，最右边的灯亮
    while(1)                            // 无穷循环，程序一直跑
    {   delay1ms(250);                  // 延迟 250×1ms=0.25s
        LED=RR(LED);                    // LED 向左旋转 1 位
    }                                   // while 循环结束
}                                       // 主程序结束
//==子程序=======================================
/* 延迟函数，延迟约 x×1ms */
void delay1ms(int x)                    // 延迟函数开始
{   int i,j;                            // 声明整型变量 i,j
    for (i=0;i<x;i++)                   // 计数 x 次，延迟 x×1ms
      for (j=0;j<120;j++);              // 计数 120 次，延迟 1ms
}                                       // 延迟函数结束
/* INT 0 的中断子程序——单灯左移 3 圈 */
void my_int0(void) interrupt 0          // INT0 中断子程序开始
{   unsigned saveLED=LED;               // 存储中断前 LED 状态
    KEYBCD=0xff;                        // 设置输入
    KEYBCD>>=4;                         // 高 4 位移至低 4 位
    LED=saveLED;                        // 写回中断前 LED 状态
}                                       // 结束 INT0 中断子程序
```

4×4 键盘实验（ch06-3-4.c）

操作

1．根据功能要求与电路结构编写程序，然后将该程序汇编与连接，以产生*.HEX文件。

2．若软件调试/仿真功能正常，可按图6-14连接线路，并使用在线仿真器加载新的程序（*.HEX），以仿真该电路的动作。若有非预期的状态，则检查线路的连接状态，看看哪里出了问题并将它记录在实验报告里。

3．若在线仿真功能正常，将程序刻录到89S51（可使用89S51在线刻录实验板），再把该89S51放入实际电路，以取代刚才的在线仿真器，然后直接送电，看看是否正常。

4．编写实验报告。

思考一下

1．在本实验里，有没有“抖动”的困扰？

2．在本实验里，若按住按键不放会怎样？

6-4 实时练习

在本章里探讨了8051的中断，包括中断向量、与中断相关的寄存器、中断程序的编写等，可说是微型计算机系统中不可或缺的部分。在此请试着回答下列问题，以确认对于此部分的掌握程度。

选择题

（　　）1．中断功能具有什么好处？
（A）让程序更复杂　（B）让程序执行速度更快
（C）让程序更有效率　（D）以上皆非

（　　）2．8x51提供几个外部中断和定时器/计数器中断？
（A）2, 2　（B）3, 6　（C）2, 3　（D）3, 7

（　　）3．8x51的IP缓存器的功能为何？
（A）设置中断优先级　（B）启用中断功能
（C）设置中断触发信号　（D）定义CPU的网址

（　　）4．若要让$\overline{\text{INT0}}$采用低电平触发，则应如何设置？
（A）EX0=0　（B）EX0=1　（C）IT0=0　（D）IT0=1

（　　）5．在Keil μVision 3里进行调试/仿真时，在哪里操作才能触动程序中断？
（A）在Interrrupt System对话框里　（B）在Cotrol Box对话框里
（C）直接单击 按钮即可　（D）直接按 0 键

（　　）6．在8x51所提供的中断功能里，下列哪个优先级较高？
（A）T1　（B）RI/TI　（C）T0　（D）INT0

（　　）7．在TCON缓存器里，IE1的功能是什么？
（A）触发INT1中断　（B）指示INT1中断的标志
（C）提高INT1优先等级　（D）取消INT1中断

（　　）8．在Keil C里，中断子程序与函数有何不同？

(A)中断子程序不必声明 (B)函数不必声明
(C)中断子程序必须有形式参数 (D)中断子程序一定会有返回值

( )9．若要同时启用 INT0 及 INT1 中断功能，则应如何设置？
(A)TCON=0x81 (B)IE=0x85 (C)IP=0x83 (D)IE=0x03

( )10．若要提高 INT1 的优先级，则应如何设置？
(A)IP=0x01 (B)IE=0x01 (C)IP=0x04 (D)IE=0x04

问答题

1．IE 寄存器及 IP 寄存器中各位的功能是什么？
2．MCS-51 提供哪些中断？中断向量是什么？
3．如何设置 IE 寄存器？
4．具有中断功能的程序必须包含哪些声明或设置？
5．如何设置外部中断信号的种类？

加油

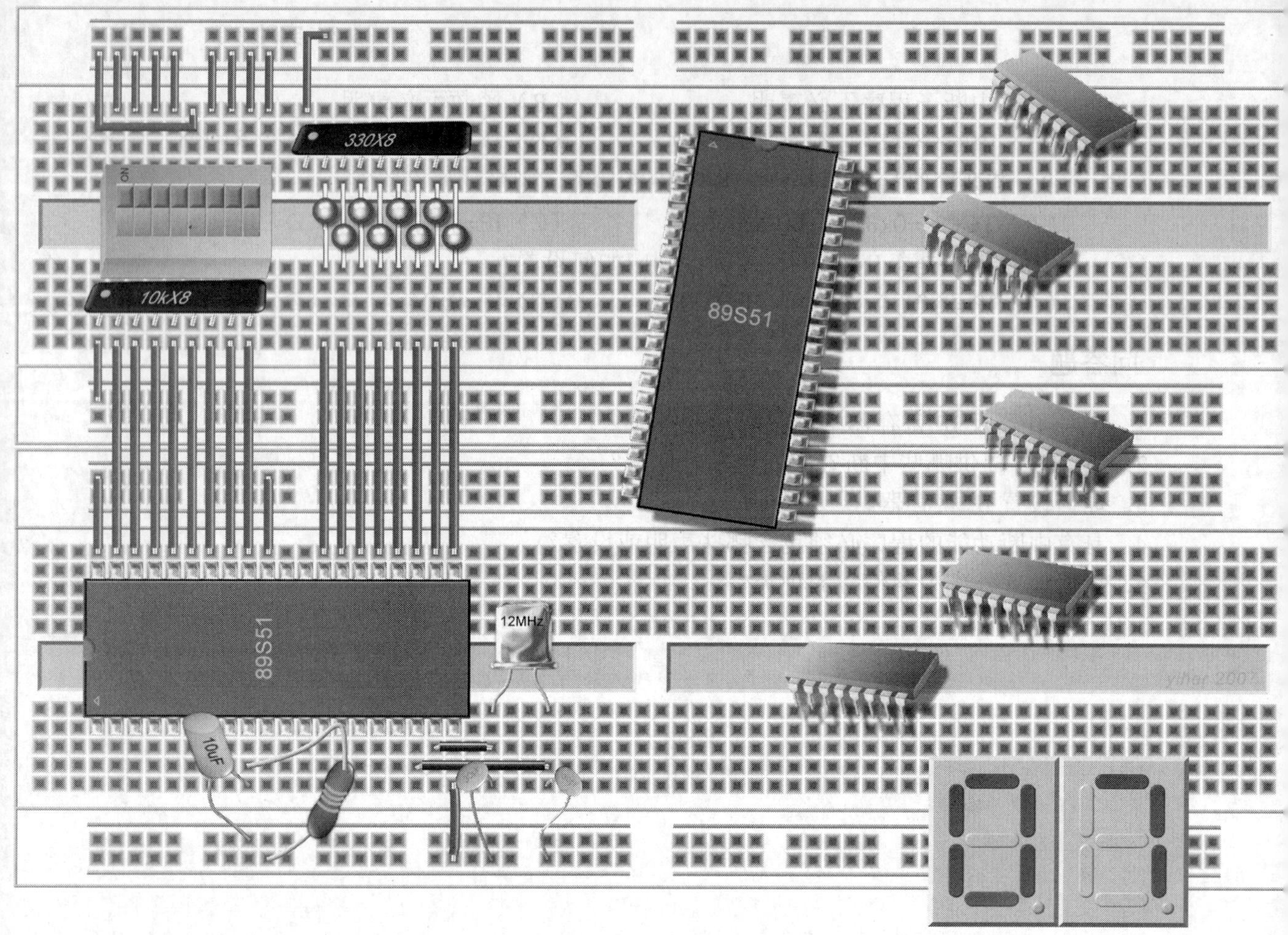

第7章　定时器/计数器的应用

本章内容丰富，主要包括两部分。

- **硬件部分**

  认识 8051 定时器/计数器的结构及其四种方式。

  认识 8051 的节电方式。

  认识 89S51 的看门狗定时器。

- **程序与实践部分**

  定时器的应用程序。

  码表程序。

  频率产生器程序。

  频率计应用程序。

  看门狗定时器应用程序。

7–1　8x51 的定时器/计数器

定时器/计数器（Timer/Counter）是一种计数器件，若计数内部的时钟脉冲，可视为定时器；若计数外部的脉冲，可视为计数器。定时器/计数器的应用可以用中断的方式进行，就像第 6 章所介绍的，当定时或计数达到终点即提出中断，而 CPU 将暂时停下目前所执行的程序，先去执行特定的程序，待完成特定的程序后，再返回刚才停下的程序。譬如说，老师正在讲课，而下课铃响，即暂停课程进度，先下课，待下次上课，再继续刚才暂停的课程。另外，我们也可以以查询方式不断询问计数状态，以作为程序流程的判断。

7-1-1　MCS-51 的定时器/计数器

8051 提供两个 16 位的定时器/计数器，分别是 Timer0 及 Timer1（简称 T0 及 T1），8052 则提供 3 个 16 位的定时器/计数器，除了 8051 的 T0 与 T1 外，还多一个 Timer2。这 3 个定时器/计数器可作为内部定时器或外部计数器，若当成内部定时器时，则是计数内部的脉冲，以 12MHz 的计数时钟脉冲系统为例，将此计数时钟脉冲除 12 后，送入定时器，因此，定时器所计数的脉冲周期为 1μs。若采用 16 位的定时方式，则最多可计数 216 个脉冲（**65536**），约 0.0655s。

若当成外部计数器时，则是计数由 T0 或 T1 引脚送入的脉冲。同样地，若采用 16 位的定时方式，则最多可计数 216 个脉冲，也就是 65536 个计数值。

MCS-51 的定时器/计数器可设置成 4 种工作方式，分别是 Mode 0、Mode 1、Mode 2 及 Mode 3，如表 7-1 所示。

表 7-1　定时器/计数器方式

方　式	位　数	计 数 范 围	其 他 功 能
Mode 0	13 位	0～8191	
Mode 1	16 位	0～65535	
Mode 2	8 位	0～255	具有自动加载功能
Mode 3	8 位	0～255	

应用定时器/计数器时，除了第 6 章所介绍的 IE 寄存器、IP 寄存器外，还会使用到定时器/计数器方式寄存器（TMOD）、定时器/计数器控制寄存器（TCON）、计数寄存器（TH*x*、TL*x*）等，说明如下。

7-1-2　定时器/计数器方式寄存器 TMOD

定时器/计数器方式寄存器 TMOD 的功能是设置定时器/计数器的工作方式、计数信号源及启动定时器/计数器方式等，如图 7-1 所示。

TMOD 方式寄存器的高 4 位（TMOD.7～TMOD.4）用以设置 Timer1 的工作方式，而低 4 位（TMOD.3～TMOD.0）用以设置 Timer0 的工作方式，这两部分的结构类似，只是控制对象不同而已。以低4位为例，GATE位为定时器的门控开关，用以决定其启动方式。若GATE=0，则只要TR0位为1，即可启动Timer0，称为内部启动或软件启动；若GATE=1，则必须先将TR0位设置为1，再等待$\overline{\text{INT0}}$引脚为高电平，方可启动Timer0，称为外部启动或硬件启动。C/$\overline{\text{T}}$位为定时器/计数器切换开关，若C/$\overline{\text{T}}$位=0，则Timer0为内部定时器，用以计数由f_{OSC}/12产生的脉冲；若C/$\overline{\text{T}}$位=1，则Timer0即为外部计数器，用以计数由T0引脚输入的脉冲。

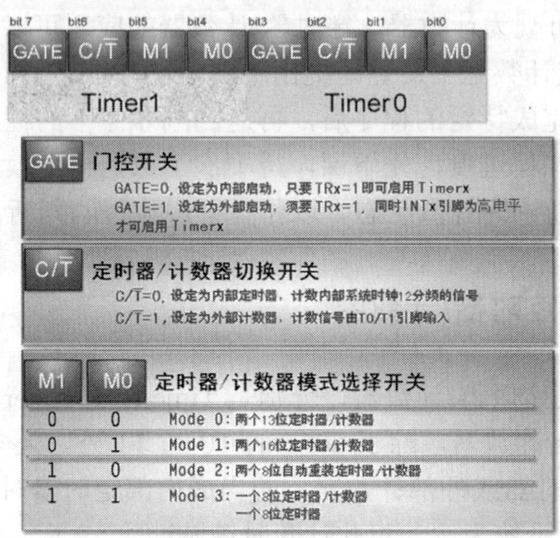

图7-1 TMOD寄存器

M1及M0这两位可设置工作方式，这4种工作方式说明如下。

Mode 0

如图7-2所示，Mode 0工作方式提供两个13位的定时器/计数器（Timer0及Timer1），其计数值分别放置在TH*x*与TL*x*两个8位的计数寄存器里，其中TH*x*放置8位，TL*x*放置5位，如图7-3所示。

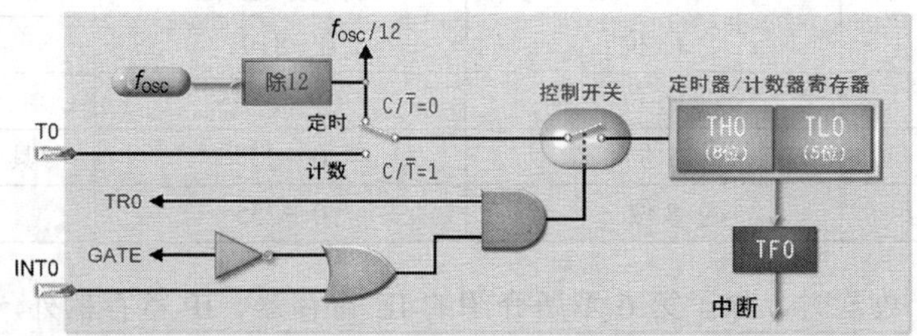

图7-2 Mode 0工作方式（以Timer0为例）

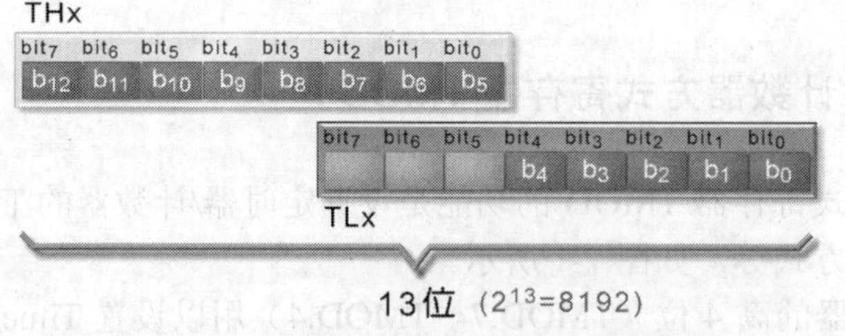

图7-3 Mode 0工作方式的计数值

若要执行定时功能，则将 $C/\overline{T}$ 位设置为 0，CPU 将计数被除以 12 的系统频率，每个频率为 1μs（系统频率为 12MHz）。若要执行计数功能，则将 $C/\overline{T}$ 位设置为 1，CPU 将计数从 T*x* 引脚输入的脉冲。

定时器/计数器受控制开关所控制，开启这个开关的方法有两个，第一种是外部启动，也就是将 GATE 位设置为 1，再将 TRx 位设置为 1，然后等待 $\overline{\text{INTx}}$ 的信号，当 $\overline{\text{INTx}}$ 引脚为高电平时，即可启动这个定时器/计数器。第二种是内部启动，也就是将 GATE 位设置为 0，接下来只要将 TRx 位设置为 1 即可启动这个定时器/计数器。

Mode 1

如图 7-4 所示，Mode 1 工作方式提供两个 16 位的定时器/计数器（Timer0 及 Timer1），其计数值分别放置在 TH*x* 与 TL*x* 两个 8 位的计数寄存器里，其中 TH*x* 放置 8 位，TL*x* 放置 8 位，如图 7-5 所示。

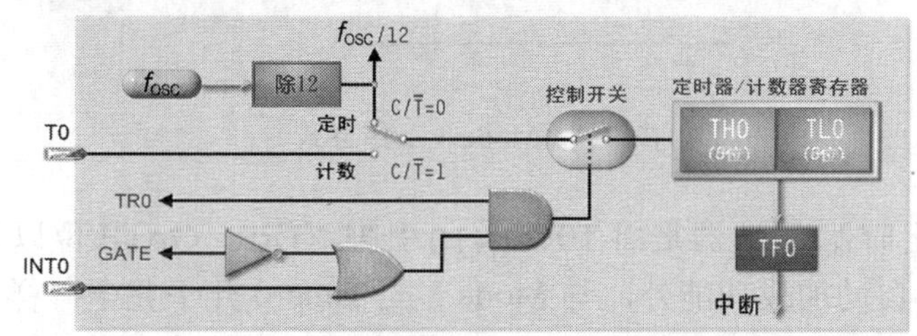

图 7-4 Mode 1 工作方式（以 Timer0 为例）

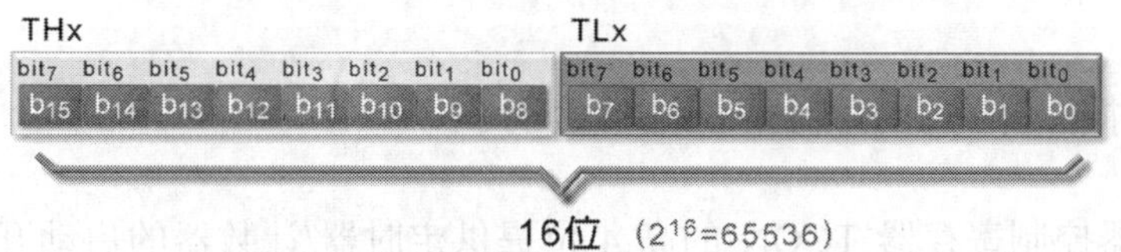

图 7-5 Mode 1 工作方式的计数

此工作方式的定时/计数功能切换方式与 Mode 0 完全一样，启动定时器/计数器的方式也与 Mode 0 完全一样。对于计数值，Mode 1 比 Mode 0 还大。换言之，Mode 1 可以完全取代 Mode 0，所以，很少人会使用 Mode 0（难用又没必要）。

Mode 2

如图 7-6 所示，Mode 2 工作方式提供两个 8 位可自动加载的定时器/计数器（Timer0 及 Timer1），其计数值放置在 TL*x* 计数寄存器里，当该定时器/计数器中断时，将会自动将 TH*x* 计数寄存器里的计数值载入到 TL*x* 里。由于只有 8 位，因此，其计数范围仅为 0～255。

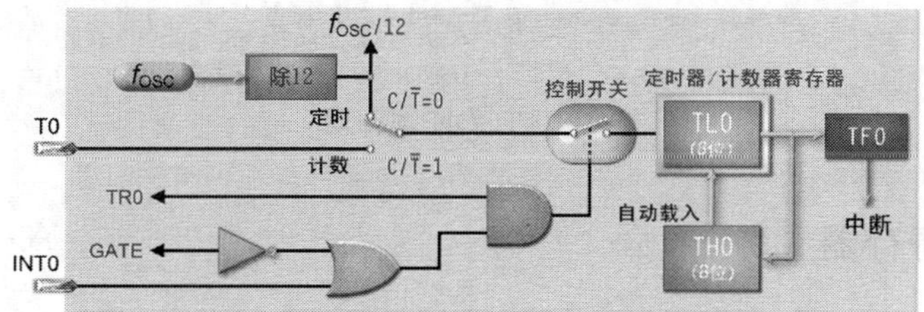

图 7-6 Mode 2 工作方式（以 Timer0 为例）

此工作方式的定时/计数功能切换方式与 Mode 0 完全一样，启动定时器/计数器的方式也与 Mode 0 完全一样。

Mode 3

如图 7-7 所示，Mode 3 工作方式是一种特殊的方式，提供一个 8 位的定时器/计数器 Timer0 及一个 8 位的定时器 Timer1，其奇特的结构已不太像真正的 Timer0 或 Timer1。

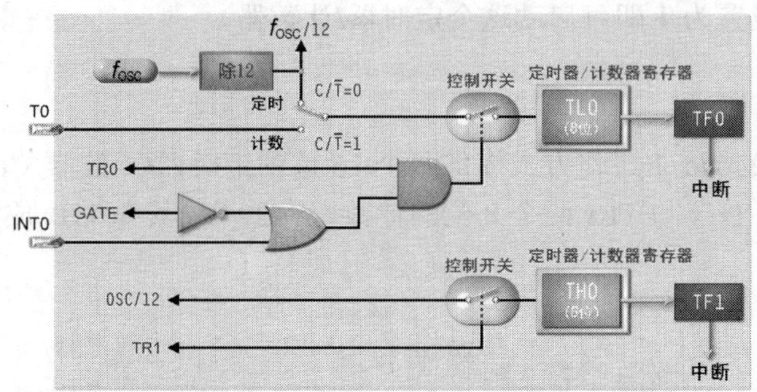

图 7-7 Mode 3 工作方式

其中的 Timer0 定时器/计数器是由 T0、$\overline{\text{INT0}}$ 引脚，TR0、GATE 位以及 TL0 计数寄存器所构成，除了不具有自动加载功能外，与 Mode 2 的 Timer0 几乎完全一样。

其中的 Timer1 定时器是由 TR1 位及 TH0 计数寄存器所构成，除了不具有计数及自动加载功能外，几乎可以用 Mode 2 的 Timer1 来取代。

7-1-3 定时器/计数器控制寄存器 TCON

定时器/计数器控制寄存器 TCON 的高 4 位提供定时器/计数器的启动开关以及中断时的标志，如图 7-8 所示。

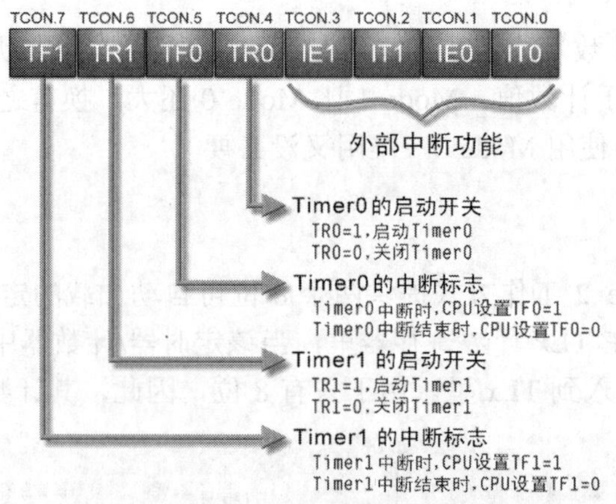

图 7-8 TCON 寄存器

7-1-4 计数寄存器

MCS-51 的计数寄存器是 TH*x* 及 TL*x* 两个 8 位的寄存器，除了 Mode 3 外，TH0、TL0

是 Timer0 所使用的计数寄存器，TH1、TL1 是 Timer1 所使用的计数寄存器，若是 8052，则还有 Timer2 所使用的 TH2、TL2 计数寄存器。

MCS-51 的定时器/计数器是一种加 1 计数器，当计数达到上限（溢出）时，即产生中断。计数寄存器就像是一条跑道，而其终点位置是固定的，若要计数多少，就从终点往前推多少，以作为起点。例如要在 400m 的跑道上，举行 100m 的跑步比赛，则从终点（400m）处往前推 100m，也就是 300m 处，作为起跑点。

不同方式的定时计数，其最大计数值各不同。

Mode 0：8192

Mode 1：65536

Mode 2 及 Mode 3：256

而设置计数值的方式也有些差异，说明如下。

Mode 0

由于在 Mode 0 工作方式下，TL*x* 计数寄存器只使用 5 位，而 2^5=32，因此要把计数起点的值除以 32，其余数放入 TL*x* 计数寄存器，其商数放入 TH*x* 计数寄存器。例如，要使用 Timer0 计数 6000，则填入计数寄存器的指令如下：

```
TL0=(8192-6000)%32;                    // 取 5 位的余数
TH0=(8192-6000)/32;                    // 取 5 位的商数
```

Mode 1

由于在 Mode 1 工作方式下，TL*x*、TH*x* 计数寄存器各使用 8 位，而 2^8=256，因此要把计数起点的值除以 256，其余数放入 TL*x* 计数寄存器，其商数放入 TH*x* 计数寄存器。例如，要使用 Timer0 计数 50000，则填入计数寄存器的指令如下：

```
TL0=(65536-50000)%256;                 // 取 8 位的余数
TH0=(65536-50000)/256;                 // 取 8 位的商数
```

Mode 2

由于在 Mode 2 工作方式下只使用 TL*x* 计数寄存器，但 TH*x* 计数寄存器作为自动加载的值，而其中都使用 8 位（2^8=256），所以只要把 256 减去计数起点的值，再分别放入 TL*x* 及 TH*x* 计数寄存器即可。例如，要使用 Timer0 计数 100，则填入计数寄存器的指令如下：

```
TL0=256-100;                           // 填入计数值
TH0=256-100;                           // 填入自动加载值
```

Mode 3

由于在 Mode 3 工作方式下使用 TL0 计数寄存器作为第一个定时器/计数器的计数值，而 TH0 计数寄存器作为第二个定时器的计数值。有用到的定时器/计数器或定时器才需要填入，例如，只要使用第一个定时器/计数器，则只需填入 TL0 计数寄存器；若只要使用第二个定时器，则只需填入 TH0 计数寄存器；若两个都要使用，则分别将个别的值填入 TL0 及 TH0 计数寄存器。而填入 TL0 或 TH0 计数寄存器的方法与 Mode 2 一样。

7-1-5 定时器/计数器的应用

定时器/计数器有两种应用方式，第一种是中断方式，第二种是查询方式。若采用中断方式，则包括4项步骤，即定时器/计数器中断的设置、计数值的设置、启动定时器/计数器，以及中断子程序的编写；若采用查询方式，则不需要中断设置，也不需要中断子程序，只要设置计数值及启动定时器/计数器，然后就判断定时器/计数器的标志（TF*x*）是否动作，以决定程序流程。以中断方式为例，其五项步骤说明如下。

中断设置

中断的设置包括开启中断开关（即IE寄存器的设置）、中断优先级的设置（即IP寄存器的设置）、中断信号的设置（即TCON寄存器的设置）等。一般地，对于IE寄存器及IP寄存器的设置，例如，要开启“总开关”、“T0开关”，可以使用下列命令：

```
IE=0x82;                    // 开启中断总开关及 T0 开关
```

同理，对于IP寄存器、TMOD寄存器的设置，也可以使用类似的指令，例如，要把T1中断的优先级提高，并设置为内部定时器、软件启动方式及Mode 1，则指令为

```
IP=0x02;            // 提升 T0 中断的优先级
TMOD=0x01;          // 设置为内部定时器、软件启动、Mode 1
```

计数值设置

在启动定时器/计数器之前，必须先设置计数值，而设置计数值的方法根据工作方式的不同有所不同，详见7-1-4节，在此不赘述。

启动定时器/计数器

若是采用软件启动，则只要在程序中出现如下指令即可：

```
TRx=1;                      // 启动 Timer x
```

其中的“*x*”是指定时器/计数器的代号，例如要启动 Timer0，则使用“TR0=1”指令，若要停用Timer0，则使用“TR0=0”指令。

中断子程序

定时器/计数器的中断子程序与第6章所介绍的外部中断的中断子程序类似，中断子程序第一行的格式为：

```
void  中断子程序名称(void)    interrupt 中断编号   using  寄存器组
```

其中定时器/计数器的中断编号与外部中断的中断编号不一样，Timer0的中断编号为1，Timer1的中断编号为3，Timer2的中断编号为5，可参考表6-1。例如，要定义一个Timer1的中断子程序，其名称定义为“my_T1”，而在该中断子程序应声明为

```
void  my_T1 (void)    interrupt 3
```

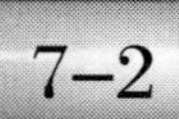

7-2 8x52 的 Timer2

本单元为选修性内容，若教学时间不够或不使用 8052，则可跳过本单元。Timer2 为 8052 才有的定时器/计数器，其结构与用法和 Timer0、Timer1 有些不同，Timer2 有三种工作方式，说明如下。

7-2-1 T2CON 寄存器

T2CON 寄存器是 Timer2 的控制寄存器，其中各位的功能说明如下。

图 7-9 T2CON 寄存器

- **TF2**：本位为 Timer2 溢出标志，当 Timer2 中断时，CPU 会将 TF2 位设置为 1；不过结束 Timer2 中断时，CPU 并不会将 TF2 恢复，必须在程序中以“TF2=0;”指令将它恢复为 0。
- **EXF2**：本位为 Timer2 的外部标志，当 T2EX 引脚（即 P1.0）输入负边沿信号且 EXEN2 位为 1 时，即进入“捕获方式”或“自动加载方式”，此时 EXF2 位将被设置为 1，并产生 Timer2 中断；不过结束 Timer2 中断时，CPU 并不会将 EXF2 恢复，必须在程序中以“EXF2=0;”指令将它恢复为 0。
- **RCLK**：本位为串行端口接收频率选择位。当 RCLK 位为 1 时，串行口将以 Timer2 溢出脉冲作为在 Mode 1 或 Mode 3 方式时接收的频率信号；若 RCLK 位为 0，串行口将以 Timer1 溢出脉冲作为接收的频率信号。
- **TCLK**：本位为串行端口传输频率选择位。当 TCLK 位为 1 时，串行口将以 Timer2 溢出脉冲作为在 Mode 1 或 Mode 3 方式时传输的频率信号；若 TCLK 位为 0 串行口将以 Timer1 溢出脉冲作为传输的频率信号。
- **EXEN2**：本位为 Timer2 的外部使能控制位，当本位为 1 时，若 Timer2 未被作为串行口的频率产生器时，且 T2EX 引脚输入一个负边沿触发信号，即可使 Timer2 进入捕获方式或自动加载方式；当本位为 0 时，Timer2 将不理 T2EX 引脚的信号变化。
- **TR2**：本位为 Timer2 的启动位，当本位为 1 时，即可启动 Timer2；若本位为 0，则停用 Timer2。
- C/$\overline{T2}$：本位为 Timer2 定时器/计数器功能切换开关，当本位为 1 时，Timer2 将执行外部计数功能，以计数 T2 引脚所输入的脉冲信号；若本位为 0，Timer2 将执行内部定时功能，以计数系统的时钟脉冲。
- CP/RL2：本位为 Timer2 的工作方式切换位，当本位为 1 时，若 EXEN2=1，且 T2EX 引脚输入一个负边沿触发信号，Timer2 将产生捕获的动作，将 TH2 与 TL2 的数据存入 RCAP2H 与 RCAP2L；当本位为 0 时，若有溢出发生或 EXEN2=1，且 T2EX 引脚输入一个负边沿触发信号，Timer2 将产生自动加载的动作，将 RCAP2H 与 RCAP2L 的数据载入 TH2 与 TL2。

Timer2 提供三种工作方式，其设置方式可归纳如表 7-2 所示。

表 7-2 Timer2 的方式

RCLK+TCLK	CP/RL2	TR2	Mode
0	0	1	16 位自动加载方式
0	1	1	16 位捕获方式
1	x	1	波特率产生器方式
x	x	0	不使用

7-2-2 捕获方式

捕获方式（Capture Mode）是将 TH2 与 TL2 寄存器的数据（16 位）RCAP2H 及 RCAP2L 寄存器结构如图 7-10 所示。

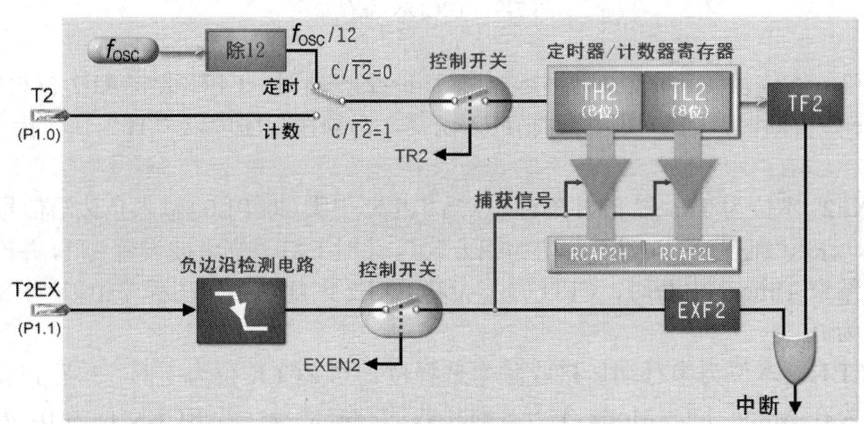

图 7-10 捕获方式

若要使用捕获方式，必须将 T2CON 寄存器里的 CP/$\overline{RL2}$ 位设置为 1。如同 Timer0、Timer1 一样，捕获方式可计数内部时钟脉冲（f_{OSC}/12），也可以计数由 T2 引脚输入的外部脉冲，只要将 T2CON 寄存器里的 C/$\overline{T2}$ 位设置为 0，则为内部定时器；将 T2CON 寄存器里的 C/$\overline{T2}$ 位设置为 1，则为外部计数器。另外，T2CON 寄存器里的 EXEN2 位也要设置为 1，才能进行捕获方式。而 Timer2 的启动开关为 TR2，若将 TR2 设置为 1，即可启动 Timer2；TR2=0，即可停用 Timer2。

启动 Timer2 后，Timer2 即进行计数工作，若检测到 T2EX 引脚输入信号中含有负边沿信号，即启动捕获信号，当时 TH2 寄存器的内容将被复制到 RCAP2H 寄存器，TL2 寄存器的内容将被复制到 RCAP2L 寄存器，同时 EXF2 位设置为 1，并产生 Timer2 中断。不过，Timer2 的中断并不影响计数的动作，待 Timer2 计数溢出时，则 TF2 位设置为 1，并产生 Timer2 中断。归纳上述内容，若要采用捕获方式工作，必须使 CP/$\overline{RL2}$=1，EXEN2=1，再使 TR2=1，即可进入捕获方式，Timer2 即可计数。若 T2EX 引脚输入信号中含有负边沿，即启动捕获信号，同时产生 Timer2 中断。当 Timer2 计数溢出，又产生 Timer2 中断。

7-2-3 自动加载方式

自动加载方式（Auto-Reload Mode）是自动将 RCAP2H 及 RCAP2L 寄存器的数据（16 位）载入 TH2 与 TL2 寄存器，其结构如图 7-11 所示。

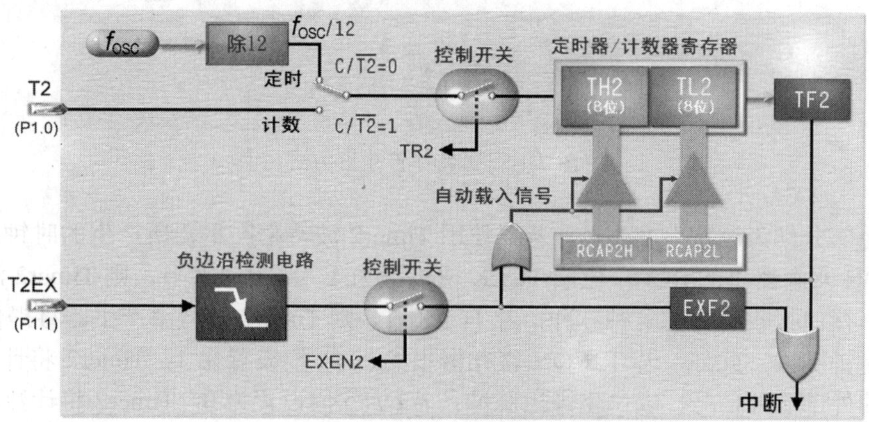

图 7-11 自动加载方式

若要使用自动加载方式，必须将 T2CON 寄存器里的 CP/$\overline{RL2}$ 位设置为 0。Timer2 的自动加载方式与 Timer0、Timer1 的 Mode 2 类似，只有 Timer0、Timer1 的 Mode 2 是 8 位的自动加载功能，Timer2 的自动加载方式则是 16 位。同样地，自动加载方式可计数内部时钟脉冲（$f_{OSC}/12$），也可以计数由 T2 引脚输入的外部脉冲，只要将 T2CON 寄存器里的 C/$\overline{T2}$ 位设置为 0，则为内部定时器；将 T2CON 寄存器里的 C/$\overline{T2}$ 位设置为 1，则为外部计数器。另外，T2CON 寄存器里的 EXEN2 位也要设置为 1 才能进行自动加载方式。而 Timer2 的启动开关为 TR2，若将 TR2 设置为 1，即可启动 Timer2；TR2=0，即可停用 Timer2。

启动 Timer2 后，Timer2 即进行计数工作，若检测到 T2EX 引脚输入信号中含有负边沿，即启动自动加载信号，当时 RCAP2H 寄存器的内容将被复制到 TH2 寄存器，RCAP2L 寄存器的内容将被复制到 TL2 寄存器，同时 EXF2 位设置为 1，并产生 Timer2 中断。不过，Timer2 的中断并不影响计数的动作，待 Timer2 计数溢出时，则 TF2 位设置为 1，并产生 Timer2 中断。

归纳上述内容，若要采用自动加载方式工作，必须使 CP/$\overline{RL2}$ =0，EXEN2=1，再使 TR2=1，即可进入自动加载方式，Timer2 即可计数。若 T2EX 引脚输入信号中含有负边沿，即启动自动加载信号，同时产生 Timer2 中断。当 Timer2 计数溢出，又产生 Timer2 中断。

7-2-4 波特率发生方式

MCS-51 的串行口传输率（波特率，Baud）可由 Timer1 或 Timer2 所产生的溢出脉冲来控制，Timer2 的波特率产生器方式就是提供串行口传送与接收的时钟脉冲，其结构如图 7-12 所示。在波特率产生器方式下，Timer2 可分为两个独立的部分，在下面的区域里，若 EXEN2 位设置为 1，则只要检测到 T2EX 引脚上有负边沿信号，即可使 EXF2 标志设置为 1，同时产生 Timer2 中断。

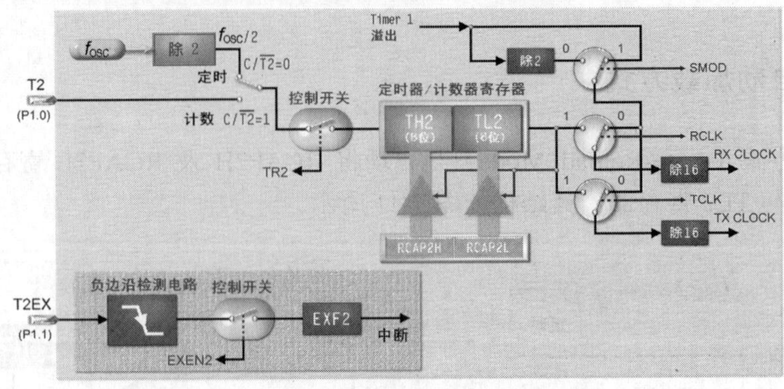

图 7-12 波特率产生器方式

在其他部分则为波特率产生器，若要使用 Timer2 波特率产生器所产生的时钟脉冲，则必须将 T2CON 寄存器里的 RCLK 位或 TCLK 位设置为 1。当 RCLK=1，则 Timer2 波特率产生器将提供串行口接收所需的时钟脉冲；若 TCLK=1，则 Timer2 波特率产生器将提供串行口传送所需的时钟脉冲。此外，若 T2CON 寄存器里的 C/$\overline{T2}$ 位设置为 1，Timer2 将计数由 T2 引脚所输入的外部脉冲信号，以产生溢出脉冲；若 C/$\overline{T2}$ 位设置为 0，Timer2 将计数由 $f$osc/2 的内部时钟脉冲信号，以产生溢出脉冲，因此，其所产生的波特率为

$$\frac{f_{osc}/2}{16\times[65536-(\text{RCAP2H,RCAP2L})]}$$

当然，Timer2 的启动开关还是为 TR2，若将 TR2 设置为 1，即可启动 Timer2；TR2=0，即可停用 Timer2。若 RCLK 位或 TCLK 位都不为 1，则串行口将采用 Timer1 所产生的时钟脉冲。

7-3 8x51 的节电方式

顾名思义，“节电方式”就是要让系统的耗电量低，同时又能保持系统中的数据，这样才能在使用电池的状态下长时间运行。8051 的 CHMOS 版本提供两种节电方式，即待机方式（**idle** mode，简称 **IDL** 方式）与掉电方式（**power-down** mode，简称 **PD** 方式）。图 7-13 所示为 8051 内部的功率控制示意图，其中的 IDL 端点与 PD 端点连接到电源控制寄存器 PCON 的 IDL 及 PD 位，而此部分控制了整个 CPU 所需的时钟脉冲，说明如下。

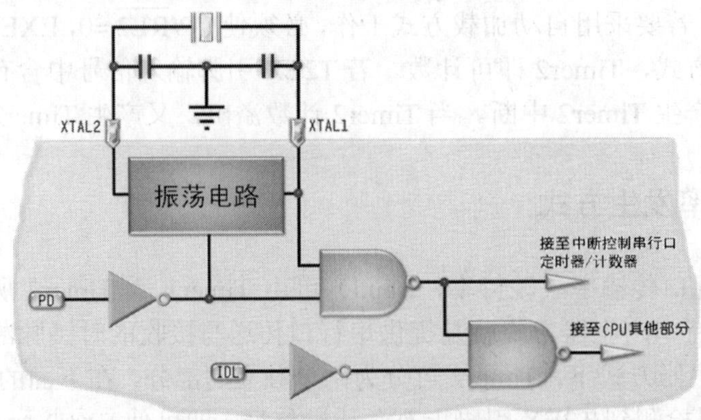

图 7-13 8051 功率控制示意图

7-3-1 待机方式

若 IDL 端点为 1，则进入待机方式，除了中断、串行口、定时器/计数器等仍正常提供时钟脉冲外，CPU 的其他部分均无时钟脉冲。因此 CPU 将停止，而其中各寄存器、堆栈、存储器、输入/输出端口等的数据并不会消失。如图 7-14 所示为待机方式的状态，若要结束待机方式，只要让 IDL 端点为 0 即可正常提供各部门时钟脉冲，CPU 将恢复正常运行。若要让 IDL 端点为 0，可以用下列任一种方法达成。

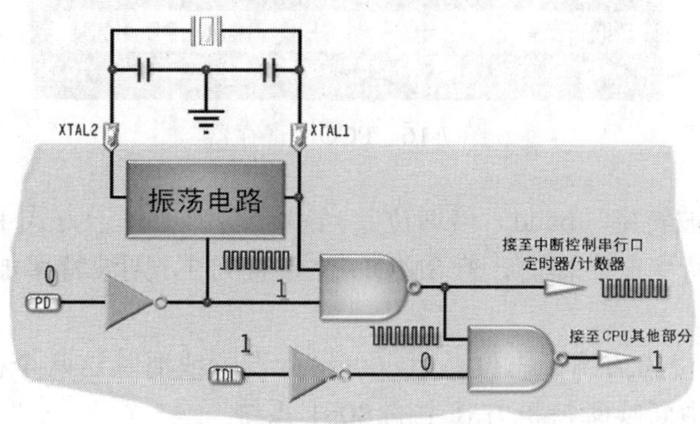

图 7-14 待机方式

（1）启动任一个中断，再由其中断子程序将 IDL 设置为 1。

（2）让系统复位，也就是让 RESET 引脚（第 9 脚）为高电平，持续 2 个机器周期（2μs），则 CPU 内各寄存器恢复为初始状态，PCON 寄存器里的 IDL 位将恢复为 0，也就是说 IDL 端点为 0。不过，系统复位后，各寄存器、输入/输出端口等的数据将消失，但存储器内的数据仍在。

7-3-2 掉电方式

若 PD 端点为 1，则进入掉电方式，此时完全不提供时钟脉冲，功率损耗降至最低。外加电源也可由原来的+5V 降至+2V。当然，各寄存器、堆栈、存储器、输入/输出端口等的数据并不会消失。图 7-15 所示为掉电方式的状态。

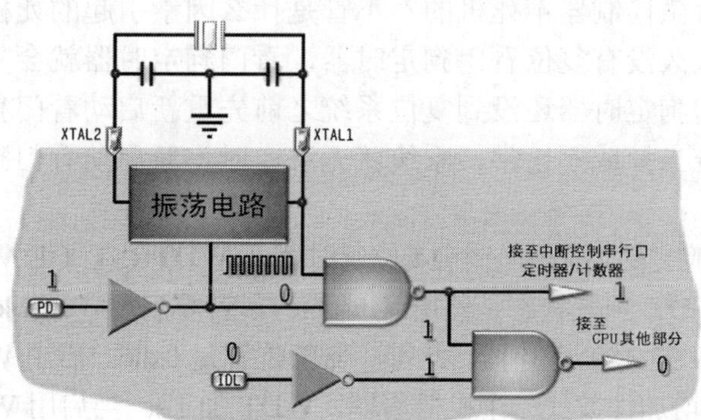

图 7-15 掉电方式

若要结束掉电方式，必须先将电源恢复+5V，然后让系统复位，即让 RESET 引脚（第 9 脚）为高电平，且需持续 10ms 以上。

7-3-3 电源控制寄存器 PCON

由上述可得知，PCON 寄存器是控制电源管理的寄存器，其地址为 87H，不是可位寻址的寄存器，如图 7-16 所示，其中各位说明如下。

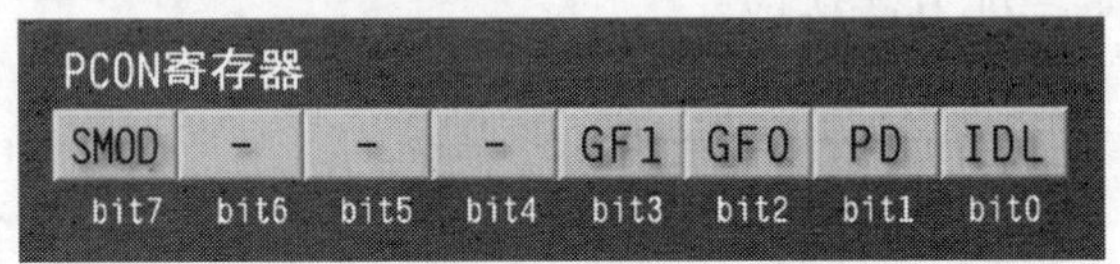

图 7-16 PCON 寄存器

- SMOD 位为波特率（baud）倍增位。当串行端口工作于方式 1、方式 2、方式 3，且使用定时器 1 为其波特率产生器时，若 SMOD 位设置为 1，则波特率加倍；若 SMOD 位设置为 0，则波特率正常。
- GF1 与 GF0 位为通用标志位，用户可自行设置或清除这两个标志。通常，我们是使用这两个标志作为由中断唤醒待机方式中的 8051 系统。
- PD 位为掉电方式位。当 PD=1，即可进入掉电方式；PD=0，即可结束掉电方式。
- IDL 位为待机方式位。当 IDL=1，即可进入待机方式；IDL=0，即可结束待机方式。

当系统复位时，PCON 寄存器的初始状态恢复为 0xxx0000B（CHMOS 版本的 8051），若是 HMOS 版本的 8051，则为 0xxxxxxxB。

7-4 认识看门狗定时器

看门狗定时器（Watchdog Timer，**WDT**）是一种微控制器防止“跑飞”器件，当系统超过某个时间没有动作时，WDT 就自动复位，让系统复归为正常运行状态。大部分微控制器都有内部 WDT，51 系列早就有内部 WDT 的特殊结构芯片，而到了 89S51 才正式列为基本配备。

顾名思义，“看门狗”就是要来帮助微控制器看家的小宠物。在第 1 章介绍 8051 的引脚时，曾经提及“系统久久不动，就要按一下 RESET 钮，以复位系统”，这“系统久久不动”就是俗称的死机。哪有微控制器不死机的？不管是什么因素引起的死机，死机后，微控制器必然不正常。若系统太久没有复位看门狗定时器，看门狗定时器就会复位系统。因此，在执行程序时，必须在看门狗定时器还没到复位系统之前先重新启动看门狗定时器，让它没有机会复位系统。万一系统当掉或不正常，系统就无法实时重新启动看门狗定时器，看门狗定时器就会复位系统。

89S51 内部的看门狗定时器是由一个 **14** 位定时器及 **WDTRST（即 Watchdog Timer Reset）**寄存器所构成的，而 WDT 预置状态是停用（disable）。若要启用（enable）WDT 功能，则需依次将 0x1e、0xe1 放入 WDTRST 寄存器，此寄存器的位置是 0xa6。启用 WDT 后，此计数器将随时钟脉冲的机器周期而增加计数（一个机器周期，WDT 加 1）。当启用 WDT 后，只有复位（不管是直接由 RESET 引脚复位，还是 WDT 溢出的复位）才会停用 WDT。虽然启用 WDT 后不可停用，但可以复位 WDT，让它重新定时；复位 WDT 的方法与启用 WDT 一样，只要依次将 0x1e、0xe1 放入 WDTRST 寄存器即可。换言之，程序必须在 WDT 溢出之前将 0x1e、0xe1 放入 WDTRST 寄存器的动作，否则，CPU 将被复位，程序就不能顺利执行。

当 14 位定时器溢出（达到 16383，即 0x3fff），即由 RESET 引脚送出一个高电平脉冲以复位器件。每经过 16384（即 214）个机器周期（溢出），WDT 将产生一个高电平的复位信号；换言之，以 12MHz 的时钟脉冲为例，每 16384μs（约 0.016s）即产生一个复位信号。而此复位信号的脉冲宽度为 $98\times T_{\mathrm{OSC}}$，其中 $T_{\mathrm{OSC}}=1/f_{\mathrm{OSC}}$，脉冲的宽度为 $98\times\frac{1}{12\times10^6}\cong 8.167\mu s$。

启用 WDT 与复位 WDT

当我们要启用 WDT 或复位 WDT 时，可在汇编语言的程序中放入下列指令：

```
mov		WDTRST, #1eh
mov		WDTRST, #e1h
```

由于 reg51.h 之中并没有声明 WDTRST 寄存器，若要在 C 语言里启用 WDT 或复位 WDT 功能，就必须先声明 WDTRST 寄存器如下：

```
sfr	WDTRST = 0xa6;
```

在程序中可以用下列指令启用 WDT 或复位 WDT 功能：

```
WDTRST = 0x1e;
WDTRST = 0xe1;
```

在掉电方式下的 WDT

在掉电方式下，内部振荡器将停止，当然 WDT 也就停止运行。因此，不必进行 WDT 溢出之前复位 WDT 的动作。不过，在进行退出掉电方式时，WDT 就可能会有影响。退出掉电方式的方法有两个，第一个方法是经由硬件复位，第二个方法是经由低电平动作的外部中断。

若以硬件复位方式复位之后，程序必须在 WDT 溢出之前复位 WDT，以防止 WDT 将 CPU 复位。

若以外部中断的方式退出掉电方式，情况就大不同。由于以外部中断时，外部中断引脚必须为低电平，且持续一段时间，让系统的振荡电路趋于稳定。所幸外部中断引脚为低电平时，WDT 并不启动，直到外部中断引脚为高电平时才会启动。

不管使用哪种退出掉电方式的方式，在此建议，进入掉电方式之前最好能复位 WDT，以确保在外部中断的方式退出掉电方式时。WDT 不会在系统恢复正常不久即溢出而复位 CPU。

在待机方式下的 WDT

在 AUXR 寄存器中，WDIDLE 位的功能是用来决定 WDT 在待机方式下是否继续计数。若 WDIDLE=0（预置状态），则在待机方式下，WDT 仍然继续计数。为了防止 WDT 在待机方式时复位 CPU，可周期性地退出待机方式、复位 WDT，再重新进入待机方式方式。

当启用 WDIDLE 位（即 WDIDLE=1）时，在待机方式下 WDT 将停止计数，直到退出待机方式后，WDT 才会恢复计数。

在 reg51.h 之中也没有声明 AUXR 寄存器及 WDIDLE 位，所以必须先声明，声明如下：

```
sfr    AUXR= 0xa2;
```

于是便可在程序中以下列指令让 CPU 在待机方式时 WDT 将停止计数：

```
AUXR = 0x10;
```

7–5 实例演练

在本单元里提供如下四个范例。

7-5-1 闪烁灯——查询方式

实验要点

本实验的目的只是为了了解 8051 的定时器的应用，所以利用非常简单的电路与程序，让大家知道如何以 C 语言设计定时器中断程序。如图 7-17 所示，由 P1 驱动 8 个 LED，我们将设计一个程序，每 0.25s 这 8 个 LED 交替闪烁一次。而定时器的应用可分为查询方式与中断方式，所谓“查询方式”是主程序什么也不做，只是不断地查询定时器是否中断了，而不需准备中断子程序。“中断方式”则是主程序专注于其他事情，待定时器中断时才执行中断子程序。在此将以查询方式进行闪烁灯的控制。

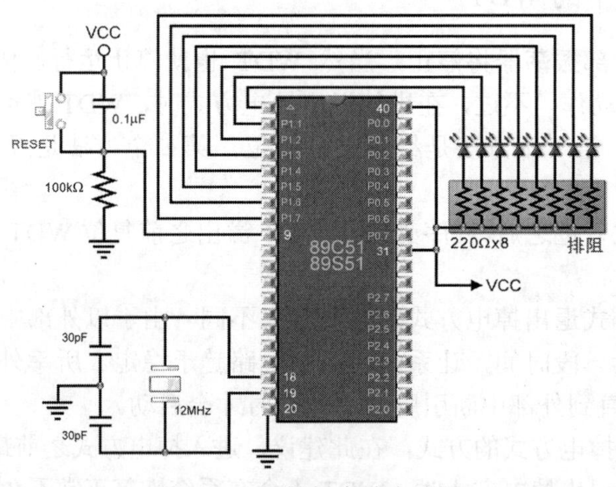

图 7-17 闪烁灯实验电路图

流程图与程序设计

在此可使用 Timer0 或 Timer1 来定时，不管使用哪个 Timer，都可使用 Mode 0、Mode 1、Mode 2 或 Mode 3。当然，能使用 Mode 0 的场合，必然可使用 Mode 1 代替，而可使用 Mode 3 的场合，也必然可使用 Mode 2 代替。因此，只需要学会应用 Mode 1 与 Mode 2。

以 12MHz 的系统而言，说明如下。

- 当在 Mode 0 方式工作时，每次最多可计数 8192，约 8ms，若只计数 **5000**，则为 5ms，必须重复 **50** 次才延迟 0.2s（5ms×50）。
- 当在 Mode 1 方式工作时，每次最多可计数 65536，约 65ms，若只计数 **50000**，则为 50ms，必须重复 **5** 次才延迟 0.25s（50ms×5）。
- 当在 Mode 2 或 Mode 3 方式工作时，每次最多可计数 256，约 0.25ms，若只计数 **250**，则为 0.25ms，必须重复 **1000** 次才延迟 0.25s（0.25ms×1000）。

在此以 Mode 1 为例，每次计数值为 50000，而重复 5 次后即将切换 LED 的状态。不过，查询的设置必须注意两点。

- 可以不设置中断使能寄存器，即不开启中断总开关与定时器开关。
- 当定时器标志变为 **1** 之后，还应使用“TF0=0;”将定时器标志变为 **0**，该定时器才能重新启用。

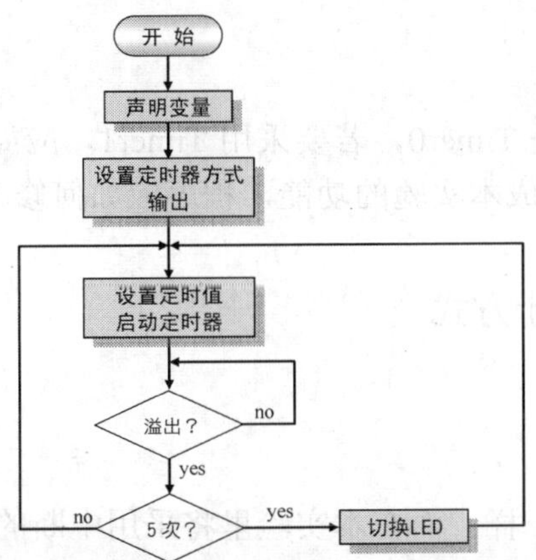


```
/* ch07-5-1.c——定时器实验 1—查询方式（高低位灯互闪）*/
//==声明区==================================
#include    <reg51.h>                    // 定义 8x51 寄存器的头文件
#define     LED P1                       // 定义 LED 接至 P1
#define     count 50000                  // T0（Mode 1）的计数值，约 0.05s
#define     TH_M1 (65636-count)/256      // T0（Mode 1）计数高 8 位
#define     TL_M1 (65636-count)%256      // T0（Mode 1）计数低 8 位
//==主程序==================================
main()                                   // 主程序开始
{   int i;                               // 声明 i 变量
    TMOD &= 0xf1; TMOD |= 0x01;          // 设置 T0 为 Mode 1
    LED=0xf0;                            // LED 初值=1111 0000,右 4 灯亮
    while(1)                             // 无穷循环
    {   for (i=0;i<5;i++)                // for 循环，定时中断 5 次
        {   TH0=TH_M1;                   // 设置高 8 位
            TL0=TL_M1;                   // 设置低 8 位
            TR0=1;                       // 启动 T0
            while(TF0==0);               // 等待溢出（TF0==1）
            TF0=0;                       // 溢位后清除 TF0，关闭 T0
        }                                // for 循环定时结束
        LED=~LED;                        // 输出反相
```

```
    }                                   // while 循环结束
}                                       // 主程序结束
```

定时器实验（ch07-5-1.c）

操作

1．根据功能要求与电路结构，在 Keil C 里编写程序并进行生成（单击 按钮），以产生*.HEX 文件。然后进行软件调试/仿真，看看其功能是否正常。若有错误或非预期的状态，则检查源程序，看看哪里出了问题，修改并将它记录在实验报告里。

2．若软件调试/仿真功能正常，可使用 89S51 在线刻录实验板直接刻录，并直接进行硬件实验，看看功能是否正常。

3．编写实验报告。

思考一下

1．在本实验里所采用的是 Timer0，若要采用 Timer1，应如何修改？

2．若要使用 Mode 2 来完成本实验的功能，程序应如何修改？

7-5-2 闪烁灯——中断方式

实验要点

本实验的目的与 7-5-1 节一样，而在本实验里将采用中断的方式进行。

流程图与程序设计

在此的定时方式与 7-5-1 节一样，但程序的结构不同，并且需要中断子程序，流程图与整个程序如下。

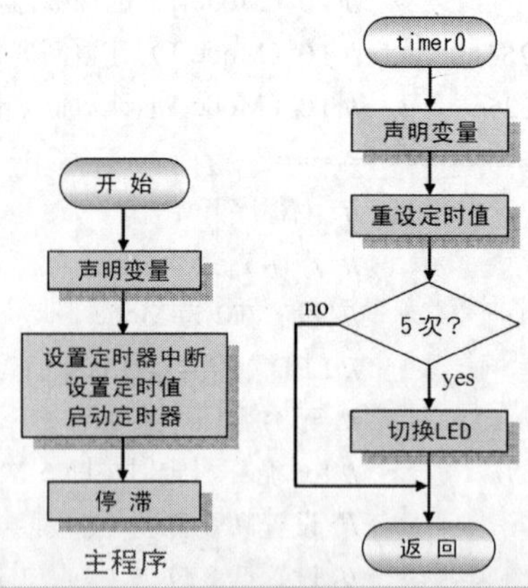

主程序

```
/* ch07-5-2.c——定时器实验 2—中断方式（高低位灯互闪）*/
//==声明区=================================
#include    <reg51.h>                   // 定义 8x51 寄存器的头文件
#define     LED     P1                  // 定义 LED 接至 P1
#define     count   50000               // T0（Mode 1）的计数值，约 0.05s
```

```
#define      TH_M1 (65636-count)/256                    // T0（Mode 1）计数高 8 位
#define      TL_M1 (65636-count)%256                    // T0（Mode 1）计数低 8 位
int    IntCount=0;                                       // 声明 IntCount 变量，计算 T0 中断次数
//==主程序=================================
main()                                                   // 主程序开始
{    IE=0x82;                                            // 启用 T0 中断
     TMOD &= 0xf1;TMOD |= 0x01;                          // 设置 T0 为 Mode 1
     TH0=TH_M1; TL0=TL_M1;                               // 设置 T0 计数值高 8 位、低 8 位
     TR0=1;                                              // 启动 T0
     LED=0xf0;                                           // LED 初值=1111 0000，右 4 灯亮
     while(1);                                           // 无穷循环
}                                                        // 主程序结束
//== T0 中断子程序——每中断 5 次 LED 反相 ===============
void timer0(void) interrupt 1                            // T0 中断子程序开始
{    TH0=TH_M1; TL0=TL_M1;                               // 设置 T0 计数值高 8 位、低 8 位
     if (++IntCount==5)                                  // 若 T0 已中断 5 次数
     {    IntCount=0;                                    // 重新计数
          LED^=0xff;                                     // 输出相反
     }                                                   // if 语句结束
}                                                        // T0 中断子程序
```

定时器实验（ch07-5-2.c）

操作

1．根据功能要求与电路结构，在 Keil C 里编写程序并进行生成（单击按钮），以产生*.HEX 文件。然后进行软件调试/仿真，看看其功能是否正常。若有错误或非预期的状态，则检查源程序，看看哪里出了问题，修改并将它记录在实验报告里。

2．若软件调试/仿真功能正常，可使用 89S51 在线刻录实验板直接刻录，并直接进行硬件实验，看看功能是否正常。

3．编写实验报告。

思考一下

在本实验里，主程序没有做任何事情，只是在等待。若要让主程序进行 P0 的单灯左移，应如何修改？

7-5-3 60 秒定时器

实验要点

如图 7-18 所示，P2 驱动两位数七段显示器模块，P1.0 与 P1.1 为两位数七段显示器模块的扫描信号，其中 P1.0 为个位数的扫描信号，P1.1 为十位数的扫描信号。在此将利用 Timer0 作为定时器，两个七段显示器从“00”开始显示，每 1 秒增加 1，到达“59”后，再从“00”开始，也就是 60s 的定时器。每 60s，D1 切换一次（原来亮的变成灭；原来不亮的变成亮）。

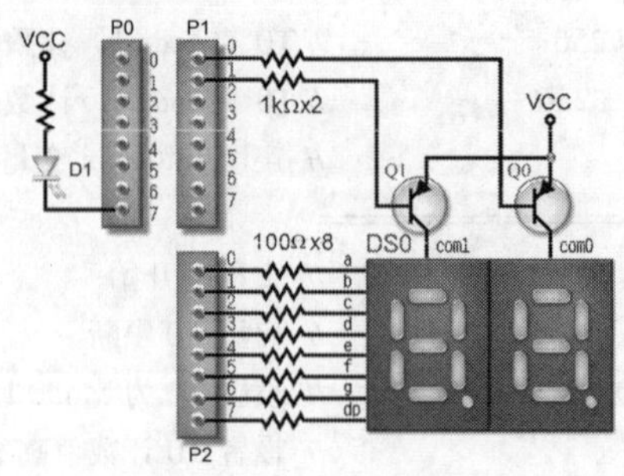

图 7-18 60 秒定时电路图

流程图与程序设计

在此要使用 Timer0 来定时，每秒显示数字加 1，若使用 Mode 1，则计数值设置为 50000（即 50ms），重复次数为 20，在此设置下列变量。

```
int    TH_M1=(65636-50000)/256;       // 声明 T0 计数值的高 8 位
int    TL_M1=(65636-50000)%256;       // 声明 T0 计数值的低 8 位
char count0=20;                        // 重复次数
```

而 Timer1 作为扫描周期的控制，每 8ms 扫描一个数字，若也使用 Mode 1，则只要计数值为 8000，而不需重复执行。不过，在此刻意使用 Mode 2，则只要计数值为 250，重复执行 32 次，才为 8ms，在此设置下列变量。

```
int TH_M2=(256-250);                   // 声明 T1 自动加载计数值
int TL_M2=(256-250);                   // 声明 T1 计数值
char count1=32;                        // 重复次数
```

流程图及整个程序如下所示。

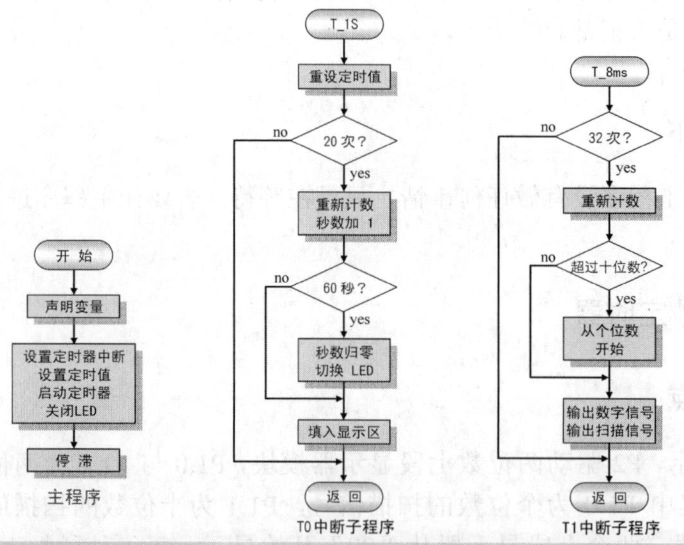


```
/* ch07-5-3.c——定时器实验 3—60 秒计数器（每 1 分钟 LED 反相 1 次）*/
//==声明区==================================
#include <reg51.h>                          // 定义 8051 寄存器的头文件
```

```
#define   SEG      P2                                    // 定义七段显示器接至 P2
#define   SCANP P1                                       // 定义扫描线接至 P1
sbit    LED=P0^7;                                        // 声明 LED 接至 P0.7
/*声明 T0 定时相关声明*/                                  // THx TLx 计算参考前面单元
#define        count_M1   50000                          // T0（Mode 1）的计数值，0.05s
#define        TH_M1      (65636-count_M1)/256           // T0（Mode 1）计数高 8 位
#define        TL_M1      (65636-count_M1)%256           // T0（Mode 1）计数低 8 位
int count_T0=0;                                          // 计算 T0 中断次数
/*声明 T1 扫描相关声明*/
#define        count_M2   250                            // T1（Mode 2）的计数值，0.25ms
#define        TH_M2      (256-count_M2)                 // T1（Mode 2）自动加载计数
#define        TL_M2      (256-count_M2)                 // T1（Mode 2）计数值
char count_T1=0;                                         // 计算 T1 中断次数
/* 声明七段显示器驱动信号数组（共阳）*/
char code TAB[10]={     0xc0, 0xf9, 0xa4, 0xb0, 0x99,    //数字 0～4
                        0x92, 0x83, 0xf8, 0x80, 0x98 };  //数字 5～9
char disp[2]={ 0xc0, 0xc0 };                             // 声明显示区数组初始显示 00
/* 声明基本变量 */
char seconds=0;                                          // 秒数
char scan=0;                                             // 扫描信号
//==主程序==================================
main()                                                   // 主程序开始
{    IE=0x8a;                                            // 1000 1010，启用 TF0、TF1 中断
     TMOD=0x21;                                          // 0010 0001，T1 采用 Mode 2，T0 采用 Mode 1
     TH0=TH_M1; TL0=TL_M1;                               // 设置 T0 计数值高 8 位、低 8 位
     TR0=1;                                              // 启动 T0
     TH1=TH_M2; TL1=TL_M2;                               // 设置 T1 自动加载值、计数值
     TR1=1;                                              // 启动 T1
     LED=1;                                              // 关闭 LED
     while(1);                                           // 无穷循环
}                                                        // 主程序结束
//== T0 中断子程序——计算并显示秒数 ==================
void T0_1s(void) interrupt 1                             // T0 中断子程序开始
{    TH0=TH_M1; TL0=TL_M1;                               // 设置 T0 计数值高 8 位、低 8 位
     if (++count_T0==20)                                 // 若中断 20 次，即 0.05×20=1s
     {    count_T0=0;                                    // 重新计数
          seconds++;                                     // 秒数加 1
          if (seconds==60)                               // 若超过 60s
          {     seconds=0;                               // 秒数归 0，重新开始
                LED=~LED;                                // 切换 LED
          }                                              // if 语句结束（超过 60s）
     }                                                   // if 语句结束（中断 20 次）
     disp[1]=TAB[seconds/10];                            // 填入十位数显示区
     disp[0]=TAB[seconds%10];                            // 填入个位数显示区
}                                                        // T0 中断子程序结束
```

```
//===T1 中断子程序——扫描 ===========================
void T1_8ms(void) interrupt 3                    // T1 中断子程序开始
{    if (++count_T1==32)                         // 若中断 32 次，即 0.25m×32=8ms
     {    count_T1=0;                            // 重新计数
          if (++scan==3) scan=1;                 // 若超过十位数，显示个位
          SEG=0xff;                              // 关闭七段显示器
          SCANP=~scan;                           // 输出扫描信号
          SEG=disp[scan-1];                      // 输出显示信号
     }                                           // 结束 if 判断（中断 32 次）
}                                                // T0 中断子程序结束
```

定时器实验（ch07-5-3.c）

操作

1．根据功能要求与电路结构，在 Keil C 里编写程序并进行生成（单击按钮），以产生*.HEX 文件。然后进行软件调试/仿真，看看其功能是否正常。若有错误或非预期的状态，则检查源程序，看看哪里出了问题，修改并将它记录在实验报告里。

2．若软件调试/仿真功能正常，可按图 7-18 连接线路，并使用在线仿真器加载新的程序（*.HEX），以仿真该电路的动作。若有非预期的状态，则检查线路的连接状态，看看哪里出了问题并将它记录在实验报告里。

3．若在线仿真功能正常，将程序刻录到 89S51（可使用 89S51 在线刻录实验板），再把该 89S51 放入实际电路，以取代刚才的在线仿真器，然后直接送电，看看是否正常。

4．编写实验报告。

思考一下

若要使用 Mode 0 或 Mode 2 来完成本实验的功能，程序应如何修改？

7-5-4　秒表

实验要点

如图 7-19 所示，PB0 所接的按钮开关具有启动秒表及停止秒表的功能，按一下 PB0 按钮开关，即可开始定时。同样地，七段显示器上每秒增加 1；再按一下 PB0 按钮开关，即可停止定时。PB1 所接的按钮开关的功能是将秒表归零，按一下 PB1 按钮开关，则不管有没有定时，七段显示器将从 00 开始。

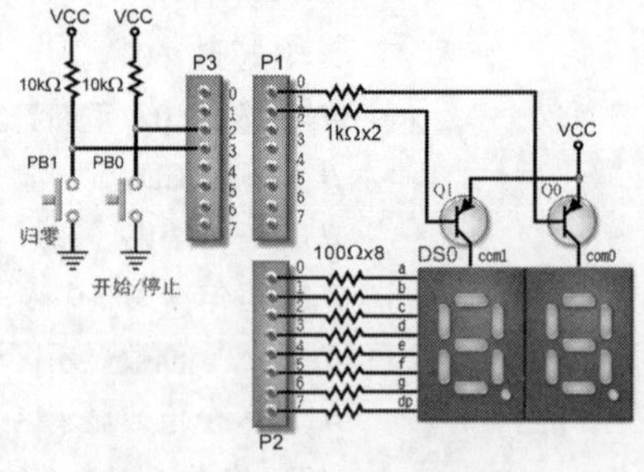

图 7-19　简易码表电路图

流程图与程序设计

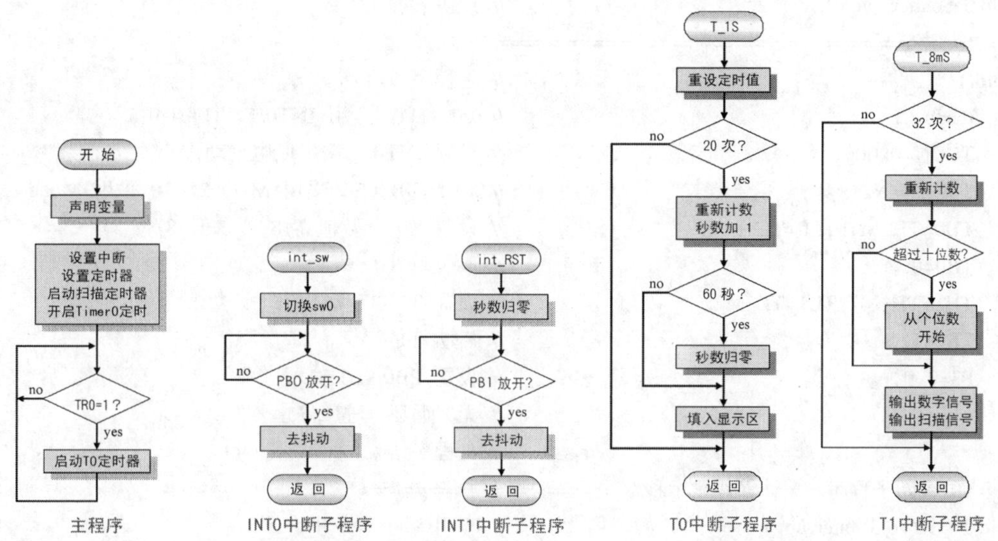

一般地，在此所采用的 1 秒定时与显示与 7-4-3 节类似。而在本单元最主要的是设计一个具有切换功能（Toggle）的中断，也就是第一次按 PB0 中断（INT0 中断）时开始定时；第二次按 PB0 中断时停止定时；第三次按 PB0 中断时又开始定时，就像一个切换开关一样。我们只要在 INT0 中断子程序里，切换 TR0 的状态，也就是“**TR0=~TR0;**”命令，即可达到目的。而按 PB1 所启动的中断子程序只是将秒数（seconds）变成 0。

```
/* ch07-5-4.c——码表实验   PB0:开始/暂停  PB1:归零  */
//==声明区==================================
#include <reg51.h>                          // 定义 8051 寄存器的头文件
#define   SEG      P2                       // 定义七段显示器接至 P2
#define   SCANP  P1                         // 定义扫描线接至 P1
sbit   PB0=P3^2;                            // PB0 按钮接至 P3.2（INT0）
sbit   PB1=P3^3;                            // PB1 按钮接至 P3.3（INT1）
/*声明 T0 定时相关声明*/                     // THx TLx 计算参考前面单元
#define      count_M1      50000            // T0（Mode 1）的计数值，0.05s
#define      TH_M1      (65636-count_M1)/256   // T0（Mode 1）计数高 8 位
#define      TL_M1      (65636-count_M1)%256   // T0（Mode 1）计数低 8 位
int count_T0=0;                             // 计算 T0 中断次数
/*声明 T1 扫描相关声明*/
#define      count_M2           250         // T1（Mode 2）的计数值，0.25ms
#define      TH_M2      (256-count_M2)      // T1（Mode 2）自动加载计数
#define      TL_M2      (256-count_M2)      // T1（Mode 2）计数值
char count_T1=0;                            // 计算 T1 中断次数
/* 声明七段显示器驱动信号数组（共阳）*/
char code TAB[10]={   0xc0, 0xf9, 0xa4, 0xb0, 0x99,     //  数字 0～4
                      0x92, 0x83, 0xf8, 0x80, 0x98 };   //  数字 5～9
char disp[2]={ 0xc0, 0xc0 };                // 声明显示区数组初始显示 00
/* 声明基本变量 */
```

```
char seconds=0;                              // 秒数
char scan=0;                                 // 扫描信号
void debouncer(void);                        // 声明去抖动函数
//==主程序================================
main()                                       // 主程序开始
{   IE=0x8f;                                 // 10001111，启用 INT0/1、TF0/1 中断
    TCON=0x00;                               // 设置 INT0/1 采用低电平动作
    TMOD=0x21;                               // 0010 0001，T1 采用 Mode 2，T0 采用 Mode 1
    TH0=TH_M1; TL0=TL_M1;                    // 设置 T0 计数值高 8 位、低 8 位
    TR0=0;                                   // 不启动 T0
    TH1=TH_M2; TL1=TL_M2;                    // 设置 T1 自动加载值、计数值
    TR1=1;                                   // 启动 T1
    P3=0xff;                                 // 设置 PB0/PB1 输入
    while(1);                                // 无穷循环，程序停止
}                                            // 主程序结束
//== T0 中断子程序——计算并显示秒数 ==================
void T0_1s(void) interrupt 1                 // T0 中断子程序开始
{   TH0=TH_M1; TL0=TL_M1;                    // 设置 T0 计数值高 8 位、低 8 位
    if (++count_T0==20)                      // 若中断 20 次，即 0.05×20=1s
    {   count_T0=0;                          // 重新计数
        seconds++;                           // 秒数加 1
        if (seconds==60)                     // 若超过 60s
            seconds=0;                       // 秒数归 0，重新开始
    }                                        // if 语句结束（中断 20 次）
    disp[1]=TAB[seconds/10];                 // 填入十位数显示区
    disp[0]=TAB[seconds%10];                 // 填入个位数显示区
}                                            // T0 中断子程序结束
//===T1 中断子程序——扫描 ==========================
void T1_8ms(void) interrupt 3                // T1 中断子程序开始
{   if (++count_T1==32)                      // 若中断 32 次，即 0.25ms×32=8ms
    {   count_T1=0;                          // 重新计数
        if (++scan==3) scan=1;               // 若超过十位数，显示个位
        SEG=0xff;                            // 关闭七段显示器
        SCANP=~scan;                         // 输出扫描信号
        SEG=disp[scan-1];                    // 输出显示信号
    }                                        // 结束 if 判断（中断 32 次）
}                                            // T0 中断子程序结束
//==int0 中断子程序——码表的开始/暂停 ==================
void int0_sw(void) interrupt 0               // int0 中断子程序开始
{   TR0=~TR0;                                // 切换 T0 为开始/暂停
    while(PB0==0);                           // 等待放开 PB0
    debouncer();                             // 去抖动
}                                            // int 0 中断子程序结束
//==int 1 中断子程序——码表归零 =======================
void int1_RST(void) interrupt 2              // int 1 中断子程序开始
```

```
{   while(PB1==0);                              // 等待放开 PB1
    debouncer();                                // 去抖动
    seconds=0;                                  // 秒数归零
    disp[0]=disp[1]=0xc0;                       // 显示
}                                               // int 1 中断子程序结束
//===去抖动函数======================================
void debouncer(void)                            // 去抖动函数开始
    {   int i;                                  // 声明变量 i
        for(i=0;i<2400;i++);                    // 连数 2400 次，约 20ms
}                                               // 去抖动函数结束
```

码表实验（ch07-5-4.c）

操作

1．根据功能要求与电路结构，在 Keil C 里编写程序并进行生成（单击按钮），以产生*.HEX 文件。然后进行软件调试/仿真，看看其功能是否正常。若有错误或非预期的状态，则检查源程序，看看哪里出了问题，修改并将它记录在实验报告里。

2．若软件调试/仿真功能正常，可按图 7-19 连接线路，并使用在线仿真器加载新的程序（*.HEX），以仿真该电路的动作。若有非预期的状态，则检查线路的连接状态，看看哪里出了问题并将它记录在实验报告里。

3．若在线仿真功能正常，将程序刻录到 89S51（可使用 89S51 在线刻录实验板），再把该 89S51 放入实际电路，以取代刚才的在线仿真器，然后直接送电，看看是否正常。

4．编写实验报告。

思考一下

1．在本实验里所设计的是 0 到 59s 的秒表，将定时范围改成 0 到 99 秒。

2．在本实验里使用两位数的七段显示器模块，修改电路，采用 4 位数的七段显示器模块，而其定时范围改成 0 到 9999s。

3．接续第 2 题，修改电路，将其定时范围改成 0 到 59 分 59 秒，而这 4 位数，右边两位为秒数，可从 0 到 59；左边两位为分钟数，可从 0 到 59，第 60 秒时，分钟数加 1，而第 60 分时归零。

7-5-5 频率发生器

实验要点

如图 7-20 所示，由 P2.0～P2.3 输入 BCD 拨码开关的状态，根据 BCD 拨码开关的状态，输出相对应的频率，如表 7-3 所示。

表 7-3 BCD 拨码开关与频率对应表

BCD 拨码开关	**0**	**1**	**2**	**3**	**4**	**5**	**6**	**7**	**8**	**9**
输出频率（Hz）	×	100	200	300	400	500	600	700	800	900

注：×为不输出。

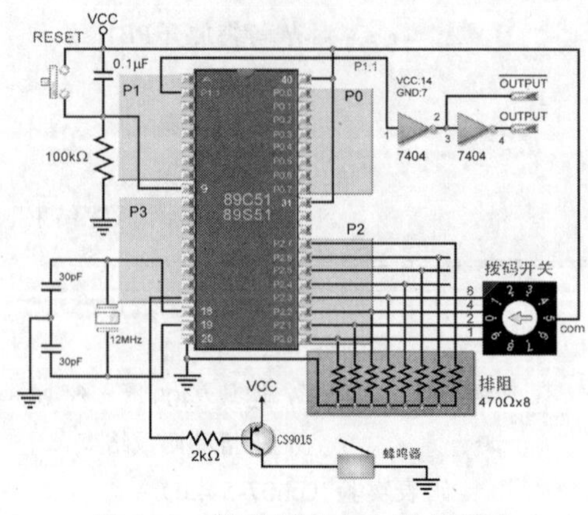

图 7-20 简易频率产生器电路图

流程图与程序设计

若 f=100Hz，则 T=10ms，输出脉冲每 5ms 就要变化一次，如下图所示。在此将所要产生的信号整理如表 7-4 所示。

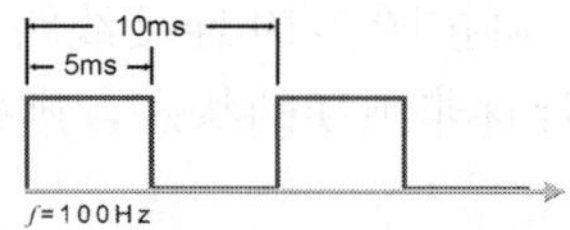

表 7-4 频率与定时值对应表

频率	周期	变化时间	定时值
100Hz	10ms	5ms	counts=5000
200Hz	5ms	2.5ms	counts=2500
300Hz	3.3ms	1.67ms	counts=1667
400Hz	2.5ms	1.25ms	counts=1250
500Hz	2ms	1ms	counts=1000
600Hz	1.67ms	0.83ms	counts=833
700Hz	1.43ms	0.714ms	counts=714
800Hz	1.25ms	0.625ms	counts=625
900Hz	1.1ms	0.556ms	counts=556

因此，在此编写一个定时中断子程序 FG_timer，其定时值将随 BCD 拨码开关的设置而定时，例如 BCD 拨码开关拨到 1 时，则 FG_timer 的定时值为 5，每 5ms 中断一次，而中断时就将输出反相，如此将可得到输出 100Hz 的频率。

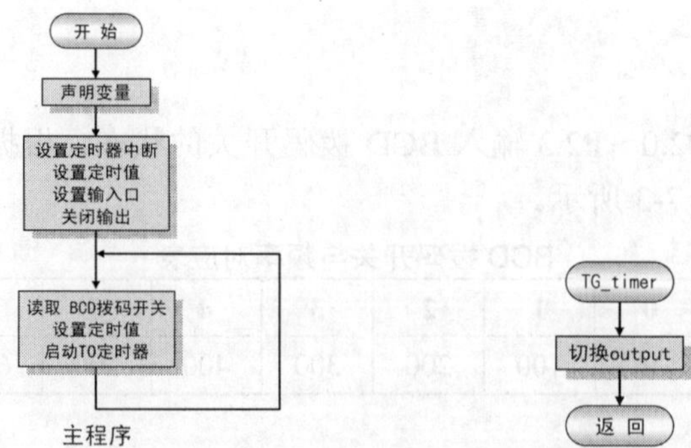

```
/* ch07-5-5.c——频率产生器实验，P2 的开关控制输出频率        */
//==声明区========================================
#include <reg51.h>        // 定义 8051 寄存器的头文件
// 第一版 89S51 在线刻录实验板（打印机端口接口）的拨码开关在 P2 上
// 第二版 89S51 在线刻录实验板（USB 接口）的拨码开关在 P0 上
#define   SWP     P2    // 声明拨码开关
sbit   output = P1^1;   // 声明输出端
sbit   buzzer = P3^7;   // 声明蜂鸣器
unsigned int code TX[10]={0,5000,2500,1667,1250,1000,833,714,625,556};
// 不同频率的计数值：0, 100, 200, 300, 400, 500,600,700,800,900Hz
unsigned int count;        // 计数值
char num;
unsigned int TH_M1,TL_M1;
void delay 40ms(void);           // 延迟 40ms 函数
//==主程序=======================
main()                    // 主程序开始
{    IE=0x82;             // 1000 0010，启用 TF0 中断
     TMOD=0x01;           // 0000 0001，T0 采用 Mode 1
     output=1;            // 输出初值为 1
     buzzer=1;            // 输出初值为 1
     SWP=0xFF;            // 设置输入口
     while(1)
     {    num = (SWP)&0x0F;                // 读取拨码开关
          if(num < 10)
               count = TX[num];            // 是否超过范围（针对十六进位拨码开关）
          TH0 = TH_M1= (65536-count) / 256;          // 填入定时值 TH
          TL0 = TL_M1= (65536-count) % 256;          // 填入定时值 TL
          TR0=1;         // 启动 T0
          delay 40ms(); // 延迟 40ms 函数
     }
}
//==========  延迟 40ms 函数 ===================
void delay 40ms(void)
{    unsigned int i;
   for(i=0;i<4800;i++);                   // 延迟 8.3×4800=40ms 函数
}
//====Timer0 中断子程序==================
void FG_timer(void) interrupt 1              //Timer0 中断子程序开始
{    TH0=TH_M1;
     TL0=TL_M1;
     if(count)                               // 若不是输入 0
     {    output=~output;                    // 输出反相
          buzzer=~buzzer;                    // 切换蜂鸣器状态
     }
     else
```

```
    {   output=1;              // 输出高电平
        buzzer=1;              // 蜂鸣器高电平
    }
}                    /* 结束中断子程序 */
```

频率产生器实验（ch07-5-5.c）

操作

1．根据功能要求与电路结构，在 Keil C 里编写程序并进行生成（单击按钮），以产生*.HEX 文件。然后进行软件调试/仿真，看看其功能是否正常。若有错误或非预期的状态，则检查源程序，看看哪里出了问题，修改并将它记录在实验报告里。

2．若软件调试/仿真功能正常，可按图 7-20 连接线路，并使用在线仿真器加载新的程序（*.HEX），以仿真该电路的动作。若有非预期的状态，则检查线路的连接状态，看看哪里出了问题并将它记录在实验报告里。

3．若在线仿真功能正常，将程序刻录到 89S51（可使用 89S51 在线刻录实验板），再把该 89S51 放入实际电路，以取代刚才的在线仿真器，然后直接送电，看看是否正常。

4．编写实验报告。

思考一下

试使用两位数的 BCD 拨码开关，作为频率的设置，以设计一个能够提供 100～9900Hz 的频率产生器。

7-5-6 频率计

实验要点

如图 7-21 所示，所要测试的信号由 INPUT 端输入数字信号，经过 7414 反门接到 P3.5（即 T1 引脚）。另外，P3.2 连接 PB0 按钮开关。按一下 PB0 按钮开关，则进行频率测试。扫描信号与显示信号分别经由 P1、P2 连接到两位数七段显示器模块。

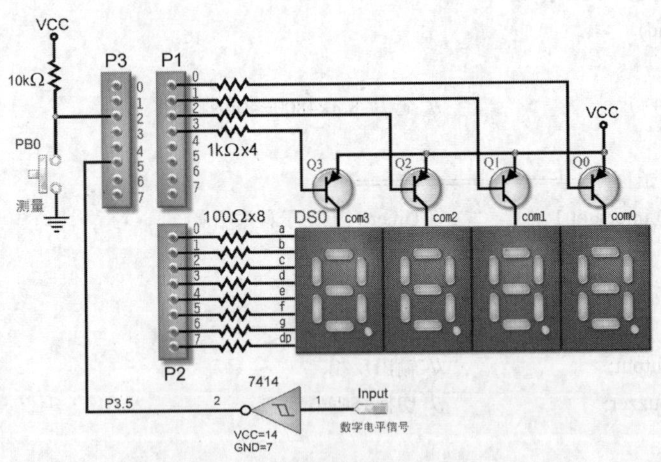

图 7-21 简易频率计电路图

流程图与程序设计

本实验分为两阶段，第一阶段执行测量，当 PB0 按下时，即进入测量阶段，首先关闭显示器，再启动 Timer0 定时器定时 1 秒钟，开始定时的同时，Timer1 也开始计数 INPUT 端的脉冲；而 Timer0 定时器定时完成时中断，即停止 Timer1 的计数，也完成测量阶段。紧接着进入显示阶段，首先将计数值处理一下，放入显示区数组，再将显示区数组送到七段显示器模块，直到 PB0 又被按下，才恢复测量阶段，如图 7-22 所示。

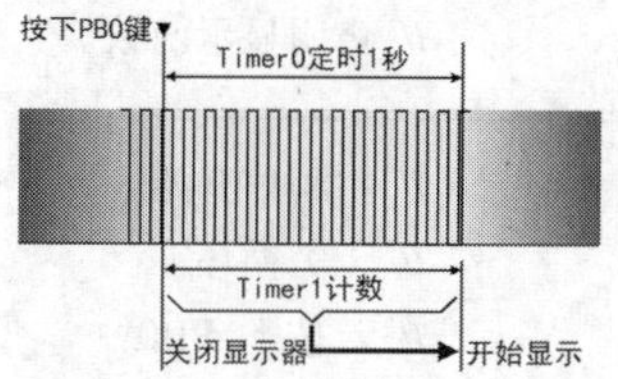

图 7-22 频率计动作示意图

由于计数的周期 T=1s，所以计数的结果就是赫兹（$f=\frac{1}{T}$ Hz）。由于只有 4 位数，范围为 0000 到 9999，所以将计数所得的数值区分为 10000 以下及 10000 到 65535 两种，若是 10000 以下，则直接显示；若 10000 到 65535，则显示“--nn”，代表 nn kHz。流程图与整个程序如下。

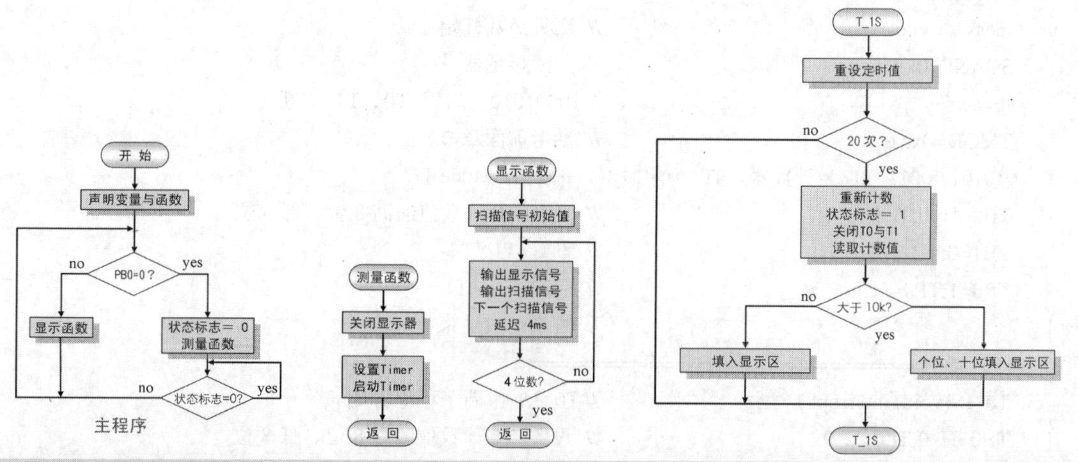


```
/* ch07-5-6.c——频率计实验，由 P3.5 输入信号，按下 PB0 于 1 秒后显示其频率 */
//==声明区=================================
#include <reg51.h>                          // 定义 8x51 寄存器的头文件
#define SEG P2                              // 定义七段显示器接至 P2
#define SCANP P1                            // 定义扫描线接至 P1
sbit PB0=P3^2;                              // 声明 PB0 按钮，接至 P3.2
char code TAB[11]={ 0xc0, 0xf9, 0xa4, 0xb0, 0x99,         // 数字 0～4
                    0x92, 0x83, 0xf8, 0x80, 0x98 , 0xbf }; // 数字 5～9，及-号
char disp[4]={ 0xc0, 0xc0, 0xc0, 0xc0};     // 声明显示区数组初始显示 0000
/*声明 T0 定时相关声明*/                    // THx、TLx 计算参考前面章节
#define count_M1 50000                      // T0（Mode 1）的计数值，0.05s
#define H_0 (65636-count_M1)/256            // T0（Mode 1）计数高 8 位
#define L_0 (65636-count_M1)%256            // T0（Mode 1）计数低 8 位
```

```
char times=0;                               // 计算 T0 中断次数
/*声明基本变量*/
bit status_F = 1;                           // 状态标志
char scan = 1;                              // 扫描信号
unsigned int freq = 0;                      // 频率变量
sfr16 DPTR = 0x82;                          // 声明 DPTR
void delay1ms(int);                         // 声明延迟函数
void measure(void);                         // 声明测量函数
void display(void);                         // 声明显示函数
//==主程序=========================================
main()                                      // 主程序开始
{   while(1)                                // 无穷循环
    {   if (PB0==0)                         // 若按下 PB0
        {   status_F=0;                     // 则进入测量阶段
            measure();                      // 调用测量函数
            while(status_F==0); }           // 等待 0，测量完毕
        else display ();                    // 显示阶段
    }                                       // while 循环结束
}                                           // 主程序结束
//==测量函数=======================================
void measure(void)                          // 测量函数开始
{   SCANP=0xff;                             // 关闭显示器
    IE=0x8a;                                // 10001010，启用 T0、T1 中断
    TMOD=0x51;                              // 参考前面章节
    /*0101 0001：T1 为计数器、T0 为定时器，都采用 Mode 1*/
    TH0=H_0;TL0=L_0;                        // 设置 T0 计数值的高 8 位、低 8 位
    TH1=0;TL1=0;                            // 设置 T1 归零
    TR0=1;TR1=1;                            // 启动 T0、T1
}                                           // 测量函数结束
//===T0_1S=================================
void T0_1S(void) interrupt 1                // T0_1S 中断子程序开始
{   TH0=H_0;TL0=L_0;                        // 设置 T0 计数值的高 8 位、低 8 位
    if (++times==20)                        // 若达到 1 秒
    {   times=0;                            // 重新计数
        status_F=1;                         // 完成测量
        TR1=0;TR0=0;                        // 关闭 T1、T0
        DPL=TL1;                            // 计数值的低 8 位
        DPH=TH1;                            // 计数值的高 8 位
        freq=DPTR;                          // 计数值放入 freq 变量
        if (freq>=10000)                    // 超过 10 kHz
        {   disp[3]=TAB[10];                // 负号填入千位数显示区
            disp[2]=TAB[10];                // 负号填入百位数显示区
            disp[1]=TAB[freq/10000];        // 填入十位数显示区
            disp[0]=TAB[(freq/1000)%10];}   // 填入个位数显示区
        else                                // 低于 10 kHz
```

```
        {    disp[3]=TAB[freq/1000];              // 填入千位数显示区
             disp[2]=TAB[(freq/100)%10];          // 填入百位数显示区
             disp[1]=TAB[(freq/10)%10];           // 填入十位数显示区
             disp[0]=TAB[freq%10];}               // 填入个位数显示区
    }                                             // 结束 if 判断（达到 1s）
}                                                 // T0_1S 中断子程序结束
//===显示函数===============================
void display (void)//  显示函数开始
{   char i;                                       // 声明变量
    while (PB0==1)                                // 若按下 PB0
    {    scan=0x01;                               // 初始扫描信号
         for (i=0;i<4;i++)                        // 扫描 4 次
         {    SEG=0xff;                           // 关闭七段显示器
              SCANP=~scan;                        // 输出扫描信号
              SEG=disp[i];                        // 输出显示信号
              delay1ms(4);                        // 延迟 4ms
              scan<<=1;                           // 下一个扫描信号
         }                                        // for 结束扫描 4 次
    }                                             // 结束 while（按下 PB0）
}                                                 // 显示函数结束
//===延迟函数===============================
void delay1ms(int x)                              // 延迟函数开始
{   int i,j;                                      // 声明变量
    for(i=0;i<x;i++)                              // 连数 x 次，约 xms
         for(j=0;j<120;j++);                      // 数 120 次，约 1ms
}                                                 // 延迟函数结束
```

频率计实验（ch07-5-6.c）

操作

1．根据功能要求与电路结构，在 Keil C 里编写程序并进行生成（单击按钮），以产生*.HEX 文件。然后进行软件调试/仿真，看看其功能是否正常。若有错误或非预期的状态，则检查源程序，看看哪里出了问题，修改并将它记录在实验报告里。

2．若软件调试/仿真功能正常，可按图 7-21 连接线路，并使用在线仿真器加载新的程序（*.HEX），以仿真该电路的动作。若有非预期的状态，则检查线路的连接状态，看看哪里出了问题并将它记录在实验报告里。若在线仿真功能正常，将程序刻录到 89S51（可使用 89S51 在线刻录实验板），再把该 89S51 放入实际电路，以取代刚才的在线仿真器，然后直接送电，看看是否正常。

3．编写实验报告。

思考一下

1．在信号输入端放置 74LS14 有何作用？

2．修改本程序，使测量 10kHz 以上的频率时显示“xx.xx” kHz（包含小数点）。

3．若要让测量范围超过 65kHz 应如何处理？

7-5-7　看门狗定时器

实验要点

看门狗定时器和一般的定时器/计数器一样，其运行将独立于其他程序之外。换言之，当系统在执行主程序时，看门狗定时器或一般的定时器/计数器也在背后工作；即使系统的主程序当掉了，看门狗定时器仍在运行。当微控制器应用于遥测、监控或通信时，通常其执行的程序并不会很复杂，但长时间工作（等待）较容易死机；死机后又很难以人工复位系统（可能是遥远或人们不常接近）。这时就可利用WDT帮我们监控系统，并于系统死机时复位系统。

虽然技术文件里声称看门狗定时器约每0.016s（16ms）将会溢出，从而复位系统。实际上可能会有较大的差距。在本实验里，将利用Timer0来“追赶”WDT并复位WDT。若Timer0追上WDT，则主程序将正常执行的霹雳灯程序；若Timer0追不上WDT，则主程序将被WDT复位，而无法正常执行的霹雳灯程序。在此将分别以软件仿真的方式，以及将程序刻录到89S51的硬件方式实验。当然，这两种方式所得到的结果并不相同。我们建议，软件仿真时，Timer0的时间可设置为70ms到80ms之间，即可找出大约多久时程序正常执行、大约多久时WDT复位程序；而硬件实验时，可在140ms到150ms之间找出追赶看门狗的临界时间。在真实的应用里，只要小于临界时间即可，为保险起见，还会远小于临界时间，例如1ms就复位一次WDT。本实验电路图如图7-23所示。

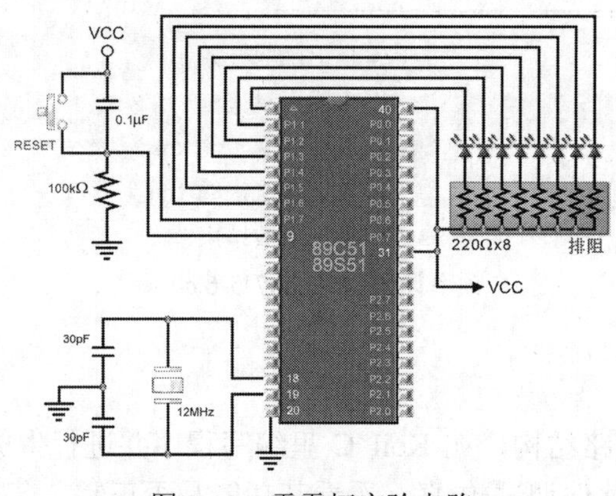

图7-23　霹雳灯实验电路

流程图与程序设计

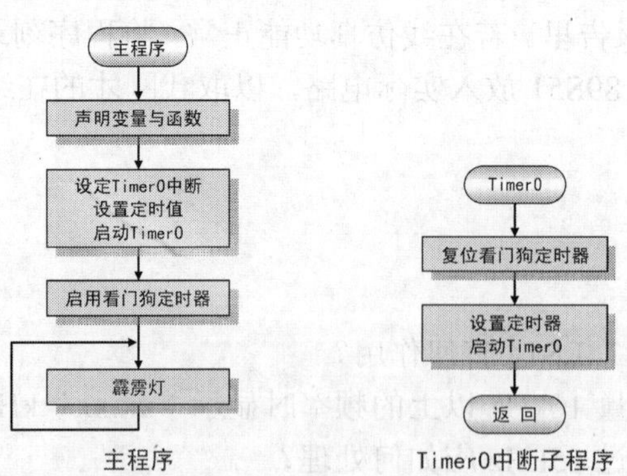

```
/* ch07-5-7.c——看门狗定时器实验 */
//==声明区========================================
#include    <reg51.h>                 // 定义 8051 寄存器的头文件
#define   LED      P1                 // 定义 LED 接至 P1
sfr     WDTRST = 0xa6;                // 声明 WDTRST
int H_0=(65636-1000)/256;             // 声明 T0 计数值的高 8 位
int L_0=(65636-1000)%256;             // 声明 T0 计数值的低 8 位
unsigned int x;                       // 声明无号整型变量 x（占 2B）
void delay 5ms(int);                  // 声明延迟函数
//==主程序========================================
main()                                // 主程序开始
{   unsigned char i;                  // 声明无号数字元变量 i（占 1B）
    EA=1; ET0=1; PT0=1;               // 设置 Timer0 中断
    TH0=H_0;                          // 填入高 8 位
    TL0=L_0;                          // 填入低 8 位
    TR0=1;                            // 启动 Timer0
    WDTRST = 0x1e;                    // 启用看门狗定时器
    WDTRST = 0xe1;                    // 启用看门狗定时器
    LED=0xfe;                         // 初值=1111 1110，只有最右边的一个灯亮
    while(1)                          // 无穷循环,程序一直跑
    {   for(i=0;i<7;i++)              // 左移 7 次
        {   delay 5ms(100);           // 延迟 100×5ms=0.5s
            LED=(LED<<1)|0x01;        // 左移 1 位并设置最低位为 1
        }                             // 左移结束,只有最左边的一个灯亮
        for(i=0;i<7;i++)              // 右移 7 次
        {   delay5ms(100);            // 延迟 100×5ms=0.5s
            LED=(LED>>1)|0x80;        // 右移 1 位并设置最高位为 1
                                      // 结束右移，只有最右边的一个灯亮
        }
    }                                 // while 循环结束
}                                     // 主程序结束
//==子程序==============================================
/* 延迟函数，延迟约 x×5ms */
void delay5ms(int x)                  // 延迟函数开始
{   int i,j;                          // 声明整型变量 i,j
    for (i=0;i<x;i++)                 // 计数 x 次，延迟 x×5ms
        for (j=0;j<600;j++);          // 计数 600 次，延迟 5ms
}                                     // 延迟函数结束
/* Timer0 中断子程序 */
void feed(void) interrupt 1           // 子程序开始
{   TH0=H_0;                          // 填入高 8 位
    TL0=L_0;                          // 填入低 8 位
    // 软件仿真：75 ok, 76(含)以上追不上 WDT
    // 硬件实验：146 ok, 147(含)以上追不上 WDT
    if (++x == 146)
    {   x=0;                          // 重新计数
        WDTRST = 0x1e;                // 复位看门狗定时器
```

```
        WDTRST = 0xe1;              // 复位看门狗定时器
    }
}                                   // 中断程序结束
```

看门狗实验（ch07-5-7.c）

操作

1．编写程序，然后将该程序编译与连接，以产生*.HEX 文件。

2．在 Keil C 里进行软件调试/仿真，启动 Peripherals/Timer/Timer0 命令，打开 Timer/Counter 0 窗口；启动 Peripherals/Timer/Watchdog 命令，打开 Watchdog Timer 窗口；启动 Peripherals/I/O-Ports/P1 命令，打开 Parallel Port 1 窗口，如图 7-24 所示，观察程序执行时，Parallel Port 1 窗口是否执行霹雳灯程序以及 Watchdog Timer 窗口的 Timer 栏是否变化，改变程序里的 x 大小（70～80），以找出不执行霹雳灯程序的临界值并记录。

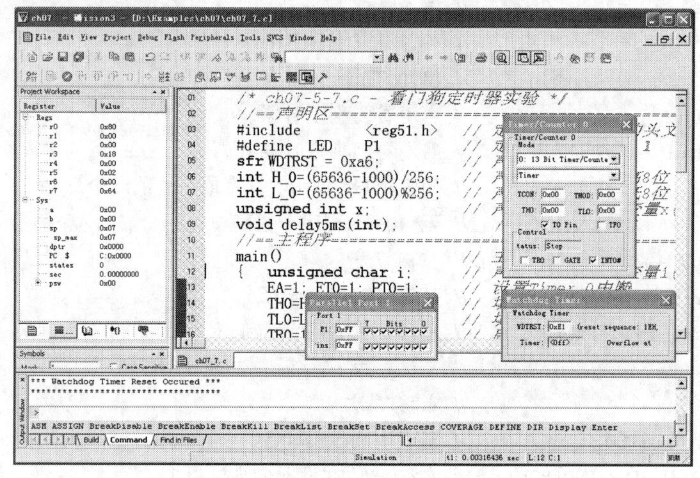

图 7-24 看门狗定时器的软件调试/仿真

3．利用 89S51 在线刻录实验板进行类似的实验，其中的 x 值从 140 到 150，找出不执行霹雳灯程序的临界值并记录。

思考一下

试想看门狗功能可应用在哪些程序中。

7-6 实时练习

在本章里探讨了 8051 的定时器/计数器，包括定时器/计数器的结构与设置、定时器/计数器的四种方式、与定时器/计数器相关的寄存器、定时器/计数器程序的编写等。在此请试着回答下列问题，以确认对于此部分的掌握程度。

选择题

（　）1．在 8x51 的 Timer 里，若使用 Mode 0，其最大计数值为多少个机器周期？

（A）65636　　（B）8192　　（C）1024　　（D）256

（　　）2．在 12MHz 的 8x51 系统里，哪一种方式一次可定时 5ms？

（A）Mode 0 及 Mode 1　　（B）Mode 1 及 Mode 2

（C）Mode 2 及 Mode 3　　（D）Mode 3 及 Mode 1

（　　）3．若要让 Timer 作为外部计数之用，应如何设置？

（A）Gate=0　　（B）Gate=1　　（C）$C/\overline{T}=0$　　（D）$C/\overline{T}=1$

（　　）4．如何设置 8x51 的 Timer 才能从外部引脚启动？

（A）Gate=0　　（B）Gate=1　　（C）$C/\overline{T}=0$　　（D）$C/\overline{T}=1$

（　　）5．下列哪个不是 8x51 所提供的省电方式？

（A）PD 方式　　（B）IDL 方式　　（C）LP 方式　　（D）待机方式

（　　）6．89S51 的看门狗有何作用？

（A）重复执行程序　　（B）找回遗失数据

（C）复位系统　　（D）防止中毒

（　　）7．若要启用 WDT，则应依次填入 WDTRST 寄存器哪些数据？

（A）0xe1、0xe2　　（B）0xe1、0x1e　　（C）0x1e、0xe1　　（D）0x10、0x01

（　　）8．8x51 的定时器，在下列哪种方式下具有自动加载功能？

（A）Mode 0　　（B）Mode 1　　（C）Mode 2　　（D）Mode 3

（　　）9．若要设置定时器的方式，可在下列哪个寄存器中设置？

（A）TMOD　　（B）TCON　　（C）TH　　（D）TL

（　　）10．若将 Timer0 设置为外部启动，则可由哪个引脚启动？

（A）P3.2　　（B）P3.3　　（C）P3.4　　（D）P3.5

问答题

1．在 12MHz 的 8051 系统里，定时器/计数器的四种工作方式中每种方式最多可定时多少时间？

2．在 8051 的指令里，若要使用定时器/计数器作为外部计数之用，除了工作方式的选择外，最关键性的设置是什么？

3．什么是“自动加载”功能？在 8051 的定时器/计数器里，哪一种工作方式可提供此项功能？

4．在 6-4 节的实例演练里，所应用的 8051 定时器/计数器的方式包括“垂询方式”及“中断方式”，试说明此两种方式的异同。

5．若要使用 Mode 0，如何设置其定时计数值？

6．若要使用 Mode 1，如何设置其定时计数值？

7．若要使用 Mode 2，如何设置其定时计数值？

8．试以图形说明 Mode 3 的工作方式与结构。

9．在 12MHz 的 8051 系统里，若要使用 Mode 0 产生 0.5s 的延迟，程序应如何编写？

10．8051 系统提供哪两种节电方式？如何进入节电方式？如何唤醒？

11．89S51 的看门狗定时器有何用途？如何启用 89S51 的看门狗定时器？

加油

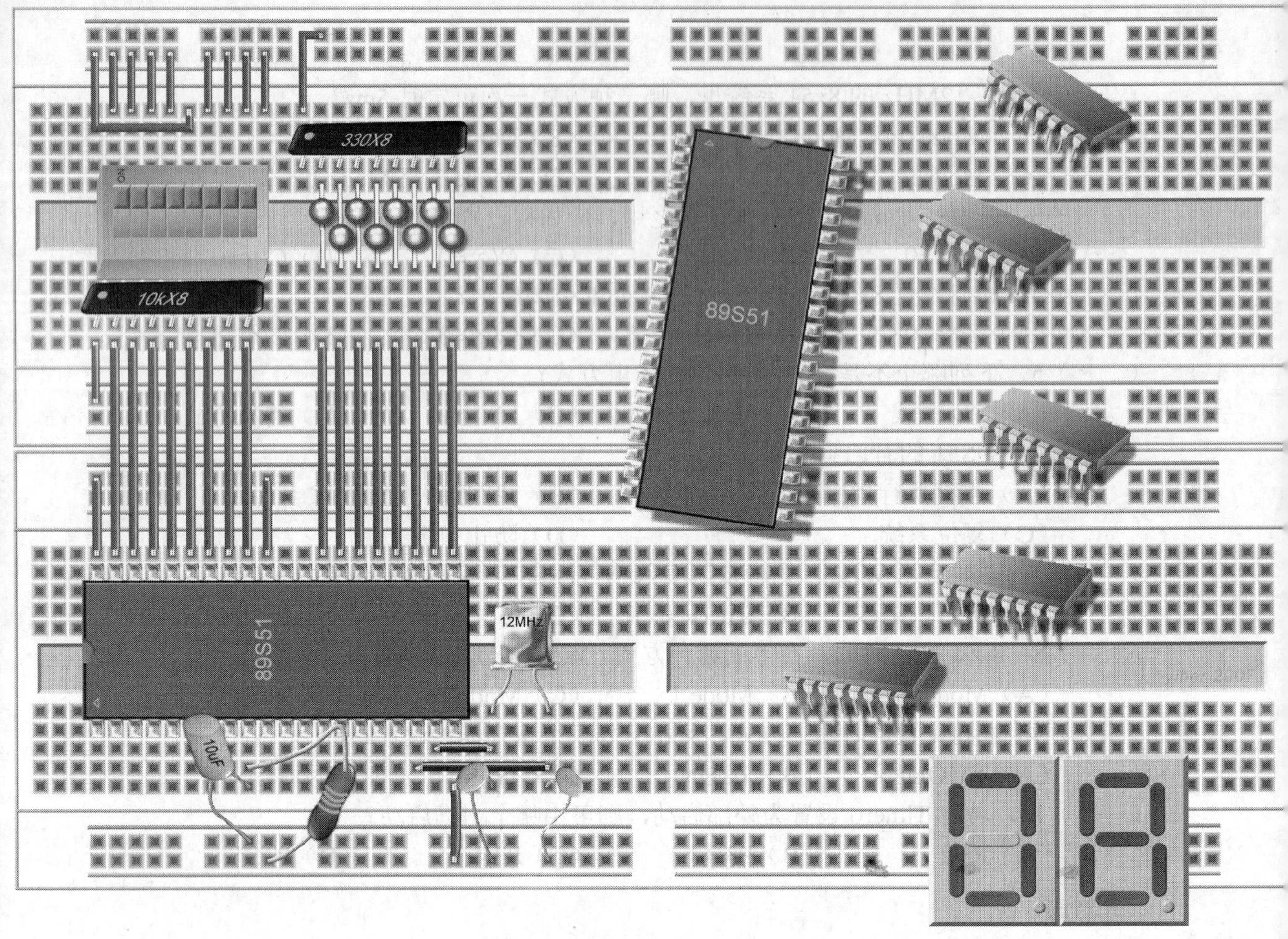

第8章　串行口的应用

本章内容丰富，主要包括两部分。

硬件部分

认识 8x51 串行口、串行数据转并行数据 IC、并行数据转串行数据 IC，以及 MAX232 系列等。

程序与实践部分

Mode 0 串行口的接收与发送、其他工作方式的应用、两个 8x51 最小系统的互传应用、多处理器通信、RS-232 通信等。

8-1 数据通信概念

在微型计算机与数位系统里，数据传输可分为并行式传输与串行式传输，并行式传输一次传输多个位（通常是 8 位）。因此，要连接两个系统之间就需要很多条传输线。若传输速度相等时，一次传输多个位，传输的速度就比较快；但传输线数比较多时，线路费用相对提高，线路阻抗匹配、噪声等问题也比较多，所以不适合长距离的通信。串行式传输每次传输一个位，数据传输的速度表面上似乎不怎么快，但连接两个系统只要两条传输线即可，适合于长距离的通信；而实际上，目前串行式传输速率比并行式快。

到底要使用并行式传输还是串行式传输，可视数据量与环境而定。在前面的单元里，不管使用哪个端口，大都是一次输入/输出 8 位，属于近距离的并行式数据传输。若要将 8x51 系统的数据传至另一个 8x51 系统，则可使用串行式数据传输。最典型的串行式数据传输算是 RS-232C，例如个人电脑里的 Com1、Com2 等就属于 RS-232C。虽然个人计算机里的输入/输出接口逐渐被新一代的 USB、网卡所取代，但 USB、网卡也属于串行式数据传输。串行式数据传输的媒介除了铜导线外，还有光纤以及电波（无线传输），而其速度日益提高。反观并行式数据传输的速度与传输距离，一直迟滞不前，导致并行式数据传输日渐式微。

在串行式数据传输里，有单工及双工之分，单工就是一条线只能有一种用途，例如输出线就只能发送数据，输入线就只能接收数据。而双工就是在同一条线既可接收数据，也可发送数据。若在系统上只有一条传输线，而该传输线在同一个时间里，不是进行数据接收，就是数据发送，则称之为“半双工”。若在系统上有两条传输线，而这两条传输线可同时进行数据接收与发送，称之为“全双工”。

通常以每秒传输多少位（bit/s）表示串行式数据传输的速率，若每个传输单元为 1bit 时，又称为波特率（Baud）。8x51 提供一个全双工的通用异步串行口（**U**niversal **A**synchronous **R**eceiver-**T**ransmitter，**UART**），这个串行端口有四种工作方式，使用不同工作方式，其波特率各有不同，说明如下。

说明：在早期发送时，每一单元为 1bit，波特率=1bit/s。目前为了压缩数据，每一个单元会有多种变化（例如有 256 种变化时，每一单元为 8bit），故波特率 1bit/s，因此波特率=每秒发送变化单元数。若有 256 种变化，则波特率=2400 单元/秒，则速率=2400 单元/秒×8=19200bit/s。

- **Mode 0**：此方式属于半双工同步传输，其波特率为系统时钟脉冲的 1/12，即 $f_{OSC}/12$，以 12MHz 的系统为例，则其波特率为 1Mbit/s。
- **Mode 1** 或 **Mode 3**：此方式为可变波特率的异步数据传输，主要是为了配合所连接系统的时序，以达到不同系统的数据传输。
- **Mode 2**：此方式提供两种不同波特率的选择，即 $f_{OSC}/32$ 或 $f_{OSC}/64$，其中的 f_{OSC} 为系统时钟脉冲，属于异步数据传输。

通常，微控制器里的数据处理属于并行式处理，以 8x51 而言，一次处理一个字节，也就是 8 位。所以，串行式数据与并行式数据之间的转换是无法避免的。在 8x51 里，若要把 8 位的并行数据发送出去，只要把数据放入串行缓冲器（SBUF）即可，8x51 就会帮我们把这些数据一位一位送出去。接收串行数据也是一样，8x51 会把外面接收的数据一位一位存进 SBUF，当 SBUF 存满后，即为并行数据。

8-2 认识 8x51 的串行口

8x51 的串行口为全双工的串行口，可接收及发送串行数据，不管是接收或发送，都使用串行缓冲器 SBUF，接收串行数据时，所输入的串行数据将存进 SBUF，存满后请求中断，再将 SBUF 里的 8 位数据移作他用。发送数据时，先将所要送出的数据放入 SBUF，即可一位一位地传到目的地。很明显，SBUF 扮演关键性的角色，在 8x51 中，虽然都叫做 SBUF，但接收用的 SBUF 与发送用的 SBUF 属于同一个地址中不同物理单元的 8 位寄存器。当然，这对使用者并没有影响。8x51 的串行端口有四种工作方式，说明如下。

Mode 0

Mode 0 方式是以固定波特率的移位式数据传输，其波特率为系统时钟脉冲的 1/12（即 *f*osc/12），若在 12MHz 下，则其波特率为 1Mbit/s。在此方式下，不管是接收数据还是发送数据，**CPU** 的 **RxD** 引脚（**P3.0**）连接串行数据线，**TxD** 引脚（**P3.1**）连接移位脉冲线。接收数据时，由 TxD 引脚送出移位脉冲，而由 RxD 引脚收下串行数据，如图 8-1（a）所示；发送数据时，也是根据 TxD 引脚所送出的移位脉冲，而由 RxD 引脚送出串行数据，如图 8-1（b）所示。

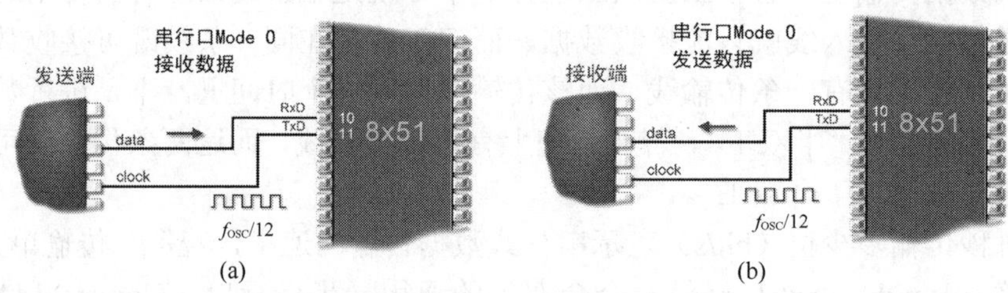

图 8-1 接收数据（左图）与发送数据（右图）

若两个 8x51 系统之间采用 Mode 0 传输数据，则将两个 8x51 的 RxD 引脚与 RxD 引脚连接，TxD 引脚与 TxD 引脚连接即可。而传输数据时，以 8 个位为 1 组数据，从 bit 0（LSB）开始传输，bit 7（MSB）最后传输。

Mode 1

Mode 1 方式是以可变的波特率进行串行数据的传输，其波特率可由 Timer1 来控制（若是 8x52，则还可使用 Timer2 控制波特率）。在此方式下，8x51 的 RxD 引脚连接目的地的 TxD 引脚，8x51 的 TxD 引脚连接目的地的 RxD 引脚。

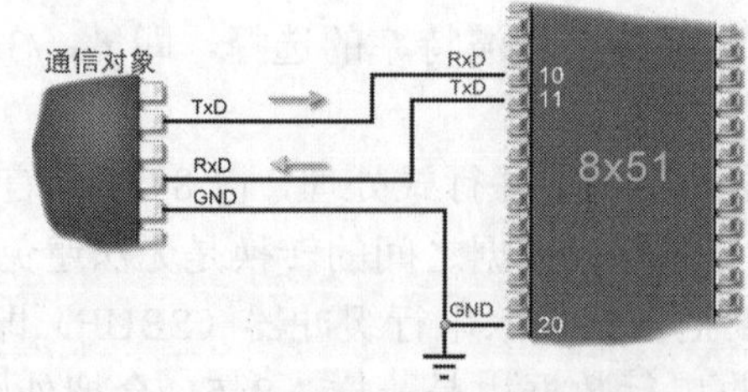

图 8-2 Mode 1 串行数据传输

Mode 1 的数据长度为 10 位，包括起始位（start bit）、8 位的数据，以及停止位（stop bit），其中第一个位就是低电平的起始位（start bit=0），紧接着是由 bit 0（即 LSB）开始的 8 位数据，而接续于 bit 7（MSB）之后的是高电平的停止位（stop bit=1），如图 8-3 所示；stop bit 将接收 SCON 寄存器（稍后介绍）的 RB8。

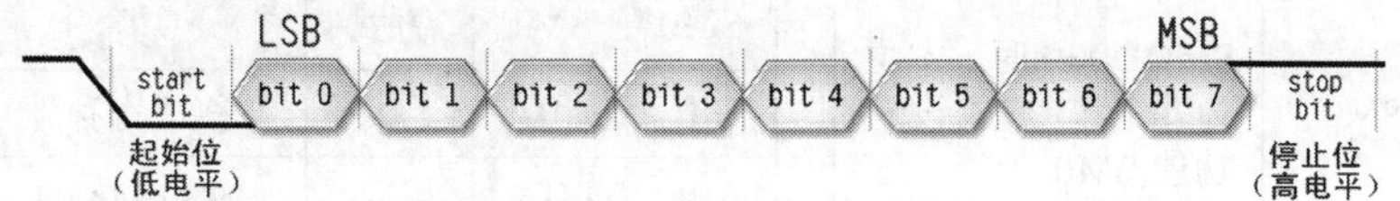

图 8-3 Mode 1 的数据格式

Mode 2

Mode 2 方式是以 $f_{OSC}/32$ 或 $f_{OSC}/64$ 的波特率进行串行数据的传输，对于其线路的连接，也是 8x51 的 RxD 引脚连接目的地的 TxD 引脚，8x51 的 TxD 引脚连接目的地的 RxD 引脚。Mode 2 的数据是由 11 位组成的，包括起始位（start bit）、8 个位的数据、校验位（parity bit），以及停止位（stop bit），其中第一个位就是低电平的起始位，紧接着是由 bit 0（即 LSB）开始的 8 位数据，而接续于 bit 7 之后的是校验位，最后则是高电平的停止位，如图 8-4 所示。

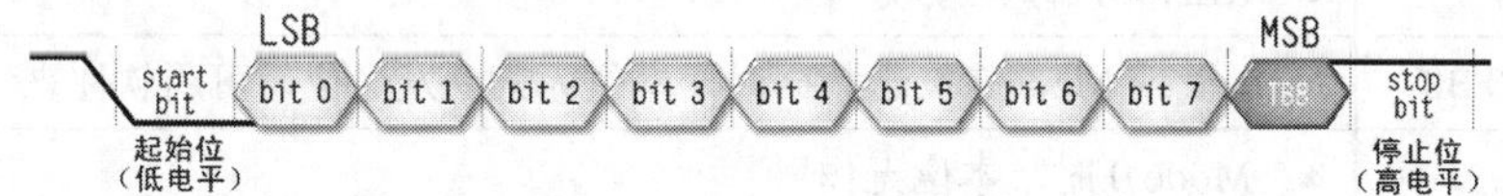

图 8-4 Mode 2 的数据串格式

当进行数据发送时，第 9 个位 TB8（即 SCON 寄存器中的 TB8）可为校验位，可取自程序状态字寄存器 PSW 中的 P 位，以达到奇偶校验的目的。当接收数据时，第 9 个位将直接移入 SCON 寄存器中的 RB8，而忽略停止位。

Mode 3

Mode 3 方式是以可变的波特率进行串行数据的传输，其波特率可由 Timer1 来控制（若是 8x52，则还可使用 Timer2 制波特率）。除此之外，Mode 3 与 Mode 2 几乎完全一样。

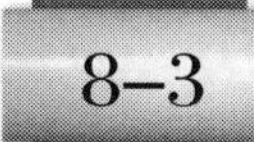

8–3 认识相关寄存器

SCON 寄存器

串行口控制寄存器（serial control register，**SCON**）是一个 8 位、可位寻址的寄存器，如图 8-5 所示，其地址为 0x98，系统复位后，SCON 暂存器的内容为 0x00。其功能是设置与控制串行口，说明如表 8-16 所示。

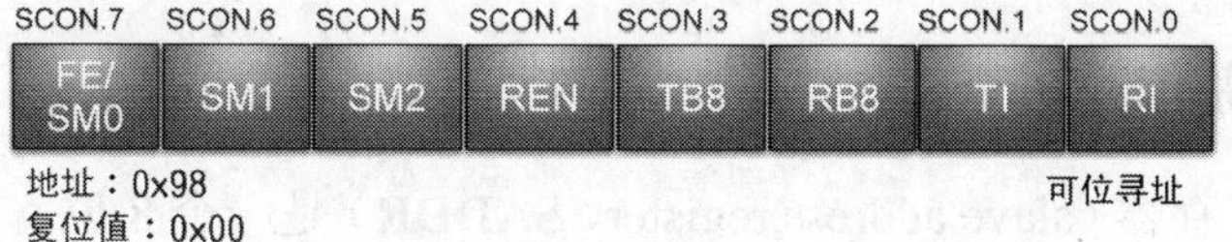

图 8-5 SCON 寄存器

表 8-1 SCON 的功能

<table>
<tr><th>位</th><th>名称</th><th colspan="2">说 明</th></tr>
<tr><td rowspan="2">SCON.7</td><td>FE</td><td colspan="2">SMOD0=1 时，本位为帧错误检测位（Framing Error bit）。若数据帧错误，FE 位将被设置为 0；若数据传输正确，则 stop bit 将接收 FE 位</td></tr>
<tr><td>SM0</td><td>SMOD0=0 时，本位为串行口方式设置功能 SM0</td><td rowspan="2"><table><tr><th>SM0</th><th>SM1</th><th>方式</th><th>功能</th><th>比特率</th></tr><tr><td>0</td><td>0</td><td>0</td><td>移位寄存器</td><td>fosc/12</td></tr><tr><td>0</td><td>1</td><td>1</td><td>8 位 UART</td><td>可变</td></tr><tr><td>1</td><td>0</td><td>2</td><td>9 位 UART</td><td>fosc/32
或
fosc/64</td></tr><tr><td>1</td><td>1</td><td>3</td><td>9 位 UART</td><td>可变</td></tr></table></td></tr>
<tr><td>SCON.6</td><td>SM1</td><td>本位为串行口方式设置功能 SM1</td></tr>
<tr><td>SCON.5</td><td>SM2</td><td colspan="2">本位为多处理器（多机）通信使能位
● Mode 0 时，SM2 必须为 0，此时将禁用多处理器通信功能
● Mode 1、Mode 2 或 Mode 3 时，若 SM2=1，将可执行多处理器通信功能</td></tr>
<tr><td>SCON.4</td><td>REN</td><td colspan="2">本位为串行接收使能位
● REN=1，开始接收
● REN=0，停止接收</td></tr>
<tr><td>SCON.3</td><td>TB8</td><td colspan="2">Mode 2 或 Mode 3 发送数据时，本位为第 9 发送位，可用软件来设置或清除</td></tr>
<tr><td>SCON.2</td><td>RB8</td><td colspan="2">● Mode 0 时，本位无作用
● Mode 1 时，若 SM2=0，则本位为停止位
● Mode 2 或 Mode 3 接收数据时，本位为第 9 个接收位</td></tr>
<tr><td>SCON.1</td><td>TI</td><td colspan="2">本位为发送中断标志，当中断结束时，本位并不会恢复为 0，必须由软件清除
● Mode 0 时，若完成发送第 8 位，则本位自动设置为 1，并提出 TI 中断请求
● Mode 1、Mode 2 或 Mode 3 时，若完成发送停止位，则本位自动设置为 1，并提出 TI 中断</td></tr>
<tr><td>SCON.0</td><td>RI</td><td colspan="2">本位为接收中断标志，当中断结束时，本位并不会恢复为 0，必须由软件清除
● Mode 0 时，若完成接收第 8 位，则本位自动设置为 1，并提出 RI 中断请求
● Mode 1、Mode 2 或 Mode 3 时，若完成接收到停止位，则本位自动设置为 1，并提出 RI 中断请求</td></tr>
</table>

SBUF 寄存器

串行口寄存器（sierial buffer register，**SBUF**）是一个同地址（0x99）但独立的两 8 位物理寄存器，其中一个作为串行口输入的缓冲器，另一个作为串行口输出的缓冲器，其动作说明如下。

▶ 当我们将数据放入 SBUF，系统自动将该数据通过串行口发送，而不必在程序上多费心思，完成传输后，TI 位设置为 1，可产生中断。

▶ 处理器随时会通过串行口接收数据接收，而接收的数据将放入 SBUF，完成接收一帧数据后，RI 位设置为 1，可产生中断。

SADDR 寄存器

从处理器地址寄存器（slave address register，**SADDR**）是一个 8 位寄存器（地址为 0xa9），其功能是存放该处理器的地址，主要用于多处理器的通信，稍后说明。系统复位后，其内容为 0x00。

SADEN 寄存器

从处理器地址屏蔽寄存器（slave address mask register，**SADEN**）是一个 8 位寄存器（地址为 0xb9），其功能是存放该处理器的地址屏蔽，主要用于多处理器的通信，稍后说明。系统复位后，其内容为 0x00。

8–4 波特率设置

8x51 串行口的波特率设置方式，说明如下。

Mode 0

在 Mode 0 下，波特率固定为 $f_{OSC}/12$，完全根据系统的时钟脉冲而定，而非软件设计所能改变的。

Mode 2

在 Mode 2 下，其波特率可为 $f_{OSC}/32$ 或 $f_{OSC}/64$，即

$$\text{波特率}=\frac{2^{SMOD}}{64}\times f_{OSC}$$

其中 SMOD 为 PCON 寄存器（详见 7-3-3 节）中的 bit 7，若将 SMOD 设置为 0，则设置采用的波特率 $f_{OSC}/64$；若将 SMOD 设置为 1，则设置采用的波特率 $f_{OSC}/32$。以 12MHz 的系统为例：

若 SMOD=0，则 $\text{波特率}=\frac{2^0}{64}\times 12\times 10^6=187.5\text{kbit/s}$

若 SMOD=1，则 $\text{波特率}=\frac{2^1}{64}\times 12\times 10^6=375\text{kbit/s}$

Mode 1 或 Mode 3

在 Mode 1 或 Mode 3 下，波特率可由 Timer1（8x52 则还可选择 Timer2）的溢出脉冲所控制，以 Timer1 采用具有自动加载功能的 Mode 2 为例，将 **T2CON** 寄存器的 RCLK 与 TCLK 设置为 0（稍后说明），其产生的波特率为

$$\frac{2^{SMOD}}{32}\times\frac{f_{OSC}}{12\times(256-TH1)}$$

若在 11.0592MHz 的系统下（大部分使用 UART 的状态下都使用这个石英振荡晶体），想要产生 19.2kbit/s 的波特率，且 SMOD=1，则

$$19200=\frac{2^{SMOD}}{32}\times\frac{11059200}{12\times(256-TH1)}=\frac{11059200}{16\times 12\times(256-TH1)}$$

$$256-TH1=3,\ TH1=253=0xfd$$

表 8-2 所示是使用 Timer1 设置常用的波特率。

表 8-2　　Timer1 产生的常用波特率表

波特率 \ f_{OSC}	11.0592	12	14.7456	16	20	SMOD
150	0x40	0x30	0x00	—	—	—
300	0xa0	0x98	0x80	0x75	0x52	0
600	0xd0	0xcc	0xc0	0xbb	0xa9	0
1200	0xe8	0xe6	0xe0	0xde	0xd5	0
2400	0xf4	0xf3	0xf0	0xef	0xea	0
4800	—	0xf3	0xef	0xef	—	1
4800	0xfa	—	0xf8	—	0xf5	0
9600	0xfd	—	0xfc	—	—	0
9600	—	—	—	—	0xf5	1
19200	0xfd	—	0xfc	—	—	1
38400	—	—	0xfe	—	—	—
76800	—	—	0xff	—	—	—

如图 8-6 所示，若要应用 Timer2 产生波特率，则需将 RCLK 与 TCLK 设置为 1，16 位的定时/计数值分别加载 TL2、TH2 及 RCAP2L、RCAP2H。也可利用 $C/\overline{T2}$ 位来决定采用定时器方式（$C/\overline{T2}=0$）或计数器方式（$C/\overline{T2}=1$），通常是采用定时器方式，而此状态所计数的脉冲是 $1/2f_{OSC}$，而非一般定时器所计数的 $1/12f_{OSC}$。表 8-3 所示是使用 Timer2 设置常用的波特率。

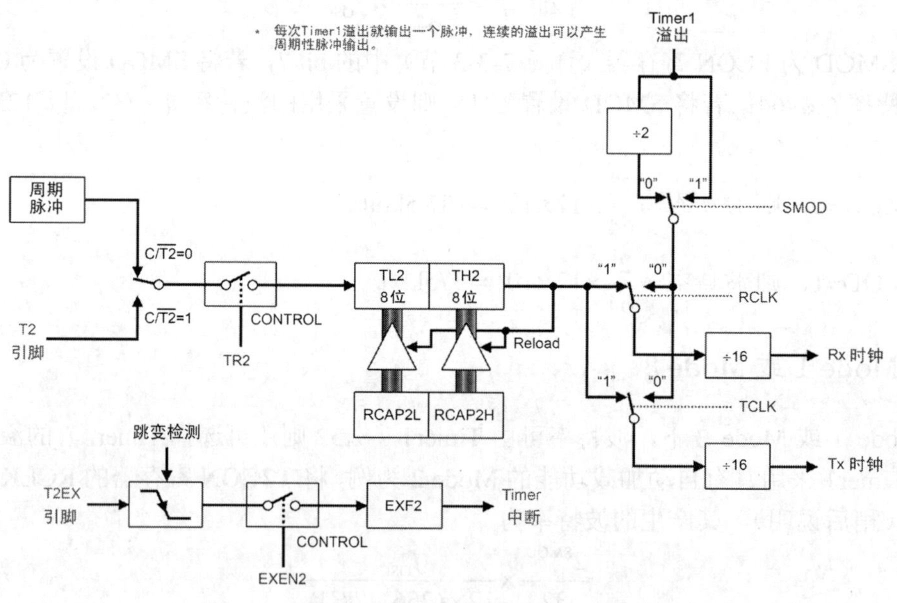

图 8-6　Timer2 应用在波特率产生方式示意图

表 8-3　　Timer2 产生的常用波特率

波特率 \ f_{OSC}	6	11.0592	12	16
110	0xf9～0x57	—	—	0xee～0x3f
300	0xfd～0x8f	0xfb～0x80	0xfb～0x1e	0xf9～0x7d

续表

波特率 \ f_{OSC}	6	11.0592	12	16
600	0xfe～0xc8	0xfd～0xc0	0xfd～0x8f	0xfc～0xbf
1200	0xff～0x64	0xfe～0xe0	0xfe～0xc8	0xfe～0x5f
2400	0xff～0xb2	0xff～0x70	0xff～0x64	0xff～0x30
4800	0xff～0xd9	0xff～0xb8	0xff～0xb2	0xff～0x98
9600	—	0xff～0xdc	0xff～0xd9	0xff～0xcc
19200	—	0xff～0xee	—	0xff～0xe6
38400	—	0xff～0xf7	—	0xff～0xf3
76800	—	0xff～0xfa	—	—

8-5 特殊功能与多处理器数据传输

在本单元里将介绍新版 8x51 所提供帧错误检测功能（Framing Error Detection）、自动地址识别功能（Automatic Address Recognition），并探讨多处理器通信（Multiproccssor Communications）。

8-5-1 帧错误检测

新版 8x51 提供异步串行口传输方式下（即 Mode 1、Mode 2 及 Mode 3）的帧错误检测功能，在 Mode 1、Mode 2 或 Mode 3 下，将 PCON 寄存器里的 SMOD0 位设置为 1，则 SCON 寄存器的 bit 7 将执行帧错误检测功能，图 8-7 所示为帧错误检测示意图。

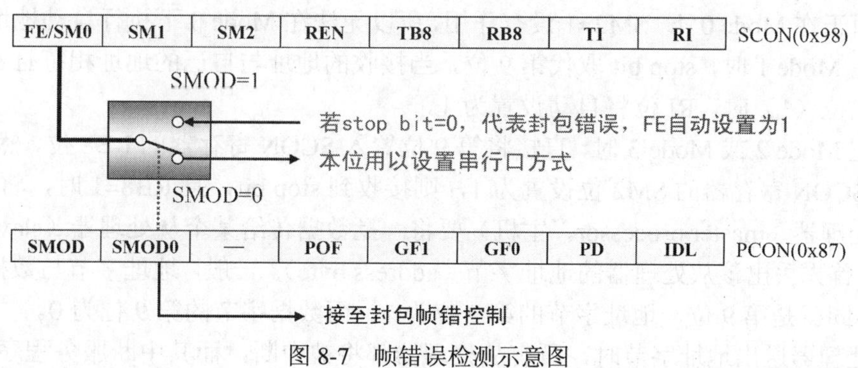

图 8-7 帧错误检测示意图

当启用帧错误检测功能后，在执行串行口数据接收时，CPU 将检验接收帧的停止位，看看是否为正确的停止位（也就是 1）。如果没有正确的停止位，则 FE 位自动设置为 1，表示数据帧错误。只要在程序里检验 FE 位即可得知是否有误，并进一步处理（要求重发）。若要将 FE 位恢复为 0，只能在程序中将该位清除或复位系统；而即使下一帧数据正确接收，也不能清除 FE 位。

另外，启用帧错误检测功能后，RI 位将在接收到停止位时由低电平变为高电平，以取代最后一个位。Mode 1 的时序如图 8-8 所示，Mode 2 与 Mode 3 的时序如图 8-9 所示。

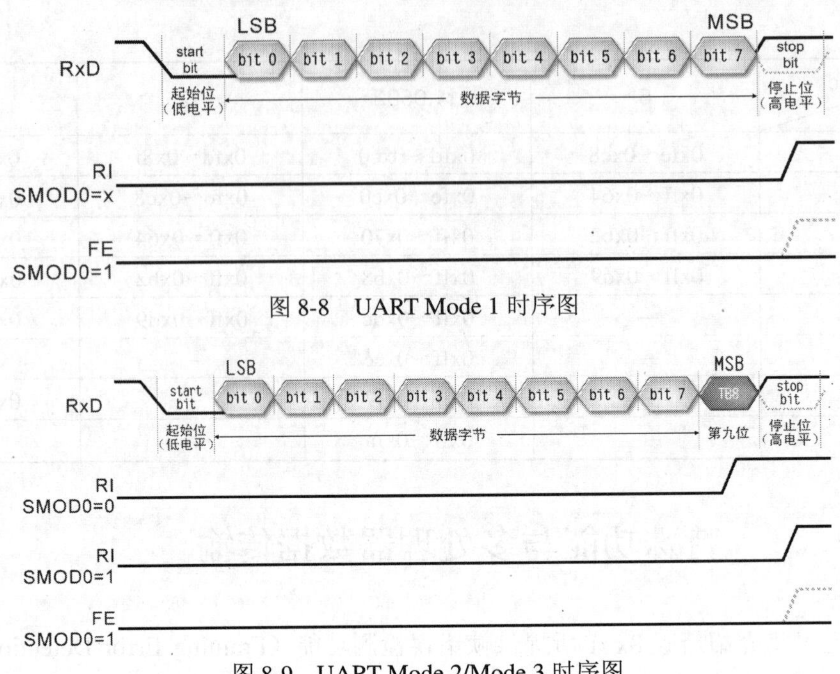

图 8-8 UART Mode 1 时序图

图 8-9 UART Mode 2/Mode 3 时序图

8-5-2 自动地址识别

自动地址识别功能增强了微控制器的串行口数据传输功能，微控制器能从每个接收的帧中检验其地址，符合自己地址的，才会设置 **SCON** 暂存器的 RI 位，产生中断，以接收该数据。不过，目前的 89S51、89C51 并无此功能。

为了支持自动地址识别功能，每个器件拥有自己的地址（given address），也可以广播地址（broadcast address）来辨识。

- 由于在 Mode 0 下，SM2=1 没有作用，所以无法在 Mode 0 下执行自动地址识别功能。
- 在 Mode 1 时，stop bit 取代第 9 位，当接收的地址与自己的地址相符且 stop bit 是个正确的停止位（1）时，RI 位将自动设置为 1。
- 在 Mode 2 或 Mode 3 时，直接将第 9 位置入 SCON 寄存器的 RB8 位，然后接收 stop bit。若将 SCON 寄存器的 SM2 位设置为 1，则接收到 stop bit，且 RB8=1 时，将产生中断。

当主处理器（master processor，主机）要将一批数据传给某个从处理器（slave processor，从机）时，首先丢出该从处理器的地址字节（address byte）。一般，地址字节与数据字节（data byte）的不同就是第 9 位，地址字节的第 9 位为 1，而数据字节的第 9 位为 0。

当主处理器送出地址字节时，所有从处理器都将被中断，而其中断服务程序检验接收到的地址字节是否符合自己的地址。若相符合，则清除 SM2 位（使 SM2=0）；若不相符合，则设置 SM2 位（使 SM2=1）。唯有 SM2=0 的从处理器才能接收数据字节。

每个处理器将自己的地址存放在 **SADDR**（Slave Address Register）寄存器中，这是个 8 位不可位寻址的寄存器，其地址是 0xa9。系统复位时，其内容为 0x00。我们可直接在程序里将此处理器的地址存入此寄存器。

另外一个与地址相关的寄存器是 **SADEN**（Slave Address Mask Register）寄存器中，这也是 8 位不可位寻址的寄存器，其地址是 0xb9。系统复位时，其内容为 0x00。其功能是提供地址的屏蔽（mask），其中包含忽略位（don't care bit），也就是内容为 0 的位。将 SADDR 与

SADEN 两寄存器运算，即可产生自己的地址（given address），例如：

SADDR	1100 0011b
SADEN	1111 1000b
GRIVEN	1100 0xxxb

若有 3 个处理器，其 SADDR 与 SADEN 设置如下：

Slave A	SADDR	1111 0101b
	SADEN	1110 1010b
	GRIVEN	**111x 0x0xb**
Slave B	SADDR	1111 0111b
	SADEN	1111 1001b
	GRIVEN	**1111 0xx1b**
Slave C	SADDR	1111 0001b
	SADEN	1111 1101b
	GRIVEN	**1111 00x1b**

若主处理器要与 Slave A 通信，则送出 1111 0000b（即 0xf0）地址字节即可。若有主处理器同时要与 Slave B、Slave C 通信，则送出 1111 0011b（即 0xf3）地址字节即可。若主处理器同时要这 3 个从处理器通信，则送出 1111 0001b（即 0xf1）地址字节即可。

若将 SADDR 与 SADEN 进行或运算，即可产生广播地址（broadcast address），例如：

SADDR	1101 0011b
SADEN	1111 1000b
BROATCAST	1111 0x11b

这时候，处理器只要送出 1111 1111b（即 0xff）即可同时与所有处理器通信。

8-5-3 多处理器通信

8x51 也支持多处理器之间的数据传输，自动地址识别功能主要应用于这种一对多的串行端口通信中，如图 8-10 所示，主处理器与数个从处理器构成一个主从式结构，每个从处理器（8x51 系统）的 TxD 线都接在一起，然后接到主处理器的 RxD 线；而每个从处理器的 RxD 线都接在一起，再接到主处理器的 TxD 线。对于每个处理器都予编码寻址。

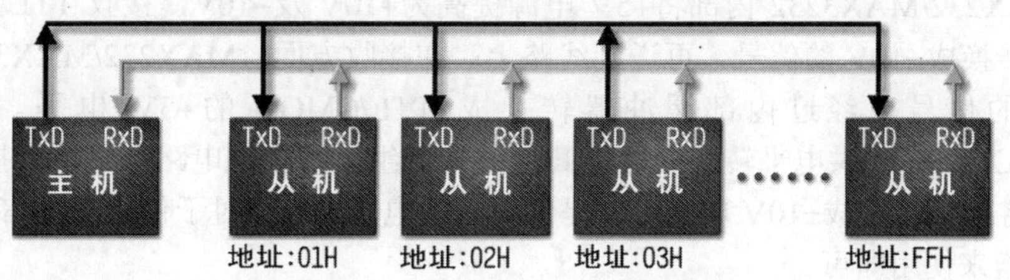

图 8-10 主从式处理器结构

主处理器 → 从处理器

当 8x51 的串行口工作于 Mode 2 或 Mode 3 时，若主处理器要传一帧数据给某个处理器（或数个处理器）时，其动作如下。

- 由处理器A送出目的处理器的地址字节，其中第9位（bit 9）为1（即bit 9=1），代表该帧数据为地址字节。
- 每个处理器都可以接收到地址字节（bit 9=1），且会产生中断。在中断子程序里，将接收到的地址字节与自己的地址相比较。若相符合，则SM2位设置为1；否则SM2位设置为0。
- 处理器A再送出数据字节（bit 9=0），对于SM2=1的处理器，当接收到数据字节时，将会产生中断子程序里，将读取所接收到的数据字节。当然，对于SM2=0的处理器，当接收到数据字节时，将不会产生中断。

广播

当8x51的串行口工作于Mode 2或Mode 3时，若处理器A要传一帧数据给所有处理器时，其动作如下。

- 由处理器A送出广播地址字节，其中第9位（bit 9）为1（即bit 9=1），代表该帧数据为地址字节。
- 每个处理器都可以接收到地址字节（bit 9=1），且会产生中断。在中断子程序里，所接收到的广播地址字节与自己的地址一定吻合，所以SM2位设置为1。
- 处理器A再送出数据字节（bit 9=0），而所有处理器的SM2=1，接收到的是数据字节时，将会产生中断子程序里，将读取所接收到的数据字节。

8-6 认识MAX232

如果是短距离的串行数据传输，则标准的TTL或CMOS足以应付；若要进行长距离的串行数据传输，使用标准的TTL或CMOS恐怕驱动能力不足，且噪声容限（Noise Margin）太小，通信质量很差。

RS-232是一种可长距离传输的串行通信方式，在RS-232C标准里，采用负逻辑传输，+3V～+15V为低电平、–3V～–15V为高电平。如此将可突破噪声容限太小与驱动能力不足的限制，于是相关的驱动IC就应运而生，MAXI公司的MAX23系列就属于这IC，以其MAX232/MAX3232为例，如图8-11所示，这系列IC提供RS-232发送与接收的驱动，在发送方面，MAX232/MAX3232内部将+5V电源提高为+10V及–10V，接收TTL/CMOS的+5V电平，将它转换成±10V的信号，再送到线路上；在接收方面，MAX232/MAX3232从线路上接收±10V的信号，经过内部缓冲器转换成TTL/CMOS的+5V电平。换句话说，MAX232/MAX3232提供电平转换功能，其内部有两组电源稳压电路，只要外接4至5个小电容，即可将+5V转换成±10V电源，以提供双向的电平调整。对于使用者而言，就把它当成一般的缓冲器来使用即可。

MAX232/MAX3232的用法很简单，与一般数字IC一样，在电源引脚附近连接一个旁路电容(bypass capacitor)，以拟制噪声(即C5)，若使用MAX232，则C5=10μF;若使用MAX3232，则C5=0.1μF。另外4个电容（C1～C4）将根据所使用的IC而定，若使用MAX232（早期产品），C1～C4为10μF/16V（电解电容）即可。由于MAX3232（较新的产品）可使用的电源电压范围较广，从3V到5.5V皆可，采用不同的电源电压，其C1～C4的建议值有所不同，如表8-4所示。

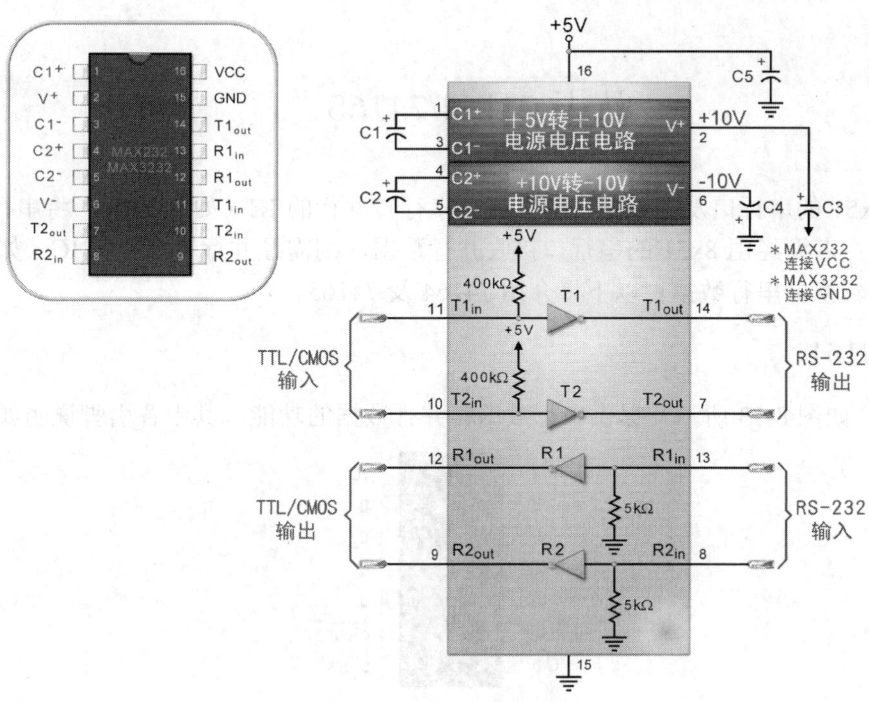

图 8-11 MAX232/MAX3232

表 8-4 MAX3232 的电容建议表

VCC（V）	C1（μF）	C2～C4（μF）
3.0～3.6	0.1	0.1
4.5～5.5	0.047	0.33
3.0～5.5	0.1	0.47

由表 8-4 可得知，C1 可选用 0.1μF 陶瓷电容，而 C2～C4 选用 0.47μF 陶瓷电容即可应付所有状态。不论体积、成本与稳定性，陶瓷电容都比电解电容好，所以 MAX3232 几乎完全取代 MAX232。图 8-12 所示是利用 MAX232/MAX3232 连接两个 8x51 系统。

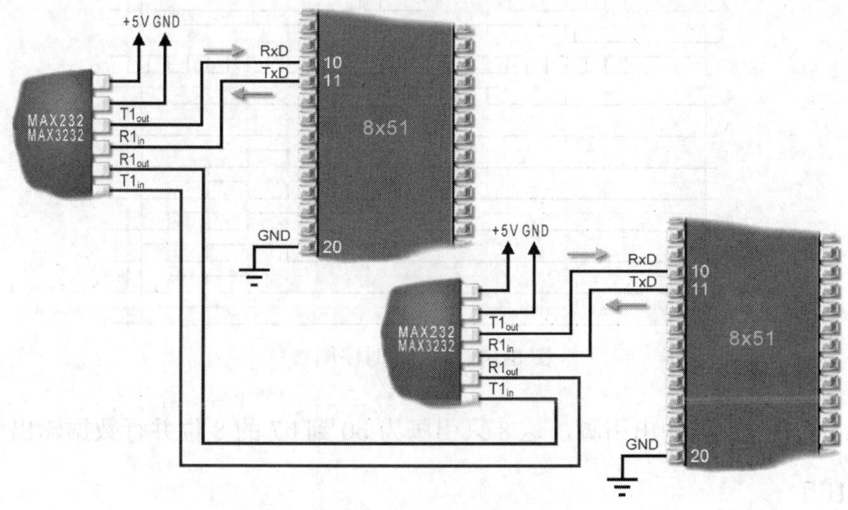

图 8-12 RS232 线路

8-7 认识 74164/74165

若从 8x51 的串行口发送数据，可以通过串行转并行的 IC（如 74164），将串行数据转换成并行数据；若要经由 8x51 的串行口接收并行数据，则需经并行转串行的 IC（如 74165），将并行数据转换成串行数据。以下将介绍 74164 及 74165。

74164

74164（如图 8-13 所示）提供串行数据转并行数据的功能，其中各引脚说明如下。

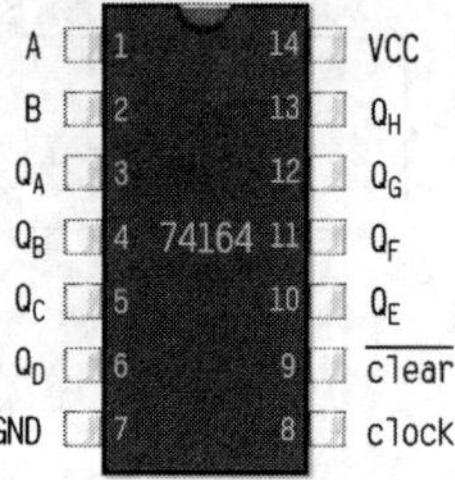

图 8-13 74164 引脚图

- $\overline{\text{clear}}$：本引脚为清除引脚，当此引脚为低态时，则并行输出引脚将全部变为低电平。
- **A、B**：串行数据输入引脚，这两只引脚完全一样，只要其中一脚为高电平，另一脚连接串行数据输入，即可移位输出。所以将其中一脚连接到 VCC，另一只引脚连接串行数据来源。
- **clock**：本引脚为时钟脉冲引脚，而此 IC 为正边沿触发型，也就是输出引脚的状态变化是发生在时钟脉冲由低电平变为高电平的时候。

图 8-14 所示是 74164 时序图。

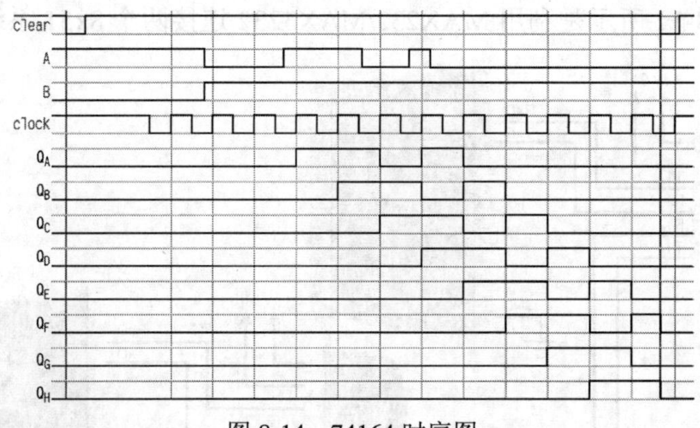

图 8-14 74164 时序图

- **QA～QH**：数据输出引脚，这 8 只引脚为 b0 到 b7 的 8 位并行数据输出引脚。

74165

74165（如图 8-15 所示）提供并行数据转串行数据的功能，其中各引脚说明如下。

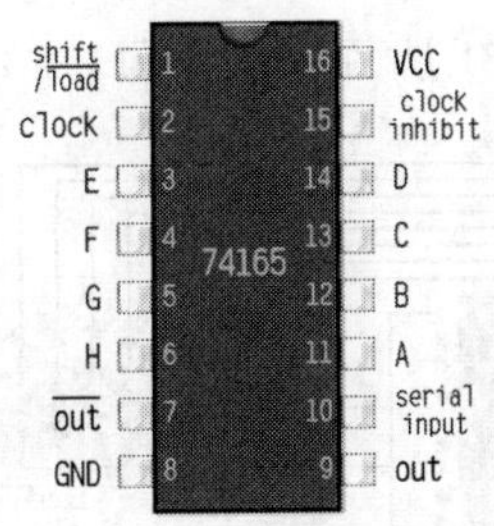

图 8-15 74165 引脚图

- shift/$\overline{\text{load}}$：本引脚为数据加载与移位控制引脚，当此引脚为低电平时，则并行输入引脚的状态将全部被载入；为高电平时，即可随时钟脉冲进行移位式串行输出。
- **clock inhibit**：本引脚为时钟脉冲禁止引脚，当本引脚为高电平时，输出引脚将不随时钟脉冲而变化；为低电平时，输出引脚将随时钟脉冲进行变化移位式串行输出。
- **clock**：本引脚为时钟脉冲引脚，此 IC 为正边沿触发型，也就是输出引脚的状态变化是发生在时钟脉冲由低电平变为高电平的时候。
- **serial input**：本引脚为串行输入引脚，若要进行并行数据输入串行数据输出的转换，则此引脚保持为低电平即可；若要进行串行数据输入串行数据输出的转换，则此引脚连接串行数据源。
- **A～H**：并行数据输入引脚，这 8 个引脚为 b0 到 b7 的 8 位并行数据输入引脚，它们接到并行数据源。
- **out**：本引脚为串行数据输出引脚。
- $\overline{\text{out}}$：本引脚为串行数据反相输出引脚。

74165 的动作如表 8-5 所示。

表 8-5 74165 真值表

输入					输出	
shift/load	clock inhibit	clock	serialinput	并行输入 A～H	out	$\overline{\text{out}}$
0	×	×	×	a～h	h	h
1	0	0	×	×	Qho	Qho
1	0	↑	1	×	Qn	Qn
1	0	↑	0	×	Qn	Qn
1	1	↑	×	×	Qho	Qho

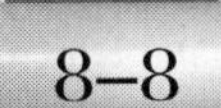

实例演练

在本单元里提供如下 8 个范例。

8-8-1 移位式数据串入

实验要点

如图 8-16 所示，串行数据的源是利用 74165 将拨码开关 DIP SW 的状态转换成串行数据而由 RxD 输入，而其状态将反映到 P1 所连接的 LED 上。

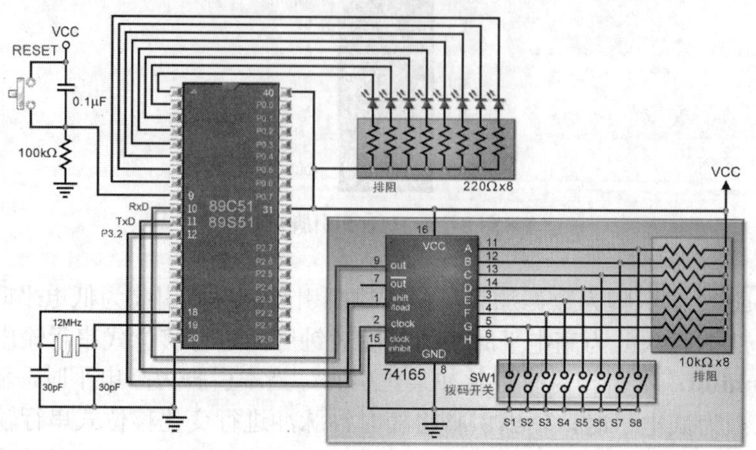

图 8-16 并行数据转串行数据实验电路图

流程图与程序设计

根据 74165 的真值表（见表 8-5），若要将并行数据载入 74165，则需给 74165 的第 1 脚（shift/$\overline{\text{load}}$）一个负脉冲，在此利用 P3.2 引脚连接到 74165 的第 1 脚，所以利用“P3^2=0;”将 P3.2 引脚变为低电平，最后再以“P3^2=1;”将 P3.2 引脚恢复为高电平，即可形成一个负脉冲。74165 加载 DIP SW 上的并行数据后，随即根据 8x51 通过 TxD 引脚传来的移位脉冲，由 RxD 引脚将数据一位一位地接收到 8x51 中。当 SBUF 溢出，即产生 RI 中断，只要将 SBUF 缓冲器里的数据复制到 P1 即可。

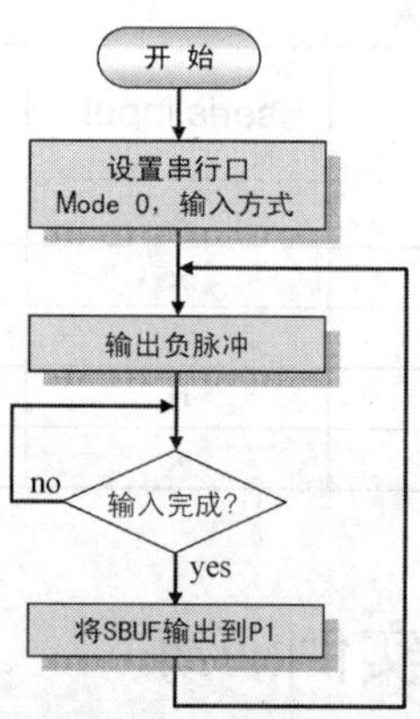


```
/* ch08-8-1.c——Mode 0 串行输入实验 */
#include    <reg51.h>                // 包含 reg51.h 文件
#define     LED  P1                  // 定义 LED 位置
sbit        load=P3^2;               // 声明 P3^2 位置
main()                               // 主程序开始
{ SCON=0x11;                         // 设置为 Mode 0、REN=1、RI=1
//====b7===b6===b5===b4===b3===b2===b1===b0===
//===SM0==SM1==SM2==REN==TB8==RB8===TI===RI===
//=====0====0====0====1====0====0====0====1===
```

```
	while(1)                          // while 循环开始
	{       load=0;                   // 输出负脉冲，让 74165 加载数据
	        load=1;                   // 恢复高电平
	        RI=0;                     // 清除 RI
	        while (RI==0);            // 等待 RI 串行输入中断
	        LED=SBUF;                 // RI=1 时（接收完成），输出至 LED
	}                                 // while 循环结束
}                                     // 主程序结束
```

Mode 0 串行输入实验（ch08-8-1.c）

操作

1．根据功能要求与电路结构，在 Keil C 里编写程序并进行生成（单击按钮），以产生*.HEX 文件。若有错误或非预期的状态，则检查源程序，看看哪里出了问题，修改并将它记录在实验报告里。

2．若顺利产生*.HEX 文件，则按图 8-16 连接线路，并使用在线仿真器加载新的程序（*.HEX），以仿真该电路的动作。若有非预期的状况，则检查线路的连接状态，看看哪里出了问题并将它记录在实验报告里。

3．若在线仿真功能正常，将程序刻录到 89S51（可使用 89S51 在线刻录实验板），再把该 89S51 放入实际电路，以取代刚才的在线仿真器，然后直接送电，看看是否正常。

4．编写实验报告。

8-8-2 移位式数据串出

实验要点

如图 8-17 所示，串行数据由 8x51 的 RxD 引脚连接到 74164 的 A、B 输入引脚，而 8x51 的 TxD 引脚连接到 74164 的 clock 引脚，形成一个串行输出的电路。当然，74164 的 $\overline{\text{clear}}$ 引脚必须连接到 VCC，74164 才会正常工作。在此我们希望将 8P 拨码开关的状态经过 P2 输入到 8x51，再由 8x51 通过上述串行路径输出到 74164，而 74164 的并行输出引脚，连接 8 个 LED，让这 8 个 LED 反映拨码开关的状态。

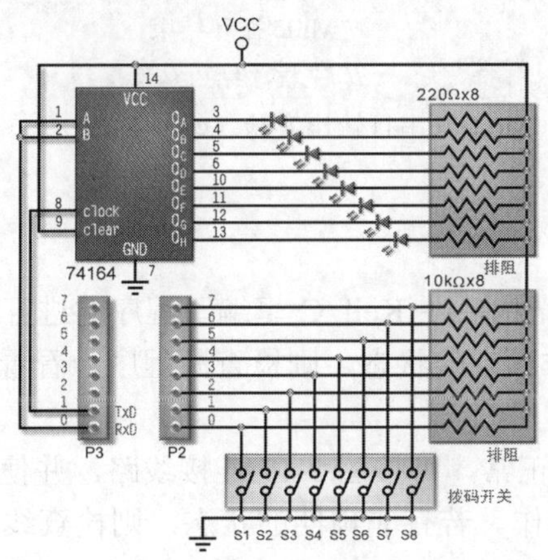

图 8-17 串行数据转并行数据实验电路图

流程图与程序设计

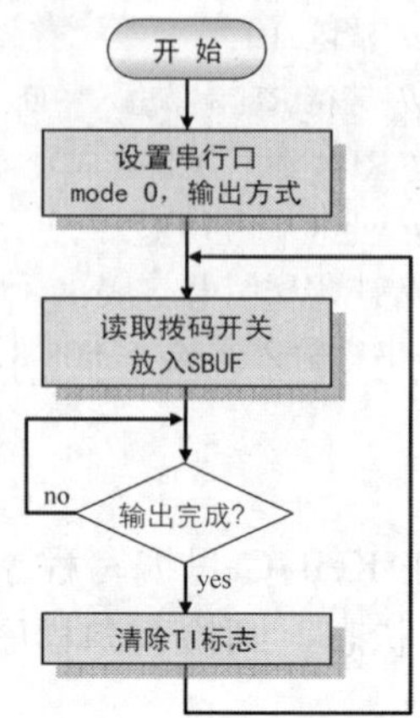

在此要以 Mode 0 进行数据的串行输出，所以将 SCON 设置为 0，即为 Mode 0。紧接着从 P2 读取拨码开关的状态，然后把它送至 SBUF，CPU 即进行串行数据的输出。程序只要等待 TI 中断，表示 SBUF 里的数据已全部发送，再重新读取 P2 的开关状态，进行同样的串行输出即可。

```
/* ch08-8-2.c——Mode 0 串行输出实验 */
#include    <reg51.h>                    // 包含 reg51.h 文件
#define     DIPSW    P2                  // 定义拨码开关位置
main()                                   // 主程序开始
{ SCON=0;                                //  设置为 Mode 0
//====b7===b6===b5===b4===b3===b2===b1===b0===
//===SM0==SM1==SM2==REN==TB8==RB8===TI===RI===
//=====0====0====0====0====0====0====0====0===
  while(1)                               // while 循环开始
  {      DIPSW=0xff;                     // 设置为输入口
         SBUF=DIPSW;                     // 将拨码开关状态，放入 SBUF
         while (TI==0);                  // 等待 TI 串行输出中断
         TI=0;                           // TI=1 时（发送完成），清除 TI
  }                                      // while 循环结束
}                                        // 主程序结束
```

Mode 0 串行输出实验（ch08-8-2.c）

操作

1．根据功能要求与电路结构，在 Keil C 里编写程序并进行生成（单击按钮），以产生*.HEX 文件。若有错误或非预期的状态，则检查源程序，看看哪里出了问题，修改并将它记录在实验报告里。

2．若软件调试/仿真功能正常，可按图 8-17 连接线路，并使用在线仿真器加载新的程序（*.HEX），以仿真该电路的动作。若有非预期的状态，则检查线路的连接状态，看看哪里出了问题并将它记录在实验报告里。

3．若在线仿真功能正常，将程序刻录到 89S51（可使用 89S51 在线刻录实验板），再把该 89S51 放入实际电路，以取代刚才的在线仿真器，然后直接送电，看看是否正常。

4．编写实验报告。

8-8-3 Mode 1 实验

实验要点

Mode 1 是通信双方采用相同的波特率进行数据传输，所以不需要额外的时钟脉冲以为同步。但双方的波特率误差不得超过 2.5%，方能正确地执行通信。如图 8-18 所示，在本实验里，采用 12MHz 石英晶体，系统频率（f_{OSC}）为 12MHz，而 SMOD 设置为 0，TH1 设置为 0xfd（即 253），其实际波特率为

$$\frac{2^{SMOD}}{32}\times\frac{f_{OSC}}{12\times(256-TH1)}=\frac{2^0}{32}\times\frac{12000000}{12\times(256-253)}\cong 10417\text{bit/s}$$

与约定的 9600bit/s 相差 817bit/s，误差高达 8.5%。在实际的两个通信主体之间，并无法顺畅通信，除非双方的石英晶体都改为 11.0592Hz。不过，在此是“自己传给自己”，“双方”的波特率绝对一样，所以没有波特率误差的问题存在。为了达到“自己传给自己”的目的，必须将 8x51 的第 10 脚与 11 脚短路，让串行数据输出连接到串行输入引脚。另外，第 11 脚所要发送的数据是来自 P2 所连接的拨码开关 DIP SW 状态；而第 11 脚所接收到的串行数据将反映到 P1 所连接的 LED 上。

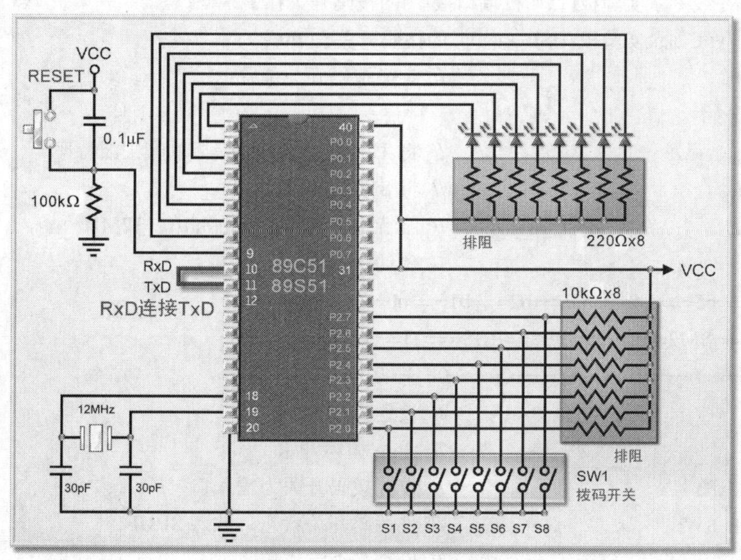

图 8-18 自传实验电路图

流程图与程序设计

在此所要采用的波特率约为 9600bit/s，首先利用 TMOD 寄存器将 Timer 设置为 Mode 2（自动加载），再将 PCON 寄存器的 SMOD 位（bit 7）设置为 0。由于 PCON 寄存器并非可位寻址寄存器，所以利用“**PCON &=0x7f;**”指令即可将 bit 7 设置为 0。然后 TH1 寄存器加载

0xfd（即 253），最后启动 Timer1，即可产生 9600bit/s 的波特率。另外，在 SCON 寄存器里，将串行端口设置为 Mode 1，即可将由 P2 所读取的数据放入 SBUF 寄存器（发送的 SBUF 寄存器），CPU 即自动发送。另一方面，CPU 也自动接收，当接收的 SBUF 寄存器满了即产生 RI 中断，我们只要将 SBUF 缓冲器里的数据复制到 P1 即可。

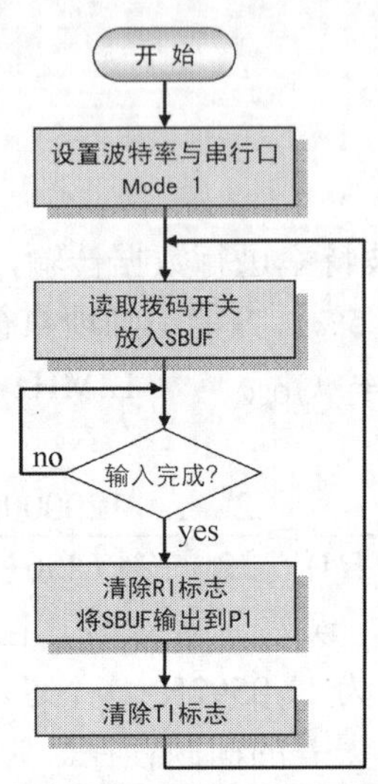


```
* ch08-8-3.c——Mode 1 实验(垂询方式)_采用 Timer1 产生波特率 */
#include <reg51.h>                          // 包含 reg51.h 头文件
#define LED P1                              // 定义 LED 位置
// 第一版 89S51 在线刻录实验板(打印机端口接口)的拨码开关在 P2
// 第二版 89S51 在线刻录实验板(USB 接口) 的拨码开关在 P0
#define DIP_SW P2                           // 定义拨码开关位置
main() // 主程序开始
{ TMOD |= 0x20;                             // 将 Timer1 设置 Mode 2 以产生波特率
  PCON &= 0x7f;                             // 将 SMOD 设置为 0
  TH1=TL1=0xfd;                             // 波特率设置约为 9600bit/s（12MHz）
  TR1=1;                                    // 启动 Timer1
//====b7===b6===b5===b4===b3===b2===b1===b0===
//===SM0==SM1==SM2==REN==TB8==RB8===TI===RI===
//=====0====1====0====1====0====0====0====0===
  SCON=0x50;                                // 设置为 Mode 1
  while(1)                                  // while 循环开始
  {    DIP_SW=0xff;                         // 设置拨码开关为输入口
       SBUF=DIP_SW;                         // 将拨码开关状态，放入 SBUF
       while (RI==0);                       // 检查是否完成接收
       RI=0;                                // RI=1 时（接收完成）清除 RI 标志
       LED=SBUF;                            // 将所接收的数据输出到 LED
       TI=0;                                // 清除 TI 标志
  }                                         // while 循环结束
}                                           // 主程序结束
```

Mode 1 垂询方式实验使用 Timer1（ch08-8-3.c）

操作

1．根据功能要求与电路结构，在 Keil C 里编写程序并进行生成（单击按钮），以产生*.HEX 文件。若有错误或非预期的状态，则检查源程序，看看哪里出了问题，修改并将它记录在实验报告里。

2．若软件调试/仿真功能正常，可按图 8-18 连接线路，并使用在线仿真器加载新的程序（*.HEX），以仿真该电路的动作。若有非预期的状态，则检查线路的连接状态，看看哪里出了问题并将它记录在实验报告里。

3．若在线仿真功能正常，将程序刻录到 89S51（可使用 89S51 在线刻录实验板），再把该 89S51 放入实际电路，以取代刚才的在线仿真器，然后直接送电，看看是否正常。

4．编写实验报告。

思考一下

在本实验里采用的是查询方式，所以程序几乎不能做其他事。请改用中断方式，主程序驱动蜂鸣器（P3.7），以产生 1kHz 的哔、哔声。

程序参考

```
/* ch08-8-3a.c——Mode 1 实验（中断方式）_采用 Timer1 产生波特率 */
#include    <reg51.h>                   // 包含 reg51.h 头文件
#define     LED P1                      // 定义 LED 位置
// 第一版 89S51 在线刻录实验板（打印机端口接口）的拨码开关在 P2 上
// 第二版 89S51 在线刻录实验板（USB 接口）的拨码开关在 P0 上
#define DIP_SW P2                       // 定义拨码开关位置
sbit    BUZZER = P3^7;                  // 定义蜂鸣器位置
void    delay(int);                     // 声明延迟函数
char i;                                 // 声明变量
main()                                  // 主程序开始
{ TMOD |= 0x20;                         // 将 Timer1 设置为 Mode 2 以产生波特率
  PCON &= 0x7f;                         // 将 SMOD 设置为 0
  TH1=TL1=0xfd;                         // 波特率设置约为 9600bit/s（12MHz）
  TR1=1;                                // 启动 Timer1
//====b7===b6===b5===b4===b3===b2===b1===b0===
//===SM0==SM1==SM2==REN==TB8==RB8===TI===RI===
//=====0====1====0====1====0====0====0====0===
  SCON=0x50;                            // 设置为 Mode 1
  EA=ES=1;                              // 设置串行口中断
  DIP_SW=0xff;                          // 设置拨码开关为输入口
  SBUF= DIP_SW;                         // 将拨码开关状态，放入 SBUF
//============主程序(产生 1kHz 声音)==========
  while(1)                              // while 循环开始
  {   for(i=0;i<30;i++)                 // 30 × 0.5ms
      {   BUZZER=1; delay(1);           // 输出高电平
          BUZZER=0; delay(1); }         // 输出低电平
```

```
        delay(200);                              // 延迟 0.1s（200 × 0.5ms）
    }                                            // while 循环结束
}                                                // 主程序结束
//============延迟函数(产生 0.5ms 延迟)==========
void delay (int    x)
{ char i,j;                                      // 声明变量
  for (i=0;i<x;i++)                              // 计数 x 次
      for (j=0;j<60;j++);                        // 计时 0.5ms
}
//===串行端口中断子程序(中断向量为 0x23，中断编号为 4)===
void serial_INT(void)    interrupt    4
{ if (RI==1)                                     // 判断是否发生接收中断
   {   RI=0;                                     // 清除 RI 标志，准备下次的接收
       LED=SBUF;                                 // 将所接收的数据输出到 LED
       SBUF= DIP_SW;                             // 将拨码开关状态放入 SBUF
   }
   else    TI=0;                                 // 清除 TI 标志
}                                                // 结束中断子程序
```

Mode 1 中断方式实验_使用 Timer1（ch08-8-3a.c）

同前一个问题，若使用 8x52，请改用 Timer2 产生约 9600bit/s 波特率，T2CON 寄存器详见第 7 章。

程序参考

```
/* ch08-8-3b.c——Mode 1 实验（中断方式）_采用 Timer2 产生波特率 */
#include     <reg52.h>                           // 包含 reg52.h 文件
#define      LED       P1                        // 定义 LED 位置
// 第一版 89S51 在线刻录实验板（打印机端口接口）的拨码开关在 P2
// 第二版 89S51 在线刻录实验板（USB 接口）的拨码开关在 P0
#define      DIP_SW    P2                        // 定义拨码开关位置
sbit         BUZZER = P3^7;                      // 定义蜂鸣器位置
void         delay (int );                       // 声明延迟函数
char         i;                                  // 声明变量
main()                                           // 主程序开始
{ T2CON &= 0xf0;                                 // EXEN2=TR2=C/T2=CP/RL2=0
   T2CON |= 0x30;                                // RCLK=TCLK=1
   TH2 = 0xff;                                   // Timer2 初值（9600bit/s, 12MHz）
   TL2 = 0xd9;                                   // Timer2 初值（9600bit/s, 12MHz）
   RCAP2H = 0xff;                                // 波特率设置为 9600bit/s（12MHz）
   RCAP2L = 0xd9;                                // 波特率设置为 9600bit/s（12MHz）
   TR2=1;                                        // 启动 Timer2
   SCON=0x50;                                    // 设置为 Mode 1
//====b7===b6===b5===b4===b3===b2===b1===b0===
//===SM0==SM1==SM2==REN==TB8==RB8===TI===RI===
```

```
//=====0====1====0====1====0====0====0====0===
//============主程序（产生 1kHz 声音）==========
  EA=ES=1;                               // 设置串行口中断
  DIP_SW=0xff;                           // 设置拨码开关为输入口
  SBUF= DIP_SW;                          // 将拨码开关状态，放入 SBUF
  while(1)                               // while 循环开始
  {     for(i=0;i<30;i++)                // 30 × 0.5ms
        {     BUZZER=1; delay (1);       // 输出高电平
              BUZZER=0; delay (1); }     // 输出低电平
        delay (200);                     // 延迟 0.1s（200 × 0.5ms）
  }                                      // while 循环结束
}                                        // 主程序结束
//============延迟函数（产生 0.5ms 延迟）==========
void delay (int     x)
{ char   i,j;                            // 声明变量
  for (i=0;i<x;i++)                      // 计数 x 次
    for (j=0;j<60;j++);                  // 计时 0.5ms
}
//===串行端口中断子程序（中断向量为 0x23，中断编号为 4）===
void serial_INT(void)    interrupt    4
{ if (RI==1)                             // 判断是否发生接收中断
  { RI=0;                                // 清除 RI 标志，准备下次的接收
    LED=SBUF;                            // 将所接收的数据输出到 LED
    SBUF= DIP_SW;                        // 将拨码开关状态放入 SBUF
  }
  else      TI=0;                        // 清除 TI 标志
}                                        // 结束中断子程序
```

Mode 1 中断方式实验使用 Timer2（ch08-8-3b.c）

8-8-4 Mode 2 实验

实验要点

如图 8-18 所示，其功能与 8-8-3 节相同，不过在本实验里将采用 Mode 2 工作方式。

流程图与程序设计

由于 Mode 2 为固定波特率的传输，所以波特率的设置比 Mode 1 简单，只要设置 **PCON** 寄存器里的 SMOD 位，即可决定采用 $f_{OSC}/64$（SMOD=0）或采用 $f_{OSC}/32$（SMOD=1）。在此采用较快的波特率（$f_{OSC}/32$），所以将 SMOD 位设置为 1（使用“**PCON |= 0x80;**”命令）；然后在 **SCON** 寄存器里，将串行端口设置为 Mode 2、REN 设为 1（使用“**SCON=0x90;**”命令）。设置完成后即可将由 P2 所读取的数据放入 SBUF 寄存器（发送的 SBUF 寄存器），CPU 即自动发送。另一方面，CPU 也自动接收，当接收的 SBUF 寄存器满了即产生 RI 中断，我们只要将 SBUF 缓冲器里的数据复制到 P1 即可。

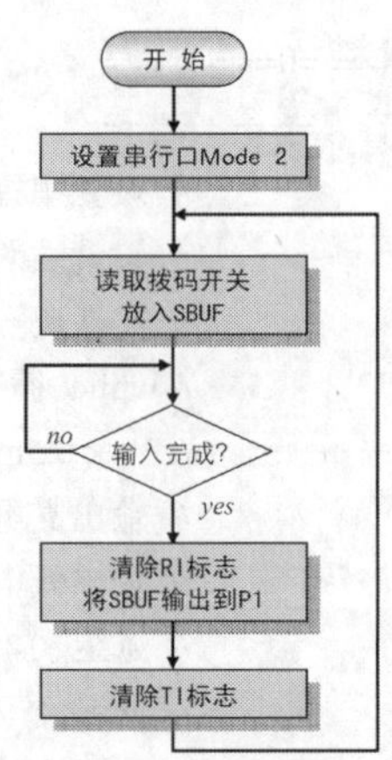


```
/* ch08-8-4.c——Mode 2 实验 */
#include    <reg51.h>                      // 包含 reg51.h 文件
#define     LED     P1                     // 定义 LED 位置
// 第一版 89S51 在线刻录实验板（打印机端口接口）的拨码开关在 P2
// 第二版 89S51 在线刻录实验板（USB 接口）的拨码开关在 P0
#define     DIP_SW   P2                    // 定义拨码开关位置
main()                                     // 主程序开始
{ PCON |= 0x80;                            // 将 SMOD 设置为 1
SCON=0x90;                                 // 设置为 Mode 2
//====b7===b6===b5===b4===b3===b2===b1===b0===
//===SM0==SM1==SM2==REN==TB8==RB8===TI===RI===
//=====1====0====0====1====0====0====0====0===
  while(1)                                 // while 循环开始
  { DIP_SW=0xff;                           // 设置拨码开关为输入口
    SBUF=DIP_SW;                           // 将拨码开关状态放入 SBUF
    while (RI==0);                         // 检查是否完成接收
    RI=0;                                  // RI=1 时（接收完成）清除 RI 标志
    LED=SBUF;                              // 将所接收的数据输出到 LED
    TI=0;                                  // 清除 TI 标志
  }                                        // while 循环结束
}                                          // 主程序结束
```

Mode 2 实验（ch08-8-4.c）

操作

1. 根据功能要求与电路结构，在 Keil C 里编写程序并进行生成（单击按钮），以产生*.HEX 文件。若有错误或非预期的状态，则检查源程序，看看哪里出了问题，修改并将它记录在实验报告里。

2. 若软件调试/仿真功能正常，可按图 8-18 连接线路，并使用在线仿真器加载新的程序（*.HEX），以仿真该电路的动作。若有非预期的状态，则检查线路的连接状态，看看哪里出了问题并将它记录在实验报告里。

3. 若在线仿真功能正常，将程序刻录到 89S51（可使用 89S51 在线刻录实验板），再把该 89S51 放入实际电路，以取代刚才的在线仿真器，然后直接送电，看看是否正常。

4．编写实验报告。

思考一下

1．在本实验里，采用 $1/32f_{OSC}$ 的波特率，将波特率修改为 $1/64f_{OSC}$？

2．在本实验里采用了查询方式，所以程序几乎不能做其他事。请改用中断方式，主程序驱动蜂鸣器（P3.7），以产生 1kHz 的哔、哔声。（可参考 8-8-3 节。）

8-8-5 Mode 3 实验

实验要点

如图 8-18 所示，其功能与 8-8-3 节相同，不过在本实验里将采用 Mode 3 工作方式。

流程图与程序设计

在此所要采用的波特率也是约为 9600bit/s，因此，除了将 Mode 1 的设定改成 Mode 3 外，流程图与程序都和 8-8-3 节雷同。

```
/* ch08-8-5.c——Mode 3 实验(查询方式) _采用 Timer1 产生波特率*/
#include      <reg51.h>                    // 包含 reg51.h 文件
#define       LED  P1                      // 定义 LED 位置
// 第一版 89S51 在线刻录实验板（打印机端口接口）的拨码开关在 P2 上
// 第二版 89S51 在线刻录实验板（USB 接口）的拨码开关在 P0 上
#define       DIP_SW    P2                 // 定义拨码开关位置
main()                                     // 主程序开始
{  TMOD |= 0x20;                           // 将 Timer1 设置为 Mode 2 以产生波特率
   PCON &= 0x7f;                           // 将 SMOD 设置为 0
   TH1=TL1=0xfd;                           // 波特率设置约为 9600bit/s（12MHz）
   TR1=1;                                  // 启动 Timer1
   SCON=0xd0;                              // 设置为 Mode 3
//====b7===b6===b5===b4===b3===b2===b1===b0===
//===SM0==SM1==SM2==REN==TB8==RB8===TI===RI===
//=====1====1====0====1====0====0====0====0===
   DIP_SW=0xff;                            // 设置拨码开关为输入口
   SBUF=DIP_SW;                            // 将拨码开关状态放入 SBUF
   while(1)                                // while 循环开始
   {   if (TI==1)                          // 检查是否完成发送
       {   TI=0;                           // TI=1 时（发送完成），清除 TI 标志
           SBUF=DIP_SW; }                  // 将拨码开关状态放入 SBUF
       if (RI==1)                          // 检查是否完成接收
       {   RI=0;                           // RI=1 时（接收完成），清除 RI 标志
           LED=SBUF; }                     // 将所接收的数据输出到 LED
   }                                       // while 循环结束
}                                          // 主程序结束
```

Mode 3 实验（ch08-8-5.c）

操作

1. 根据功能要求与电路结构，在 Keil C 里编写程序并进行生成（单击按钮），以产生*.HEX 文件。若有错误或非预期的状态，则检查源程序，看看哪里出了问题，修改并将它记录在实验报告里。

2. 若软件调试/仿真功能正常，可按图 8-18 连接线路，并使用在线仿真器加载新的程序（*.HEX），以仿真该电路的动作。若有非预期的状态，则检查线路的连接状态，看看哪里出了问题并将它记录在实验报告里。

3. 若在线仿真功能正常，将程序刻录到 89S51（可使用 89S51 在线刻录实验板），再把该 89S51 放入实际电路，以取代刚才的在线仿真器，然后直接送电，看看是否正常。

4. 编写实验报告。

思考一下

1. 在本实验里采用了约 9600bit/s 的波特率，请将波特率修改为 4800bits。

2. 在本实验里采用了查询方式，所以程序几乎不能做其他事。请改用中断方式，主程序驱动蜂鸣器（P3.7），以产生 1kHz 的哔、哔声。（可参考 8-8-3 节。）

8-8-6 点对点互传

实验要点

如图 8-19 所示，“**8x51** 系统一”与“**8x51** 系统二”为两个独立的小系统，通过 TxD 与 RxD 传输线以及地线的连接，进行全双工的数据传输，将 **8x51** 系统一的拨码开关状态经串行口传输到 **8x51** 系统二 P1 上的 LED，同时，将 **8x51** 系统二的拨码开关状态经串行口传输到 **8x51** 系统一 P1 上的 LED。

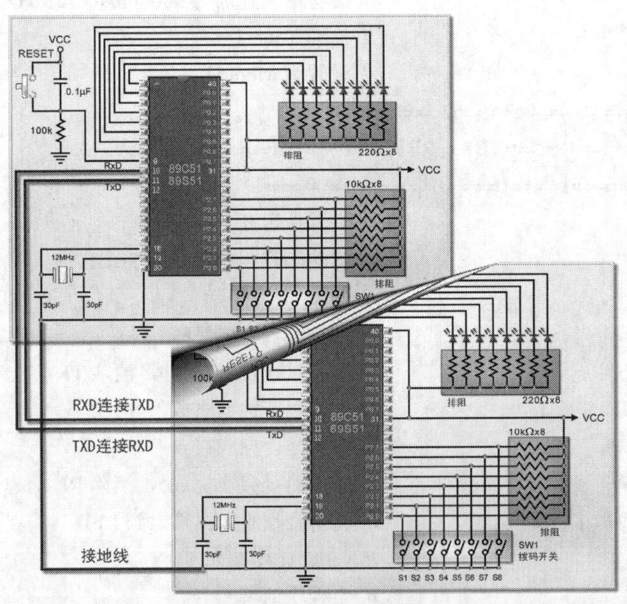

图 8-19 对传电路图

流程图与程序设计

为了简便起见，在此将采用 Mode 2，两个 8x51 系统里都采用 1/32f_{OSC} 波特率（SMOD=1），而在两个 8x51 系统里都必须执行下列程序。由于这里的流程图和 8-8-4 节的流程图相同，不再列出。

```
/* ch08-8-6.c——Mode 2 互传实验 */
#include      <reg51.h>                    // 包含 reg51.h 文件
#define       LED      P1                  // 定义 LED 位置
// 第一版 89S51 在线刻录实验板（打印机端口接口）的拨码开关在 P2 上
// 第二版 89S51 在线刻录实验板（USB 接口）的拨码开关在 P0 上
#define       DIP_SW   P2                  // 定义拨码开关位置
main()                                     // 主程序开始
{ PCON |= 0x80;                            // 将 SMOD 设置为 1
  SCON=0x90;                               // 设置为 Mode 2
//====b7===b6===b5===b4===b3===b2===b1===b0===
//===SM0==SM1==SM2==REN==TB8==RB8===TI===RI===
//=====1====0====0====1====0====0====0====0===
  while(1)                                 // while 循环开始
  {   DIP_SW=0xff;                         // 设置拨码开关为输入口
      SBUF=DIP_SW;                         // 将拨码开关状态放入 SBUF
      while (RI==0);                       // 检查是否完成接收
      RI=0;                                // RI=1 时（接收完成）清除 RI 标志
      LED=SBUF;                            // 将所接收的数据输出到 LED
      TI=0;                                // 清除 TI 标志
  }                                        // while 循环结束
}                                          // 主程序结束
```

8x51 互传实验（ch08-8-6.c）

操作

1．根据功能要求与电路结构，在 Keil C 里编写程序并进行生成（单击按钮），以产生*.HEX 文件。若有错误或非预期的状态，则检查源程序，看看哪里出了问题，修改并将它记录在实验报告里。

2．使用两片 89S51 在线刻录实验板，分别刻录刚生成的程序（*.HEX），再按图 8-19 连接其中的 RxD-TxD、TxD-RxD、GND-GND 线路，并从其 P2 连接 8 位的拨码开关电路，然后直接送电，看看是否正常。

3．编写实验报告。

思考一下

1．在本实验里，两片均采用 Mode 2，请试图改用 Mode 1 或 Mode 3，重新测试。

2．本实验的通信距离并不长，为了加长通信距离与质量，请在本实验中的两个 8x51 系统里各增加一个 MAX232/MAX232A/MAX32322 电路，如图 8-20 所示；再以 RS-232 电缆连接两个 8x51 系统，以进行相同的实验。在图 8-18 里，随着所使用 IC 的不同，其中的电容与接法有些不同，说明如下。

- 若使用 MAX232，则 C1～C5 全部采用 10μF/16V 电解电容，而 C3 的负脚连接到 VCC。
- 若使用 MAX232A，则 C1～C5 全部采用 0.1μF 陶瓷电容，而 C3 的负脚连接到 VCC。
- 若使用 MAX3232，则 C1、C5 采用 0.1μF 陶瓷电容，C2～C4 采用 0.47μF 电解电容，而 C3 的负脚连接到 GND。

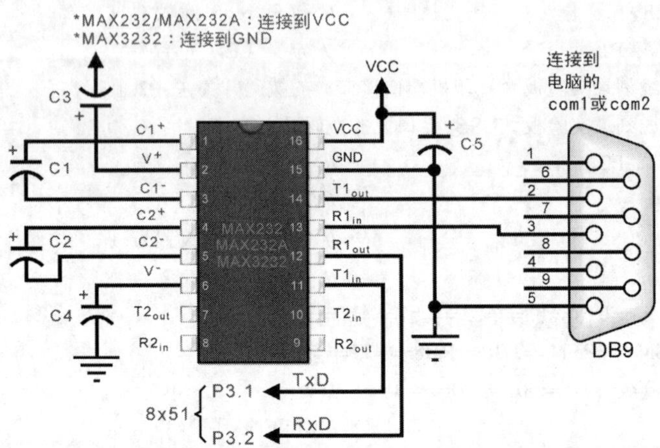

图 8-20 MAX232/MAX232A/MAX3232 的应用电路图

MAX232/MAX232A/MAX3232 的第 11 脚连接到 8x51 的 TxD 引脚（P3.1），第 12 脚连接到 8x51 的 RxD 引脚（P3.0），再通过 **DB9** 电缆线连接到个人计算机的 com1 或 com2。

- 连接个人计算机的 com1 或 com2 串行口的电缆线两端的连接器可分为 DB9 与 DB25 两种，其中连接的信号如表 8-6 所示。

表 8-6 DB9、DB15 的 RS232 连接器引脚号码与名称

DB9 脚号	DB25 脚号	信号名称	说 明
1	8	CD	载波信号检测（Carrier Detect）
2	3	RxD	接收（Receive）
3	2	TxD	发送（Transmit）
4	20	DTR	数据端准备妥当（Data Terminal Ready）
5	7	GND	接地（Ground）
6	6	DSR	数据设置准备妥当（Data Set Ready）
7	4	RTS	发送要求（Request To Send）
8	5	CTS	清除发送（Clear To Send）
9	22	RI	振铃指示（Ring Indicator）

8-8-7 多处理器通信

实验要点

利用 4 片 89S51 在线刻录实验板（或其他 89S51 实验板），分别命名为 Master、Slave A、

Slave B 及 Slave C，其地址如表 8-7 所示。

表 8-7 地址表

	Master	Slave A	Slave B	Slave C
地址	0x01	0x02	0x03	0x04

将 4 片 89S51 在线刻录实验板的 GND 引脚连接在一起，然后将 Master 的 RxD（P3.0）连接到其他 3 片的 TxD（P3.1），Master 的 TxD（P3.1）连接到其他 3 片的 RxD（P3.0）。Master 的 LED（连接在 P1 上）执行 8 灯闪烁，同时，进行下列传输。

- 通过串行口传“0000 0001”给 Slave A，经过 0.1 秒后，再传“1111 1110”给 Slave A。
- 通过串行口传“0000 0011”给 Slave B，经过 0.1 秒后，再传“1111 1100”给 Slave B。
- 通过串行口传“0000 0111”给 Slave C，经过 0.1 秒后，再传“1111 1000”给 Slave C。

如此循环不停。Slave A～Slave C 则接收传给自己地址的数据，再送到 P1（连接 LED），如此即可得到不错的效果。

流程图与程序设计

为了简便起见，在此将采用 Mode 3，所有 8x51 系统里都采用 4800bit/s 波特率（Timer1 Mode 2，TH1=TL1=0xf3，SMOD=1），其中 Master 与 3 个 Slave 的程序如下。

```
/* ch08-8-70.c——Mode 3 多处理器通信实验_Master */
#include    <reg51.h>                          // 包含 reg51.h 文件
#define     LED     P1                         // 定义 LED 位置
//============ 函数 ==========
void INIT_serial(void);                        // 声明串行端口初始化函数
void send_char(char);                          // 发送字符函数
void delay 1ms(int);                           // 声明延迟函数
//============ 函数 ==========
unsigned char my Address = 0x01;               // 我的地址
unsigned char addr[3]={0x02, 0x03, 0x04};      // Slave 的地址
unsigned char sdata[3]={0x01, 0x03, 0x07};     // 发送的初值
//======= 主程序 ========
main()// 主程序开始
{ unsigned char   i,j;                         // 声明变量
 INIT_serial();                                // 串行口初始化设置
 LED=0xff;                                     // 关闭 LED
 while(1)
 {    LED=~LED;                                // 切换 LED
      for(i=0;i<3;i++)                         // 对 3 个 slave 通信
      {    TB8 = 1;                            // 发送地址方式
           send_char(addr[i]);                 // 发送地址
           TB8 = 0;                            // 发送数据方式
           j=sdata[i];                         // 取出数据
           send_char(j);                       // 发送数据
           delay 1ms(100);                     // 延迟 0.1s
           TB8 = 0;                            // 发送数据方式
```

```
            send_char(~j);                              // 发送反相数据
            delay 1ms(100);                             // 延迟 0.1s
        }                                               // for 循环结束
    }                                                   // while 循环结束
}                                                       // 主程序结束
//=== 串行端口初始化函数 ===
void INIT_serial(void)
{ PCON |= 0x80;                                         // 将 SMOD 设置为 1
  SCON=0xf0;                                            // 设置为 Mode 3，多处理器通信
  TMOD |= 0x20;                                         // 设置采用 Mode 2
  TH1=TL1=0xf3;                                         // 4800bit/s (12MHz)
  TR1=1;                                                // 启动 Timer1
}                                                       // 结束初始化函数
//============ 发送字符函数 ==========
void send_char(char s_char)
{ TI=0;                                                 // 清除 TI 标志
   SBUF = s_char;                                       // 发送字符
   while(!TI);                                          // 等待完成发送
}
//============ 延迟函数(产生 x×1ms 延迟) ==========
void delay 1ms(int x)
{ char   i, j;                                          // 声明变量
 for (i=0;i<x;i++)                                      // 计数 x 次
       for (j=0;j<120;j++);                             // 延迟 1ms
}
```

多处理器通信实验（ch08-8-70.c）_Master

```
/* ch08-8-71.c——Mode 3 多处理器通信实验_Slave A */
#include      <reg51.h>                                 // 包含 reg51.h 文件
#define       LED  P1                                   // 定义 LED 位置
void INIT_serial(void);                                 // 声明串行端口初始化函数
unsigned char myAddress = 0x02; // 我的地址
//======= 主程序    ========
main()                                                  // 主程序开始
{ INIT_serial();                                        // 串行口初始化设置
  while(1);                                             // 无穷循环
}                                                       // 主程序结束
//=== 串行端口初始化函数 ===
void INIT_serial(void)
{ PCON |= 0x80;                                         // 将 SMOD 设置为 1
  SCON=0xf0;                                            // 设置为 Mode 3，多处理器通信
  TMOD |= 0x20;                                         // 设置采用 Mode 2
  TH1=TL1=0xf3;                                         // 4800bit/s（12MHz）
  EA=ES=1;                                              // 设置串行口中断
  TR1=1;                                                // 启动 Timer1
}      // 结束初始化函数
```

```
//===串行端口中断子程序（中断向量为 0x23，中断编号为 4）===
void serial_INT(void)    interrupt    4
{ if (TI==1)                                    // 判断是否发生发送中断
      TI=0;                                     // 清除 TI 标志，准备下次的发送
  if (RI==1)                                    // 判断是否发生接收中断
  {   RI=0;                                     // 清除 RI 标志，准备下次的接收
      if (RB8)
          if (SBUF==my Address) SM2=0;          // 进入接收数据方式
          else SM2=1;                           // 非我的地址
          else    LED=SBUF;                     // 读取接收到的数据并输出到 LED
  }                                             // 结束接收程序
}                                               // 结束中断子程序
```

多处理器通信实验（ch08-8-_71.c）_slave A

对于上述 Slave A 程序，只要将 myAddress 改为 0x03，即为 Slave B 的程序（ch8-8-72.c）。同样地，将 myAddress 改为 0x04，即为 Slave C 的程序（ch8-8-73.c）。

操作

1．在 Keil C 里编写程序，分别编写 Master、Slave A、Slave B 及 Slave C 的程序并进行生成（单击按钮），以产生*.HEX 文件。若有错误或非预期的状态，则检查源程序，看看哪里出了问题，修改并将它记录在实验报告里。

2．使用 4 片 89S51 在线刻录实验板，分别刻录刚编译的程序（*.HEX），将这 4 片的 GND 连接在一起，然后将 Master 的 RxD（P3.0）连接到其他 3 片的 TxD（P3.1）、Master 的 TxD（P3.1）连接到其他 3 片的 RxD（P3.0），即可直接送电，看看是否正常。

3．编写实验报告。

8–9 实时练习

在本章里探讨了串行式数据传输的概念、8x51 的串行口、帧错误检测、自动地址识别、串行与并行数据的转换 IC，以及 RS-232 的驱动 IC 等。在此请试着回答下列问题，以确认对于此部分的掌握程度。

选择题

（　）1．下列哪个 IC 具有将串行数据转换成并行数据的功能？

（A）74138　（B）74164　（C）74165　（D）74168

（　）2．下列哪个 IC 具有将并行数据转换成串行数据的功能？

（A）74138　（B）74164　（C）74165　（D）74168

（　）3．UART 是指哪项器件？

（A）单向传输器　（B）通用串行数据与并行数据转换器

（C）全双工通用并行口　（D）通用异步串行端口

（　）4．在同一时刻，只能接收或发送信号者称为什么？

（A）半双工　　（B）全双工　　（C）半单工　　（D）单工

（　　）5．在 8x51 的串行口里，在哪一种方式下，可利用 Timer1 产生波特率？

（A）Mode 0　　（B）Mode 1　　（C）Mode 2　　（D）Mode 3

（　　）6．8x51 的串行口是通过哪些引脚进行数据传输的？

（A）RxD 引脚接收数据　　（B）TxD 引脚接收数据

（C）RxD 发送数据　　（D）以上皆非

（　　）7．在 8x51 里，若通过串行端口传出数据，则只要将数据放入哪个寄存器，CPU 就会自动将它传出？

（A）SMOD　　（B）TBUF　　（C）SBUF　　（D）RBUF

（　　）8．在 8x51 里，若 CPU 完成串行端口数据的接收将会如何？

（A）将 TI 标志变为 0　　（B）将 RI 标志变为 0

（C）将 TI 标志变为 1　　（D）将 RI 标志变为 1

（　　）9．若要设置 8x51 串行端口方式，可在哪个寄存器中设置？

（A）SMOD　　（B）SCON　　（C）PCON　　（D）TCON

（　　）10．下列哪个不是 MAX232 的功能？

（A）提高抗噪声能力　　（B）提高传输距离

（C）增加传输速度　　（D）以上皆是

问答题

1．试写出 8x51 串行端口四个工作方式的波特率及其设置方法。

2．试说明 8x51 串行口 Mode 2 与 Mode 3 的差异。

3．当使用 8x51 串行口以 Mode 0 工作方式发送数据时，其 TxD 引脚与 RxD 引脚各担当何种功能？应当如何接线？

4．当使用 8x51 串行口以 Mode 0 工作方式接收数据时，其 TxD 引脚与 RxD 引脚各担当何种功能？应当如何接线？

5．试说明 8x51 串行口 Mode 1 的数据格式。

6．试说明 8x51 的 SCON 寄存器中各位的功能。

7．试说明何谓“单工”、“半双工”与“全双工”。

8．何谓“UART”？

9．试简述如何应用 74164 及 74165。

10．试说明 MAX232 的功能。若要将 8x51 系统的串行端口通过 MAX232 长距离传输，应该如何连接？

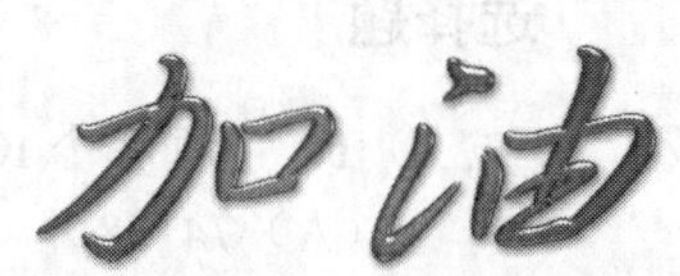

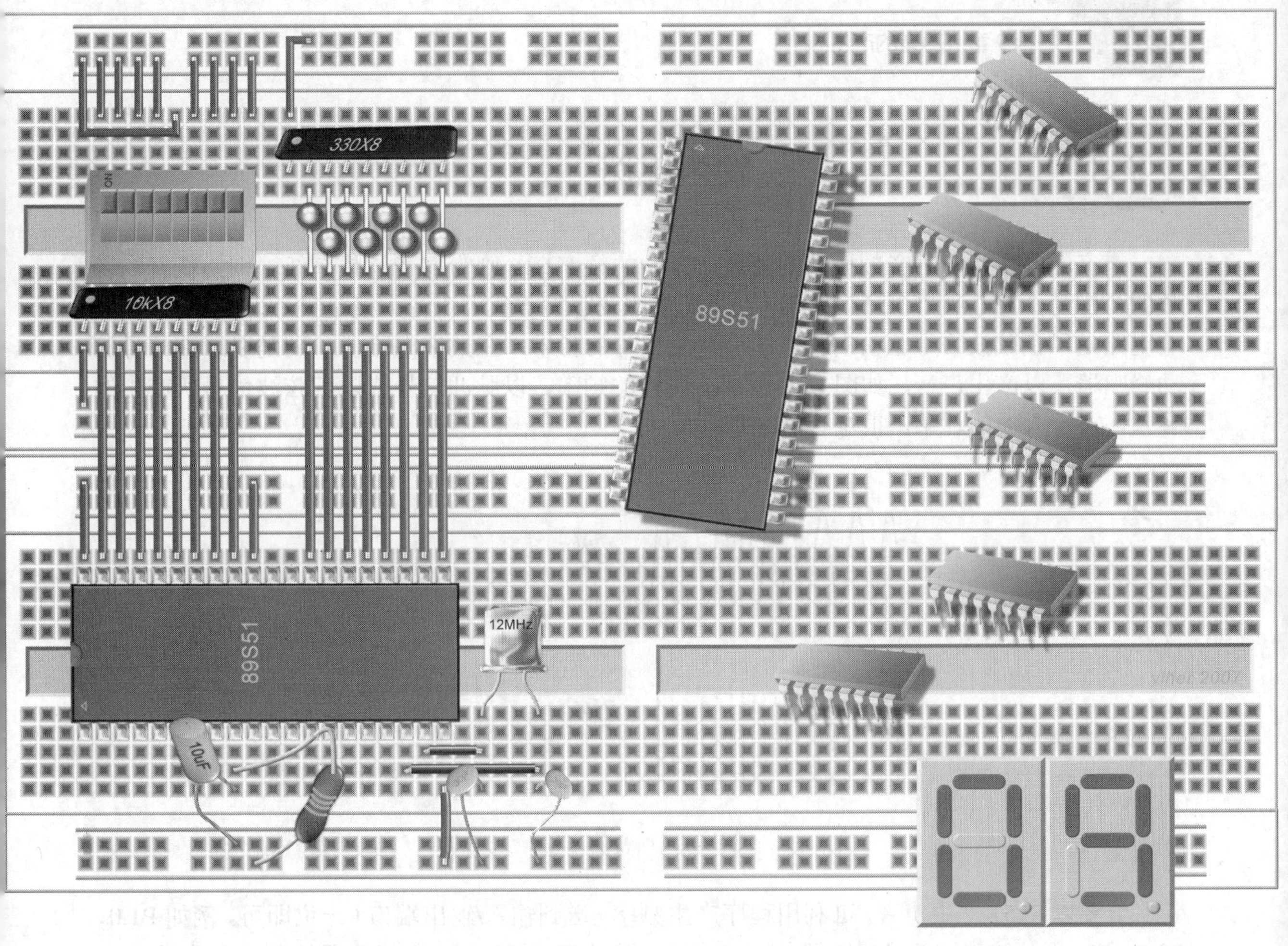

第9章 声音的产生

本章内容丰富，主要包括两部分。

- **硬件部分**

  发声原理与声音的产生电路。

- **程序与实践部分**

  简易的声音产生程序、混合频率的声音产生、基本音阶产生、简易电子琴，以及歌曲演奏等。

9-1 发声电路

声音的产生是一种音频振动的效果，振动的频率高，则为高音，频率低，则为低音。音频的范围为 20Hz 到 200kHz 之间，人类耳朵比较容易辨认的声音大概是 0～20kHz。一般音响电路是以正弦波信号驱动喇叭，即可产生悦耳的音乐；在数字电路里，则是以脉冲信号驱动蜂鸣器，以产生声音，如图 9-1 所示。同样的频率，以脉冲信号或以正弦波信号所产生的音效，对于人类的耳朵，很难有所区别。

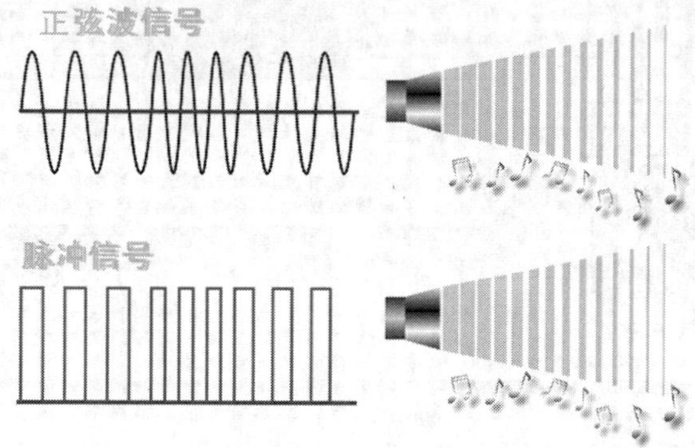

图 9-1 声音的产生

若要以 8x51 产生声音，可利用程序产生频率，送到输入/输出端口（一位即可，例如 P1.0、P3.7 等），再从该点连接到蜂鸣器的驱动电路，即可驱动蜂鸣器。而蜂鸣器的驱动电路以 **PNP** 晶体管放大电路最适合，如图 9-2 所示。

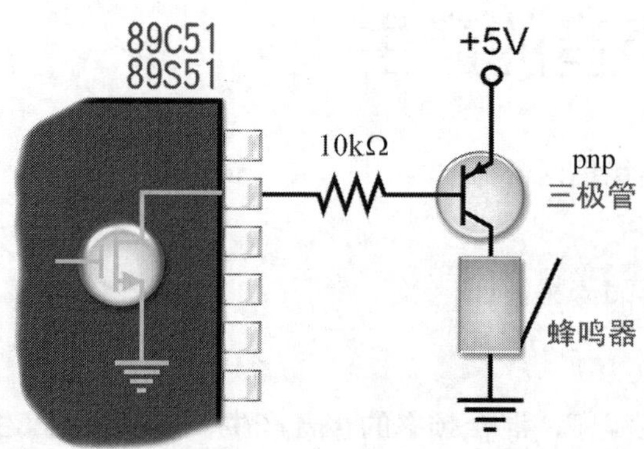

图 9-2 蜂鸣器驱动电路

通常数字微处理电路输出 1（高电位）时，由 IC 内部流出的电流很小。虽然我们可以利用高增益的晶体管（达林顿电路），再连接上拉电阻，以提供较大的驱动电流，以驱动蜂鸣器或其他负载。而数字微处理电路输出 0（低电位）时，IC 可吸入较大电路（IC 内部视同对地短路），连接 PNP 晶体管构成简单的放大电路，即可提供足够的驱动能力。

如图 9-3（a）所示，当 8x51 输出 1 时，内部的 MOSFET 不导通，晶体管的 BE 之间不会有输入电流（i_b），所以晶体管也不会有输出电流（i_c）到蜂鸣器，所以蜂鸣器就不会激磁。当 8x51

输出 0 时，内部的 MOSFET 导通（对地短路），晶体管的 BE 之间呈现顺向偏压，而产生输入电流（i_b），晶体管将 i_b 放大，输出电流 i_c 到蜂鸣器，所以蜂鸣器就会激磁，如图 9-3（b）所示。

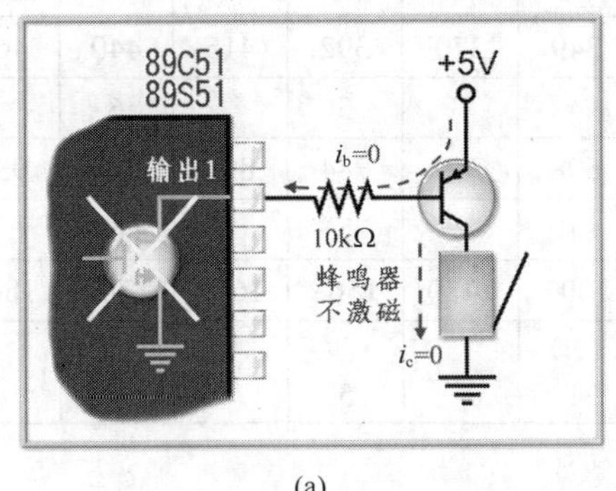

(a)

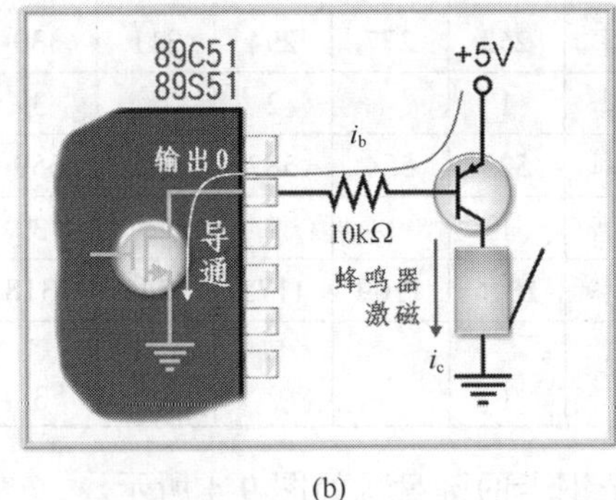

(b)

图 9-3 由 89C51/89S51 驱动蜂鸣器

9-2 音调与节拍

在第 3 章里，我们曾经介绍过蜂鸣器的驱动，只要在固定时间里切换输出的状态，即可让蜂鸣器（或喇叭）发出声响。当然，这个声响很单调，其音调的高低与输出的切换速度有关，切换速度越快，声音越高；反之，切换速度越慢，声音越低。除了控制发声的高低外，若还能控制发声的时间长短，就会有节奏感，也就是“音乐”的雏型。简单讲，“音乐”至少要有声音的高低及发声的时间长短。

音调

若以频率来表示声音，则有点抽象，又有点无趣。在音乐中，通常是以 Do、Re、Mi、Fa、So、La、Si、Do 分别代表某一个频率的声音，称之为“音调”，即 **Tone**。表 9-1 所示为 C 调音阶表，包括三个音阶（低音、中音与高音），每个音阶为八音度，其中细分为 12 个半音（即 Do、Do#、Re、Re#、Mi、Fa、Fa#、So、So#、La、La#、Si），而每个音阶之间的频率相差一倍。例如，高音 Do 的频率（1046Hz）刚好是中音 Do 的频率（523Hz）的两倍，中音 Do 的频率（523Hz）刚好是低音 Do 的频率（266Hz）的两倍；同样地，高音 Re 的频率（1109Hz）刚好是中音 Re 的频率（554Hz）的两倍，中音 Re 的频率（554Hz）刚好是低音 Re 的频率（277Hz）的两倍，以此类推。因此，两个半音之间的频率比为 $\sqrt[12]{2}$，大约是 1.059，以中音为例，Do 的频率为 523Hz，所以 Do#的频率为 523×1.059，约为 554Hz，Re 的频率为 554×1.059，约为 587Hz，以此类推。

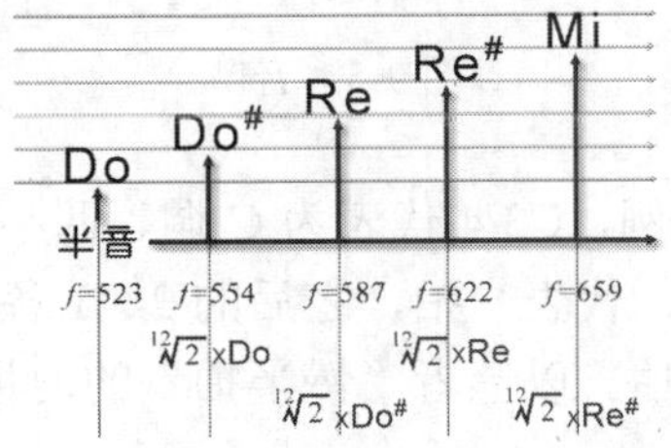

表 9-1 C 调音阶-频率对照表

音阶		1	2	3	4	5	6	7	8	9	10	11	12
		Do	Do#	Re	Re#	Mi	Fa	Fa#	So	So#	La	La#	Si
低音	频率	**262**	277	294	311	330	349	370	392	415	440	464	494
	简谱	1		2		3	4		5		6		7
中音	频率	**523**	554	587	622	659	698	740	784	831	880	932	988
	简谱	1		2		3	4		5		6		7
高音	频率	**1046**	1109	1175	1245	1318	1397	1480	1568	1661	1760	1865	1976
	简谱	□ 1		□ 2		□ 3	□ 4		□ 5		□ 6		□ 7

相对于钢琴的键盘，如图 9-4 所示。

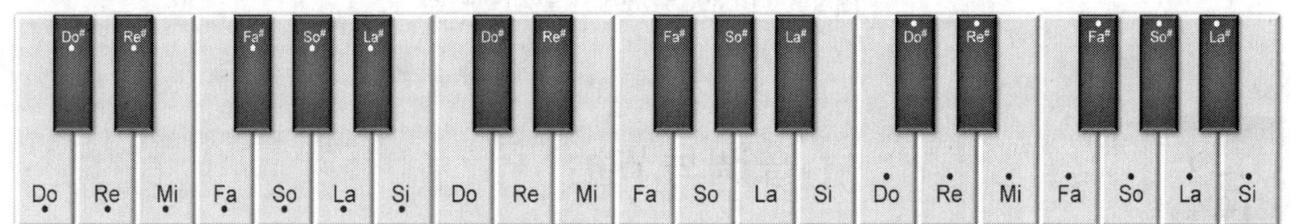

图 9-4 钢琴键盘

节拍

若要构成音乐，光有音调是不够的，还需要节拍，让音乐具有旋律（固定的律动），更可以调节各个音的快慢速度。“节拍”即 Beat，简单讲就是打拍子，例如，听到音乐不自主地随之拍动手。我们常听说“这个音要 1/4 拍”、“那个音要 1/2 拍”，若 1 拍是 0.5 秒，则 1/4 拍为 0.125 秒，1/2 拍为 0.25 秒。至于 1 拍多少秒，并没有严格规定，就像是人的心跳一样，有些人比较快，有些人比较慢，只要听顺耳就好。

除了“拍子”以外，还有“音节”，在乐谱左上方都会定义每个音节有多少拍，如图 9-5 所示。

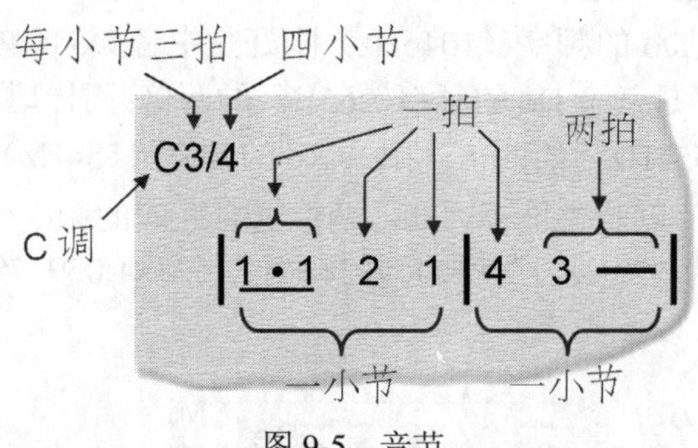

图 9-5 音节

以“生日快乐歌”的简谱为例，C3/4 代表为 C 调、四小节、每小节三拍；两条直线之间为一小节，其中有底线的两个 1，代表一拍，之后的 2、1 各为一拍，总共三拍。在第二小节里，3 后面的一条线代表 3 为两拍。以笔者“慢半拍”的习惯，唱一节的时间约 2 秒，所以，每拍约 3/2 秒。若以每小节 1.5 秒的速度，可能会比较正常，也就是每拍 0.5 秒，3/4 拍 0.375 秒，1/2 拍 0.25 秒，1/4 拍 0.125 秒，以此类推。若以程序发出上述两小节的音，则是 Do/0.25 秒、Do/0.25 秒、Re/0.5 秒、Do/0.5 秒 Fa/0.5 秒、Mi/1 秒，即 523Hz/250ms、523Hz/250ms、587Hz/500ms、523Hz/500ms、698Hz/500ms、659Hz/1000ms。

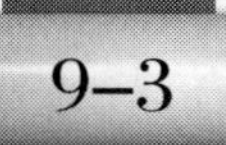

9-3 音调的产生

若要产生表 9-1 的音频，可使用延迟函数或 Timer 定时中断。

延迟函数

在 Keil C 里，延迟函数无法很精确地掌握所能延迟的时间长短，在前面的单元里，我们所使用的一个 1ms 延迟函数如下：

```
void delay 1ms(unsigned char x)
{ unsigned char i,j;                    // 声明变量
 for (i=0;i<x;i++)                      // 外循环
 for (j=0;j<120;j++);                   // 内循环
}
```

若要延迟 1ms，则可使用“delay1ms（1）；”指令，函数的内循环将执行 120 次，外循环将执行 1 次。对于 12MHz 的 8x51 系统而言，根据实验数据可得知，执行 120 次大约耗用 1ms。同理，若需要延迟 5ms，则可使用“delay1ms（5）；”。很明显，这个函数的精度为 1ms，万一延迟时间小于 1ms 怎么办？由上列函数之中可得知，内循环的数量决定了延迟的时间，也就是说，若内循环的数量为 120，可延迟 1ms，该函数的最小刻度为 1ms；则将内循环的数量降为 12，可延迟 0.1ms，该函数的最小刻度为 0.1ms，即 100μs，以此类推，整理如表 9-2 所示。

表 9-2　延迟函数的内循环数与最小延迟时间的关系

内循环数	最小延迟时间（ms）	最小延迟时间（μs）
120	1	1000
60	0.5	500
6	0.05	50
3	0.025	25
1	0.0083	8.3

如表 9-1 所示，其中最高的音是高音的 Si，其频率 f=1976Hz，则周期 T=506μs，半周期 T1 =253μs，如下图所示。

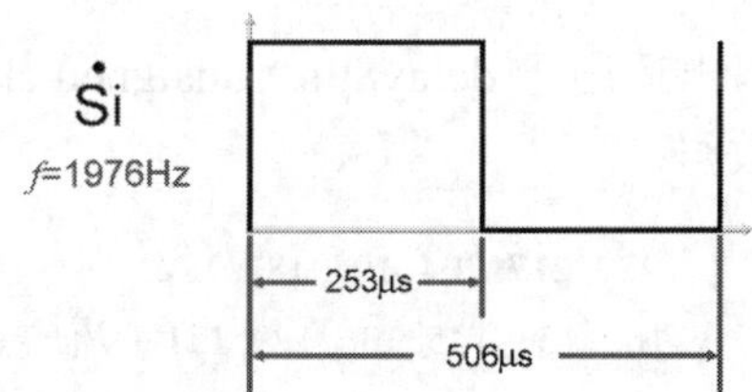

若在延迟函数的内循环数量采用 3，即

```
void delay 25us(unsigned char x)
{ unsigned char i,j;                              // 声明变量
 for (i=0;i<x;i++)                                // 外循环
        for (j=0;j<3;j++);                        // 内循环
}
```

则“delay25us（10）;”可产生 250μs 延迟，接近于高音 Si 的半周期。因此可产生高音 Si。问题是，高音 La#的频率为 1865，其周期为 $\frac{1}{1865} \cong 536\mu s$，而半周期为 268μs，若采用同一个延迟函数，到底使用“delay25μs（10）;”指令还是“delay25μs（11）;”指令是个问题。明显地，解析度不够，所以改采用内循环为 1 的延迟函数，即

```
void delay 8us(unsigned char x)
{   unsigned char i,j;                    // 声明变量
  for (i=0;i<x;i++)                       // 外循环
        for (j=0;j<1;j++);                // 内循环
}
```

则高音 Si 可以用“delay8μs（30）;”指令产生，其中的参数 30 是 253μ/8.33μ 所得的值；而高音 La#可以用“delay8μs（32）;”指令产生，其中的参数 32 是 268μ/8.33μ 所得的值。同理，以最低音（低音的 Do）为例，其半周期为 1908μs，可以“delay8μs（229）;”指令产生。

表 9-3 音阶、频率、半周期（T1）、参数对照表

低音	频率	T1	参数	中音	频率	T1	参数	高音	频率	T1	参数
Do	262	**1908**	**229**	Do	523	**956**	**115**	Do	1046	**478**	**57**
Do #	277	**1805**	**217**	Do #	554	**903**	**108**	Do #	1109	**451**	**54**
Re	294	**1701**	**204**	Re	587	**852**	**102**	Re	1175	**426**	**51**
Re#	311	**1608**	**193**	Re#	622	**804**	**97**	Re#	1245	**402**	**48**
Mi	330	**1515**	**182**	Mi	659	**759**	**91**	Mi	1318	**379**	**45**
Fa	349	**1433**	**172**	Fa	698	**716**	**86**	Fa	1397	**358**	**43**
Fa#	370	**1351**	**162**	Fa#	740	**676**	**81**	Fa#	1480	**338**	**41**
So	392	**1276**	**153**	So	784	**638**	**77**	So	1568	**319**	**38**
So #	415	**1205**	**145**	So #	831	**602**	**72**	So #	1661	**301**	**36**
La	440	**1136**	**136**	La	880	**568**	**68**	La	1760	**284**	**34**
La#	464	**1078**	**129**	La#	932	**536**	**64**	La#	1865	**268**	**32**
Si	494	**1012**	**121**	Si	988	**506**	**61**	Si	1976	**253**	**30**

根据上述方式推演，即可写出适用于 delay8μs（unsigned char）函数的参数，如表 9-3 所示。将这些音阶参数存入如下数组：

```
unsigned char code tone[3][12]= {   {   229, 217, 204, 193, 182, 172,
                                        162, 153, 145, 136, 129, 121 }, //低音
```

```
                {   115, 108, 102, 97, 91, 86,
                    81, 77, 72, 68, 64, 61 },     //中音
                {   57, 54, 51, 193, 48, 45,
                    41, 38, 36, 34, 32, 30 }};   //高音
```

tone[0][*x*]为低 8 音阶，tone[1][*x*]为中 8 音阶，tone[2][*x*]为高 8 音阶，若要取用音阶的参数，如下：

0 为低音，1 为中音，2 为高音　音阶

delay8us（ tone[1][0] ） ;

如要发出最低的音到最高的音，每个音重复执行 50 次，程序如下。

```
for (i=0;i<3;i++)                        // 从低 8 音到高 8 音
{    for (j=0;j<12;j++)                   // 执行每个音阶
        for (k=0;k<50;k++)                // 每个音阶执行 50 次
        {    buzzer=0;                    // 输出低电平，buzzer 为输出端
             delay8us(tone[i][j]);        // 延迟
             buzzer =1;                   // 输出高电平
             delay8us(tone[i][j]);        // 延迟
        }                                 // 结束一个音阶
}                                         // 结束
```

上述方式可以发出所有音阶（36 个音），不过有点复杂。在大部分的歌曲里，所使用的音域并不会那么宽，大多是在八音阶里，最多再增加低音的 Si、高音的 Do 与 Re，至于中音的 Do#、Re#、Fa#、So#、La#也可忽略。这里按一般的简谱将常用的音阶编号，如表 9-4 所示。在此将低音的 Si 编码为 0，高音的 Do 编码为 8，高音的 Re 编码为 9，高音的 Mi 编码为 10，将这些数据放入如下数组：

表 9-4　　　　常用的音阶表

简谱	音阶	频率	T1	参数
0	Si	494	**1012**	**121**
1	Do	523	**956**	**115**
2	Re	587	**852**	**102**
3	Mi	659	**759**	**91**
4	Fa	698	**716**	**86**
5	So	784	**638**	**77**
6	La	880	**568**	**68**
7	Si	988	**506**	**61**
8	Do	1046	**478**	**57**
9	Re	1175	**426**	**51**
10	Mi	1318	**379**	**45**

```
unsigned char code tone[11]={   121, 115, 102, 91, 86, 77,
                                68, 61, 57, 51, 45 };
```

同时，根据市面上的简谱，只要把低音的 Si 改为 0，高音的 Do、Re、Mi 改为 8、9、10

即可。以“我是只小小鸟”为例，其简谱如下所示。

C调 3/6 我是只小小鸟

|1 1 1|3• 2 1|3 3 3|5• 4 3|5 4 3|2 - -|

我是只 小小鸟， 飞就飞， 叫就叫，自由逍 遥。

|2 – 1 7 |1 2 3|4 - 3 2|3 4 5|5 4 3 2|1 - -|

我 不知 有忧愁，我 不知 有烦恼，只是常欢 笑。

由此可设置一个歌谱的数组，如下为第一小段的歌谱数组。

```
unsigned char code song[]={1, 1, 1,   3, 2, 1,      3, 3, 3,      5, 4, 3,      5, 4, 3,      2};
```

演奏时可利用此数组与刚才的 tone 数组进行转换与输出，具体如下。

```
unsigned char i,j;                                          // 声明变量
unsigned char code song[]={ 1, 1, 1, 3, 2, 1, 3, 3, 3, 5, 4, 3, 5, 4, 3, 2 };
unsigned char code tone[11]={ 121, 108, 102, 91, 86, 77,
                              68, 61, 57, 51, 45 };
  for (i=0;i<16;i++)                                        // 读取 16 个音阶
  {   for (j=0;j<50;j++)                                    // 每个音阶执行 50 次
      {   buzzer=0;                                         // 输出低电平
          delay8us(tone[song[i]]);                          // 延迟
          buzzer=1;                                         // 输出高电平
          delay8us(tone[song[i]]);                          // 延迟
      }                                                     // 结束一个音阶
}                                                           // 结束
```

若要改变演奏的歌曲，只要将歌曲的简谱填入 song[]数组即可。

定时中断

以定时器中断产生频率的方式，我们在第 7 章已介绍过，而声音只是某一范围的频率，也就是所谓的音频。在 Mode 1 模式下，计数值最多可达 65536，也就是 65536μs，足以产生低音 Do 所需的半周期（1908），所以，若要产生低音 Do 的音频，则只需执行 1908 计数值的 Timer 中断即可，每中断一次，就改变连接蜂鸣器的输入/输出端口的状态，就能发出低音 Do 的声音。若要产生其他音阶，只需按表 9-3 的 T1 栏设置计数值即可，如下所示是以 Mode 1 来产生低音的 Do。

```
#include <reg51.h>
sbit buzzer = P3^7;                                         // 声明输出端
unsigned char Do_H, Do_L;
main()
{ buzzer=1;                                                 // 蜂鸣器初始值
  IE=0x82;                                                  // 启用 Timer0
  TMOD=0x01;                                                // 设置 Mode 1
  TH0=Do_H=(65536-1908)/256;                                / 填入定时值的高 8 位
```

```
  TL0=Do_L=(65536-1908)%256;                    // 填入定时值的低 8 位
  TR0=1;                                        // 启动 Timer0
  while(1);                                     // 停止
  }                                             // 主程序结束
//====Timer0 中断子程序==================
void tone_int(void) interrupt 1                 //Timer0 中断子程序开始
{ TH0=Do_H;                                     // 填入定时值的高 8 位
  TL0=Do_L;                                     // 填入定时值的低 8 位
  buzzer=~buzzer;                               // 蜂鸣器反相输出
}                                               // 结束中断子程序
```

上面只是播放一个音，若要播放一串音，则可利用刚才的 tone 数组进行转换与输出，具体如下。

```
#include     <reg51.h>
sbit    buzzer = P3^7;                          // 声明输出端
unsigned char       i;                          // 声明变量
unsigned char tone_H, tone_L;                   // 声明计数值变量
unsigned char code song[]={  1, 1, 1,     3, 2, 1,     3, 3, 3,     5, 4, 3,     5, 4, 3,     2};
unsigned int code tone[11]={ 1012, 956, 852, 759, 716, 638,
                             568, 506, 478, 426, 379 };
void delay 1ms(unsigned char);
main()
{ buzzer=1;                                     // 蜂鸣器初始值
  IE=0x82;                                      // 启用 Timer0
  TMOD=0x01;                                    // 设置 Mode 1
  for (i=0;i<16;i++)                            // 读取 16 个音
     {    tone_H=(65536-tone[song[i]])/256;
          /*读取音阶计数值的高 8 位*/
          tone_L=(65536-tone[song[i]])%256;
          /*读取音阶计数值的低 8 位*/
          TH0=tone_H;                           // 填入音阶计数值的高 8 位
          TL0=tone_L;                           // 填入音阶计数值的低 8 位
          TR0=1;                                // 启动 Timer0
          delay1ms(100);                        // 每个音播放 0.1s
          TR0=0;                                // 关闭定时器
          buzzer=1;                             // 关闭蜂鸣器
     }                                          // 结束一个音阶
}                                               // 结束播放 13 个音
//====Timer0 中断子程序==================
void tone_timer(void) interrupt 1               //Timer0 中断子程序开始
{ TH0=tone_H;                                   // 填入定时值的高 8 位
  TL0=tone_L;                                   // 填入定时值的低 8 位
  buzzer=~buzzer;                               // 蜂鸣器反相输出
}                                               // 结束中断子程序
```

上面播放 16 个音，事先要知道所要播放的有多少个音，有点麻烦。如果在数组的最后一个位置，放置一个 **15**，以作为结束符号，我们就可利用这个 **15** 来判断是否要结束播放，程序如下：

```
#include    <reg51.h>
sbit    buzzer = P3^7;                              // 声明输出端
unsigned char    i=0;                               // 声明变量
unsigned char tone_H, tone_L;                       // 声明计数值变量
unsigned char code song[]={1, 1, 1,  3, 2, 1,    3, 3, 3,    5, 4, 3,    5, 4, 3,    2,    15 };
unsigned int code tone[11]={ 1012, 956, 852, 759, 716, 638,
                         568, 506, 478, 426, 379 };
void delay 1ms(unsigned char);
main()
{ buzzer=1;                                         // 蜂鸣器初始值
  IE=0x82;                                          // 启用 Timer0
  TMOD=0x01;                                        // 设置 Mode 1
  while(song[i]!=15)                                // while 循环开始
  {      tone_H=(65536-tone[song[i]])/256;          // 读取音阶计数值的高 8 位
         tone_L=(65536-tone[song[i]])%256;          // 读取音阶计数值的低 8 位
         TH0=tone_H;                                // 填入音阶计数值的高 8 位
         TL0=tone_L;                                // 填入音阶计数值的低 8 位
         TR0=1;                                     // 启动 Timer0
         delay 1ms(100);                            // 每个音播放 0.1s
         i++;                                       // 下一个音
         TR0=0;                                     // 关闭定时器
         buzzer=1;                                  // 关闭蜂鸣器
  }                                                 // 结束播放
}                                                   // 主程序结束
//====Timer0 中断子程序==================
void tone_timer(void) interrupt 1                   // Timer0 中断子程序开始
{ TH0=tone_H;                                       // 填入定时值的高 8 位
  TL0=tone_L;                                       // 填入定时值的低 8 位
  buzzer=~buzzer;                                   // 蜂鸣器反相输出
}                                                   // 结束中断子程序
```

9-4 节拍的产生

音阶的频率是固定的，而节拍有快有慢，拍子越短，节奏越快，拍子越长，节奏越慢。产生节拍的方法也是一种处理时间的方法，以生日快乐歌的前两个音节为例，第一个音是 Do，发生这个音的时间长度是 250ms（也就是在 250ms 之内都在产生 Do 的音）；停顿一下，再发出第二个音（Do），还是持续 250ms；接下来，改发 Re 的音，时间长达 500ms，再发出 Do 的音，时间长达 500ms，第一小节结束。紧接着第二小节，首先发出 Fa 的音，时间长达 500ms；再发出 Mi 的音，时间长达 1000ms，以此类推。如图 9-6 所示。因此，我们必须从歌谱中将

其中的节拍转换成节拍数组，以“我是只小小鸟”的歌谱为例，其中蓝色字为 1/2 拍，黑色字为 1 拍节，[7]为低音的 Si，“2-”表示 Re 连续两拍（不断音），整个节拍如下。

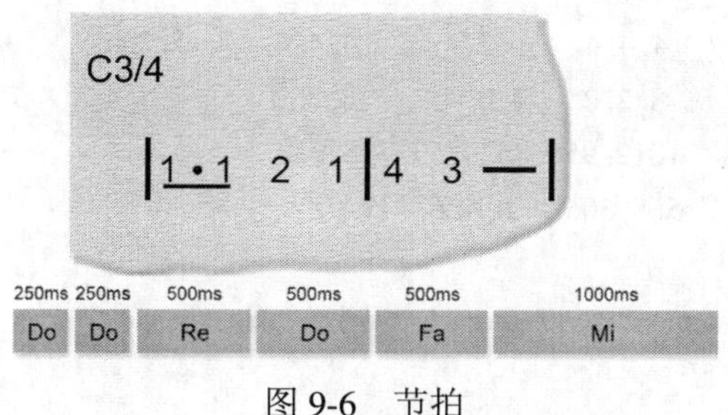

图 9-6 节拍

|1、1、1|1.5、0.5、1|1、1、1|1.5、0.5、1|1、1、1|3|
|2、0.5、0.5|1、1、1|2、0.5、0.5|1、1、1|0.5、0.5、1、1|3|

如何控制发音的时间呢？同样是延迟函数或 Timer 定时中断两种方式，说明如下。

延迟函数

若音阶产生的方式是采用 Timer 中断的方式，则节拍产生的方式就可采用延迟函数的方式。首先整理出整首乐曲中的拍子种类，找出其中最短的拍子，例如整首乐曲中包含 1/4 拍、1/2 拍、3/4 拍、1 拍及 2 拍，则以 1/4 拍为基准，然后写一段 1/4 拍长度的延迟函数，若要产生 1/4 拍的长度，则执行该函数时，参数为 1；若要产生 1/2 拍的长度，则执行该函数时，参数为 2；若要产生 3/4 拍的长度，则执行该函数时，参数为 3；若要产生 1 拍的长度，则执行该函数时，参数为 4；若要产生 2 拍的长度，则执行该函数时，参数为 8，以此类推。若 1/4 拍的长度为 0.125s（即 125ms），则 Beat_125（）函数如下。

```
voidBeat_125(unsigned char x)                    // 节拍函数开始
{ unsigned char i,j,k;                           // 声明变量
  for (i=0;i<x;i++)                              // i 循环
      for (j=0;j<125;j++)                        // j 循环
          for (k=0;i<120;k++);                   // k 循环
}                                                // 结束节拍函数
```

如上的程序若要延迟 1 拍，则参数为 4，即

```
Beat_125（4）；  // 1 拍
```

因此，如果利用 Beat_125（）函数产生节拍，则“我是只小小鸟”的节拍数组可定义如下。

```
"unsigned char codeBeat[11]={  4, 4, 4,   6, 2, 4,     4, 4, 4,     6, 2, 4,     4, 4, 4,12,
                               8, 2, 2,   4, 4, 4,     8, 2, 2      4, 4, 4,     2, 2, 4, 4,     12 };
```

若要使用 Timer 中断方式产生音阶，使用延迟函数的方式产生节拍，如下所示。

```
#include <reg51.h>
sbit     buzzer = P3^7;                          // 声明输出端
unsigned char       i=0;                         // 声明变量
unsigned char       tone_H, tone_L;              // 声明计数值变量
```

```
void   Beat_125(unsigned char);                    // 声明节拍函数
unsigned char code song[]= {  1, 1, 1,     3, 2, 1,   3, 3, 3,   5, 4, 3,      5, 4, 3,     2,
                              2, 1, 0,     1, 2, 3,   4, 3, 2,   3, 4, 5,      5, 4, 3, 2,   1, 15 };
unsigned char codeBeat[]=  {   4, 4, 4,    6, 2, 4,      4, 4, 4,      6, 2, 4,      4, 4, 4,      12,
                               8, 2, 2,    4, 4, 4,      8, 2, 2,      4, 4, 4,      2, 2, 4, 4,   12 };
unsigned int code tone[11]= {  1012, 956, 852, 759, 716, 638,
                               568, 506, 478, 426, 379 };
main()
{ buzzer=1;                                        // 蜂鸣器初始值

  IE=0x82;                                         // 启用 Timer0
  TMOD=0x01;                                       // 设置 Mode 1
  while(song[i]!=15)                               // while 循环开始
  {     tone_H=(65536-tone[song[i]])/256;          // 读取音阶计数值的高 8 位
        tone_L=(65536-tone[song[i]])%256;          // 读取音阶计数值的低 8 位
        TH0=tone_H;                                // 填入音阶计数值的高 8 位
        TL0=tone_L;                                // 填入音阶计数值的低 8 位
        TR0=1;                                     // 启动 Timer0
        beat_125(beat[i]);                         // 指定节拍
        i++;                                       // 下一个音
        TR0=0;                                     // 关闭定时器
        buzzer=1;                                  // 关闭蜂鸣器
  }                                                // 结束播放
}                                                  // 主程序结束
//====Timer0 中断子程序===================
void tone_timer(void) interrupt 1                  // Timer0 中断子程序开始
{ TH0=tone_H;                                      // 填入定时值的高 8 位
  TL0=tone_L;                                      // 填入定时值的低 8 位
  buzzer=~buzzer;                                  // 蜂鸣器反相输出
}                                                  // 结束中断子程序
//====节拍函数===================
void beat_125(unsigned char x)                     // 节拍函数开始
{ unsigned char i,j,k;                             // 声明变量
  for (i=0;i<x;i++)                                // i 循环
      for (j=0;j<125;j++)                          // j 循环
          for (k=0;k<120;k++);                     // k 循环
}                                                  // 结束节拍函数
```

定时中断

不论音阶产生的方式是采用 Timer 中断方式，还是采用延迟函数的方式，其节拍都可利用定时中断产生。同样是找出整首乐曲中最短的拍子，例如整首乐曲之中，最短是 1/4 拍，若 1/4 拍的时间为 0.125s，则以 1/4 拍为基准，然后设置每 0.125s 产生一次中断，其计数值为 125000。若采用 Mode1，而计数值设为 62500，则只要执行 2 次中断，即可产生 1/4 拍的时间长度。同样地，若要产生 1/2 拍的长度，则执行 4 次中断，若要产生 3/4 拍的长度，则执行 6 次中断，以此类推，如表 9-5 所示。

表 9-5 节拍中断次数对照表

拍数	中断次数	拍数	中断次数	拍数	中断次数
1/8	1	1/2	4	1 又 1/4	10
1/4	2	3/4	6	1 又 1/2	12
3/8	3	1	8	2	16

以下是利用延迟函数产生音阶，而以定时器中断的方式（Mode1）产生节拍，其动作是发出 Do 的音阶 1/4 拍，然后静音 1/4 拍，如此循环 5 次。在此以 1/8 拍的计数值为基础，times 则为中断次数，也就是 1/8 拍的倍数，另外设置节拍标志 Beat_flag，若 Beat_flag=1，表示拍子结束。

```
#include <reg51.h>
sbit    buzzer=P3^7;                            // 声明 buzzer 位置
unsigned char Do=108;                           // 声明 Do 变量
unsigned charBeat_H=(65536-62500)/256;          // 声明节拍计数值的高 8 位
unsigned charBeat_L=(65536-62500)%256;          // 声明节拍计数值的低 8 位
char times;                                     // 声明节拍重复次数
char counts=5;                                  // 声明循环次数
bitBeat_flag;                                   // 声明节拍标志
void delay 8us(unsigned char);                  // 声明延迟函数
main()
{ char i;                                       // 声明变量
  IE=0x82;                                      // 启用 Timer0 中断
  TMOD=0x01;                                    // 设置 Mode 1
  TH0=Beat_H;                                   // 填入计数值的高 8 位
  TL0=Beat_L;                                   // 填入计数值的低 8 位
  for (i=0;i<counts;i++)
  {     times=2;                                // 设置重复次数
        Beat_flag=0;                            // 设置节拍标志
        TR0=1;                                  // 启动 Timer0
//==发 Do 音(1/4 拍)==========================
        if (Beat_flag==0)
        {    buzzer=~buzzer;                    // 切换输出状态
             delay 8us(Do);                     // 延迟
        }                                       // 结束一个音阶
//==静音(1/4 拍)==============================
       buzzer=1;                                // 关闭输出
       times=2;                                 // 设置重复次数
       Beat_flag=0;                             // 设置节拍标志
       TR0=1;                                   // 启动 Timer0
       while(Beat_flag=0);                      // 停止
  }  // 循环结束
}    // 主程序结束
//======================================
```

```
voidBeat_timer(void) interrupt 1
{ TH0=Beat_H;                          // 填入计数值的高 8 位
  TL0=Beat_L;                          // 填入计数值的低 8 位
  if (--times==0)                      // 判断次数到了吗？
        {   Beat_flag=1;               // 切换标志
            TR0=0; }                   // 关闭 Timer0
}
//========================================
void delay 8us(unsigned char x)
{ unsigned char i,j;                   // 声明变量
  for (i=0;i<x;i++)                    // 外循环
for (j=0;j<1;j++);                     // 内循环
}
```

紧接着是利用 Timer0 产生音阶、Timer1 产生节拍，而以定时器中断的方式（Mode1）产生节拍，同样是发出 Do 的音阶 1/4 拍，然后静音 1/4 拍，如此循环 5 次，程序如下所示。

```
#include <reg51.h>
sbit    buzzer=P3^7;                            // 声明 buzzer 位置
unsigned char tone_H=(65536-903)/256;           // 声明音阶计数值的高 8 位
unsigned char tone_L=(65536-903)%256;           // 声明音阶计数值的低 8 位
unsigned charBeat_H=(65536-62500)/256;          // 声明节拍计数值的高 8 位
unsigned charBeat_L=(65536-62500)%256;          // 声明节拍计数值的低 8 位
char times;                                     // 声明节拍重复次数
char counts=5;                                  // 声明循环次数
bitBeat_flag;                                   // 声明节拍标志
main()
{ char i;                                       // 声明变量
  IE=0x8a;                                      // 启用 Timer0/1 中断
  TMOD=0x11;                                    // 设置 Mode 1
  TH0=tone_H;                                   // 填入音阶计数值的高 8 位
  TL0=tone_L;                                   // 填入音阶计数值的低 8 位
  TH1=Beat_H;                                   // 填入节拍计数值的高 8 位
  TL1=Beat_L;                                   // 填入节拍计数值的低 8 位
  for (i=0;i<counts;i++)
  {     times=2;                                // 设置重复次数（1/4 拍）
        Beat_flag=0;                            // 设置节拍标志
        TR0=1;                                  // 启动 Timer0
        TR1=1;                                  // 启动 Timer1
//==发 Do 音(1/4 拍)===========================
        while (Beat_flag==0);                   // 停止
//==静音(1/4 拍)===============================
        buzzer=1;                               // 关闭输出
        times=2;                                // 设置重复次数（1/4 拍）
        Beat_flag=0;                            // 设置节拍标志
        TR1=1;                                  // 启动 Timer1
```

```
    while(Beat_flag==0);                    // 停止
  }                                         // 循环结束
  }                                         // 主程序结束
//===音阶中断==================================
void tone_timer(void) interrupt 1
{ TH0=tone_H;                               // 填入音阶计数值的高 8 位
  TL0=tone_L;                               // 填入音阶计数值的低 8 位
  if (Beat_flag==1) TR0=0;                  // 标志等于 1，则停止发音
  else buzzer=~buzzer;                      // 切换输出状态
}
//===节拍中断==================================
voidBeat_timer(void) interrupt 3
{ TH1=Beat_H;                               // 填入节拍计数值的高 8 位
  TL1=Beat_L;                               // 填入节拍计数值的低 8 位
  if (--times==0)                           // 判断次数到了吗？
    {   Beat_flag=1;                        // 切换标志
        TR1=0; }                            // 关闭 Timer0
}
```

如果利用 Beat_timer 中断子程序产生节拍，则“我是只小小鸟”的节拍数组可定义如下。

```
unsigned char codeBeat[11]={ 8, 8, 8,   12, 4, 8,   8, 8, 8,   12, 4, 8,   8, 8, 8,     24,
                             16, 4, 4,  8, 8, 8,    16, 4, 4   8, 8, 8,    4, 4, 8, 8,  24 };
```

若要使用 Timer 中断方式产生音阶及节拍，代码如下。

```
#include <reg51.h>
sbit    buzzer=P3^7;                        // 声明 buzzer 位置
unsigned char     i=0;                      // 声明变量
unsigned char tone_H;                       // 声明音阶计数值的高 8 位
unsigned char tone_L;                       // 声明音阶计数值的低 8 位
unsigned charBeat_H=(65536-62500)/256;      // 声明节拍计数值的高 8 位
unsigned charBeat_L=(65536-62500)%256;      // 声明节拍计数值的低 8 位
char times;                                 // 声明节拍重复次数
bitBeat_flag;                               // 声明节拍标志
unsigned char codeBeat[]=  {  8, 8, 8,   12, 4, 8,   8, 8, 8,   12, 4, 8,   8, 8, 8,     24,
                              16, 4, 4,  8, 8, 8,    16, 4, 4,  8, 8, 8,    4, 4, 8, 8,  24 };
unsigned char code song[]= {  1, 1, 1,   3, 2, 1,    3, 3, 3,   5, 4, 3,    5, 4, 3,     2,
                              2, 1, 0,   1, 2, 3,    4, 3, 2,   3, 4, 5,    5, 4, 3, 2,  1, 15 };
unsigned int code tone[11]= {  1012, 956, 852, 759, 716, 638,
                               568, 506, 478, 426, 379 };
main()
{ IE=0x8a;                                  // 启用 Timer0/1 中断
  TMOD=0x11;                                // 设置 Mode 1
  while (song[i]!=15)
```

```
{       tone_H=(65536-tone[song[i]])/256;           // 读取音阶计数值的高 8 位
tone_L=(65536-tone[song[i]])%256;                   // 读取音阶计数值的低 8 位
  TH0=tone_H;                                       // 填入音阶计数值的高 8 位
  TL0=tone_L;                                       // 填入音阶计数值的低 8 位
  t imes=Beat[i];                                   // 读取节拍的重复次数
  TH1=Beat_H;                                       // 填入节拍计数值的高 8 位
  TL1=Beat_L;                                       // 填入节拍计数值的低 8 位
  Beat_flag=0;                                      // 设置节拍标志
  TR0=1;                                            // 启动 Timer0
  TR1=1;                                            // 启动 Timer1
  while (beat_flag==0);                             // 停止
  i++;                                              // 下一个音
}                                                   // 循环结束
}                                                   // 主程序结束
//===音阶中断======================================
void tone_timer(void) interrupt 1
{ TH0=tone_H;                                       // 填入音阶定时值的高 8 位
TL0=tone_L;                                         // 填入音阶定时值的低 8 位
if (beat_flag==1) TR0=0;                            // 标志等于 1，则停止发音
else buzzer=~buzzer;                                // 切换输出状态
}
//===节拍中断======================================
void beat_timer(void) interrupt 3
{ TH1=beat_H;                                       // 填入节拍定时值的高 8 位
  TL1=beat_L;                                       // 填入节拍定时值的低 8 位
  if (--times==0)                                   // 判断次数是否到了
        { beat_flag=1;                              // 切换标志
         TR1=0; }                                   // 关闭 Timer0
}
```

虽然音阶及节拍的处理方式各有采用延迟函数及定时器中断的方式，但在其综合应用上各有其特点，具体如下。

- 使用延迟函数产生音阶及节拍：节拍不会准确。
- 使用延迟函数产生音阶、使用定时器中断产生节拍：音阶与节拍都可以比较准确，但程序不能做其他事情。
- 使用延迟函数产生节拍、使用定时器中断产生音阶：音阶与节拍都可以比较准确，但程序不能做其他事情。
- 使用定时器中断产生音阶及节拍：音阶与节拍都可以很准确，同时，程序还能处理其他事情。

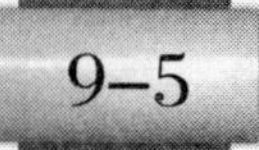

9-5 实例演练

在本单元里提供 4 个范例，以展示 8x51 发声的方法。

9-5-1 简易电子琴

实验要点

根据功能要求与电路结构得知，当按下按钮开关 on 时，将可由其连接的输入口读取到低电平（即 0）。在此要制作一个八键的电子琴，若按 S1，则发出中音的 Do，若按 S2，则发出中音的 Re，以此类推。电路图如图 9-7 所示。

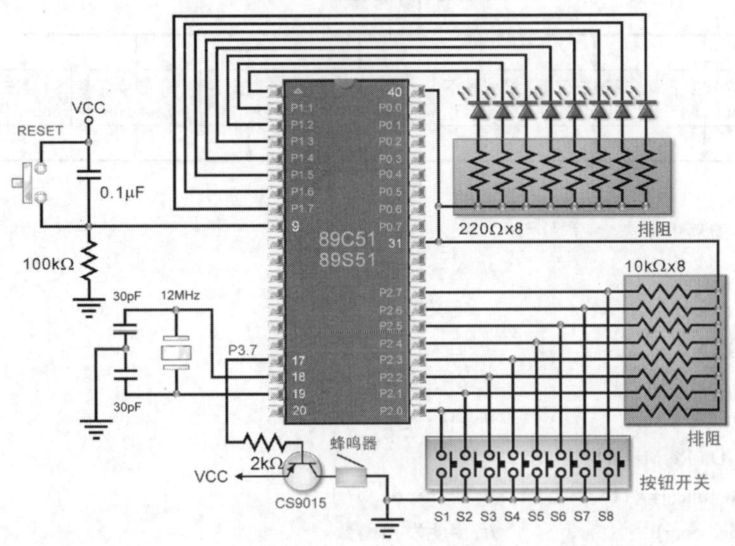

图 9-7 简易电子琴电路图

流程图与程序设计

根据表 9-3 中的参数栏，可写出一个按键与参数的对照表，如表 9-6 所示。

表 9-6 按钮、音阶、参数对照表

按 键	音 阶	参 数
S1	中音 Do	115
S2	中音 Re	102
S3	中音 Mi	91
S4	中音 Fa	86
S5	中音 So	77
S6	中音 La	68
S7	中音 Si	61
S8	高音 Do	57

根据这个对照表，即列出如下一个 tone 数组：

```
unsigned char code tone[]= { 115, 102, 91, 86, 77, 68, 61, 57 }
```

根据这个数组可将按钮开关状态转换成延迟函数的参数。对于按钮开关状态的判读，在此利用 switch-case 语句。整个程序与流程图如下所示：

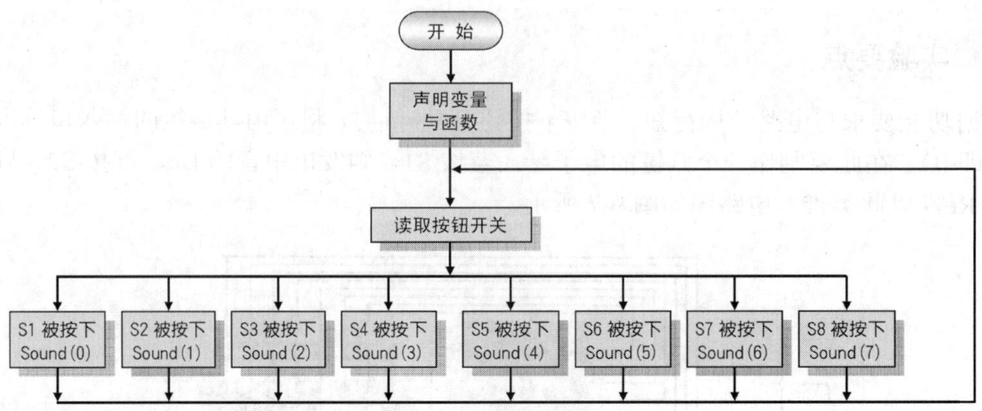


```
/* ch09-5-1.c——简易电子琴实验 */
#include <reg51.h>                    // 包含 reg51.h 头文件
#define LED P1                        // 定义 LED 位置
#define SW_Port P2                    // 定义按键位置
sbit buzzer=P3^7;                     // 声明蜂鸣器位置
unsigned char keys;                   // 声明变量
/* 声明音阶数组 Do Re Mi Fa So La Si Do_H */
unsigned char code tone[]= {115, 102, 91, 86, 77, 68, 61, 57 };
void sound(unsigned char);            // 声明发声函数
void delay8us(unsigned char);         // 声明延迟函数
//====主程序======================================
main()                                // 主程序开始
{ while (1)                           // while 循环
  { LED=SW_Port = 0xff;               // 将 LED 关闭，将 SW_Port 设置成输入口
    keys=~SW_Port;                    // 读取按键
    switch (keys)                     // 判读
    {   case 0x01:sound(0);break;     // 按下 S1，发 Do 音
        case 0x02:sound(1);break;     // 按下 S2，发 Re 音
        case 0x04:sound(2);break;     // 按下 S3，发 Mi 音
        case 0x08:sound(3);break;     // 按下 S4，发 Fa 音
        case 0x10:sound(4);break;     // 按下 S5，发 So 音
        case 0x20:sound(5);break;     // 按下 S6，发 La 音
        case 0x40:sound(6);break;     // 按下 S7，发 Si 音
        case 0x80:sound(7);break;     // 按下 S8，发高音 Do 音
    }
  }                                   // while 循环结束
}                                     // 主程序结束
//=====发声函数============================
void sound(unsigned char x)           // 发声函数开始
{ unsigned char i;                    // 声明变量
```

```
    LED=SW_Port;                                    // 点亮 LED
    for (i=0;i<60;i++)                              // 执行 60 次
    {     buzzer=0; delay 8us(tone[x]);             // 蜂鸣器动作
          buzzer=1; delay 8us(tone[x]);}            // 蜂鸣器不动作
    LED=0xff;                                       // 关闭 LED
}                                                   // 结束
//======延迟函数==============================
void delay 8us(unsigned char x)                     // 延迟函数开始
{ unsigned char i,j;                                // 声明变量
    for (i=0;i<x;i++)                               // 外循环
        for (j=0;j<1;j++);                          // 内循环
}                                                   // 结束
```

简易电子琴实验（ch09-5-1.c）

操作

1．根据功能要求与电路结构，在 Keil C 里编写程序并进行编译（单击按钮），以产生 *.HEX 文件。然后进行软件调试/仿真，看看其功能是否正常。若有错误或非预期的状态，则检查源程序，看看哪里出了问题，修改并将它记录在实验报告里。

2．若软件调试/仿真功能正常，可按图 9-7 连接线路，并使用在线仿真器加载新的程序（*.HEX），以仿真该电路的动作。若有非预期的状态，则检查线路的连接状态，看看哪里出了问题并将它记录在实验报告里。

3．若在线仿真功能正常，将程序刻录到 89S51（可使用 89S51 在线刻录实验板），再把该 89S51 放入实际电路，以取代刚才的在线仿真器，然后直接送电，看看是否正常。

4．编写实验报告。

思考一下

1．本实验里，有无抖动的困扰？

2．以定时器方式重新设计此电子琴。

3．在本实验里，若要改由 P1.0 输出音频，程序应如何修改？

9-5-2 DoReMi 实验

实验要点

如图 9-8 所示的电路图中，每隔一小段时间发一个音，从低音的 Do 开始，直到高音的 Si，总共 36 个音阶。

流程图与程序设计

根据表 9-3，将其中延迟函数的参数放入如下二维数组：

```
unsigned char code tone[3][12]={ {    229, 217, 204, 193, 182, 172,
                                      162, 153, 145, 136, 129, 121 },          // 低音
```

```
{ 115, 108, 102, 97, 91, 86,
  81, 77, 72, 68, 64, 61 },                    // 中音
{ 57, 54, 51, 48, 45, 43,
  41, 38, 36, 34, 32, 30 }};                   // 高音
```

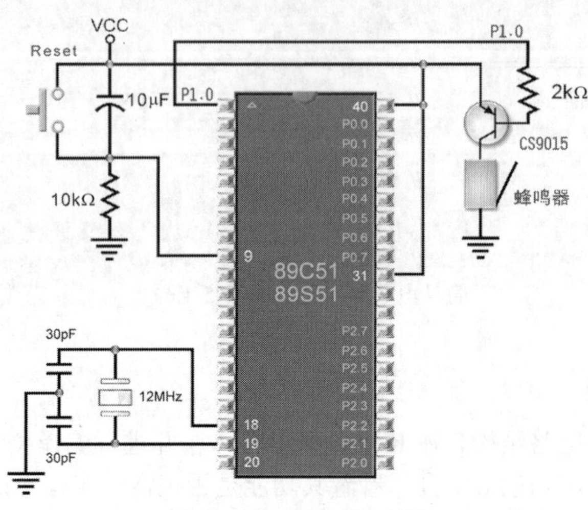

图 9-8 DoReMi 电路图

在此利用三层的 for 语句，顺序读取数组中的数据，也就是音阶的参数，作为 delay8us（）函数的参数，每个音重复执行 60 次，整个程序与流程图如下所示。

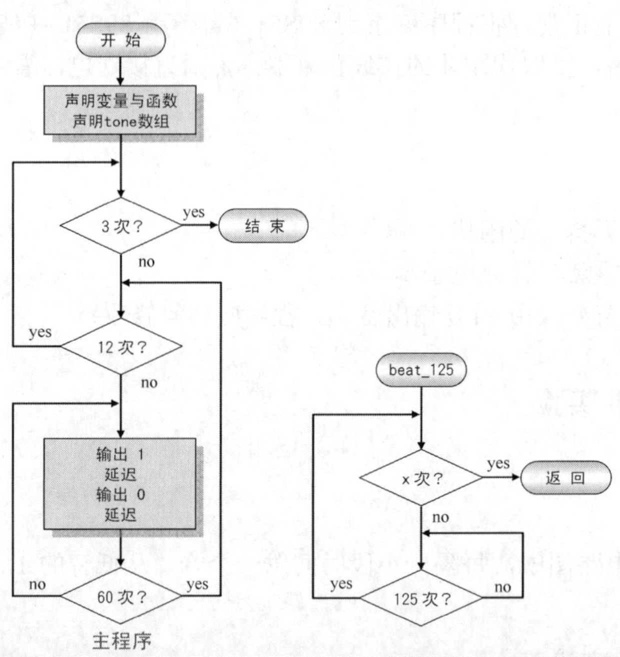


```
/* ch09-5-2.c——DoReMi 实验 */
#include <reg51.h>
sbit buzzer=P3^7;                          // 声明蜂鸣器位置
unsigned char code tone[3][12]={ { 229, 217, 204, 193, 182, 172,
                                   162, 153, 145, 136, 129, 121 },      // 低音
```

```
                              { 115, 108, 102, 97, 91, 86,
                                81, 77, 72, 68, 64, 61 },           // 中音
                              { 57, 54, 51, 48, 45, 43,
                                41, 38, 36, 34, 32, 30 }};          // 高音
void delay8us(unsigned char);                       // 声明延迟函数
//==================================================
main()                                              // 主程序开始
{ int i,j,k;                                        // 声明变量
  for (i=0;i<3;i++)                                 // 从低 8 音到高 8 音
  {    for (j=0;j<12;j++        )                   // 执行每个音阶
       {    for (k=0;k<60+i*120+j*10;k++)           // 每个音阶执行 60 次
            {    buzzer=0;                          // 蜂鸣器动作
                 delay8us(tone[i][j]);              // 延迟
                 buzzer=1;                          // 蜂鸣器不动作
                 delay8us(tone[i][j]);              // 延迟
            }                                       // 结束一个音阶
            buzzer = 0;                             // 输出低电平
            delay8us(255);                          // 暂停一下
       }
  }                                                 // 结束
}
//==================================================
void delay 8us(unsigned char x)                     // 延迟函数开始
{ unsigned char i,j;                                // 声明变量
  for (i=0;i<x;i++)                                 // 外循环
      for (j=0;j<1;j++);                            // 内循环
}                                                   // 结束
```

DoReMi 实验（ch09-5-2.c）

操作

1．根据功能要求与电路结构，在 Keil C 里编写程序并进行编译（单击按钮），以产生 *.HEX 文件。然后进行软件调试/仿真，看看其功能是否正常。若有错误或非预期的状态，则检查源程序，看看哪里出了问题，修改并将它记录在实验报告里。

2. 若软件调试/仿真功能正常，可按图 9-8 接线路，并使用在线仿真器加载新的程序（*.HEX），以仿真该电路的动作。若使用 89S51 在线刻录实验板则不需要其他接线，即可进行刻录及硬件实验。若有非预期的状态，则检查程序，看看哪里出了问题并将它记录在实验报告里。

3．编写实验报告。

思考一下

1．如果要以定时器来完成本实验的功能，程序应如何编写？

2．若设置一个按钮开关，每按一下就根据顺序发出这 36 个音，电路应如何修改？程序应如何编写？

3．将 9-5-1 节的电子琴程序与 9-5-2 节的试音程序合并，接上电源或复位时，先试着演

奏这些音，之后才实现电子琴功能。

9-5-3 生日快乐歌实验

实验要点

电路图与 9-5-2 节相同，在此要演奏生日快乐歌，如下所示为生日快乐歌的简谱。

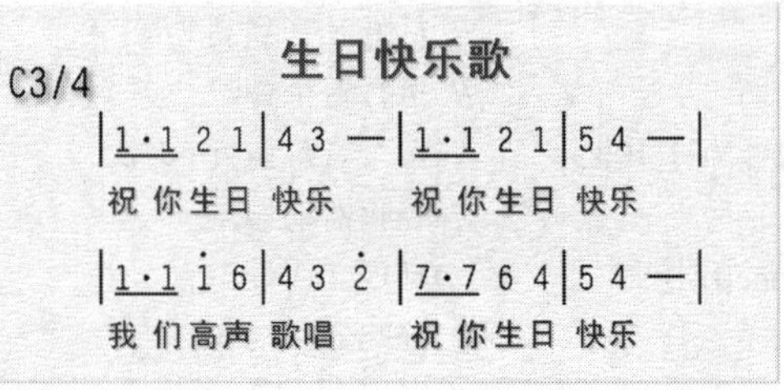

生日快乐歌

C3/4

|1·1 2 1|4 3 —|1·1 2 1|5 4 —|

祝 你生日 快乐 祝 你生日 快乐

|1·1 1̇ 6|4 3 2̇|7·7 6 4|5 4 —|

我 们高声 歌唱 祝 你生日 快乐

流程图与程序设计

首先将简谱的音阶存入 song[]数组，而该数组的最后放置 **15**。

```
unsigned char code song[]={ 1, 1, 2, 1,      4, 3,   1, 1, 2, 1,    5, 4,
                            1, 1, 8, 6,      4, 3, 2,        11, 11, 6, 4, 5, 4,   15};
```

其中比较特殊的是 1#及 2#，1#为高音 Do，放在 song[8]中；6#为 La 的升半音，放在 song[]数组中，其值为 11。紧接着根据表 9-5 将简谱的节拍存入 Beat[]数组。

```
unsigned char codeBeat[]={4, 4, 8, 8,        8,16,        4, 4, 8, 8,    8, 16,
                          4, 4, 8, 8,        8, 8, 8,     4, 4, 8, 8,    8, 16};
```

根据上述数组及基本的音阶数组（tone[]），采用定时器中断方式产生音阶、延迟函数方式产生节拍，完整流程图与程序设计如下。

```
/* 生日快乐歌实验（ch09-5-3.c）*/
#include <reg51.h>
sbit buzzer = P3^7;                          // 声明输出端
unsigned char i=0;                           // 声明变量
unsigned char tone_H, tone_L;                // 声明定时值变量
void beat_125(unsigned char);                // 声明节拍函数
unsigned char code song[]={ 1, 1, 2, 1, 4, 3, 1, 1, 2, 1, 5, 4,
                    1, 1, 8, 6, 4, 3, 2, 11, 11, 6, 4, 5, 4, 15};      //歌曲
unsigned char code beat[]={ 4, 4, 8, 8, 8, 16, 4, 4, 8, 8, 8, 16,
                    4, 4, 8, 8, 8, 8, 8, 4, 4, 8, 8, 8, 16};           //节拍
unsigned int code tone[]={ 1012, 956, 852, 759, 716, 638,              // 中音 Si～So
                    568, 506, 478, 426, 379, 536, 10 };                //音阶定义
// ========主程序 ===============
main()
{ buzzer=1;                                  // 蜂鸣器初始值
  IE=0x82;                                   // 启用 Timer0
```

```
  TMOD=0x01;                                      // 设置 Mode 1
  while(song[i]!=15)                              // while 循环开始
  {      TH0=tone_H=(65536-tone[song[i]])/256; //填入音阶计数值的高 8 位
         TL0= tone_L=(65536-tone[song[i]]) % 256;//填入音阶计数值的低 8 位
         TR0=1;                                   // 启动 Timer0
         beat_125(beat[i]);                       // 指定节拍
         i++;                                     // 下一个音
         TR0=0;                                   // 关闭 T0，停止播放
         buzzer=1;                                // 蜂鸣器不动作
  }                                               // 结束播放
}                                                 // 主程序结束
//====Timer0 中断子程序==================
void tone_timer(void) interrupt 1                 // Timer0 中断子程序开始
{ TH0=tone_H;                                     // 填入定时值的高 8 位
  TL0=tone_L;                                     // 填入定时值的低 8 位
  buzzer=~buzzer;                                 // 蜂鸣器反相输出
}                                                 // 结束中断子程序
//====节拍函数=================
void beat_125(unsigned char x)                    // 节拍函数开始
{ unsigned char i,j,k;                            // 声明变量
  for (i=0;i<x;i++)                               // i 循环
       for (j=0;j<125;j++)                        // j 循环
          for (k=0;k<120;k++);                    // k 循环
}                                                 // 结束节拍函数
```

生日快乐歌实验（ch09-5-3.c）

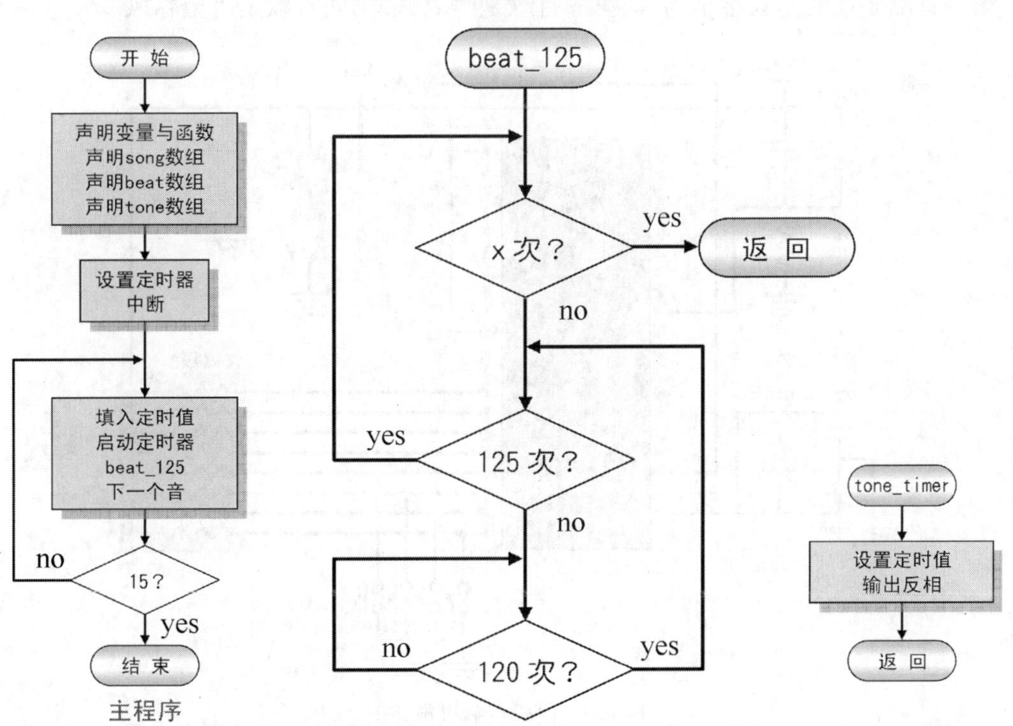

操作

1．根据功能要求与电路结构，在Keil C里编写程序并进行编译（单击按钮），以产生*.HEX文件。然后进行软件调试/仿真，看看其功能是否正常。若有错误或非预期的状态，则检查源程序，看看哪里出了问题，修改并将它记录在实验报告里。

2．若软件调试/仿真功能正常，可按图9-8接线路，并使用在线仿真器载入新的程序（*.HEX），以仿真该电路的动作。若使用89S51在线刻录实验板则不需要其他接线即可进行刻录及硬件实验。若有非预期的状态，则检查程序，看看哪里出了问题并将它记录在实验报告里。

3．编写实验报告。

思考一下

1．如果要以两个定时器来完成本实验的功能，程序应如何编写？

2．若设置一个按钮开关，每按一下演奏一次生日快乐歌，电路应如何修改？程序应如何编写？

9-5-4 快乐点唱机一

实验要点

电路图如图9-9所示，在此提供四首歌的演奏，按S1将演奏第一首歌，按S2将演奏第二首歌，按S3将演奏第三首歌，按S4将演奏第四首歌。其中第一首歌为刚才的“生日快乐歌”，第二首歌是“我是只小小鸟”，第三首歌是“家”，第四首歌是“望春风”。

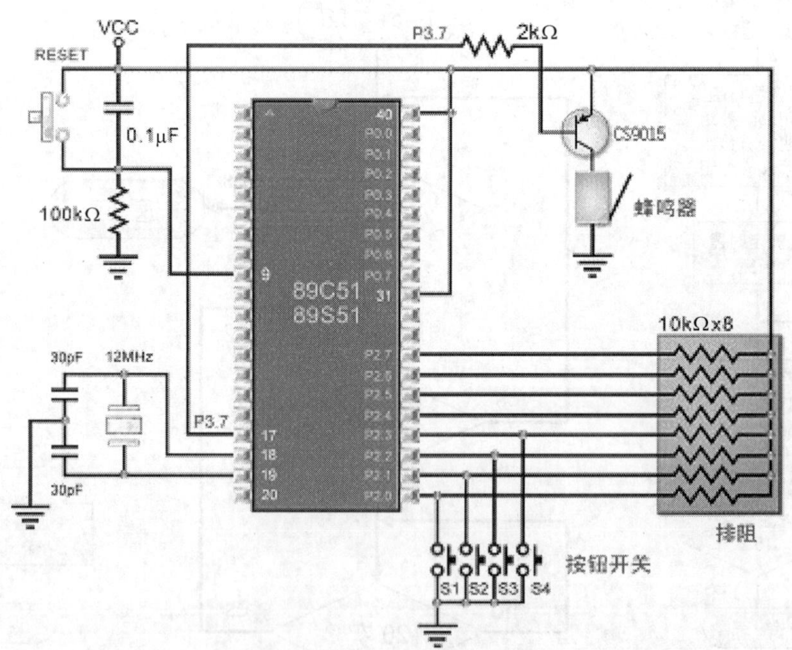

图9-9 快乐点唱机电路图

流程图与程序设计

首先将简谱化成音谱与节拍，第一首为“生日快乐歌”，简谱详见前面，其音谱与节拍如下所示。

```
unsigned char code song1[]={1, 1, 2, 1,     4, 3,  1, 1, 2, 1,    5, 4,
                           1, 1, 8, 6,     4, 3, 9,      7, 7, 6, 4,    5, 4,  15};
unsigned char codeBeat1[]={  4, 4, 8, 8,   8, 16, 4, 4, 8, 8,    8, 16,
                             4, 4, 8, 8,   8, 8, 8,      4, 4, 8, 8,     8, 16,};
```

第二首为“我是只小小鸟”，简谱详见前面，其音谱与节拍如下所示。

```
unsigned char code song2[]={ 1, 1, 1,     3, 2, 1,     3, 3, 3,     5, 4, 3,     5, 4, 3,     2,
                             2, 1, 0,     1, 2, 3,     4, 3, 2,     3, 4, 5,     5, 4, 3,     2, 1, 15};
unsigned char code beat2[]={ 4, 4, 4,      6, 2, 4,      4, 4, 4,      6, 2, 4,     4, 4, 4,   12,
                             8, 2, 2,     4, 4, 4,      8, 2, 2 ,      4, 4, 4,   2, 2, 4, 4,    12 };
```

第三首为“家”，其简谱及音谱与节拍如下所示。

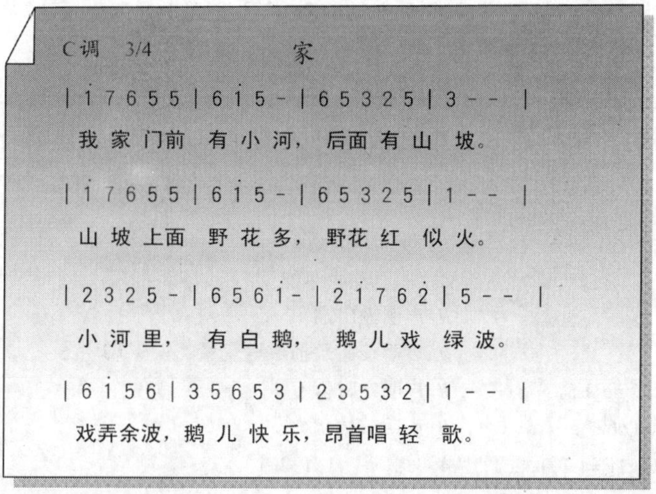

C调 3/4 家

| 1 7 6 5 5 | 6 1 5 - | 6 5 3 2 5 | 3 - - |

我 家 门前 有 小 河，后面 有 山 坡。

| 1 7 6 5 5 | 6 1 5 - | 6 5 3 2 5 | 1 - - |

山 坡 上面 野 花 多，野花 红 似 火。

| 2 3 2 5 - | 6 5 6 1 - | 2 1 7 6 2 | 5 - - |

小 河 里，有 白 鹅，鹅 儿 戏 绿 波。

| 6 1 5 6 | 3 5 6 5 3 | 2 3 5 3 2 | 1 - - |

戏弄余波，鹅 儿 快 乐，昂首唱 轻 歌。

```
unsigned char code song3[]={   8, 7, 6, 5, 5,   6, 8, 5,      6, 5, 3, 2, 5      3, 12,
                               8, 7, 6, 5, 5,   6, 8, 5,      6, 5, 3, 2, 5      1, 12,
                               2, 3, 2, 5,      6, 5, 6, 8,   9, 8, 7, 6, 9      5, 12,
                               6, 8, 5, 6,      3, 5, 6, 5, 3, 2, 3, 5, 3, 2,   1, 0,   15};
unsigned char code beat3[]={  8, 4, 4, 8, 8,        8, 8, 16,      8, 4, 4, 8, 8,        24, 8,
                              8, 4, 4, 8, 8,        8, 8, 16,      8, 4, 4, 8, 8,        24, 8,
                              8, 4, 4, 16,          8, 4, 4, 16,   8, 4, 4, 8, 8,        24, 8,
                              8, 8, 8, 8,           8, 4, 4, 8, 8,  8, 4, 4, 8, 8,       24, 8, };
```

第四首为“望春风”，其简谱及音谱与节拍如下所示。

```
unsigned char code song4[]={ 2, 2, 3, 5,     6, 5, 6, 7,    9, 7, 7, 6, 5, 6,
                             7, 9, 9, 7, 9,  5, 6, 6,       2, 7, 7, 6, 5, 5,
                             6, 6, 7, 6, 5,  3, 2, 3, 5,    3, 5, 6, 7,    9,
```

```
                          9, 9, 10, 9, 7, 7, 6, 5, 3,    2, 7, 7, 6, 5, 5,        15};
unsigned char codeBeat4[]={ 12, 4, 8, 8,     8, 4, 4, 16   12, 4, 4, 4, 8,         32,
                          12, 4, 8, 4, 4, 12, 4, 16,     12, 4, 8, 4, 4,         32,
                          12, 4, 8, 4, 4, 8, 4, 4, 16,   12, 8, 8, 8,   32,
                          12, 4, 8, 4, 4, 8, 4, 4, 16,   12, 4, 8, 4, 4,         32,    };
```

歌曲内容（song.h）

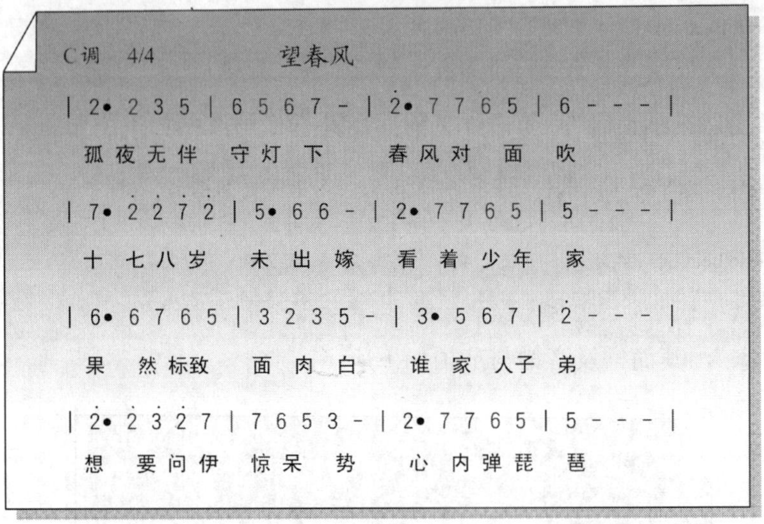

C调 4/4 望春风

| 2• 2 3 5 | 6 5 6 7 - | 2• 7 7 6 5 | 6 - - - |

孤 夜 无 伴 守 灯 下 春 风 对 面 吹

| 7• 2 2 7 2 | 5• 6 6 - | 2• 7 7 6 5 | 5 - - - |

十 七 八 岁 未 出 嫁 看 着 少 年 家

| 6• 6 7 6 5 | 3 2 3 5 - | 3• 5 6 7 | 2 - - - |

果 然 标致 面 肉 白 谁 家 人子 弟

| 2• 2 3 2 7 | 7 6 5 3 - | 2• 7 7 6 5 | 5 - - - |

想 要 问 伊 惊 呆 势 心 内 弹 琵 琶

根据功能要求与电路结构得知，根据按钮开关的状态，判断执行哪一首歌的演奏，也就是读取哪个数组。

```
/* ch09-5-4.c_ 快乐点唱机实验 */
#include <reg51.h>
sbit buzzer = P3^7;                         // 声明输出端
unsigned char keys,i;                       // 声明按钮及播放谱变量
unsigned char tone_H, tone_L;               // 声明定时值变量
void beat_125(unsigned char);               // 声明节拍函数
unsigned char code song1[]={ 1, 1, 2, 1,     4, 3,          1, 1, 2, 1,     5, 4,
                             1, 1, 8, 6,     4, 3, 2,       11, 11, 6, 4,   5, 4,          15 };
unsigned char code beat1[]={ 4, 4, 8, 8,     8, 16,         4, 4, 8, 8,     8, 16,
                            4, 4, 8, 8,      8, 8, 8,       4, 4, 8, 8,     8, 16 };
unsigned char code song2[]={ 1, 1, 1,        3, 2, 1,       3, 3, 3,        5, 4, 3,        5, 4, 3,       2,
                             2, 1, 0,        1, 2, 3,       4, 3, 2,        3, 4, 5,        5, 4, 3, 2,    1, 15};
unsigned char code beat2[]={ 4, 4, 4,        6, 2, 4,       4, 4, 4,        6, 2, 4,        4, 4, 4,       12 ,
                            8, 2, 2,         4, 4, 4,       8, 2, 2,        4, 4, 4,        2, 2, 4, 4,    12 };
unsigned char code song3[]={ 8, 7, 6, 5, 5,  6, 8,   5,     6, 5, 3, 2, 5,  3, 12,
                             8, 7, 6, 5, 5,  6, 8, 5,       6, 5, 3, 2, 5,  1, 12,
                             2, 3, 2, 5,     6, 5, 6, 8,    9, 8, 7, 6, 9,  5, 12,
                             6, 8, 5, 6,     3, 5, 6, 5, 3, 2, 3, 5, 3, 2,  1, 0,    15 };
unsigned char code beat3[]={ 8, 4, 4, 8, 8,  8, 8, 16,      8, 4, 4, 8, 8,  24, 8,
                             8, 4, 4, 8, 8,  8, 8, 16,      8, 4, 4, 8, 8,  24, 8,
                             8, 4, 4, 16,    8, 4, 4, 16    , 8, 4, 4, 8, 8, 24, 8,
```

```
                              8, 8, 8, 8,           8, 4, 4, 8, 8,      8, 4, 4, 8, 8,     24, 8 };
unsigned char code song4[]={ 2, 2, 3, 5,           6, 5, 6, 7,         9, 7, 7, 6, 5,         6,
                              7, 9, 9, 7, 9,        5, 6, 6,            2, 7, 7, 6, 5 ,        5,
                              6, 6, 7, 6, 5,        3, 2, 3, 5 ,        3, 5, 6, 7,            9,
                              9, 9, 10, 9, 7,       7, 6, 5, 3,         2, 7, 7, 6, 5,     5,     15};
unsigned char code beat4[]={ 12, 4, 8, 8,          8, 4, 4, 16,        12, 4, 4, 4, 8,        32,
                              12, 4, 8, 4, 4,       12, 4, 16,          12, 4, 8, 4, 4,        32,
                              12, 4, 8, 4, 4,       8, 4, 4, 16,        12, 8, 8, 8,           32,
                              12, 4, 8, 4, 4,       8, 4, 4, 16,        12, 4, 8, 4, 4,        32 };
unsigned int code tone[]={ 1012, 956, 852, 759, 716, 638,
                              568, 506, 478, 426, 379,531, 10 };             //音阶定义
void play1(void);                                                            // 声明 play1 函数
void play2(void);                                                            // 声明 play2 函数
void play3(void);                                                            // 声明 play3 函数
void play4(void);                                                            // 声明 play4 函数
void beat_125(unsigned char);                                                // 声明节拍函数
//==================================================
main()
{ buzzer=1;                                                                  // 蜂鸣器初始值
  IE=0x82;                                                                   // 启用 Timer0
  TMOD=0x01;                                                                 // 设置 Mode 1
  while (1)                                                                  // while 循环
  {     P2=0xff;                                                             // 将 P2 设置为输入口
        keys=~P2;                                                            // 读取按钮
        switch (keys)                                                        // 判读
        {     case 0x01: play1(); break;                                     // 按下 S1 播放第一首歌
              case 0x02: play2(); break;                                     // 按下 S2 播放第二首歌
              case 0x04: play3(); break;                                     // 按下 S3 播放第三首歌
              case 0x08: play4(); break;                                     // 按下 S4 播放第四首歌
          }  buzzer=1;                                                       // 蜂鸣器不动作
  }                                                                          // while  循环结束
}                                                                            // 主程序结束
//==第一首歌=====================================
void play1(void)
{ i=0;
  while(song1[i]!=15)                                                        // while 循环开始
  {     tone_H=(65536-tone[song1[i]])/256;                                   // 读取音阶计数值的高 8 位
        tone_L=(65536-tone[song1[i]])%256;                                   // 读取音阶计数值的低 8 位
        TH0=tone_H;                                                          // 填入音阶计数值的高 8 位
        TL0=tone_L;                                                          // 填入音阶计数值的低 8 位
        TR0=1;                                                               // 启动 Timer0
        beat_125(beat1[i]);                                                  // 指定节拍
        i++;                                                                 // 下一个音
        TR0=0;                                                               // 关闭 Timer0
  }                                                                          // 结束播放
```

```
}
//==第二首歌==================================
void play2(void)
{ i=0;
  while(song2[i]!=15)                              // while 循环开始
  {     tone_H=(65536-tone[song2[i]])/256;         // 读取音阶计数值的高 8 位
        tone_L=(65536-tone[song2[i]])%256;         // 读取音阶计数值的低 8 位
        TH0=tone_H;                                // 填入音阶计数值的高 8 位
        TL0=tone_L;                                // 填入音阶计数值的低 8 位
        TR0=1;                                     // 启动 Timer0
        beat_125(beat2[i]);                        // 指定节拍
        i++;                                       // 下一个音
        TR0=0;                                     // 关闭 Timer0
  }
}                                                  // 结束播放
//==第三首歌==================================
void play3(void)
{ i=0;
  while(song3[i]!=15)                              // while 循环开始
  {     tone_H=(65536-tone[song3[i]])/256;         // 读取音阶计数值的高 8 位
        tone_L=(65536-tone[song3[i]])%256;         // 读取音阶计数值的低 8 位
        TH0=tone_H;                                // 填入音阶计数值的高 8 位
        TL0=tone_L;                                // 填入音阶计数值的低 8 位
        TR0=1;                                     // 启动 Timer0
        Beat_125(Beat3[i]);                        // 指定节拍
         i++;                                      // 下一个音
        TR0=0;                                     // 关闭 Timer0
  }
}                                                  // 结束播放
//==第四首歌==================================
void play 4(void)
{ i=0;
  while(song4[i]!=15)                         // while 循环开始
  {     tone_H=(65536-tone[song4[i]])/256;    // 读取音阶计数值的高 8 位
        tone_L=(65536-tone[song4[i]])%256;    // 读取音阶计数值的低 8 位
        TH0=tone_H;                           // 填入音阶计数值的高 8 位
        TL0=tone_L;                           // 填入音阶计数值的低 8 位
        TR0=1;                                // 启动 Timer0
        Beat_125(Beat4[i]);                   // 指定节拍
        i++;                                  // 下一个音
        TR0=0;                                // 关闭  Timer0
  }
}                                             // 结束播放
//====Timer0 中断子程序===================
void tone_timer(void) interrupt 1             // Timer0 中断子程序开始
```

```
{ TH0=tone_H;                                    // 填入计数值的高 8 位
  TL0=tone_L;                                    // 填入计数值的低 8 位
  buzzer=~buzzer;                                // 蜂鸣器反相输出
  }                                              // 结束中断子程序
//====节拍函数=================
voidBeat_125(unsigned char x)                    // 节拍函数开始
{ unsigned char i,j,k;                           // 声明变量
  for (i=0;i<x;i++)                              // i 循环
       for (j=0;j<125;j++)                       // j 循环
            for (k=0;k<120;k++);                 // k 循环
}                                                // 结束节拍函数
```

快乐点唱机实验一（ch09-5-4.c）

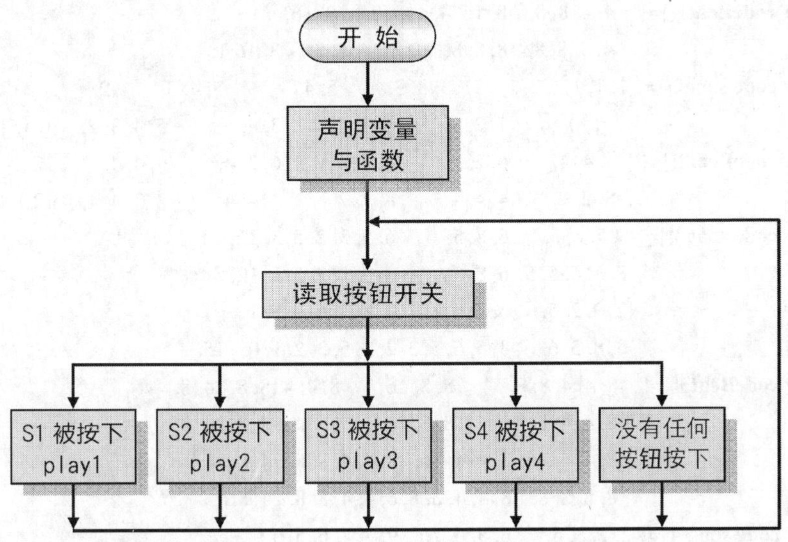

操作

1. 根据功能要求与电路结构，在 Keil C 里编写程序并进行编译（单击按钮），以产生*.HEX 文件。然后进行软件调试/仿真，看看其功能是否常。若有错误或非预期的状态，则检查源程序，看看哪里出了问题，修改并将它记录在实验报告里。

2. 若软件调试/仿真功能正常，可按图 9-9 连接线路，并使用在线仿真器加载新的程序（*.HEX），以仿真该电路的动作。若有非预期的状态，则检查线路的连接状态，看看哪里出了问题并将它记录在实验报告里。

3. 若在线仿真功能正常，将程序刻录到 89S51（可使用 89S51 在线刻录实验板），再把该 89S51 放入实际电路，以取代刚才的在线仿真器，然后直接送电，看看是否正常。

4. 编写实验报告。

思考一下

1. 本实验的程序很长，可否利用“指针”的方式将 4 个类似的 play 函数变成单一个函数？

2. 如果要以两个定时器来完成本实验的功能，程序应如何编写？

9-5-5 快乐点唱机二

实验要点

本实验与 9-5-4 节相同，而采用程序与数据分开的方式，让点唱机更实用。

流程图与程序设计

首先将音谱与节拍存为 song.h 文件，如下所示。

```
unsigned char code song1[]={ 1, 1, 2, 1,    4, 3,   1, 1, 2, 1,   5, 4,
                             1, 1, 8, 6,    4, 3, 2,      11, 11, 6, 4, 5, 4,  15 };
unsigned char codeBeat1[]={  4, 4, 8, 8,   8, 16, 4, 4, 8, 8,    8, 16,
                             4, 4, 8, 8,   8, 8, 8,      4, 4, 8, 8,   8, 16 };
unsigned char code song2[]={ 1, 1, 1,3, 2, 1,      3, 3, 3,      5, 4, 3,      5, 4, 3,      2,
                             2, 1, 0,        1, 2, 3,      4, 3, 2,      3, 4, 5,      5, 4, 3, 2,   1, 15};
unsigned char codeBeat2[]={  4, 4, 4,        6, 2, 4,      4, 4, 4,      6, 2, 4,      4, 4, 4,      12 ,
                             8, 2, 2,        4, 4, 4,      8, 2, 2,      4, 4, 4,      2, 2, 4, 4,   12 };
unsigned char code song3[]={ 8, 7, 6, 5, 5,  6, 8, 5,      6, 5, 3, 2, 5, 3, 12,
                             8, 7, 6, 5, 5,  6, 8, 5,      6, 5, 3, 2, 5, 1, 12,
                             2, 3, 2, 5,     6, 5, 6, 8,   9, 8, 7, 6, 9, 5, 12,
                             6, 8, 5, 6,     3, 5, 6, 5, 3, 2, 3, 5, 3, 2, 1, 0,  15 };
unsigned char codeBeat3[]={  8, 4, 4, 8, 8,       8, 8, 16,     8, 4, 4, 8, 8, 24, 8,
                             8, 4, 4, 8, 8,       8, 8, 16,     8, 4, 4, 8, 8, 24, 8,
                             8, 4, 4, 16, 8, 4, 4, 16,  8, 4, 4, 8, 8, 24, 8,
                             8, 8, 8, 8,   8, 4, 4, 8, 8, 8, 4, 4, 8, 8, 24, 8 };
unsigned char code song4[]={ 2, 2, 3, 5,     6, 5, 6, 7,     9, 7, 7, 6, 5, 6,
                             7, 9, 9, 7, 9,       5, 6, 6,      2, 7, 7, 6, 5, 5,
                             6, 6, 7, 6, 5,       3, 2, 3, 5,   3, 5, 6, 7,   9,
                             9, 9, 10, 9, 7,      7, 6, 5, 3,   2, 7, 7, 6, 5, 5,     15};
unsigned char codeBeat4[]={  12, 4, 8, 8,  8, 4, 4, 16,  12, 4, 4, 4, 8,       32,
                             12, 4, 8, 4, 4,      12, 4, 16,    12, 4, 8, 4, 4,      32,
                             12, 4, 8, 4, 4,      8, 4, 4, 16,  12, 8, 8, 8,  32,
                             12, 4, 8, 4, 4,      8, 4, 4, 16,  12, 4, 8, 4, 4,      32     };
```

程序改写如下所示。

```
/* ch09-5-5.c——快乐点唱机实验二 */
#include <reg51.h>
#include "song.h"
sbit buzzer = P3^7;                          // 声明输出端
unsigned char keys,i;                        // 声明按钮及播放谱变量
unsigned char tone_H, tone_L;                // 声明定时值变量
void beat_125(unsigned char);                // 声明节拍函数
unsigned int code tone[]={ 1012, 956, 852, 759, 716, 638,
```

```
                    568, 506, 478, 426, 379, 536, 10 };// 音阶定义
void play(unsigned char *,unsigned char *);        // 声明 play 函数
void beat_125(unsigned char);                      // 声明节拍函数
//==================================================
main()
{ buzzer=1;                                        // 蜂鸣器初始值
IE=0x82;                                           // 启用 Timer0
  TMOD=0x01;                                       // 设置 Mode 1
  while (1)                                        // while 循环
  {     i=0;                                       // 从第一个音开始演奏
        P2=0xff;                                   // 将 P2 设置为输入口
        keys=~P2;                                  // 读取按钮
        switch (keys)                              // 判读
        {   case 0x01: play(song1,beat1); break;       // 按下 S1 播放第一首歌
            case 0x02: play(song2,beat2); break;       // 按下 S2 播放第二首歌
            case 0x04: play(song3,beat3); break;       // 按下 S3 播放第三首歌
            case 0x08: play (song4,Beat4); break;      // 按下 S4 播放第四首歌
        }   buzzer=1;                                  // 蜂鸣器不动作
  }                                                    // while 循环结束
}                                                      // 主程序结束
//==播放歌曲===================================
void play (unsigned char* song,unsigned char*Beat )
{ i=0;                                                 // 从头开始
  while(song[i]!=15)                                   // while 循环开始
  {     tone_H=(65536-tone[song[i]])/256;              // 读取音阶计数值的高 8 位
        tone_L=(65536-tone[song[i]])%256;              // 读取音阶计数值的低 8 位
        TH0=tone_H;                                    // 填入音阶计数值的高 8 位
        TL0=tone_L;                                    // 填入音阶计数值的低 8 位
        TR0=1;                                         // 启动 Timer0
        Beat_125(Beat[i]);                             // 指定节拍
        i++;                                           // 下一个音
        TR0=0;                                         // 关闭 Timer0
  }                                                    // 结束播放
}
//====Timer0 中断子程序==================
void tone_timer(void) interrupt 1                      // Timer0 中断子程序开始
{ TH0=tone_H;                                          // 填入计数值的高 8 位
  TL0=tone_L;                                          // 填入计数值的低 8 位
  buzzer=~buzzer;                                      // 蜂鸣器反相输出
}                                                      // 结束中断子程序
//====节拍函数=================
voidBeat_125(unsigned char x)                          // 节拍函数开始
{ unsigned char i,j,k;                                 // 声明变量
  for (i=0;i<x;i++)                                    // i 循环
     for (j=0;j<125;j++)                               // j 循环
```

```
        for (k=0;k<120;k++);                        // k 循环
}                                                    // 结束节拍函数
```

快乐点唱机实验二（ch09-5-5.c）

操作

1．根据功能要求与电路结构，在 Keil C 里编写程序并进行编译（单击按钮），以产生*.HEX 文件。然后进行软件调试/仿真，看看其功能是否正常。若有错误或非预期的状态，则检查源程序，看看哪里出了问题，修改并将它记录在实验报告里。

2．若软件调试/仿真功能正常，可按图 9-9 连接线路，并使用在线仿真器加载新的程序（*.HEX），以仿真该电路的动作。若有非预期的状态，则检查线路的连接状态，看看哪里出了问题并将它记录在实验报告里。

3．若在线仿真功能正常，将程序刻录到 89S51（可使用 89S51 在线刻录实验板），再把该 89S51 放入实际电路，以取代刚才的在线仿真器，然后直接送电，看看是否正常。

4．编写实验报告。

9-6 实时练习

在本章里探讨了声音的原理与 8x51 产生声音的方法（一般包括音频与节拍两部分），除了程序的介绍外，也说明了如何从乐谱中编写产生音乐的程序。在此请试着回答下列问题，以确认对于此部分的掌握程度。

选择题

（　）1．若要使用 8x51 演奏音乐，除了音阶外，还要处理哪个项目？

（A）歌曲长度　（B）节拍　（C）高低音　（D）声音大小

（　）2．在 8x51 里要产生不同的音阶，可采用什么方法？

（A）定时器与外部中断　（B）外部中断与延迟函数

（C）延迟函数与定时器　（D）以上皆可

（　）3．若要产生 1 kHz 的声音，则 8x51 必须多久切换一次输出状态？

（A）0.5ms　（B）1ms　（C）2ms　（D）4ms

（　）4．音频的范围是多少？

（A）2kHz～200kHz　（B）200Hz～2MHz

（C）20Hz～2MHz　（D）20Hz～200kHz

（　）5．在 8x51 产生声音的电路里，以何种波形驱动喇叭？

（A）正弦波　（B）脉冲　（C）三角波　（D）直流电

（　）6．若要以 8x51 的 P0 来驱动蜂鸣器，应如何处理？

（A）直接连接晶体管的基极，再将晶体管的集电极连接到蜂鸣器

（B）直接连接蜂鸣器

（C）连接晶体管的基极，同时连接一个上拉电阻，再将晶体管的集电极连接到蜂鸣器

（D）连接一个耦合电容连接蜂鸣器

（　）7．高音 Do 频率是中音 Do 频率的多少倍？

（A）两倍频　　（B）中音= $\sqrt[12]{2}$ ×高音 Do

（C）高音= $\sqrt[12]{2}$ ×中音 Do　　（D）一半频率

（　）8．Do 与 Do#的频率关系是什么？

（A）Do=2 Do#　（B）Do#= $\sqrt[12]{2}$ ×Do　（C）Do= $\sqrt[12]{2}$ ×Do#　（D）Do=2 Do#

（　）9．在歌谱上的“C 3/4”代表什么？

（A）4 小节、每小节 3 拍　　（B）3 小节、每小节 4 拍

（C）总共 4 小节、目前是第 3 小节　　（D）总共 4 拍、目前是第 3 拍

（　）10．在 12MHz 的 8x51 系统里，若要以 for 循环产生 1ms 的时间延迟，此循环大约要重复多少次？

（A）10　（B）120　（C）1500　（D）6000

问答题

1．若要使用 8x51 的 Port0 驱动喇叭，必须注意什么？
2．中音的 Do 频率为多少？两个半音之间的频率比率为多少？
3．八音度有多少个半音？每个八音度之间频率相差多少？
4．乐谱左上方所标注的“C4/4”代表什么意义？

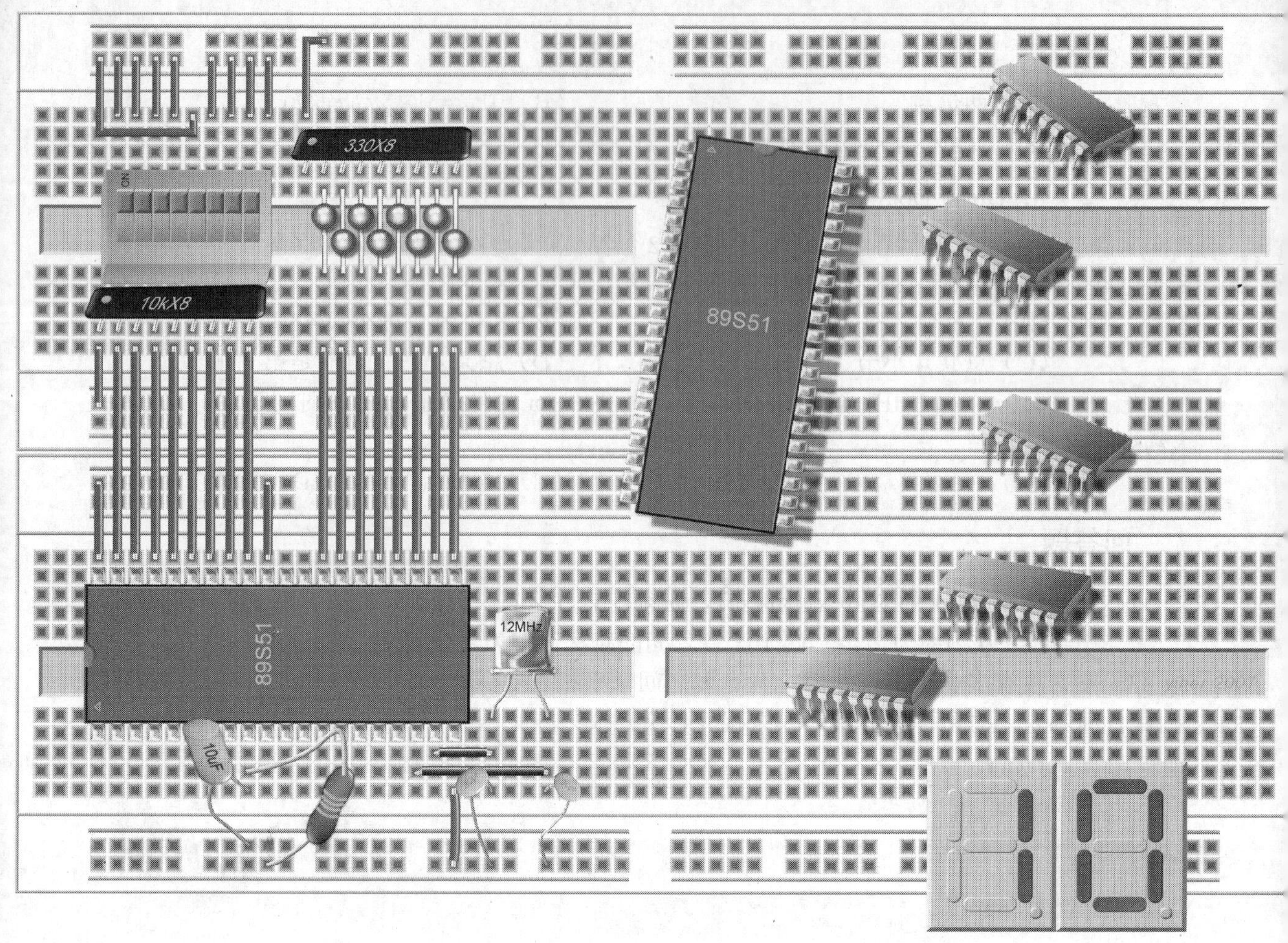

第 10 章　步进电机的控制

本章内容丰富，主要包括以下内容。

- **硬件**

  步进电机的结构、驱动方式，以及如何应用 8x51 来控制步进电机等。

- **程序与实践**

  步进电机的 1 相驱动、2 相驱动与 1-2 相驱动程序的应用。
  步进电机的角度控制、速度控制等。

10-1 认识步进电机

步进电机（stepping motor）是一种以脉冲控制的转动器件，由于是以脉冲驱动，很适合以数字或微型计算机来控制，所以我们又把它当成是一种数字器件。

10-1-1 步进电机的结构

步进电机与一般电机结构类似，除了托架、外壳之外，就是转子与定子，比较特殊的是其转子与定子上有许多细小的齿，如图 10-1 所示。步进电机的转子为永久磁铁，线圈是绕在定子上，根据线圈的配置，可分为 2 相、4 相、5 相等，如图 10-2 所示。比较常用的是 2 相的步进电机，其中包括两组具有中间抽头的线圈，A、com1 与 $\overline{A}$ 为一组，B、com2 与 $\overline{B}$ 为另一组。2 相 6 线式步进电机的连接线就是 A、com1、$\overline{A}$、B、com2 与 $\overline{B}$；2 相 5 线式步进电机则是将其中的 com1 与 com2 连接。另外，4 相步进电机由四组线圈构成，5 相步进电机由五组线圈构成。

图 10-1 步进电机的基本结构

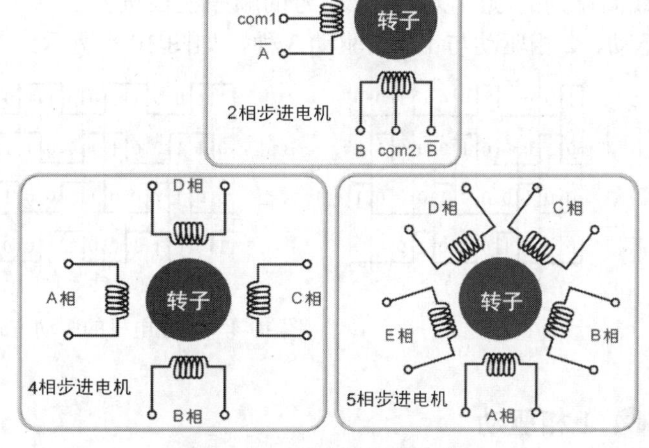

图 10-2 步进电机的种类

顾名思义，步进电机就是“一步一步走”的电机，而其转子与定子的齿决定其每步的间距，如图 10-3 所示，若转子上有 N 个齿，则其齿间距 θ 为

$$\theta = \text{转子齿间距} = \frac{360^\circ}{N}$$

而步进角度 δ 为

$$\delta = \frac{\text{转子齿间距}}{2\times\text{相数}} = \frac{\theta}{2P}$$

以常用的 2 相式 50 齿步进电机为例：

θ=360°/50=7.2°

δ=7.2°/（2×2）=1.8°

另外一种比较简便的说法就是以步数来表示，以 200 步的步进电机为例，200 步为一圈

（360°），则每步 1.8°。

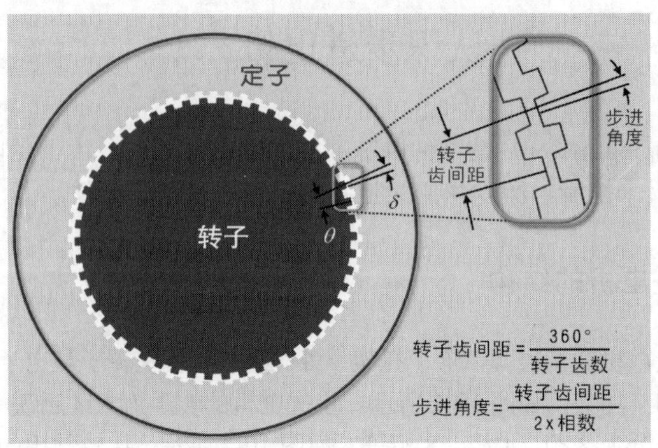

图 10-3 步进电机的齿间距

10-1-2 步进电机的动作

简单讲，步进电机的动作是靠定子线圈激磁后，将邻近转子上相异的磁极吸引过来。因此，线圈排列的顺序以及激磁信号的顺序就很重要。以 2 相式步进电机为例，其驱动信号有 1 相驱动、2 相驱动与 1-2 相驱动 3 种，如图 10-4 所示。

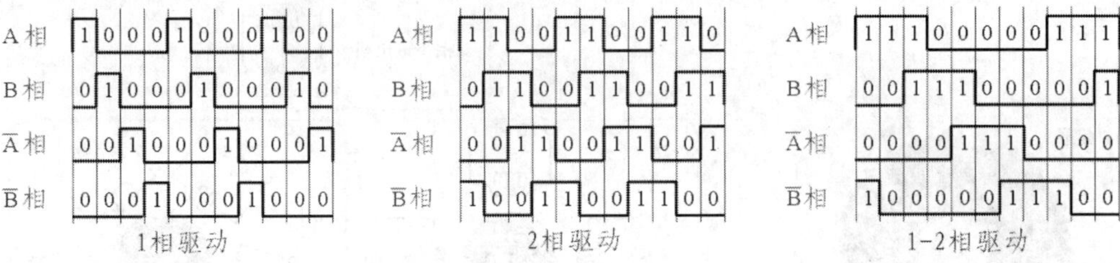

图 10-4 步进电机的驱动方式

1 相驱动

1 相驱动的方式是任何一个时间只有一组线圈被激磁，其他线圈在“休息”，因此，其所产生的力矩较小。但这种激磁方式最简单，其信号依次为

1000→0100→0010→0001→1000（正转）

1000→0001→0010→0100→1000（反转）

总共有 4 种不同的信号，呈现周期性的变化，在 8x51 里，若要产生左移信号，可先输出“00000001”，即“0x01”。经过一小段的时间延迟，让步进电机有足够的时间建立磁场及转动，再以“P1<<=1”指令将“00000001”左移，使之变为“00000010”。若要产生右移信号，可先输出“00001000”，即“0x08”。经过一小段的时间延迟，让步进电机有足够的时间建立磁场及转动，再以“P1>>=1”指令将“00001000”左移，使之变为“00000100”，图 10-5 所示的流程图中是由 P1 输出的。

这 4 个驱动信号为“0x01、0x02、0x04、0x08”，若将这 4 个信号依次加入步进电机，其动作如图 10-6 所示。

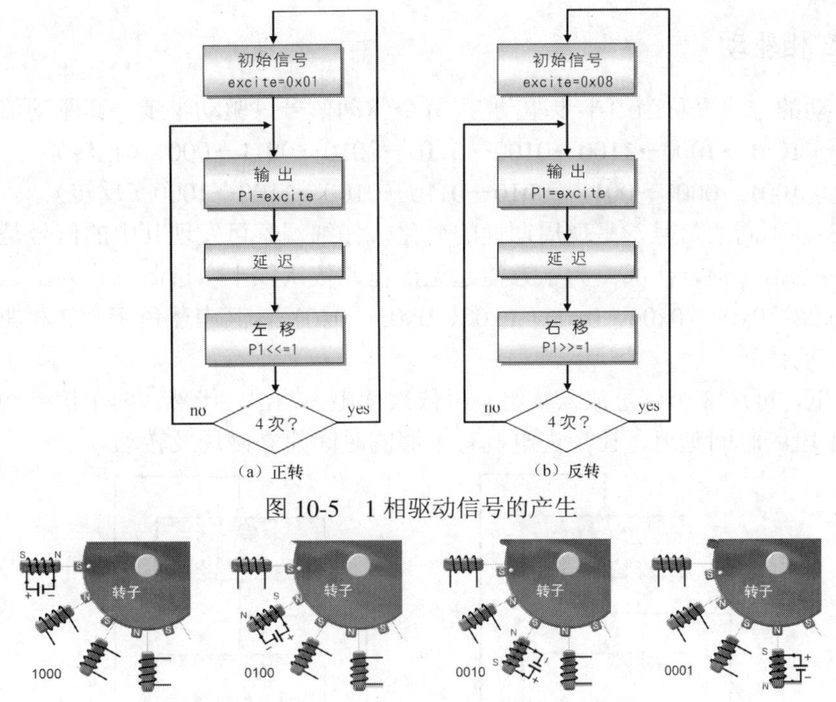

图 10-5 1 相驱动信号的产生

图 10-6 1 相驱动步进电机的动作

2 相驱动

2 相驱动的方式是任何一个时刻有两组线圈同时被激磁，因此，其所产生的力矩比 1 相驱动来得大。尽管如此，这种激磁方式也很简单，其信号依次为

1100→0110→0011→1001→1100（正转）

1100→1001→0011→0110→1100（反转）

总共有 4 种不同的信号，呈现周期性的变化，即“0x0c、0x06、0x03、0x09”。我们可把这组信号存入数组，再依次从数组读出，经过一小段的时间延迟，让步进电机有足够的时间建立磁场及转动。若要反方向转动，则从数组反序读出，经过一小段的时间延迟，让步进电机有足够的时间建立磁场及转动，图 10-7 所示的流程图中是由 P1 输出的。

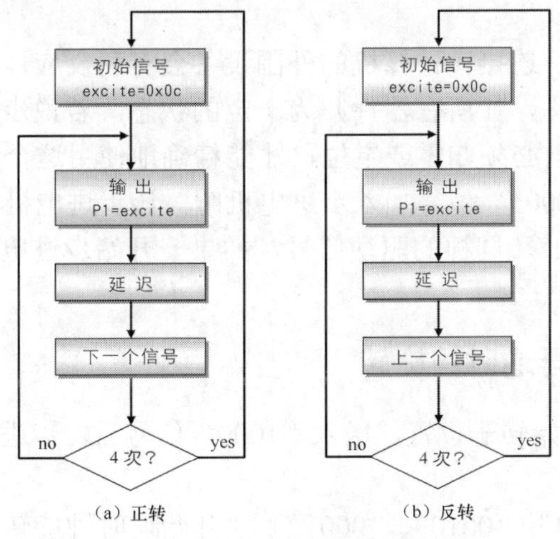

图 10-7 2 相驱动信号的产生

1-2 相驱动

1-2 相驱动的方式又称为“半步驱动”，每个驱动信号只驱动半步。其驱动信号依次为

1001→1000→1100→0100→0110→0010→0011→0001（正转）

1001→0001→0011→0010→0110→0100→1100→1000（反转）

总共有 8 种不同的信号，呈现周期性的变化，仔细观察可发现其中的信号是将 1 相驱动信号与 2 相驱动信号混合而成。为了方便起见，在此依次以十六进制方式列出这 4 个信号，即“0x09、0x08、0x0c、0x04、0x06、0x02、0x03、0x01”，其中蓝色字为 2 相驱动信号、黑色字为 1 相驱动信号。

在 8x51 里，可这 8 个信号放入数组，再依次读出、输出。当然，两个信号输出之间还是需要经过一小段的时间延迟，让步进电机有足够的时间建立磁场及转动。

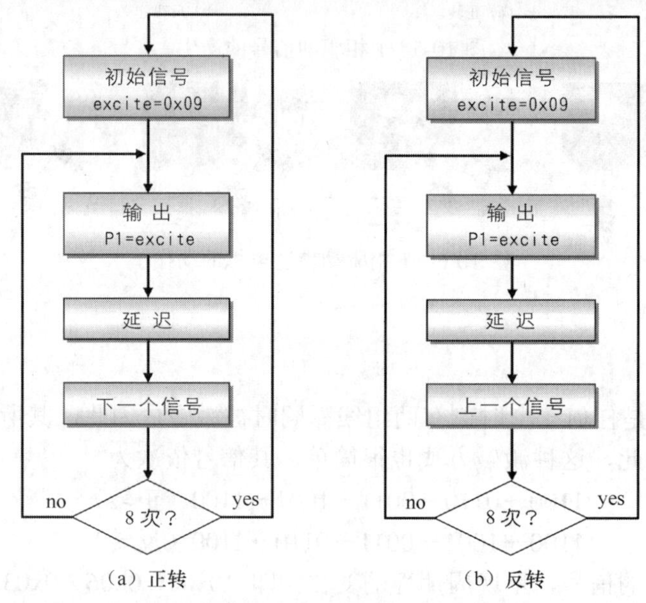

图 10-8 1-2 相驱动信号的产生

10-1-3 步进电机的定位

当我们启动计算机时，连接该计算机的外围设备会有所反应，不管是动一下、闪一下或反应一下，就是复位的动作，让所有器件归为一定的状态。若说步进电机是一种数字输出器件，则这种器件在使用之前必须归零或定位，才能精确地使用这个步进电机。在图 10-6 里，将“1000、0100、0010、0001”信号加入步进电机时，该步进电机将逆时钟转动 4 步，若每步为 1.8°，则总共转了 7.2°。同样的驱动信号，如果一开始步进电机的转子位置不对，则可能发生下列两种非预期状态。

先顺时钟旋转再逆时钟旋转

图 10-9 左图所示为原始转子位置，送入“1000”信号后，步进电机顺时钟旋转 1.8°，如图 10-9 右图所示。

从第二组信号（“0100”、“0010”、“0001”）才开始逆时钟旋转，如图 10-10 所示。

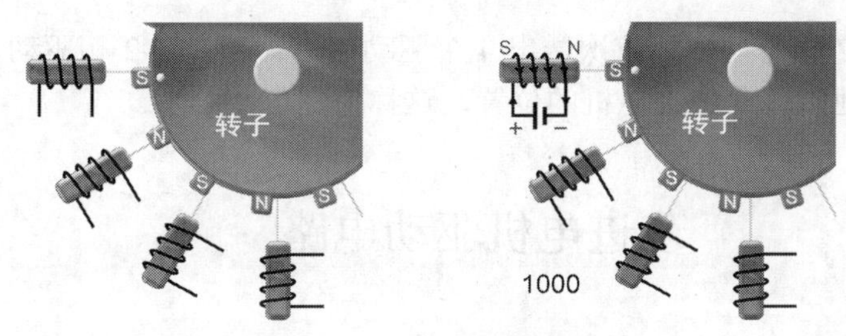

图 10-9 顺时针旋转 1.8°

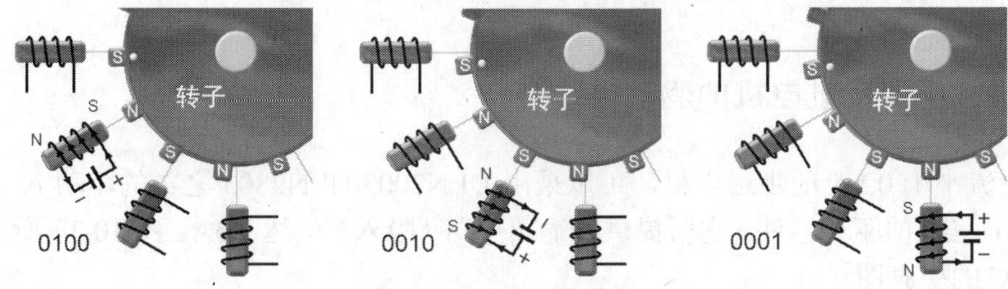

图 10-10 逆时针旋转 5.4°

如此一来，总共逆时针旋转了 3.6°，而非预期的逆时针旋转 7.2°。

先抖动、顺时针旋转再逆时钟

图 10-11 左图所示为原始转子位置，送入“1000”信号后，步进电机抖动，如图 10-11 右图所示。

当送入第二组信号（“0100”）时，步进电机顺时针旋转 1.8°，如图 10-12 所示。

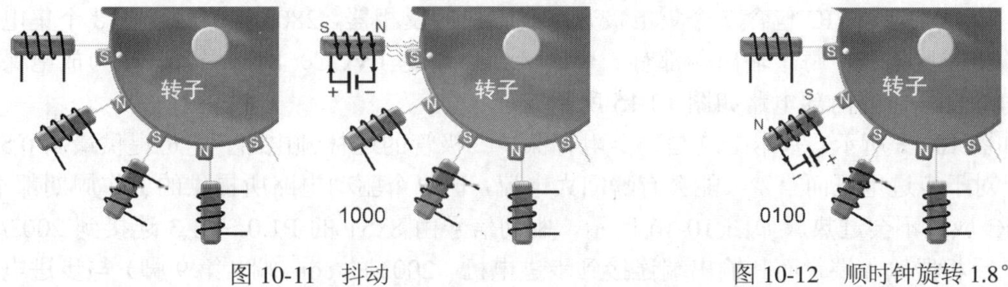

图 10-11 抖动　　图 10-12 顺时针旋转 1.8°

从第三组信号（“0010”、“0001”）才开始逆时针旋转，如图 10-13 所示。

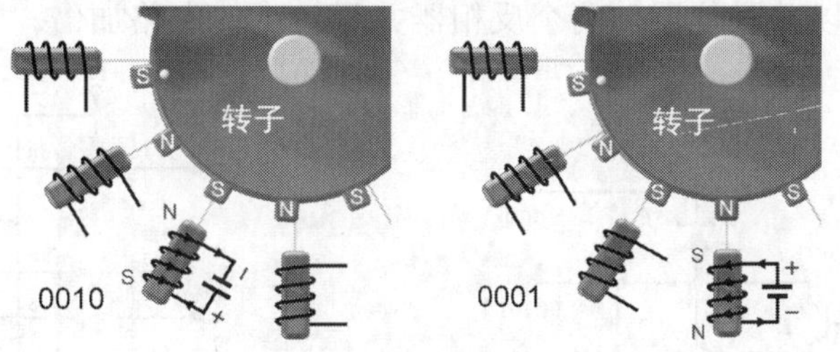

图 10-13 逆时针旋转 3.6°

如此一来，总共逆时针旋转了 1.8°，而非预期的逆时针旋转 7.2°。

为了防止上述非预期状态的产生，最简单的方法是在开始运行之前先送出一组信号，换言之，若是1相或2相驱动，则依次送出4个驱动信号；若是1-2相驱动，则依次送出8个驱动信号即可正确地抓住此步进电机的位置，这称为定位或归零。

10-2 步进电机驱动电路

8x51的输出电流很难驱动步进电机，必须另外设置驱动电路才行，在此将介绍几种常用的驱动电路。

10-2-1 小型步进电机的驱动电路

对于电流小于0.5A的步进电机，可以采用ULN2003/ULN2803之类的驱动IC。这种IC是一种“小而美”的驱动器件，它所提供的输出电路（吸入）可达0.5A。图10-14所示为2003系列驱动IC的引脚图。

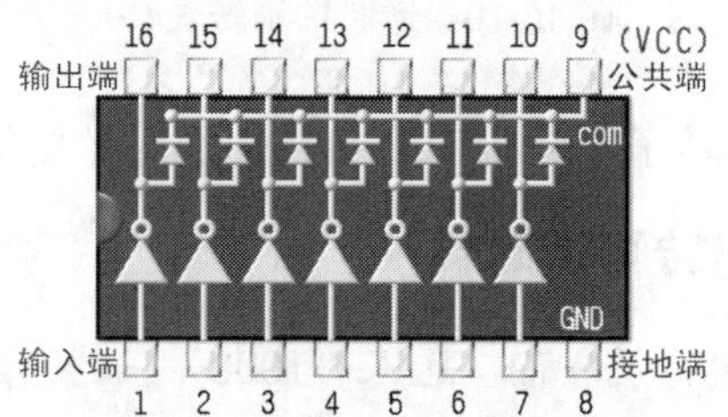

图10-14 2001/2002/2003/2004系列驱动IC的引脚图

一个2003系列IC包含7个集电极开路式输出的反相器，2803系列则包含8个集电极开路式输出的反相器，每个输出端都有一个连接到公共端（VCC）的二极管，作为放电保护电路，每组反相器的内部电路如图10-15所示。

如图10-15所示，基本上这是一个附有保护二极管的达林顿电路，它可提供最高0.5A的电流。对于步进电机而言，可能会有瞬间大电流，但每个驱动电路所提供的工作周期都不高，驱动IC应该不会过热。如图10-16所示，驱动信号由8x51的P1.0～P1.3连接到2003/2803的4个反相器输入端，而其输出端连接到步进电机。2003的com端（第9脚）与步进电机的com1、com2连接到+5V（或+12V）的电源上，若使用2803，其com端为第10脚；另外，2003的第8脚接地（若使用2803，则第9脚接地），以2003为例，如图10-16所示。不管是2003还是2803，都可以并联使用，两个反相器并联，可使电路加倍。

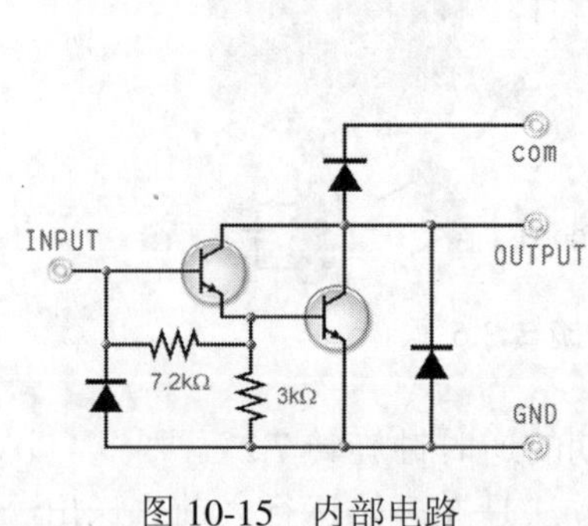

图10-15 内部电路

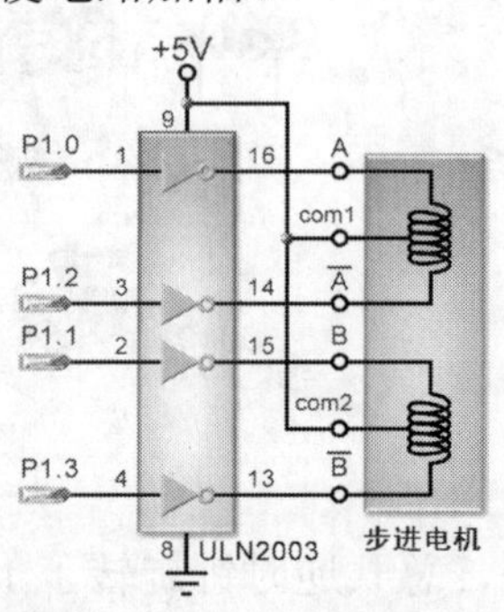

图10-16 2003驱动电路

10-2-2 达林顿晶体管驱动电路

通常 2003/2803 只能驱动较小型的步进电机，对于稍微大一点的步进电机就无能为力。如果要驱动稍大的步进电机，则可利用中功率封装（TO-220）的达林顿晶体管，如 TIP122 等。这种晶体管可瞬间放大到 1～3A，足以应付大多数的步进电机。当然，不管使用哪个晶体管或达林顿晶体管，还是需要足够的输入电流才能输出较大的驱动电流。8x51 的任一个输出端口在高电平时，其输出的电流都非常微小（P0 还需要外接上拉电阻），最好能先经过一个 CMOS 的缓冲器（以 CD4050 为例，如图 10-17 所示），方能确保提供足够的基极电流。当然在每相的驱动电路里，还是需要一个基极电阻，以抑制过大的基极电流，而在输出端也连接一个 1N4001，提供电感（步进电机的线圈）的放电路径，如图 10-18 所示。若驱动电流仍然不够，则可使用 2N3053 与 2N3055 搭接成达林顿电路，以取代图 10-18 中的 TIP122 达林顿晶体管，即可提供更多的驱动电流。

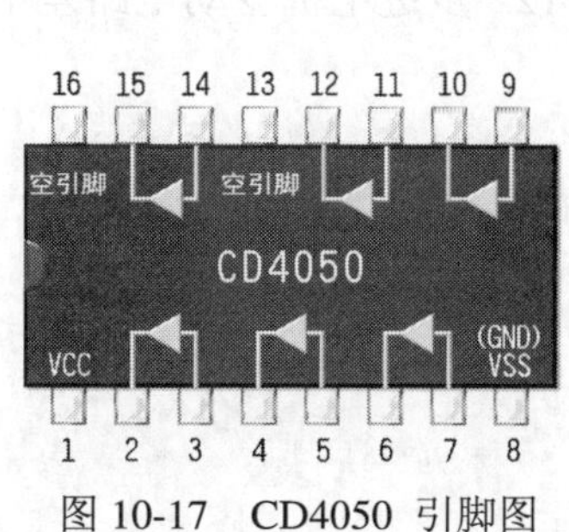

图 10-17 CD4050 引脚图

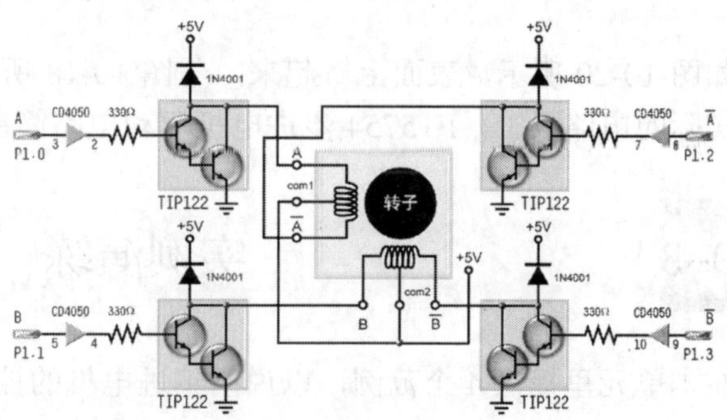

图 10-18 达林顿晶体管驱动电路

10-2-3 FT5754 驱动电路

如果觉得使用 4 个 TP122 达林顿晶体管很麻烦且占地方的话，则 FT5754 是不错的选择。FT5754 是步进电机专用的步进电机驱动 IC，这是一个具有 12 只引脚的功率 IC。如图 10-19 所示为其外观与其内部电路。

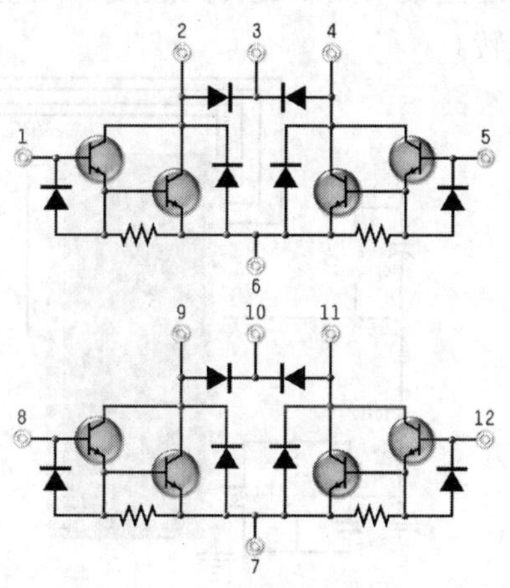

图 10-19 FT5754 电路

FT5754 内部电路包括四组相同的达林顿模块，电路结构与 2003 系列 IC 的内部电路有点相似，不过，FT5754 所能提供的电流更大。所以，可以用它驱动较大的步进电机。尽管如此，若要以 8x51（或其他微处理器）的输出端口来驱动这个 IC，还是要先经过一个缓冲器。图 10-20 所示就是用 CD4050 为缓冲器的 FT5754 步进电机驱动电路。

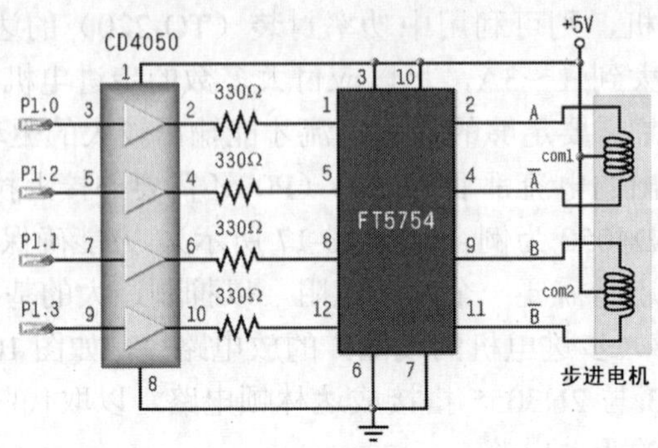

图 10-20　FT5754 步进电机驱动电路

如图 10-20 所示，表面上看起来，与图 10-18 所示的 TP122 步进电机驱动电路差不多，但在实际的电路板上，FT5754 步进电机驱动电路简单多了。

10-3 实例演练

在本单元里提供 4 个范例，以说明步进电机的控制方法。

10-3-1　用延迟子程序产生驱动信号

实验要点

如图 10-21 所示，在此使用小型的步进电机，所以直接采用 ULN2003（或 ULN2803）驱动电路，若使用较大的步进电机，则改用达林顿晶体管而驱动电路或 FT5754 驱动电路等。本单元将利用延迟函数来控制旋转的速度，采用 1 相激磁方式。当程序开始时先定位，然后不断地正转或反转。

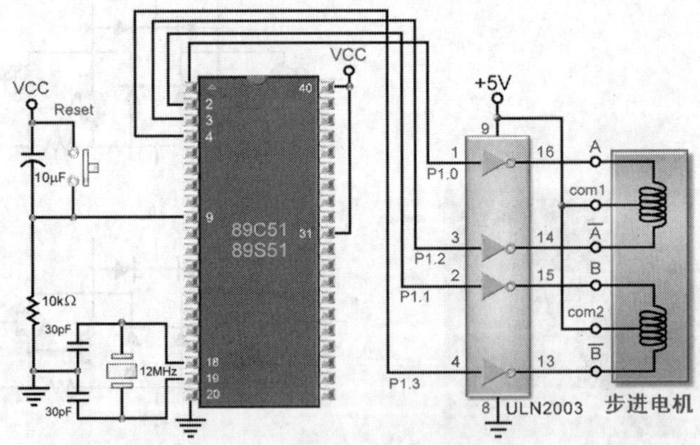

图 10-21　步进电机控制电路图

流程图与程序设计

根据功能要求与电路结构得知，其控制程序与单灯左移（1 相激磁）类似，而其中的延迟函数将产生 5ms 倍数的延迟，其倍数则在程序开始的“unsigned char times=50; ”中声明。同样地，激磁方式也可在程序开始的“**unsigned char excite=1;**”中声明。另外，在此由 P1.0 到 P1.3 连接到步进电机驱动电路，若要改由其他输出端口输出，则可在“#define OUTPUT P1”中定义。

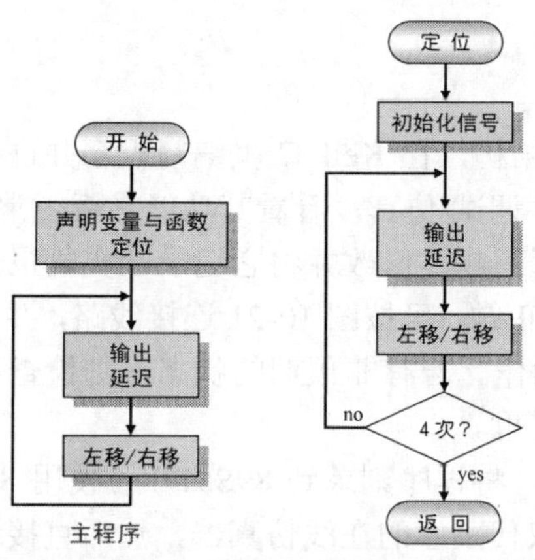


```
/* ch10-3-1.c——1 相驱动实验 */
//利用 delay 5mDELAY 子程序（5ms×times），产生驱动信号
//由 P1 输出，速度为 1/（5ms×timers）步/秒
#include        <reg51.h>                  // 包含 reg51.h 文件
#define       OUTPUT   P1                  // 定义输出端口为 P1
unsigned int times=50;                     // 声明延迟时间变量（×5ms）
unsigned char excite;                      // 声明激磁变量
void step_rst(void);                       // 声明定位函数
void delay 5ms(int);                       // 声明延迟函数
//=====主程序========================================
main()                                     // 主程序开始
{ OUTPUT=0;                                // 关闭输出
  step_rst();                              // 定位
  while (1)                                // while 循环
  { step_rst();                            // 运转
  }                                        // while 循环结束
}                                          // 结束主程序
//======定位函数========================================
void step_rst(void)                        // 定位函数开始
{ char i;                                  // 声明变量
  excite=1;                                // 激磁初值
  for(i=0;i<4;i++)                         // 输出 4 个信号
  {   OUTPUT=excite;                       // 输出激磁信号
      delay5ms(times);                     // 延迟 0.25s
      excite<<=1;                          // 左移，下一个激磁
```

```
    }                                           // 结束
}
//=======延迟函数========================================
void delay5ms(int x)                            // 延迟函数开始
{ int i,j;                                      // 声明变量
  for(i=0;i<x;i++)                              //i 循环
    for(j=0;j<600;j++); }                       //j 循环
```

1 相驱动实验（ch10-3-1.c）

操作

1．根据功能要求与电路结构，在 Keil C 里编写程序并进行编译（单击按钮），以产生*.HEX 文件。然后进行软件调试/仿真，看看其功能是否正常。若有错误或非预期的状态，则检查源程序，看看哪里出了问题。修改并将它记录在实验报告里。

2．若软件调试/仿真功能正常，可按图 10-21 连接线路，并使用在线仿真器加载新的程序（*.HEX），以仿真该电路的动作。若有非预期的状态，则检查线路的连接状态，看看哪里出了问题并将它记录在实验报告里。

3．若在线仿真功能正常，将程序刻录到 89S51（可使用 89S51 在线刻录实验板），再把该 89S51 放入实际电路，以取代刚才的在线仿真器，然后直接送电，看看是否正常。

4．编写实验报告。

思考一下

1．当 times 参数为 10 时，每步之间的时间差距约 0.5s，则步进电机转一圈（200 步）应该是 100s，请实际测量是否相符。

2．试着增加 times 参数，看看是否能使步进电机的速度变慢，再试着减少 times 参数，看看是否能使步进电机的速度变快，从而找出多快时步进电机就不能正常转动。

3．若要从 P2 输出到步进电机，应如何修改程序？

10-3-2 用定时器产生驱动信号

实验要点

电路图与 10-3-1 节相同（见图 10-21），改用定时器的方式，替代延迟函数。

流程图与程序设计

若要以定时器的方式产生时间延迟，则在主程序里设置所有定时器中断的设置，启动定时器后就让程序“原地打转”，主要的动作是在中断子程序里操作。对于 Mode 1 而言，每次中断最多只能延迟 0.065s，太短了。所以，在此只设置为 5000，以产生 5ms 的中断，再利用 times 作为计数器件，每中断 times 次才改变输出的信号。如此就能以改变 times 的次数，以控制步进电机的速度。另外，把激磁信号放入 excite[]数组里，再一个个读出，以驱动步进电机。若 excite[]数组里放置 1 相驱动信号，则可以 1 相驱动步进电机；若 excite[]数组里放置 2 相驱动信号，则可以 2 相驱动步进电机。在此采用 2 相驱动方式。

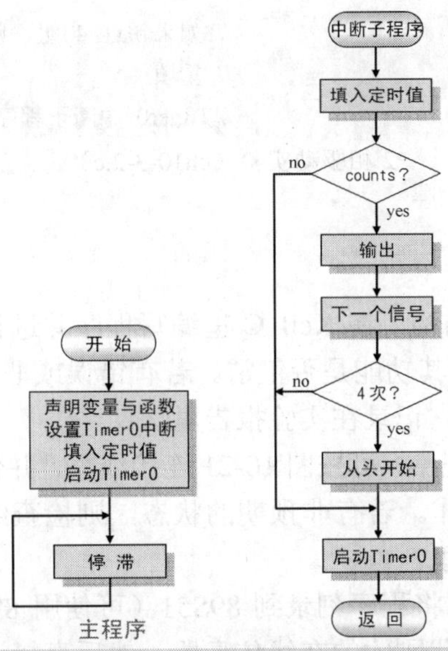


```
/* ch10-3-2.c——2 相驱动实验 */
//利用 timer 中断子程序（0.05s×times），产生驱动信号
//由 P1 输出
//速度为 1/（0.05s×timers）步/s
//==================================================
#include      <reg51.h>                       // 包含 reg51.h 文件
#define       OUTPUT   P1                     // 定义输出端口为 P1
/* 2 相驱动激励信号数组 */
char code excite[]={ 0x03, 0x06, 0x0c, 0x09};
unsigned char times=50;                       // 声明延迟时间变量（×5ms）
unsigned char counts=50;                      // 声明重复次数变量（=times）
T_H=(65536-5000)/256;                         // 声明定时值的高 8 位
T_L=(65536-5000)%256;                         // 声明定时值的低 8 位
unsigned char i=0;                            // 声明变量
main()                                        // 主程序
{   OUTPUT=0;                                 // 关闭输出
    IE=0x82;                                  // 启用 Timer0
    TMOD=0x01;                                // 设置为 Mode 1
    TH0=T_H;                                  // 填入定时值的高 8 位
    TL0=T_L;                                  // 填入定时值的低 8 位
    TR0=1;                                    // 启动 Timer0
    while (1);                                // 停止
}                                             // 结束主程序
//====================================================
void timer0(void) interrupt 1                 //Timer0 中断子程序开始
{   TH0=T_H;                                  // 填入定时值的高 8 位
    TL0=T_L;                                  // 填入定时值的低 8 位
    if (--counts==0)                          // 判断次数
    {   OUTPUT=excite[i];                     // 输出
        i++;                                  // 下一个信号
```

```
        if (i==4) i=0;                          // 如果超过 4 组，则从头开始
        counts=times;   }                       // 重填
}                                               // Timer0 中断子程序结束
```

2 相驱动实验（ch10-3-2.c）

操作

1．根据功能要求与电路结构，在 Keil C 里编写程序并进行编译，以产生*.HEX 文件。然后进行软件调试/仿真，看看其功能是否正常。若有错误或非预期的状态，则检查源程序，看看哪里出了问题，修改并将它记录在实验报告里。

2．若软件调试/仿真功能正常，可按图 10-21 连接线路，并使用在线仿真器加载新的程序（*.HEX），以仿真该电路的动作。若有非预期的状态，则检查线路的连接状态，看看哪里出了问题并将它记录在实验报告里。

3．若在线仿真功能正常，将程序刻录到 89S51（可使用 89S51 在线刻录实验板），再把该 89S51 放入实际电路，以取代刚才的在线仿真器，然后直接送电，看看是否正常。

4．编写实验报告。

思考一下

1．修改程序，采用 1 相激磁方式驱动步进电机。

2．在本实验里，若将步进电机转速提高（times 减少），会不会让步进电机不动？若步进电机不动，其驱动信号的频率（或周期）为多少？

10-3-3 1-2 相驱动

实验要点

电路图与 10-3-1 节相同（见图 10-21），但采用 1-2 相激磁方式输出。

流程图与程序设计

1-2 相激磁信号是夹杂着 1 相激磁信号与 2 相激磁信号，很难以前面的左移或右移方式产生。在此将以数组的方式将这 8 个激磁信号放入数组之中，再逐一取出、输出即可。

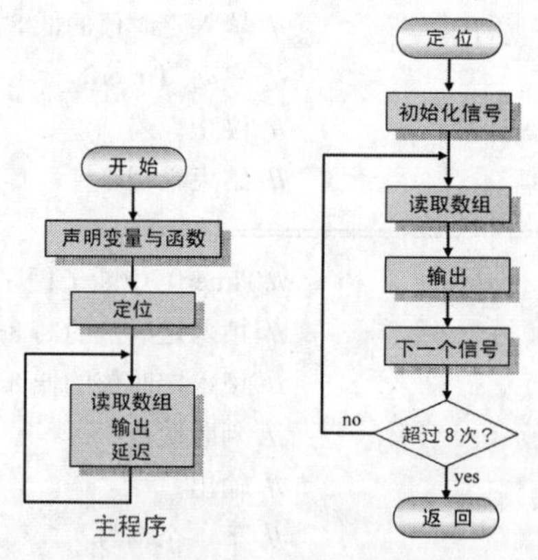

```
/* ch10-3-3.c——1-2 相驱动实验 */
#include      <reg51.h>                                // 包含 reg51.h 件
#define       OUTPUT   P1                              // 定义输出端口为 P1
/* 1-2 相驱动激励信号数组 */
char code excite[]={0x01, 0x03, 0x02, 0x06, 0x04, 0x0c, 0x08, 0x09};
unsigned int times=50;                                 // 声明延迟时间变量（×5ms）
void step_rst(void);                                   // 声明定位函数
void delay 5ms(int);                                   // 声明延迟函数
main()                                                 // 主程序
{ OUTPUT=0;                                            // 关闭输出
  step_rst();                                          // 定位
  delay 5ms(200);                                      // 暂停 1s
  while (1)                                            // while 循环
    step_rst();                                        // 运转
}      // 结束主程序
//==================================================
void step_rst(void)                                    // 定位函数开始
{ char i;                                              // 声明变量
  for(i=0;i<8;i++)                                     // 输出 8 个信号
  {   OUTPUT=excite[i];                                // 输出激磁信号
      delay 5ms(times);                                // 延迟 0.25s
  }                                                    // 结束
}
//==================================================
void delay 5ms(int x)                                  // 延迟函数开始
{ int i,j;                                             // 声明变量
  for(i=0;i<x;i++)                                     //i 循环
    for(j=0;j<600;j++); }                              //j 循环
```

1-2 相驱动实验（ch10-3-3.c）

操作

1．根据功能要求与电路结构，在 Keil C 里编写程序并进行编译（单击按钮），以产生*.HEX 文件。然后进行软件调试/仿真，看看其功能是否正常。若有错误或非预期的状态，则检查源程序，看看哪里出了问题，修改并将它记录在实验报告里。

2．若软件调试/仿真功能正常，可按图 10-21 连接线路，并使用在线仿真器加载新的程序（*.HEX），以仿真该电路的动作。若有非预期的状态，则检查线路的连接状态，看看哪里出了问题并将它记录在实验报告里。

3．若在线仿真功能正常，将程序刻录到 89S51（可使用 89S51 在线刻录实验板），再把该 89S51 放入实际电路，以取代刚才的在线仿真器，然后直接送电，看看是否正常。

4．编写实验报告。

思考一下

1．如何将本实验里的步进电机由正转变成反转？

2．在本实验里，步进电机转一圈需要多少时间？

10-3-4 方向控制

实验要点

电路图参见 10-3-1 节（见图 10-21），在此将先让步进电机正转一圈（200 步），再反转一圈。

流程图与程序设计

根据功能要求与电路结构得知，最简单的方式还是采用延迟函数的方式，先以左移方式输出 200 个信号，再以右移方式输出 200 个信号。顺序读取 excite 数组的方法，可将所要执行的第几步（即 i）除以 4 的余数作为读取所要数组中的第几个信号，例如 i=0 时，i 除以 4 的余数为 0，将 excite[0]输出；i=1 时，i 除以 4 的余数为 1，将 excite[1]输出……i=150 时，i 除以 4 的余数为 2，将 excite[2]输出；i=151 时，i 除以 4 的余数为 3，将 excite[3]输出，以此类推。利用“OUTPUT=excite[i%4];”指令可达到顺序输出的目的；若要反序输出，则可使用“OUTPUT=excite[3-i%4];”指令。若要改变为 2 相激磁，只要改变 excite 数组的内容即可，而不必修改程序。

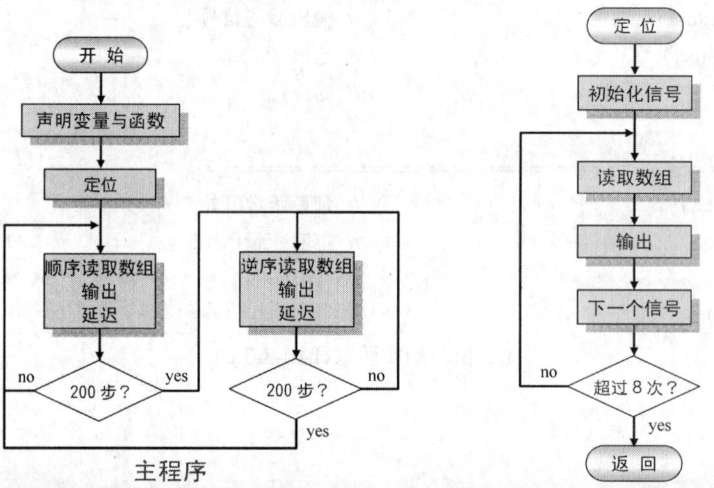

主程序

```
/* ch10-3-4.c——方向控制实验 */
//由 P1 输出，正转 200 步（1 圈），再反转 200 步（1 圈）
//excite[]为 1 相驱动，更改内容可改为 2 相驱动
//速度为 1/（5ms × Times）步/秒
//==============================================
#include <reg51.h>                    // 包含 reg51.h 头文件
#define OUTPUT P1                     // 定义输出端口为 P1
unsigned char steps=200;              // 声明步数变量
unsigned int times=50;                // 声明延迟时间变量（× 5ms）
/* 1 相激励信号数组 */
char code excite[]={ 0x01, 0x02, 0x04, 0x08};
void step_rst(void);                  // 声明定位函数
void delay5ms(int);                   // 声明延迟函数
```

```
main()                                          // 主程序
{    int i;                                     // 声明变量
     OUTPUT=0;                                  // 关闭输出
     step_rst();                                // 定位
     while (1)                                  // while 循环
     {    for (i=0;i<steps;i++)                 // 输出激磁信号
          {         OUTPUT=excite[i%4];         // 输出
                    delay 5ms(times);           // 延迟
          }                                     // 左移结束
          for (i=0;i<steps;i++)                 // 输出激磁信号
          {         OUTPUT=excite[3-i%4];       // 输出
                    delay 5ms(times);           // 延迟
          }                                     // 右移
     }                                          // while 循环结束
}                                               // 结束主程序
//=====================================================
void step_rst(void)                             // 定位函数开始
{    char i;                                    // 声明变量
     for(i=0;i<4;i++)                           // 输出 4 个信号
     {  OUTPUT=excite[i];                       // 输出激磁信号
        delay 5ms(100);                         // 延迟 0.5s
     }                                          // 结束
}
//=====================================================
void delay 5ms(int x)                           // 延迟函数开始
{ int i,j;                                      // 声明变量
     for(i=0;i<x;i++)                           //i 循环
       for(j=0;j<600;j++); }                    //j 循环
```

方向控制实验（ch10-3-4.c）

操作

1．根据功能要求与电路结构，在 Keil C 里编写程序并进行编译（单击按钮），以产生*.HEX 文件。然后进行软件调试/仿真，看看其功能是否正常。若有错误或非预期的状态，则检查源程序，看看哪里出了问题，修改并将它记录在实验报告里。

2．若软件调试/仿真功能正常，可按图 10-21 连接线路，并使用在线仿真器加载新的程序（*.HEX），以仿真该电路的动作。若有非预期的状态，则检查线路的连接状态，看看哪里出了问题并将它记录在实验报告里。

3．若在线仿真功能正常，将程序刻录到 89S51（可使用 89S51 在线刻录实验板），再把该 89S51 放入实际电路，以取代刚才的在线仿真器，然后直接送电，看看是否正常。

4．编写实验报告。

思考一下

在本实验里加入两个拨码开关（S1 与 S2），并设计一个程序，让 S1 接通时步进电机正

转，S2 接通时步进电机反转。

10-4 实时练习

在本章里介绍了步进电机的原理及步进电机的驱动电路，并探讨了如何在 8x51 里产生驱动步进电机的信号。在此请试着回答下列问题，以确认对于此部分的掌握程度。

选择题

（ ）1．下列哪种步进电机的线圈是采用中间抽头的方式？

（A）1 相步进电机 （B）2 相步进电机

（C）4 相步进电机 （D）5 相步进电机。

（ ）2．某 2 相步进电机转子上有 100 齿，则其步进角度为多少？

（A）0.9° （B）1.8° （C）2° （D）4°

（ ）3. 某 200 步的步进电机采用 1 相激磁方式，需要多少个驱动信号才能旋转一周？

（A）50 （B）100 （C）200 （D）400

（ ）4．同上题，若改用 1-2 相驱动信号，需要多少个驱动信号才能旋转一周？

（A）50 （B）100 （C）200 （D）400

（ ）5．若采用 ULN2003/ULN2803 来驱动步进电机，则其最大驱动电流为多少？

（A）0.5A （B）1A （C）2A （D）3A

（ ）6．若驱动步进电机时需要较大的电流，则可使用下列哪个元件？

（A）2N3569 （B）FT5754 （C）ULN2003 （D）ULN2803

（ ）7．若步进电机的驱动信号的频率过高，则会有什么现象？

（A）电机将飞脱 （B）电机将反转

（C）电机将抖动不前 （D）以上皆可能发生

（ ）8．若要使用达林顿功率晶体来驱动步进电机，可选用哪个？

（A）2SC1384 （B）2N2222A （C）2N3569 （D）TIP122

（ ）9．1-2 相的激磁里总共有多少个信号？

（A）4 组 （B）6 组 （C）8 组 （D）12 组

（ ）10．2 相的激磁里总共有多少个信号？

（A）4 组 （B）6 组 （C）8 组 （D）12 组

问答题

1．简述 2 相 5 线式步进电机与 2 相 6 线式步进电机的异同。

2．某步进电机的转子齿间距为 14.4°，则其步进角度为多少？

3．某 200 步的步进电机，若以 1 相驱动，则每个驱动信号将产生多少角度的位移？若改以 1-2 相驱动，则每个驱动信号将产生多少角度的位移？

4．同一个步进电机使用 1 相驱动与 2 相驱动有何差别？

5．若要进行精确的位置或角度控制，在使用步进电机之前，必须进行定位或归零，这个动作是如何进行的？

6．ULN2003/ULN2803 系列驱动 IC 中，每个 IC 提供多少个反相驱动器？每个反相驱动器最大能吸取多大电流？

7．简述 FT5754 步进电机驱动 IC 的内部结构。

8．绘制以 FT5754 驱动步进电机的电路。

9．若要使用达林顿晶体管来驱动步进电机，绘出其每一级电路。

10．若程序所产生的驱动信号太快，步进电机来不及响应，将会怎样？

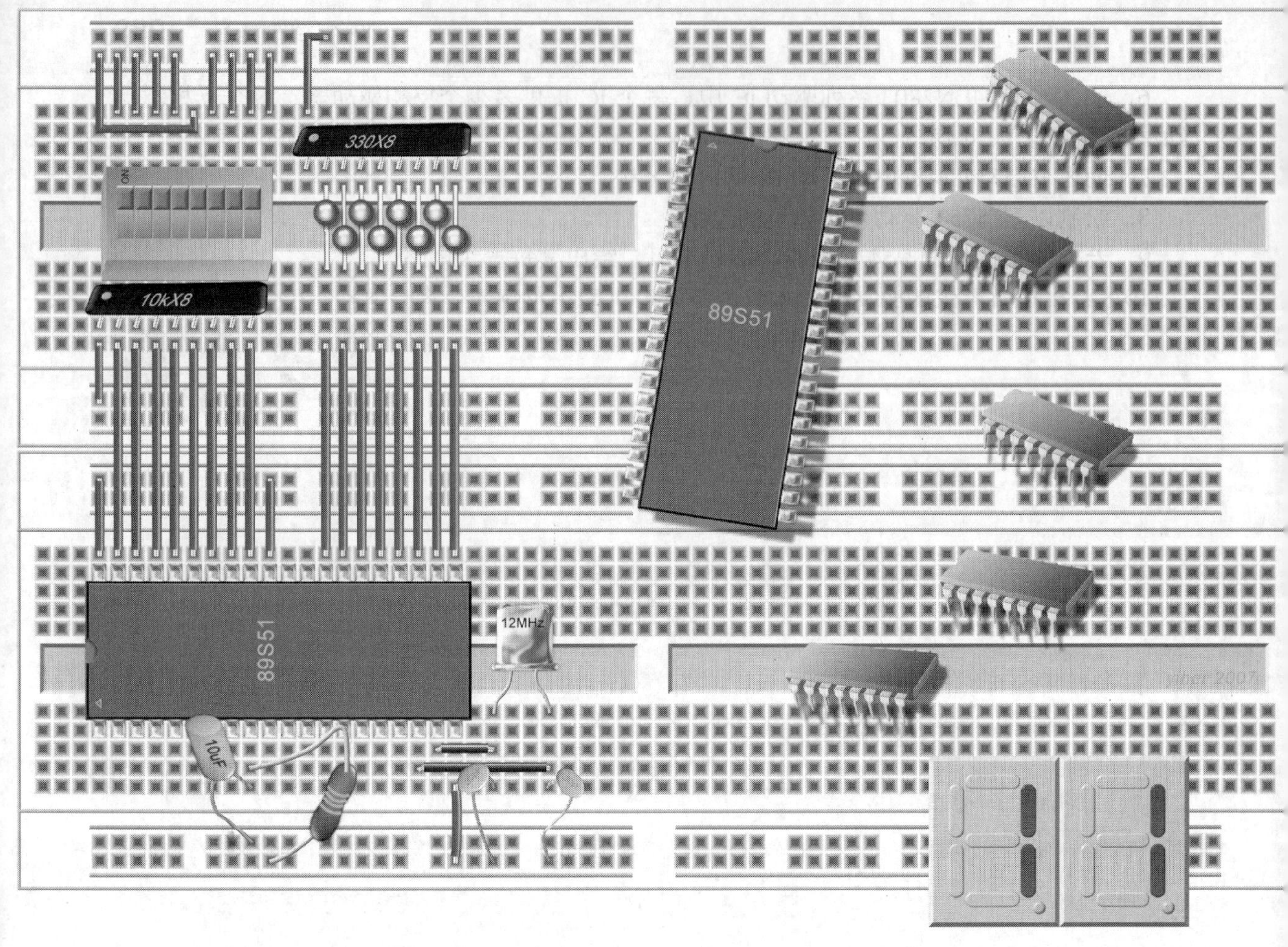

第 11 章 ADC 与 DAC 的应用

本章内容丰富，主要包括两部分。

- **硬件部分**

  模/数转换原理、数/模转换原理，模/数转换 IC 及其应用原理。

  数/模转换 IC 及其应用原理。

  温度感测 IC 及其应用原理。

- **程序与实践部分**

  模/数转换应用程序、数/模转换应用程序，结合 AD-590 设计一个数字温度计及简易温控器件等。

模拟（analog）信号是一种连续性的信号，大自然的种种现象（如温度、湿度、光线等）都属于这类信号；数字（digital）信号则是一种非 0 即 1 的非连续性的信号，通常有 **TTL** 与 **CMOS** 两种电平，如图 11-1 所示。

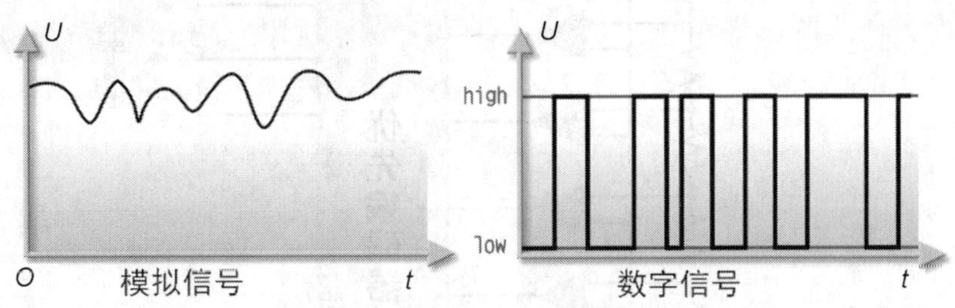

图 11-1 模拟信号与数字信号

人类直接感受的就是模拟信号，不过，**模拟信号比较不容易存储、处理与传输，且容易失真**。相反，数字信号就比较容易存储与处理，并且有效率，在传输上也不易失真，成为目前信号处理的主流。因此，我们就以传感器测得所要控制的模拟信号，经模/数转换器（analog-digital converter，**ADC**）将它转换成数字信号，这样就可进行较高效率的处理、存储或传输。当处理完成后，再经数字-模拟转换器（digital-analog converter，**DAC**）将它转换成模拟信号，以驱动控制器件（如电热器、电磁阀、电机等），如此形成一个闭环回路（closed loop）的控制系统，如图 11-2 所示。

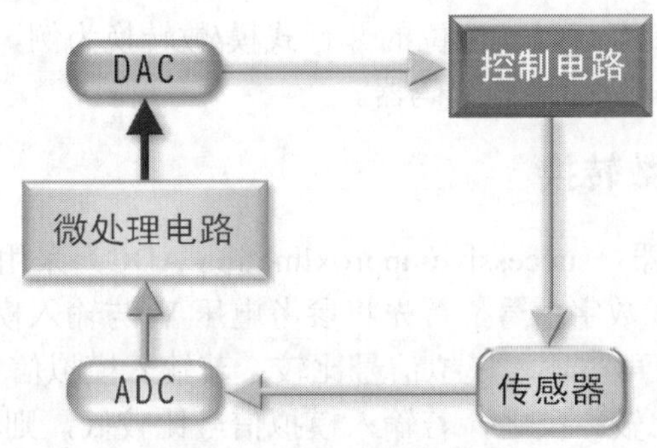

图 11-2 闭环回路控制系统

在本单元里将介绍模/数转换、数/模转换及其应用。

11–1 模/数转换原理

模/数转换是将模拟信号变成数字信号，转换的方式说明如下。

并行式模/数转换

并行式模/数转换是以多个比较器（运算放大器）并行处理，又称为比较器型模/数转换。此种模/数转换以数个比较器同时检测输入的模拟信号，然后予以编码，即可产生数字信号，如图 11-3 所示。

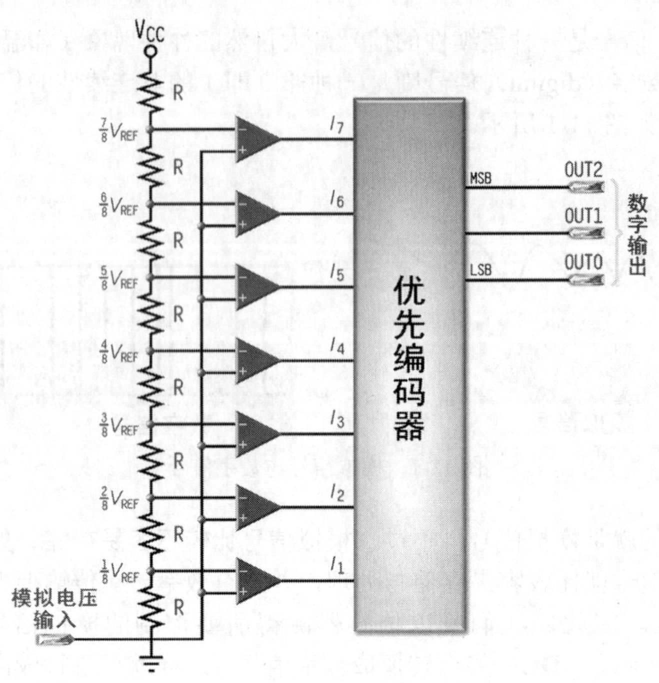

图 11-3 并行式模拟数字转换

并行式模/数转换的特性如下。

- 转换速度快。
- 所需要的电路较复杂，以 *n* 个位的并行式模/数转换为例，则需要 2*n* 个精密电阻器、2*n*-1 个比较器，以及一个 *n* 位的优先编码器。

逐步逼近式模/数转换

逐步逼近式模/数转换器（successive-approximation ADC）采用乘 2/除 2 比对、快速逼近的方式，将模拟信号转换成数字信号，首先将参考电压 V_r 与输入模拟信号比较；若输入模拟信号较高，则 V_r 乘以 2，再与输入模拟信号比较；若输入模拟信号还是比较高，则再将 V_r 乘以 2，与输入模拟信号比较；反之，若输入模拟信号比较低，则将 V_r 除以 2，再与输入模拟信号比较，最后即可找到最接近的值。

对于模拟电压而言，乘以 2 或除以 2 都不容易操作，不过，对于数字信号而言，只要将数据左移一位，就是乘以 2；而数据右移一位，就是除以 2。移位之后的数字数据再经过数/模转换，即可产生相对应的模拟信号 V_r。就可与输入的模拟电压 V_a 相比较，以产生左移或右移的控制信号，控制移位寄存器的动作如图 11-4 所示。

如图 11-4 所示，当 $V_r<V_a$ 时，移位寄存器将左移，而 $V_r>V_a$ 时，移位寄存器将右移。$V_r=V_a$ 时，即可输出数字信号。逐步逼近式模/数转换的特性如下。

- *n* 位的逐步逼近式模/数转换，其转换时间为 *n* 个时钟脉波，其转换速度仅次于并行式模/数转换。
- 电路较并行式模/数转换的电路简单。

连续计数式模/数转换

连续计数式模/数转换器（continuons counting ADC）是利用比较器、加减计数器与数/

模转换器构成一个闭环回路的转换电路，将输入的模拟信号与输出端经数/模转换器反馈回来的信号比较，以产生计数器的递增/递减控制信号，计数外部输入的时钟脉冲，如图 11-5 所示。

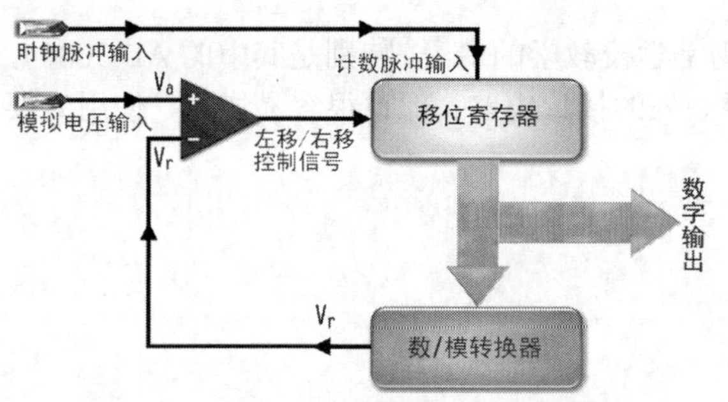

图 11-4 逐步逼近式模拟-数字转换概念图

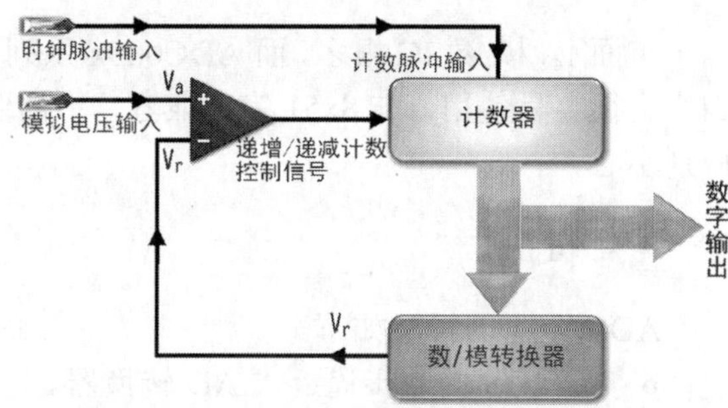

图 11-5 连续计数式模拟-数字转换概念图

如图 11-5 所示，当 $V_r<V_a$ 时，计数器将递增，而 $V_r>V_a$ 时，计数器将递减。当 $V_r=V_a$ 时，即停止计数，而输出数字信号。连续计数式模/数转换的特性如下。

- 转换速度依输入模拟电压而不同，模拟电压越高，所需转换时间越长。
- 电路较并行式模/数转换的电路简单。

双斜率式模/数转换

双斜率式模/数转换器（dual slope ADC）属于积分式模/数转换器的一种，这是用定电流积分器，先用输入的模拟信号来充电，然后改用固定的参考电压，予以放电，而放电期间就是计数器计数的时间。放电完毕时，将停止计数，而计数的结果就是所要输出的数字信号，如图 11-6 所示。

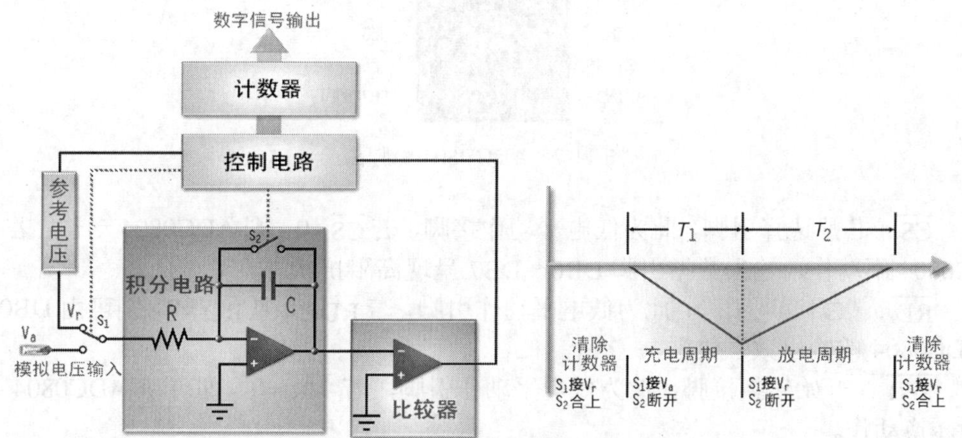

图 11-6 双斜率式模/数转换概念图

在图 11-6 中，T_1 为输入模拟电压充电所产生的斜率，T_2 则为连接参考电压放电的所产生的斜率。双斜率式模/数转换的特性如下。

- 转换速度最慢。
- 精密度高，稳定性佳。
- 噪声免疫力良好。

11-2 认识AD转换IC

市面上，模/数IC很多，而ADC080x系列仍是学校教学的最爱，特别是其中的ADC0804，因为它很容易使用，与8x51完全兼容，不需要额外的接口电路；但也很容易烧毁，使用时要特别小心。

特性

ADC0804的特性如下。

- CMOS的逐步逼近式AD转换器。
- 具有8位分辨率，转换时间为100μs，而最大误差为1个LSB值（最小电压刻度）。
- 采用差动式模拟电压输入、三态式数字输出。
- 模拟输入电压范围为0～5V（千万不要输入过高电压，否则一下子就烧毁了）。

引脚

图11-7所示为ADC0804的引脚图，其中各脚说明如下。

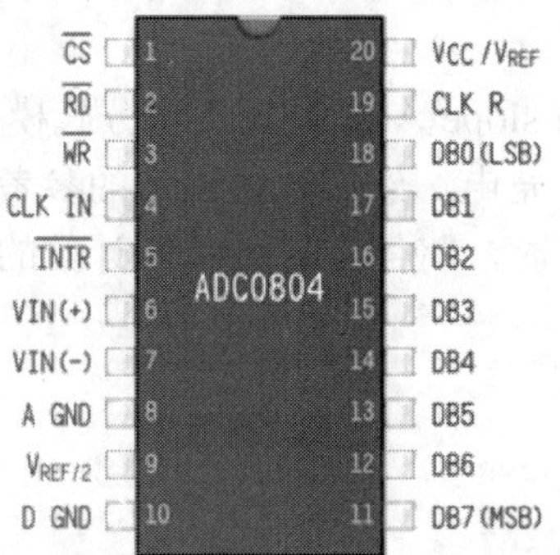

图11-7　ADCD804引脚图

- $\overline{CS}$：芯片选择引脚，此为低电平动作接脚，若$\overline{CS}$=0，则ADC0804动作；若$\overline{CS}$=1，则ADC0804不动作，输出数据引脚DB0～DB7呈现高阻抗状态。
- $\overline{RD}$：数据读取引脚，此为低电平动作引脚，若$\overline{RD}$=0且$\overline{RD}$=0，则可由DB0～DB7读取ADC0804的输出数字数据。
- $\overline{WR}$：开始转换接脚，此为低电平动作引脚，若$\overline{WR}$=0，即可使ADC0804开始进行模/数转换动作。
- $\overline{INTR}$：完成转换引脚，此为低电平动作引脚，若$\overline{INTR}$=0，表示ADC0804已完成模/数转换动作，而此信号常被用来通知微控制器，请它中断而前来提取数字数据。
- **CLK IN**：时钟脉冲输入引脚，ADC0804接收100到1460kHz的时钟脉冲。而我们可结合CLK R引脚，以外加的电阻、电容（通常R=10kΩ，C=150pF），由内部电路自行产生时钟脉冲，如图11-8所示，其频率为

$$f=\frac{1}{1.1RC}$$

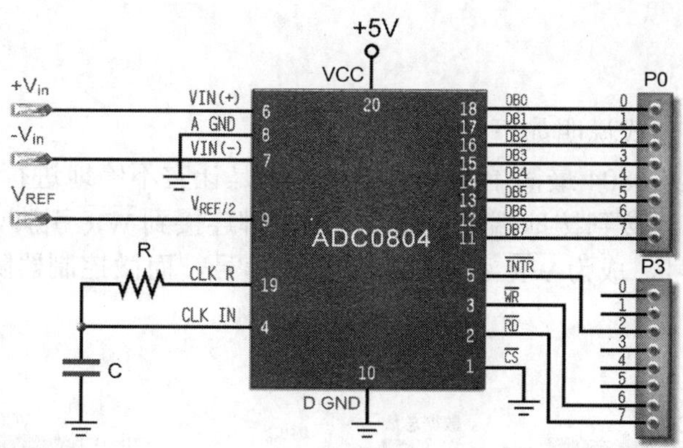

图 11-8 ADC0804 时钟脉冲电路

- **CLK R**：时钟脉冲输出引脚，如图 11-7 所示，可连接电阻器，以产生时钟脉冲。
- **$V_{REF/2}$**：参考电压输入引脚。本引脚所连接的电压为输入模拟电压最大值的一半，通常是利用两个 10kΩ 电阻串联到电源，以取得 VCC/2 的分压（即 5V）。
- **VIN+**：模拟电压输入的正端引脚，所输入的模拟电压不得超过 $V_{REF/2}$ 引脚的电压。
- **VIN-**：模拟电压输入的负端引脚。
- **VCC**：电源引脚或参考电压引脚，通常是连接+5V，以作为电源之用。若 $V_{REF/2}$ 引脚没有连接参考电压时，则 ADC0804 则以本引脚上的电压为参考电压。
- **D GND**：数字信号接地引脚。
- **A GND**：模拟信号接地引脚，通常本引脚都与 D GND 引脚连接后接地，若处理高干扰性的模拟信号，本引脚可单独接地。
- **DB0～DB7**：数字输出数据引脚，此 8 个引脚为三态式输出，可直接连接微控制器的数据总线，若此 IC 不输出时，则这 8 个引脚呈现高阻抗状态。

电压校准

ADC0804 的模拟电压输入引脚为 VIN（+）及 VIN（–），通常是将模拟电压接到 VIN（+）引脚，而 VIN（–）引脚接地。若要调整电压输入的电平，可利用一个运算放大器接成缓冲器，如图 11-9 所示，其中运算放大器的输入端可利用电阻串接为分压电路，调整其中的可变电阻，即可改变调校的电平。

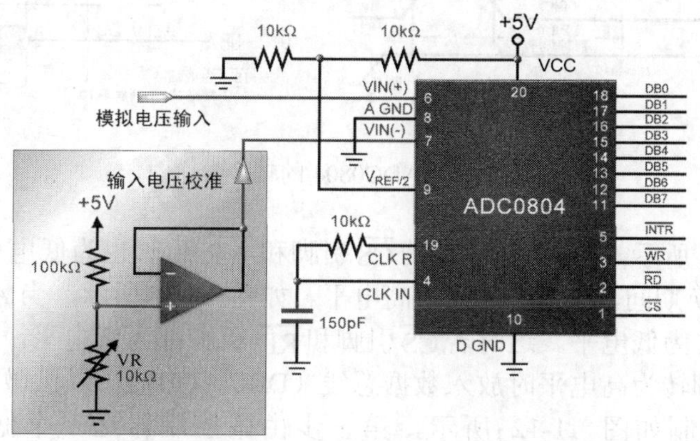

图 11-9 ADC0804 的输入电压校准电路

操作方式

ADC0804 的操作方式说明如下。

- 连续转换 ADC0804 最简单的操作方式，就是让它不停地进行转换，如图 11-10（a）所示，$\overline{\text{CS}}$ 与 $\overline{\text{RD}}$ 引脚连接到接地端，再将 $\overline{\text{INTR}}$ 引脚连接到 $\overline{\text{WR}}$ 引脚，如此就可令 $\overline{\text{INTR}}$ 引脚输出的完成转换信号，成为 $\overline{\text{WR}}$ 引脚的开始转换信号。而微控制器随时可读取这个数据总线上的数据。

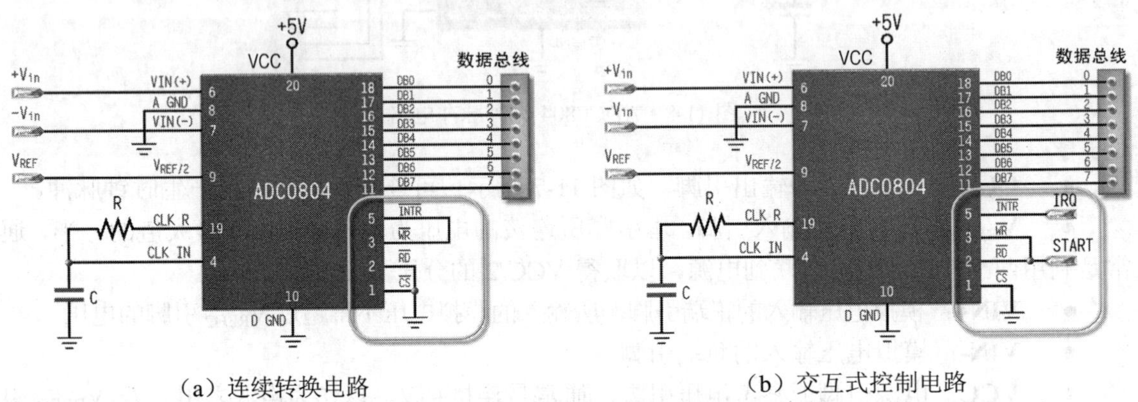

（a）连续转换电路　　（b）交互式控制电路

图 11-10　ADC0804 的电路图

- 交互式控制：如图 11-10 所示，将 $\overline{\text{CS}}$ 引脚接地，$\overline{\text{WR}}$ 与 $\overline{\text{RD}}$ 引脚连接到微控制器的输出端口，此信号称 **STAR** 或 **SOC**（start of convert），若微控制器通过这个输出端口输出一个负脉冲，则 ADC0804 即可进行模/数转换。当 ADC0804 完成转换后，则由 $\overline{\text{INTR}}$ 引脚输出一个电平的脉冲，此信号称为 IRQ，若将这个信号连接到微控制器的输入端口，则该微控制器将可以查询方式检测得到，而进行 ADC0804 数字数据的读取；若将这个信号连接到微控制器的外部中断引脚，则该微控制器将中断，以进行 ADC0804 数字数据的读取。

ADC0804 的操作时序如图 11-11（a）所示。

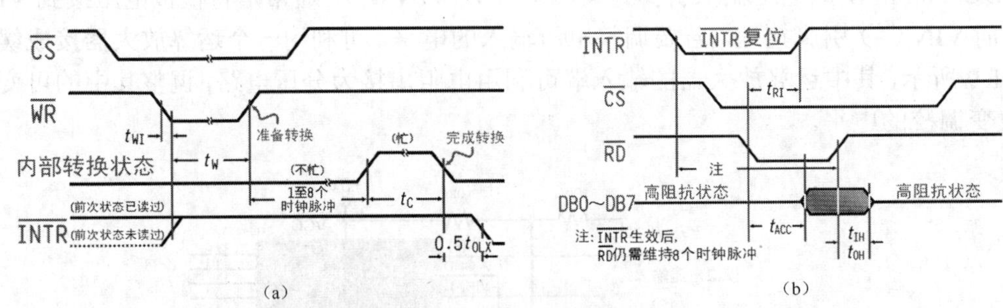

（a）　（b）

图 11-11　ADC0804 的转换时序图

如图 11-11（b）所示，当 ADC0804 的 $\overline{\text{CS}}$ 引脚和 $\overline{\text{WR}}$ 引脚也为低电平时，ADC0804 内部开始进行转换，转换期间，$\overline{\text{INTR}}$ 引脚为高电平。如图 11-11 所示，当 ADC0804 内部转换完成后，$\overline{\text{INTR}}$ 引脚转为低电平。这时若 $\overline{\text{CS}}$ 引脚和 $\overline{\text{RD}}$ 引脚都为低电平，则 ADC0804 转换的结果将随 $\overline{\text{INTR}}$ 引脚转为高电平时放入数据总线（DB0～DB7），以供微控制器读取。

整个交互的控制如图 11-12 所示，第一步由微控制器送一个低电平的 $\overline{\text{WR}}$ 信号到 ADC0804，以启动 ADC0804；当 ADC0804 转换完成后，即进入第二步，也就是 ADC0804

送出一个低电平的 $\overline{\text{INTR}}$ 信号，请微控制器来提取；第三步，微控制器要来提取之前，送一个低电平的 $\overline{\text{RD}}$ 信号通知 ADC0804，而 ADC0804 在接收到低电平的 $\overline{\text{RD}}$ 信号后，随即将 $\overline{\text{INTR}}$ 信号转变为高电平，同时总线的数据也锁定不变，让微控制器来读取，也就是第四步。

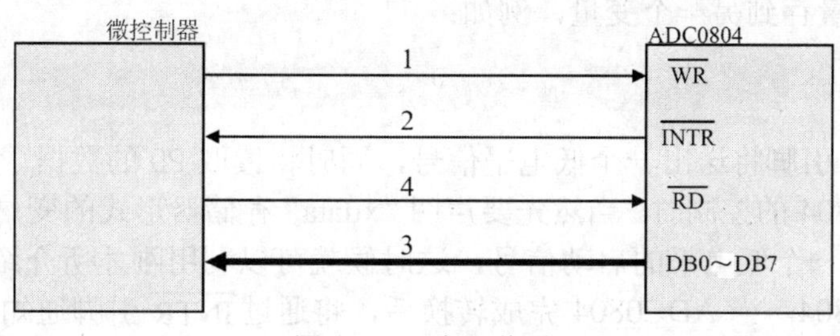

图 11-12　交互信号

8x51 与 ADC0804 的连接

一般地，8x51 与 ADC0804 的连接可分为控制线与数据线，若 ADC0804 采用连续转换的方式（如图 11-10（a）所示），则不需连接控制线，直接将 DB0～DB7 连接到 8x51 的任一个端口即可。为方便起见，在此也将它连接在 P0。在程序方面，也把连接的输出入口，当成一般的输入口，随时读取其中的数据。若 ADC0804 采用交互式控制，则除了数据线外，还需将其 START 及 IRQ 制线（如图 11-10（b）所示）各连接到 8x51 输入/输出端口的任一位，例如 P2.0、P2.1 等。不过，若要把 ADC0804 当成 8x51 的外部存储器，则需将 ADC0804 的 $\overline{\text{WR}}$ 、$\overline{\text{RD}}$ 、$\overline{\text{INTR}}$ 引脚分别连接到 8x51 的 $\overline{\text{WR}}$ 引脚（P3.6）、$\overline{\text{RD}}$ 引脚（P3.7）、INT0 引脚（P3.2），而 DB0～DB 连接到 8x51 的 P0，如图 11-13 所示。当我们要进行 8x51 的外部存储器操作时，若使用汇编语言，则可通过专用的外部存储器存取指令——MOVX 指令；而在 C 语言里并没有独立的存取外部存储器的指令，而是以“xdata”存储器形式作为操作外部存储器的依据。只要将某个数据变量声明为“xdata”存储器形式，则该变量将视为一个外部存储器，只要操作该数据，就会触动外部存储器的操作。例如要声明一个 8 位的“xdata”存储器形式变量 adc，格式如下。

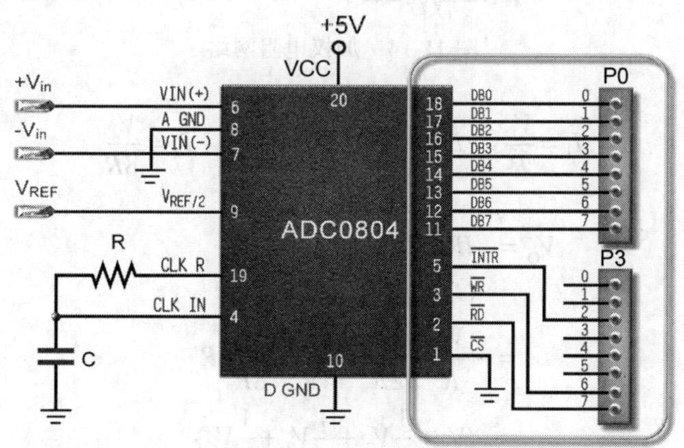

图 11-13　ADC0804 与 8x51 连接

```
unsigned char xdata     adc;
```

此后，若要将某一数据放入 adc 变量，例如：

```
adc=0xff;
```

则 8x51 的 $\overline{WR}$ 引脚自动送出一个低电平信号，同时 P0 将输出 0xff（不重要）。同样地，若要将 adc 变量存到另一个变量，例如：

```
results=adc;
```

则 8x51 的 $\overline{RD}$ 引脚将送出一个低电平信号，同时将读取 P0 的数据。

在进行 ADC0804 的控制时，当然先要声明“xdata”存储器形式的变量，紧接着是由 8x51 通过 $\overline{WR}$ 引脚送出一个低电平的启动信号，这时候就可以利用刚才所介绍的“adc=0xff;”指令，以启动 ADC0804。当 ADC0804 完成转换后，将通过 $\overline{INTR}$ 引脚通知 8x51；而这只引脚连接到 8x51 的 INT0 引脚（P3.2），我们可利用 INT 0 中断的方式，在中断子程序里以刚才所介绍的“results=adc;”指令将 ADC0804 转换的结果存入 results 变量。

11-3 数/模转换原理

基本上，数/模转换器（digital-analog converter，**DAC**）是由电阻网路所构成的，常见的数/模转换电路有加权电阻网路及 R-2R 电阻网路两种。

加权电阻网络

如图 11-14 所示为加权电阻网路，其中各电流如下。

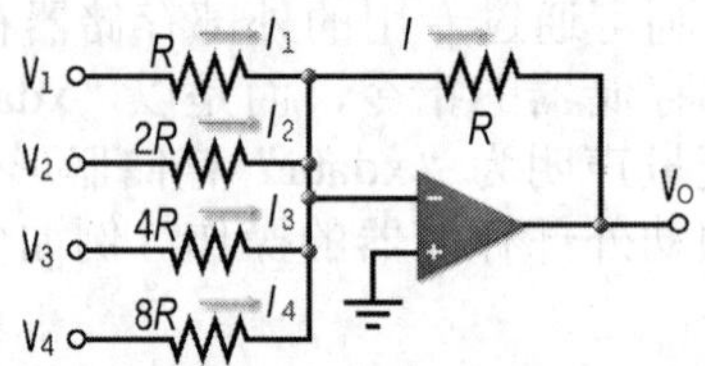

图 11-14 加权电阻网络

$$I_1=\frac{V_1}{R},\quad I_2=\frac{V_2}{2R},\quad I_3=\frac{V_3}{4R},\quad I_4=\frac{V_4}{8R}$$

$$I=I_1+I_2+I_3+I_4$$

$$\begin{aligned}V_O&=-IR\\&=-(I_1+I_2+I_3+I_4)R\\&=-(\frac{V_1}{R}+\frac{V_2}{2R}+\frac{V_3}{4R}+\frac{V_4}{8R})R\\&=-(V_1+\frac{1}{2}V_2+\frac{1}{4}V_3+\frac{1}{8}V_4)\\&=-\frac{1}{8}(8V_1+4V_2+2V_3+V_4)\\&=-\frac{1}{8}(2^3V_1+2^2V_2+2^1V_3+2^0V_4)\end{aligned}$$

其中的 V_1、V_2、V_3、V_4 分别为数字数据的 bit 3、bit 2、bit 1 及 bit 0，其电压值是 5V，

而$-\frac{1}{8}$可由运算放大器的反馈电阻来调整其大小。若此电路输入 1111 数字数据，则输出电压V_O为

$$\begin{aligned}V_O &= -(5+\frac{1}{2}\times 5+\frac{1}{4}\times 5+\frac{1}{8}\times 5)\\ &= -(5+2.5+1.25+0.625)\\ &= -9.375\end{aligned}$$

同理，若输入 1110 数字数据，则输出电压V_O为

$$\begin{aligned}V_O &= -(5+\frac{1}{2}\times 5+\frac{1}{4}\times 5+\frac{1}{8}\times 0)\\ &= -(5+2.5+1.25+0)\\ &= -8.75\end{aligned}$$

表 11-1 所示为这个网络的输入/输出关系。

表 11-1 输入/输出关系

bit 3	bit 2	bit 1	bit 0	V_O	bit 3	bit 2	bit 1	bit 0	V_O
0	0	0	0	0	1	0	0	0	–5
0	0	0	1	–0.625	1	0	0	1	–5.625
0	0	1	0	–1.25	1	0	1	0	–6.25
0	0	1	1	–1.875	1	0	1	1	–6.875
0	1	0	0	–2.5	1	1	0	0	–7.5
0	1	0	1	–3.125	1	1	0	1	–8.125
0	1	1	0	–3.75	1	1	1	0	–8.75
0	1	1	1	–4.375	1	1	1	1	–9.375

由上述可得知加权电阻网络数/模转换的原理，在此将其特性归纳如下。

- 电路结构简单，但不容易制作，因为其中所使用的电阻值种类太多，差异过大。在 IC 的内部电路里很难做出这样的电路。
- 由于最大与最小的电阻差异太大，非常容易造成误差，以 8 位的转换电路为例，其中最大电阻为最小电阻的 256 倍，若电阻的误差为 1%，则最大电阻的误差值就比最小电阻或次小电阻还大，所以很难达到较高的精确度。

R–2R 电阻网络

图 11-15 所示为 R-2R 电阻网络，电路结构很有规律，在此将以叠加定理与戴维南等效电路来分辨 V_D 的电压。

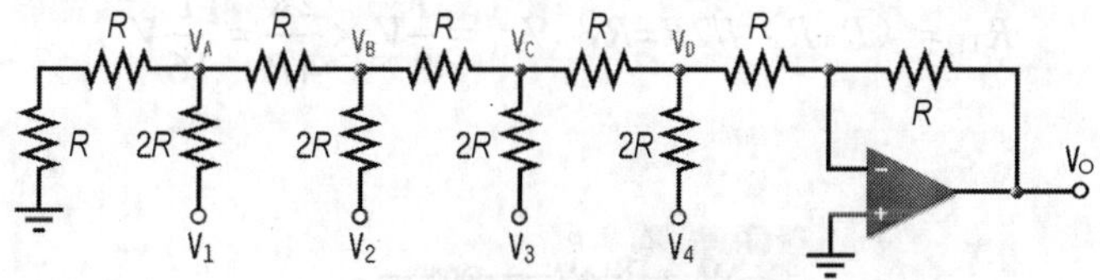

图 11-15 R-2R 电阻网络

（1）只考虑 V_1，则 V_2、V_3、V_4 视为接地，电路如下所示。

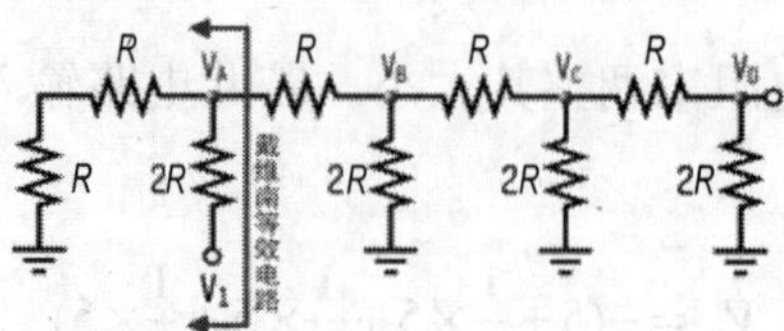

由 V_A 向左看的戴维南等效电路为

$$R_{TH}=(R+R)//2R$$

$$V_{TH}=V_1\times\frac{2R}{4R}=\frac{1}{2}V_1$$

电路可改为

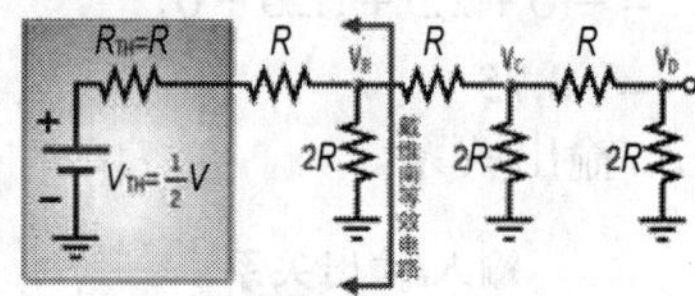

由 V_B 向左看的戴维南等效电路为

$$R_{TH}=(R+R)//2R$$

$$V_{TH}=\frac{1}{2}V_1\times\frac{2R}{4R}=\frac{1}{4}V_1$$

电路可改为

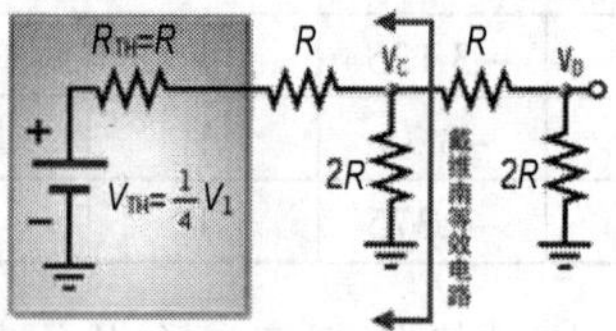

由 V_C 向左看的戴维南等效电路为

$$R_{TH}=(R+R)//2R=R,\quad V_{TH}=\frac{1}{4}V_1\times\frac{2R}{4R}=\frac{1}{8}V_1$$

电路可改为

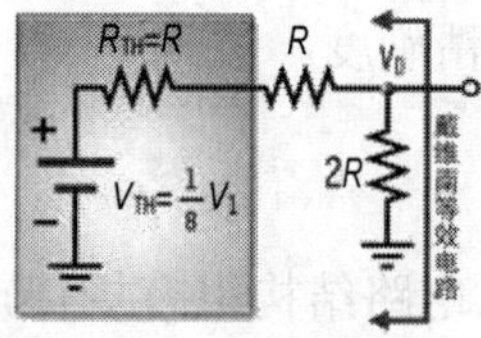

由 V_D 向左看的戴维南等效电路为

$$R_{TH}=(R+R)//2R=R,\quad V_{TH}=\frac{1}{8}V_1\times\frac{2R}{4R}=\frac{1}{16}V_1$$

电路可改为

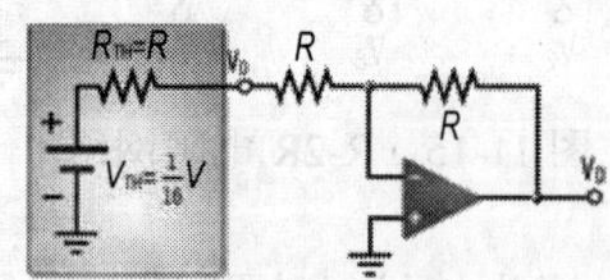

所以，$V_O'=-\dfrac{R}{2R}\times\dfrac{1}{16}V_1=-\dfrac{1}{32}V_1$

（2）只考虑 V_2，则 V_1、V_3、V_4 视为接地，电路如下所示。

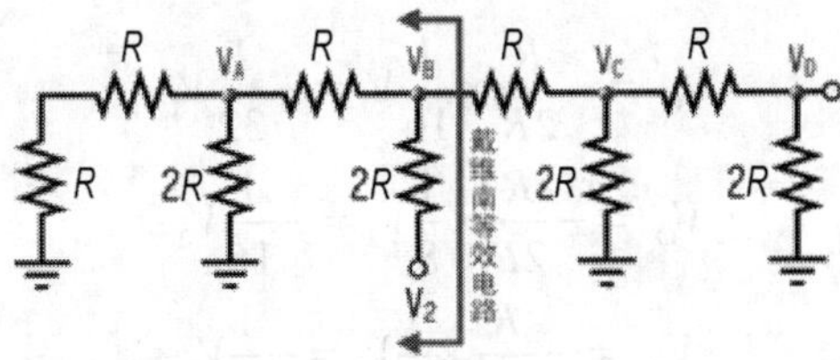

由 V_B 向左看的戴维南等效电路为

$$R_{TH}=((R+R)//2R+R)//2R=R，\quad V_{TH}=V_2\times\frac{2R}{4R}=\frac{1}{2}V_2$$

电路可改为

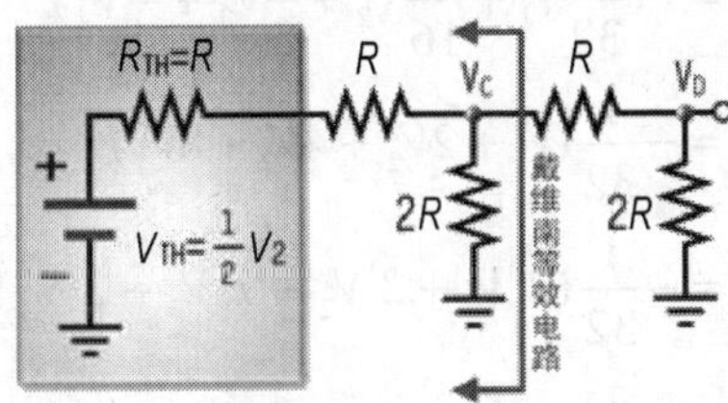

由 V_C 向左看的戴维南等效电路为

$$R_{TH}=(R+R)//2R=R，\quad V_{TH}=\frac{1}{2}V_2\times\frac{2R}{4R}=\frac{1}{4}V_2$$

电路可改为

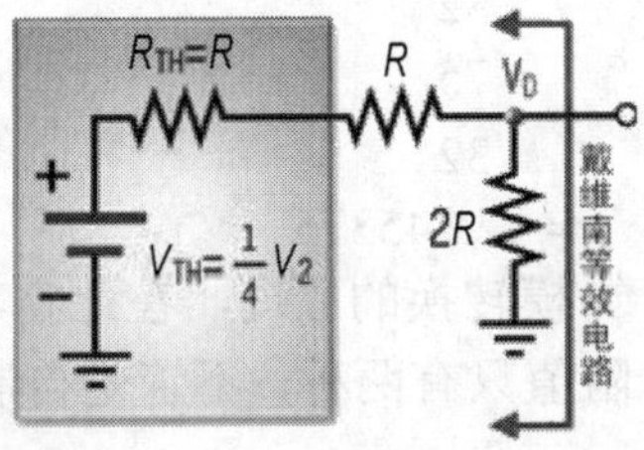

由 V_D 向左看的戴维南等效电路为

$$R_{TH}=(R+R)//2R，R，\quad V_{TH}=\frac{1}{4}V_2\times\frac{2R}{4R}=\frac{1}{8}V_2$$

电路可改为

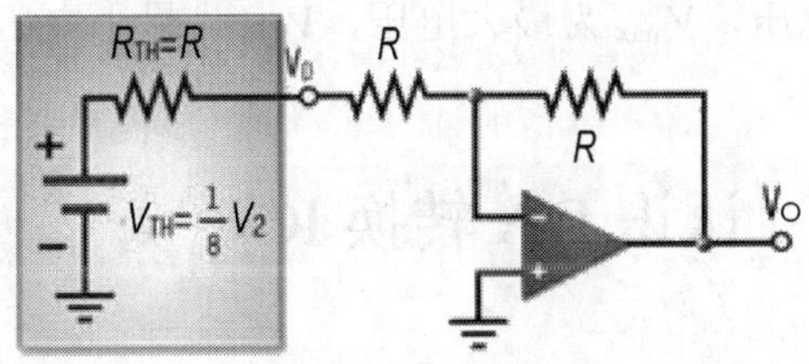

所以，$V_O''=-\dfrac{R}{2R}\times\dfrac{1}{8}V_2=-\dfrac{1}{16}V_2$

以同样的方法，可求得

$$V_O''' = -\frac{R}{2R}\times\frac{1}{4}V_3 = -\frac{1}{8}V_3，\quad V_O'''' = -\frac{R}{2R}\times\frac{1}{2}V_4 = -\frac{1}{4}V_4$$

综合前4项得

$$V_O' = -\frac{R}{2R}\times\frac{1}{16}V_1 = -\frac{1}{32}V_1$$

$$V_O'' = -\frac{R}{2R}\times\frac{1}{8}V_2 = -\frac{1}{16}V_2$$

$$V_O''' = -\frac{R}{2R}\times\frac{1}{4}V_3 = -\frac{1}{8}V_3$$

$V_O'''' = -\frac{R}{2R}\times\frac{1}{2}V_4 = -\frac{1}{4}V_4$，根据叠加定理可得

$$\begin{aligned} V_O &= V_O' + V_O'' + V_O''' + V_O'''' \\ &= -(\frac{1}{32}V_1 + \frac{1}{16}V_2 + \frac{1}{8}V_3 + \frac{1}{4}V_4) \\ &= -\frac{1}{32}(V_1 + 2V_2 + 4V_3 + 8V_4) \\ &= -\frac{1}{32}(2^0V_1 + 2^1V_2 + 2^2V_3 + 2^3V_4) \end{aligned}$$

其中的 V_1、V_2、V_3、V_4 分别为数字数据的bit 0、bit 1、bit 2及bit 3，其电压是5V，而 $-\frac{1}{32}$ 可由运算放大器的反馈电阻来调整其大小。若此电路输入1111数字数据，则输出电压 V_O 为

$$\begin{aligned} V_O &= -\frac{1}{32}(5+10+20+40) \\ &= -\frac{75}{32} \\ &= -2.345375 \end{aligned}$$

由上述可得知R-2R电阻网路数/模转换的原理，在此将其特性归纳如下。

- 电路结构简单，其中的电阻值只有两种，不管是自制电路或IC的内部电路，都很容易实现这样的电路。
- 不管是ADC或是DAC，其电压分辨率 V_{RES}（或 $VLSB$）与其数字的位数及电压范围（参考电压）有关，具体如下。

$$V_{RES} = \frac{V_{REF}}{2^n - 1} = \frac{V_{max} - V_{min}}{2^n - 1}$$

其中的 V_{REF} 就是参考电压，V_{max} 为最大电压，V_{min} 为最小电压，n 为位数。

11–4 认识DA转换IC

市面上，数/模转换IC不少，而在学校里以DAC-08系列（1408）为主，在此就以DAC-08为例，说明如下。

特性

DAC08 的特性如下。

- 电流型 R-2R 电阻网路的 DA 转换器。
- 具有 8 位分辨率，转换时间为 300ns。
- 电源可采用±15V 双电源，或+5 到+15V 单电源。

引脚

图 11-16 所示为 DAC-08 的引脚图，其中各引脚说明如下。

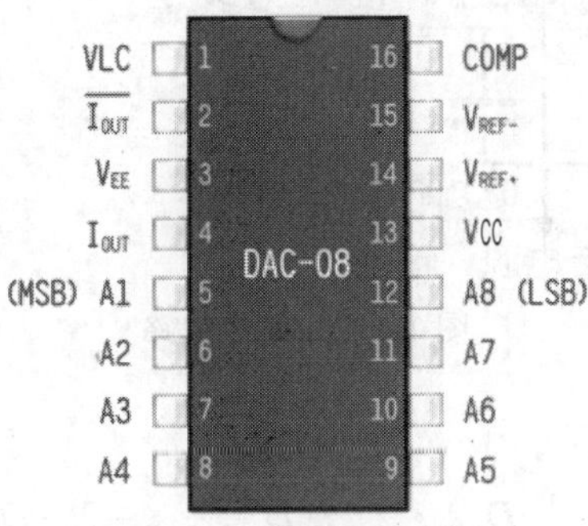

图 11-16 DAC-08 引脚图

- VLC：临界电压控制输入引脚，其功能是设置数字信号电平，接地即可。
- $\overline{I_{OUT}}$：互补模拟电流输出引脚，$\overline{I_{OUT}}=I_{FS}-I_{OUT}$，其中的 I_{OUT} 为模拟输出电流，I_{FS} 为满刻度电流（约 0.2～4mA）

$$I_{FS}=\frac{V_{REF}}{R_{REF}}\times\frac{255}{256}$$

- V_{EE}：负电源引脚，其电压范围为–4.5 到–18V。

I_{OUT}：模拟电流输出引脚，而

$$I_{OUT}=\frac{2^{n-1}\cdot D_{n-1}+2^{n-2}\cdot D_{n-2}+...+2^0\cdot D_0}{2^n}\times I_{REF}$$

其中 $I_{REF}=\frac{V_{REF}}{R_{REF}}$。

$$V_O=-I_{OUT}\times R_O=-\frac{2^{n-1}\cdot D_{n-1}+2^{n-2}\cdot D_{n-2}+...+2^0\cdot D_0}{2^n}\times I_{REF}\times R_O$$

- A1～A8：此 8 只引脚为数字输入引脚，其中 A1 为最高位（MSB），A8 为最低位（LSB）。
- VCC：正电源引脚，其电压范围为+4.5 到+18V。
- V_{REF+}：正参考电压输入引脚。
- V_{REF-}：负参考电压输入引脚。
- COMP：补偿引脚，外接补偿电容器，以避免高频振荡。

操作方式

图 11-17 所示为 DAC-08 的基本电路，其中正电源连接+5V，负电源接地，$I_{REF}=V_{REF}/R_{REF}$，

若希望 I_{REF} 为 1mA，而 V_{REF} 连接+5V 的话，则 R_{REF} 可采用 5kΩ即可。

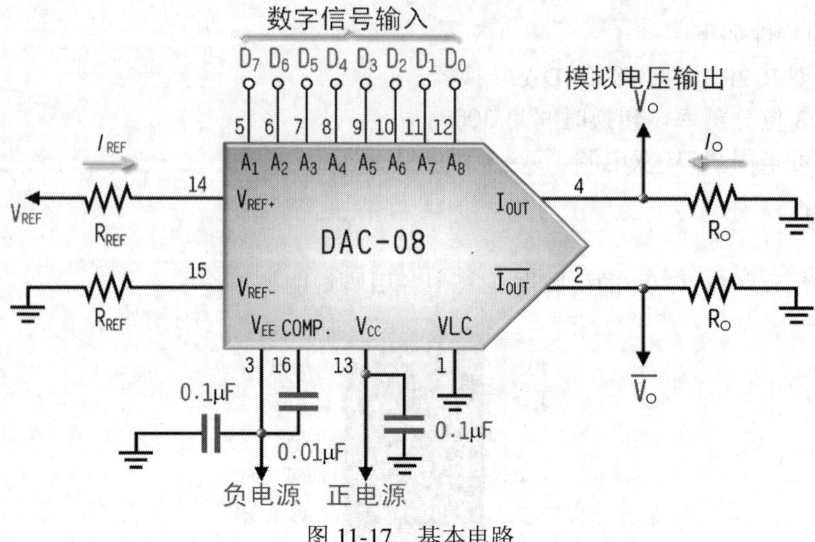

图 11-17 基本电路

由于

$$I_{OUT}=\frac{2^{n-1}\cdot D_{n-1}+2^{n-2}\cdot D_{n-2}+\ldots+2^{0}\cdot D_{0}}{2^{n}}\times I_{REF}$$

所以

$$V_{O}=-I_{OUT}\times R_{O}=-\frac{2^{n-1}\cdot D_{n-1}+2^{n-2}\cdot D_{n-2}+\ldots+2^{0}\cdot D_{0}}{2^{n}}\times I_{REF}\times R_{O}$$

若使 R_O 也为 5kΩ，则

$$I_{OUT}=\frac{2^{7}\cdot D_{7}+2^{6}\cdot D_{6}+\ldots+2^{0}\cdot D_{0}}{256}\times 1\text{mA}$$

$$V_{O}=-\frac{2^{7}\cdot D_{7}+2^{6}\cdot D_{6}+\ldots+2^{0}\cdot D_{0}}{256}\times 1\text{mA}\times 5\text{k}\Omega$$

$$=-\frac{2^{7}\cdot D_{7}+2^{6}\cdot D_{6}+\ldots+2^{0}\cdot D_{0}}{256}\times 5$$

若数字信号输入为 11111111，则模拟电压输出为

$$I_{OUT}=\frac{2^{7}\cdot 1+2^{6}\cdot 1+\ldots+2^{0}\cdot 1}{256}\times 1\text{mA}=\frac{255}{256}\text{mA}\cong 0.996\text{mA}$$

$$\text{V}_{O}=-0.996\text{mA}\times 5\cong -4.98\text{V}$$

若数字信号输入为 11111110，则模拟电压输出为

$$I_{OUT}=\frac{2^{7}\cdot 1+2^{6}\cdot 1+\ldots+2^{0}\cdot 0}{256}\times 1\text{mA}=\frac{254}{256}\text{mA}\cong 0.992\text{mA}$$

$$V_{O}=-0.992\text{mA}\times 5\cong -4.96\text{V}$$

同理，若数字信号输入为 00000001，则模拟电压输出为

$$I_{OUT}=\frac{1}{256}\text{m}\cong 0.0039\text{mA}$$

$$V_{O}=-0.0039\text{m}\times 5\cong -0.02\text{V}$$

如果由 DAC-08 直接输出的话，由于输出阻抗较高，容易造成负载效应，所以在其输出端加一个运算放大器，如图 11-18 所示（其中运算放大器的电源可采用±12V），即可得到较好的输出结果，而其电压转换的结果除了没有 $\overline{V_O}$ 输出外，与原电路相同。若要有 V_O 与 $\overline{V_O}$ 对称性输出，则可将电路改成图 11-19 所示。

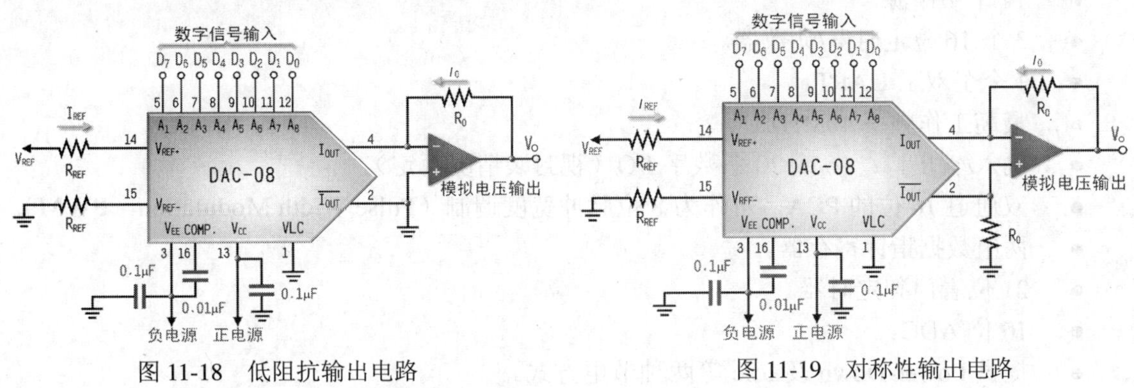

图 11-18 低阻抗输出电路　　图 11-19 对称性输出电路

8x51 与 DAC-08 的连接

如图 11-20 所示，8x51 与 DAC-08 的连接只是简单的总线连接而已，例如若把 DAC-08 的 A1～A8 连接到 8x51 的 P2（或其他输入/输出端口），就可把 8x51 由 P2 输出的数字数据转换成模拟电压。

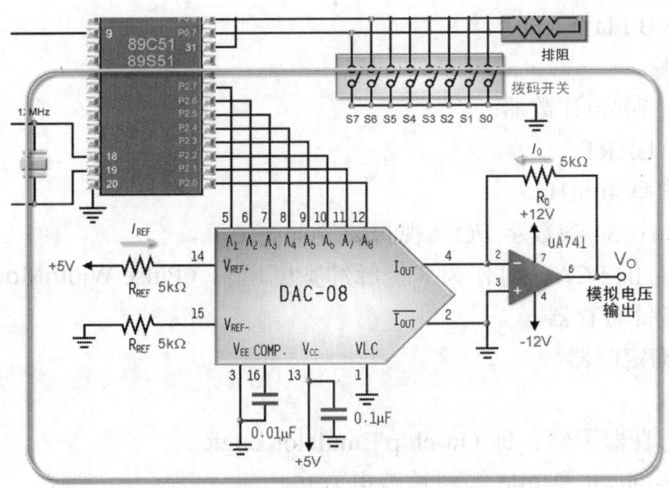

图 11-20 DAC-08 与 8x51 连接

11-5 内含 ADC 的 51 系列

大部分提供 51 系列的半导体厂商都提供内部 ADC 的 51 单片机，以 Atmel 公司为例，其内部 ADC 的 51 单片机有 AT89C5115、AT89C51AC2 及 AT89C51AC3 等，而这三个单片机除内部 10 位 ADC 外，其内部结构也比标准的 89C51 强大很多。

AT89C5115

- RAM：256B RAM、256B XRAM。
- ROM：16KB Flash ROM。
- 14个中断源。
- 3个16位定时器/计数器。
- 1个全双工UART。
- 最高工作频率40MHz。
- 输入/输出口：16或20条数字I/O（视封装情况而定）。
- 双通道16位的PCA，可作为8位脉冲宽度调制（Pulse Width Modulation，**PWM**）。
- 两组数据指针寄存器。
- 21位看门狗定时器。
- 10位ADC。
- 提供Power-Down及Idle等两种节电方式。
- 电源范围：3V至5.5V。
- 元件封装：有SOIC28、SOIC24、PLCC28、VQFP32等方式，在学校可采用PLCC28，结合PLCC脚座，以方便练习。

AT89C51AC2

- RAM：256B RAM、1KB XRAM。
- ROM：32KB Flash ROM。
- 14个中断源。
- 3个16位定时器/计数器。
- 1个全双工UART。
- 最高工作频率40MHz。
- 输入/输出口：34条数字I/O（视封装情况而定）。
- 双通道16位的PCA，可作为8位脉冲宽度调制（Pulse WidthModulation，**PWM**）。
- 两组数据指针寄存器。
- 21位看门狗定时器。
- 10位ADC。
- 芯片内置仿真器逻辑，即On-chip Emulator Logic。
- 提供Power-Down及Idle等两种节电方式。
- 电源范围：3V至5.5V。
- 元件封装：PLCC44、VQFP44，在学校可采用PLCC44，结合PLCC脚座，以方便练习。

AT89C51AC3

- RAM：256B RAM、2KB ERAM。
- ROM：32KB Flash ROM。
- 14个中断源。

- 3 个 16 位定时器/计数器。
- 1 个全双工 UART。
- 最高工作频率 60MHz。
- 输入/输出端口：36 条数字 I/O（视封装情况而定）。
- 双通道 16 位的 PCA，可作为 8 位脉冲宽度调制（Pulse WidthModulation，**PWM**）。
- 两组数据指针寄存器。
- 21 位看门狗定时器。
- 10 位 ADC。
- 具有 SPI（Serial Peripheral Interface）接口。SPI 接口是连接 Motorola 公司所发展的同步串行数据连接标准（synchronous serial data link standard），用以控制串行外围器件接口总线（即 Serial Peripheral Interface Bus）的控制器，图 11-21 所示为 SPI 总线系统。

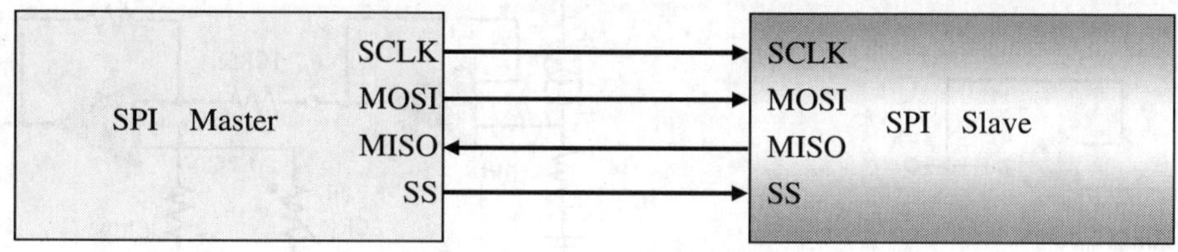

图 11-21 SPI 总线系统

- 芯片内置仿真器逻辑，即 On-chip Emulator Logic。
- 提供 Power-Down 及 Idle 等两种节电方式。
- 电源范围：3～5.5V。
- 元件封装：PLCC44、VQFP44、VQFP64、PLCC52，在学校可采用 PLCC44 或 PLCC52，结合 PLCC 脚座，以方便练习。

11-6 认识温度传感器

美国 Analog Device 公司所开发的 AD590 是体积小、使用方便的温度传感器，如图 11-22 所示，AD590 就像一般小型金属壳封装的晶体管，同样是三只引脚，很容易被误以为是晶体管，实际上，它是一个温度感测 IC，而且是不便宜的小元件。虽然 AD590 有三只引脚，但通常只使用其中两只引脚，其特性说明如下。

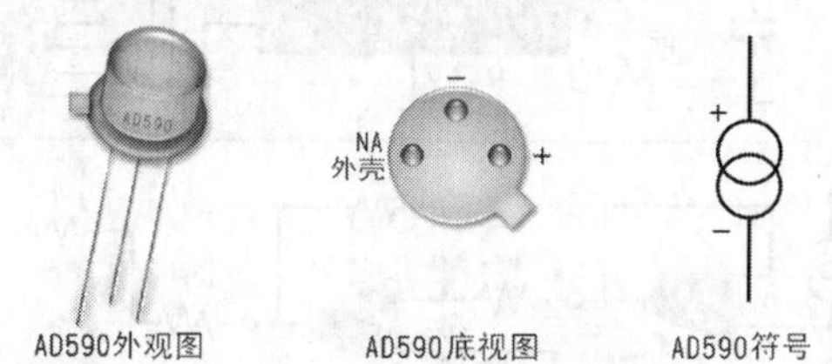

图 11-22 AD590 的外观、底部引脚图与符号

- 其输出电流与开氏温度成正比，开氏温度为 0 度时输出 0A，开氏温度每上升 1 度电流增加 1μA（即 1μA/K）。其中的开氏温度（Kelvin temperature scale）又称为绝对温度（absolute temperature scale），而开氏温度与摄氏温度（Celsius temperature scale）的关系为开氏温度等于摄氏温度加上273。换言之，摄氏温度每上升1度AD590电流增加1μA。

- 有效温度感测范围为–55℃到150℃。
- 可采用的电源范围为4V到30V。

如图11-23所示，最简单的AD590接口是串接一个10kΩ电阻再接地，即可产生10×（273.2+T℃）mV的电压，这个电压先经过一个运算放大器所组成的缓冲器，以避免负载效应；实际上，我们会以一个9.1kΩ电阻器串接一个10kΩ精密可调式电阻器，以进行调整V_A电压。当0℃时，V_A=10×273.2mV=2.732V，100℃时，V_A=10×373.2mV=3.732V，不是很人性化，如果将V_A减去2.732，则0℃时V_A=0V、100℃时V_A=1V，每增加1℃，VA增加0.01V（即10mV），这样比较容易接受。在此利用一个运算放大器进行减法功能，如图11-24所示。

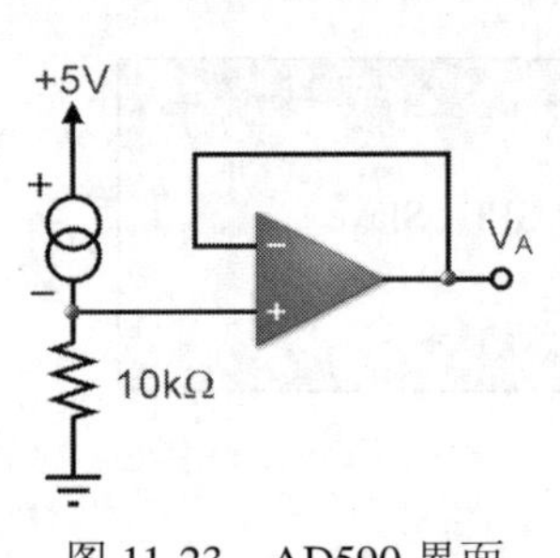

图11-23 AD590界面

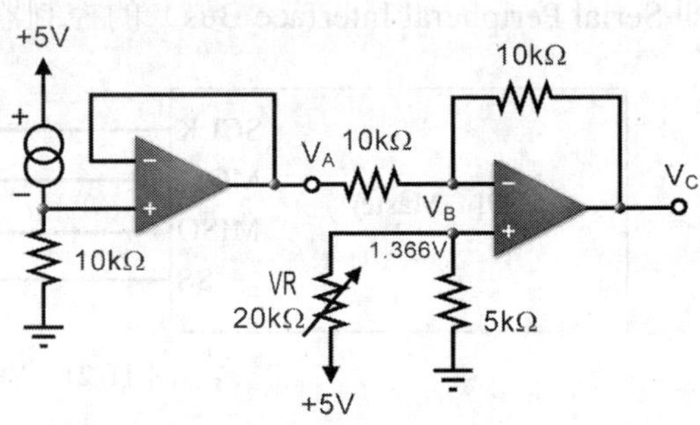

图11-24 减去2.732V

图11-24中，以数字电表测量V_B，调整V_R半固定电阻，让V_B为1.366V，则V_C=-V_A+2V_B=（V_A-2.732）。

若要使用前述的ADC0804将此电压转换成数字信号，而ADC0804所采用的参考电压V_{REF}为2.5V的话，其V_{LSB}约为0.0196V（接近0.02V）。则还需将图11-24中的V_C再放大-2倍，使温度增加1℃时，V_C增加0.02V，如图11-25所示。

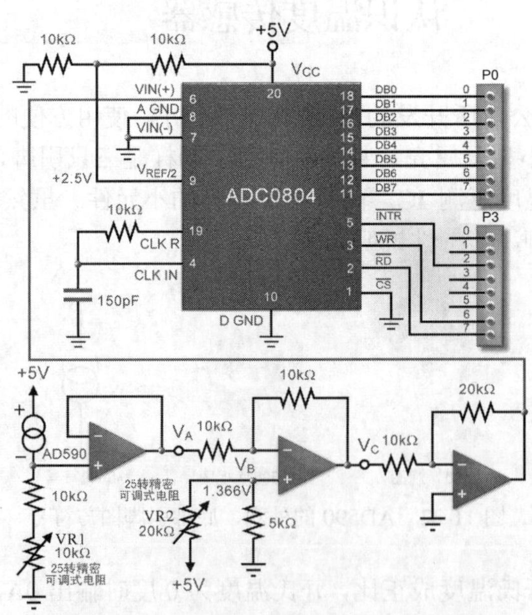

图11-25 AD590与ADC0804的接口电路

11–7 实例演练

在本单元里提供四个范例。

11-7-1 电压测量一

实验要点

如图 11-26 所示，ADC0804 连接到 8x51 的 P0，ADC0804 的 $\overline{WR}$ 引脚与 $\overline{INTR}$ 引脚相连接，而 $\overline{RD}$ 与 $\overline{CS}$ 引脚都接地，如此就能使 ADC0804 不断地进行转换。转换的结果也随时放在总线上，8x51 可从 P0 读取之。ADC0804 的+V_{in} 引脚连接到 10kΩ 可变电阻器，调整该可变电阻器，即可改变其电压值，可从 0V 调整到 5V。$V_{REF/2}$ 引脚连接到一个分压电路，以取得 2.5V 的参考电压，如此将决定所要测量的电压最大值不得超过 5V，即 $V_{REF/2}$×2。

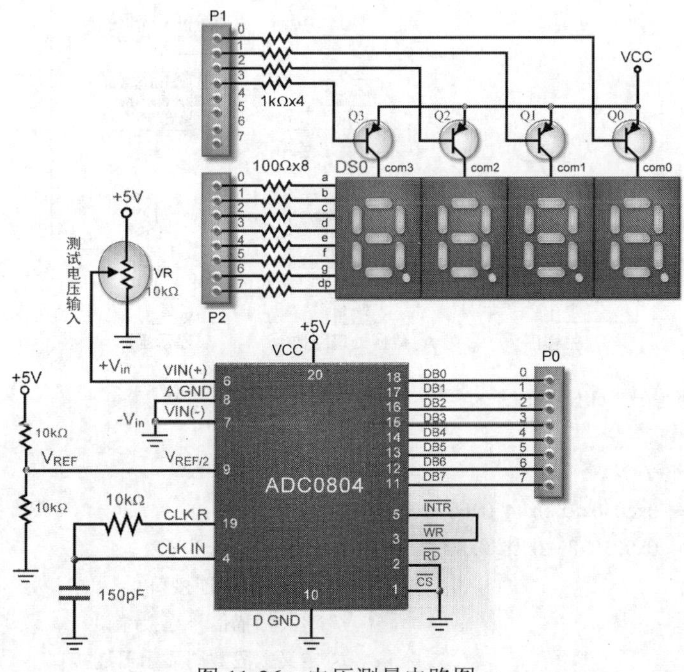

图 11-26 电压测量电路图一

8x51 除了读取 ADC0804 的转换结果外，也将其值作适当处理，然后显示在 4 位数七段数码显示器模块，如此即为一个简易的数字电压表。当 ADC0804 的+V_{in} 引脚连接到 5V 时，DB7～DB0 将输出 11111111，即 0xff；若+V_{in} 引脚连接到 0V 时，DB7～DB0 将输出 00000000，即 0x00，其分辨率为 $\frac{5-0}{255}=\frac{1}{51}\cong 0.0196\text{V}$。

当测量到 5V 时，ADC0804 转换的结果为 11111111（即 255），由于我们希望七段数码显示器上显示 5000，所以要把 255×19.6，才会得到 5000；在此将乘以 196，而非 19.6，如此将可得到10倍大的值，即50000。将此值（results）除以10000，所得的商数输出到七段数码显示器的千位数；将results除以1000，其商数再除以10，所得的余数输出到七段显示器的百位数；将results除以100，其商数再除以10，所得的余数输出到七段数码显示器的十位数；将results除以10，所得的余数输出到七段数码显示器的个位数，代码如下。

```
results= adc*196;                    // 乘以196
disp[3]=results/10000;               // 获得千位数
disp[2]=(results/1000)%10;           // 获得百位数
disp[1]=(results/100)%10;            // 获得十位数
disp[0]=results%10;                  // 获得个位数
```

流程图与程序设计

流程图与整个程序设计如下所示。

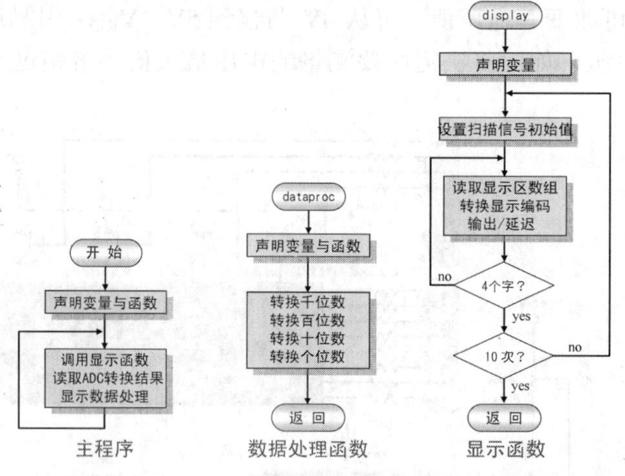


```
/* 电压测量实例演练一（ch11-7-1.c）*/
#include <reg51.h>
/*声明驱动信号数组*/
char code TAB[10]={ 0xc0, 0xf9, 0xa4, 0xb0, 0x99,      // 0～4
                    0x92, 0x83, 0xf8, 0x80, 0x98 };    // 5～9
#define ADC P0                                          // 定义ADC连接口
#define SCANP P1                                        // 定义扫描信号连接端口
#define SEG7P P2                                        // 定义七段数码显示器连接口
//==========================================
unsigned char disp[4]={0, 0, 0, 0};                     // 声明显示区数组
unsigned char _adc;                                     // 声明变量
void dataproc(unsigned char);                           // 声明数据处理函数
void display(void);                                     // 声明显示函数
void delay1ms(char);                                    // 声明延迟函数
main()                                                  // 主程序
{   while(1)                                            // while开始
    {   display();                                      // 显示
```

```
            _adc=ADC;                              // 读取外部存储器
            dataproc(_adc);                        // 数据处理
        }                                          // while 结束
    }                                              // 主程序结束
//====数据处理函数====
void dataproc(unsigned char data_in)
{   int results;                                   // 声明变量
    results= data_in*196;                          // 读取 ADC0804 的转换结果再乘以 196
    disp[3]=results/10000;                         // 获得千位数
    disp[2]=(results/1000)%10;                     // 获得百位数
    disp[1]=(results/100)%10;                      // 获得十位数
    disp[0]=results%10;                            // 获得个位数
}                                                  // 数据处理函数结束
//====显示函数====
void display(void)
{   char i,scan;                                   // 声明变量
    char times=20;                                 // 扫描 20 次
    while (--times>=0)                             // while 循环开始
    {       scan=1;                                // 初始扫描信号
            for(i=0;i<4;i++)                       // for 语句开始
            {   SEG7P=0xff;                        // 关闭七段显示器
                SCANP=~scan;                       // 输出扫描信号
                SEG7P=TAB[disp[i]];                // 转换成驱动信号并输出到 P0
                delay1ms(4);                       // 延迟 4ms
                scan<<=1;                          // 下一个扫描信号
            }                                      // 结束 for 语句
    }                                              // 结束 while 语句
}                                                  // display 函数结束
//====延迟函数====
void delay1ms(char x)
{   int i,j;                                       // 声明变量
    for(i=0;i<x;i++)                               // 外循环
        for(j=0;j<120;j++);                        // 内循环
}                                                  // 延迟函数结束
```

电压测量实例演练一（ch11-7-1.c）

操作

1．根据功能要求与电路结构，在 Keil C 里编写程序并进行生成（单击按钮），以产生 *.HEX 文件。然后进行软件调试/仿真，看看其功能是否正常。若有错误或非预期的状态，则检查源程序，看看哪里出了问题，修改并将它记录在实验报告里。

2．若软件调试/仿真功能正常，再按图 11-26 连接线路，使用在线仿真器，加载新的程序（*.HEX），以仿真该电路的动作。调整其中的 10kΩ 可变电阻器，看看七段数码显示器上有无变化。若没有变化，检查线路有无错误及程序有无问题，并将它记录在实验报告里。

3．若七段数码显示器上所指示的值会随可变电阻器的调整而变动，再利用数字电表测量 $+V_{in}$ 引脚的对地电压，与七段数码显示器上所指示的值比较，以找出误差，并记录在实验报告里。

4．若在线仿真功能正常，将程序刻录到 89S51（可使用 89S51 在线刻录实验板），再把该 89S51 放入实际电路，以取代刚才的在线仿真器，然后直接送电，看看是否正常。

5．编写实验报告。

思考一下

1．在本实验里，ADC0804 通过 89S51 的 P0 将转换后的数据传给 89S51，可否改由其他的 Port 输入到 89S51？如果可以程序应如何修改？

2．在本实验里，理论上可测试的电压可达 5V，而实际上可测试的范围为多少？若要改变测试范围，在电路上要如何改变？

11-7-2　电压测量二

实验要点

基本上，在此的实验电路只是将 11-7-1 节的电路稍作修改，改变其中 ADC0804 第 2、3、5 脚的线路，如图 11-27 所示，将第 2 脚（$\overline{RD}$）连接到 8X51 的 P3.7（$\overline{RD}$），第 3 脚（$\overline{WR}$）连接到 8X51 的 P3.6（$\overline{WR}$），第 5 脚（$\overline{INTR}$）连接到 8X51 的 P3.2（$\overline{INT0}$），其他线路不变。工作原理也与前面一样，只是采用交互式数据传输。

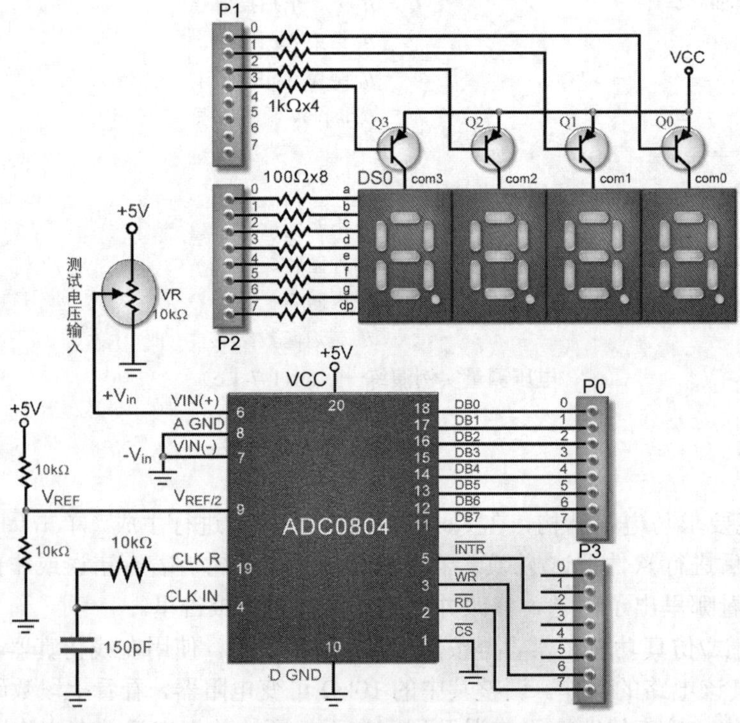

图 11-27　电压测量电路图二

流程图与程序设计

流程图与整个程序设计如下所示。

```
/* 电压测量实例演练二（ch11-7-2.c）*/
#include <reg51.h>
/*声明驱动信号数组*/
char code TAB[10]={   0xc0, 0xf9, 0xa4, 0xb0, 0x99,   // 0～4
                      0x92, 0x83, 0xf8, 0x80, 0x98 }; // 5～9
#define     SCANP     P1                              // 定义扫描信号连接端口
#define     SEG7P     P2                              // 定义七段数码显示器连接口
sbit   INTR=P3^2;
unsigned char xdata        adc;
unsigned char _adc;
unsigned char disp[4]={0, 0, 0, 0};                   // 声明显示区数组
unsigned char _adc;                                   // 声明变量
void dataproc(unsigned char);                         // 声明数据处理函数
void display (void);                                  // 声明显示函数
void delay 1ms(char);                                 // 声明延迟函数
main()                                                // 主程序
{    while(1)                                         // while 开始
     {   display ();                                  // 显示
         _adc=adc;
         /*读取外部存储器，目的是让 ADC0804 的 RD=0、INTR=1*/
         adc=0xff;
         while(INTR==1);
         _adc=adc;
          dataproc(_adc);                             // 数据处理
     }                                                // while 结束
}                                                     // 主程序结束
//====数据处理函数====
void dataproc(unsigned char data_in)
{    int results;                                     // 声明变量
     results= data_in*196;                            // 读取 ADC0804 的转换结果再乘以 196
     disp[3]=results/10000;                           // 取得千位数
     disp[2]=(results/1000)%10;                       // 取得百位数
     disp[1]=(results/100)%10;                        // 取得十位数
     disp[0]=results%10;                              // 取得个位数
}                                                     // 数据处理函数结束
//====显示函数====
void display (void)
{    char i, scan;                                    // 声明变量
     char times=20;                                   // 扫描 20 次
     while (--times>=0)                               // while 循环开始
     {   scan=1;                                      // 初始扫描信号
```

```
        for(i=0;i<4;i++)                        // for 语句开始
        {   SEG7P=0xff;                         // 关闭七段显示器
            SCANP=~scan;                        // 输出扫描信号
            SEG7P=TAB[disp[i]];                 // 转换成驱动信号并输出到 P0
            delay1ms(4);                        // 延迟 4ms
            scan<<=1;                           // 下一个扫描信号
        }                                       // 结束 for 语句
    }                                           // 结束 while 语句
}                                               // display 函数结束
//====延迟函数====
void delay1ms(char x)
{   int i,j;                                    // 声明变量
    for(i=0;i<x;i++)                            // 外循环
        for(j=0;j<120;j++);                     // 内循环
}                                               // 延迟函数结束
```

电压测量实例演练二（ch11-7-2.c）

操作

1．根据功能要求与电路结构，在 Keil C 里编写程序并进行生成（单击按钮），以产生*.HEX 文件。然后进行软件调试/仿真，看看其功能是否正常。若有错误或非预期的状态，则检查源程序，看看哪里出了问题，修改并将它记录在实验报告里。

2．若软件调试/仿真功能正常，再按图 11-27 连接线路，使用在线仿真器加载新的程序（*.HEX），以仿真该电路的动作。调整其中的 10kΩ 可变电阻器，看看七段数码显示器上有无变化。若没有变化，检查线路有无错误及程序有无问题，并将它记录在实验报告里。

3．若七段数码显示器上所指示的值会随可变电阻器的调整而变动，再利用数字电表测量 $+V_{in}$ 引脚对地电压，与七段数码显示器上所指示的值比较，以找出误差，并记录在实验报告里。

4．若在线仿真功能正常，将程序刻录到 89S51（可使用 89S51 在线刻录实验板），再把该 89S51 放入实际电路，以取代刚才的在线仿真器，然后直接送电，看看是否正常。

5．编写实验报告。

思考一下

在本实验里，ADC0804 通过 89S51 的 P0 将转换后的数据传给 89S51，可否改由其他的端口输入到 89S51？

11-7-3 电压测量三

实验要点

本实验所采用的电路与前一单元的电路完全一样，而程序改用中断方式进行交互式数据传输。

流程图与程序设计

流程图与整个程序设计如下所示。

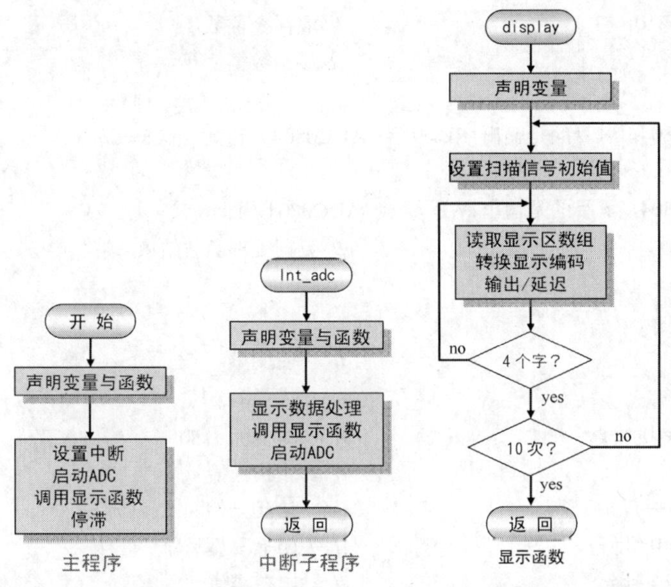


```
/* 电压测量实例演练三（ch11-7-3.c）*/
#include <reg51.h>
/*声明驱动信号数组*/
char code TAB[10]={  0xc0, 0xf9, 0xa4, 0xb0, 0x99,  // 0～4
                     0x92, 0x83, 0xf8, 0x80, 0x98 }; // 5～9
#define     SCANP    P1                    // 定义扫描信号连接端口
#define     SEG7P    P2                    // 定义七段数码显示器连接口
unsigned char xdata   adc;                 // 声明外部数据变量
unsigned char _adc;                        // 声明变量
unsigned char disp[4]={0, 0, 0, 0};        // 声明显示区数组
void display (void);                       // 声明显示函数
void delay 1ms(char);                      // 声明延迟函数
main()                                     // 主程序
{   IE=0x81;                               // 设置中断
    TCON=0x01;                             // 设置触发方式
    _adc=adc;
     // 读取 ADC0804，其目的是输出 RD=0 到 ADC0804，让其 INTR=1
     adc=0xff;
     // 写入 ADC0804，其目的是输出 WR=0 到 ADC0804，即 SOC
     display ();                           // 显示数据
      while(1);                            // 等待
}                                          // 主程序结束
//====中断函数====
void int_adc(void) interrupt    0
{   int results;                           // 声明变量
```

```
        results= 196*adc;                       // 读取 ADC0804 的转换结果再乘以 196
        disp[3]=results/10000;                  // 取得千位数
        disp[2]=(results/1000)%10;              // 取得百位数
        disp[1]=(results/100)%10;               // 取得十位数
        disp[0]=results%10;                     // 取得个位数
        display ();                             // 显示数据
        _adc=adc;
        // 读取 ADC0804，其目的是输出 RD=0 到 ADC0804，让其 INTR=1
        adc=0xff;
        // 写入 ADC0804，其目的是输出 WR=0 到 ADC0804，即 SOC
    }                                           // 数据处理函数结束
//====显示函数====
void display (void)
{       char i,scan;                            // 声明变量
        char times=20;                          // 扫描 20 次
        while (--times>=0)                      // while 循环开始
        {   scan=1;                             // 初始扫描信号
            for(i=0;i<4;i++)                    // for 语句开始
            {    SEG7P=0xff;                    // 关闭七段显示器
                 SCANP=~scan;                   // 输出扫描信号
                 SEG7P=TAB[disp[i]];            // 转换成驱动信号并输出到 P0
                 delay 1ms(4);                  // 延迟 4ms
                 scan<<=1;                      // 下一个扫描信号
            }                                   // 结束 for 语句
        }                                       // 结束 while 语句
}                                               // display 函数结束
//====延迟函数====
void delay 1ms(char x)
{   int i,j;                                    // 声明变量
    for(i=0;i<x;i++)                            // 外循环
        for(j=0;j<120;j++);                     // 内循环
}                                               // 延迟函数结束
```

电压测量实例演练三（ch11-7-3.c）

操作

1．根据功能要求与电路结构，在 Keil C 里编写程序并进行生成（单击按钮），以产生*.HEX 文件。然后进行软件调试/仿真，看看其功能是否正常。若有错误或非预期的状态，则检查源程序，看看哪里出了问题，修改并将它记录在实验报告里。

2．若软件调试/仿真功能正常，再按图 11-27 连接线路，使用在线仿真器加载新的程序（*.HEX），以仿真该电路的动作。调整其中的 10kΩ 可变电阻器，看看七段数码显示器上有无变化。若没有变化，检查线路有无错误及程序有无问题。并将它记录在实验报告里。

3．若七段数码显示器上所指示的值会随可变电阻器的调整而变动，再利用数字电表测量 $+V_{in}$ 引脚对地电压，与七段数码显示器上所指示的值比较，以找出误差，并记录在实验报

告里。

4．若在线仿真功能正常，将程序刻录到 89S51（可使用 89S51 在线刻录实验板），再把该 89S51 放入实际电路，以取代刚才的在线仿真器，然后直接送电，看看是否正常。

5．编写实验报告。

思考一下

在本实验里，若测量电压与实际电压有所差异，应如何调整？

11-7-4 温度测量

实验要点

如图 11-28 所示，ADC0804 连接到 8x51 的 P0，而 ADC0804 的 $\overline{WR}$ 引脚和 $\overline{RD}$ 引脚分别连接到 8x51 的 $\overline{WR}$ 引脚 $\overline{RD}$ 引脚，让 ADC0804 变成 8x51 的外部存储器，而 ADC0804 的 $\overline{INTR}$ 引脚连接到 8x51 的 P3.2 引脚，可当成一般输入口，以查询方式检测 ADC0804 是否完成转换；也可以中断方式处理。转换后的数字信号被输出到 P2 所连接的 4 位数七段数码显示器，而其扫描信号是通过 P1 送出去的。

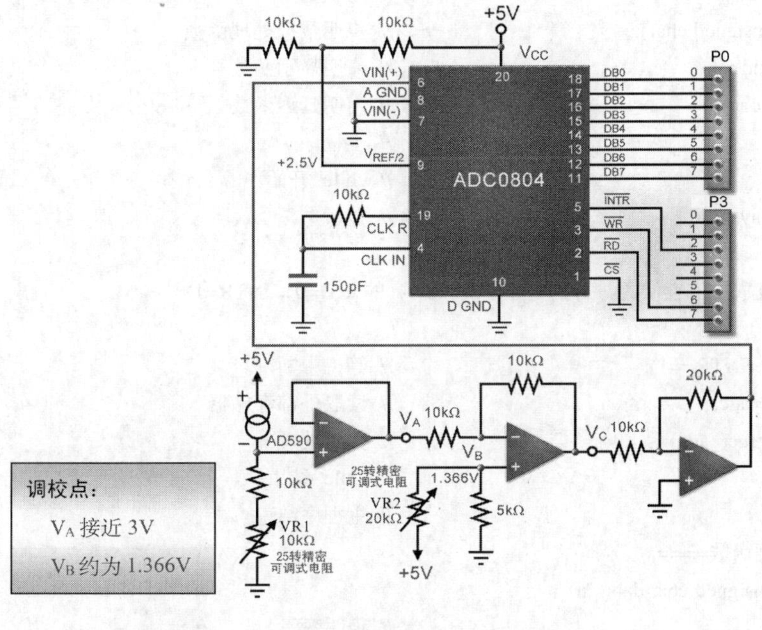

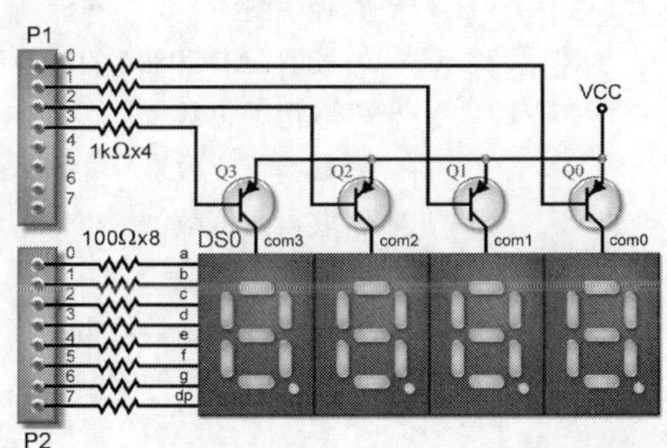

图 11-28 温度测量——采用交互式传输电路图

流程图与程序设计

根据功能要求与电路结构得知，当执行“存储外部存储器”时，8x51 将通过 $\overline{WR}$ 引脚通知 ADC0804 开始进行转换。紧接着，程序只要等待 ADC0804 由 $\overline{INTR}$ 引脚送来的完成转换信号，即可进行外部数据的读取。再将读取到的数据进行数据处理后送到 P1 即可显示该数值。除了数据处理外，流程图与程序皆与 11-7-2 节相同。

```
/* 温度测量实例演练（ch11-7-4.c）*/
#include <reg51.h>
/*声明驱动信号数组*/
char code TAB[10]={  0xc0, 0xf9, 0xa4, 0xb0, 0x99,  // 0～4
                     0x92, 0x83, 0xf8, 0x80, 0x98 }; // 5～9
#define     SCANP     P1                          // 定义扫描信号连接端口
#define     SEG7P     P2                          // 定义七段数码显示器连接口
sbit INTR=P3^2;                                   // 定义 IRQ 引脚
unsigned char xdata     adc;                      // 声明外部存储器变量
unsigned char _adc;                               // 声明变量
unsigned char disp[4]={0, 0, 0, 0};               // 声明显示区数组
unsigned char _adc;                               // 声明变量
void dataproc(unsigned char);                     // 声明数据处理函数
void display (void);                              // 声明显示函数
void delay 1ms(char);                             // 声明延迟函数
main()                                            // 主程序
{     while(1)                                    // while 开始
      {     display ();                           // 显示
            _adc=adc;
            /*读取外部存储器，目的是让 ADC0804 的 RD=0、INTR=1*/
            adc=0xff;
            while(INTR==1);                       // 等待中断
            _adc=adc;                             // 读取外部存储器
            dataproc(_adc);                       // 数据处理
      }                                           // while 结束
}                                                 // 主程序结束
//====数据处理函数====
void dataproc(unsigned char data_in)
{     int results;                                // 声明变量
      results= data_in;                           // 读取 ADC0804 的转换结果
      disp[3]=results/1000;                       // 取得千位数
      disp[2]=(results/100)%10;                   // 取得百位数
      disp[1]=(results/10)%10;                    // 取得十位数
      disp[0]=results%10;                         // 取得个位数
}                                                 // 数据处理函数结束
//====显示函数====
void display (void)
{     char i, scan;                               // 声明变量
```

```
        char times=20;                              // 扫描 20 次
        while (--times>=0)                          // while 循环开始
        {   scan=1;                                 // 初始扫描信号
            for(i=0;i<4;i++)                        // for 语句开始
            {   SEG7P=0xff;                         // 关闭七段显示器
                SCANP=~scan;                        // 输出扫描信号
                SEG7P=TAB[disp[i]];                 // 转换成驱动信号并输出到 P0
                delay1ms(4);                        // 延迟 4ms
                scan<<=1;                           // 下一个扫描信号
            }                                       // 结束 for 语句
        }                                           // 结束 while 语句
}       // display 函数结束
//====延迟函数====
void delay1ms(char x)
{   int i,j;                                        // 声明变量
    for(i=0;i<x;i++)                                // 外循环
        for(j=0;j<120;j++);                         // 内循环
}                                                   // 延迟函数结束
```

温度测量——采用交互式传输实例演练（ch11-7-4.c）

操作

1．根据功能要求与电路结构，在 Keil C 里编写程序并进行生成（单击按钮），以产生*.HEX 文件。然后进行软件调试/仿真，看看其功能是否正常。若有错误或非预期的状态，则检查源程序，看看哪里出了问题，修改并将它记录在实验报告里。

2．若软件调试/仿真功能正常，再按图 11-28 连接线路，使用在线仿真器加载新的程序（*.HEX），以仿真该电路的动作，观察此时七段数码显示器的显示状态。若将加热后的烙铁靠近 AD590，看看七段数码显示器有无反应，若无反应或非预期的状态，则检查线路的连接状态，看看哪里出了问题并将它记录在实验报告里。

3．若在线仿真功能正常，将程序刻录到 89S51（可使用 89S51 在线刻录实验板），再把该 89S51 放入实际电路，以取代刚才的在线仿真器，然后直接送电，看看是否正常。

4．编写实验报告。

思考一下

在本实验里，times 为显示（扫描）的次数，每次扫描将花费 16ms（即 4ms×4），默认值为 20 次，也就是花费在显示的时间是 0.32s（16ms×20）。换个角度看，每 0.32s 才会读取 ADC0804 一次。试问增减 times 所代表的意思是什么？实际上有何差别？

11-7-5 ADC 的温控实验

实验要点

在本单元里所使用的电路与前面的单元类似，只是多出一个继电器的控制，如图 11-29 所

示，由P3.3输出到晶体管，以驱动继电器。当温度超过35度时，关闭继电器，温度低于20度时，启动继电器。

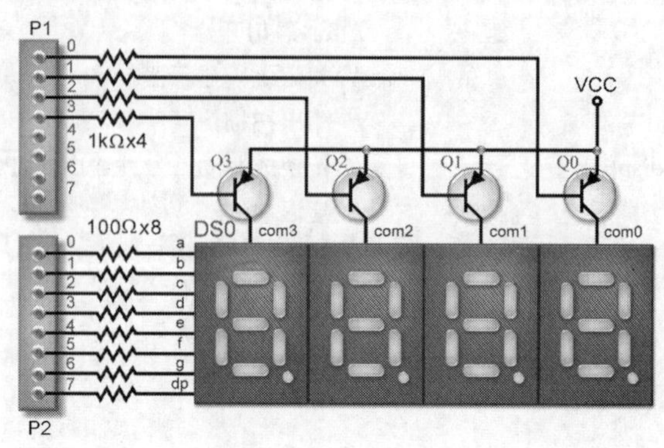

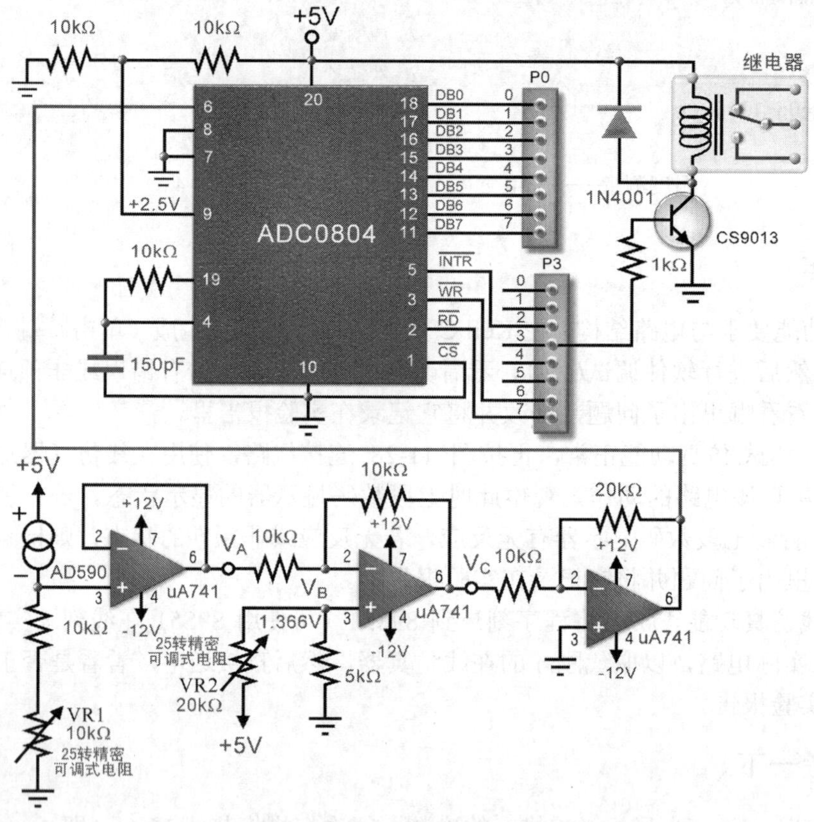

图11-29 温控实验电路图

流程图与程序设计

根据功能要求与电路结构得知，首先8x51送一个开始转换的信号给ADC0804，以启动ADC0804，再等待ADC0804传回已完成转换的信号，即可读入温度数据。若继电器打开，则判断温度是否达到上限，若是则关闭继电器，然后显示温度；若继电器打开，而温度未达上限，则直接显示温度。若继电器关闭，则判断温度是否达到下限，若是则开启继电器，然后显示温度；若继电器关闭，而温度未达下限，则直接显示温度。显示温度之后，再重新开始。

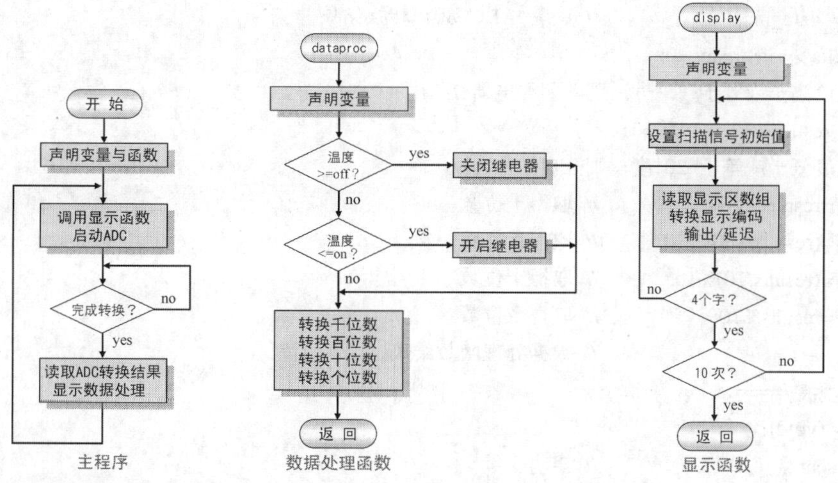


```
/* ADC 温度控制实例演练（ch11-7-5.c））*/
#include <reg51.h>
/*声明驱动信号数组*/
char code TAB[10]={ 0xc0, 0xf9, 0xa4, 0xb0, 0x99,      // 0～4
                    0x92, 0x83, 0xf8, 0x80, 0x98 };   // 5～9
#define SCANP P1                    // 定义扫描信号连接端口
#define SEG7P P2                    // 定义七段数码显示器连接口
#define off 35                      // 定义温度上限
#define on 20                       // 定义温度下限
sbit INTR=P3^2;                     // IRQ 引脚
sbit relay=P3^3;                    // 继电器位置
unsigned char xdata adc;            // 声明外部存储器变量
unsigned char _adc;                 // 声明变量
unsigned char disp[4]={0, 0, 0, 0}; // 声明显示区数组
unsigned char _adc;                 // 声明变量
void dataproc(unsigned char);       // 声明数据处理函数
void display (void);                // 声明显示函数
void delay 1ms(char);               // 声明延迟函数
main()                              // 主程序
{   while(1)                        // while 开始
    {   display ();                 // 显示
        _adc=adc;                   // 读取外部存储器
        /*读取外部存储器，目的是让 ADC0804 的 RD=0、INTR=1*/
        adc=0xff;
        while(INTR==1);             // 等待中断
        _adc=adc;                   // 读取外部存储器
        dataproc(_adc);             // 数据处理
    }                               // while 结束
}                                   // 主程序结束
//====数据处理函数====
void dataproc(unsigned char data_in)
{   int results;                    // 声明变量
```

```
    results= data_in;               // 读取 ADC0804 转换结果
    if (results >=off) relay =0;
    /*若温度高于或等于 35 度，则关闭继电器*/
    else if (results <=on) relay =1;
    /*若温度低于或等于 20 度，则开启继电器*/
    disp[3]=results/1000;           // 取得千位数
    disp[2]=(results/100)%10;       // 取得百位数
    disp[1]=(results/10)%10;        // 取得十位数
    disp[0]=results%10;             // 取得个位数
}                                   // 数据处理函数结束
//====显示函数====
void display (void)
{   char i, scan;                   // 声明变量
    char times=20;                  // 扫描 20 次
    while (--times>=0)              // while 循环开始
    {   scan=1;                     // 初始扫描信号
        for(i=0;i<4;i++)            // for 语句开始
        {   SEG7P=0xff;             // 关闭七段显示器
            SCANP=~scan;            // 输出扫描信号
            SEG7P=TAB[disp[i]];     // 转换成驱动信号并输出到 P0
            delay 1ms(4);           // 延迟 4ms
            scan<<=1;               // 下一个扫描信号
        }                           // 结束 for 语句
    }                               // 结束 while 语句
}                                   // display 函数结束
//====延迟函数====
void delay 1ms(char x)
{   int i,j;                        // 声明变量
    for(i=0;i<x;i++)                // 外循环
        for(j=0;j<120;j++);         // 内循环
}                                   // 延迟函数结束
```

ADC的温控实验（ch11-7-5.c）

操作

1．根据功能要求与电路结构，在 Keil C 里编写程序并进行生成（单击按钮），以产生*.HEX 文件。然后进行软件调试/仿真，看看其功能是否正常。若有错误或非预期的状态，则检查源程序，看看哪里出了问题，修改并将它记录在实验报告里。

2．若软件调试/仿真功能正常，可按图 11-29 连接线路，并使用在线仿真器加载新的程序（*.HEX），以仿真该电路的动作。若有非预期的状态，则检查线路的连接状态，看看哪里出了问题并将它记录在实验报告里。若在线仿真功能正常，即可将程序刻录到 89S51，再把该 89S51 放入实际电路，以取代刚才的在线仿真器，然后直接送电，看看是否正常。

3．若在线仿真功能正常，将程序刻录到 89S51（可使用 89S51 在线刻录实验板），再把该 89S51 放入实际电路，以取代刚才的在线仿真器，然后直接送电，看看是否正常。

4．编写实验报告。

11-7-6 DAC 实例演练

实验要点

如图 11-30 所示，拨码开关的状态由 P0 输入，而开关状态经 P2 连接到 DAC-08，进而被转换成模拟电压。请以数字电表测量电路中的 V_O，观察其输出的模拟电压是否符合拨码开关的状态。

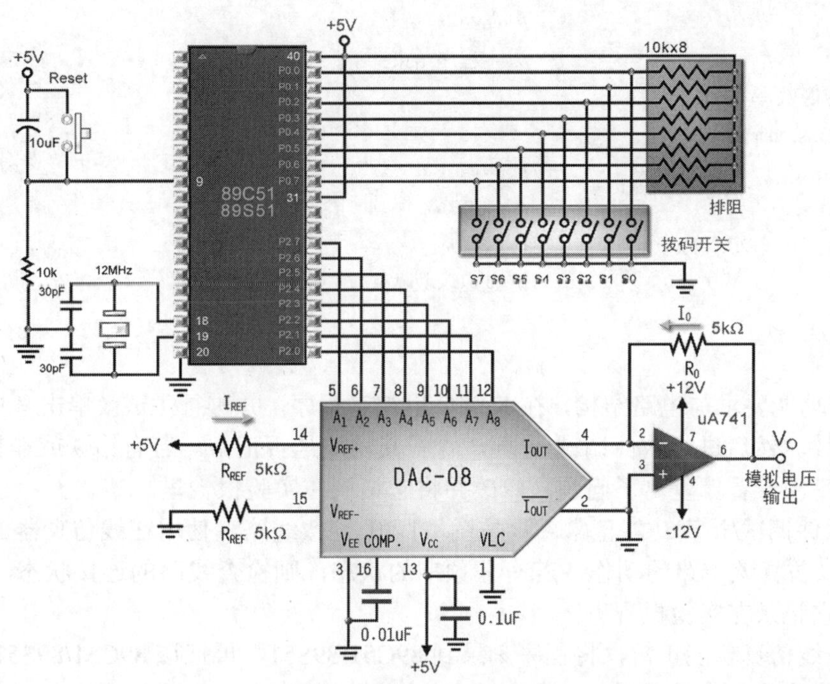

图 11-30 DAC 实验电路图

流程图与程序设计

根据功能要求与电路结构得知，首先将 P0 设置成输入口，再读取拨码开关的状态，然后将它输出到 P2，让 DAC-08 将它转换成模拟电压。经过一段时间延迟（任意时间）后，再重复进行上述操作。

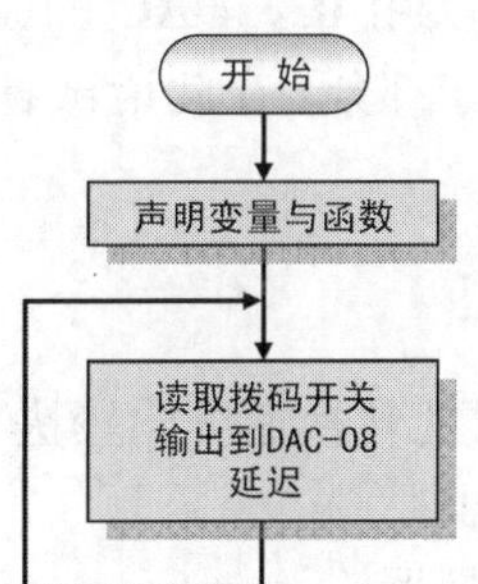

```
/* DAC 实验（ch11-7-6.c）*/
#include <reg51.h>
#define     SW   P0                  // 定义开关连接口
#define DAC P2                       // 定义 DAC 连接口
void delay1ms(char);                 // 声明延迟函数
main()                               // 主程序
{   while(1)                         // while 开始
    {  SW=0xff;                      // 设置输入
       DAC=~SW;                      // 读取拨码开关，输出到 DAC 中
       delay1ms(1);                  // 调用延迟函数
    }                                // while 结束
}                                    // 主程序结束
//====延迟函数====
void delay1ms(char x)
{   char i,j;                        // 声明变量
    for(i=0;i<x;j++)                 // 外循环
       for(j=0;j<120;j++);           // 内循环
}                                    // 延迟函数结束
```

操作

1．根据功能要求与电路结构，在 Keil C 里编写程序，并进行生成（单击按钮），以产生*.HEX 文件。然后进行软件调试/仿真，看看其功能是否正常。若有错误或非预期的状态，则检查源程序，看看哪里出了问题，修改并将它记录在实验报告里。

2．若软件调试/仿真功能正常，再按图 11-30 连接线路，使用在线仿真器加载新的程序（*.HEX），以仿真该电路的动作。若有非预期的状态，则检查线路的连接状态，看看哪里出了问题并将它记录在实验报告里。

3．若在线仿真功能正常，将程序刻录到 89C51/89S51，再把该 89C51/89S51 放入实际电路，以取代刚才的在线仿真器，然后直接送电，再以数字电表测量 V_O 的电压，测出每个拨码开关状态下的 V_O，并记录在实验报告里。

4．编写实验报告。

11-8 实时练习

在本章里探讨了 ADC 的原理与实用 IC、DAC 的原理与实用 IC，以及简易的温控 IC，可说是 8x51 应用系统中相当重要的一部分。在此请试着回答下列问题，以确认对于此部分的掌握程度。

选择题

（　　）1．下列哪种 AD 转换器的转换速度比较快？

（A）双斜率型 AD 转换器　　（B）比较型 AD 转换器

（C）连续计数式 AD 转换器　　（D）逐渐接近式 AD 转换器

(　　) 2．下列哪种 AD 转换器的精密度比较高？

（A）双斜率型 AD 转换器　（B）比较型 AD 转换器

（C）连续计数式 AD 转换器　（D）逐步逼近式 AD 转换器

(　　) 3．ADC0804 具有什么功能？

（A）8 位模/数转换器　（B）11 位模/数转换器

（C）8 位数/模转换器　（D）11 位数/模转换器

(　　) 4．若要启动 ADC0804，使之进行转换，应如何处理？

（A）施加高电平信号到 $\overline{CS}$ 引脚　（B）施加高电平信号到 $\overline{WR}$ 引脚

（C）施加低电平信号到 $\overline{CS}$ 引脚　（D）施加低电平信号到 $\overline{WR}$ 引脚

(　　) 5．当 ADC0804 完成转换后，将会如何？

（A）$\overline{CS}$ 引脚转为低电平　（B）$\overline{CS}$ 引脚转为高电平

（C）$\overline{INTR}$ 引脚转为低电平　（D）$\overline{INTR}$ 引脚转为高电平

(　　) 6．下列哪个 IC 具有温度感测功能？

（A）DAC-08　（B）AD590　（C）uA741　（D）NE555

(　　) 7．使用下列哪种方式将数字信号转换为模拟信号比较实际？

（A）R-2R 电阻网络　（B）加权电阻网络

（C）双 Y 型电阻网络　（D）三角型电阻网络

(　　) 8．当温度每上升 1℃时，AD590 会有什么变化？

（A）电压上升 1mV　（B）电压下降 1mV

（C）电流上升 1μA　（D）电流下降 1μA

(　　) 9．若要让 ADC0804 进行连续转换，应如何连接？

（A）$\overline{CS}$ 引脚与 $\overline{INTR}$ 引脚连接，$\overline{WR}$ 引脚与 $\overline{RD}$ 引脚接地

（B）$\overline{CS}$ 引脚与 $\overline{WR}$ 引脚连接，$\overline{INTR}$ 引脚与 $\overline{RD}$ 引脚接地

（C）$\overline{WR}$ 引脚与 $\overline{INTR}$ 引脚连接，$\overline{CS}$ 引脚与 $\overline{RD}$ 引脚接地

（D）$\overline{RD}$ 引脚与 $\overline{INTR}$ 引脚连接，$\overline{WR}$ 引脚与 $\overline{CS}$ 引脚接地

(　　) 10．若要 ADC080 与 8x51 采用交互式信号传输，则应如何操作？

（A）8x51 将 ADC0804 视为外部存储器

（B）8x51 通过 P0 连接 ADC0804 的数据总线

（C）8x51 的 $\overline{RD}$ 引脚与 ADC0804 的 $\overline{RD}$ 引脚相连接，8x51 的 $\overline{WR}$ 引脚与 ADC0804 的 $\overline{WR}$ 引脚相连接

（D）以上皆是

问答题

1．简述模拟信号与数字信号的特性。
2．简述并行式 ADC 的原理及其特性。
3．简述逐步逼近式 ADC 的原理及其特性。
4．简述连续计数式 ADC 的原理及其特性。
5．简述双斜率式 ADC 的原理及其特性。
6．简述 ADC0804 的特性。
7．ADC0804 所能接受的时钟脉冲频率范围为多少？如何利用其内部振荡电路产生时钟

脉冲？

8. 若要将ADC0804视为外部存储器，在C语言程序里应如何声明？而ADC0804的$\overline{WR}$引脚、$\overline{RD}$引脚与$\overline{INTR}$引脚应如何连接？

9. 简述AD590的用途与特性。

10. 试设计一个AD590与ADC0804的接口，使温度变化1℃，ADC0804输出的数字信号就增减1。

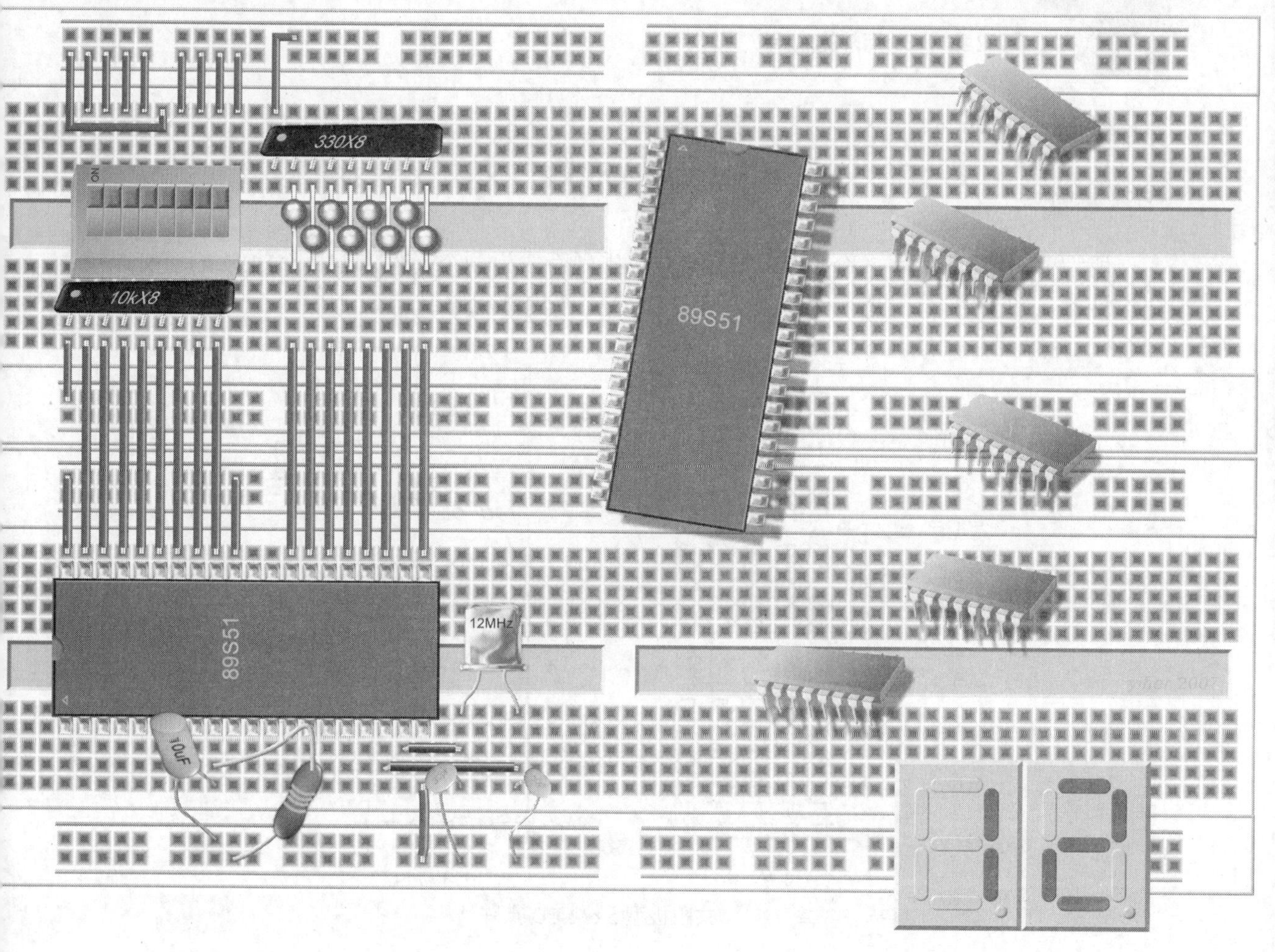

第 12 章 LED 点阵的应用

本章内容丰富，主要包括两部分。

- **硬件部分**

  LED 点阵的结构与现有的 LED 点阵元件。

  LED 点阵的驱动电路与动态文字图案的显示方式。

- **程序与实践部分**

  8×8 LED 点阵的静态显示程序、动态显示程序，以及 16×16 LED 点阵的驱动程序。

12-1 认识 LED 点阵

所谓 **LED** 点阵是将多个 LED 以矩阵方式排列而成为一个元件，其中各 LED 的引脚以规律性连接，图 12-1（a）所示为共阳型 5×7 LED 点阵内部电路结构。

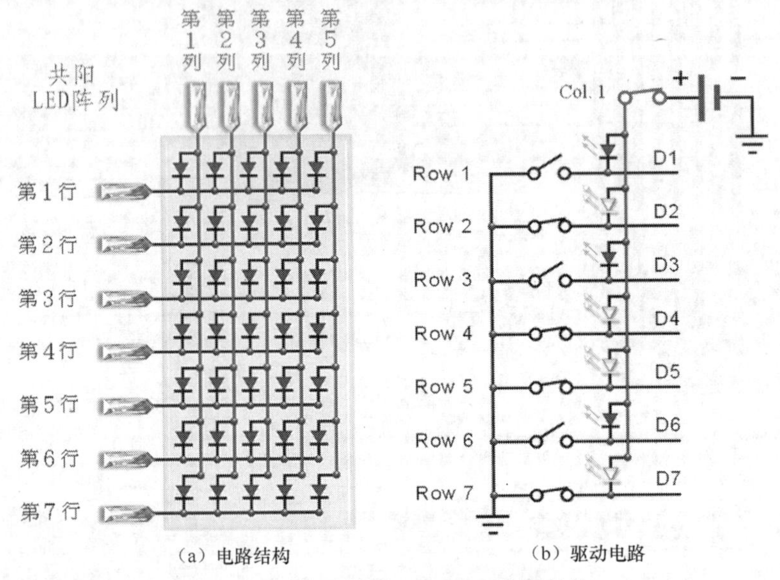

（a）电路结构　（b）驱动电路

图 12-1 共阳极型 5×7 LED 点阵结构

对于共阳型 5×7 LED 点阵而言，每列 LED 的阳极连接在一起，即为列引脚（column），每行 LED 的阴极连接在一起，即为行引脚（row）。通常是站在列的角度来看，所以称为“共阳极型”（common anode，简称 **CA**）。若要点亮其中的 LED，则列的信号与行的信号要有交集，例如，要第 1 列、第 2 行的 LED（即 D2）亮，则必须将 Col.1 引脚接到电源（VCC），Row 2 引脚接地，才能形成一个正向回路，该 LED 才会亮，如图 12-1（b）所示。送到列引脚的信号为扫描信号，在图 12-1 里，5 个列信号只有一个为高电平，其余为低电平，称为高电平扫描。换言之，任何时刻，只有一列的 LED 可能会亮。而所要点亮的信号则由行引脚送入低电平信号。当信号切换的速度够快时，我们将感觉到整个 LED 点阵是亮的，而不只是亮其中一列而已。

若连接到列引脚的是 LED 的阴极，则称为“共阴极型”（common cathode，简称 **CC**）。若要点亮这种 LED 点阵，其列引脚必须采用低电平扫描，而行引脚则为高电平信号。表 12-1 所示为常见的市售 LED 点阵。

表 12-1 常用 LED 点阵

编号	尺寸	型式	颜色	封装	编号	尺寸	型式	颜色	封装
MM07574P	0.7″,5×7	共阳	红	D-38	MM07573P	0.7″,5×7	共阴	红	D-38
MM07574G	0.7″,5×7	共阳	绿	D-38	MM07573G	0.7″,5×7	共阴	绿	D-38
MM07574A	0.7″,5×7	共阳	亮红或橙色	D-38	MM07573A	0.7″,5×7	共阴	亮红或橙色	D-38

续表

编号	尺寸	型式	颜色	封装	编号	尺寸	型式	颜色	封装
MM12574P	1.2″,5×7	共阳	红	D-39	MM12573P	1.2″,5×7	共阴	红	D-39
MM12574G	1.2″,5×7	共阳	绿	D-39	MM12573G	1.2″,5×7	共阴	绿	D-39
MM12574A	1.2″,5×7	共阳	亮红或橙色	D-39	MM12573A	1.2″,5×7	共阴	亮红或橙色	D-39
MM20574P	2.0″,5×7	共阳	红	D-40	MM20573P	2.0″,5×7	共阴	红	D-40
MM20574A	2.0″,5×7	共阳	橙	D-40	MM20573A	2.0″,5×7	共阴	橙	D-40
MM20574AG	2.0″,5×7	共阳	橙/绿	D-40	MM20573AG	2.0″,5×7	共阴	橙/绿	D-40
MM14584P	1.4″,5×8	共阳	红	D-41	MM14583P	1.4″,5×7	共阴	红	D-41
MM14584G	1.4″,5×8	共阳	绿	D-41	MM14583G	1.4″,5×7	共阴	绿	D-41
MM14584A	1.4″,5×8	共阳	亮红或橙色	D-41	MM14583A	1.4″,5×7	共阴	亮红或橙色	D-41
MM23584P	2.3″,5×8	共阳	红	D-42	MM23583P	2.3″,5×8	共阴	红	D-42
MM23584A	2.3″,5×8	共阳	橙	D-42	MM23583A	2.3″,5×8	共阴	橙	D-42
MM23584AG	2.3″,5×8	共阳	橙/绿	D-42	MM23583AG	2.3″,5×8	共阴	橙/绿	D-42
MM12884P	1.2″,8×8	共阳	红	D-43	MM12883P	1.2″,8×8	共阴	红	D-43
MM12884A	1.2″,8×8	共阳	橙	D-43	MM12883A	1.2″,8×8	共阴	橙	D-43
MM12884AG	1.2″,8×8	共阳	橙/绿	D-43	MM12883AG	1.2″,8×8	共阴	橙/绿	D-43
MM23884P	2.3″,8×8	共阳	红	D-44	MM23883P	2.3″,8×8	共阴	红	D-44
MM23884A	2.3″,8×8	共阳	橙	D-44	MM23883A	2.3″,8×8	共阴	橙	D-44
MM23884AG	2.3″,8×8	共阳	橙/绿	D-44	MM23883AG	2.3″,8×8	共阴	橙/绿	D-44

表 12-1 所示为常用的 5×7、5×8 及 8×8 LED 点阵，所谓 5×7 LED 点阵就是由 5 列（纵向）×7 行（横向）个 LED 所组成的阵列，同理，5×8 LED 点阵就是 5 列×8 行个 LED，8×8 LED 点阵就是 8 列×8 行个 LED。由于 LED 点阵的种类繁多，在此仅介绍常用的 8×8 LED 点阵，关于表 12-1 中的各 8×8 LED 点阵，可参考随书光盘中的“8×8 LED 点阵”PDF 文件。

8×8 LED 点阵

表 12-1 中，根据尺寸区分，8×8 LED 点阵可分为 1.2 英寸及 2.3 英寸两种，1.2 英寸采用 D-43 封装，其外观、结构与引脚如图 12-2 所示；2.3 英寸采用 D-44 封装，其外观、结构与引脚如图 12-3 所示。这两者的单色引脚不相同，如表 12-2 所示。根据连接方式区分，则有共阳与共阴两类。根据颜色区分，则有红、绿、亮红或橙色，以及双色 LED（MM12884AG、MM12883AG、MM23884AG 及 MM23883AG）。

表 12-2 8×8 LED 矩阵的单色引脚表

引脚号码	端 点	引脚号码	端 点	引脚号码	端 点
1	Row 5	7	Row 6	13	Col. 1
2	Row 7	8	Row 3	14	Row 2
3	Col. 2	9	Row 1	15	Col. 7
4	Col. 3	10	Col. 4	16	Col. 8
5	Row 8	11	Col. 6		
6	Col. 5	12	Row 4		

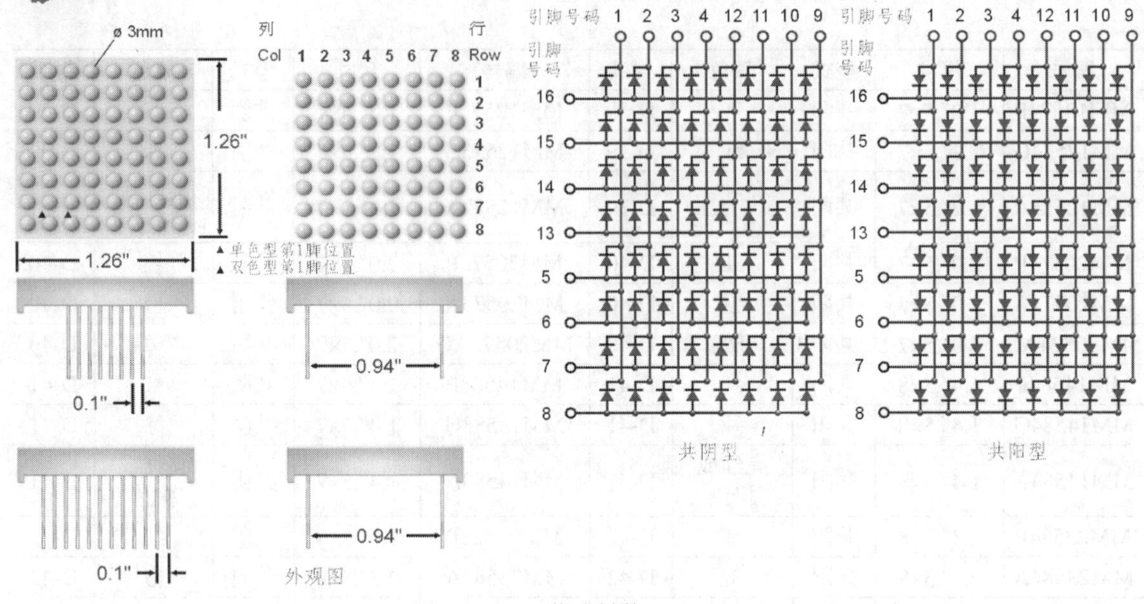

图 12-2 1.2 英寸封装（D-43）

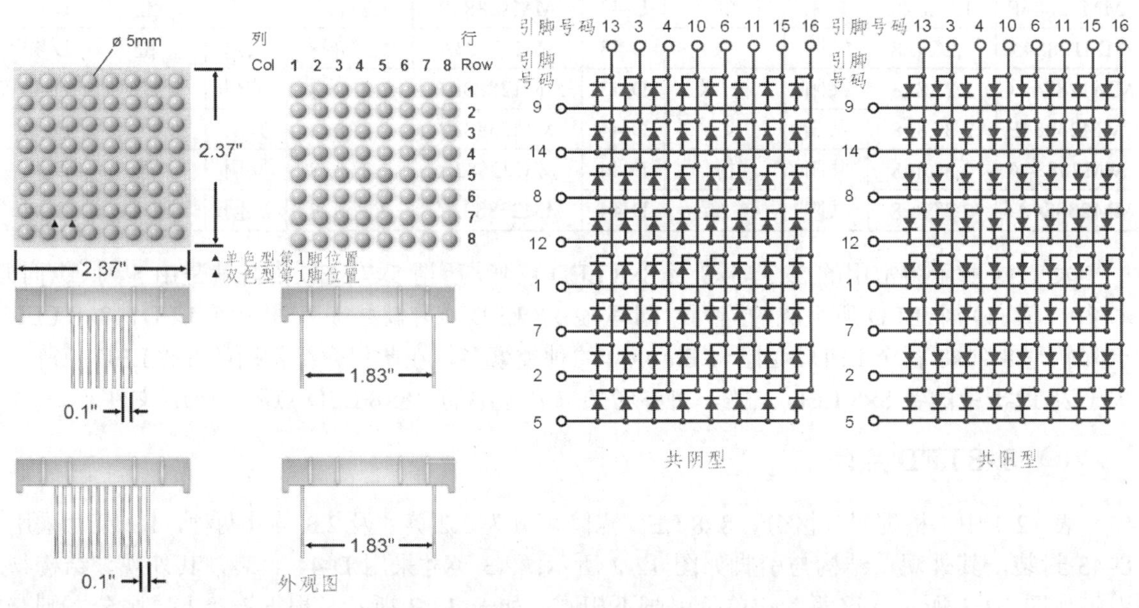

图 12-3 2.3 英寸封装（D-44）

12-2 LED 点阵驱动电路

若要正向点亮一个 LED，至少也得 10 至 20mA；如果电流不够大，则 LED 不够亮。而不管是 8x51 的输入/输出端口或是 TTL、CMOS 的输出端，其高电平输出电流都很小（数十到数百微安），很难直接驱动 LED。这时候就需要额外的驱动电路，一般地，LED 点阵的驱动电路包括两组信号，即扫描信号和显示信号。在此分别针对共阳型与共阴型 LED 点阵各介绍两种驱动电路。

共阴型高电平扫描、高电平显示信号驱动电路

图 12-4 所示是针对共阴型 LED 点阵而设计的驱动电路，这种驱动电路采用高电平扫描，也就是任何时刻只有一个高电平信号，其他则为低电平。一列扫描完成后，再把高电平信号转到邻近的其他列。扫描信号连接反相驱动器，如 ULN2003/ULN2803 之类的 IC，其输出为低电平，再连接到 LED 点阵的列引脚。这种反相驱动器属于集电极开路式输出，输出低电平时，最大可吸取 0.5A（即 500mA），就算每个 LED 取用 30mA，7 个 LED 同时亮，也不过是 210mA，ULN2003/ULN2803 游刃有余。当高电平的扫描信号输入 ULN2003/ULN2803 后，将输出为低电平，连接到该列 LED 的阴极，即可使该列中的 LED 具有点亮的条件。

显示信号各经一个 1.5kΩ 限流电阻送入 NPN 晶体管的基极，为了提供足够大的电流，每个显示信号各接一个 **10kΩ** 上拉电阻，以期高电平时提供超过 **200μA** 的 i_b。每个 NPN 晶体管的集电极连接 VCC，射极输出经一个 100Ω 的限流电阻连接到 LED 点阵的行引脚。对于高电平的显示信号，将可提供其所连接 LED 的驱动电流，而这个驱动电流经 LED 流到 ULN2003/ULN2803 的输出端，形成正向回路，即可点亮该 LED。常用的小型 NPN 晶体管（如 CS9013、2N3904 等）具有 100 倍以上的电流增益，只需要 200μA 的 i_b 即可产生 20mA 以上的驱动电流（i_e），足以点亮一个 LED。

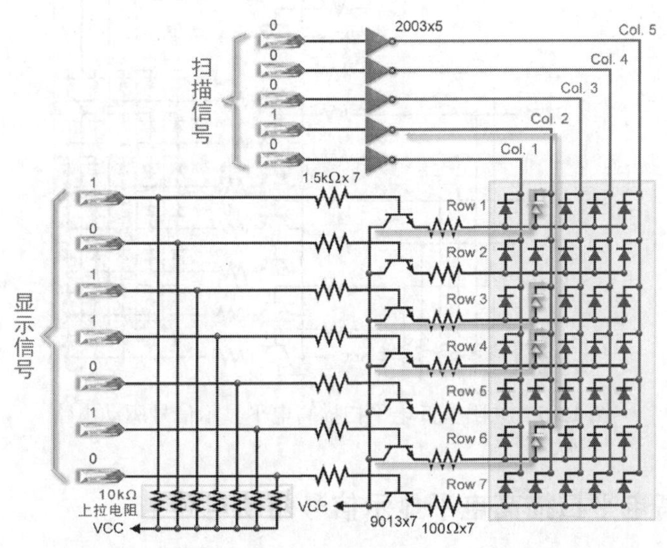

图 12-4 共阴型高电平扫描高电平显示信号驱动电路

在图 12-4 中，扫描信号为“01000”，在 Col.2 列中，所有 LED 的阴极为低电平；显示信号为“1011010”，所以 Row 1、Row 3、Row 4、Row 6 为高电平。两组信号交集，所以 Col.2 列里的 Row 1、Row 3、Row 4、Row 6 四个 LED 正向导通而亮。

共阴型低电平扫描、高电平显示信号驱动电路

图 12-5 所示为共阴型 LED 点阵低电平扫描信号、高电平显示信号驱动电路。这种扫描方式是任何时间只有一个低电平信号，其他为高电平。一列扫描完成后，再把低电平信号转到邻近列。扫描信号经限流电阻连接到 PNP 晶体管的基极。晶体管的集电极接地，射极则连至 LED 点阵的列引脚。若要同时点亮该列里的 7 个 LED，则该晶体管必须提供 140～210mA

射极电流，常用的 CS9015、2N3906、2SA684 等应该可达到这个要求。对于 8x51 的输出端口而言，低电平时可吸入大电流，使其所连接 PNP 晶体管获得较大的 i_b，并由晶体管的射极吸入足够大的 i_e，以驱动该列 LED 的阴极，使该列中的 LED 具有点亮的条件。

显示信号各经一个 1.5kΩ 限流电阻送入 NPN 晶体管的基极，为了提供足够大的电流，每个显示信号各接一个 **10kΩ** 上拉电阻，以期高电平时提供超过 **200μA** 的 $\boldsymbol{i_b}$。每个 NPN 晶体管的集电极连接 VCC，射极输出经一个 100Ω 限流电阻连接到 LED 点阵的行引脚。对于高电平的显示信号，将可提供其所连接 LED 的驱动电流，而这个驱动电流经过 LED 连到 PNP 晶体管的射极形成正向回路，即可点亮该 LED。常用的小型 NPN 晶体管（如 CS9013、2N3904 等），具有 100 倍以上的电流增益，只需要 200μA 的 i_b 即可产生 20mA 以上的驱动电流（i_e），足以点亮一个 LED。

在图 12-5 中扫描信号为“11011”，在 Col.3 列中，所有 LED 的阴极为低电平；显示信号为“0101010”可能会亮，所以 Row 2、Row 4、Row 6 为高电平。两组信号交集，所以 Col.3 列里的 Row 2、Row 4、Row 6 三个 LED 正向导通而亮。

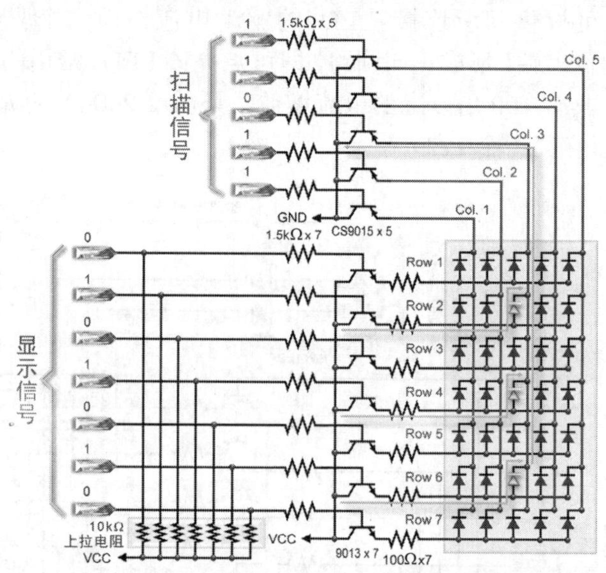

图 12-5　共阴型低电平扫描高电平显示信号驱动电路

共阳型高电平扫描高电平显示信号驱动电路

图 12-6 所示是针对共阳型 LED 点阵而设计的驱动电路，这种驱动电路采用高电平扫描（任何时间只有一列为高电平信号）。一列扫描完成后，再把高电平信号转到邻近的其他列。扫描信号连接到一个 NPN 晶体管的基极，同样地，这个晶体管可能要提供 7 个 LED 同时亮（也就是 140mA～210mA）的驱动电流。因此，在 8x51 的输出端口上必须连接 10kΩ 的上拉电阻，而所使用的 NPN 晶体管可选用一般的 NPN 晶体管（如 CS9013、2SC1384、2N3053 等）。当高电平的扫描信号输入后，即可产生晶体管的 i_b，放大后的 i_e 流入 LED 的阳极，该列中的 LED 将具有点亮的条件。

显示信号各经一个反相驱动器（如 ULN2003/ULN2803），再经限流电阻接到 LED 点阵的行引脚。对于高电平的显示信号，经反相驱动器后（变为低电平）即可吸取所连接 LED 的驱动电流，从而形成正向回路以点亮该 LED。虽然其中每个反相驱动器任何时间只需负责驱动一个 LED，对于 ULN2003/ULN2803 而言有点大材小用，但使用这个 IC 比使用 7 个晶体管还简单。

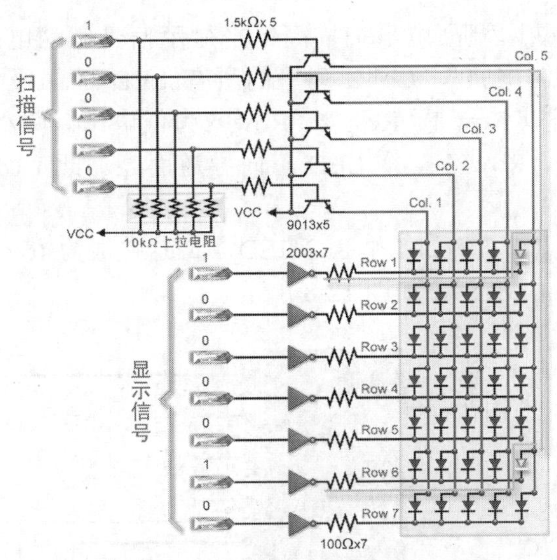

图 12-6　共阳型高电平扫描高电平显示信号驱动电路

在图 12-6 中扫描信号为“10000”，在 Col.5 列中，所有 LED 的阴极为高电平；显示信号为“1000010”可能会亮，所以 Row 1、Row 6 为低电平。两组信号交集，所以 Col. 5 列里的 Row 1、Row 6 等两个 LED 正向导通而亮。

共阳型低电平扫描高电平显示信号驱动电路

图 12-7 为共阳型 LED 点阵的驱动电路，在此采用低电平扫描，一列扫描完成后，再把低电平信号转到邻近的其他列。扫描信号连接到一个 PNP 晶体管的基极，而该晶体管的射极接到 VCC。同样地，此晶体管要提供 7 个 LED 所需的电流（即 140～210mA 射极电流），而常用的小型 PNP 晶体管即可达到这个要求。对于 8x51 的输出端口而言，低电平时可吸入大电流，使其所连接 PNP 晶体管获得较大的 i_b，让晶体管的射极能吸入足够大的 i_e，以驱动该列 LED 的阴极，使该列中的 LED 具有点亮的条件。

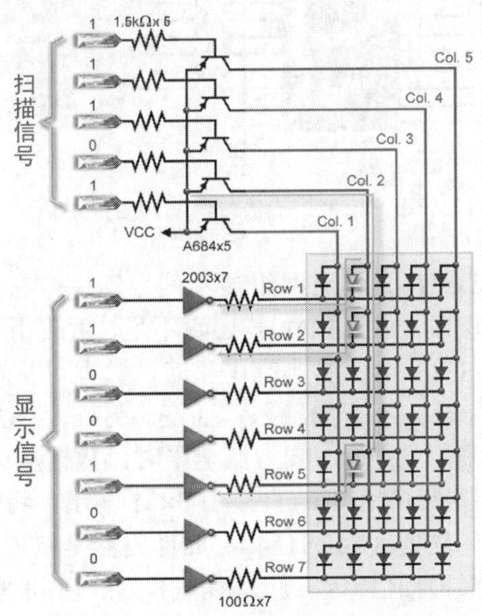

图 12-7　共阳型低电平扫描高电平显示信号驱动电路

显示信号的部分与共阳型高电平扫描高电平显示信号驱动电路一样，在此不赘述。图 12-7 中扫描信号为“10111”，Col.2 列里的所有 LED 的阴极为高电平；显示信号为“1100100”可能会亮，所以 Row 1、Row 2、Row 5 为低电平。两组信号交集，所以 Col.2 列里的 Row 1、Row 2、Row 5 三个 LED 正向导通而亮。此 **LED** 点阵驱动电路属于较佳的方式。

若要并接多个 LED 点阵，例如 4 个 8×8 LED 点阵连接成为 16×16 LED 点阵，则一个扫描信号同时驱动两列 LED（8+8），如图 12-8 所示。

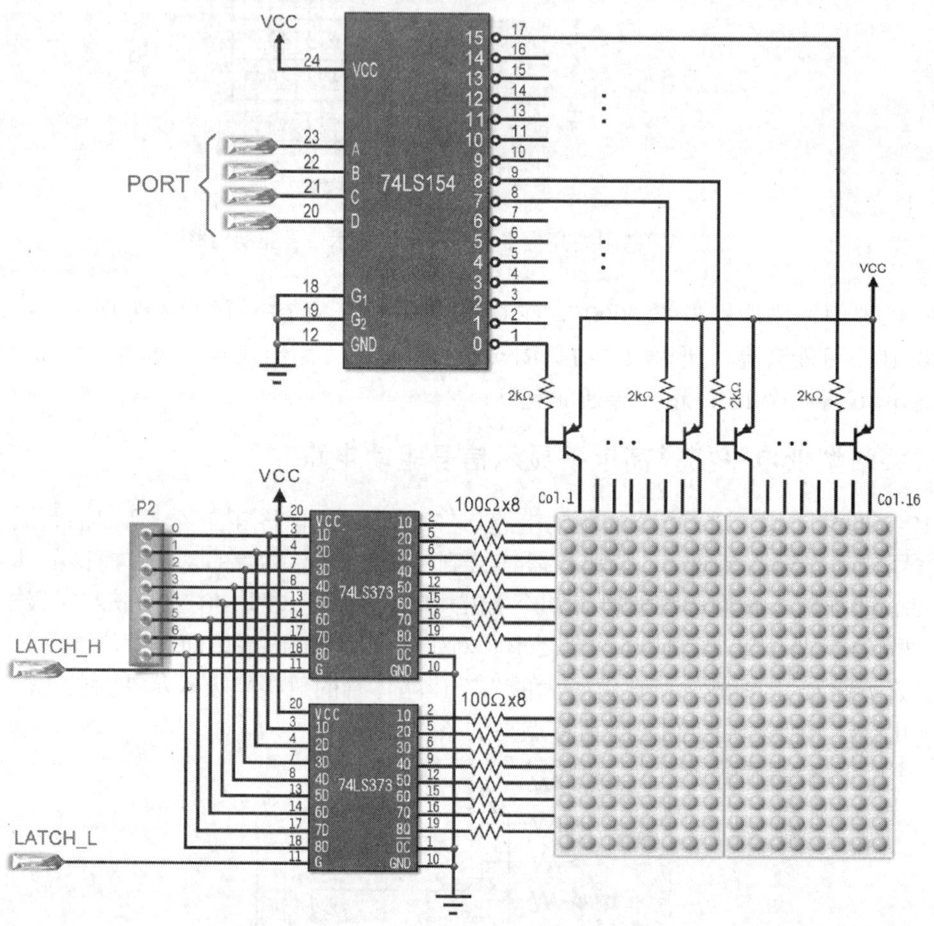

图 12-8　一个扫描信号驱动两组显示信号

此时可使用锁存器（74LS373）将这两组显示信号锁住，在此的锁存器是以低电平输出的，其 I_{OL} 可达 24mA，足以驱动一个 LED；若还嫌不足，可改用 74AS373（如图 12-9 所示），其 I_{OL} 最大为 48mA。当 74LS373 的 G 脚为高电平时，数据可从输入端传输到锁存器里；G 脚为低电平时，则数据将被锁住，不会随输入端而变。另外，$\overline{OC}$ 脚为输出控制引脚，当 $\overline{OC}$ 脚为高电平时，输出端呈现高阻抗；$\overline{OC}$ 脚为低电平时，数据从会由锁存器输出。

此驱动电路的扫描信号总共 16 条，若直接由 8×51 输出，将占用 2 个端口，并不理想。在此可使用一个 4 对 16 的译码器（74LS154），此译码器是将输入的十六进制码译码输出低电平扫描信号。而输出低电平扫描信号经过限流电阻，连接到 PNP 晶体管的基极，再经晶体管放大后推动 16 个 LED。

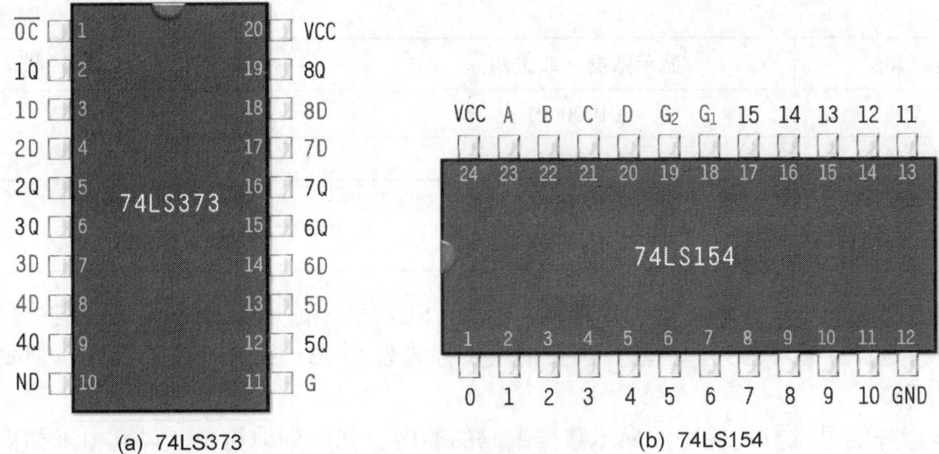

图 12-9　74LS373 与 74LS154

12–3　LED 点阵显示方式

LED 点阵的显示是采用扫描的方式，首先将所要显示的文字按每列拆解成多组显示信号，如图 12-10 所示，对于一个 8×8 LED 点阵而言，若要显示“公”字，则可将各列显示数据输出。

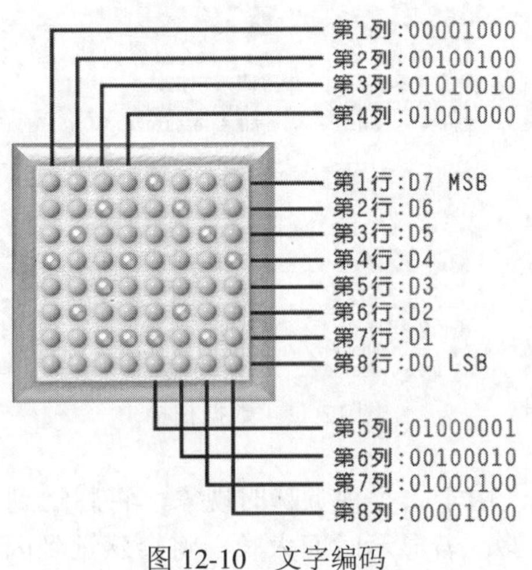

图 12-10　文字编码

若 LED 点阵的第 1 行为显示数据的 D0，第 8 行为 D7，则可列出这个字的显示数据编码，如表 12-3 所示。

表 12-3　编码对照表

扫描顺序	显示数据（二进制）	显示数据（十六进制）
第 1 列	00001000	0x08
第 2 列	00100100	0x24
第 3 列	01010010	0x52
第 4 列	01001000	0x48

续表

扫描顺序	显示数据（二进制）	显示数据（十六进制）
第 5 列	01000001	0x41
第 6 列	00100010	0x22
第 7 列	01000100	0x44
第 8 列	00001000	0x08

编码方式必须与实际线路相符，若第 1 行为 LSB，第 8 行为 MSB，则连接到微控制器时也一定要按这样的顺序才列。当然，若要把第 1 行改为 MSB、第 8 行改为 LSB，则线路连接也要跟着调整。

LED 点阵的显示方式就是按显示数据编码的顺序一列一列地显示。以高电平扫描为例，若要显示第一列，则先将第一列的显示数据（00001000）送至 LED 点阵的行引脚，再将“10000000”扫描信号送至 LED 点阵的列引脚，即可显示第一列，此时其他列并不显示。同样地，若要显示第二列，则先将第二列的显示数据（00100100）送至 LED 点阵的行引脚，再将“01000000”扫描信号送至 LED 点阵的列引脚，即可显示第二列，此时其他列并不显示，以此类推，如图 12-11 所示。

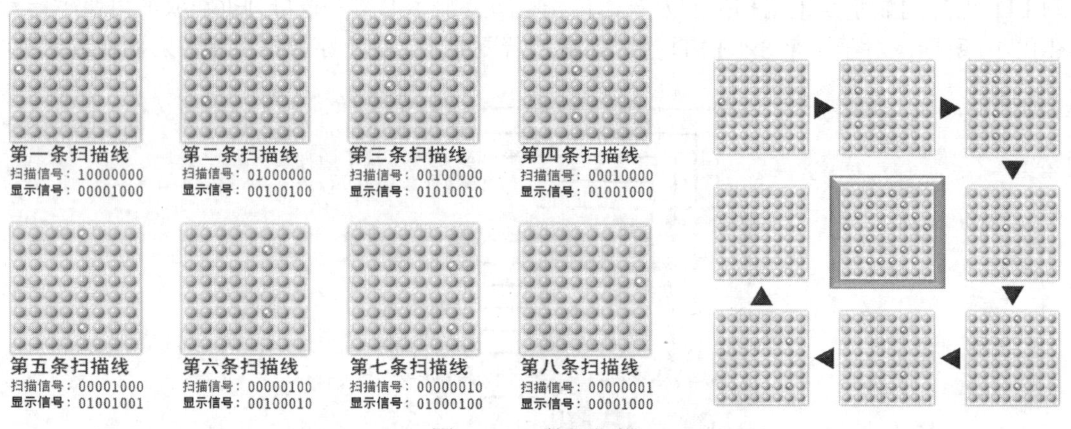

图 12-11 数据扫描

每列的显示时间约 2ms，由于人类视觉瞬时现象，将感觉到 8 列 LED 同时显示的样子。若显示时间太短，则亮度不够；若显示时间太长，将会感觉到闪烁。

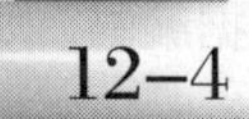

12–4 LED 点阵动态显示

在 LED 点阵里可以采用动态显示方式，让所要显示的文字或图形左右或上下移动。在本单元里将探讨如何进行水平移动、垂直移动。

12-4-1 水平移动

若要将文字或图形在 LED 点阵里左右移动，只要以不同的顺序显示其编码即可，以图

12-12 所示的编码为例，若按第 1 列、第 2 列这样的顺序重复循环显示，则 LED 点阵上将显示图 12-12 所示的字样。以下将介绍如何让它有“左移”、“右移”的感觉。

左移

对于 8×8 LED 点阵，其左移就是显示 8 个不同的字型，如图 12-13 所示。首先扫描第一个字型，同样是 8 列、8 次扫描、8 次显示；完成第一个字型后，再扫描第二个字型；完成第二个字型后，再扫描第三个字型，以此类推，即可产生该文字字型或图形左移的感觉。

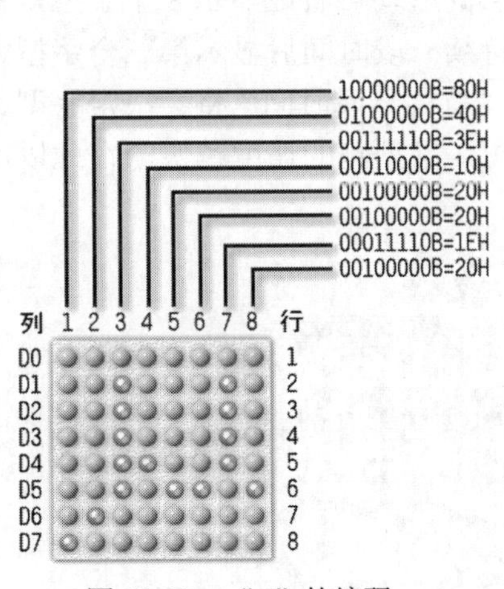

图 12-12 “μ”的编码

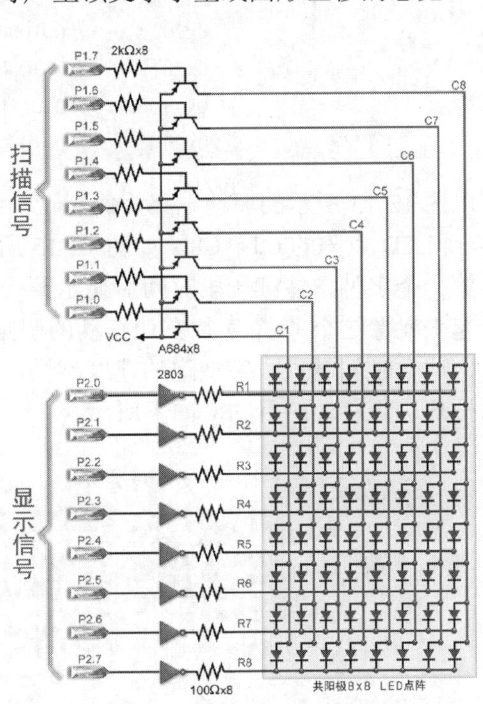

图 12-13 8×8 LED 驱动电路图

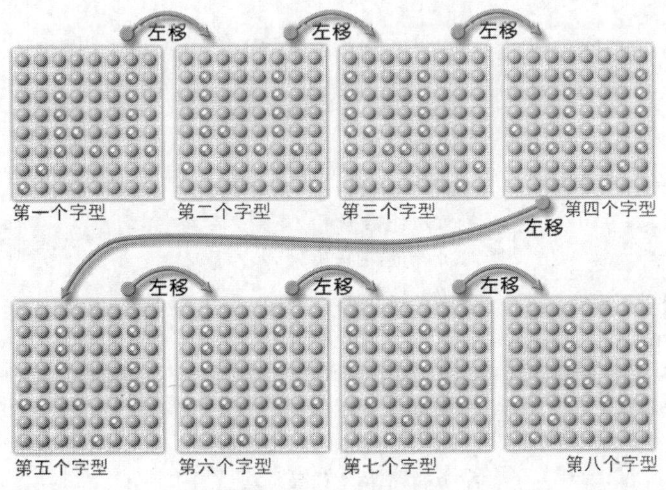

图 12-14 左移步骤

原来的字型（第一个字型）编码为 0x80、0x40、0x3e、0x10、0x20、0x20、0x1e、0x20；第二个字型编码为 0x40、0x3e、0x10、0x20、0x20、0x1e、0x20、0x80，也就是把原来第一

个字型编码中第1列显示数据变为第8列显示数据，第2列显示数据变为第1列显示数据，第3列显示数据变为第2列显示数据，第4列显示数据，变为第3列显示数据，以此类推。在此将利用以下数组来存储这些数据。

```
unsigned char code d[8]={   0x80,       // 10000000
                            0x40,       // 01000000
                            0x3e,       // 00111110
                            0x10,       // 00010000
                            0x20,       // 00100000
                            0x20,       // 00100000
                            0x1e,       // 00011110
                            0x20 };     // 00100000
```

以图12-13所示的驱动电路为例，显示信号由P2送到LED点阵的R1～R8，扫描信号由P1送到LED点阵的C1～C8。如图12-15所示，整个图形的移动可看成显示8个字型，首先显示第一个字型，持续一段时间后显示第二个字型，又持续一段时间后显示第三个字型，如此看起来就像这个“μ”字往左边移动的感觉。而其中的“持续一段时间”将会决定字型跑的速度，这个时间越长，字型跑的速度越慢，这个时间越短，字型跑的速度越快。在此以双循环的技巧达到移动的目的，如下所示。

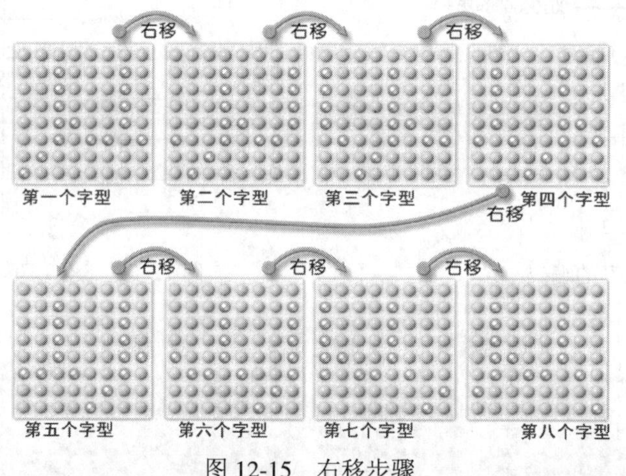

图12-15 右移步骤

```
for (j=0;j<8;j++)                       // 8 组数据
  {    scan=0x01;                       // 初始扫描信号
       for (i=0;i<8;i++)                // 扫描周期
       { P2=0x00;                       // 关闭显示信号
         P1=~scan;                      // 输出扫描信号
         P2=d[(i+j)%8];                 // 输出显示信号
         delay1ms(2);                   // 延迟 2ms
         scan<<=1;                      // 下个扫描信号
       }                                // 结束 1 个扫描周期
}                                       // 结束
```

上述程序从第一个字型（**j=0**）开始扫描显示，其运算结果如表12-4所示。

表 12-4 双循环左移扫描表

j	i	P2=d[(i+j)%8]	P1	j	i	P2=d[(i+j)%8]	P1
0	0	d[0]	01111111	4	0	d[4]	01111111
	1	d[1]	10111111		1	d[5]	10111111
	2	d[2]	11011111		2	d[6]	11011111
	3	d[3]	11101111		3	d[7]	11101111
	4	d[4]	11110111		4	d[0]	11110111
	5	d[5]	11111011		5	d[1]	11111011
	6	d[6]	11111101		6	d[2]	11111101
	7	d[7]	11111110		7	d[3]	11111110
1	0	d[1]	01111111	5	0	d[5]	01111111
	1	d[2]	10111111		1	d[6]	10111111
	2	d[3]	11011111		2	d[7]	11011111
	3	d[4]	11101111		3	d[0]	11101111
	4	d[5]	11110111		4	d[1]	11110111
	5	d[6]	11111011		5	d[2]	11111011
	6	d[7]	11111101		6	d[3]	11111101
	7	d[0]	11111110		7	d[4]	11111110
2	0	d[2]	01111111	6	0	d[6]	01111111
	1	d[3]	10111111		1	d[7]	10111111
	2	d[4]	11011111		2	d[0]	11011111
	3	d[5]	11101111		3	d[1]	11101111
	4	d[6]	11110111		4	d[2]	11110111
	5	d[7]	11111011		5	d[3]	11111011
	6	d[0]	11111101		6	d[4]	11111101
	7	d[1]	11111110		7	d[5]	11111110
3	0	d[3]	01111111	7	0	d[7]	01111111
	1	d[4]	10111111		1	d[0]	10111111
	2	d[5]	11011111		2	d[1]	11011111
	3	d[6]	11101111		3	d[2]	11101111
	4	d[7]	11110111		4	d[3]	11110111
	5	d[0]	11111011		5	d[4]	11111011
	6	d[1]	11111101		6	d[5]	11111101
	7	d[2]	11111110		7	d[6]	11111110

刚才的程序里，每个字型只扫描一个周期，大概花费 16ms。这样，字型跑得很快，快到看不清楚。我们可多加一个 k 循环，让每个字型扫描 10 次，则约每 0.16s 移动一次，循环如下。

```
for (j=0;j<8;j++)                  // 8 组数据
  for (k=0;k<10;k++)               // 扫描 10 个周期
  {   scan=0x01;                   // 初始扫描信号
      for (i=0;i<8;i++)            // 扫描周期
      { P2=0x00;                   // 关闭显示信号
```

```
        P1=~scan;               // 输出扫描信号
        P2=d[(i+j)%8];          // 输出显示信号
        delay1ms(2);            // 延迟 2ms
        scan<<=1;               // 下个扫描信号
    }                           // 结束 1 个扫描周期
}                               // 结束 10 个扫描周期
```

若在程序的开头声明一个 speed 变量，以此变量作为移动速度的调整，则其数值越大，移动速度越慢，具体如下。

```
unsigned char speed=10;             // 声明速度变量
⋮
for (j=0;j<8;j++)                   //8 组数据
  for (k=0;k< speed;k++)            // 扫描 speed 个周期
  {    scan=0x01;                   // 初始扫描信号
       for (i=0;i<8;i++)            // 扫描周期
       { P2=0x00;                   // 关闭显示信号
         P1=~scan;                  // 输出扫描信号
         P2=d[(i+j)%8];             // 输出显示信号
         delay1ms(2);               // 延迟 2ms
         scan<<=1;                  // 下个扫描信号
       }                            // 结束 1 个扫描周期
}                                   // 结束 speed 个扫描周期
```

右移

基本上，右移与左移的操作类似，而其扫描的顺序相反，如图 12-15 所示，原来的字型（第一个字型）的编码为 0x80、0x40、0x3e、0x10、0x20、0x20、0x1e、0x20；第二个字型编码为 0x20、0x80、0x40、0x3e、0x10、0x20、0x20、0x1e，也就是把第一个字型编码中第 8 列显示数据变为第 1 列显示数据，第 1 列显示数据变为第 2 列显示数据，第 2 列显示数据变为第 3 列显示数据，第 3 列显示数据变为第 4 列显示数据，以此类推。同样以双循环的技巧达到移动的目的，如下所示。

```
for (j=0;j<8;j++)                   //8 组数据
  {    scan=0x01;                   // 初始扫描信号
       for (i=0;i<8;i++)            // 扫描周期
       {P2=0x00;                    // 关闭显示信号
         P1=~scan;                  // 输出扫描信号
         P2=d[(8+i-j)%8];           // 输出显示信号
         delay1ms(2);               // 延迟 2ms
         scan<<=1;                  // 下个扫描信号
       }                            // 结束 1 个扫描周期
}                                   // 结束
```

上述程序从第一个字型（**j=0**）开始扫描显示，其运算结果如表 12-4 所示。

表 12-5 双循环右移扫描表

j	i	P2=d[(i+j)%8]	P1	j	i	P2=d[(i+j)%8]	P1
0	0	d[0]	01111111	4	0	d[4]	01111111
	1	d[1]	10111111		1	d[5]	10111111
	2	d[2]	11011111		2	d[6]	11011111
	3	d[3]	11101111		3	d[7]	11101111
	4	d[4]	11110111		4	d[0]	11110111
	5	d[5]	11111011		5	d[1]	11111011
	6	d[6]	11111101		6	d[2]	11111101
	7	d[7]	11111110		7	d[3]	11111110
1	0	d[7]	01111111	5	0	d[3]	01111111
	1	d[0]	10111111		1	d[4]	10111111
	2	d[1]	11011111		2	d[5]	11011111
	3	d[2]	11101111		3	d[6]	11101111
	4	d[3]	11110111		4	d[7]	11110111
	5	d[4]	11111011		5	d[0]	11111011
	6	d[5]	11111101		6	d[1]	11111101
	7	d[6]	11111110		7	d[2]	11111110
2	0	d[6]	01111111	6	0	d[2]	01111111
	1	d[7]	10111111		1	d[3]	10111111
	2	d[0]	11011111		2	d[4]	11011111
	3	d[1]	11101111		3	d[5]	11101111
	4	d[2]	11110111		4	d[6]	11110111
	5	d[3]	11111011		5	d[7]	11111011
	6	d[4]	11111101		6	d[0]	11111101
	7	d[5]	11111110		7	d[1]	11111110
3	0	d[5]	01111111	7	0	d[1]	01111111
	1	d[6]	10111111		1	d[2]	10111111
	2	d[7]	11011111		2	d[3]	11011111
	3	d[0]	11101111		3	d[4]	11101111
	4	d[1]	11110111		4	d[5]	11110111
	5	d[2]	11111011		5	d[6]	11111011
	6	d[3]	11111101		6	d[7]	11111101
	7	d[4]	11111110		7	d[0]	11111110

同样地，加入一个 k 循环及 speed 变量，让每个字型扫描 speed 次，调整此变量，即可调整移动的速度，其数值越大，移动速度越慢，具体如下。

```
unsigned char    speed=10;              // 声明速度变量
:
for (j=0;j<8;j++)                       // 8 组数据
  for (k=0;k< speed;k++)                // 扫描 speed 个周期
  {    scan=0x01;                       // 初始扫描信号
       for (i=0;i<8;i++)                // 扫描周期
```

```
        { P2=0x00;                    // 关闭显示信号
          P1=~scan;                   // 输出扫描信号
          P2=d[(8+i-j)%8];            // 输出显示信号
          delay1ms(2);                // 延迟 2ms
          scan<<=1;                   // 下个扫描信号
        }                             // 结束 1 个扫描周期
}                                     // 结束 speed 个扫描周期
```

12-4-2 垂直移动

若要将文字或图形在 LED 点阵上下移动，只要改变每列显示数据的顺序即可，以图 12-16 所示的编码为例，若按第 1 列由原来的“00010000”改变为“00100000”，第 2 列由原来的“00110000”改变为“01100000”，第 3 列由原来的“01010110”改变为“10101100”，以此类推，则显示这些新数据时就有图样下卷的感觉。简言之，只要利用每笔数据的左移或右移即可产生“下卷”、“上卷”的感觉。

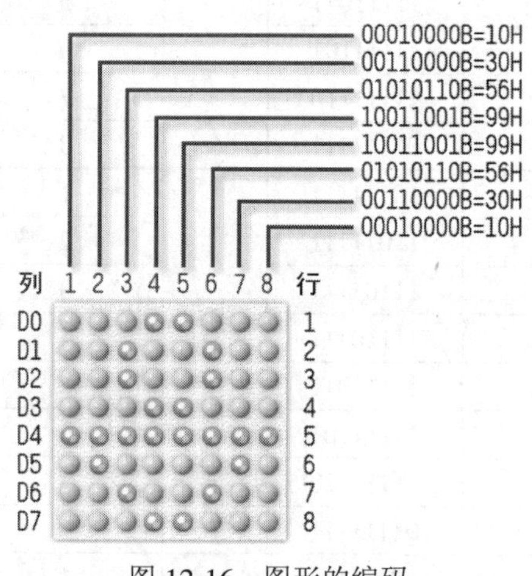

图 12-16 图形的编码

上卷

如图 12-17 所示，LED 点阵的上卷就是显示 8 个不同的字型。首先扫描第一个字型，同样是 8 列、8 次扫描、8 次显示；完成第一个字型后，再扫描第二个字型；完成第二个字型后，再扫描第三个字型，以此类推，即可产生该文字或图形上卷的感觉。

原来的字型（第一个字型）的编码为 00010000、00110000、01010110、10011001、10011001、01010110、00110000、00010000；第二个字型编码为 00001000、00011000、00101011、11001100、11001100、00101011、00011000、00001000，也就是把第一个字型编码中每列显示数据都右移一位即可产生上卷的效果。在此利用以下数组存储这些数据。

```
unsignedchar code d[8]={ 0x10,         // 00010000
                         0x30,         // 00110000
                         0x56,         // 01010110
                         0x99,         // 10011001
```

```
0x99,          // 10011001
0x56,          // 01010110
0x30,          // 00110000
0x10 };        // 00010000
```

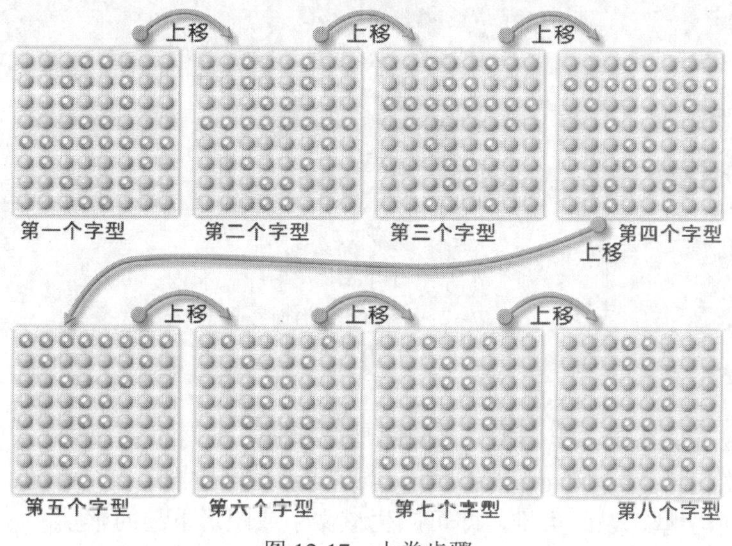

图 12-17 上卷步骤

在汇编语言里，利用“RR A”指令可将 ACC 寄存器的数据右移一位，而其最右边一位将移至最左边。在 C 语言里，可没这么方便。若执行“d[0]>>=1”指令时，可将 d[0]数据右移一位，但其最右边一位并不会移至最左边，而是填入 0；若要把最右边一位移至最左边，可左移 7 个位，即“d[0]<<=7”。把前述两个操作以 OR 运算结合起来，即**“d[0]>>=1|d[0]<<=7”**，如此即可将字型的第 0 列循环上移一位。再以 for 循环的方式将 8 列的字型都进行相同的操作（即 **“d[i]>>=1| d[i]<<=7”**，其中 i 从 0 到 7），即可将整个字型循环上移一位。

如果要产生一位接一位循环上移的效果，则可利用变量的方式，即 **“d[i]>>=j | d[i]<<=(8-j)”**，若 j=0，则产生正常字型，即 **“d[i]>>=0 | d[i]<<= (8-0)”**，每列移 0 位与移 8 位进行 OR 的运算，其结果与原来一样。同理，若 j=1，则产生正常字型，即 **“d[i]>>=1 | d[i]<<=(8-1)”**，每列移 1 位与移 7 位进行 OR 的运算，其结果使整个字型循环上移一位。j=2 至 j=7 的操作与前面的说明类似，在此不赘述，整个程序如下。

```
for (i=0;i<8;i++)                    // 8 组数据
{   scan=0x01;                       // 初始扫描信号
  for (j=0;j<8;j++)                  // 扫描周期
  { P2=0xff;                         // 关闭显示信号
    P1=~scan;                        // 输出扫描信号
    P2=d[i]>>j | d[i]<<(8-j);        // 输出显示信号
    delay1ms(2);                     // 延迟 2ms
    scan<<=1;                        // 下一个扫描信号
  }                                  // 结束 1 个扫描周期
}                                    // 结束
```

同样地，我们可加入另一个 for 循环，让一个字型重复扫描 speed 次，具体如下。

```
unsigned char      speed=10;              // 声明速度变量
  ⋮
for (j=0;j<8;j++)                         // 8 组数据
  for (k=0;k< speed;k++)                  // 扫描 speed 个周期
  {    scan=0x01;                         // 初始扫描信号
       for (i=0;i<8;i++)                  // 扫描周期
       { P2=0x00;                         // 关闭显示信号
       P1=~scan;                          // 输出扫描信号
       P2=d[i]>>j | d[i]<<(8-j);          // 输出显示信号
       delay 1ms(2);                      // 延迟 2ms
       scan<<=1;                          // 下个扫描信号
       }                                  // 结束 1 个扫描周期
  }                                       // 结束 speed 个扫描周期
```

下卷

如图 12-18 所示，下卷与上卷类似，同样是显示 8 个不同的字型。首先扫描第一个字型，同样是 8 列、8 次扫描、8 次显示；完成第一个字型后，再扫描第二个字型；完成第二个字型后，再扫描第三个字型，以此类推，即可产生该文字或图形下卷的感觉。

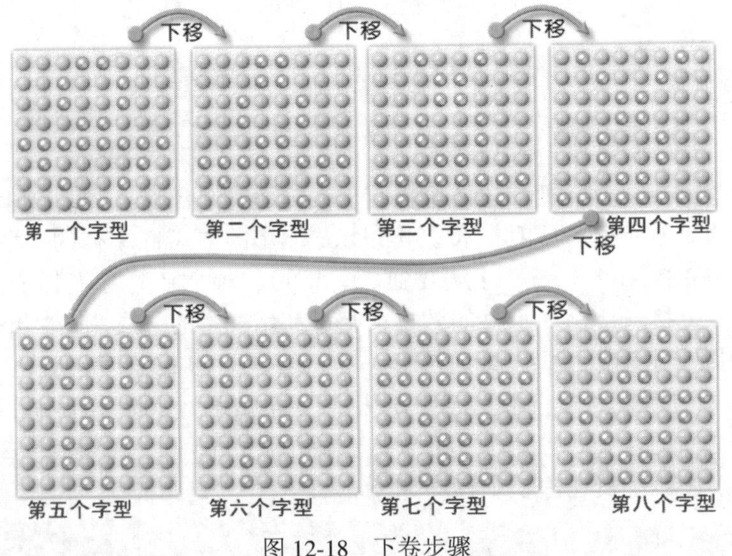

图 12-18　下卷步骤

原来的字型（第一个字型）的编码为 00010000、00110000、01010110、10011001、10011001、01010110、00110000、000100000；第二个字型编码为 00100000、01100000、10101100、00110011、00110011、10101100、01100000、001000000，也就是把第一个字型编码中每列显示数据都左移一位即可产生下卷的效果。

同样地，移位的方向倒过来（与上移相反），即 **“d[0]<<=1| d[0]>>=7”**，如此即可将字型的第 0 列循环下移一位。再以 for 循环的方式将 8 列的字型都进行相同的操作（即 **“d[i]<<=1 | d[i]>>=7”**，其中 i 从 0 到 7），即可将整个字型循环下移一位。

如果要产生一位接一位循环上移的效果，则可利用变量的方式，即 **“d[i]>>=j | d[i]<<=(8-j)”**，若 j=0，则产生正常字型，即 **“d[i]>>=0 | d[i]<<=（8-0）”**，每列移 0 位与移 8 位进行

OR 的运算，其结果与原来一样。同理，若 j=1，则产生正常字型，即“**d[i]>>=1| d[i]<<=(8-1)**”，每列移 1 位与移 7 位进行 OR 的运算，其结果使整个字型循环上移一位。j=2 至 j=7 的操作与前面的说明类似，在此不赘述，整个程序如下。

```
for (i=0;i<8;i++)                       // 8 组数据
{  scan=0x01;                           // 初始扫描信号
   for (j=0;j<8;j++)                    // 扫描周期
   { P2=0xff;                           // 关闭显示信号
      P1=~scan;                         // 输出扫描信号
      P2=d[i]<<j | d[i]>>(8-j);         // 输出显示信号
      delay1ms(2);                      // 延迟 2ms
      scan<<=1;                         // 下一个扫描信号
   }                                    // 结束 1 个扫描周期
}                                       // 结束
```

再用 for 循环，将一个字型重复扫描 speed 次，具体如下。

```
unsigned char     speed=10;             // 声明速度变量
:
for (j=0;j<8;j++)                       // 8 组数据
  for (k=0;k< speed;k++)                // 扫描 speed 个周期
  {     scan=0x01;                      // 初始扫描信号
        for (i=0;i<8;i++)               // 扫描周期
        { P2=0x00;                      // 关闭显示信号
           P1=~scan;                    // 输出扫描信号
           P2=d[i]<<j | d[i]>>(8-j);    // 输出显示信号
           delay 1ms(2);                // 延迟 2ms
           scan<<=1;                    // 下个扫描信号
  }                                     // 结束 1 个扫描周期
}                                       // 结束 speed 个扫描周期
```

12-5 实例演练

在本单元里提供多个 LED 点阵的应用范例。

12-5-1 8×8 LED 点阵静态显示

实验要点

如图 12-19 所示，其中的 8×8 共阳极 LED 点阵可采用 1.2″的 MM12884P，或 2.3″的 MM23884P。扫描信号连接到 8x51 的 P1，显示信号连接到 8x51 的 P2。在此将由这个 LED 点阵显示 0～9，约每 0.5s 增加 1。显示结果如图 12-20 所示。

0 到 9 的编码如表 12-6 所示。

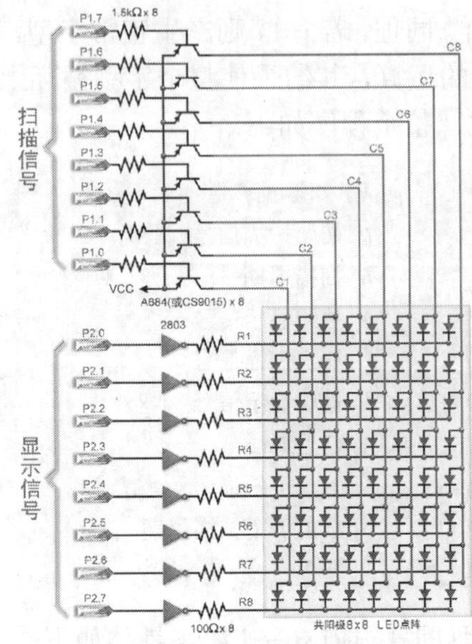

图 12-19 单色 8×8 LED 实验电路图

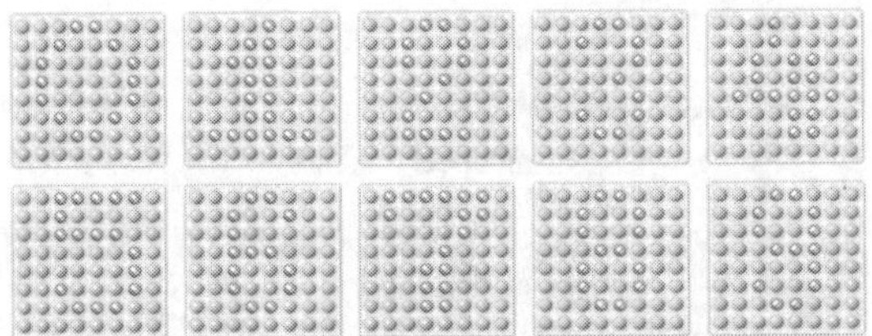

图 12-20 显示结果

表 12-6 0～9 的编码

位数	1	2	3	4	5	6	7	8
0	0x00	0x1c	0x22	0x41	0x41	0x22	0x1c	0x00
1	0x00	0x40	0x44	0x7e	0x7f	0x40	0x40	0x00
2	0x00	0x00	0x66	0x51	0x49	0x46	0x00	0x00
3	0x00	0x00	0x22	0x41	0x49	0x36	0x00	0x00
4	0x00	0x10	0x1c	0x13	0x7c	0x7c	0x10	0x00
5	0x00	0x00	0x27	0x45	0x45	0x45	0x39	0x00
6	0x00	0x00	0x3e	0x49	0x49	0x32	0x00	0x00
7	0x00	0x03	0x01	0x71	0x79	0x07	0x03	0x00
8	0x00	0x00	0x36	0x49	0x49	0x36	0x00	0x00
9	0x00	0x00	0x26	0x49	0x49	0x3e	0x00	0x00

流程图与程序设计

```
/* 8×8 LED 点阵实验（ch12-5-1.c）*/
#include    <reg51.h>
#define ROWP    P2                  // 输出行接至 P2
#define COLP    P1                  // 扫描列接至 P1
#define repeat  30                  // 扫描 30 周，约 2ms×8×30=0.48s
unsigned char code disp[][8]=       //====== 字型 ==============
{   {0x00, 0x1c, 0x22, 0x41, 0x41, 0x22, 0x1c, 0x00},    // 0
```

```
    {0x00, 0x40, 0x44, 0x7e, 0x7f, 0x40, 0x40, 0x00}, // 1
    {0x00, 0x00, 0x66, 0x51, 0x49, 0x46, 0x00, 0x00},  // 2
    {0x00, 0x00, 0x22, 0x41, 0x49, 0x36, 0x00, 0x00}, // 3
    {0x00, 0x10, 0x1c, 0x13, 0x7c, 0x7c, 0x10, 0x00}, // 4
    {0x00, 0x00, 0x27, 0x45, 0x45, 0x45, 0x39, 0x00}, // 5
    {0x00, 0x00, 0x3e, 0x49, 0x49, 0x32, 0x00, 0x00}, // 6
    {0x00, 0x03, 0x01, 0x71, 0x79, 0x07, 0x03, 0x00}, // 7
    {0x00, 0x00, 0x36, 0x49, 0x49, 0x36, 0x00, 0x00}, // 8
    {0x00, 0x00, 0x26, 0x49, 0x49, 0x3e, 0x00, 0x00}}; // 9
void delay1ms(int);                          // 声明延迟函数
//============== 主 程 序 ==================
main()                                       // 主程序开始
{ unsigned char i,j,k,scan;                  // 声明变量
  while (1)                                  // 无穷循环
  for (i=0;i<10;i++)                         // 字型 0~9
      for (k=0;k<repeat;k++)                 // 重复执行 repeat 次
      {   scan=1;                            // 初始扫描信号
          for (j=0;j<8;j++)                  // 扫描 8 行
          {   ROWP=0x00;                     // 关闭 LED
              COLP=~scan;                    // 输出扫描信号
              ROWP=disp[i][j];               // 输出显示信号
              delay1ms(2);                   // 延迟 2ms
              scan<<=1;                      // 下一个扫描信号
          }                                  // 扫描 8 行（j 循环）结束
      }                                      // 执行 repeat 次（k 循环）结束
}                                            // 主程序结束
//============== 延迟函数 ==================
void delay1ms(int x)
{       int i,j;                             // 声明变量
        for (i=0;i<x;i++)                    // 外循环 xms
            for (j=0;j<120;j++);             // 内循环 1ms
}                                            // 延迟函数结束
```

8×8 LED 点阵静态显示实验（ch12-5-1.c）

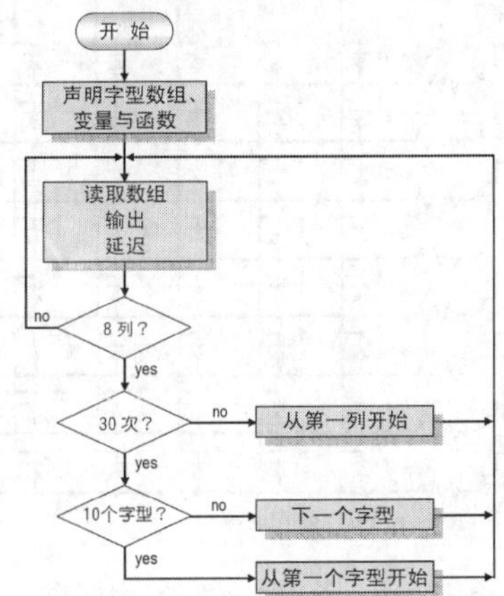

操作

1. 根据功能需求与电路结构，在 Keil C 里编写程序并进行编译，以产生*.HEX 文件。然后进行软件调试/仿真，看看其功能是否正常。若有错误或非预期的状态，则检查源程序，看看哪里出了问题，修改并将它记录在实验报告里。

2. 若软件调试/仿真功能正常，可按图 12-19 连接线路，并使用在线仿真器加载新的程序（*.HEX），以仿真该电路的动作。若有非预期的状态，则检查线路的连接状态，看看哪里出了问题并将它记录在实验报告里。

3. 若在线仿真功能正常，将程序刻录到 89S51（可使用 89S51 在线刻录实验板），再把该 89S51 放入实际电路，以取代刚才的在线仿真器，然后直接送电，看看是否正常。

4. 编写实验报告。

思考一下

1. 试着更改本实验里的电路，改采用 8×8 共阴型 LED 点阵，再执行同样的功能。
2. 试着更改本实验里的程序，让 LED 点阵依次显示你的出生年月日。

12-5-2 8×8 LED 点阵静态多色显示

实验要点

如图 12-21 所示，其中 MM12883AP 为绿/橙双色 1.2″、8×8 共阴型 LED 点阵，其中包括绿色与橙色两组扫描信号，分别连接到 8x51 的 P1 与 P3，显示信号则连接到 8x51 的 P2。在本单元里，将由这个 LED 点阵显示 0～9，约每 0.5s 增加 1，第一输出以绿色显示，第二输出以橙色显示；而 0 到 9 的编码与 12-5-1 节一样。

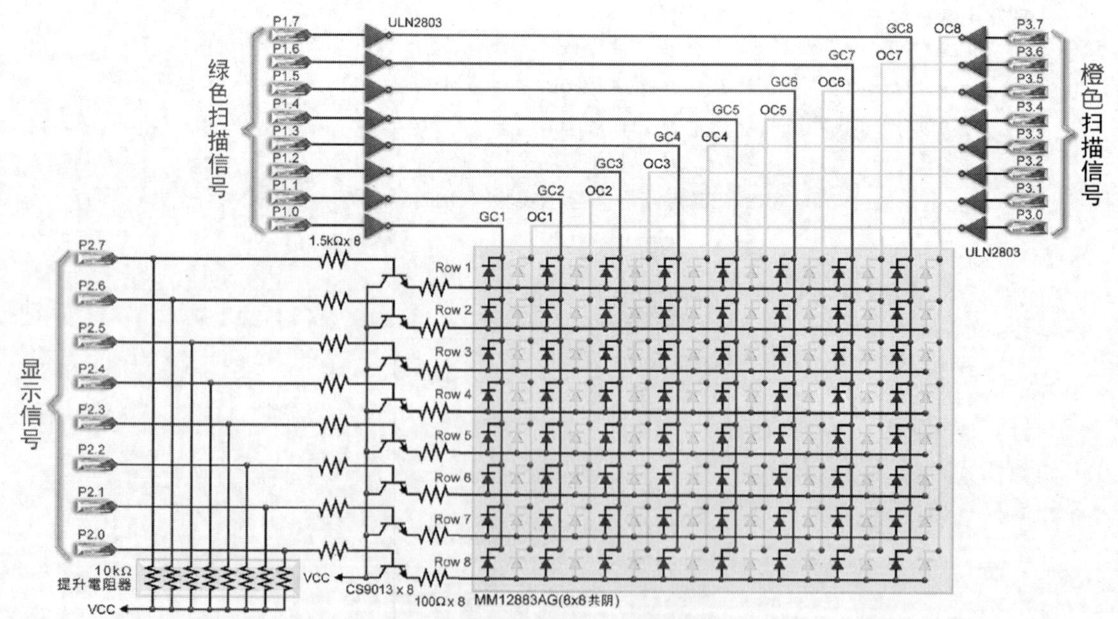

图 12-21 多色显示实验电路图

流程图与程序设计

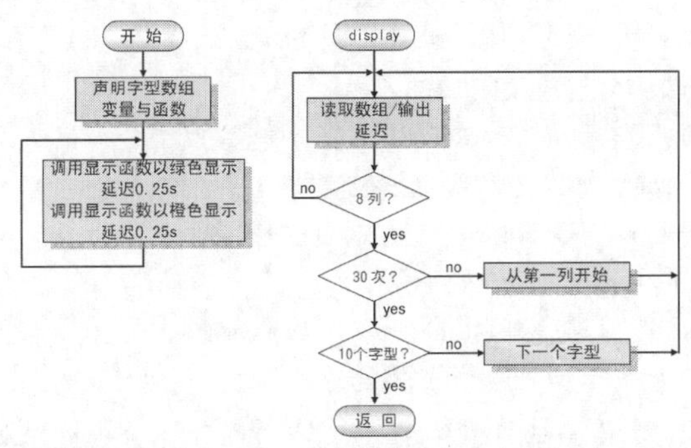


```
/* 8×8 LED 彩色点阵实验（ch12-5-2.c）*/
#include <reg51.h>
#define ROWP P2                          // 输出列接至 P2
#define green P1                         // 定义绿色行扫描信号连接端口
#define orange P3                        // 定义橙色行扫描信号连接端口
unsigned char code disp[][8]=            //====== 字 型 ==============
{   {0x00, 0x1c, 0x22, 0x41, 0x41, 0x22, 0x1c, 0x00},   // 0
    {0x00, 0x40, 0x44, 0x7e, 0x7f, 0x40, 0x40, 0x00},  // 1
    {0x00, 0x00, 0x66, 0x51, 0x49, 0x46, 0x00, 0x00}, // 2
    {0x00, 0x00, 0x22, 0x41, 0x49, 0x36, 0x00, 0x00}, // 3
    {0x00, 0x10, 0x1c, 0x13, 0x7c, 0x7c, 0x10, 0x00},  // 4
    {0x00, 0x00, 0x27, 0x45, 0x45, 0x45, 0x39, 0x00}, // 5
    {0x00, 0x00, 0x3e, 0x49, 0x49, 0x32, 0x00, 0x00},   // 6
    {0x00, 0x03, 0x01, 0x71, 0x79, 0x07, 0x03, 0x00},   // 7
    {0x00, 0x00, 0x36, 0x49, 0x49, 0x36, 0x00, 0x00}, // 8
    {0x00, 0x00, 0x26, 0x49, 0x49, 0x3e, 0x00, 0x00}}; // 9
unsigned char speed=30;                  // 约 0.48s
void delay1ms(int);                      // 声明延迟函数
void display(bit);                       // 声明显示函数
//============== 主 程 式 ===================
main()                                   // 主程序开始
{   while (1)                            // 无穷循环
    {   display(0);                      // 显示绿色
        green=0xff;                      // 关闭绿色 LED
        delay1ms(250);                   // 延迟 0.25s
        display(1);                      // 显示橙色
        orange=0xff;                     // 关闭橙色 LED
        delay1ms(250);                   // 延迟 0.25s
    }                                    // while 结束
}                                        // 主程序结束
//============= 显示函数 ==================
void display(bit color)                  // 显示函数开始
{   unsigned char i,j,k,scan;            // 声明变量
```

```
    for (i=0;i<10;i++)                  // 字型循环
        for (k=0;k<speed;k++)           // 重复执行 k 次
        {   scan=0x01;                  // 初始扫描信号
            for (j=0;j<8;j++)           // 扫描一周
            {   ROWP=0xff;              // 关闭 LED
                if(color==0)            // 若 color=0
                    green=scan;         // 输出绿色扫描信号
                else orange=scan;       // color=1，输出橙色扫描信号
                ROWP=~disp[i][j];       // 输出显示信号
                delay1ms(2);            // 延迟 2ms
                scan<<=1;               // 下一个扫描信号
            }                           // j 循环结束
        }                               // k 循环结束
}                                       // 显示函数结束
//============== 延迟函数 ==================
void delay1ms(int x)
{   int i,j;                            // 声明变量
    for (i=0;i<x;i++)                   // 外循环
        for (j=0;j<120;j++);            // 内循环
}                                       // 延迟函数结束
```

8×8 LED 点阵多色显示实验（ch12-5-2.c）

操作

1．根据功能需求与电路结构，在 Keil C 里编写程序并进行编译，以产生*.HEX 文件。然后进行软件调试/仿真，看看其功能是否正常。若有错误或非预期的状态，则检查源程序，看看哪里出了问题，修改并将它记录在实验报告里。

2．若软件调试/仿真功能正常，可按图 12-21 连接线路，并使用在线仿真器加载新的程序（*.HEX），以仿真该电路的动作。若有非预期的状态，则检查线路的连接状态，看看哪里出了问题并将它记录在实验报告里。

3．若在线仿真功能正常，将程序刻录到 89S51（可使用 89S51 在线刻录实验板），再把该 89S51 放入实际电路，以取代刚才的在线仿真器，然后直接送电，看看是否正常。

4．编写实验报告。

思考一下

1．在本实验里，若要多加一组显示颜色（绿色+橙色），应如何修改？

2．试着更改本实验里的程序，让 LED 点阵依次显示你的出生年月日，其中以橙色显示年，绿色显示月，绿色+橙色显示日。

12-5-3 8×8 LED 点阵平移

实验要点

图 12-22 所示为向右箭头字型与向左箭头字型，其扫描信号连接到 8x51 的 P1、显示信

号连接到 8x51 的 P2。按 PB0 键后，向右箭头字型将右移 3 圈；按 PB1 键后，向左箭头字型将左移 3 圈。其电路图如图 12-23 所示。

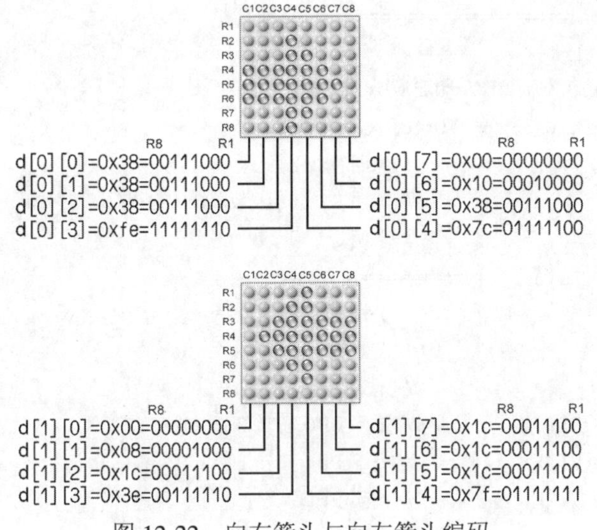

图 12-22 向右箭头与向左箭头编码

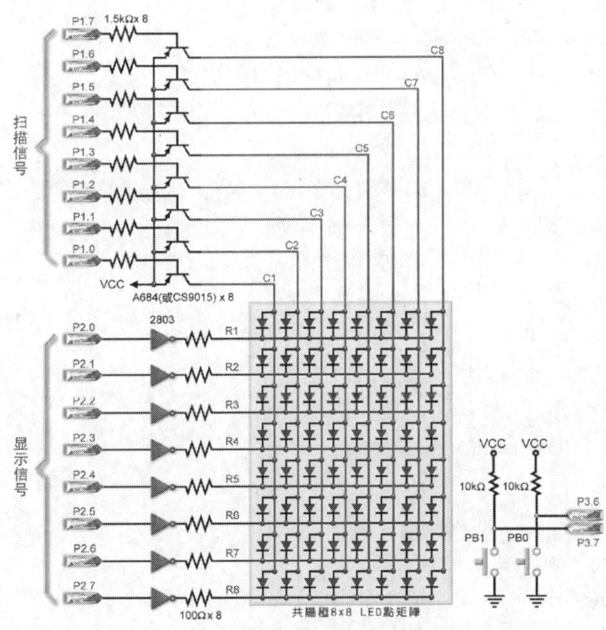

图 12-23 单色 8×8 LED 动态移动实验电路图

流程图与程序设计

```
/* 8×8 LED 点阵平移实验（ch12-5-3.c）*/
#include <reg51.h>
#define ROWP         P2              // 输出列接至 P2
#define COLP         P1              // 扫描行接至 P1
#define repeat       30              // 扫描 30 周，约 2ms×8×30 =0.48s
```

```
#define counts          3                // 旋转 3 次
sbit PB0 = P3^6;                         // 声明左移按键
sbit PB1 = P3^7;                         // 声明右移按键
//=========== 字 型 =====================
unsigned char code d[2][8]={
        { 0x38, 0x38, 0x38, 0xfe, 0x7c, 0x38, 0x10, 0x00} , //
        { 0x00, 0x08, 0x1c, 0x3e, 0x7f, 0x1c, 0x1c, 0x1c} }; //
unsigned char scan;                      // 声明行扫描变量
void RO_RL(bit);                         // 声明左/右转函数（0:右/1:左）
void delay1ms(int);                      // 声明延迟函数
//============== 主 程 序 ==================
main()                                   // 主程序开始
{   PB0=PB1=1;                           // 设置输入口
    while (1)                            // 无穷循环
    {    if (PB0==0) RO_RL(0);           // 按下 PB0 右转 3 圈
         if (PB1==0) RO_RL(1);           // 按下 PB1 左转 3 圈
         COLP=0xFF;                      // 关闭 LED
    }                                    // while  结束
}                                        // 主程序结束
//============== 左/右转函数 =================
void RO_RL(bit RL)                       // RL:控制左右（0:右/1:左）
{   int i,j,k,l;                         // 声明变量
    for (l=0;l<counts;l++)               // 转 counts 次
        for (j=0;j<8;j++)                // 移动 j  行
            for (k=0;k<repeat;k++)       // 扫描 repeat 周
            {    scan=0x01;              // 初始扫描信号
                 for (i=0;i<8;i++)       // 扫描第 i  行
                 {    ROWP=0x00;         // 关闭 LED（防残影）
                      COLP=~scan;        // 输出扫描信号
                      if(RL==0)          // 按下 PB0 右转
                           ROWP = d[0][(8+i-j) % 8];
                      else               // 按下 PB1  左转
                           ROWP = d[1][(i+j) % 8];
                      delay1ms(2);       // 延迟 2ms
                      scan<<=1;          // 下个扫描信号
                 }                       // 行扫描（变量 I）结束
            }                            // 扫描 repeat  次
}                                        // 结束左/右转函数
//============== 延迟函数 ==================
void delay1ms(int x)
{       int i,j;                         // 声明变量
        for (i=0;i<x;i++)                // 外循环，延迟 xms
            for (j=0;j<120;j++);         // 内循环，延迟 1ms
}                                        // 延迟函数结束
```

8×8 LED 点阵平移实验（ch12-5-3.c）

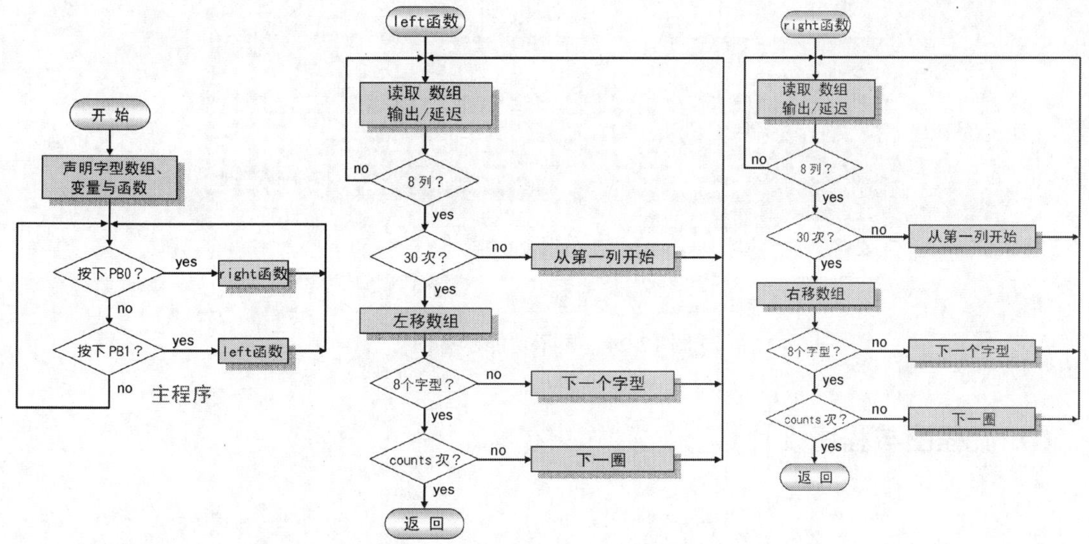

操作

1．根据功能需求与电路结构，在 Keil C 里编写程序并进行编译，以产生*.HEX 文件。然后进行软件调试/仿真，看看其功能是否正常。若有错误或非预期的状态，则检查源程序，看看哪里出了问题，修改并将它记录在实验报告里。

2．若软件调试/仿真功能正常，可按图 12-23 连接线路，并使用在线仿真器加载新的程序（*.HEX），以仿真该电路的动作。若有非预期的状态，则检查线路的连接状态，看看哪里出了问题并将它记录在实验报告里。

3．若在线仿真功能正常，将程序刻录到 89S51（可使用 89S51 在线刻录实验板），再把该 89S51 放入实际电路，以取代刚才的在线仿真器，然后直接送电，看看是否正常。

4．编写实验报告。

思考一下

1．在本实验里，若按住 PB0 不放会怎样？

2．修改本实验的程序，使得放开按钮后才进行左/右移的动作。

12-5-4 8×8 LED 点阵跑马灯

实验要点

图 12-21 中，其扫描信号连接到 8×51 的 P1，显示信号连接到 8×51 的 P2。在本单元里将由这个 LED 点阵动态显示“8×51”，即跑马灯文字幕，约每 0.32s 左移一步，如图 12-24 所示。

图 12-23 中，每次扫描一个窗口（8 条扫描线），从 d[0]开始为第一个扫描窗口，第一个扫描窗口显示完毕后，再以 d[1]开始为第二个扫描窗口，直到 d[40]开始的扫描窗口显示完毕后，再由第一个扫描窗口开始扫描。因此，我们在 d[]数组里总共放置 48 笔显示数据。

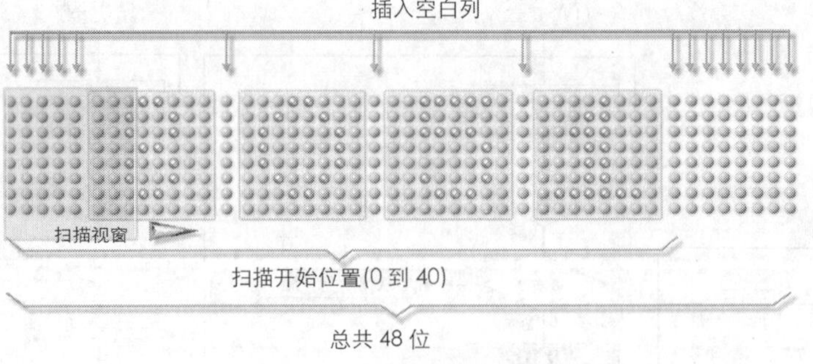

图 12-24 显示功能示意图

流程图与程序设计

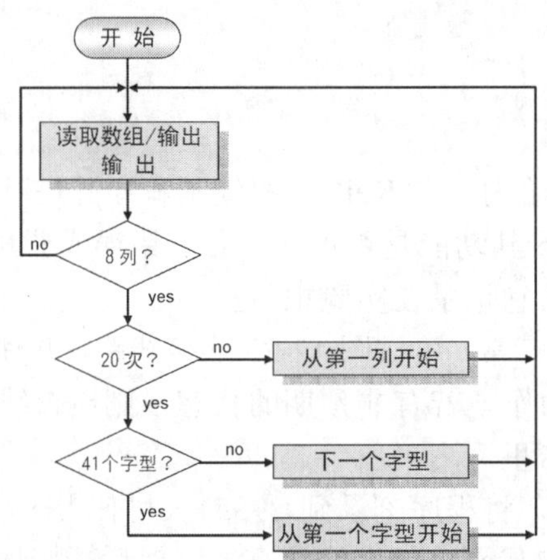


```
/* 8×8 LED 点阵跑马灯实验——8051 数字左移（ch12-5-4.c）*/
#include     <reg51.h>
#define ROWP     P2                 // 输出行接至 P2
#define COLP     P1                 // 扫描列接至 P1
#define repeat   20                 // 扫描 20 周，约 2ms×8×20 =0.32s
//==============  字型  ==================
unsigned char code d[]=
{  0x00, 0x00, 0x00, 0x00, 0x00, 0x00, 0x00, 0x36,
   0x49, 0x49, 0x36, 0x00, 0x00, 0x00, 0x00, 0x1c,
   0x22, 0x41, 0x41, 0x22, 0x1c, 0x00, 0x00, 0x00,
   0x00, 0x27, 0x45, 0x45, 0x39, 0x00, 0x00, 0x00,
   0x00, 0x40, 0x44, 0x7e, 0x7f, 0x40, 0x40, 0x00,
   0x00, 0x00, 0x00, 0x00, 0x00, 0x00, 0x00, 0x00};
void delay 1ms(int);                // 声明延迟函数
//==============  主程序 ==================
main()                              // 主程序开始
{  int i,j,k,scan;                  // 声明变量
   while (1)                        // 无穷循环
   {  for (i=0;i<40;i++)            // 显示 40 个窗口
```

```
        {   for (k=0;k<repeat;k++)          // 每个窗口重复执行 k 次
            {   scan=0x01;                  // 初始扫描信号
                for (j=0;j<8;j++)           // 扫描一个周期
                    {   ROWP=0x00;   //LED 关闭
                        COLP=~scan;  // 输出扫描信号
                        ROWP=d[i+j];        // 输出显示信号
                        delay 1ms(2);       // 延迟 2ms
                        scan<<=1;}          // 下一个扫描信号
                    }                       // 完成扫描一个周期
            }                               // 完成k 次
    }                                       // while 语句结束
}                                           // 主程序结束
//============== 延迟函数 ==================
void delay1ms(int x)
{   unsigned char i,j;                      // 声明变量
    for (i=0;i<x;i++)                       // 外循环
        for (j=0;j<120;j++);                // 内循环
}                                           // 延迟函数结束
```

8×8 LED 点阵跑马灯实验（ch12-5-4.c）

操作

1．根据功能需求与电路结构，在 Keil C 里编写程序并进行编译，以产生*.HEX 文件。然后进行软件调试/仿真，看看其功能是否正常。若有错误或非预期的状态，则检查源程序，看看哪里出了问题，修改并将它记录在实验报告里。

2．若软件调试/仿真功能正常，可按图 12-21 连接线路，并使用在线仿真器加载新的程序（*.HEX），以仿真该电路的动作。若有非预期的状态，则检查线路的连接状态，看看哪里出了问题并将它记录在实验报告里。

3．若在线仿真功能正常，将程序刻录到 89S51（可使用 89S51 在线刻录实验板），再把该 89S51 放入实际电路，以取代刚才的在线仿真器，然后直接送电，看看是否正常。

4．编写实验报告。

思考一下

1．在本实验里，文字呈现动态左移，请将它修改为动态右移。

2．根据本实验的电路编写一个电话号码的动态左移。

12-5-5 8×8 LED 点阵垂直移动

实验要点

如图 12-23 所示，其扫描信号连接到 8x51 的 P1，显示信号连接到 8x51 的 P2。按 PB0 键后，向上箭头字型将上移 3 圈；按 PB1 键后，向下箭头字型将下移 3 圈。向上箭头字型与向下箭头字型如图 12-25 所示。

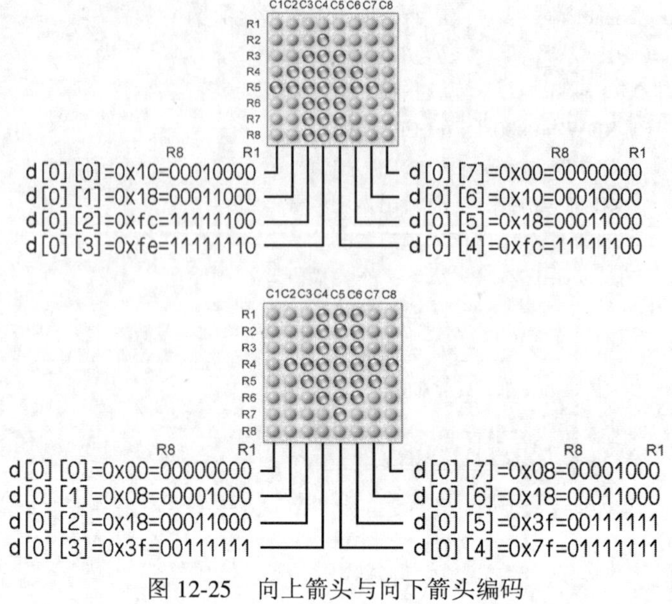

图 12-25 向上箭头与向下箭头编码

流程图与程序设计

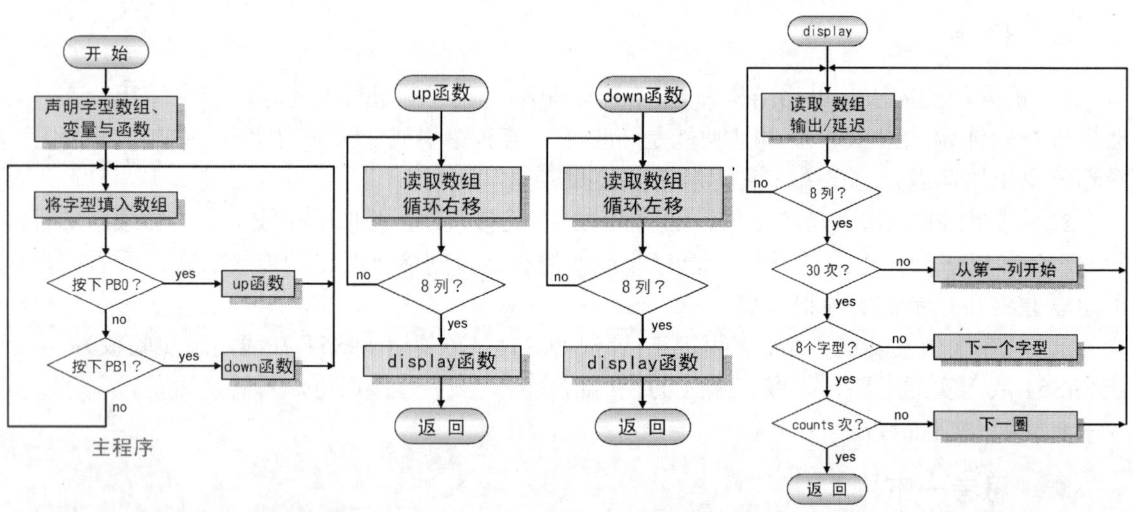


```
/* 8×8 LED 点阵垂直移动实验（ch12-5-5.c）*/
#include      <reg51.h>
#define ROWP P2                     // 输出行接至 P2
#define COLP   P1                   // 扫描列接至 P1
#define repeat   30                 // 扫描 30 周，约 2ms×8×30 =0.48s
#define counts 3                    // 旋转 3 次
sbit PB0 = P3^6;                    // 声明上移按钮
sbit PB1 = P3^7;                    // 声明下移按钮
//=============  字    型 ===================
unsigned char code d[2][8]={
  { 0x10, 0x18, 0xfc, 0xfe, 0xfc, 0x18, 0x10, 0x00},    //
```

```
    { 0x00, 0x08, 0x18, 0x3f, 0x7f, 0x3f, 0x18, 0x08}};    //
unsigned char scan;                     // 声明列扫描变量
void RO_UD(bit);                        // 声明上/下转函数（0:上/1:下）
void delay 1ms(int);                    // 声明延迟函数 */
//============== 主程序 ==================
main()                                  // 主程序开始
{ PB0=PB1=1;                            // 设置输入口
  while (1)                             // 无穷循环
  {   if (PB0==0) RO_UD(0);             // 按下 PB0 上转 3 圈
      if (PB1==0) RO_UD(1);             // 按下 PB1 下转 3 圈
      COLP=0xff;                        // 关闭 LED
  }                                     // while 结束

}                                       // 主程序结束
//============== 上/下转函数 ==================
void RO_UD(bit UD)                      // UD:控制上下（0:上/1:下）
{ int i,j,k,l;                          // 声明变量
  for (l=0;l<counts;l++)                // 转.counts 次
     for (j=0;j<8;j++)                  // 移动上下 j 列
        for (k=0;k<repeat;k++)          // 扫描 repeat 周
        {   scan=0x01;                  // 初始扫描信号
            for (i=0;i<8;i++)           // 扫描第 i 行
            {    ROWP=0x00;             // 关闭 LED（防残影）
                 COLP=~scan;            // 输出扫描信号
                 if(UD==0)              // 按下 PB0 上转
                     ROWP = d[1][i]>>j | d[1][i]<<(8-j);
                 else                   // 按下 PB1 下转
                     ROWP = d[0][i]<<j | d[0][i]>>(8-j);
                 delay1ms(2);           // 延迟 2ms
                 scan<<=1;              // 下个扫描信号
            }                           // 行扫描（变量 i）结束
        }                               // 扫描 repeat 次
}                                       // 结束左/右转函数
//============== 延迟函数 ==================
void delay1ms(int x)
{ int i,j;                              // 声明变量
  for (i=0;i<x;i++)                     // 外循环，延迟 xms
     for (j=0;j<120;j++);               // 内循环，延迟 1ms
}                                       // 延迟函数结束
```

8×8 LED 点阵垂直移动实验（ch12-5-5.c）

操作

1. 根据功能需求与电路结构，在 Keil C 里编写程序并进行编译，以产生*.HEX 文件。然后进行软件调试/仿真，看看其功能是否正常。若有错误或非预期的状态，则检查源程序，

看看哪里出了问题，修改并将它记录在实验报告里。

2．若软件调试/仿真功能正常，可按图 12-23 连接线路，并使用在线仿真器加载新的程序（*.HEX），以仿真该电路的动作。若有非预期的状态，则检查线路的连接状态，看看哪里出了问题并将它记录在实验报告里。

3．若在线仿真功能正常，将程序刻录到 89S51（可使用 89S51 在线刻录实验板），再把该 89S51 放入实际电路，以取代刚才的在线仿真器，然后直接送电，看看是否正常。

4．编写实验报告。

思考一下

在本实验里，若改用共阴极 LED 点阵，电路图应如何修改？

12-5-6 8×8 LED 点阵卷动

实验要点

如图 12-21 所示，其中扫描信号连接到 8x51 的 P1，显示信号连接到 8x51 的 P2。在本单元里将由这个 LED 点阵动态显示“8x51”，而其字型移动方向是由下而上移动（扫描窗口则是由上而下移动），每 0.32s 上卷一步，如图 12-26（a）所示，每次扫描一个窗口（8 条扫描线），从 d[0]开始为第一个扫描窗口，第一个扫描窗口显示完毕后，再以 d[1]开始为第二个扫描窗口，直到 d[40]开始的扫描窗口显示完毕后，再由第一个扫描窗口开始扫描。因此，我们在 d[]数组里总共放置 48 笔显示数据。

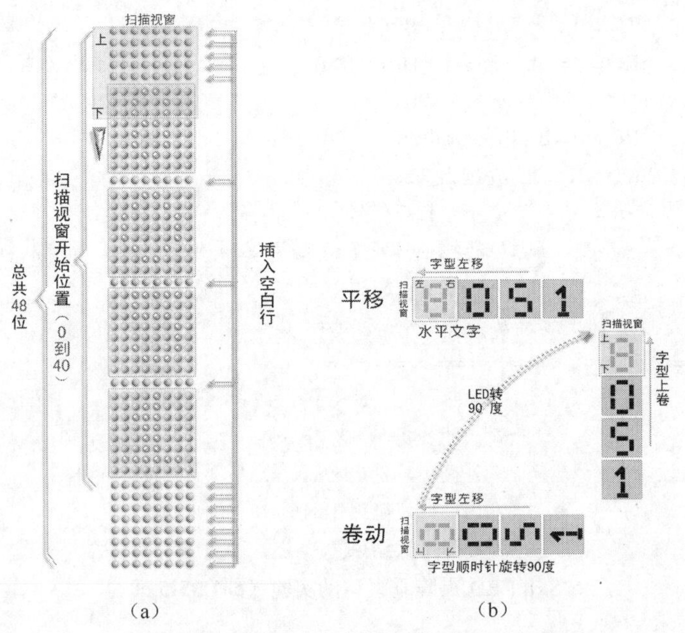

（a）　（b）

图 12-26 显示功能示意

一般地，垂直卷动与跑马灯类似，只是垂直卷动的字型与跑马灯的字型方向相差 90 度。我们可利用 12-5-4 节的跑马灯程序，将其字型顺时针旋转 90 度，而观看 LED 点阵时，则逆时针旋转 90 度，即可看出字型往上卷动，如图 12-26（b）所示。

流程图与程序设计

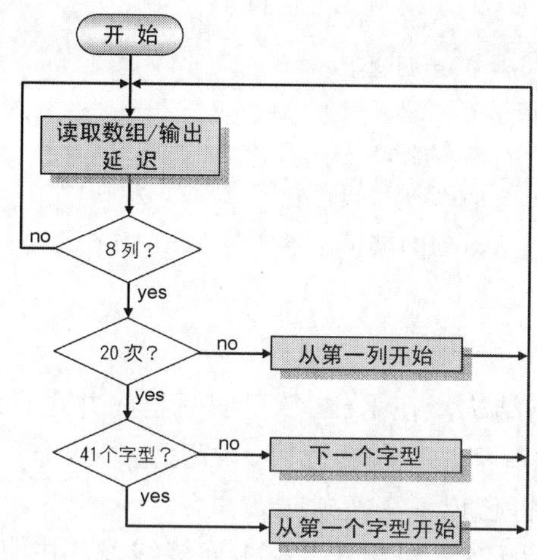


```
/* 8×8 LED 点阵上卷实验（ch12-5-6.c）*/
#include      <reg51.h>
#define ROWP P2                    // 输出行接至 P2
#define COLP  P1                   // 扫描列接至 P1
#define repeat  20                 // 扫描 20 周，约 2ms×8×20 =0.32s
//============== 字    型 ===================
unsigned char code d[]=
  {    0x00, 0x00, 0x00, 0x00, 0x00, 0x18, 0x24, 0x24,
       0x18, 0x24, 0x24, 0x18, 0x00, 0x00, 0x18, 0x24,
       0x42, 0x42, 0x42, 0x24, 0x18, 0x00, 0x00, 0x3e,
       0x20, 0x3c, 0x02, 0x02, 0x22, 0x1c, 0x00, 0x00,
       0x08, 0x18, 0x38, 0x18, 0x18, 0x18, 0x7e, 0x00,
       0x00, 0x00, 0x00, 0x00, 0x00, 0x00, 0x00, 0x00 };
void delay 1ms(int);               // 声明延迟函数
//============== 主 程 序 ===================
main()                             // 主程序开始
{  int i,j,k,scan;                 // 声明变量
   while (1)                       // 无穷循环
   {  for (i=0;i<40;i++)           // 显示 40 个窗口
      {  for (k=0;k<repeat;k++)    // 每个窗口重复执行 k 次
         {  scan=0x01;             // 初始扫描信号
            for (j=0;j<8;j++)      // 扫描一周
            {  ROWP=0x00;          // LED 关闭
               COLP=~scan;         // 输出扫描信号
               ROWP=d[i+j];        // 输出显示信号
               delay1ms(2);        // 延迟 2ms
               scan<<=1;}          // 下一个扫描信号
            }                      // 完成扫描一周
```

```
        }                       // 完成 k 次
    }                           // while 语句结束
}                               // 主程序结束
//============== 延迟函数 ==================
void delay1ms(int x)
{   unsigned char i,j;          // 声明变量
    for (i=0;i<x;i++)           // 外循环
        for (j=0;j<120;j++);    // 内循环
}                               // 延迟函数结束
```

8×8 LED点阵上卷实验（ch12-5-6.c）

操作

1．根据功能需求与电路结构，在 Keil C 里编写程序并进行编译，以产生*.HEX 文件。然后进行软件调试/仿真，看看其功能是否正常。若有错误或非预期的状态，则检查源程序，看看哪里出了问题，修改并将它记录在实验报告里。

2．若软件调试/仿真功能正常，可按图 12-21 连接线路，并使用在线仿真器加载新的程序（*.HEX），以仿真该电路的动作。若有非预期的状态，则检查线路的连接状态，看看哪里出了问题并将它记录在实验报告里。

3．若在线仿真功能正常，将程序刻录到 89S51（可使用 89S51 在线刻录实验板），再把该 89S51 放入实际电路，以取代刚才的在线仿真器，然后直接送电，看看是否正常。

4．编写实验报告。

思考一下

1．在本实验里，文字呈现动态上移，请将它修改为动态下移。

2．根据本实验的电路编写一个电话号码的动态上移。

12-5-7　16×16 LED点阵显示

实验要点

如图 12-27 所示，其中由 4 个 8×8 共阳型 LED 点阵组成 16×16 点阵，其扫描信号连接到 8x51 的 P1.0～P1.3，显示信号连接到 8x51 的 P2；另外，锁存信号分别接到 P3.0 及 P3.1。在本单元里将由这个 LED 点阵静态显示“大家好”，约每 0.48s 换一个字。显示结果如图 12-28 所示。表 12-7 所示为“大家好”的编码。

表 12-7　“大家好”的编码

位数	1	2	3	4	5	6	7	8	9	10	11	12	13	14	15	16
大 Hi	0x00	0x00	0x40	0x60	0x60	0x62	0xee	0xfc	0x30	0x30	0x30	0x30	0x10	0x00	0x00	0x00
大 Lo	0x00	0x20	0x10	0x18	0x0c	0x07	0x03	0x01	0x03	0x06	0xc0	0x18	0x30	0x30	0x20	0x20
家 Hi	0x00	0x00	0x48	0x30	0x10	0x10	0x3a	0xaf	0xee	0x28	0x28	0x48	0x2c	0x18	0x00	0x00
家 Lo	0x00	0x00	0x40	0x2a	0x2a	0x35	0x4a	0x7f	0x3f	0x04	0x0a	0x11	0x20	0x60	0x20	0x00
好 Hi	0x00	0x40	0x40	0xf8	0x20	0xe0	0x10	0x00	0x08	0x08	0x0c	0xe4	0x14	0x08	0x00	0x00
好 Lo	0x00	0x20	0x12	0x0b	0x04	0x0b	0x10	0x00	0x02	0x22	0x63	0x31	0x0f	0x01	0x01	0x00

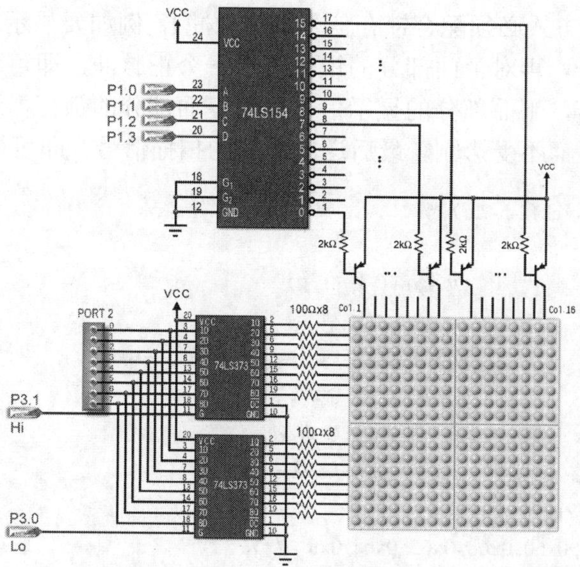

图 12-27 16×16 LED 点阵实验电路图

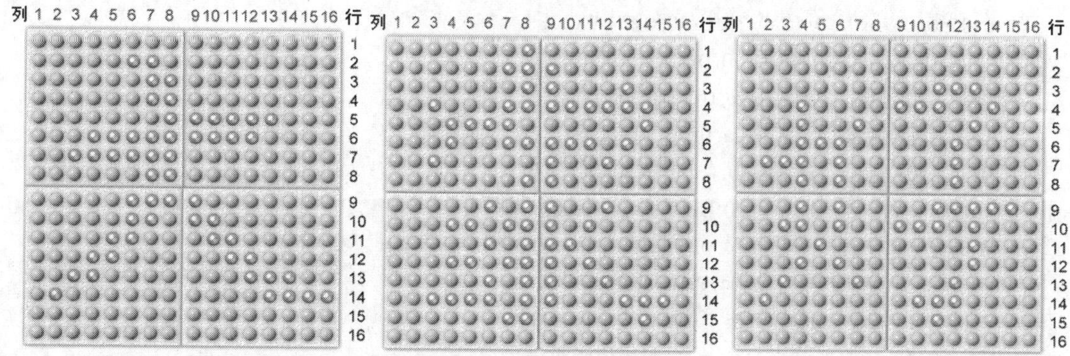

图 12-28 显示“大家好”

流程图与程序设计

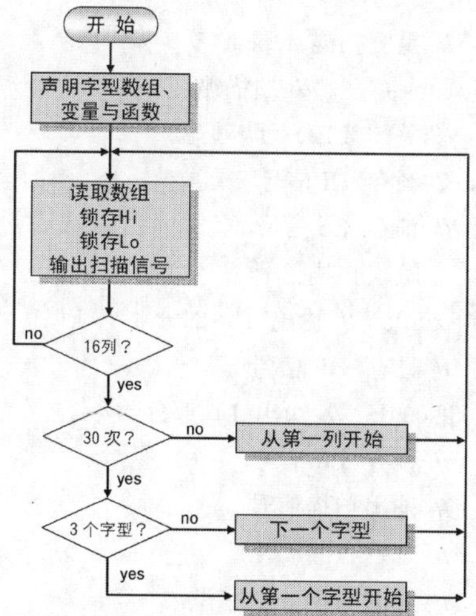

16×16 点阵的扫描方式必须配合锁存信号（正脉冲），例如要显示第一条扫描线，则先送入上面部分的显示信号，再对上面部分的锁存器送一个正脉冲，即可将该信号锁在该锁存器里而不受影响；紧接着，下面部分的显示信号再对下面部分的锁存器送一个正脉冲，即可将该信号锁在该锁存器里而不受影响。最后送出该列的扫描信号，即可显示该列的 16 个 LED。

```
/*16×16 LED 点阵实验（ch12-5-7.c）*/
#include     <reg51.h>
#define ROWP P2                    // 输出行接至 P2
#define COLP   P1                  // 扫描列接至 P1
#define repeat   30                // 扫描 30 周，约 1ms×16×30=0.48s
sbit Hi = P3^1;                    // 声明 Hi 锁存信号位置
sbit Lo = P3^0;                    // 声明 Lo 锁存信号位置
//==============  字    型 ==================
unsigned char code d[3][2][16]={
{  {  0x00, 0x00, 0x40, 0x60, 0x60, 0x62, 0xee, 0xfc, // 大
      0x30, 0x30, 0x30, 0x30, 0x10, 0x00, 0x00, 0x00},
   {  0x00, 0x20, 0x10, 0x18, 0x0c, 0x07, 0x03, 0x01,
      0x03, 0x06, 0x0c, 0x18, 0x30, 0x30, 0x20, 0x20} },
   {  {    0x00, 0x00, 0x48, 0x30, 0x10, 0x10, 0x3a, 0xaf, // 家
      0xee, 0x28, 0x28, 0x48, 0x2c, 0x18, 0x00, 0x00},
   {  0x00, 0x00, 0x40, 0x2a, 0x2a, 0x35, 0x4a, 0x7f,
      0x3f, 0x04, 0x0a, 0x11, 0x20, 0x60, 0x20, 0x00} },
{  {  0x00, 0x40, 0x40, 0xf8, 0x20, 0xe0, 0x10, 0x00, // 好
      0x08, 0x08, 0x0c, 0xe4, 0x14, 0x08, 0x00, 0x00},
   {  0x00, 0x20, 0x12, 0x0b, 0x04, 0x0b, 0x10, 0x00,
      0x02, 0x22, 0x63, 0x31, 0x0f, 0x01, 0x01, 0x00}}};
void delay 1ms(int);               // 声明延迟函数
//==============  主 程序 ==================
main()                             // 主程序开始
{  int i,j,scan;                   // 声明变量
   while (1)                       // 无穷循环
   {  for (i=0;i<3;i++)            // 三个字
         for (j=0;j<repeat;j++)    // 重复扫描 repeat 次
         {  for (scan=0;scan<16;scan++)    // 扫描循环
            {  ROWP =0xFF;   // 关闭 LED（防残影）
               Hi=1;Hi=0;    // 锁存 Hi 信号
               Lo=1;Lo=0;    // 锁存 Lo 信号
               COLP = scan;  // 输出扫描信号
               ROWP = ~d[i][0][scan];  // 输出 Hi 部分
                Hi=1; Hi=0;   // 锁存 Hi 信号
                ROWP = ~d[i][1][scan];  // 输出 Lo 部分
                Lo=1; Lo=0;   // 锁存 Lo 信号
                COLP = scan;  // 输出扫描信号
                delay 1ms(1); // 延迟 1ms
         }                    // 完成扫描一个字型
```

```
        }                            // 完成重复 repeat 次（j 循环）
    }                                // while 结束
}       // 主程序结束
//==============  延迟函数 ==================
void delay 1ms(int x)
{   int i,j;                         // 声明变量
    for (i=0;i<x;i++)                // 外循环
        for (j=0;j<120;j++);         // 内循环
}                                    // 延迟函数结束
```

16×16 LED 点阵实验（ch12-5-7.c）

操作

1．根据功能需求与电路结构，在 Keil C 里编写程序并进行编译，以产生*.HEX 文件。然后进行软件调试/仿真，看看其功能是否正常。若有错误或非预期的状态，则检查源程序，看看哪里出了问题，修改并将它记录在实验报告里。

2．若软件调试/仿真功能正常，可按图 12-27 连接线路，并使用在线仿真器加载新的程序（*.HEX），以仿真该电路的动作。若有非预期的状态，则检查线路的连接状态，看看哪里出了问题并将它记录在实验报告里。

3．若在线仿真功能正常，将程序刻录到 89S51（可使用 89S51 在线刻录实验板），再把该 89S51 放入实际电路，以取代刚才的在线仿真器，然后直接送电，看看是否正常。

4．编写实验报告。

思考一下

1．将本实验里所显示的字型改成反白显示。

2．将在本实验里静态显示的方式改成左移的动态显示。

12-6 实时练习

在本章里探讨了 LED 点阵的结构与应用，包括如何应用 8x51 驱动 LED 点阵的显示。在此请试着回答下行问题，以确认对于此部分的掌握程度。

选择题

（　　）1．对于 8×8 LED 点阵而言，其中的 LED 个数及引脚数各为多少？
（A）64、16　（B）16、16　（C）64、12　（D）32、12

（　　）2．在共阳极型 8×8 LED 点阵里，其阳极如何连接？
（A）各行阳极连接到行引脚　（B）各列阳极连接到列引脚
（C）各行阳极连接到列引脚　（D）各列阳极连接到行引脚

（　　）3．在共阳极 8×8 LED 点阵里，其阴极如何连接？
（A）各行阴极连接到行引脚　（B）各列阴极连接到列引脚
（C）各行阴极连接到列引脚　（D）各列阴极连接到行引脚。

（　）4．双色8×8 LED点阵的列引脚与行引脚各为多少？

（A）12、12　（B）8、16　（C）16、8　（D）24、8

（　）5．5×8 LED点阵指的是何种LED点阵？

（A）5列8行的LED点阵　（B）5mm的8×8 LED点阵

（C）8列5行的LED点阵　（D）8mm的5×5 LED点阵

（　）6．通常8×8 LED点阵的驱动方式是什么？

（A）直接驱动　（B）扫描驱动　（C）双向驱动　（D）以上皆非

（　）7．对于m列n行的LED点阵而言，其扫描的工作周期为何，比较不会感觉闪烁？

（A）16ms/m　（B）16ms/n　（C）64ms/m　（D）16ms/n

（　）8．若要采用两个8位的输入/输出端口驱动16×16 LED点阵，必须使用何种辅助元件？

（A）译码器　（B）多路选择器　（C）多路分配器　（D）锁存器

（　）9．下列哪个元件可提供1对16的译码功能？

（A）74138　（B）74139　（C）74154　（D）74373

（　）10．在16×16 LED点阵驱动电路里，通常会使用1对16译码器作为何种用途？

（A）产生扫描信号　（B）锁存扫描信号

（C）锁存显示信号　（D）放大驱动电流

问答题

1．共阳型LED点阵是指其每列LED的阳极都连接在一起还是每行LED的阳极都连接在一起？

2．LED点阵的列引脚所负担的电流比较多还是行引脚所负担的电流比较多？

3．74LS373的功能是什么？其I_{OL}大约为多少？

4．74LS154的功能是什么？其G1、G2引脚的功能是什么？

5．试述LED点阵显示的动作原理。

6．若要LED点阵进行左移/右移显示，应如何处理？

7．若要LED点阵进行上移/下移显示，应如何处理？

8．多色LED点阵（如MM12884AG）最多可以显示多少个颜色？

9．若要以4个8×8 LED点阵组成16×16的LED显示屏，其电路应如何处理？

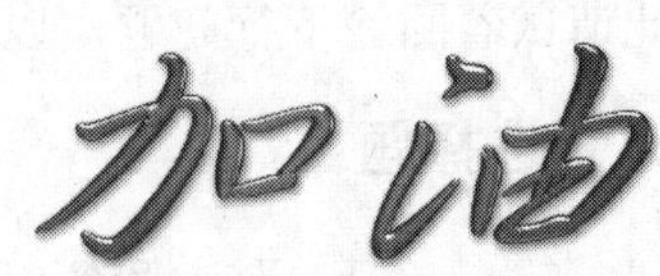

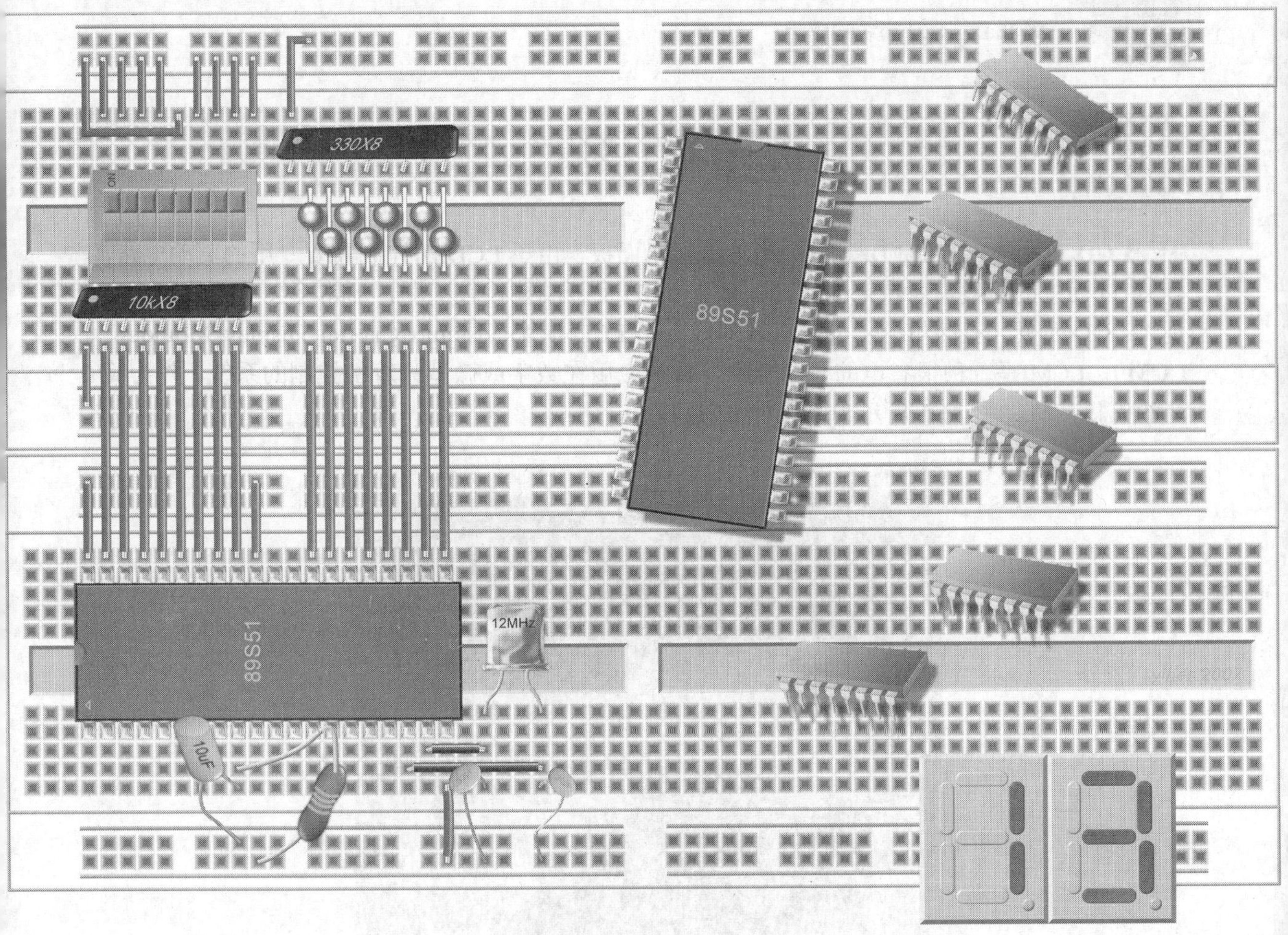

第 13 章　LCD 模块的应用

本章内容丰富，主要包括以下内容。

- **LCD 模块的硬件**

  LCD 模块的结构及其与 8x51 的接口。

  LCD 模块的指令、编码与其应用。

  认识中文 LCD 模块与其应用。

- **LCD 模块的程序与实践**

  基本 LCD 模块的应用、自定义字形等。

13-1 认识 LCD 模块

LCD（Liquid Crystal Display）为液晶显示面板，由于 LCD 的控制需要专用的驱动电路，且 LCD 面板的接线需要特殊的技巧，加上 LCD 面板结构比较脆弱，通常不会单独使用。而是将 LCD 面板、驱动与控制电路组合而成一个 LCD 模块（Liquid Crystal Display Moulde，**LCM**）。LCM 是一种很省电的显示器件，常被应用在数字或微型计算机控制的系统，作为简易的人机接口。图 13-1 所示为常用的 LCD 模块。

图 13-1 LCD 模块（上面为背面图，下面为正面图）

LCM 基本数据

LCM 的种类繁多，而在学校与培训机构所采用的 LCM 大都是以日立公司的控制器（HD44780）所组成的 LCM，其特性如下。

- 内部 80B 数据显示存储器（Data Display RAM，**DDRAM**），可显示 16 字×1 行、20 字×1 行、16 字×2 行、20 字×2 行、40 字×2 行等模式。
- 内部字形产生器（Character Generate ROM，**CGROM**），可产生 160 个 5×7 字型，如图 13-2 所示。
- 自定义字形产生器（Character Generate RAM，**CGRAM**），可由使用者自定义 8 个 5×7 字形。

低四位 \ 高四位	0000	0001	0010	0011	0100	0101	0110	0111	1000	1001	1010	1011	1100	1101	1110	1111
0000	CG RAM (1)			0	@	P	`	p				ー	タ	ミ	α	p
0001	CG RAM (2)		!	1	A	Q	a	q			。	ア	チ	ム	ä	q
0010	CG RAM (3)		"	2	B	R	b	r			「	イ	ツ	メ	β	θ
0011	CG RAM (4)		#	3	C	S	c	s			」	ウ	テ	モ	ε	∞
0100	CG RAM (5)		$	4	D	T	d	t			、	エ	ト	ヤ	μ	Ω
0101	CG RAM (6)		%	5	E	U	e	u			・	オ	ナ	ユ	σ	ü
0110	CG RAM (7)		&	6	F	V	f	v			ヲ	カ	ニ	ヨ	ρ	Σ
0111	CG RAM (8)		'	7	G	W	g	w			ァ	キ	ヌ	ラ	g	π
1000	CG RAM (1)		(	8	H	X	h	x			ィ	ク	ネ	リ	√	x̄
1001	CG RAM (2)		)	9	I	Y	i	y			ゥ	ケ	ノ	ル	⁻¹	y
1010	CG RAM (3)		*	:	J	Z	j	z			ェ	コ	ハ	レ	j	千
1011	CG RAM (4)		+	;	K	[	k	{			ォ	サ	ヒ	ロ	ˣ	万
1100	CG RAM (5)		,	<	L	¥	l	|			ャ	シ	フ	ワ	¢	円
1101	CG RAM (6)		-	=	M	]	m	}			ュ	ス	ヘ	ン	£	÷
1110	CG RAM (7)		.	>	N	^	n	→			ョ	セ	ホ	゛	ñ	
1111	CG RAM (8)		/	?	O	_	o	←			ッ	ソ	マ	゜	ö	█

图 13-2　LCD 字型编码表

LCM 内部结构

图 13-3 所示为 LCM 内部结构，说明如下。

- 输入/输出缓冲器为 LCM 的大门，所有数据与控制信号都必须通过本单元才得以进出 LCM。

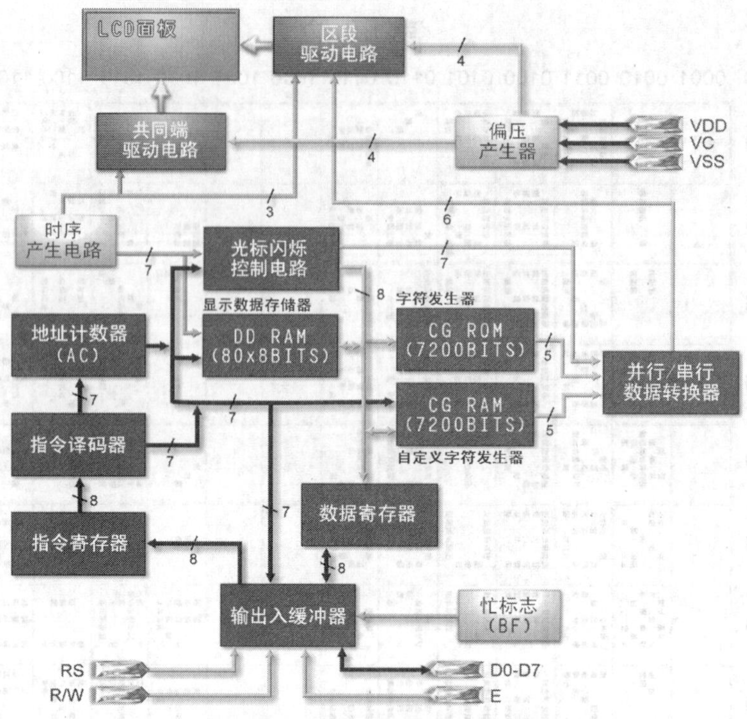

图 13-3 HD44780LCM 内部结构

- 指令寄存器（Instruction Register，**IR**）为一个 8 位寄存器，其功能是存放微处理器所送入的 LCM 指令、DDRAM 或 CGRAM 的地址。当我们要将数据输入到 DDRAM 或 CGRAM 时，首先将数据放入数据寄存器，再把指令与 DDRAM 或 CGRAM 的地址放入本寄存器，即可将该数据输入到 DDRAM 或 CGRAM。同样地，若要读取 DDRAM 或 CGRAM 的数据，则将指令与 DDRAM 或 CGRAM 的地址放入本寄存器，即可于数据寄存器中取得该地址的数据。
- 指令译码器的功能是将指令寄存器里的指令译码，以获得所要操作 DDRAM 或 CGRAM 的地址。
- 数据寄存器（Data Register，**DR**）连接 LCM 内部数据总线，DDRAM 或 CGRAM 的数据存取都需通过本寄存器。当 CPU 读取 DR 内容后，DR 将自动加载下一个地址的内容。因此，若要连续读取 DDRAM 或 CGRAM 的数据，只要指定其起始的地址即可。
- 地址计数器（Address Counter，**AC**）连接 LCM 内部地址总线，DDRAM 或 CGRAM 的操作都需通过本计数器所提供的地址来寻址。当存取 DDRAM 或 CGRAM 时，AC 具有自动增加的功能，也就是自动指到下一个记忆地址。当 RS=0、R/W=1 时，进入读取 AC 内容的状态，AC 里的数据将输出到 D0 到 D7 数据总线上。
- 忙碌标志（Busy Flag，**BF**）用以表示 LCM 当时的状态，若 BF=1，则表示 LCM 处于忙碌状态，无法接收外部指令或数据；若 BF=0，则可接收外部指令或数据。
- 数据显示存储器映射所要显示的数据，为 LCM 的“主战场”。实际上，在本存储器里存放的是所要显示数据的 ASCII 码，再以该 ASCII 码为地址，到 CG ROM 或 HCGROM 里找到该字形的显示编码。DDRAM 的存储器地址分为四行，第一行的地址为 0x80～0x8f，第二行的地址为 0x90～0x9f，第三行的地址为 0xa0～0xaf，第四行的地址为 0xb0～0xbf，其中第一行与第二行直接对应到 LCD 面板，如图 13-4 所示。

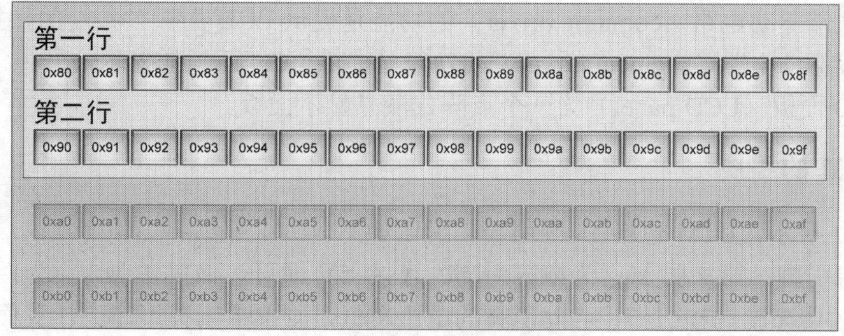

图 13-4 DDRAM 存储器地址

而第三行与第四行空有存储器位置，在 LCD 面板上没有实际对应的显示区，就当它不存在。

- 字型产生器为一个只读存储器，其中包括所有预置的显示数据的编码（如表 1 为其编码表），而这个编码表就是 ASCII 编码。
- 自定义字型产生器为一个随机存取存储器，其功能是提供存放使用者所建立的字型样板（pattern），最多可自定义 8 个字型（中文 LCM 中为 40 个 16×16 字型）。图 13-5 所示分别为自定义的“☺”及“±”字型。

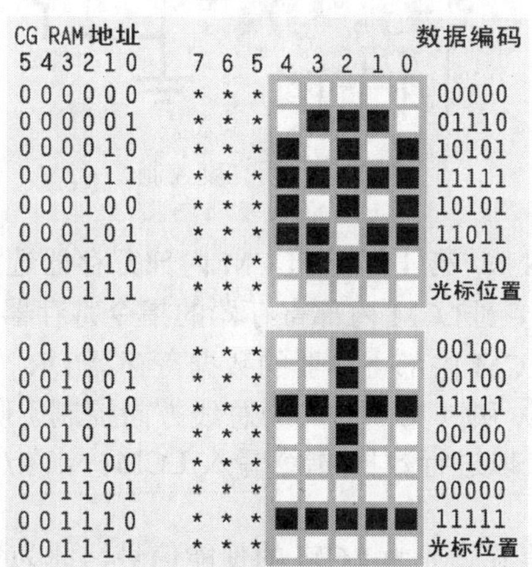

图 13-5 自定义字型

每个字型由 8 组数据编码所构成，每个数据编码仅用到前 5 位（4～0），若要显示则于该位置标示“1”，否则于该位置标示“0”，最后一组编码通常是空白，留给光标使用。而这 8 组数据编码在 CGRAM 的地址是以其低 3 位来编行，分别为 000 到 111。CGRAM 提供 8 个字型的地址，总共 8×8 个字节存储器空间，高 3 位 000 代表第一个自定义字型，001 代表第二个自定义字型，以此类推，111 代表第 8 个自定义字型。

- 串行/并行数据转换器（parallel-serial converter）的功能是将从 CGRAM 或 CGROM 所取出的并行显示数据转换成串行数据，以提供驱动电路推动 LCD 面板。
- 光标闪烁控制电路（cursor/blink controller）的功能是用以控制光标，以及闪烁字型的产生。
- 时序产生电路（timing generator）的功能是产生 LCM 所需的时钟脉冲。
- 偏压产生电路（bias voltage generator）的功能是提供驱动 LCD 面板所需的偏压。

- 公共端驱动电路（common driver）的功能是提供 LCD 面板公共端的扫描信号。
- 区段驱动电路（segment dirver）的功能是提供 LCD 面板的显示信号。
- LCD 面板（LCD panel）为一个点阵式液晶显示面板。

LCM 的引脚

如图 13-1 所示，LCM 包括 14 个引脚，说明如下。

- 电源引脚：第 2 脚 V_{DD} 为电源引脚，连接+5V 即可，而第 1 脚 V_{SS} 为接地引脚。第 3 脚 V_o 为面板明亮度调整引脚，当此引脚的电压越低，则面板明亮度越高。我们可以利用一个 10kΩ 可变电阻(或半固定电阻)。作为明亮度调整电路，如图 13-6 所示。不同厂牌的 LCM，其明亮度调整方式不见得一样。大部分英文 LCM 中，若将 V_o 调低，面板将更明亮，甚至直接与 V_{SS} 及 GND 连接。本章所采用的 WG14432B 中文 LCM，其明亮度调整方式刚好相反，若将 V_o 调高，面板将更明亮，甚至直接与 V_{DD} 及+5V 连接，但 V_o 不可空接。

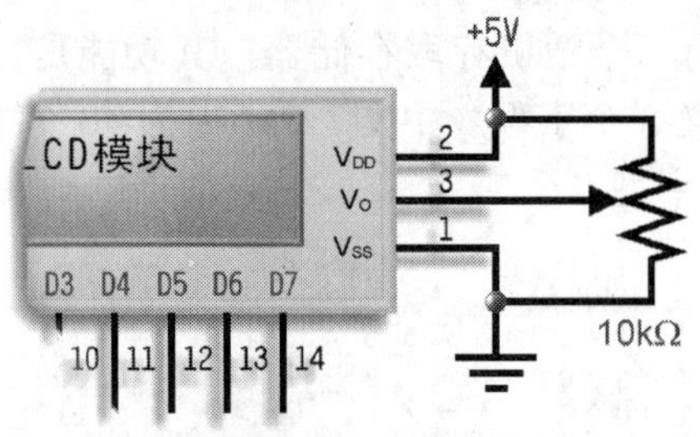

图 13-6 明亮度控制

- 寄存器选择引脚：RS 脚(第 4 脚)为 LCM 内部寄存器选择引脚(即 Register Selector，**RS**)，当 RS=0 时，总线将连接到 LCM 内部寄存器的指令寄存器 IR（即 Instruction Register）；当 RS=1 时，总线将连接到 LCM 内部寄存器的数据寄存器 DR（即 Data Register）。
- 读写控制引脚：$R/\overline{W}$ 脚（第 5 脚）为总线方向控制引脚，当 $R/\overline{W}=0$ 时，总线将由微处理器输入到 LCM 内部，以进行数据/指令写入 LCM；当 $R/\overline{W}=1$ 时，总线将由 LCM 内部读取数据。
- 使能引脚：E 脚（第 6 脚）为 LCM 的使能信号，此为负边沿触发式引脚。
- 数据总线引脚：第 7 脚到第 14 脚为数据总线引脚，即 D0 到 D7。

LCM 的封装

常见的 LCM 引脚封装有两种，如图 13-7 所示，第一种采用单排引脚封装（SIP14），第二种采用双排引脚封装（IDC14）。至于引脚的实际位置，不同的厂牌、型号各有不同，使用之前必须详阅其使用说明。

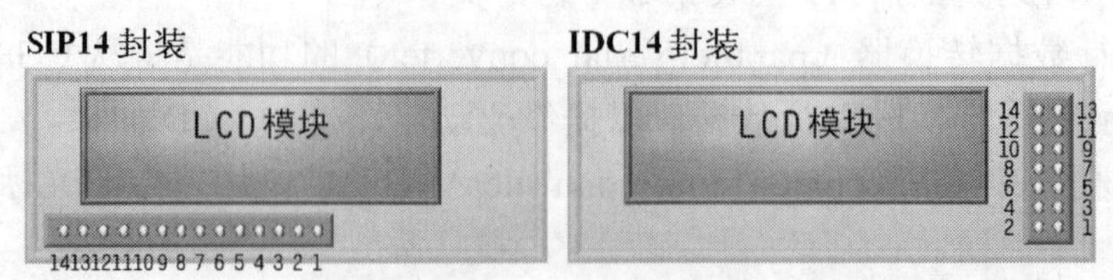

图 13-7 LCM 的封装

13-2 中文LCD模块

一般的LCM都会预留8×8个字节存储器空间（CGRAM），让使用者自定义图形或字型，使用8×8个字节可建立8个5×8的图案，若要勉强制作中文字型，则需要两个5×8的图案才能构成一个中文字，也就是最多可自定义4个中文字。显然这样不好。随着中文市场日渐增长，近年来中文LCM大行其道。尽管如此，中文LCM与一般非中文LCM的差别不大，只是中文LCM多出了中文编码（Big—5码）的ROM，外表上很难分辨其差异，而驱动的指令、外引脚等并无不同。以下将介绍国产华凌光电股份有限公司（www.winstar.com.tw）的型号为**WG14432B—NGG—N#T000**的中文LCM模块，如图13-8所示。

图13-8 中文LCM——WG14432B—NGG—N

型号的编号方式

W G 14432 B - N G G - N #T000的编号方式如表13-1所示。

表13-1 W G 14432 B - N G G - N #T000

项　目	功　能	说　明
W	厂牌	W代表Winstar Display公司所生产的产品。
G	显示种类	H代表文字形式 G代表图形形式
14432	显示字型	144×32点阵
B	模块序号	零件编号
N	背光形式	N代表没有背光 B代表EL、蓝灰色，A代表LED、琥珀色 D代表EL、绿色，R代表LED、红色 W代表EL、白色，O代表LED、橙色 F代表CCFL、白色，G代表LED、绿色 Y代表LED、黄绿色
G	LCD模式	B代表N正、灰色，F代表FSTN正 N代表TN负、T代表FSTN负

续表

项目	功能	说明
		G代表STN正、灰色 Y代表STN正、黄灰色 M代表STN负、蓝色
G	LCD 偏光镜温度范围显示方向	A代表反射式、一般温度范围、6点钟方向 D代表反射式、一般温度范围、12点钟方向 G代表反射式、宽温度范围、6点钟方向 J代表反射式、宽温度范围、12点钟方向 B代表透射式、一般温度范围、6点钟方向 E代表透射式、一般温度范围、12点钟方向 H代表透射式、宽温度范围、6点钟方向 K代表透射式、宽温度范围、12点钟方向 C代表透射式、一般温度范围、6点钟方向 F代表透射式、一般温度范围、12点钟方向 I代表透射式、宽温度范围、6点钟方向 L代表透射式、宽温度范围、12点钟方向
N	特殊码	N代表不需要负电压
#T000	地区码	T000代表台湾地区的繁体字编码

引脚表

WG14432B-NGG-N #T000的引脚表如表123-2所示。

表13-2 WG14432B-NGG-N #7000

引脚号码	引脚名称	准位	说明
1	V_{SS}	0V	接地
2	V_{DD}	5.0V	LCD模块逻辑电路电源（+5V）
3	V_o	—	LCD面板明亮度调节
4	RS	H/L	RS=1，处理数据 RS=0，处理指令
5	$R/\overline{W}$	H/L	R/W=1，读取LCM（MPU←LCM） R/W=0，写入LCM（MPU→LCM）
6	E	H/L	使能信号
7	DB0	H/L	总线
8	DB1	H/L	总线
9	DB2	H/L	总线
10	DB3	H/L	总线
11	DB4	H/L	总线
12	DB5	H/L	总线
13	DB6	H/L	总线
14	DB7	H/L	总线
15	A	—	背光LED的正端
16	K	—	背光LED的负端

内部结构

如图 13-9 所示，**WG14432B-NGG-N#T00** 系行采用 LCD 驱动芯片大厂硅创电子股份有限公司（www.sitronix.com.tw）的中文 LCD 驱动控制器 ST7920，不是前面所介绍的 HD44780，但其指令与操作方式几乎完全一样，关于 ST7920 控制器，可参阅随书光盘中的相关说明。

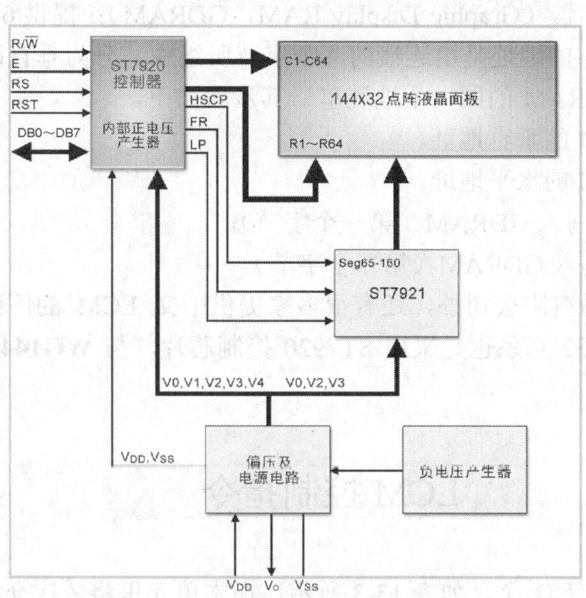

图 13-9　中文 LCM－**WG14432B-NGG-N** 的内部结构

字型产生器

ST7920 控制器提供具有 8192 个 16×16 字型（可为中文字）及 126 个 8×16 字型（英文字母与数字）的存储器（ROM），如此将可支持多文字的应用，例如中文与英文并行。对于连续的两个字节，可用来指定一个 16×16 字型或两个 8×16 字型，而 8×16 字型就是俗称的半高字型（half-height characters），所指定的字型码将被写入 DDRAM，同时从 CGROM 或 HCGROM 对应到其字型就可显示。

▶ 自定义字型产生器：ST7920 控制器提供 4 组使用者定义字型（16×16 字型）的存储器（即 **CGRAM**），而其显示方式与前述应对到 CGROM 或 HCGROM 的方式一样。

▶ 自定义图标产生器：ST7920 控制器提供 240 个图标（Icon），包括 15 组 IRAM（即 Icon RAM）的地址，每组 IRAM 地址包含 16 位数据，而其数据安排的顺序是高 8 位（D15～D8）在前、低 8 位（D7～D0）在后。

▶ 显示数据存储器（DDRAM）：ST7920 控制器里的 DDRAM 可以存储 16 个 16×16 字型（4 行）或 32 个 8×16 字型（4 行），当然，在 **WG14432B-NGG-N** 的 LCD 面板里最多只能显示两行。文字数据码存储在 DDRAM 里，而对应到 CGROM、HCGROM 及 CGRAM。ST7920 能够显示 HCGROM 的半高字型、CGRAM 里使用者自行定义的字型，以及 CGROM 里的 16×16 全高字型，说明如下。

▶ 显示 HCGROM 半高字型：写入 2B 数据到 DDRAM，则显示 2 个 8×16 字型，每个字节代表一个字型；而其文字数据码为 0x02～0x7f。

- 显示 CGRAM 字型：写入 2B 数据到 DDRAM，则显示 1 个 16×16 字型；而其文字数据码只能为 0x0000、0x0002、0x0004 及 0x0006。
- 显示 CGROM 字型：写入 2B 数据到 DDRAM，则显示 1 个 16×16 字型。若采用 Big—5 码，其文字数据码为 0xa140～0xd75f；若采用 GB-2312 码，其文字数据编码为 0xa1a0～0xf7ff。

▶ 显示图案存储器（Graphic Display RAM，GDRAM）：提供 64×256 位、采用位对应存储器空间。GDRAM 的地址是由连续的两个字节所组成，分为垂直地址与水平地址，两个字节的数据将写入 GDRAM 的同一个地址里，其步骤如下。

- 设置 GDRAM 的垂直地址。
- 设置 GDRAM 的水平地址。
- 将 D15～D8 写入 GDRAM（第一个字节）。
- 将 D7～D0 写入 GDRAM（第二个字节）。

除了华凌光电股份有限公司外，还有很多家提供中文 LCM 的厂商，例如雄铎科技股份有限公司等，其 S14B32 系系也是采用 ST7920 控制芯片，与 **WG14432B-NGG-N#**T00 完全兼容。

13-3 LCM 控制指令

LCM 控制指令只有 11 个，如表 13-3 所示，在本单元里将依次介绍这 11 个指令。

表 13-3 LCM 指令速查表

功　能	控制器		总　线								执行时间
	RS	$R/\overline{W}$	D7	D6	D5	D4	D3	D2	D1	D0	
清除显示屏	0	0	0	0	0	0	0	0	0	1	1.6ms
清除显示屏，并把光标移至左上角											
光标归位	0	0	0	0	0	0	0	0	1	×	72μs
将光标移至左上角，显示内容不变											
设置输入模式	0	0	0	0	0	0	0	1	I/D	S	72μs
I/D=1：地址递增，I/D=0：地址递减 S=1：显示屏移位，S=0：显示屏不移位											
开关显示屏	0	0	0	0	0	0	1	D	C	B	72μs
D=1：开启显示屏，D=0：关闭显示屏 C=1：开启光标，C=0：关闭光标 B=1：光标所在位置的字符反白，B=0：光标所在位置的字符不反白											
移位方式	0	0	0	0	0	1	S/C	R/L	×	×	72μs
S/C=1：显示屏移位，S/C=0：光标移位 R/L=1：向右移，R/L=0：向左移											
功能设置	0	0	0	0	1	DL	×	RE	×	×	72μs
DL=1：数据长度为 8 位，DL=0：数据长度为 4 位 RE=1：采用延伸指令，RE=0：采用一般指令，请参阅随书光盘里的 ST7920 的相关说明											

续表

功能	控制器		总线								执行时间
	RS	R/$\overline{W}$	D7	D6	D5	D4	D3	D2	D1	D0	
CGRAM 寻址	0	0	0	1	CGRAM 地址						72μs
将所要操作的 CGRAM 地址放入地址计数器											
DDRAM 寻址	0	0	1	DDRAM 地址							72μs
将所要操作的 DDRAM 地址放入地址计数器，第 1 行 80～8F，第 2 行 90～9F											
读取 BF 与 AC	0	1	BF	地址计数器内容							0μs
读取地址计数器，并查询 LCM 是否忙碌 BF=1 表示 LCM 忙碌，BF=0 表示 LCM 可接收指令或数据											
写入数据	1	0	所要写入的数据								72μs
将数据写入内部存储器（GDRAM、IRAM、CGRAM、DDRAM）											
读取数据	1	1	所要读取的数据								72μs
读取内部存储器（GDRAM、IRAM、CG RAM、DD RAM）的数据											

清除显示屏（CLEAN DISPLAY）

RS	R/$\overline{W}$	D7	D6	D5	D4	D3	D2	D1	D0
0	0	0	0	0	0	0	0	0	1

RS=0、R/$\overline{W}$ =0 是执行指令写入的操作，而数据总线上的指令为 00000001（即 0x01），其功能如下。

- 让显示屏变成空白，LCM 将会把 DDRAM 全部填入 20H（即空白）。
- 将光标移至左上角（HOME）。
- 使地址计数器（AC）归零。
- 整个执行时间需要 1.6ms。

光标归位

执行时间是根据 ST7920 在 540kHz 下的执行时间。

RS	R/$\overline{W}$	D7	D6	D5	D4	D3	D2	D1	D0
0	0	0	0	0	0	0	0	1	*

RS=0、R/$\overline{W}$ =0 是执行指令写入的操作，而数据总线上的指令为“0000001”（即 0x02 或 0x03），其中的“*”代表可为 0 或 1，而其功能如下。

- 将光标移至左上角，但 DD RAM 的内容不变。
- 使地址计数器（AC）归零。
- 整个执行时间需要 72μs。

设置输入模式

RS	R/$\overline{W}$	D7	D6	D5	D4	D3	D2	D1	D0
0	0	0	0	0	0	0	1	I/D	S

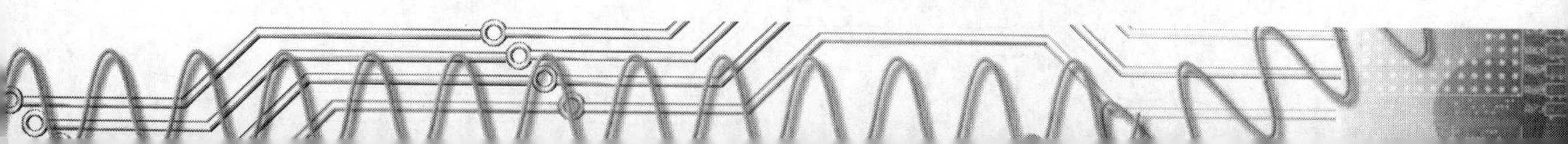

RS=0、R/$\overline{W}$=0 是执行指令写入的操作，而数据总线上的指令为 000001 I/D S，其中的 I/D 与 S 位如表 13-4 所示。

表 13-4 I/D 与 S 位的功能

I/D	S	功　能
0	0	显示的字符不动，光标左移，AC-1
0	1	显示的字符右移，光标不动，AC 不变
1	0	显示的字符不动，光标右移，AC+1
1	1	显示的字符左移，光标不动，AC 不变

设置显示屏

RS	R/W	D7	D6	D5	D4	D3	D2	D1	D0
0	0	0	0	0	0	1	D	C	B

RS=0、R/$\overline{W}$=0 是执行指令写入的操作，而数据总线上的指令为 00001 D C B，其中的 D、C 与 B 位说明如下。

- D 位显示屏控制开关，D=1 时可开启显示屏，D=0 时则关闭显示屏。
- C 位光标控制开关，C=1 时可显示光标，C=0 时则不显示光标。
- B 位字符反白控制开关，B=1 时则光标所在的字符将反白，B=0 时则光标所在的字符将不反白。
- 整个执行时间需要 72μs。

设置移位方式

RS	R/W	D7	D6	D5	D4	D3	D2	D1	D0
0	0	0	0	0	1	S/C	R/L	*	*

RS=0、R/$\overline{W}$=0 是执行指令写入的操作，而数据总线上的指令为“0001*S/C R/L”，其中的“*”代表可为 0 或 1，而 S/C 与 R/L 位功能如表 13-5 所示。

表 13-5 S/C 与 R/L 位的功能

S/C	R/L	功　能
0	0	光标左移，AC-1
0	1	光标右移，AC+1
1	0	整个显示屏左移
1	1	整个显示屏右移

功能设置

RS	R/W	D7	D6	D5	D4	D3	D2	D1	D0
0	0	0	0	1	DL	*	RE	*	*

RS=0、R/$\overline{W}$=0 是执行指令写入的操作，而数据总线上的指令为“001 DL * RE**”，其中的“*”代表可为 0 或 1，而 DL 与 RE 位说明如下。

- DL 位为传送的数据长度设置，DL=1 时采用 8 位方式的数据传送，DL=0 时则采用 4 位方式的数据传送，其中先传送高 4 位，再传送低 4 位。
- RE 位为延伸指令设置位，RE=1 时采用延伸指令，RE=0 时则采用一般指令。

- 整个执行时间需要 72μs。

CGRAM 寻址

RS	R/$\overline{W}$	D7	D6	D5	D4	D3	D2	D1	D0
0	0	0	1	A5	A4	A3	A2	A1	A0

RS=0、R/$\overline{W}$ =0 是执行指令写入的操作，而数据总线上的指令为“01A5 A4 A3 A2 A1 A0”，其中的“A5 A4 A3 A2 A1 A0”代表所要操作的 CGRAM 地址。紧接于本指令之后，即可将所要输入的数据输入到这个地址。而整个执行时间需要 72μs。

DDRAM 寻址

RS	R/$\overline{W}$	D7	D6	D5	D4	D3	D2	D1	D0
0	0	1	A6	A5	A4	A3	A2	A1	A0

RS=0、R/$\overline{W}$ =0 是执行指令写入的操作，而数据总线上的指令为“1 A6 A5 A4 A3 A2 A1 A0”，其中的“A6 A5 A4 A3 A2 A1 A0”代表所要操作的 DDRAM 地址。紧接于本指令之后，即可将所要输入的数据输入到这个地址。而整个执行时间需要 72μs。

读取 BF 与 AC

RS	R/$\overline{W}$	D7	D6	D5	D4	D3	D2	D1	D0
0	1	BF	A6	A5	A4	A3	A2	A1	A0

RS=0、R/$\overline{W}$ =1 是执行读取的操作，这时 LCM 的忙碌标志 BF 将放置在数据总线上的 D7 位，而 LCM 的地址计数器内容也将放置在数据总线上的 D6～D0 位，分别为 A6～A0。整个执行时间需要 0μs。

数据写入

RS	R/$\overline{W}$	D7	D6	D5	D4	D3	D2	D1	D0
1	0	D7	D6	D5	D4	D3	D2	D1	D0

RS=1、R/$\overline{W}$ =0 是执行数据写入的操作，这时在数据总线上的数据将写入前一个指令所指定的 DDRAM 或 CGRAM 地址里。整个执行时间需要 72μs。

读取数据

RS	R/$\overline{W}$	D7	D6	D5	D4	D3	D2	D1	D0
1	1	D7	D6	D5	D4	D3	D2	D1	D0

RS=1、R/$\overline{W}$ =1 是执行读取数据的操作，这时前一个指令所指定的 DDRAM 或 CGRAM 地址中的数据将被放置在数据总线上。而读取数据之后，地址计数器将自动加 1，指向下一个地址。整个执行时间需要 72μs。

13-4 LCM的初始化设置与常用函数

一般地，LCM 是一个小系统，不管是 HD44780 或是 ST79202 都是微控制器。既然是微控制器，就有初始化设置的问题，而 LCM 的数据模式有 8 位与 4 位（可利用 DL 位来设置），两种模式的初始化设置有些差异，说明如下。

8 位模式的初始化设置

图 13-10 所示为 8 位模式的初始化设置。

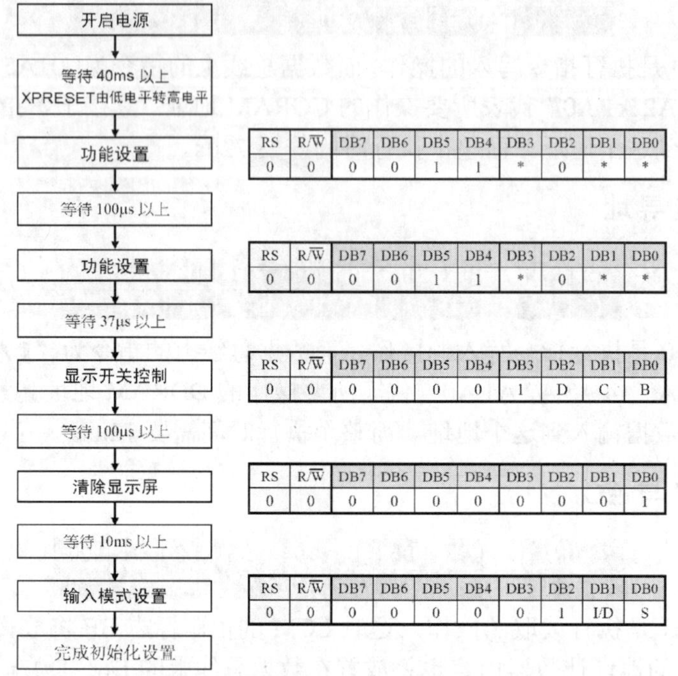

RS	R/$\overline{W}$	DB7	DB6	DB5	DB4	DB3	DB2	DB1	DB0
0	0	0	0	1	1	*	0	*	*

RS	R/$\overline{W}$	DB7	DB6	DB5	DB4	DB3	DB2	DB1	DB0
0	0	0	0	1	1	*	0	*	*

RS	R/$\overline{W}$	DB7	DB6	DB5	DB4	DB3	DB2	DB1	DB0
0	0	0	0	0	0	1	D	C	B

RS	R/$\overline{W}$	DB7	DB6	DB5	DB4	DB3	DB2	DB1	DB0
0	0	0	0	0	0	0	0	0	1

RS	R/$\overline{W}$	DB7	DB6	DB5	DB4	DB3	DB2	DB1	DB0
0	0	0	0	0	0	0	1	I/D	S

图 13-10 8 位模式的初始化设置

根据初始化设置的流程，若采用 8 位的数据传输模式（LCM 与微控制器之间的数据总线为 8 位），而 8x51 的 P0 连接总线，P3.0 连接 E，P3.1 连接 RW，P3.2 连接 RS，则在送入电源后可以下列指令进行初始化设置。

```
sbit E = P3^0;                    // 声明 E 的地址
sbit RW = P3^1;                   // 声明 RW 的地址
sbit RS = P3^2;                   // 声明 RS 的地址
//============================================
main()
{ RS = 0; RW=0;                   // 写入指令模式
  E = 1;                          // 使能
  P0 = 0x30;                      // 设置功能
  check_BF();                     // 完成
//============================================ RS = 0; RW=0;   // 写入指令模式
  E = 1;                          // 使能
  P0 = 0x30;                      // 设置功能
  check_BF();                     // 完成
//============================================ RS = 0; RW=0;   // 写入指令模式
  E = 1;                          // 使能
  P0 = 0x08;                      // 关闭显示功能
  check_BF();                     // 完成
```

```
//========================================== RS = 0; RW=0;   // 写入指令模式
    E = 1;                          // 使能
    P0 = 0x01;                      // 清除显示屏
    check_BF();                     // 完成
//========================================== RS = 0; RW=0;   // 写入指令模式
    E = 1;                          // 使能
    P0 = 0x06;                      // 设置输入模式
    check_BF();                     // 完成
//==========================================
```

4 位模式的初始化设置

4 位模式的初始化位置如图 13-11 所示。根据初始化设置的流程，若采用 4 位的数据传输模式（LCM 与微控制器之间的数据总线为 4 位），很明显，每个指令分两次送入 LCM，在送电后可以用下列指令进行初始化设置。

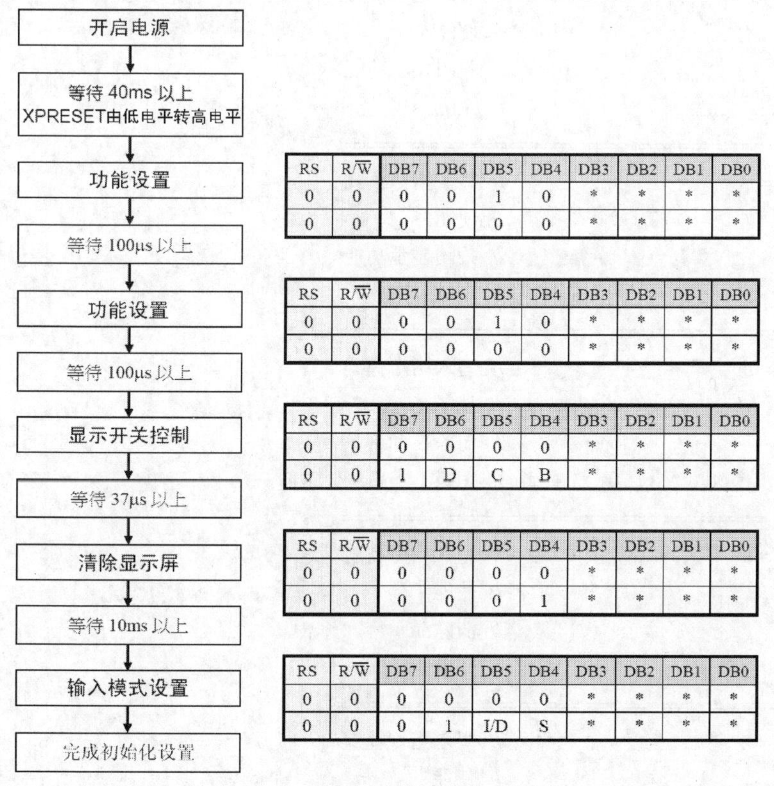

RS	R/$\overline{W}$	DB7	DB6	DB5	DB4	DB3	DB2	DB1	DB0
0	0	0	0	1	0	*	*	*	*
0	0	0	0	0	0	*	*	*	*

RS	R/$\overline{W}$	DB7	DB6	DB5	DB4	DB3	DB2	DB1	DB0
0	0	0	0	1	0	*	*	*	*
0	0	0	0	0	0	*	*	*	*

RS	R/$\overline{W}$	DB7	DB6	DB5	DB4	DB3	DB2	DB1	DB0
0	0	0	0	0	0	*	*	*	*
0	0	1	D	C	B	*	*	*	*

RS	R/$\overline{W}$	DB7	DB6	DB5	DB4	DB3	DB2	DB1	DB0
0	0	0	0	0	0	*	*	*	*
0	0	0	0	0	1	*	*	*	*

RS	R/$\overline{W}$	DB7	DB6	DB5	DB4	DB3	DB2	DB1	DB0
0	0	0	0	0	0	*	*	*	*
0	0	0	1	I/D	S	*	*	*	*

图 13-11　4 位模式的初始化设置

```
sbit E = P3^0;                      // 声明 E 的地址
sbit RW = P3^1;                     // 声明 RW 的地址
sbit RS = P3^2;                     // 声明 RS 的地址
//==========================================
main()
{ RS = 0; RW=0;                     // 写入指令模式
```

```
    E = 1;                                    // 使能
    P0 = 0x20;                                // 设置功能
    check_BF();                               // 完成
//==================================================
    RS = 0; RW=0;                             // 写入指令模式
    E = 1;                                    // 使能
    P0 = 0x00;                                // 设置功能
    check_BF();                               // 完成
//==================================================

    RS = 0; RW=0;                             // 写入指令模式
    E = 1;                                    // 使能
    P0 = 0x20;                                // 设置功能
    check_BF();                               // 完成
//==================================================
    RS = 0; RW=0;                             // 写入指令模式
    E = 1;                                    // 使能
    P0 = 0x00;                                // 关闭显示功能
    check_BF();                               // 完成
//==================================================
    RS = 0; RW=0;                             // 写入指令模式
    E = 1;                                    // 使能
    P0 = 0x80;                                // 关闭显示功能
    check_BF();                               // 完成
//==================================================
    RS = 0; RW=0;                             // 写入指令模式
    E = 1;                                    // 使能
    P0 = 0x00;                                // 清除显示屏
    check_BF();                               // 完成
//==================================================
    RS = 0; RW=0;                             // 写入指令模式
    E = 1;                                    // 使能
    P0 = 0x10;                                // 清除显示屏
    check_BF();                               // 完成
//==================================================
    RS = 0; RW=0;                             // 写入指令模式
    E = 1;                                    // 使能
    P0 = 0x00;                                // 设置输入模式
    check_BF();                               // 完成
//==================================================
    RS = 0; RW=0;                             // 写入指令模式
    E = 1;                                    // 使能
    P0 = 0x06;                                // 设置输入模式
    check_BF();                               // 完成
//==================================================
```

写入指令函数

不管是 8 位还是 4 位的数据传输模式，都是一些重复的功能。其实我们可利用函数来执行写入指令的功能，以简化初始化设置的程序，具体如下。

```
//====写入指令函数=================================
void write_inst(char inst)
{ RS = 0; RW=0;                // 写入指令模式
  E = 1;                       // 使能
  P0 = inst;                   // 写入指令
  check_BF();                  // 完成
}                              // 函数结束
```

利用这个函数将 8 位数据传输模式的初始化设置简化了，并将其写成一个初始化设置的函数，而在初始化设置的最后将开启显示功能，具体如下。

```
//====初始设置函数（8 位传输模式）====================
void init_LCM(void)
{ write_inst(0x30);                 // 设置功能
 write_inst(0x30);                  // 设置功能
 write_inst(0x08);                  // 关闭显示功能
 write_inst(0x01);                  // 清除显示屏
 write_inst(0x06);                  // 设置输入模式
 write_inst(0x0c);                  // 开启显示功能
}                                   // 函数结束
```

利用这个函数，则 4 位数据传输模式的初始化设置函数如下。

```
//====初始设置函数(4 位传输模式)====================
void init_LCM(void)
{ write_inst(0x20);            // 设置功能
 write_inst(0x00);             // 设置功能
 write_inst(0x20);             // 设置功能
 write_inst(0x00);             // 设置功能
 write_inst(0x00);             // 关闭显示功能
 write_inst(0x08);             // 关闭显示功能
 write_inst(0x00);             // 清除显示屏
 write_inst(0x01);             // 清除显示屏
 write_inst(0x00);             // 设置输入模式
 write_inst(0x06);             // 设置输入模式
 write_inst(0x00);             // 开启显示功能
 write_inst(0x0c);             // 开启显示功能
}                              // 函数结束
```

兼容的初始化设置

上述的初始化设置是根据 ST7920 控制器的参数说明，主要是针对中文 LCM。我们可将它改成与 HD44780 控制器兼容的初始化设置，让它可同时用于 ST7920 控制器或 HD44780

控制器，函数内容如下。

```
//====初始设置函数（8 位传输模式）====================
void init_LCM(void)
{ write_inst(0x30);                    // 设置功能
  write_inst(0x30);                    // 设置功能
  write_inst(0x30);                    // 设置功能
  write_inst(0x38);                    // 设置两行、5×7 字型（HD44780）
  write_inst(0x08);                    // 关闭显示功能
  write_inst(0x01);                    // 清除显示屏
  write_inst(0x06);                    // 设置输入模式
  write_inst(0x0c);                    // 开启显示功能
}                                      // 函数结束
```

4 位数据传输模式的初始化设置函数内容如下。

```
//====初始设置函数(4 位传输模式)====================
void init_LCM(void)
{ write_inst(0x20);                    // 设置功能
  write_inst(0x00);                    // 设置功能
  write_inst(0x20);                    // 设置功能
  write_inst(0x00);                    // 设置功能
  write_inst(0x20);                    // 设置功能
  write_inst(0x00);                    // 设置功能
  write_inst(0x20);                    // 设置功能
  write_inst(0x80);                    // 设置功能
  write_inst(0x00);                    // 关闭显示功能
  write_inst(0x08);                    // 关闭显示功能
  write_inst(0x00);                    // 清除显示屏
  write_inst(0x01);                    // 清除显示屏
  write_inst(0x00);                    // 设置输入模式
  write_inst(0x06);                    // 设置输入模式
  write_inst(0x00);                    // 开启显示功能
  write_inst(0x0c);                    // 开启显示功能
}                                      // 函数结束
```

检查是否忙碌函数

沟通是双向的，当 8x51 对 LCM 写指令或读写数据时，LCM 不一定“有空”处理，所以在前面的 write_inst 函数或 write_data 函数的最后都会利用“check_BF ( ) ;”指令“敲敲 LCM 的门，问它忙不忙”，只要读取 DB7，也就是 BF 标志，若 BF=1 表示 LCM 还没处理完成，不要再继续发送数据或指令给它。在此就以一个简单的检查忙碌函数确认可否继续下一步的操作，内容如下。

```
//====检查忙碌函数=================================
void check_BF(void)
{ E=0;                          // 禁止读写功能
```

```
    do{  BF = 1;                    // 设置 BF 为输入
         RS = 0; RW = 1;            // 读取指令
         E = 1;                     // 使能（读取 BF 及 AC）
         } while(BF==1)             // 如果忙碌则继续等待
}                                   // 结束
```

写入数据函数

在 8x51 对 LCM 的操作中，除了写入指令外，写入数据也是很常用的操作，将这项操作写成一个函数就能使程序更简洁，具体如下。

```
//====写入数据函数==================================
void write_char(char character)
{ check_BF();                       // 检查是否忙碌
  RS = 1; RW=0; E = 1;              // 写入数据模式
  P0 = character;                   // 写入字符
  check_BF();                       // 完成
}                                   // 函数结束
```

写入指定位置函数

以 2 行每行 16 个字的 LCM 而言，我们可将写入指令定义得更完善，让所要显示的字符能“对号入座”。如下所示，在函数的参数里，增加 line 与 location 两个参数，line 代表第几行，0 代表第一行，1 代表第二行；location 则代表第几个位置，有效的位置为 0 到 15，整个函数如下。

```
//====写入指定位置函数==================================
void display _char(char line,location,character)
{ check_BF();                            // 检查是否忙碌
  RS = 0; RW= 0; E = 1;                  // 写入指令模式
  if (line=0)
        P0 = 0x80+location;              // 写入第一行
   if (line=1)
        P0 = 0x90+location;              // 写入第二行
        check_BF();                      // 完成
   write_char(character);                // 写入字符
}                                        // 函数结束
```

整行空白函数

若要将整行填入空白，可使用下列函数，其中的 line 参数为所要填入空白的行，0 代表第一行，1 代表第二行，整个函数如下。

```
//==== 整列空白函数 ============================
void blank_line(char line)
{ check_BF();                            // 检查忙碌
```

```
    RS = 0; RW= 0; E = 1;                    // 写入指令模式
    if (line=0)
        P0 = 0x80;                           // 写入第一列
    If (line=1)
        P0 = 0x90;                           // 写入第二列
        check_BF();                          // 完成
    for (char i=0;i<16;i++)
        write_char(' ');                     // 写入空格符
}                                            // 函数结束
```

13-5 LCM 与 8x51 的连接

如图 13-12 所示，LCM 的数据总线 D0～D7 可与 8x51 的 P1、P2 或 P3 连接。若要与 8x51 的 P0 连接，其中每一条线必须各连接一个上拉电阻器。而 LCM 的 3 条控制线 E、R/$\overline{W}$ 与 RS 则可连接到其他没被用到的输入/输出端口。在 89S51 刻录实验板（USB 版）里，已从 P0 连接到 LCM 插座（JP2）的数据总线（包含上拉电阻器），且由 P3.0、P3.1 及 P3.2 连接至 LCM 的插座 E、R/$\overline{W}$ 与 RS，我们只要将 LCM 插到此插座即可。

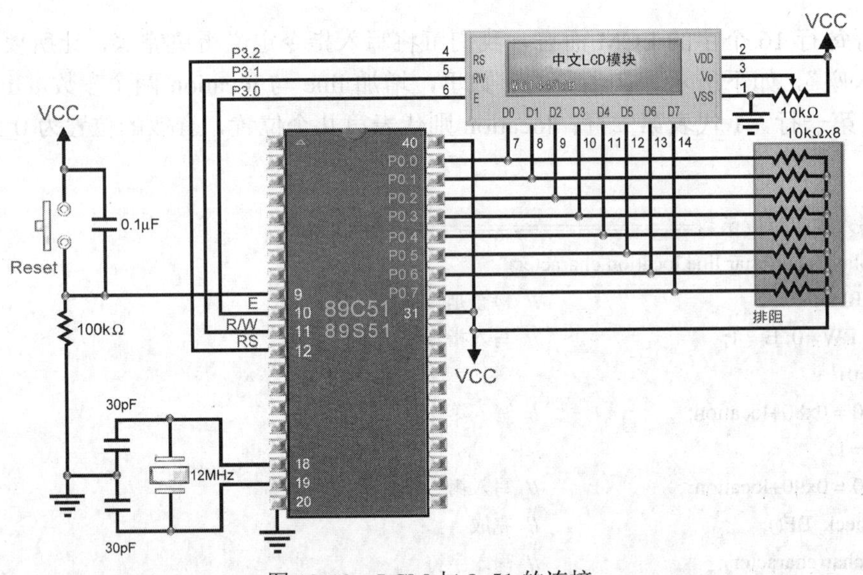

图 13-12 LCM 与 8x51 的连接

另外，LCM 的电源引脚 VCC 连接+5V，VSS 引脚接地（LCM 插座上已连接）；亮度控制引脚 V_o 可借由跳线插座（JP4）选择连接 VCC 或 GND，若使用中文 LCM，则跳接至 VCC，若使用英文 LCM 则跳接至 GND。

13-6 实例演练

在本单元里提供两个范例。

13-6-1 LCD 文字显示

实验要点

如图 13-12 所示，在本单元里将进行简单的 LCD 文字显示的实验，首先在第一行里显示"**LCM test program**"，2 秒后在第二行里显示"**Everything is OK**"；再经 2 秒后在第一行里改为"中文 **LCM** 测试程序"，第二行里改为"一切正常欢迎使用"，如此循环，如图 13-13 所示。

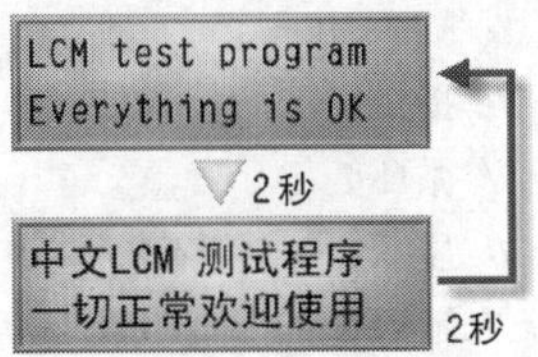

图 13-13 功能示意图

流程图与程序设计

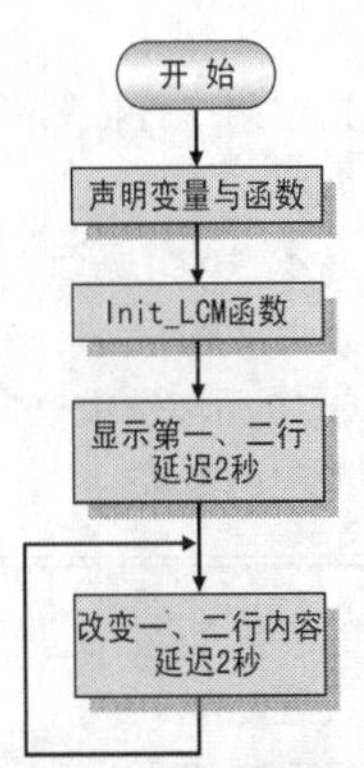


```
/*LCD 文字显示实验（ch13-6-1.c），适用于 89S51 在线刻录实验板（USB 版）*/
#include <reg51.h>
#define LCDP      P0                       // 定义 LCM 数据总线接至 P0
sbit RS   =   P3^2;                        // 寄存器选择位（0:指令，1:数据）
sbit RW =     P3^1;                        // 设置读写位（0:写入，1:读取）
sbit E =      P3^0;                        // 使能位（0:禁能，1:使能）
sbit BF   =   P0^7;                        // 忙碌检查位（0:不忙，1:忙碌）
char line1[]="LCM test program";           // 第 1 次显示字符串（第一行）
char line2[]="Every thing is OK";          // 第 1 次显示字符串（第二行）
char line3[]="中文 LCM  测试程序";          // 第 2 次显示字符串（第一行）
char line4[]="一切正常欢迎使用";            // 第 2 次显示字符串（第二行）
void init_LCM(void);                       // 初始化设置函数
void write_inst(char);                     // 写入指令函数
void write_char(char);                     // 写入字符数据函数
void check_BF(void);                       // 检查是否忙碌函数
void delay 1ms(int);                       // 延迟函数
```

```
//============  主程序 ==========================
main()
{   char i;                              // 声明变量
init_LCM();                              // 初始化置
while(1)                                 // 无穷循环
//=====LCM test program ======
{      write_inst(0x80);                 // 指定第一行位置
       for (i=0;i<16;i++)                // 循环
           write_char(line1[i]);         // 显示 16 个字符
//=====Everything is OK ======
       write_inst(0x90);                 // 指定第二行位置
       for (i=0;i<16;i++)                // 循环
           write_char(line2[i]);         // 显示 16 个字符
           delay 1ms(2000);              // 延迟 2 秒
//=====  中文 LCM  测试程序 ======
           write_inst(0x80);             // 指定第一行位置
           for (i=0;i<16;i++)            // 循环
               write_char(line3[i]);     // 显示 16 个字符
//=====  一切正常欢迎使用 ======
               write_inst(0x90);         // 指定第二行位置
               for (i=0;i<16;i++)        // 循环
                   write_char(line4[i]); // 显示 16 个字符
               delay 1ms(2000);          // 延迟 2 秒
  }                                      // while 循环结束
}                                        // 主程序结束
//====初始化设置函数（8 位传输模式）===================
void init_LCM(void)
{   write_inst(0x30);                    // 设置功能
    write_inst(0x30);                    // 设置功能
    write_inst(0x30);                    // 兼容设置，中文 LCM 可忽略
    write_inst(0x38);                    // 设置，中文 LCM 可忽略
    write_inst(0x08);                    // 关闭显示功能
    write_inst(0x01);                    // 清除显示屏
    write_inst(0x06);                    // 设置输入模式
    write_inst(0x0c);                    // 设置显示功能
}                                        // init_LCM()函数结束
//====  写入指令函数 ================================
void write_inst(char inst)
{   check_BF();                          // 检查是否忙碌
    LCDP = inst;                         // LCM 读入 MPU 指令
    RS = 0; RW = 0; E = 1;               // 写入指令至 LCM
    check_BF();                          // 检查是否忙碌
}                                        // write_inst()函数结束
//====  写入字符数据函数 ============================
void write_char(char chardata)
```

```
{   check_BF();                              // 检查是否忙碌
    LCDP = chardata;                         //LCM 读入字符
    RS = 1; RW = 0 ;E = 1;                   // 写入数据至 LCM
    check_BF();                              // 检查是否忙碌
}                                            // write_char()函数结束
//====检查忙碌函数=================================
void check_BF(void)
{   E=0;                                     // 禁止读写功能
    do                                       // do-while 循环开始
    {       BF=1;                            // 设置 BF 为输入
            RS = 0; RW = 1;E = 1;            // 读取 BF 及 AC
    }while(BF == 1);                         // 忙碌则继续等待
}                                            // check_BF()函数结束
//====   延迟函数 =================================
void delay 1ms(int x)
{   int i,j;                                 // 声明变量
    for (i=1;i<x;i++)                        // 执行 x 次，延迟 x×1ms
    for (j=1;j<120;j++);                     // 执行 120 次，延迟 1ms
}                                            // delay1ms()函数结束
```

LCD 文字显示实验（ch13-6-1.c）

操作

1．根据功能要求与电路结构，在 Keil C 里编写程序并进行生成，以产生*.HEX 文件。然后进行软件调试/仿真，看看其功能是否正常。若有错误或非预期的状态，则检查源程序，看看哪里出了问题，修改并将它记录在实验报告里。

2．若软件调试/仿真功能正常，可按图 13-12 连接线路，并使用在线仿真器加载新的程序（*.HEX），以仿真该电路的功能。若有非预期的状态，则检查线路的连接状态，看看哪里出了问题并将它记录在实验报告里。

3．若在线仿真功能正常，将程序刻录到 89S51（可使用 89S51 在线刻录实验板），再把该 89S51 放入实际电路，以取代刚才的在线仿真器，然后直接送电，看看是否正常。

4．编写实验报告。

13-6-2 自定义字符图案

实验要点

图 13-12 所示为本实验所要采用的电路图，在此我们将自定义两个字型，分别是“AM”及“PM”，其中的“AM”代表上午、“PM”代表下午，在 LCM 里，第一行将以“时:分:秒”的格式显示时间，每秒钟改变一次，在其右边将以自定义字型“AM”、“PM”区别上、下午，如图 13-14 所示。

10:10:00 AMPM

图 13-14 功能示意图

流程图与程序设计

根据功能要求，在此分成三部分来说明，第一部分是自定义字型，第二部分是时间的产生，第三部分是将计时数转换成显示数据。

在自定义字型方面，图 13-15 所示为本次所要建立的字型，其中的“AM”编码为“0x00,0x00,0x01,0x80,0x03,0xc0,0x07,0xe0,0x0f,0xf0,0x1f,0xf8,0x3f,0xfc,0x7f,0xfe,0x00,0x00,0x18,0x44,0x24,0x6c,0x24,0x6c,0x3c,0x54,0x24,0x54,0x24,0x44,0x00,0x00”；而“PM”编码为“0x00,0x00,0x7f,0xfe,0x3f,0xfc,0x1f,0xf8,0x0f,0xf0,0x07,0xe0,0x03,0xc0,0x01,0x80,0x00,0x00,0x38,0x44,0x24,0x6c,0x24,0x6c,0x38,0x54,0x20,0x54,0x20,0x44,0x00,0x00”，在此将它们存入pat[16]数组，如下所示。

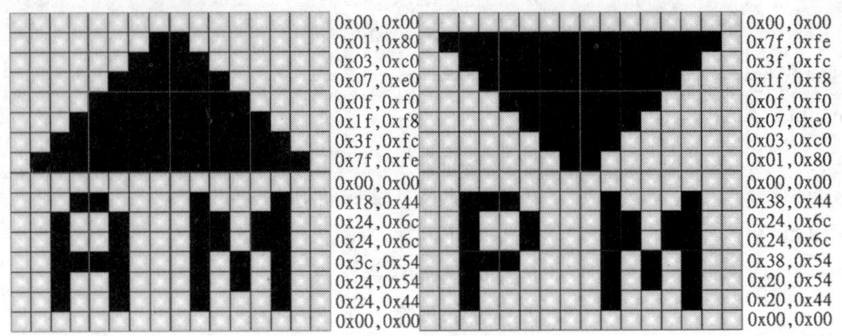

图 13-15 自定义字型

```
char code am[32] = {    // 显示上三角图案及“AM”字样
                0x00, 0x00, 0x01, 0x80, 0x03, 0xc0, 0x07, 0xe0,
                0x0f, 0xf0, 0x1f, 0xf8, 0x3f, 0xfc, 0x7f, 0xfe,
                0x00, 0x00, 0x18, 0x44, 0x24, 0x6c, 0x24, 0x6c,
                0x3c, 0x54, 0x24, 0x54, 0x24, 0x44, 0x00, 0x00};
char code pm[32] = {    // 显示下三角图案及“PM”字样
                0x00, 0x00, 0x7f, 0xfe, 0x3f, 0xfc, 0x1f, 0xf8,
                0x0f, 0xf0, 0x07, 0xe0, 0x03, 0xc0, 0x01, 0x80,
                0x00, 0x00, 0x38, 0x44, 0x24, 0x6c, 0x24, 0x6c,
                0x38, 0x54, 0x20, 0x54, 0x20, 0x44, 0x00, 0x00};
```

CGRAM 的起始地址为 01000000B，即 0x40，每 8 个地址为一个自定义字型。在程序里，可以下列指令将这个数组的内容填入 CGRAM。

```
char i;
write_inst(0x40);                // 设置 CGRAM 的位置
for (i=0;i<32;i++)
    write_char(am[i]);           // 写入上午的自定义字型
for (i=0;i<32;i++)
    write_char(pm[i]);           // 写入下午的自定义字型
```

时间的产生是利用 Timer0 中断，每次中断为 50ms，每 20 次中断就是 1 秒钟，因此要调整时间的输出。在此，hour 代表“时”数，minute 代表“分”数，second 代表“秒”数。若秒数超过 60 秒，则秒数归零，进而调整分数（即分+1）；若分数超过 60 分，则分数归零，进而调整时数（实时+1）；若时数超过 12 时，则时数调整为 1，进而改变上/下午状态，具体如下。

```
void clock(void) interrupt 1                    // T0 中断子程序
{ TH0=(65636-50000)/256;                        // 填入定时值
  TL0=(65636-50000)%256;                        // 填入定时值
  if (--count==0)                               // 中断次数是否达到 20 次
  {    count=20;                                // 重新计数
      second++;                                 // 秒数加 1
      if (second>=60)                           // 是否达到 60 秒
      { second=0;                               // 秒数归零
        minute++;                               // 分数加 1
        if (minute>=60)                         // 是否达到 60 分
        {      minute=0;                        // 分数归零
               hour++;                          // 时数加 1
               if (hour == 13)                  // 是否达到 13 小时
                 hour=1;                        // 时数改为 1
               if (hour == 12)                  // 是否达到 12 小时
                 ampm=~ampm;                    // 切换上/下午
} }    } }                                      // 结束
```

紧接着是将 hour、minute、sceond、ampm 转换成在 LCM 中显示的 ASCII 码及自定义的图案，如图 13-16 所示。hour、minute、sceond 变数是以十六进位数字存储时数、分数与秒数，我们可利用“/10”提取其十位数，用“%10”提取其个位数；再加上 0x30，则数字就变成 ASCII，然后把它存入显示区数组 d[]，具体如下。

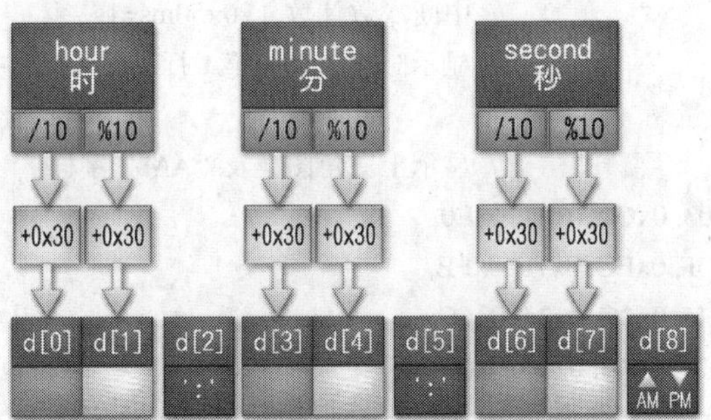

图 13-16　将数字的时、分、秒转换成 ASCII 码

```
d[0]=hour/10+0x30;                              // 时数的十位数显示数据
d[1]=hour%10+0x30;                              // 时数的个位数显示数据
d[2]=': ';                                      // 显示冒号
d[3]=minute/10+0x30;                            // 分数的十位数显示数据
d[4]=minute%10+0x30;                            // 分数的个位数显示数据
d[5]= ': ';                                     // 显示冒号
d[6]=second/10+0x30;                            // 秒数的十位数显示数据
d[7]=second%10+0x30;                            // 秒数的个位数显示数据
```

```
if (ampm==0) d[9]=0x00;                          // 上午
else d[9]=0x02;                                  // 下午
```

流程图与整个程序如下所示。

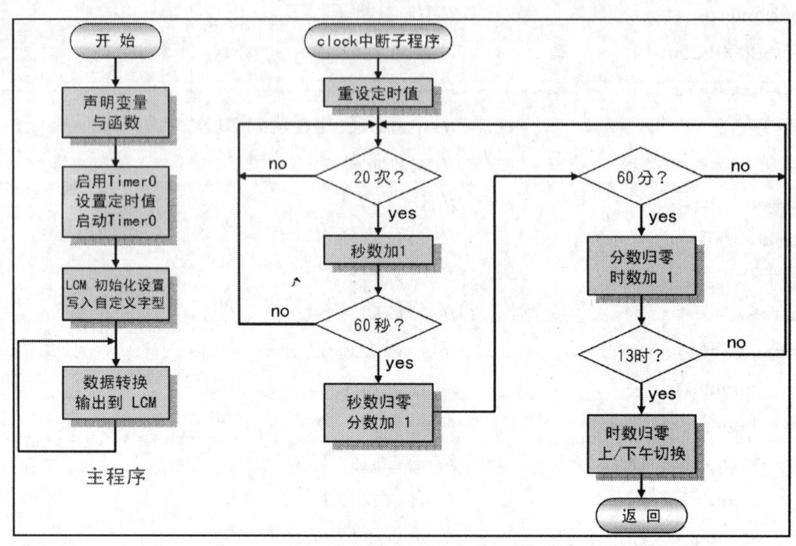


```
/*自编字型图案实验（ch13-6-2.c），适用于 89S51 在线刻录实验板（USB 版）*/
#include      <reg51.h>
#define LCDP      P0                    // 定义 LCM 数据总线接至 P0
sbit RS = P3^2;                         // 寄存器选择位（0:指令，1:数据）
sbit RW = P3^1;                         // 设置读写位（0:写入，1:读取）
sbit E =       P3^0;                    // 使能位（0:禁能，1:使能）
sbit BF = P0^7;                         // 忙碌检查位（0:不忙，1:忙碌）
char    count=20;                       // 中断次数计数，20×50ms=1s
char    time[10];                       // 显示时间数组（第 1 行）
/* 声明自定义字型数组变量*/
char code am[32] = {                    // 显示上三角图案及"AM"字样
0x00, 0x00, 0x01, 0x80, 0x03, 0xC0, 0x07, 0xE0,
0x0F, 0xF0, 0x1F, 0xF8, 0x3F, 0xFC, 0x7F, 0xFE,
0x00, 0x00, 0x18, 0x44, 0x24, 0x6C, 0x24, 0x6C,
0x3C, 0x54, 0x24, 0x54, 0x24, 0x44, 0x00, 0x00};
char code pm[32] = {                    // 显示下三角图案及"PM"字样
0x00, 0x00, 0x7F, 0xFE, 0x3F, 0xFC, 0x1F, 0xF8,
0x0F, 0xF0, 0x07, 0xE0, 0x03, 0xC0, 0x01, 0x80,
0x00, 0x00, 0x38, 0x44, 0x24, 0x6C, 0x24, 0x6C,
0x38, 0x54, 0x20, 0x54, 0x20, 0x44, 0x00, 0x00};
bit     ampm=1;                         // 0:上午（am），1:下午（pm），初值为下午
char    hour=11;                        // 声明时，初值为 11 点
char    minute=59;                      // 声明分，初值为 59 分
char    second=50;                      // 声明秒，初值为 50 秒
void transfer(void);                    // 转换时、分、秒至 time 数组中
void write_inst(char);                  // 写入指令函数
```

```
void write_char(char);                          // 写入字符函数
void write_pat(void);                           // 写入自定义字型函数
void check_BF(void);                            // 检查忙碌函数
void init_LCM(void);                            // 声明 LCM 初始化设置函数
//===========主程序==============================
main()
{ char i;
  init_LCM();                                   // 初始化置
  write_pat();                                  // 写入自定义型
  IE=0X82;                                      // Timer0 中断使能
  TMOD=0x01;                                    // T0 设为 Mode 1
  TH0=(65636-50000) / 256;                      // 填入定时值的高字节
  TL0=(65636-50000) % 256;                      // 填入定时值的低字节
  TR0=1;                                        // 启动 Timer0
  while(1)                                      // 无穷循环
  {     transfer();                             // 转换时、分、秒至 time 数组中
        write_inst(0x80);                       // 指定第 1 行位置
        for (i=0;i<10;i++)                      // 循环
        write_char(time[i]);                    // 显示时间
  }                                             // while 结束
}                                               // main() 结束
//====转换函数====================
void transfer(void)
{ time[0]= hour/10 + 0x30;                      // 时数的十位数显示数据
 time[1]= hour%10 + 0x30;                       // 时数的个位数显示数据
 time[2]= ':';                                  // 显示冒号
 time[3]= minute/10 + 0x30;                     // 分数的十位数显示数据
 time[4]= minute%10 + 0x30;                     // 分数的个位数显示数据
 time[5]= ':';                                  // 显示冒号
 time[6]= second/10 + 0x30;                     // 秒数的十位数显示数据
 time[7]= second%10 + 0x30;                     // 秒数的个位数显示数据
 time[8]=0x00;                                  // 自定义字型的高字节
 if (ampm==0)                                   // 判定是否为上午
       time[9]=0x00;                            // 表示上午的自定义字型
 else time[9]=0x02;                             // 表示下午的自定义字型
}                                               // transfer()函数结束
//====写入自定义字型函数==================
void write_pat(void)
{ char i;
 write_inst(0x40);                              // 设置 CGRAM 的位置
 for (i=0;i<32;i++)
      write_char(am[i]);                        // 写入上午的自定义字型
 for (i=0;i<32;i++)
      write_char(pm[i]);                        // 写入下午的自定义字型
}                                               // write_pat()函数结束
```

```
//===== Timer0 中断子程序 ======================
void clock(void) interrupt 1                //T0 中断子程序
{ TH0=(65636-50000)/256;                    // 填入定时值
  TL0=(65636-50000)%256;                    // 填入定时值
  if (--count==0)                           // 中断次数是否达到 20 次
  {     count=20;                           // 重新计数
        second++;                           // 秒数加 1
        if (second>=60)                     // 是否达到 60 秒
        {   second=0;                       // 秒数归零
            minute++;                       // 分数加 1
            if (minute>=60)                 // 是否达到 60 分
            {       minute=0;               // 分数归零
                    hour++;                 // 时数加 1
                    if (hour == 13)         // 是否达到 13 小时
                     hour=1;                // 时数改为 1
                    if (hour == 12)         // 是否达到 12 小时
                     ampm=～ampm;           // 切换上下午
} }     } }                                 // 结束
//====初始化设置函数（8 位传输模式）===================
void init_LCM(void)
{ write_inst(0x30);                         // 设置功能
 write_inst(0x30);                          // 设置功能
 write_inst(0x30);                          // 兼容设置，中文 LCM 可忽略
 write_inst(0x38);                          // 设置两行，中文 LCM 可忽略
 write_inst(0x08);                          // 关闭显示功能
 write_inst(0x01);                          // 清除显示屏
 write_inst(0x06);                          // 设置输入模式
 write_inst(0x0c);                          // 开启显示功能
}                                           // init_LCM()函数结束
//====  写入指令函数 ===============================
void write_inst(char inst)
{ check_BF();                               // 检查是否忙碌
 LCDP = inst;                               //LCM 读入 MPU 指令
 RS = 0; RW = 0; E = 1;                     // 写入指令至 LCM
 LCM check_BF();                            // 检查是否忙碌
}                                           // write_inst()函数结束
//====  写入字符数据函数 ===========================
void write_char(char chardata)
{ check_BF();                               // 检查是否忙碌
 LCDP = chardata;                           //LCM 读入字符
 RS = 1; RW = 0 ;E = 1;                     // 写入数据至 LCM
 heck_BF();                                 // 检查是否忙碌
}                                           // Write_char()函数结束
//====检查是否忙碌函数================================
void check_BF(void)
```

```
{ E=0;                              // 禁止读写功能
  do                                // do-while 循环开始
  {    BF=1;                        // 设置 BF 为输入
       RS = 0; RW = 1;E = 1;        // 读取 BF 及 AC
  }while(BF == 1);                  // 忙碌则继续等待
}                                   // check_BF()函数结束
```

自编字型图案实验（ch13-6-2.c）

操作

1. 根据功能要求与电路结构，在 Keil C 里编写程序并进行生成，以产生*.HEX 文件。然后进行软件调试/仿真，看看其功能是否正常。若有错误或非预期的状态，则检查源程序，看看哪里出了问题，修改并将它记录在实验报告里。

2. 若软件调试/仿真功能正常，可按图 13-12 连接线路，并使用在线仿真器加载新的程序（*.HEX），以仿真该电路的功能。若有非预期的状态，则检查线路的连接状态，看看哪里出了问题并将它记录在实验报告里。若在线仿真功能正常，即可将程序刻录到 89S51，再把该 89S51 放入实际电路，以取代刚才的在线仿真器，然后直接送电，看看是否正常。

3. 若在线仿真功能正常，将程序刻录到 89S51（可使用 89S51 在线刻录实验板），再把该 89S51 放入实际电路，以取代刚才的在线仿真器，然后直接送电，看看是否正常。

4. 编写实验报告。

思考一下

结合本实验里的 LCM 及第 11 章所介绍的 ADC，制作一个 LCD 显示的数字温度表（电路图可参考图 13-17），在 LCD 显示屏里显示“℃”字型，如图 13-8 所示。

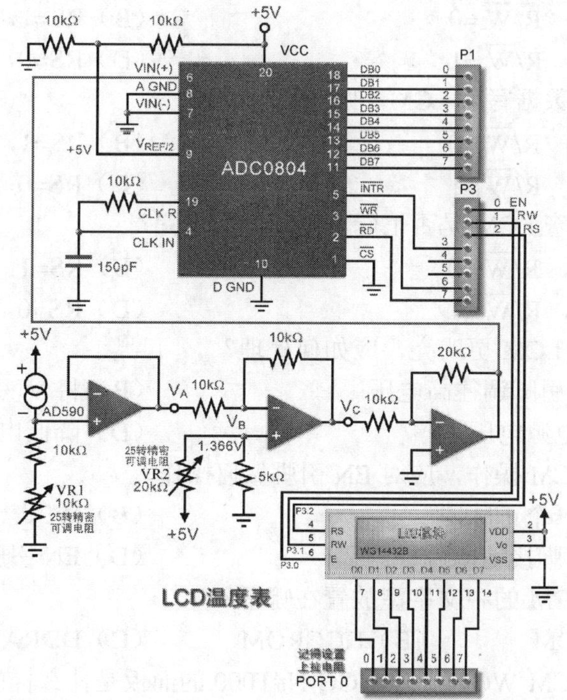

图 13-17　LCD 数字温度表

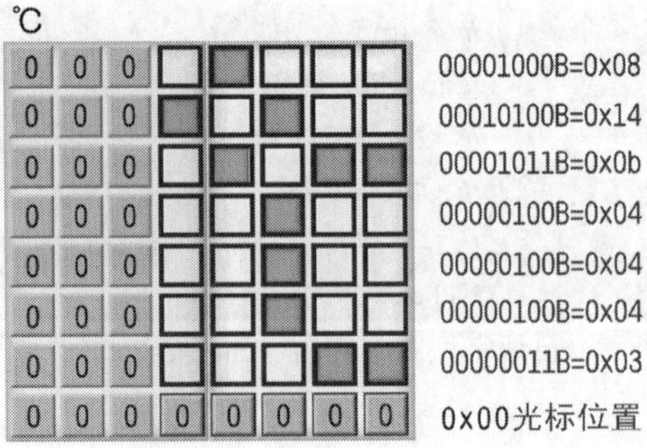

℃

0	0	0						00001000B=0x08
0	0	0						00010100B=0x14
0	0	0						00001011B=0x0b
0	0	0						00000100B=0x04
0	0	0						00000100B=0x04
0	0	0						00000100B=0x04
0	0	0						00000011B=0x03
0	0	0	0	0	0	0	0	0x00光标位置

图 13-18 显示“℃”字型

13-7 实时练习

在本章里探讨了 LCM 的结构、指令与应用方法。在此请试着回答下列问题，以确认对于此部分的掌握程度。

选择题

(　　) 1．若要在 LCM 中显示某些字符，则需把所要显示的字符放入何处？
(A) CG RAM　(B) DDRAM　(C) IRAM　(D) GDRAM

(　　) 2．若要读取 LCM 的状态，则应如何设置？
(A) RS=0，$R/\overline{W}$=0　(B) RS=1，$R/\overline{W}$=0
(C) RS=1，$R/\overline{W}$=1　(D) RS=0，$R/\overline{W}$=1

(　　) 3．若要对 LCM 下指令，则应如何设置？
(A) RS=0，$R/\overline{W}$=0　(B) RS=1，$R/\overline{W}$=0
(C) RS=1，$R/\overline{W}$=1　(D) RS=0，$R/\overline{W}$=1

(　　) 4．若要将数据写入 LCM，则应如何设置？
(A) RS=0，$R/\overline{W}$=0　(B) RS=1，$R/\overline{W}$=0
(C) RS=1，$R/\overline{W}$=1　(D) RS=0，$R/\overline{W}$=1

(　　) 5．若要检查 LCM 是否忙碌，则应如何设置？
(A) RS=0，$R/\overline{W}$=0　(B) RS=1，$R/\overline{W}$=0
(C) RS=1，$R/\overline{W}$=1　(D) RS=0，$R/\overline{W}$=1

(　　) 6．若要使 LCM 更明亮，应如何处理？
(A) 将 V_o 引脚调往高电压　(B) 将 V_o 引脚调往低电压
(C) 加大电源电压　(D) 降低电源电压

(　　) 7．若对 LCM 操作，应对 EN 引脚做何操作？
(A) 送入一个正脉冲　(B) 送入一个负脉冲
(C) EN 引脚接地即可　(D) EN 引脚不影响

(　　) 8．中文 LCM 的中文字型放置在哪里？
(A) CGROM　(B) HCGROM　(C) DDRAM　(D) GDRAM

(　　) 9．中文 LCM-WG14432J-NGG-N#T000 的面板是什么样的？
(A) 彩色 LCD 面板　(B) 144×32 LCD 面板

（C）128×64 LCD 面板　　　　（D）144×64 LCD 面板

（　　）10．中文 LCM-WG14432J-NGG-N#T000 采用哪个控制器？

（A）HD44780　　（B）ST7920　　（C）WG12864　　（D）以上皆非

问答题

1．常用的以 HD44780 控制器所组成的 LCM 有哪几种显示模式？

2．写出常用 LCM 的引脚。其中调整明亮度的是哪一个引脚？

3．常用的 LCM 共有 14 个引脚，有哪两种封装形式？

4．试述 LCM 初始化的步骤。

5．若要对 LCM 写指令，必须等它空闲下来，如何检测 LCM 是否空闲？

6．常用的 LCM 有多少 CGRAM？可自定义多少个字型？

7．当我们建立好字型后，如何送入 LCM？

8．试简述中文 LCM 里 DDRAM、CGRAM、CGROM、HCGROM、IRAM、GDRAM 的功能。

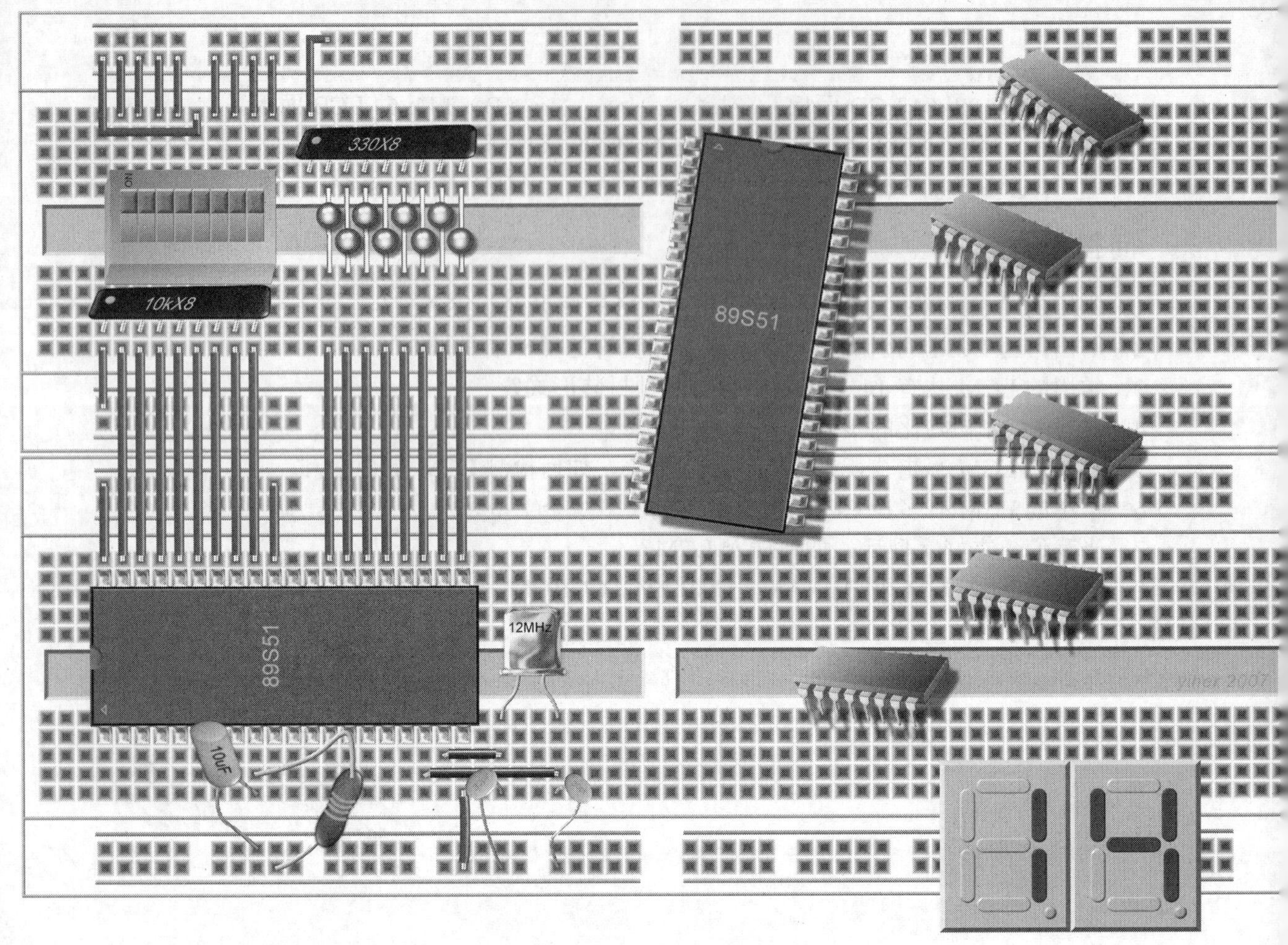

第 14 章　习题解答

1. 轻松看 MCS-51
2. 认识 μVision 3 与 Keil C
3. 输出端口的应用
4. 输入端口的应用
5. 输入/输出端口的高级应用
6. 中断的应用
7. 定时器/计数器的应用
8. 串行口的应用
9. 声音的产生
10. 步进电机的控制
11. ADC 与 DAC 的应用
12. LED 点阵的应用
13. LCD 模块的应用

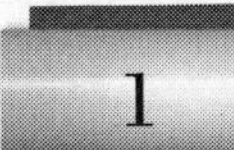

实时练习

1. 试简述微型计算机系统的基本结构。

解答 微型计算机系统包括中央处理单元（CPU）、存储器（Memory）及输入/输出单元（I/O）三大部分。

2. 在微型计算机系统里所使用的存储器可分为哪两大类？其用途是什么？

解答 存储器是存放系统运行所需的程序及数据，包括只读存储器（**R**ead **O**nly **M**emory，**ROM**），及随机存取存储器（**R**andon **A**ccess **M**emory，**RAM**），通常 ROM 用来存储程序或永久性的数据，称之为程序存储器，RAM 则是用来存储程序执行时的暂存数据，称之为数据存储器。

3. 试简述 8x51 的基本结构以及 89S51 与 89C51 的不同。

解答 89C51 的工作频率为 0～24MHz，89S51 的工作频率为 0～33MHz。

89C51 没有 Watchdog，89S51 含有 14 位的 Watchdog。

89C51 只有一组 16 位数据指针寄存器，89S51 有两组 16 位数据指针寄存器。

89C51 的刻录需 12V 与 5V 电源，89S51 的刻录只需 5V 电源。

4. 试简述 8x51 的“位寻址”。

解答 通常存储器的操作是以字节为单位，“可位寻址”是存取存储器、寄存器或输入/输出端口时可指定其中的任一位。

5. 说明直插式 8x51 各引脚的名称与功能。

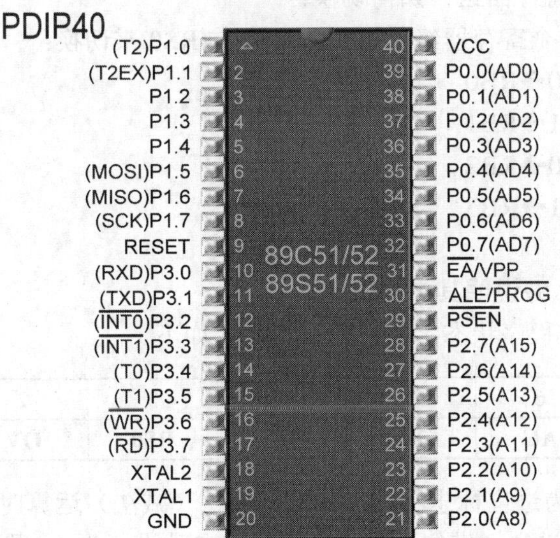

6. 试设计一个能让 8x51 正常工作的基本电路。

解答

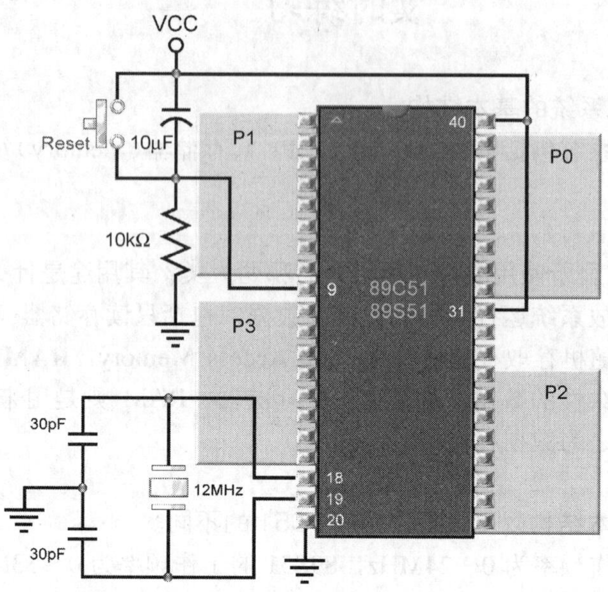

7. 哪些编号的 MCS-51 单片机内部不具备 ROM？哪些具备 EEPROM？

解答 8032/8031 内部不具备 ROM。89x52/89x51 内部提供 EEPROM。

8. 在 8x51 电路里，若要使用外部程序存储器，应如何连接？而存取外部数据存储器必须使用哪个指令？

解答 $\overline{EA}$ 引脚接地，P0 为 AD0～AD7，P2 为 A8～A15。

在汇编语言里使用 MOVX 指令。

在 C 语言里，将变量的存储器形式设置为 pdata 或 xdata，即可视为外部存储器。

9. 8x51 内部有多少个寄存器组？如何切换？

解答 8x51 内部有 4 个寄存器组。可利用 RS1 与 RS0 来切换：

RS1=0，RS0=0→RB0

RS1=0，RS0=1→RB1

RS1=1，RS0=0→RB2

RS1=1，RS0=1→RB3

10. 试简述 PSW 是什么并说明其中各位的功能。

解答 PSW 寄存器为程序状态字寄存器，其内容如下。

	7	6	5	4	3	2	1	0
PSW	**CY**	**AC**	**F0**	**RS1**	**RS0**	**OV**		**P**

PSW.7：本位为进位标志（**CY**），进行加法（减法）运算时，若最左边位（MSB，即 bit 7）产生进位（借位）时，则本位将自动设置为 1，即 CY=1；否则 CY=0。

PSW.6：本位为辅助进位标志（**AC**），进行加法（减法）运算时，若 bit 3 产生进位（借位）时，则本位将自动设置为 1，即 AC=1；否则 AC=0。

PSW.5：本位为用户标志（**F0**），可由用户自行设置的位。

PSW.4 与 **PSW.3**：这两个位为寄存器组选择位（**RS1**、**RS0**）。

PSW.2：本位为溢出标志（**OV**），当进行算术运算时，若发生溢出，则 OV=1；否则 OV=0。

PSW.1：本位为保留位，没有提供服务。

PSW.0：本位为校验标志（**P**），8051 采用偶校验，若 ACC 里有奇数个 1，则 P=1；若 ACC 里有偶数个 1，则 P=0。

11. 在 12MHz 的 8x51 系统里，一个机器周期包括多少个状态周期？而一个状态周期又由几个时钟脉冲所组成？

解答 一个机器周期包括 6 个状态周期，一个状态周期由 2 个时钟脉冲所组成。

12. 试简述 MCS−51 程序的开发流程与工具。

解答 MCS-51 程序的开发流程如下图所示。

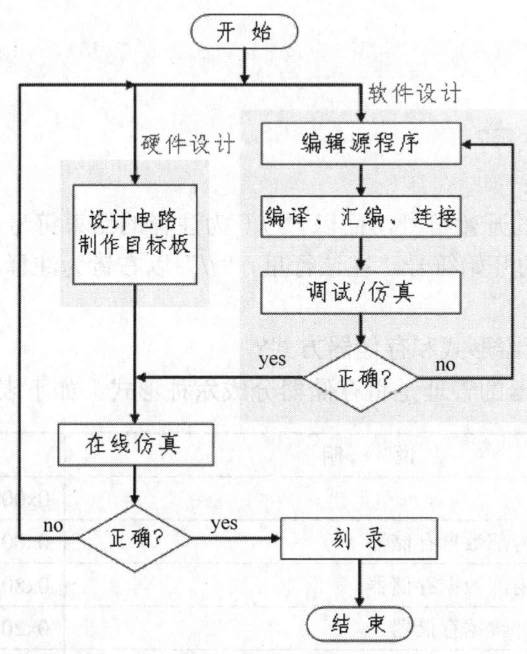

MCS-51 程序的开发的工具很多，如 Altium Designer、Keil μVision、x8051。

2 实时练习

1. Keil C 试用版与商用版最明显的差异是什么？

解答 Keil C 试用版只能使用 8051 里的 2KB 程序存储器，另外，试用版没附带高级的函数库。

2. Keil μVision3 环境里所谓“生成”是指哪些工作?

解答 编译与连接，并可产生可执行文件。

3. 若在程序里，所要控制的信号是通过 P0 输出，在 Keil μVision3 环境里进行调试时，如何跟踪 P0 的状态?

解答 在调试方式下，启动 Peripherals 菜单下的 I/O-Ports/P0 命令。

4. 若在程序里引用 8x51 的中断功能，在 Keil μVision3 环境里进行调试时，如何进行中断功能的仿真?

解答 在调试方式下，启动 Peripherals 菜单下的 Interrupt 命令。

5. 在 Keil C 程序里，主程序与函数最明显的差异是什么?

解答 主程序没有形式参数，也没有返回的参数；而函数可随需要有形参及返回参数。

6. 在 Keil C 程序里，若要将 my.h 头文件包含进来，应如何处理?

解答 加入以下指令：

```
#include   "my.h"
```

7. 在 Keil C 程序里如何注释?

解答 有两种注释方式：

以“/*”为注释的开始符号，而以“*/”为注释的结束符号；

以“//”为注释的开始符号，在该行里，“//”以右皆为注释。

8. Keil C 提供哪几种存储器形式和存储器方式?

解答 Keil C 对于存储器的管理是将存储器分成六种形式，如下表所示。

存储器形式	说　明	适 用 范 围
code	程序存储器	0x0000～0xffff（64KB）
data	直接寻址的内部数据存储器	0x00～0x7f（128B）
idata	间接寻址的内部数据存储器	0x80～0xff（128B）
bdata	位寻址的内部数据存储器	0x20～0x2f（16B）
xdata	以 DPTR 寻址的外部数据存储器	64KB 以内
pdata	以 R0、R1 寻址的外部数据存储器	256B 以内
far	扩展的 ROM 或 RAM 外部存储器，仅适用于少数的芯片，如 Philips 80C51MX、Dallas 390 等。	最大可达到 16MB

Keil C 提供 **SMALL**、**COMPACT** 及 **LARGE** 三种存储器方式（memory models）。

9. Keil C 提供哪些基本的数据类型？哪些是 8x51 特有的数据类型?

解答 Keil C 提供的基本数据类型如下表所示。

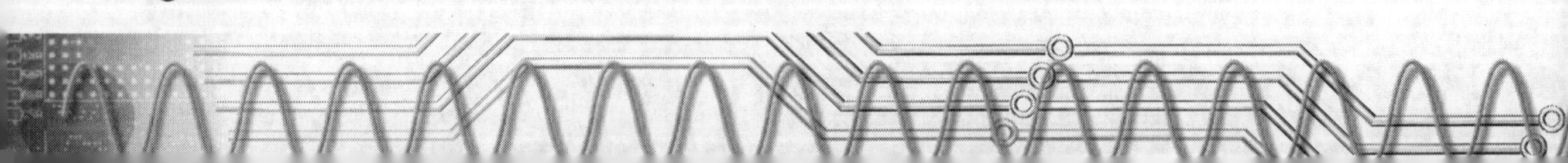

型　态	名　称	位　数	范　围
char	字符	8	–128～+127
unsigned char	无符号数字	8	0～55
enum	枚举	8/16	–128～+127/–32768～+32767
short	短整型	16	–32768～+32767
unsigned short	无符号整型	16	0～65535
int	整型	16	–32768～+32767
unsigned int	无符号整型	16	0～65535
long	长整型	32	-2^{31}～$+2^{31}-1$
unsigned long	无符号长整型	32	0～$2^{32}-1$
float	浮点数	32	$\pm1.175494\times10^{-38}$～$3.402823\times10^{38}$
double	双精度浮点数	64	$\pm1.7\times10^{308}$
void	无	0	无

8x51 特有的数据类型如下表所示。

名　称	位　数	范　围
bit	1	0、1
sbit	1	0、1
sfr	8	0～255
sfr16	16	0～65535

10. 在 Keil C 里，逻辑运算符与布尔运算符有何不同?

解答　逻辑运算符运算的结果为 1 位，不是 0 就是 1。

布尔运算符运算的结果为操作对象的数据宽度，而针对操作对象中的每一位进行逻辑运算，分别得到运算结果。

11. Keil C 的 while 与 do-while 语句有何不同?

while 语句为前条件判断，符合条件才会执行其中循环体，所以循环体可能一次也没有被执行。

do-while 语句为后条件判断，先执行其中的循环体一次，再判断是否符合条件，若是则会继续执行其中循环体。

3　实时练习

选择题

1～5　ACBAD　　　6～10　BADDA

问答题

1. 除了具有一般输入/输出端口功能外，P0、P2、P3 引脚还有什么其他功能？

解答 当此 8051 系统外接存储器时，P0 具有数据总线与地址总线（AD0～AD7）的复用功能，而 P2 为地址总线（A7～A15）。

P3 的 8 个引脚各有其他功能，如下表所示。

P3	其他功能	说　明
P3.0	**RXD**	串行口的接收引脚
P3.1	**TXD**	串行口的发送引脚
P3.2	**INT0**	INT0 中断输入
P3.3	**INT1**	INT1 中断输入
P3.4	**T0**	Timer/Counter 0 输入
P3.5	**T1**	Timer/Counter 1 输入
P3.6	**WR**	写入外部存储器控制引脚
P3.7	**RD**	读取外部存储器控制引脚

2. 试述 7405 与 7406 的异同。

解答 7405 与 7406 都提供 6 组是集电极开路输出的反相门。7405 只能驱动外部 5V 电源的负载，而 7406 只能驱动外部 30V（最大）电源的负载。

3. 在晶体管驱动继电器的电路里，继电器的线圈两端并接一个反向二极管，其功能是什么？

解答 保护晶体管。继电器由激磁变为断磁时，线圈两端并接一个反向二极管将可提供线圈的放电路径，才不会感应大电压，以致击穿晶体管。

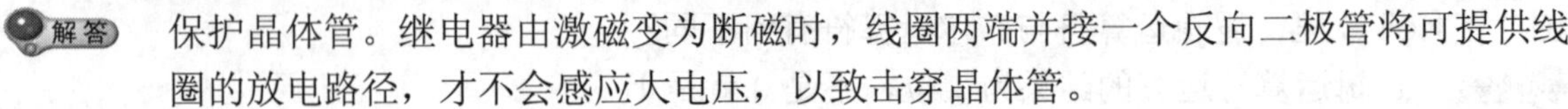

4. 试编写一个约 1s 的延迟函数。

解答 以 12MHz 的 8x51 系统为例，1s 的延迟函数如下。

```
void delay1s（void）                          //   延迟函数开始
{      int i,j;                               //   声明整型变量 i,j
       for （i=0;i<100;i++）                  //   计数 100 次,延迟 100×10ms=1s
              for （j=0;j<1200;j++）;         //   计数 1200 次，延迟 10ms
}                                             //   延迟函数结束
```

4 实时练习

选择题

1～5　ADCCA　　　6～10　BABCA

问答题

1. 在 8051 里，若输入/输出端口执行输入功能之前，为何要先送“1”到该输入/输出端口？

解答 先输出“1”可让输出端的 N-MOS 不导通（高阻抗状态），才不会影响到输入值。

2. 如何使用 BCD 数字型拨码开关？其输出信号是什么？

解答 通常 BCD 拨码开关的 com 点连接 VCC，而 1、2、4、8 连接到微处理器的输入端口，每个引脚都得连接一个约 470Ω的电阻到地，如下图所示。

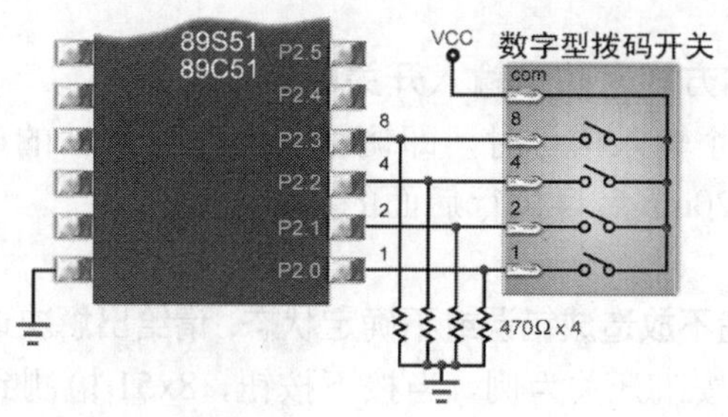

BCD 拨码开关的输出信号如下表所示。

数字	8 输出端	4 输出端	2 输出端	1 输出端
0	0	0	0	0
1	0	0	0	1
2	0	0	1	0
3	0	0	1	1
4	0	1	0	0
5	0	1	0	1
6	0	1	1	0
7	0	1	1	1
8	1	0	0	0
9	1	0	0	1

3. 常用的开关可分为按钮开关及单刀开关两种，若要取得脉冲信号，应使用哪一种开关？若要取得电平信号，应使用哪一种开关？而拨码开关属于哪一种开关？

解答 通常按钮开关可产生脉冲信号，单刀开关可产生脉冲信号电平。而拨码开关属于单刀开关。

4. 若在 8051 里使用了开关作为输入器件，在开关器件 RC 电路中如何操作才能去除抖动？

解答 以按钮开关为例，如图所示。

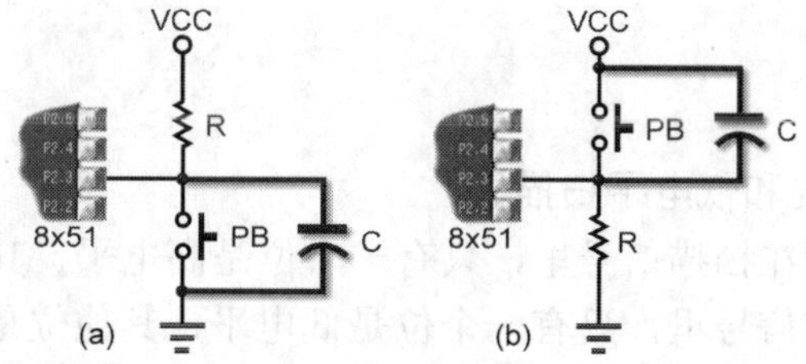

在开关两端并接一个电容器，当按下开关瞬间，电容器即放电完毕，电容器两端零电压，相当于短路。因此，即使开关抖动，还是会被电容器短路，而不会出现输入电压的变化。

5. 何谓“抖动”？绘制一个低电平动作的开关波形分析图。

解答 开关切换时，将可发现许多时接时不接的非预期状态，称之为“抖动”，如图所示。

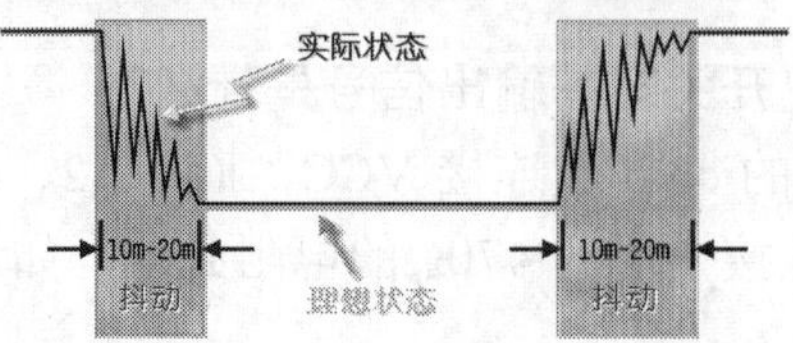

6. 在程序里如何以简单的方式来防止输入开关的抖动现象？

解答 只要在截获第一个输入信号时，即调用一个约 20ms 的延迟函数，即可避开 20ms 的不确定信号。20ms 后再执行后面的指令。

7. 为了避免使用者按住按钮不放造成错误或不确定状态，请给出解决这种状态的流程或操作方法。

解答 以产生负脉冲的按钮开关为例，当按下按钮，8x51 检测到第一个低电平信号时，随即调用 debouncer 函数以延迟 20ms，这段时间程序不动作，以避开按钮开关上的不稳定状态。20ms 后，程序才响应使用者按下按钮开关所应有的动作。同样地，当放开按钮，8x51 检测到第一个高电平信号时，随即调用 debouncer 函数以延迟 20ms，这段时间内程序不动作，以避开按钮开关上的不稳定状态。20ms 后，程序才响应使用者放开按钮开关所应有的动作。

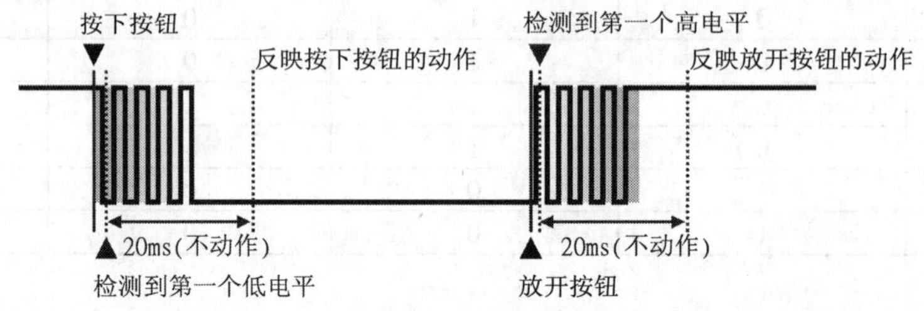

5 实时练习

选择题

1～5 DBDAD 6～10 CBADC

问答题

1. 试说明何谓高电平扫描和低电平扫描。

解答 高电平扫描是指在扫描信号里，只有一个位是高电平，其他位是低电平；而低电平扫描是指在扫描信号里，只有一个位是低电平，其他位是高电平。

2. 在 MM74C922 与 MM74C923 里都是键盘扫描 IC，其不同之处在哪里?

解答 MM74C922 提供 16 个按键（4×4）的扫描，而 MM74C923 提供 20 个按键（4×5）的扫描。

3. 试说明 7446、7447、7448 及 7449 的异同。

解答 7446 及 7447 输出低电平动作的七段显示码，用以推动共阳极七段显示码；而 7448 及 74LS49 输出高电平动作的七段显示码，用以推动共阴极七段显示码。7446、7447 与 7448 的引脚相同（双列直插 16 引脚），74LS49 则为双列直插 14 引脚。

4. 试说明 74138 及 74139 的不同。

解答 74138 提供一个 3 对 8 的译码器，74138 提供两个 2 对 4 的译码器。

5. 试绘制以 16 个 Tack Switch 连接的 4×4 键盘。

解答 74138 提供一个 3 对 8 的译码器、74138 提供两个 2 对 4 的译码器。

6 实时练习

选择题

1～5 CAACA 6～10 DBABC

问答题

1. IE 寄存器及 IP 寄存器中各位的功能是什么?

解答 IE 寄存器是一个 8 位的可位寻址寄存器，其中各位如下图所示。

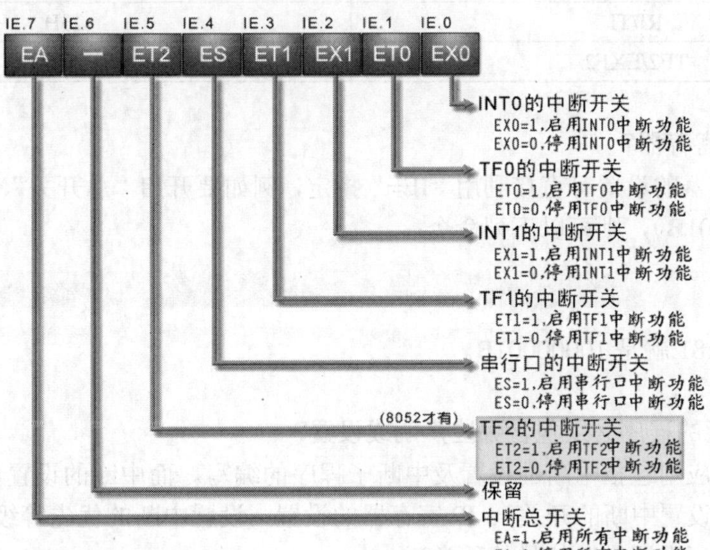

IP 寄存器是一个 8 位的可位寻址寄存器，其中各位如下图所示。

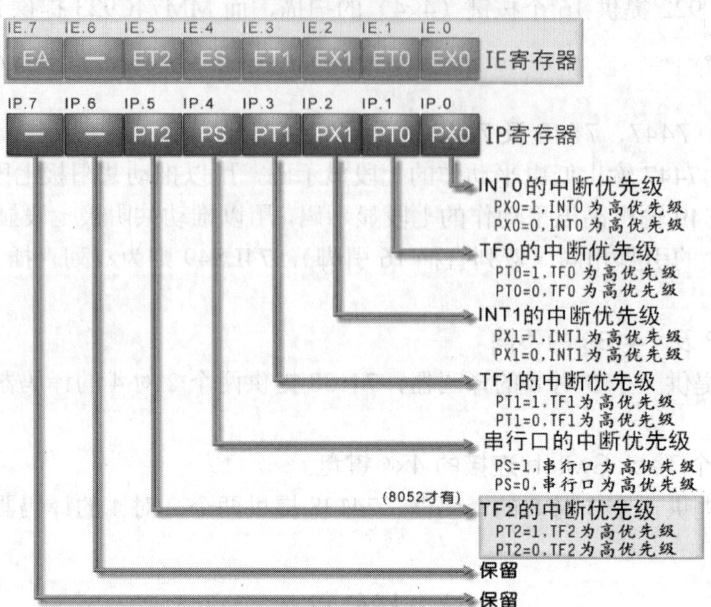

2. MCS-51 提供哪些中断？中断向量是什么？

解答 8051 提供五个中断服务，即外部中断 INT0、外部中断 INT1、定时器/计数器中断 T0、定时器/计数器中断 T1 与串行口中断 RI/TI。

8051 的中断向量如下表所示。

中 断 源	中 断 向 量
INT0	03H
TF0	0BH
INT1	13H
TF1	1BH
RI/TI	23H
TF2/EXF2	2BH

3. 如何设置 IE 寄存器？

解答 IE 寄存器的设置可直接利用“IE=”指定，例如要开启“总开关”、“INT0 开关”（即 10000001B），则可以下列命令：

```
IE=0x81;
```

其中 0x81 就是 10000001B。

4. 具有中断功能的程序必须包含哪些声明或设置？

解答 中断的应用包括中断的设置及中断子程序的编写。而中断的设置包括 IE 寄存器的设置（设置中断的开关）、IP 寄存器的设置（设置中断的优先等级）、TCON 寄存器的设置（设置触发信号的种类）。

5. 如何设置外部中断信号的种类？

解答 负边沿触发信号及低电平动作信号两种。

7 实时练习

选择题

1～5 BADBC 6～10 CCCAA

问答题

1. 在 12MHz 的 8x51 系统里，定时器/计数器的四种工作方式中每种方式最多可定时多少时间？

解答 MCS-51 的定时器/计数器可设置成四种工作方式，分别是 Mode 0、Mode 1、Mode 2 及 Mode 3。Mode 0 为两个 13 位的定时器/计数器，其最大计数值为 2^{13}（即 **8192**）；Mode 1 为两个 16 位的定时器/计数器，其最大计数值为 2^{16}，为较常使用的工作方式；Mode 2 为两个 8 位但可自动加载的定时器/计数器，其最大计数值为 2^8（即 **256**）。Mode 3 为一个 8 位的定时器/计数器，属于少用的工作方式。

2. 在 8x51 的指令里，若要使用定时器/计数器，作为外部计数之用，除了工作方式的选择外，最关键性的设置是什么？

解答 TMOD 寄存器里，该定时器/计数器的 $C/\overline{T}$ 位必须设置为 1。

3. 什么是“自动加载”功能？在 8x51 的定时器/计数器里，哪一种工作方式可提供此项功能？

解答 所谓“自动加载”功能是指定时器/计数器中断后，自动将计数值重新放入计数寄存器（即 TH*x*➔TL*x*）。

4. 在 6-4 节的实例演练里，所应用的 8x51 定时器/计数器的方式包括“查询方式”及“中断方式”，试说明此两种方式的异同。

解答 “查询方式”不需要中断子程序，也不需要设置中断向量，但必须不断查询 TF*x* 标志的状态，而很难再进行其他工作。

“中断方式”需要中断子程序，也需要设置中断向量，主程序可几乎正常的执行其他工作。

不管是“查询方式”，还是“中断方式”，都得设置 TMOD 寄存器、填入计数值，以及启动定时器/计数器。

5. 若要使用 Mode 0，如何设置其定时计数值？

解答 在 Mode 0 工作方式下，TLx 计数寄存器只使用 5 位，而 2^5=32，我们要把计数起点的值除以 32，其余数放入 TLx 计数寄存器；而其商数放入 THx 计数寄存器。例如要使用Timer0计数6000，则填入计数寄存器的指令如下：

```
TL0=（8192-6000）%32;    // 取5位的余数
TH0=（8192-6000）/32;    // 取5位的商数
```

6. 若要使用Mode 1，如何设置其定时计数值?

解答 在Mode 1工作方式下，TLx、THx计数寄存器各使用8位，而2^8=256，我们要把计数起点的值除以256，其余数放入TLx计数寄存器；而其商数放入、THx计数寄存器。例如要使用Timer0计数50000，则填入计数寄存器的指令如下：

```
TL0=（65536-50000）%256;// 取8位的余数
TH0=（65536-50000）/256; // 取8位的商数
```

7. 若要使用Mode 2，如何设置其定时计数值?

解答 在Mode 2工作方式下，只使用TLx计数寄存器，但THx计数寄存器作为自动加载的值，而其中都使用8位（2^8=256），所以只要把256减去计数起点的值，再分别放入TLx及THx计数寄存器即可。例如要使用Timer0计数100，则填入计数寄存器的指令如下：

```
TL0=256-100;          // 填入计数值
TH0=256-100;          // 填入自动加载值
```

8. 试以图形说明Mode 3的工作方式与结构。

解答 Mode 3工作方式是一种特殊的方式，提供一个8位的定时器/计数器Timer0及一个8位的定时器Timer1，而其奇特的结构已不太像真正的Timer0或Timer1了，如下图所示。

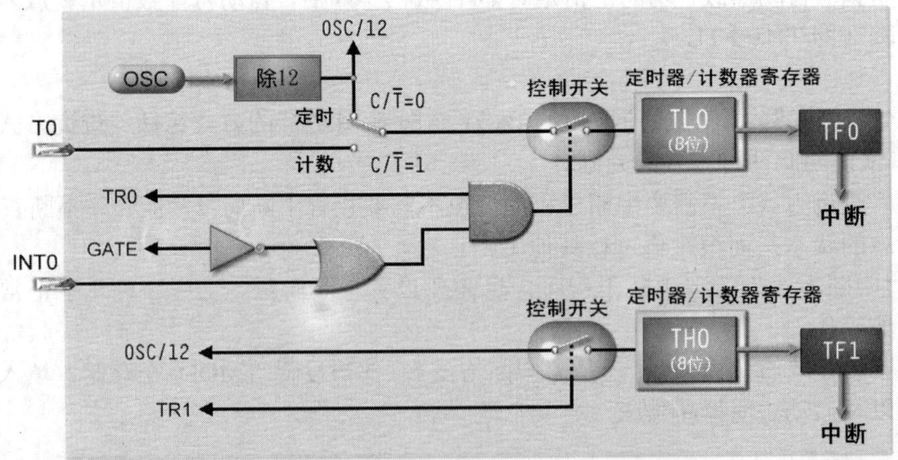

9. 在12MHz的8x51系统里，若要使用Mode 0产生0.5s的延迟，程序应如何编写?

解答 Mode 0的最大计数值为8192，在此计数5000就好（即5ms），重复中断100次，即可延迟0.5s，程序如下所示：

```
⋮
#define     count 5000
#define     TH_M1      (8192-count)/32
#define     TL_M1      (8192-count)%32
int   IntCounts=0;
⋮
main()                            // 主程序开始
{     ⋮
      ⋮
      IE=0x82;   // 启用 TF0 中断
      TMOD &= 0xf0; // 设置 T0 为 Mode 0
      TH0=TH_M1; TL0=TL_M1; // 设置 T0 计数值高 8 位、低 8 位
      TR0=1;            // 启动 T0
      ⋮
      ⋮
}
      //== T0 中断子程序- 每中断 5 次,LED 反相 ================
void timer0(void) interrupt 1  //      T0 中断子程序开始
{     TH0=TH_M1; TL0=TL_M1; // 设置 T0 计数值高 8 位、低 8 位
      if (++IntCount==100)   // 若 T0 已中断 100 次数
      {     IntCount=0;// 重新计数
            :           // 完成 0.5s 延迟后的动作
      }                 //     if 语句结束
}                       //     T0 中断子程序
```

10. 8x51 系统提供哪两种省电方式？如何进入省电方式？如何唤醒？

8051 系统提供待机方式（**idl**e mode，简称 **IDL** 方式）与掉电方式（**p**ower-**d**own mode，简称 **PD** 方式）。

PCON 寄存器的 IDL 及 PD 位为省电方式的切换开关，若 IDL=1，则进入待机方式；若 PD=1，则进入掉电方式。

若要从待机方式恢复为正常方式，可启动任一个中断使能；或让系统复位，也就是让 RESET 引脚（第 9 脚）为高电平，持续 2 个机器周期（2μs），则 CPU 内各寄存器恢复为初始状态，PCON 寄存器里的 IDL 位将恢复为 0，也就是说 IDL 端点为 0。

若要结束掉电方式，必须先将电源恢复+5V，然后让系统复位，即让 RESET 引脚（第 9 脚）为高电平，且需持续 10ms。

11. 89S51 的看门狗定时器有何用途？如何启用 89S51 的看门狗定时器？

看门狗定时器提供固定时间的复位信号，以唤醒微处理器。

当我们要启用 WDT 功能时，则在程序中放入下列指令：

```
WDTRST = 0x1e;
WDTRST = 0xe1;
```

8 实时练习

选择题

1～5　BCBDB　　　6～10　ACDBC

问答题

1. 试写出 8x51 串行端口四个工作方式的波特率及其设置方法。

解答　**Mode 0**：由 8051 主导，其波特率为 8051 系统时钟脉冲频率的 12 分之 1，即 *fosc*/12，以 12MHz 的系统为例，则其波特率为 1Mbit/s。

Mode 1 或 **Mode 3**：此方式为可变波特率的串行口，主要是为了配合所连接系统的时序，以达到不同系统的数据传输。

Mode 2：此方式提供两种不同波特率的选择，即 *fosc*/32 或 *fosc*/64，其中的 *fosc* 为 8051 系统时钟脉冲频率。

四个工作方式的设置方法如下。

SM0	SM1	Mode	功 能 简 介	波 特 率
0	0	0	移位寄存器	*fosc*/12
0	1	1	8 位 UART	可变
1	0	2	9 位 UART	*fosc*/32 或 *fosc*/64
1	1	3	9 位 UART	可变

其中 SM0 与 SM1 分别为 SCON 寄存器的 bit 7 与 bit 6。

2. 试说明 8x51 串行口 Mode 2 与 Mode 3 的差异。

解答　Mode 2 与 Mode 3 的数据格式相同，但 Mode 2 为固定波特率（*fosc*/32 或 *fosc*/64），Mode 3 为可变波特率。

3. 当使用 8x51 串行口以 Mode 0 工作方式将数据传出时，其 TxD 引脚与 RxD 引脚各担任何种功能？应如何接线？

解答　以 Mode 0 工作方式发送数据时，也是依据 TxD 引脚所送出的移位脉冲，而由 RxD 引脚送出数据串行数据，如下图所示。

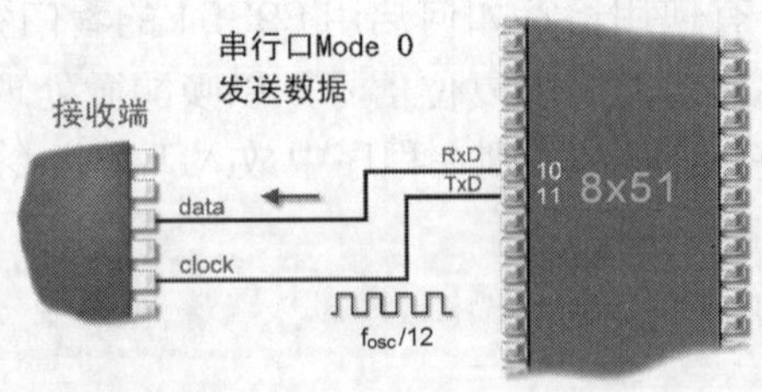

4. 当使用 8x51 串行口以 Mode 0 工作方式接收数据时，其 TxD 引脚与 RxD 引脚各担当何种功能？应如何接线？

解答 以 Mode 0 工作方式接收数据时，由 TxD 引脚送出移位脉冲，而由 RxD 引脚收下串行数据，如下图所示。

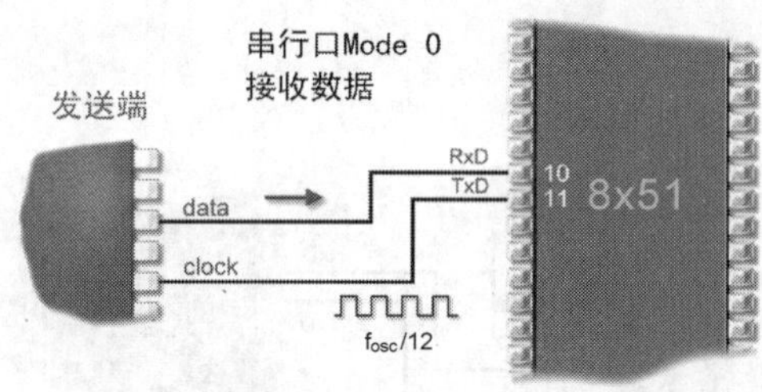

5. 试说明 8x51 串行端口 Mode 1 的数据格式。

解答 Mode 1 的数据格式如下。

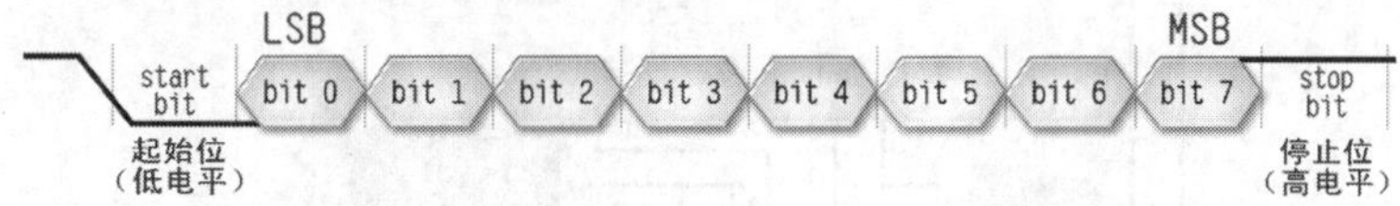

6. 试说明 8x51 的 SCON 寄存器中各位的功能。

解答 SCON 寄存器中的各位如下。

SCON.7	SCON.6	SCON.5	SCON.4	SCON.3	SCON.2	SCON.1	SCON.0
SM0	SM1	SM2	REN	TB8	RB8	TI	RI

SM0 与 SM1 为串行端口的方式设置位。

SM2 为多机通信使能位。

REN 为接收使能位。

TB8 为 Mode 2 或 Mode 3 发送数据时的第 9 发送位。

RB8 为 Mode 2 或 Mode 3 接收数据时的第 9 接收位。

TI 为发送中断标志。

RI 为接收中断标志。

7. 试说明何谓“单工”、“半双工”与“全双工”。

解答 “单工”是指只能发送数据或只能接收数据。

“半双工”是指可发送数据或接收数据，但任一个时间只能发送数据或只能接收数据。

“全双工”是指可在任一时刻同时进行发送数据与接收数据。

8. 何谓“UART”？

解答 UART 是指通用异步串行端口（**U**niversal **A**synchronous **R**eceiver-**T**ransmitter）。

9. 试简述如何应用 74164 及 74165。

解答 74164 为串行数据转并行数据的转换 IC，可将接收的串行信号输入到 74164，将接收到的数据转换成 8 位并行数据，以提供微控制器的并行端口使用该数据。

74165为8位并行数据转串行数据的转换IC,可将接收的8位并行信号输入到74165,再由74165输出串行数据,通过串行端口发送到其他系统。

10. 试说明MAX232的功能。若要将8x51系统的串行端口通过MAX232长距离传输,要如何连接?

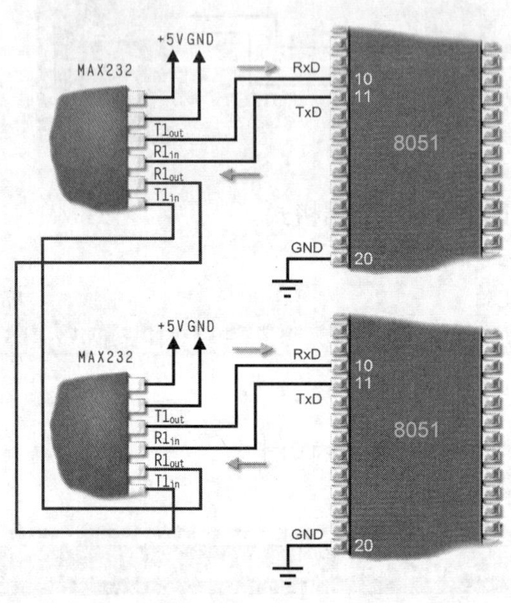

9 实时练习

选择题

1～5 BCADB　　6～10 CABAB

问答题

1. 若要使用8x51的P0驱动喇叭,必须注意什么?

解答 使用P0驱动喇叭(或蜂鸣器)时,最好使用PNP晶体管,采用低电平驱动,如下图所示。

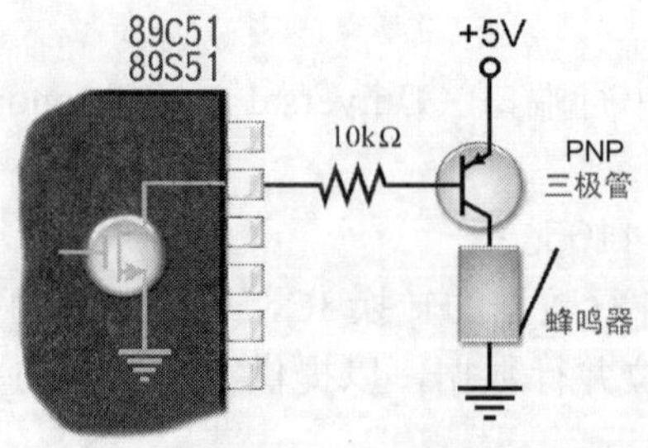

若使用 NPN 晶体管，采用高电平驱动，则需加上拉电阻，且最好使用达林顿晶体管，才能有足够的驱动力。

2. 中音的 Do 频率为多少？两个半音之间的频率比率是多少？

解答 中音 Do 的频率为 523 Hz，而两个半音之间的频率比为 $\sqrt[12]{2}$。

3. 八音度有多少个半音？而每个八音度之间频率相差多少？

解答 八音度有 12 个半音，每个八音度之间频率差相差一倍。

4. 乐谱左上方所注释的“C4/4”，代表什么意义？

解答 C4/4 代表为 C 调、四小节、每小节四拍。

10 实时练习

选择题

1～5 BACDA 6～10 BCDCA

问答题

1. 简述 2 相 5 线式步进电机与 2 相 6 线式步进电机的异同。

解答 2 相 5 线式步进电机与 2 相 6 线式步进电机皆由两组中间抽头式的线圈所构成，而 2 相 5 线式步进电机是将两组线圈的中间抽头线相连接，2 相 6 线式步进电机则不相连接。

2. 某步进电机的转子齿间距为 14.4°，则其步进角度为多少？

解答 转子齿间距为 θ=14.4°，若此步进电机为 P 相步进电机，步进角度 δ=14.4°/（2×P）= 7.2°/P。

3. 某 200 步的步进电机，若以 1 相驱动，则每个驱动信号将产生多少角度的位移？若改以 1–2 相驱动，则每个驱动信号将产生多少角度的位移？

解答 200 步的步进电机每步 360/200 度，即 1.8°。1 相驱动的一个脉冲可驱动一步，即 1.8°。若采用 1-2 相驱动，则每个驱动脉冲只能驱动半步，即 0.9°。

4. 同一个步进电机使用 1 相驱动与 2 相驱动有何差别？

解答 1 相驱动的驱动电流较小，力距较小；2 相驱动的驱动电流较大（1 相驱动的两倍），力距较大。

5. 若要进行精确的位置或角度控制，在使用步进电机之前，必须进行定位或归零，这个动作是如何进行的？

解答 只要送一组完整的驱动信号即可。

6. ULN2003/ULN2803 系行驱动 IC 中，每个 IC 提供多少个反相驱动器？每个反相驱动器最大能吸取多大电流？

解答 ULN2003/ULN2803 系行驱动 IC 内部提供 7 个反相驱动器；而每个反相驱动器最大能吸入 0.5A 电流。

7. 简述 FT5754 步进电机驱动 IC 的内部结构。

解答 FT5754 步进电机驱动 IC 的内部结构如下图所示。

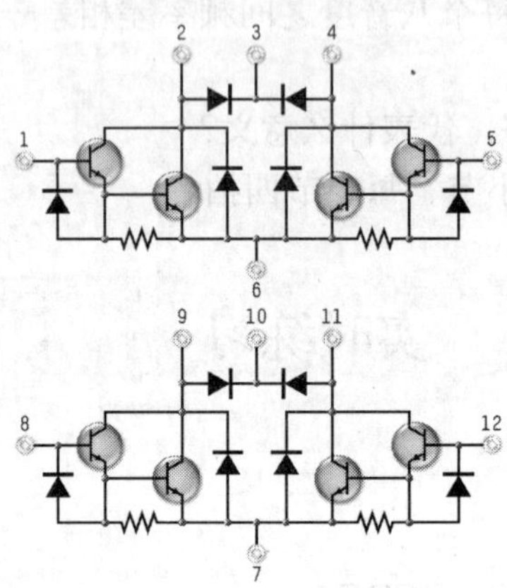

8. 绘制以 FT5754 驱动步进电机的电路。

解答 FT5754 驱动步进电机的电路如下图所示。

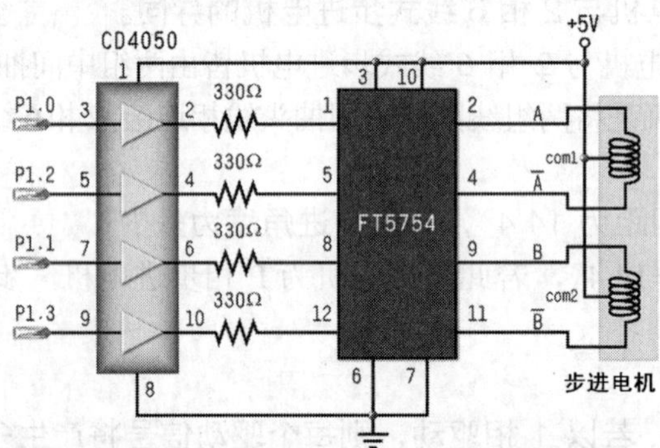

9. 若要使用达林顿晶体管来驱动步进电机，绘出其每一级电路。

解答 使用达林顿晶体管来驱动步进电机的每一级电路如下图所示。

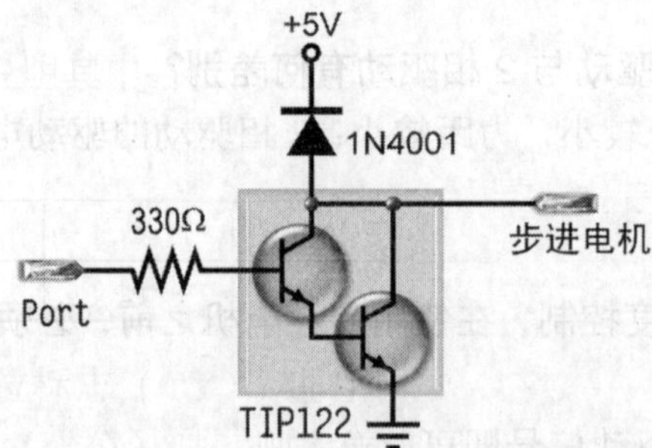

10. 若程序所产生的驱动信号太快，步进电机来不及响应，将会怎样？

解答 抖动。

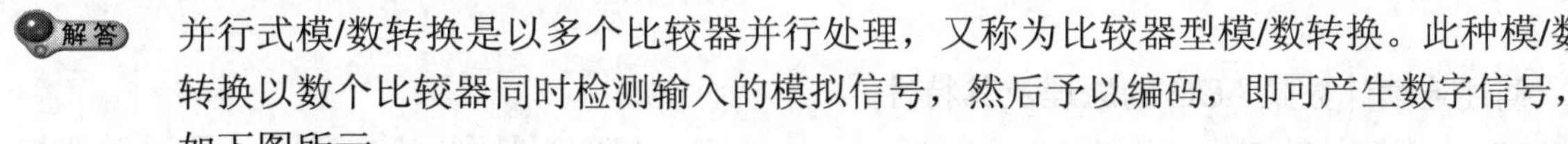

11 实时练习

选择题

1～5 BAADC 6～10 BACCD

问答题

1. 简述模拟信号与数字信号的特性。

解答 模拟（analog）信号是一种连续性的信号，大自然的种种现象（如温度、湿度、光线等）都属于这类信号；而数字（digital）信号则是一种非 0 即 1 的非连续性的信号，通常有 TTL 与 CMOS 两种电平。模拟信号比较不容易存储、处理与传输，且容易失真。相反，数字信号就比较容易存储与处理，且较有效率，在传输上也不易失真，成为目前信号处理的主流。

2. 简述并行式 ADC 的原理及其特性。

解答 并行式模/数转换是以多个比较器并行处理，又称为比较器型模/数转换。此种模/数转换以数个比较器同时检测输入的模拟信号，然后予以编码，即可产生数字信号，如下图所示。

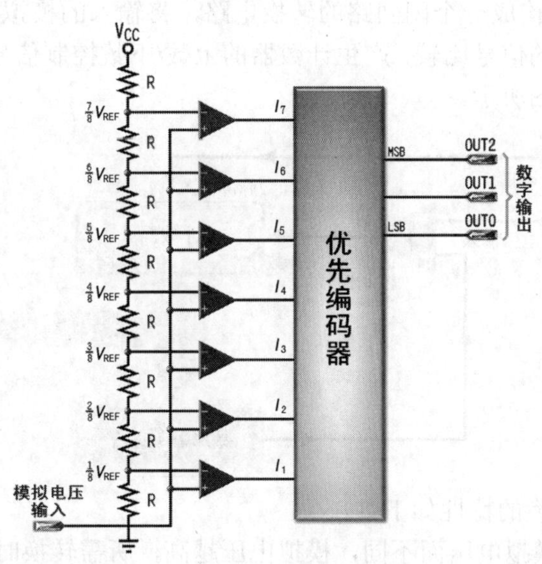

并行式模/数转换的特性如下。

转换速度快。

所需要的电路较复杂，以 n 个位的并行式模/数转换为例，则需要 2^n 个精密电阻、2^n-1 个比较器，以及一个 n 位的优先编码器。

3. 简述逐步逼近 ADC 的原理及其特性。

解答 逐步逼近式模/数转换器（successive-approximation ADC）采用乘 2/除 2 比对、快速接近的方式，将模拟信号转换成数字信号，首先将参考电压 V_r 与输入模拟信号比较；若输入模拟信号较高，则 V_r 乘以 2，再与输入模拟信号比较；若输入模拟信号还是比较高，则再将 V_r 乘以 2，与输入模拟信号比较，以此类推。反之，若输入模拟信号比较低，则将 V_r 除以 2，再与输入模拟信号比较…，最后即可找到最接近的值，如下图所示。

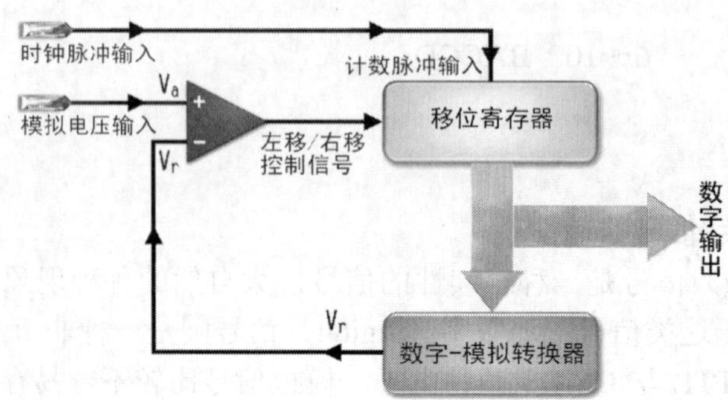

逐步逼近式模/数转换的特性如下：

n 位的逐步逼近式模/数转换，其转换时间为 *n* 个时钟脉冲，其转换速度仅次于并行式模/数转换。

电路较并行式模/数转换的电路简单。

4. 简述连续计数式 ADC 的原理及其特性。

解答 连续计数式模/数转换器（continuons counting ADC）是利用比较器、上下计数器与数/模转换器，构成一个闭回路的转换电路，将输入的模拟信号与输出端经数/模转换器反馈回来的信号比较，产生计数器的上数/下数控制信号，以计数外部输入的时钟脉冲，如下图所示。

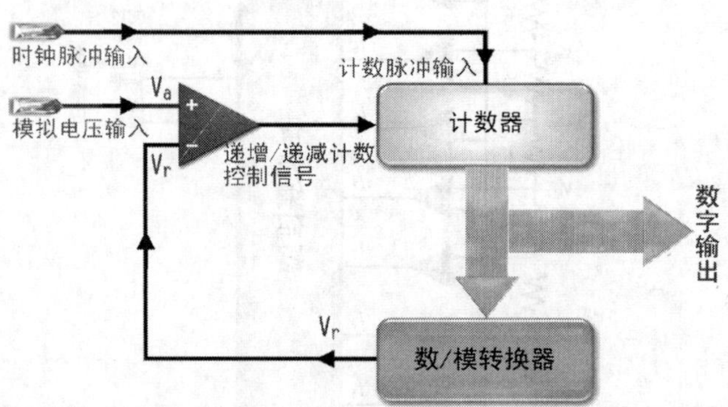

连续计数式模/数转换的特性如下。

转换速度根据输入模拟电压而不同，模拟电压越高，所需转换时间越长。

电路较并行式模/数转换的电路简单。

5. 简述双斜率式 ADC 的原理及其特性。

解答 双斜率式模/数转换器（dual slope ADC）又称为积分式模/数转换器，这是以定电流积分器，先以输入的模拟信号来充电，然后改以固定的参考电压予以放电，而放电期间就是计数器计数的时间。放电完毕时，将停止计数，而计数的结果就是所要输出的数字信号，如下图所示。

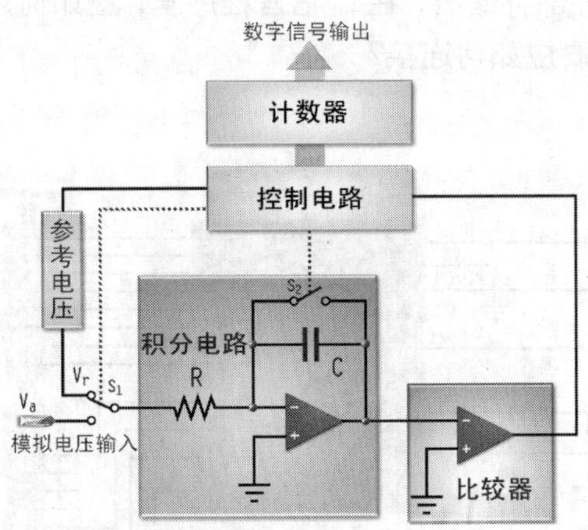

双斜率式模/数转换的特性如下。
转换速度最慢。
精密度高，稳定性佳。
噪声免役力良好。

6. 简述 ADC0804 的特性。

ADC0804 的特性如下。
CMOS 的逐步逼近式 AD 转换器。
具有 8 位分辨率，转换时间为 100μs，而最大误差为 1 个 LSB 值（最小电压刻度）。
采用差动式模拟电压输入，三态式数字输出。

7. ADC0804 所能接收的时钟脉冲频率范围为多少？如何利用其内部振荡电路产生时钟脉冲？

ADC0804 接收 100 到 1460kHz 的时钟脉冲。
我们可配合 CLK R 引脚，以外加的电阻、电容，由内部电路自行产生时钟脉冲，如下图所示。

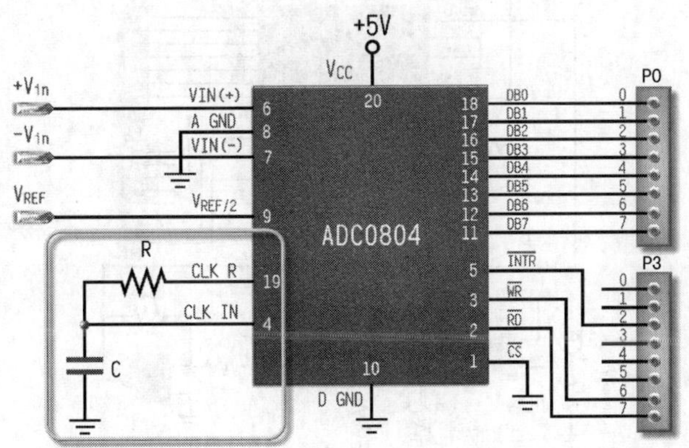

其频率为：

$$f_{CLK} = \frac{1}{1.1RC}$$

8. 若要将 ADC0804 视为外部存储器，在 C 语言程序里，应如何声明？而 ADC0804 的 $\overline{WR}$ 引脚、$\overline{RD}$ 引脚与 $\overline{INTR}$ 引脚应如何连接？

解答 如下图所示。

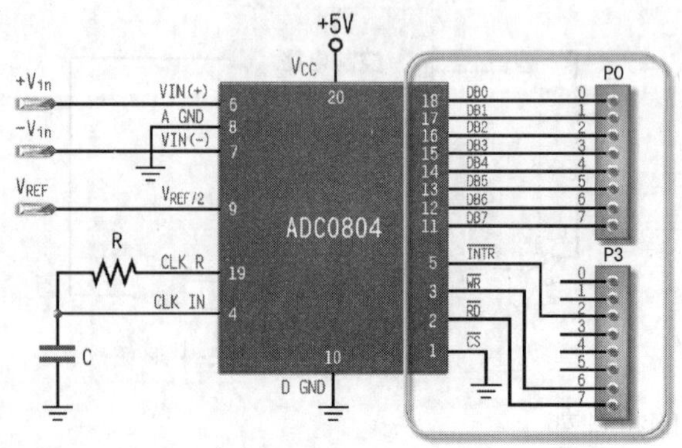

9. 试述 AD590 的用途与特性。

解答 AD590 是一个三个引脚的温度感测 IC，其特性如下。

其输出电流与开式温度成正比，开式温度 0 度时输出 0A，开式温度每上升 1 度电流增加 1 微安（即 1μA/K）。其中的开式温度（Kelvin temperature scale），又称为绝对温度（absolute temperature scale），而开式温度与摄氏温度（Celsius temperature scale）的关系为：开式温度 = 摄氏温度+273。

有效温度感测范围为–55℃到 150℃。

可采用的电源范围为 4V～30V。

10. 试设计一个 AD590 与 ADC0804 的接口，使温度变化 1℃，ADC0804 的输出数字信号就增减 1。

解答 如下图所示。

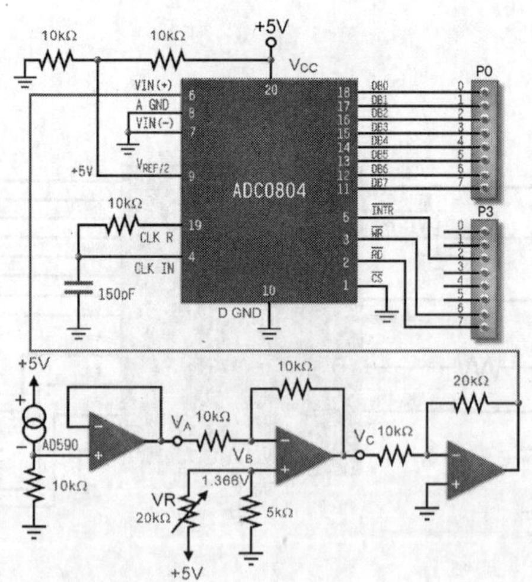

12 实时练习

选择题

1～5 ACACA　　6～10 BADCA

问答题

1. 共阳型 LED 点阵是指其每列 LED 的阳极都连接在一起还是每行 LED 的阳极都连接在一起?

解答　每列 LED 的阳极都连接在一起

2. LED 点阵的列引脚所负担的电流比较多还是行引脚所负担的电流比较多

解答　列引脚所负担的电流比较多。

3. 74LS373 的功能是什么？其 I_{OL} 约为多少?

解答　74LS373 是一个 8 位的数据锁存器，I_{OL} 最大为 48 毫安。

4. 74LS154 的功能是什么？其 G_1、G_2 引脚的功能是什么?

解答　74LS154 为 4 对 16 的译码器，其 G_1、G_2 引脚的功能为使能引脚，这两个引脚都为 0 时，74LS154 才会进行译码，其中任意脚为 1，则 74LS154 的输出全为 1。

5. 试述 LED 点阵显示的动作原理。

解答　LED 点阵的显示是采用扫描方式，将所要显示的文字按每列拆解成多组显示信号，再根据扫描信号送出相对的显示信号。

6. 若要 LED 点阵进行左移/右移显示，应如何处理?

解答　将每列显示数据所存储的位置移位，即可达到左移/右移显示的目的。

7. 若要 LED 点阵进行上移/下移显示，应如何处理?

解答　将每列显示数据左移/右移，即可达到上移/下移显示的目的。

8. 多色 LED 点阵（如 MM12884AG）最多可以显示多少种颜色?

解答　三种颜色。

9. 若要以 4 个 8×8 LED 点阵组成 16×16 的 LED 显示屏，其电路应如何处理?

解答　需应用 4 对 16 译码器作为扫描信号的产生，并利用 74373 锁存器作为高 8 行与低 8 行显示数据的锁存，如下图所示。

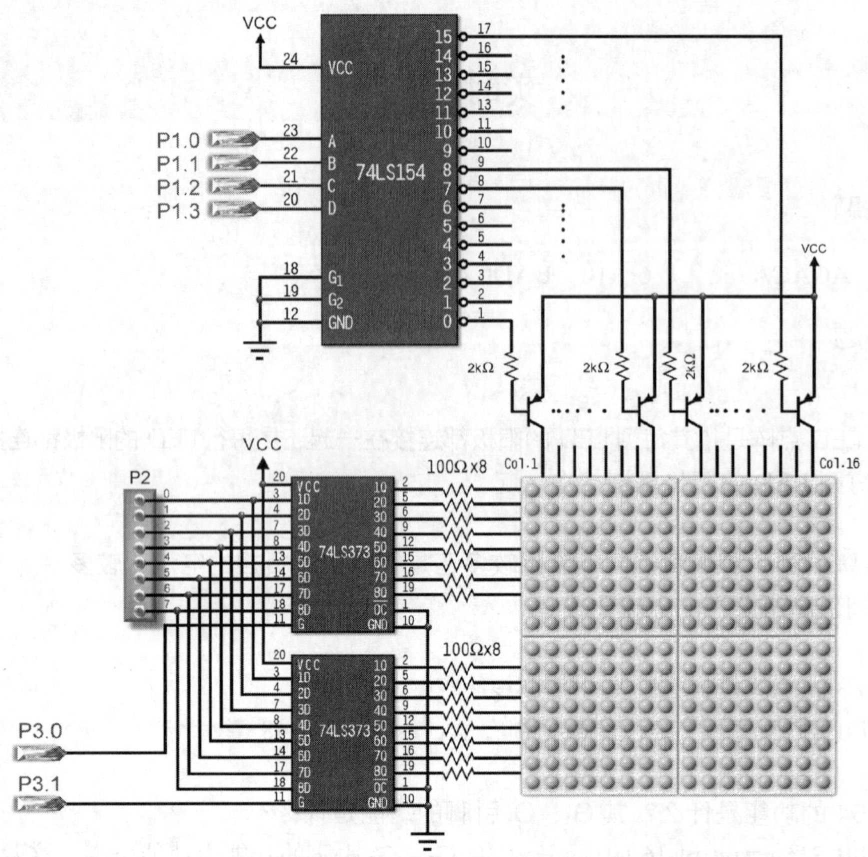

13 实时练习

选择题

1～5　BDABD　　　6～10　BAABB

问答题

1. 常用的以HD44780控制器所组成的LCM有哪几种显示方式?

解答　单行显示、双行显示、单行显示双行寻址。

2. 写出常用LCM的引脚。其中调整明亮度的是哪一只引脚?

解答　常用LCM的引脚如下。

- 电源（VDD）与接地（VSS）引脚。
- 显示屏明亮度调整引脚（VC）引脚。
- 寄存器选择（RS）引脚。
- 读写控制（R/W）引脚。
- 使能（EN）引脚。

- 数据总线（DB0～DB7）。

3. 常用的 LCM 共有 14 只引脚，有哪两种封装形式？

解答 单排引脚封装（SIP14）及双排引脚封装（IDC14）。

4. 试述 LCM 初始化的步骤。

解答 LCM 初始化的步骤如下。

5. 若要对 LCM 下指令，必须等它空闲下来，如何检测 LCM 是否空闲？

解答 可读取 BF 标志，程序如下所示。

```
//====检查忙碌函数===================================
void check_BF(void)
{      E=0;                        // 禁止读写动作
       do                          // do-while 循环开始
       {      BF=1;                // 设置 BF 为输入
       RS = 0; RW = 1;E = 1;       // 读取 BF 及 AC
       }while(BF == 1);            // 忙碌继续等
}                                  // check_BF()函数结束
```

6. 常用的 LCM 有多少 CGRAM？可自定义多少个字型？

解答 HD44780 控制器所组成的 LCM，其内部 **CG ROM** 可产生 160 个 5×7 字型，**CGRAM** 可由使用者自定义 8 个 5×7 字型。

7. 当我们建好字型后，如何送入 LCM？

解答 自定义字型送入 LCM 的流程如下。

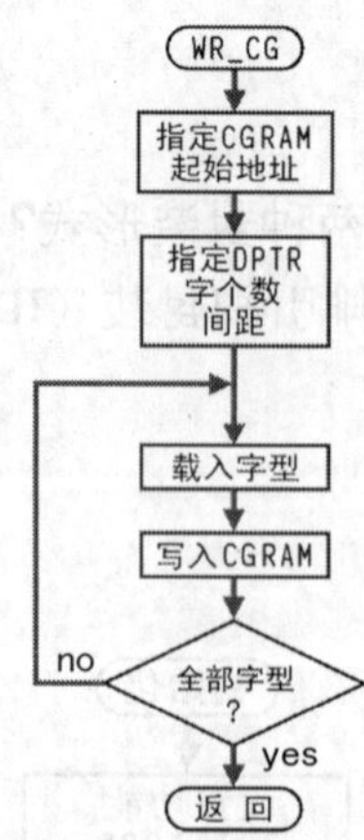

8. 请写出 LCM 移位的方式?

解答 LCM 移位的方式如下。

S/C	R/L	功 能
0	0	游标左移，AC-1
0	1	游标右移，AC+1
1	0	整个显示屏左移
1	1	整个显示屏右移